DORN·BADER

PHYSIK

GYMNASIUM SEK I

SEK I

Schroedel

DORN·BADER
PHYSIK
GYMNASIUM SEK I

Herausgegeben von

Prof. Dr. Franz Bader, Heinz-Werner Oberholz

Mitbegründet von

Prof. Friedrich Dorn †

Bearbeitet von

Prof. Dr. Franz Bader	Bernd Kretschmer
Rolf Bürkert	Heinz-Werner Oberholz
Dr. Peter Drehmann	Dr. Wolfgang Philipp
Dietmar Fries	Peter Uhlig
Dr. Friedemann Graubner	Klaus Utpatel
Günther Harsch	Werner Wegner
Walter Kasten	Klaus Wieder

Unter Mitwirkung der Verlagsredaktion

Illustrationen

expression GmbH
Franz-Josef Domke
Liselotte Lüddecke
Werner Wildermuth

Titelbild

Regenbogen nach einem Gewitter
(Bildagentur Bavaria, Gauting).
Hintergrund: Surfer (Bildagentur Bavaria, Gauting)

ISBN 3-507-**86260**-3

Druck A $^{5\ 4\ 3\ 2\ 1}$ /Jahr 2005   2004   2003   2002   2001

Alle Drucke der Serie A sind im Unterricht parallel verwendbar, da bis auf die Behebung von Druckfehlern untereinander unverändert. Die letzte Zahl bezeichnet das Jahr dieses Druckes.

Druck: appl, Wemding

Bildquellenverzeichnis

9.B, 16.B 1, 27.A, 48.B 2, 63.B 5 (F.), 98.B 1, 298.B 1, 343.C, 350.B 3, 351.B 8: action press, Hamburg; – 118.B 1: Ägyptisches Museum, Berlin; – 154.B 1, 162.A, 266.B 1 a: AKG, Berlin; – 182.B: Archenhold-Sternwarte, Berlin; – 131.B: ASTROCOM GmbH, Gräfelfing, München; – 7 unten rechts, 34.B 1, 49.B 4, 56.B 1 (2 F.), 131.A, 131.C, 134.B 1, 162.B 3, 264.B 1: Astrofoto, Leichlingen; – 85.B 3: Dr. Franz Bader, Ludwigsburg; – 293.B: Bauknecht Hausgeräte, Schorndorf; – 152.B 1: Bavaria, Gauting; – 83 oben rechts: Henning Behrens, Harpke; – 68.V 1 (2 F.): BildArt Fotos, Volker Döring, Hohen Neuendorf; – 279.C, 279.D: BMW AG, Media Pool, München; – 29.A 4, 98.B 2 (Foto): Dr. Bernhardt Brill, Hofgeismar; – 313.B 3: Bundesamt für Strahlenschutz, Salzgitter; – 46.B 1: BVG, Berlin; – 115 oben rechts, 240.B 2 (2 F.): Conrad Electronic, Hirschau; – 259.C, 336 Hintergrund oben, 343.A: creativ collection, Freiburg; – 214.B 1: Demag GmbH, Düsseldorf; – 18.B 2: Deutsche Bahn AG, Berlin;– 120.B 4: Deutsche Forschungsanstalt f. Luft- und Raumfahrt; – 30.B 1, 79 Vertiefung rechts, 118.B 3 oben, 154.B 2, 162.B, C, 185.B, C, 236 unten, 261.B 6 links, rechts, 266.B 1 b, 303 links oben, rechts oben, 343.B: Deutsches Museum, München; – 24.B 1 links, 115 unten links, 312 links Mitte, 317.B 3, 327.B 4: dpa, Frankfurt/Main; – 304.V 1 unten: Dr. P. Drehmann, Kornwestheim; – 340.B 2: Flachglas Solartechnik, Köln; – 147.B 5, 153.B 6: Focus, Hamburg; – 310.B 3, 314 links: Forschungszentrum, Karlsruhe; – 68.B 2: Foto Burkhardt, Hann. Münden; – 166 links unten (2 F.): Dietmar Fries, Nohfelden; – 300.V 1, 306.B 3 (F.), 315.B 3 (F.): Gentner, Maier, Leibnitz, Bothe: „Atlas typischer Nebelkammerbilder", Springer-Verlag, Berlin – Heidelberg – New York; – 69 rechts: Wilfried Göbel, Spielberg; – 121.V 1: Friedemann Graubner, Fernwald; – 327.B 3: Harenberg Verlag, Dortmund; – 158.B 1 a, d: G. Harsch, Schorndorf; – 52.B 1, 66.B 1: Howaldtswerke Deutsche Werft AG, Kiel; – 110.B, 136.B 2, 228.B 1, 297.A, 310.B 2, 345.B 3 c, 351.B 7: IFA, Taufkirchen; – 289.B 3: Infineon Technologies AG, München; – 334 Hintergrund: IZE, Strom Basiswissen Nr. 119, 7/98, S. 1; – 336.B 3: IZE Strom Basiswissen Nr. 113, S.1; – 28.B 1: Monika Jäger, Verden; – 172.B 1 (6 F.): Dr. Jaenicke, Rodenberg; – 350.B 1: Junghans Uhren GmbH, Schramberg; – 231.B 3 d, 271.B 1: Kraftwerk Union AG, Erlangen; – 356.V 1, V 2: Dr. E. Kretschmann, Dr. P. Zacharias, Hamburg; – 14.B 1, 16.B 3: LEYBOLD GmbH, Köln; – 182.A: Lichtbildarchiv, Dr. Keil, Neckargmünd; – 9.A: Lübke & Wiedemann, Stuttgart; – 279.A: Liana Marek, Fraunhofer-Institut für Angewandte Festkörperphysik IAF, Freiburg; – 61.A, B, 92.B 3 (Foto): Maurer Söhne, München; – 7.B 1, 24.B 1 rechts, 75.A, 104.B 1 A, 106.B 1, 141.B 1 a, 176.B 1, 351.B 5: Mauritius, Mittenwald; – 341.B 7: Max-Planck-Institut für Plasmaphysik, Garching; – 311.B 5: Medizinische Hochschule, Hannover; – 310.B 1: T. Menzel, Rohlsdorf; – 311.B 4: Metzler Physik, 2. Aufl. Schroedel Verlag, Hannover; – 231.B 3 e: NASA, Houston, Texas; – 259.A: Neckarwerke, Stuttgart; – 309 links oben: Wolfgang Neeb, ©Stern 29/92; – 259.B: NORDEX, Bad Essen; – 83 unten rechts (Foto), 96.B 1 a, 104.B 2 A: H.-W. Oberholz, Everswinkel; – 8.A 1: S. Oberholz, Everswinkel; – 197.A: OSRAM GmbH, München; – 10.B 2: Pfletschinger/Angermayer, Holzkirchen; – 104.B 2 B, 120.B 3: PHYWE AG, Göttingen; – 301.B 1 rechts: Praxis Schriftenreihe Physik, Bd. 33, S.98; – 350.B 2: Pressefoto Baumann, Ludwigsburg; – 307 rechts oben: Dr. Reinbacher, Kempten; – 114 rechts: Reinhard-Tierfoto, Heiligkreuzsteinach; – 127.B 1, 318.B 1: RWE AG, Essen; – 89.A: Schellhove GmbH, Greven; – 336.B 4: Schmidtke, Melsdorf; – 71 rechts: Schoberer Rad Messtechnik, Jülich; – 92.B 2, 130.A 5, 147.B 4, V 2, 254.B 1: SCHOTT Glas, Mainz; – 89.B, 313.B 2, 314.B 1, 319.B 3: Siemens AG, Erlangen; – 110.A: SILIT GmbH, Riedlingen; – 112.B 2: Silvestris, Kastl; – 50.B 3, 240.A 1: Manfred Simper, Hannover; – 51.B 5: SKF GmbH, Schweinfurt; – 341.B 5: Solar Wasserstoff – Bayern GmbH, München; – 182.C: Spektrum d. Wissenschaft, Verlagsgesellschaft Heidelberg, Digest Astrophysik; – 149.A 4: G. Staiger, Stuttgart; – 155.B 9: U. Staiger, Stuttgart; – 191 unten: Tipler, Spektrum Akademischer Verlag, Heidelberg, Berlin, Oxford 1994; – 64.B 1: U. Tönnies, Hannover; – 122.B 1: Volkswagen AG, Wolfsburg; – 172.V 1 a, b, 173.B 2, 228.V 1, 250.B 1: Klaus Wieder, Karlsruhe; – 268.B 1, 272.B 1: W. Wildermuth, Dachau; – 126 unten: Ludwig Windstoßer, Stuttgart; – 320.B 1 oben, unten: wir design GmbH, Braunschweig; – 141.B 1 c: Zefa, Düsseldorf; – 50.B 2: Zeiss AG, Wetzlar; – 78.B 2: Carl Zeiss, Oberkochen; – 28.B 2: Ulrich zur Nieden, Hannover

übrige Fotos: Michael Fabian, Hans Tegen

INHALT

ZU DIESEM BUCH

Dieses Unterrichtswerk will Schülerinnen und Schülern die Physik als tragenden Pfeiler unseres naturwissenschaftlich geprägten Lebens altersgemäß nahe bringen. Neu konzipierte Inhalte bieten den Lehrerinnen und Lehrern Anregungen zum Fortentwickeln zeitgemäßen, schülergerechten Unterrichts. Die neue Buchgestaltung hilft dabei.

Neue Darstellung

In der breiten **Hauptspalte** werden Grundkenntnisse für einen erprobten Unterrichtsgang in straffer, übersichtlicher Form entwickelt und in *Merksätzen* zusammengefasst. Die *sinngebenden Zusammenhänge* sind so als Basis in die Mitte gestellt. Pfeile (➠) in diesem **Basistext** verweisen auf Ergänzungen in der **Außenspalte**, auf neu gestaltete *Abbildungen* mit verbesserter Aussagekraft, auf detaillierte Beschreibungen der angesprochenen *Experimente* und *Tabellen* sowie auf *Aufgaben*.

Exkurse bieten *Interessantes*, *Vertiefungen* und *Beispiele* in schülergerechter Form an, z.B.:

- motivierende, anwendungsbezogene Inhalte aus der *Lebenswelt* von Schülerinnen und Schülern,
- ansprechende *Phänomene* aus Natur und Technik, *fächerverbindende* und *historische Themen* sowie Anregungen für *Projektarbeit*, zu *Referaten*, zu *Still-* und *Teamarbeit*.
- Dazu treten *Vertiefungen* des Basistextes als differenzierendes Angebot sowie die
- *Zusammenfassungen* am Ende eines jeden Kapitels. Sie wiederholen das Wesentliche und stellen daran anknüpfend weitere *Aufgaben* bereit, die zum Teil durch *Musterrechnungen* vorbereitet worden sind.

Diese vielfältig ergänzenden Elemente sind im Seitenbild sofort erkennbar. So können sich Schülerinnen und Schüler leicht auf den Basistext konzentrieren, ohne den „roten Faden" zu verlieren. Die bewährte Methode, *Doppelseiten* als inhaltliche Einheit zu gestalten, wurde beibehalten.

Interessierte Schülerinnen und Schüler können – unabhängig vom Unterricht – beim Blättern oder gezieltem Suchen die animierenden und motivierenden Einblicke der Außenspalte (Bilder, Versuchsbeschreibungen, Exkurse) als *Einstieg* benutzen und von dort zum Studium des physikorientierten Basistextes gelangen.

Lehrerinnen und Lehrern gibt diese Gliederung erwünschte Spielräume, den *Unterrichtsgang* an den Lehrplan und an sonstige Gegebenheiten anzupassen. Sie können zusammen mit der Klasse bei der Außenspalte und den Exkursen beginnen oder den Stoff gemäß dem Basistext entwickeln. Die physikalischen Inhalte können also variabel erarbeitet werden. – Die Kapitel sind in sich abgeschlossen. Deshalb ist ein Abweichen von der Themenfolge im Buch möglich.

Die konsequent eingehaltene **Aufgabenhierarchie** beginnt mit einfachen Aufgaben zum Erfassen der jeweiligen Doppelseite. Nach dem Wiederholen des Stoffes mehrerer Seiten umgreift sie schließlich die ganze Lerneinheit. Dies bereitet zusammen mit detaillierten Rechenbeispielen auf *Lernzielkontrollen* vor und leitet auch zum *selbstständigen Lesen* von Sachtexten an.

Zu den Inhalten

Die Aufbereitung des Lernstoffes folgt zeitgemäßen physikdidaktischen Einsichten, angereichert mit *Naturphänomenen*, *Umweltthemen* (Klima, Treibhauseffekt), *Verkehrsphysik*, *Sport*, *modernen Technologien* (Brennstoffzellen, digitale Medien) und *Musik*. Wo es sinnvoll ist, werden die physikalischen Größen den subjektiven Empfindungen zugeordnet.

Besonderer Wert ist auf die Behandlung der **Energie** gelegt, auf ihre Bedeutung für den einzelnen Menschen, für Umwelt und Volkswirtschaft. Unter „Energie" versteht man im Sprachgebrauch nur das Verwertbare, das schließlich „verbraucht" wird. Ein umfassender *Energiebegriff* muss deshalb neben der *Erhaltung* von Energie auch deren *Wert* und damit ihre *Entwertung* erfassen.

Die Sprache versteht unter „Arbeit" einen *Vorgang* und nicht wie die Physik eine Energiemenge beim Übergang in ein anderes System. Deshalb stellen wir den Begriff *Arbeit* erst in der Wärmelehre heraus, als Partner der Übergangsgröße *Wärme* und unterscheiden sie von der Zustandsgröße *innere Energie*.

Mit dem **Computer als Werkzeug** lassen sich die einfachen Grundgesetze auch auf komplizierte Vorgänge anwenden. An einfachen Beispielen werden deshalb die Schülerinnen und Schüler durch Vorgabe konkreter *Programmzeilen* angeregt, mit Tabellenkalkulation oder Modellbildungssystemen selbstständig die elementare Rechentechnik zu erweitern.

AUTOREN UND REDAKTION

B 1: Ein Gewitter mit Blitz und Donner

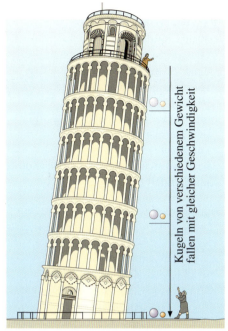

Kugeln von verschiedenem Gewicht fallen mit gleicher Geschwindigkeit

Einführung in die Physik

1. Liebe Schülerin, lieber Schüler,

du hältst ein Physikbuch in deinen Händen. **Physik** (➭ *Vertiefung*), das ist eine schon sehr alte Wissenschaft. Schon immer haben Menschen die Natur beobachtet und über sie nachgedacht. Als Grund für Blitz (➭ *Bild 1*) und Donner haben sie manchmal böse Dämonen erfunden, vor denen man Angst haben musste. Es gab aber auch Leute, die keine übernatürlichen, sondern natürliche Ursachen vermuteten und diesen nachgingen – die Wissenschaften entstanden. Die Beobachtungen wurden im Laufe der Zeit sehr umfangreich. Eine Person allein konnte das ganze Naturgeschehen nicht mehr überblicken – in *Biologie*, *Chemie* und *Physik* betrachten wir seitdem die Natur jeweils aus einem eigenen Blickwinkel.

Seit etwa Galileo GALILEI (1564–1642) befragt man die unbelebte Natur in der Physik gezielt mit Experimenten (z. B. ➭ *Versuch 1*). Als erfolgreich erwies sich auch, in Gedanken die Natur zu vereinfachen (➭ *Interessantes*). Vielfach hilft die *Mathematik* bei der Beschreibung. Sie zeigte sich allen mystischen Vorstellungen weit überlegen. All diese Methoden halfen bei der Erkenntnis: *Überall im Universum gelten dieselben Naturgesetze.*

Merksatz

Physik ist eine Naturwissenschaft. Mit ihrer Hilfe ist es leichter, die Natur zu verstehen.

Viel könnten wir noch *über* die Physik erzählen. Aber mit der Physik ist es ähnlich wie mit der Musik: Man muss sie betreiben, dann weiß man, was sie bedeutet. Fangen wir doch einfach an!

*Um es dir leichter zu machen, haben wir alles Grundlegende in die breite **Basisspalte** geschrieben. Mit diesem Pfeil ➭ weisen wir auf eine **Ergänzung** hin (oft in der Außenspalte), z. B. einen Versuch, ein Bild, eine Vertiefung oder Interessantes.*

V 1: Mit etwas Fantasie versetzen wir uns in das 16. Jahrhundert. Der Turm zu Pisa droht schon zu kippen, aber wir lassen uns nicht beirren, klettern bis zur höchsten Plattform – denn wir wollen es wissen: Fallen alle Körper gleich schnell oder nicht? Wir lassen zwei verschieden große und schwere Kugeln im gleichen Augenblick los. Sie kommen etwa zur selben Zeit unten an.

Vertiefung

Wichtige Begriffe drucken wir **fett** – und Physik halten wir für wichtig. Solche Begriffe findest du alphabetisch geordnet im Stichwortverzeichnis am Ende des Buches.

Interessantes

David R. SCOTT bewies auf dem Mond, was GALILEI schon vermutete: Ohne störende Luft fällt auch eine Feder so schnell wie eine schwere Metallkugel. Im Physiksaal kann man es nachahmen.

Daran können wir sehen: Naturgesetze sind überall gleich, sie sind *universell*.

V1: Wir ziehen zunächst 30 ml Spiritus in eine Glasspritze und anschließend 30 ml Luft. Dann verschließen wir sie und pressen den Kolben in die Spritze. Das Volumen der Luftmenge lässt sich auf etwa 15 ml verkleinern, während das Volumen des Spiritus unverändert bleibt.

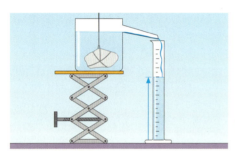

B1: Volumenmessung mit Überlaufgefäß

V2: Die umgestülpte Glaswanne war anfangs ganz mit Wasser gefüllt. Von der Luft wird nun Wasser verdrängt. Den entstehenden Luftquader messen wir aus.

... noch mehr Aufgaben

A1: So sollte dein Experiment nicht unbedingt ausgehen. Überlege dir eine bessere Methode, um dein eigenes Volumen zu bestimmen. Führe das Experiment aus.

2. Was versteht man in der Physik unter einem Körper?

Diese Frage klingt merkwürdig. Sieht nicht jeder, was ein Körper ist? In der Umgangssprache ist es klar – wir z. B. haben einen Körper. In der Physik ist noch etwas mehr gemeint: Alles, was eine abgegrenzte Stoffmenge hat, ist ein Körper. Ein Stein ist ein Körper, ein **fester Körper**.

Das Wasser im Aquarium ist auch eine abgegrenzte Menge eines Stoffes, also ein Körper, in diesem Fall ein **flüssiger Körper**.

Wenn du einen Luftballon aufbläst, hast du eine bestimmte Menge Luft eingesperrt. Wieder hast du einen Körper. Es gibt also auch **gasförmige Körper**.

Feste Körper kann man nicht zusammendrücken. Und flüssige Körper? Da sind wir nicht so sicher, aber ▥▶ *Versuch 1* zeigt: Flüssige Körper haben wie feste Körper ein unveränderliches Volumen. Das Volumen von Gasmengen lässt sich dagegen leicht verändern.

 Merksatz

> Eine abgegrenzte Menge eines Stoffes nennt man in der Physik einen **Körper**. Es gibt feste, flüssige und gasförmige Körper. Feste und flüssige Körper haben ein unveränderliches **Volumen**. Das Volumen von Gasmengen dagegen lässt sich leicht verändern.

3. Volumenmessung

Das Volumen einer Flüssigkeit ist leicht zu bestimmen: Man füllt sie in einen Messzylinder und liest an der Skala ab.

Das Volumen eines quaderförmigen festen Körpers kann man *berechnen*. Bekanntlich gilt ja $V = l \cdot b \cdot h$ (Länge, Breite, Höhe).

Misst man mit dem Messschieber z. B.
$l = 2,87$ cm, $b = 1,95$ cm, $h = 1,83$ cm, so ergibt sich
$V = 2,87 \text{ cm} \cdot 1,95 \text{ cm} \cdot 1,83 \text{ cm} = 10,2 \text{ cm}^3$.

Das Volumen lässt sich aber auch mithilfe einer Flüssigkeit bestimmen. Man taucht den Quader z. B. in einen nur teilweise gefüllten Messzylinder ein und liest ab, um welchen Skalenwert die Flüssigkeit steigt. Selbst das Volumen eines unregelmäßig geformten Steins lässt sich so bestimmen. In ▥▶ *Bild 1* ist das Überlaufgefäß zunächst randvoll. Dann tauchen wir den Stein ein und fangen das jetzt überlaufende Wasser mit einem Messzylinder auf. Da kein Wasser unterwegs verloren geht, hat das übergelaufene Wasser dasselbe Volumen wie der Stein.

Jetzt kommt unsere Bewährungsprobe. Schaffen wir es sogar, das Volumen unserer Lunge zu bestimmen? Ja – dazu gehen wir geschickt vor. Zuerst atmen wir ein. Die eingeatmete Luft hat dasselbe Volumen wie die geblähte Lunge. Beim Ausatmen fangen wir die Luft auf (▥▶ *Versuch 2*) und messen ihr Volumen.

Akustik nennt man auch
die Lehre vom *Schall*.
Was ist Schall? Wie entsteht Schall
und wie breitet er sich aus?
Wann hören wir den Schall?
Gibt es auch Schall,
den wir nicht hören können?
Lärm nennen wir Schall, den wir nicht
hören wollen. Er ist oft sehr störend
und kann gesundheitsschädlich sein.

Die Orgel – Königin der *Musikinstrumente*
– erzeugt ihre Töne in verschieden langen
Rohren – den Orgelpfeifen. Hören wir
Musik, so können wir die beteiligten
Instrumente voneinander unterscheiden.

Ein Synthesizer erzeugt elektrische
Schwingungen. Wir können sie auf dem
Bildschirm sichtbar machen.
Wann können wir sie *hören*?

All diese Themen werden uns im folgenden
Kapitel beschäftigen.

B1: Wann erzeugt die Stahlfeder einen Ton?

B2: Schwebfliege

V1: a) Wir spannen einen Stahlstreifen in einen Schraubstock (⟶ *Bild 1*) und biegen das freie Ende zur Seite. Lassen wir es los, so vibriert es – der Streifen bewegt sich also schnell hin und her. **b)** Verkürzen wir den Streifen, so wird die Bewegung seines freien Endes schneller. Schwingt es schnell genug hin und her, so hören wir einen Ton. **c)** Du kannst mit dem Streifen einen Brummton, aber auch einen hohen Ton erzeugen. Die Blattfeder führt in allen Fällen Schwingungen aus. Ein hoher Ton entsteht, wenn der Streifen sehr schnelle Vibrationen ausführt.

V2: a) Unsere Stimmbänder vibrieren beim Sprechen. Das spüren wir, wenn wir zum Beispiel den Vokal i singen und dabei den Kehlkopf mit den Fingern berühren. **b)** Wir schlagen eine Stimmgabel an und nähern sie einem Kügelchen, das an einem Faden aufgehängt ist. Das Kügelchen wird heftig weggestoßen. **c)** Mit einem elektrischen Generator (einem so genannten *Tongenerator)* versetzen wir die Membran eines Lautsprechers in sehr langsame Schwingungen. Zunächst sehen wir, wie sich die Membran hin und her bewegt. Wir hören aber erst einen Ton, wenn wir sie etwas schneller schwingen lassen. Werden die Schwingungen noch schneller, so können wir sie nicht mehr mit dem Auge verfolgen. Wir spüren aber das Vibrieren der Membran, wenn wir sie mit dem Finger leicht berühren. Dafür hören wir den Ton jetzt sehr deutlich. Wenn wir die Schwingungen noch schneller machen, dann hören wir schließlich auch keinen Ton mehr.

Schallerreger

1. Wie entsteht Schall

Schmetterlinge fliegen geräuschlos, Bienen summen. Sind Bienen vielleicht musikalisch? Warum erzeugen sie einen Ton, Schmetterlinge aber nicht? Du kannst selbst eine Erklärung dafür finden, wenn du einen Stahlstreifen (oder ein Lineal) festklemmst und sein Ende zur Seite auslenkst (⟶ *Versuch 1*). Wie die Flügel eines Insekts führt der Stahlstreifen **Schwingungen** aus. Schwingt der Streifen langsam, führt er also nur wenige Hin- und Herbewegungen in einer Sekunde aus, so ist kein Ton zu hören. Erst wenn er schnell genug schwingt, hören wir einen Ton.

Bei *Saiteninstrumenten* (Violine, Gitarre) werden die Saiten von einem mit Rosshaaren bespannten Bogen oder durch Anzupfen mit den Fingern zu Schwingungen angeregt. Die Violine hat kurze Saiten. Sie schwingen schnell – wir hören sehr hohe Töne. Dagegen sind die Saiten beim *Kontrabass* lang und dick. Sie schwingen langsam – wir hören einen sehr tiefen Ton.
Gelegentlich summen wir eine Melodie. Auch hier, beim *Singen* und *Sprechen*, sind es Schwingungen, die wir als Ton wahrnehmen (⟶ *Versuch 2a*).
Nicht immer erzeugen die Schwingungen einer Membran hörbaren Schall (⟶ *Versuch 2c*). Führt eine Membran sehr langsame Schwingungen aus, so sehen wir, wie sie schwingt, empfinden aber keinen Ton. Regen wir sie aber zu immer schnelleren Schwingungen an, so hören wir einen immer höher werdenden Ton. Schließlich verschwindet die Tonempfindung, obwohl die Membran weiter schwingt.

Der Ton, den wir hören und die Schwingungen eines Schallerregers sind verschiedene Dinge. Schall besteht unabhängig davon, ob wir ihn als Ton wahrnehmen. Wir müssen unsere **subjektive Tonempfindung** von den sie auslösenden Schwingungen unterscheiden. Diese können auch Gehörlose beobachten und untersuchen. Man sagt, sie seien **objektiv**. Ihnen wenden wir uns im Folgenden zu.

Schall entsteht durch Schwingungen eines Schallerregers. Sind diese nicht zu langsam und nicht zu schnell, so können wir sie als Ton wahrnehmen.

2. Wie kann man Schwingungen beschreiben?

Der Bewegungsablauf eines **Fadenpendels** lässt sich bequem beobachten (➡ *Versuch 3*). Mit ihm wollen wir deshalb die Größen aufzeigen, mit denen man eine Schwingbewegung beschreibt.
Lenken wir die Kugel aus und lassen sie los, dann führt sie eine sich ständig wiederholende Hin- und Herbewegung aus.
- Eine solche Bewegung heißt **periodische Bewegung**.
- Eine vollständige Hin- und Herbewegung der Pendelkugel nennen wir eine **Periode**.
- Die Zeit, in der das Pendel eine Periode ausführt, heißt **Periodendauer T**.
- Während jeder Hin- und Herbewegung schwingt die Pendelkugel zum selben Umkehrpunkt und hat dort ihre größte Auslenkung. Die Auslenkung von der Mittellage zum Umkehrpunkt nennen wir die **Amplitude** der Schwingung.

Wie schwingen die Flügel einer Biene im Vergleich zu denen eines Schmetterlings?
- Die *Periodendauer T* ist bei der Biene kleiner;
- die *Amplitude* ist beim Schmetterling größer.
- Die *Perioden* und die *Periodendauer* sind beim Schmetterling erkennbar; die Schwingungen verlaufen langsam.

Bei schnellen Schwingungen wie bei einer Stimmgabel ist die Periodendauer T schwer zu messen. Wir zählen stattdessen die Anzahl n der Perioden in einer bestimmten Zeit t. Dividieren wir die Anzahl durch die Zeit, so erhalten wir die **Frequenz f** der Schwingung: $f = \frac{n}{t}$.
Führt z.B. eine Stimmgabel 512 Perioden in 2 Sekunden aus, dann ist ihre Frequenz $f = 512/2\,\text{s} = 256 \cdot 1/\text{s}$. Man schreibt dafür auch 256 Hz (Hertz).
Und die Periodendauer? Das ist einfach: 256 Perioden in 1 s ($f = 256\,\frac{1}{s}$), also 1 Periode in 1/256 s ($T = 1/256$ s). Wir erkennen, dass die Periodendauer T der Kehrwert der Frequenz f ist: $T = \frac{1}{f}$.

Die Schwingung ist eine periodisch hin- und hergehende Bewegung. Eine **Periode** umfasst einen Hin- und einen Hergang. Die **Periodendauer T** ist die Zeit für eine Periode.
Die **Frequenz f** einer Schwingung ist der Quotient aus Zahl der Perioden und benötigter Zeit: $f = n/t$. Ihre Einheit ist 1 Hz = 1/s.
Für Periodendauer T und Frequenz f gilt: **$T = 1/f$; $f = 1/T$**.
Die **Amplitude** ist die Weglänge von der Mittellage bis zur größten Auslenkung.

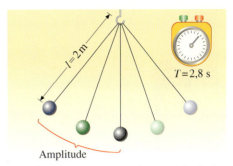

Amplitude

V 3: a) Wir lenken ein Fadenpendel mit der Pendellänge $l = 2$ m um 40 cm aus und messen mit mehreren Stoppuhren die Zeit T für eine Periode. Die Messwerte liegen bei 2,8 s. **b)** Wir wiederholen den Versuch bei der halben Amplitude 20 cm. Die Periodendauer beträgt wieder $T = 2,8$ s. **c)** Wir wiederholen den Versuch bei kürzeren Pendellängen. Die Ergebnisse schreiben wir in eine Tabelle (➡ *Tabelle 1*, 2. Zeile). **d)** Zur Bestimmung der Frequenz eines Fadenpendels messen wir die Zeit t in der es $n = 10$ Perioden ausführt. Dann berechnen wir mit dem **Quotienten n/t** die Zahl der Perioden je Sekunde und tragen die Werte in die ➡ *Tabelle 1* (4. Zeile) ein.

Pendellänge l in m	1	0,5	0,25
Periodendauer T in s	2,0	1,4	1,0
Zeit t in s	20	14	10
Frequenz $f = n/t$ in Hz	0,5	0,7	1,0

T 1: Pendellänge und Frequenz

A 1: Ein Fadenpendel führt in 12 Sekunden 9 Perioden aus. Berechne die Periodendauer T. Wie groß ist die Zahl der Perioden in 1 s. Welche Frequenz hat das Pendel?

A 2: Der Kammerton a' hat die Frequenz $f = 440$ Hz. Heute stimmt man Instrumente häufig mit der Frequenz 443 Hz. Berechne jeweils die Periodendauer T und vergleiche.

A 3: Was muss man tun, wenn eine Pendeluhr zu schnell geht? Ändert sich ihr Zeittakt, wenn die Amplituden ihres Pendels immer kleiner werden? Wie muss man nach ➡ *Versuch 3* verfahren, damit das Pendel mit doppelter Frequenz schwingt?

B 1: Der Verlauf einer Schwingbewegung

B 2: Spuren einer Stimmgabel

V 1: Wir hängen ein schweres Metallstück an zwei Fäden auf und befestigen an ihm eine Schreibvorrichtung (⟹ *Bild 1*). Diese besteht aus einem Folienschreiber und einem Rohr, in dem sich der Stift leicht bewegen lässt. Wir müssen darauf achten, dass der Stift nicht verkantet und während einer Schwingung den Kontakt mit der Folie nicht verliert.
a) Wir lenken das Pendel aus der Ruhelage aus und lassen es schwingen. Der Stift schreibt eine geradlinige Spur auf die Folie („*y*-Richtung"). **b)** Nun ziehen wir die Folie unter dem Stift gleichmäßig weg. Ruht das Pendel, so beschreibt der Stift eine geradlinige Spur in „*x*-Richtung". Schwingt das Pendel, so beschreibt der Stift eine Schlangenlinie.

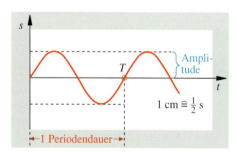

B 3: Diagramm einer Schwingung

V 2: An einer Stimmgabel ist eine Metallspitze befestigt. Wir schlagen die Gabel an und ziehen die Spitze leicht über eine berußte Platte. Sie schreibt eine Schlangenlinie (⟹ *Bild 2*). Diese entsteht dadurch, dass die Spitze nach beiden Seiten ausschwingt und sich gleichzeitig in Längsrichtung über die Glasplatte bewegt. So können wir ihre Schwingung aufzeichnen.

Aufzeichnung von Schwingungen

1. Das Diagramm einer Schwingung

Wenn ein kleines Kind eine Gießkanne trägt und beim Gehen hin und her wackelt, dann hinterlässt der Wasserstrahl eine Schlangenlinie als Spur (⟹ *Bild 1*). Sie verrät die Schwingbewegung der Gießkanne.
Befestigen wir an einem Pendelkörper einen Schreibstift (⟹ *Versuch 1*), so schreibt er während der Bewegung eine geradlinige Spur auf eine Folie. Ihre Enden liegen an den Umkehrpunkten der Schwingung, ihre Mitte in der Ruhelage des Pendels. Wir erhalten die **Amplitude** der Schwingung, wenn wir die Entfernung der Umkehrpunkte von der Mitte messen. Ziehen wir die Folie gleichförmig unter dem schwingenden Pendel weg, so schreibt der Stift eine Schlangenlinie.
Die Schwingungen eines *Schallerregers* verlaufen ebenso wie die eines Pendels. Ziehen wir nämlich eine mit einem Schreibstift versehene Stimmgabel über eine berußte Glasplatte (⟹ *Versuch 2*), so schreibt dieser ebenfalls eine solche Schlangenlinie. Wir können somit die Größen, die wir zur Beschreibung einer Pendelschwingung verwendet haben, auf Schallerreger übertragen.
Wir sehen in ⟹ *Bild 2*, dass die Amplitude der Schwingung einer Stimmgabel abnimmt. Der von uns empfundene Ton wird dabei leiser, die Tonhöhe aber bleibt.
Um die **Periodendauer T** zu bestimmen, müssen wir wissen, wie schnell sich die Folie unter dem schwingenden Pendel bewegt. Wir lassen das Pendel schwingen und bewegen die Folie gleichförmig unter ihm weg. Mit einem zweiten, ruhenden Stift markieren wir im Sekundentakt an der Seitenlinie der vorbeilaufenden Folie eine Folge von Punkten. Ihr Abstand entspricht der Strecke, den die Folie in einer Sekunde zurücklegt („Sekundenstrecke"). Die Periodendauer T erhalten wir, indem wir den Abstand zweier Punkte mit größter Auslenkung (z. B. nach rechts) messen und durch die „Sekundenstrecke" teilen.
Den Verlauf einer Schwingung zeigt das **Diagramm** (⟹ *Bild 3*). Wir können ihm die Periodendauer T und die Amplitude entnehmen.

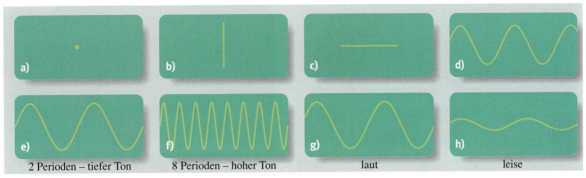

a)	b)	c)	d)

e)	f)	g)	h)
2 Perioden – tiefer Ton	8 Perioden – hoher Ton	laut	leise

B 4: Schwingungen werden sichtbar

2. Wir zeichnen Schwingungen mit dem Oszilloskop auf

Die Schwingung eines *Fadenpendels* konnten wir im letzten Abschnitt relativ einfach aufzeichnen. Um aber *Schallschwingungen* genauer zu untersuchen, benutzen wir ein raffiniertes elektronisches Gerät. Mit einem so genannten **Oszilloskop** („Schwingungsseher") lassen sich Schallschwingungen auf bequeme Weise sichtbar machen. Als „Ohr" schließen wir ein Mikrofon an. Den Schall erzeugt ein Lautsprecher, der von einem *Tongenerator* elektrisch zum Schwingen angeregt wird:

- Solange kein Schall empfangen wird, schwingt die Mikrofonmembran nicht und wir sehen in der Mitte des Bildschirms des Oszilloskops einen Lichtpunkt (➡ *Bild 4a*).
- Erreicht Schall das Mikrofon, so sehen wir auf dem Bildschirm eine senkrechte Linie, deren Endpunkte symmetrisch zum Mittelpunkt liegen (➡ *Bild 4b*). Der Schall regt die Membran des Mikrofons zum Mitschwingen an. Je nach Stellung der Membran wird der Lichtpunkt auf dem Bildschirm nach oben bzw. unten abgelenkt. Dafür sorgt die *Elektronik* des Oszilloskops.
- Sie kann den Lichtpunkt auch von links nach rechts führen. Sobald er den rechten Bildschirmrand erreicht, springt er an den linken Bildrand zurück und beginnt erneut seinen Lauf. Das kann langsam erfolgen, aber auch sehr schnell, so dass wir nur noch eine waagerechte Linie erkennen (➡ *Bild 4c*).
- Schalten wir den Lautsprecher ein, so sehen wir auf dem Bildschirm eine Schlangenlinie (➡ *Bild 4d*). Sie rührt von der Bewegung der Membran her, die im Mikrofon vom Schall zu Schwingungen angeregt wird.
- Bei einem **tiefen Ton** erhalten wir in der Ablenkzeit weniger Perioden (➡ *Bild 4e*) als bei einem **hohen Ton** (➡ *Bild 4f*).
- Ein **lauter** Ton bewirkt, dass die Membran weit ausschwingt; bei einem **leisen** Ton ist die Amplitude klein (➡ *Bild 4g* und *Bild 4h*).

Merksatz

Mit zunehmender Frequenz der Schwingung steigt die **Tonhöhe**. Mit wachsender Amplitude nimmt die **Lautstärke** zu.

✏ **... noch mehr Aufgaben**

A 1: a) Welche Periodendauer hat ein Ton mit der Frequenz 50 Hz? **b)** Zeichne in ein Diagramm zwei Perioden dieser Schwingung mit der Amplitude 2 cm. Wähle den Zeit-Maßstab so, dass der Periodendauer T auf der Zeitachse 4 cm entsprechen. **c)** Füge in das Diagramm b) vier Perioden eines Tons mit der Frequenz 100 Hz hinzu. **d)** Zeichne wie in b) das Bild für einen leisen Ton mit der Amplitude 0,5 cm und einen lauten Ton mit der Amplitude 1,5 cm.

A 2: Auf dem Teller eines Plattenspielers liegt eine Folie. Eine Stimmgabel schreibt eine Schlangenlinie. Wir zählen auf einem Viertelkreis 42,5 Perioden. **a)** Der Plattenteller führt in einer Minute 45 Umdrehungen aus. Berechne die Zeit (in s) für eine Umdrehung. **b)** Berechne die Zahl der Perioden, die die Stimmgabel in 1 s auf die Folie schreibt. Gib die Frequenz der Stimmgabel an.

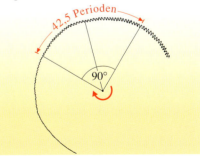

A 3: Der Lichtpunkt durchlaufe den Bildschirm eines Oszilloskops in 2 ms. Welche Frequenz hat eine Schwingung, wenn auf dem Bildschirm fünf Perioden zu sehen sind? Bei welcher Frequenz ist genau eine Periode zu sehen?

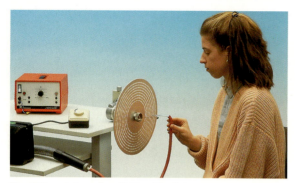

B 1: Wir spielen eine C-Dur Tonleiter

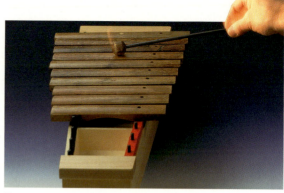

B 2: Welche Tonleiter sollen wir spielen?

V 1: a) Wir blasen die acht Lochreihen einer rotierenden Lochscheibe von innen nach außen an. Wir hören eine *Dur-Tonleiter.* Die innerste Lochreihe erzeugt den Grundton. **b)** Wir lassen die Lochscheibe schneller rotieren. Der Grundton wird höher. Wieder hören wir eine Dur-Tonleiter, also die gleichen *musikalischen Intervalle,* wie sie auch in der ▶ *Tabelle 1* angegeben sind.

n	Umdrehungen je Sekunde		Intervall	Frequenzverhältnis
	10	15		
24	240 Hz	360 Hz	Prime	1:1
27	270 Hz	405 Hz	Sekunde	9:8
30	300 Hz	450 Hz	Terz	5:4
32	320 Hz	480 Hz	Quarte	4:3
36	360 Hz	540 Hz	Quinte	3:2
40	400 Hz	600 Hz	Sexte	5:3
45	450 Hz	675 Hz	Septime	15:8
48	480 Hz	720 Hz	Oktave	2:1

T 1: Die erste Spalte enthält die Anzahl n der Löcher einer Reihe. Die innerste Reihe hat 24, die zweite 27, …, die äußerste 48 Löcher. Die zweite Spalte enthält die Frequenzen der Töne bei 10, die dritte bei 15 Umdrehungen je Sekunde. Die letzte Spalte enthält das Frequenzverhältnis aus Frequenz und Grundfrequenz. In der vierten Spalte stehen die Bezeichnungen für das entsprechende musikalische Intervall.

Töne und Klänge

1. Die Tonleiter – immer die gleiche Melodie

Kannst du eine Tonleiter singen? Sie beginnt mit einem **Grundton** und klettert dann von Ton zu Ton in charakteristischen Stufen höher. Der Grundton kann hoch oder tief gewählt werden, die Melodie der Tonleiter ist immer dieselbe. Warum ist das so?

Um diese Frage zu beantworten, experimentieren wir mit einer **Lochscheibe** (▶ *Versuch 1*). Bei konstanter Drehfrequenz der Scheibe blasen wir einen Luftstrom durch eine der Lochreihen. Wir hören einen Ton gleichbleibender Höhe. Der Luftstrom der Düse wird abwechselnd von den Löchern durchgelassen und von der Scheibe unterbrochen. Dadurch bekommt die Luft hinter der Scheibe rasch aufeinanderfolgende, regelmäßige Stöße. Es ist, als ob ein Schallerreger durch seine Schwingungen auf die Luft periodisch einwirken würde.
Rotiert die Lochscheibe mit 10 Umdrehungen je Sekunde, dann wird der Luftstrom in der innersten Lochreihe (10 · 24)-mal, also 240-mal, in einer Sekunde unterbrochen. Wir hören einen Ton mit der Frequenz 240 Hz. In der zweiten Lochreihe wird er (10 · 27)-mal, also 270-mal, je Sekunde unterbrochen. Wir hören einen Ton mit der Frequenz 270 Hz. Die Frequenzen der weiteren Töne der Tonleiter können wir entsprechend berechnen (▶ *Tabelle 1*).

Rotiert die Scheibe mit 15 Umdrehungen je Sekunde, so erhöhen sich alle Frequenzen um denselben Faktor (▶ *Tabelle 1*). Der Grundton hat jetzt die Grundfrequenz 15 · 24 Hz = 360 Hz.

2. Musikalische Intervalle sind durch Zahlen gekennzeichnet

An der Lochscheibe haben verschieden hohe Tonleitern etwas gemeinsam. Sie werden mit denselben Lochreihen erzeugt. Daher ist für jeden Ton einer Tonleiter sein *Frequenzverhältnis* zum **Grundton** gleich, z. B.:
270:240 = 405:360 = 27:24 (▶ *Tabelle 1*).

Jeder Ton bildet mit dem Grundton ein **musikalisches Intervall**. Es ist durch ein bestimmtes *Frequenzverhältnis* gekennzeichnet. Die Namen der Intervalle sind von den lateinischen Ordnungszahlen abgeleitet und lauten der Reihe nach *Prime, Sekunde, Terz, Quarte, Quinte, Sexte, Septime* und *Oktave*. Die **Oktave** nimmt eine besondere Stellung ein. Sie bildet mit dem Grundton das besonders einfache Frequenzverhältnis 2:1 und hat somit die doppelte Frequenz.

Bestimmte Frequenzverhältnisse lassen sich *objektiv* durch kleine natürliche Zahlen beschreiben. Solche Intervalle empfinden wir *subjektiv* als Wohlklang. Diese **Konsonanz** spiegelt sich in den natürlichen Zahlen wieder, aus denen die Frequenzverhältnisse berechnet werden (➠ *Tabelle 1*). Die Quinte (3:2) und die Quarte (4:3) gehören dazu. Besonders harmonisch klingt der **Dreiklang** aus Prime, Terz und Quinte. Dagegen gelten Sekunde (9:8) und Septime (15:8) als **Dissonanzen**.

Merksatz

Ein **musikalisches Intervall** ist durch das Frequenzverhältnis der Töne gekennzeichnet. Die Oktave hört man beim Verdoppeln der Frequenz des Grundtons – zusammen mit diesem.

3. Der Klang bringt Farbe in das Instrument

Flöten und Violinen sind Schallerreger. Sie klingen aber unterschiedlich; jedes Instrument hat seine eigene **Klangfarbe**. Woran liegt das? Am *Oszilloskop* können wir den Grund dafür erkennen. Betrachten wir zunächst das Schwingungsbild einer Stimmgabel. Es besteht aus einer einfachen Schlangenlinie; sie klingt ja auch *eintönig*. Der Ton einer *Blockflöte* führt zu einem ähnlichen Schwingungsbild. Im Gegensatz dazu sehen wir beim Ton einer *Violine* eine Vielzahl kleiner Zacken (➠ *Versuch 2*). Wir vermuten, dass durch das Streichen mit dem Bogen auf der Saite viele weitere Schwingungen entstehen, die wir als kleine Zacken auf dem Bildschirm sehen. Sie haben eine wesentlich kleinere Amplitude und eine sehr viel kleinere Periodendauer, also hohe Frequenz. Diese **Obertöne** nehmen wir – wenn überhaupt – nur sehr leise wahr. Ihre Tonhöhe ist sehr viel höher als die des Grundtones einer Saite. Sie begleiten die Grundtöne eines Instrumentes und bestimmen dessen charakteristischen Klang.

4. Schall, den wir nicht hören können – Ultraschall

Mit einem Tongenerator bringen wir die Membran eines Lautsprechers zum Schwingen und beobachten das Schwingungsbild mit einem Oszilloskop. Erhöhen wir die Frequenz, so sehen wir, wie die Perioden „zusammenrücken"; die Periodendauer nimmt ab. Wir nehmen einen höheren Ton wahr. Oberhalb einer bestimmten Frequenz hören wir den Ton nicht mehr, sehen aber immer noch ein Schwingungsbild (➠ *Versuch 3*). Schall, der oberhalb der Hörgrenze von 20 kHz liegt, heißt **Ultraschall**.

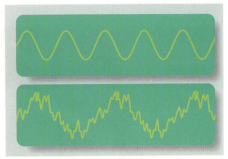
V2: Wir schließen ein Mikrofon an ein Oszilloskop an und beobachten das uns schon bekannte Schwingungsbild einer Stimmgabel. Dann bringen wir die Saite einer Violine zum Schwingen. Ihr Schwingungsbild zeigt viele kleine Zacken.

V3: Ein Tongenerator bringt die Membran eines Lautsprechers in so schnelle Schwingungen, dass wir keinen Ton mehr wahrnehmen. Am Oszilloskop beobachten wir das Schwingungsbild. Wir erniedrigen die Frequenz solange, bis wir einen Ton hören. Auf diese Weise bestimmen wir unsere *obere Hörgrenze*.

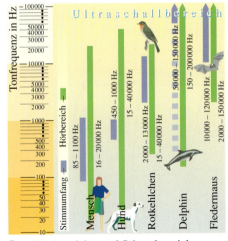
B3: Hörbereiche und Stimmbereiche

... noch mehr Aufgaben

A1: Schall ist physikalisch objektiv vorhanden oder nicht vorhanden. Seine Wahrnehmung als Ton hängt von uns ab, sie ist subjektiv. Mit welchen physikalischen Größen beschreiben und messen wir die Tonhöhe, die Lautstärke, konsonante und dissonante Klänge?

B 1: Geigenvirtuosin

Saiteninstrumente

Eigenschwingungen und Resonanz

Wird die Saite einer Violine oder einer Gitarre mit einem Bogen oder mit dem Finger seitlich ausgelenkt, so schwingt sie in ihrer **Grundfrequenz**. Diese *Grundschwingung* verläuft so schnell, dass wir sie mit dem Auge nicht verfolgen können.

Statt einer Saite spannen wir einen Gummischlauch zwischen die Decke und den Boden des Zimmers. Lenken wir ihn zur Seite aus, so schwingt auch er wie eine Saite in seiner *Grundschwingung* mit seiner Grundfrequenz.

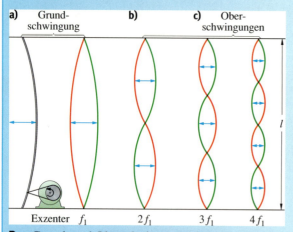

B 2: Grund- und Oberschwingungen beim Schlauch

Was macht der Schlauch, wenn man ihn zu Schwingungen mit beliebiger Frequenz zwingt? Wir befestigen an seinem unteren Ende einen Exzenter, den wir mit einem Motor betreiben. Mit ihm bringen wir den Schlauch zum Schwingen. Bei sehr kleiner Drehfrequenz des Motors wackelt der Schlauch uneinheit-

lich hin und her. Erhöhen wir die Drehfrequenz bis zu der Grundfrequenz f_1 des Schlauchs, so beginnt er – wie eine Saite – mit großer Amplitude auf der vollen Länge zu schwingen ($\Rrightarrow$ *Bild 2 a*), am stärksten in der Mitte. Zwischen seinen Enden sehen wir *einen* **Schwingungsbauch**. Der Schlauch schwingt jetzt in seiner Grundschwingung.

Nun erhöhen wir die Drehfrequenz weiter. Zunächst entsteht nur ein allgemeines Bewegungs-Wirrwarr. Bei der doppelten Frequenz $2f_1$ bildet sich auf dem Schlauch wieder ein stabiles Schwingungsbild. Wir erkennen in der Mitte der Saite einen festen Punkt in dem sich der Schlauch nicht bewegt. Zwischen diesem **Knoten** und den Enden des Schlauchs liegt jeweils ein Schwingungsbauch. Der Schlauch schwingt jetzt in seiner *ersten* **Oberschwingung** ($\Rrightarrow$ *Bild 2 b*). Weitere *Eigenschwingungen* erhalten wir, wenn wir den Schlauch mit den passenden Eigenfrequenzen anregen ($\Rrightarrow$ *Bild 2 c*). Dann liegt immer eine ganze Zahl von Schwingungsbäuchen auf dem Schlauch.

Führt ein Schlauch – von einem Exzenter angeregt – **erzwungene Schwingungen** aus, so tritt bei bestimmten Frequenzen, den **Eigenfrequenzen**, **Resonanz** ein. Bei diesen Eigenschwingungen sind die Amplituden besonders groß.

Eigenschwingungen bei Saiten

Gibt es auch bei einer Gitarre neben der Grundschwingung weitere Eigenschwingungen? Diese Frage beantworten wir mit einem **Monochord**. Es besteht nur aus einer Saite, die – wie bei einer Gitarre durch zwei Stege begrenzt ist ($\Rrightarrow$ *Bild 3*). Zupfen wir sie an, so hören wir den Grundton der Saite. Berühren wir die Saite mit dem Finger leicht in ihrer Mitte, so wird die Grundschwingung abgedämpft. Die Saite schwingt aber weiter, denn wir hören nun deutlich die Oktave zum vorigen Grundton. Da die erste Oberschwingung in der Mitte der Saite einen Knoten hat, wird sie vom Finger nicht gedämpft und schwingt ungehindert weiter. Die erste Oberschwingung hat somit die doppelte Frequenz wie die Grundschwingung.

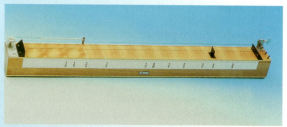

B 3: Monochord

Interessantes

Einen weiteren Oberton der Saite finden wir, wenn wir die Saite bei einem Drittel ihrer Länge mit dem Finger dämpfen. Hier befindet sich ein Knoten der zweiten Oberschwingung. Wir hören sogar zwei Töne: Der eine entsteht durch das Saitenstück rechts, der andere durch das links vom Knoten. Dämpfen wir bei einem Viertel der Saitenlänge, so schwingt der nächste Oberton weiter. Wieder hören wir zwei Töne.

Berühren wir die Saite einer Violine leicht mit dem Finger an einem Knoten einer Oberschwingung, so bleiben auf beiden Teilen der Saite einige Oberschwingungen ungedämpft. Der Ton erhält dadurch eine besonders interessante Klangfarbe. Die Musiker nennen solche Töne *Flageolettöne*. Sobald der Finger die Saite auf das Griffbrett drückt, verschwindet diese Klangfarbe. Es erklingt nur noch der Ton, der durch die Länge der Saite zwischen dem Finger und dem Steg vorgegeben ist.

Bei einer Saite bestimmen die Eigenschwingungen den Grundton und die Obertöne. Sie bestehen gleichzeitig auf der Saite.

Klangfarbe kann man sichtbar machen

Musikinstrumente haben ihre typische Klangfarbe. Sie entsteht durch eine Vielzahl von *Obertönen*, die bei jedem Instrument verschieden sind. Wir können Klänge sichtbar machen, wenn wir ihre Schwingungen über ein Mikrofon einem *Oszilloskop* zuführen. Wir sehen auf dem Bildschirm das Schwingungsbild des jeweiligen Klangs.

Das Schwingungsbild einer Stimmgabel ist eine einfache Schlangenlinie (➠ *Bild 4a*). Sie klingt entsprechend „eintönig". Dem Bild eines Flötentones (➠ *Bild 4b*) entnehmen wir, dass eine Flöte kaum Oberschwingungen erzeugt. Das Bild ähnelt dem der Stimmgabel. Dagegen zeigt das Schwingungsbild des Tones eines Saiteninstrumentes (➠ *Bild 4c*) eine Vielzahl kleiner Schlangenlinien und Zacken entlang der Grundlinie. Das weist auf eine Vielzahl von Oberschwingungen hin.

Wenn wir „Uuh" oder „Iiih" rufen, so geben wir unserer Stimme eine Klangfarbe, die eine Empfindung ausdrücken soll. Die Vokale unterscheiden sich deutlich in ihrem Schwingungsbild. Das Uuh klingt leer, das Schwingungsbild (➠ *Bild 4d*) zeigt wenig Oberschwingungen. Das Iiih klingt scharf, sein Schwingungsbild zeigt viele Oberschwingungen (➠ *Bild 4e*), noch deutlicher wird dies beim Zischen (➠ *Bild 4f*).

Wie stimmt man ein Musikinstrument?

Beim Zusammenspiel in einem Orchester müssen die Instrumente *gestimmt* werden. Streichinstrumente werden nach dem *Kammerton* a' = 440 Hz gestimmt; d. h. eine der Saiten wird auf die Grundfrequenz 440 Hz eingestimmt. Dies geschieht durch Verändern der Saitenspannung.

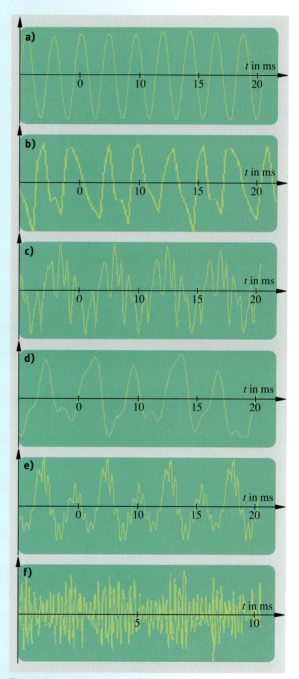

B 4: Oszillogramme von Klängen

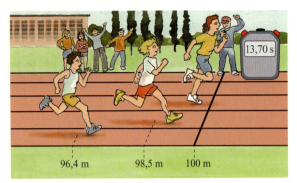

B1: Bild eines Zieleinlaufs

B2: ICE

Bahnhof	Fahrweg in km	Fahrzeit in min
Stuttgart	–	–
Mannheim	107	39
Flughafen Frankfurt	77	31
Frankfurt	11	11
Kassel	193	81
Göttingen	44	18
Hannover	99	32

T1: ICE 574 „Lessing" unterwegs von Stuttgart nach Hannover.

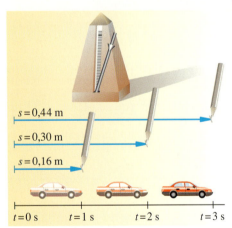

$s = 0,44$ m

$s = 0,30$ m

$s = 0,16$ m

$t = 0$ s $t = 1$ s $t = 2$ s $t = 3$ s

V1: a) Während ein Modellauto über einen Tisch fährt, gibt ein Metronom Taktschläge in Sekundenabständen. Zu jedem Schlag wird der jeweilige Ort des Modellautos markiert. Das gelingt mit etwas Übung. **b)** Der Versuch wird wiederholt. Das Modellauto fährt dabei langsamer. Mithilfe der Ortsmarken bestimmen wir die zurückgelegten Wege.

Geschwindigkeit und Schall

1. Schnell, schneller, ...

Einen 100 m-Lauf hat gewonnen, wer zuerst im Ziel ankommt, d. h. wer für diesen vorgegebenen Weg die geringste Zeit braucht. In manchen Fällen ist ein Foto nötig, um Siegerin oder Sieger zu ermitteln. In ▰▰▶ *Bild 1* wurde der 100 m-Weg in 13,7 s vom Sieger zurückgelegt. Der Zweite benötigt 13,9 s. Das Bild zeigt den Lauf etwa 13,7 s nach dem Start. Also zeigt es, welchen Weg jeder Läufer in dieser Zeit zurückgelegt hat. Der Sieger hat in 13,7 s 100 m bewältigt. Der Zweite erreichte in dieser Zeit die Marke von 98,5 m; der Dritte 96,4 m.

Merksatz

Schneller ist, wer einen vorgegebenen Weg s in der kleineren Zeit t zurücklegt.
Schneller ist, wer in einer vorgegebenen Zeit t den längeren Weg s zurücklegt.

Der ICE 574 „Lessing" verkehrt zwischen Stuttgart und Hamburg. Die ▰▰▶ *Tabelle 1* gibt einen Überblick über Fahrwege und Fahrzeiten.
Die Frage, zwischen welchen Halteorten dieser ICE am schnellsten ist, lässt sich mit der Zeitangabe allein nicht beantworten, denn die Wege zwischen den Haltebahnhöfen sind unterschiedlich lang. Es sind z. B. 107 km von Stuttgart nach Mannheim und 99 km von Göttingen nach Hannover. Auch die einzelnen Fahrzeiten zwischen den Bahnhöfen sind unterschiedlich lang. Für die beiden ausgesuchten Wege braucht der ICE 39 Minuten bzw. 32 Minuten reine Fahrzeit. Die Merksätze reichen hier zur Beantwortung der Frage nicht aus.

2. Bewegung mit konstanter Geschwindigkeit

Beim ▰▰▶ *Versuch 1* wurde festgehalten, an welchen Orten sich das Modellauto in Sekundenabständen befand. Für die Auswertung bleibt der Abstand zwischen den ersten zwei Marken unberücksichtigt, da er die Anfahrphase widerspiegelt. Mit der zweiten Marke beginnt die Zeit- und Wegmessung. Die ➠ *Tabelle 2* (2. Zeile) zeigt, welche Wege in 1 s, 2 s, 3 s, … zurückgelegt wurden: in einer Sekunde etwa 0,15 m. Wenn wir von Ungenauigkeiten beim Messen absehen, legt das Modellauto in jeder Sekunde gleich lange Wege zurück. Wir sagen: Das Modellauto bewegt sich **gleichförmig**.

Dann gilt zudem: In 2 s hat sich der Weg verdoppelt, in 3 s verdreifacht. Die Wege s sind den Zeiten t proportional. Dies bestätigen die grafische Darstellung der Messwerte in ➠ *Bild 3* (hellgrüne Ursprungsgerade) sowie die Berechnung der Quotienten s/t (➠ *Tabelle 2*, Zeile 3).

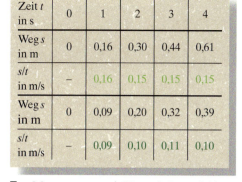

Zeit t in s	0	1	2	3	4
Weg s in m	0	0,16	0,30	0,44	0,61
s/t in m/s	–	0,16	0,15	0,15	0,15
Weg s in m	0	0,09	0,20	0,32	0,39
s/t in m/s	–	0,09	0,10	0,11	0,10

T 2: Messwerte zu ➠ *Versuch 1 a* und *1 b*.

Merksatz

Gleichförmige Bewegungen sind an folgenden Merkmalen erkennbar:
- In der doppelten (dreifachen, …) Zeit t wird der doppelte (dreifache, …) Weg s zurückgelegt.
- Das t-s-Diagramm zeigt eine Ursprungsgerade.
- Die Quotienten zugeordneter Wertepaare (t, s) sind konstant.

Man sagt, **s und t sind proportional**.

Alle Merkmale sind gleichwertig; bei einer bestimmten Bewegung genügt es, ein Merkmal nachzuweisen.

(Sonderfall mit $s = 0$ m zur Zeit $t = 0$ s.)

Bei ➠ *Versuch 1 b* fährt das Modellauto im Vergleich zum ➠ *Versuch 1 a* in jeder Sekunde weniger weit; es fährt langsamer. Die Bewegung ist im Diagramm durch die dunkelgrüne Ursprungsgerade dargestellt (➠ *Bild 3*). Sie verläuft weniger steil als die hellgrüne Gerade, die zu Versuch 1 a gehört.

Die ➠ *Tabelle 2* zeigt, dass die Quotienten s/t zwar bei jeder dieser gleichförmigen Bewegung untereinander gleich sind, dass sich aber für jede Bewegung verschiedene Werte ergeben. Der Quotient s/t für das schnellere Modellauto ist größer. Der Quotient s/t gibt an, wie schnell das Auto ist. Man nennt ihn dessen Geschwindigkeit v.

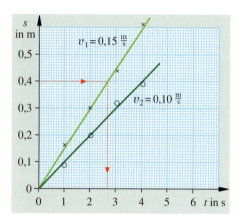

B 3: Diagramm zu ➠ *Versuch 1*

Merksatz

Bei einer **gleichförmigen Bewegung** nennen wir den Quotienten aus dem zurückgelegten Weg s und der dazu benötigten Zeit t die **Geschwindigkeit v**:

$$v = \frac{s}{t}.$$

Die Frage, zwischen welchen Halteorten der ICE „Lessing" am schnellsten ist, lässt sich nun beantworten. Gehen wir vereinfachend von einer gleichförmigen Bewegung aus, so ermitteln wir für den Weg Göttingen – Hannover eine *mittlere* Geschwindigkeit v = 99 km/32 min = 3,09 km/min. Für den Weg Stuttgart – Mannheim ergibt sich so v = 107 km/39 min = 2,74 km/min.

... noch mehr Aufgaben

A1: Wie ist die Geschwindigkeit v bei einer gleichförmigen Bewegung definiert?

A2: Berechne für den ICE „Lessing" die Geschwindigkeiten zwischen den einzelnen Halteorten und die Geschwindigkeit zwischen Stuttgart und Hannover.

A3: Beschreibe die tatsächliche Bewegung eines ICE zwischen zwei Halteorten.

A4: In einem dritten Versuch mit dem Modellauto wird für den Quotienten s/t der Wert 0,25 m/s ermittelt. Übertrage das Diagramm ➠ *Bild 3* in dein Heft und zeichne die Gerade für diesen dritten Versuch hinein. Wo liegt diese Gerade?

A5: Bestimme die Geschwindigkeiten für die drei Läufer aus ➠ *Bild 1*. Vergleiche deren Geschwindigkeiten mit der des Weltrekordlers auf der 100 m-Strecke.

A6: Welche mittlere Geschwindigkeit hat eine Autofahrerin, die den Weg Hannover – Stuttgart (511 km) in 4,5 Stunden zurücklegt?

Vertiefung

Größen und Einheiten

Beim Berechnen der Geschwindigkeit des ICE mit $v = 99\ \text{km}/32\ \text{min} = 3{,}09\ \text{km/min}$ sind die Einheiten km und min nötig; mit der Angabe $v = 3{,}09$ kann man nichts anfangen. Im Gegensatz zur reinen Mathematik braucht man Einheiten. Der Weg s und die Zeit t sind **Größen**, sie bestehen aus **Zahlenwerten** (z. B. 99 bzw. 32) und **Einheiten** (hier: km bzw. min). Für den Quotienten aus s und t, den wir Geschwindigkeit v nennen, ergibt sich hier als Einheit der Quotient km/min.

Der Weg s und die Zeit t sind **Grundgrößen**; für sie sind **Grundeinheiten** Meter (m) und Sekunde (s) allgemein festgelegt. Die Geschwindigkeit v wird als **abgeleitete Größe** bezeichnet, weil sie aus zwei Grundgrößen (s und t) gebildet wird. Die Einheit der Geschwindigkeit ergibt sich deshalb als Quotient m/s.

Nun haben wir für die Einheit der Geschwindigkeit v mit m/s und km/min zwei verschiedene Möglichkeiten kennen gelernt. Vom Auto fahren kennen wir die Einheit km/h. Im Alltag sprechen wir unpräzise von „Tempo 30". Dies bedeutet 30 km/h. Wie rechnet man diese Angabe in m/s um? Dazu setzen wir nur: 1 km = 1000 m und 1 h = 3600 s.
Bei Tempo 30 hat ein Auto die Geschwindigkeit $v = 30\ \text{km/h} = 30 \cdot 1000\ \text{m}/3600\ \text{s} = 8{,}3\ \text{m/s}$.
Für den ICE mit $v = 3{,}09\ \text{km/min}$ gilt: $v = 3{,}09 \cdot 1000\ \text{m}/60\ \text{s} = 51{,}5\ \text{m/s}$.

Ein Fußgänger, der „gut zu Fuß ist", legt in einer Sekunde 1,6 m zurück. Er hat also die Geschwindigkeit $v = 1{,}6\ \text{m/s}$. Welche Geschwindigkeit hat der Fußgänger in km/h? Wir ersetzen 1 m durch 1/1000 km und 1 s durch 1/3600 h und erhalten:

$$v = 1{,}6\ \frac{\text{m}}{\text{s}} = \frac{1{,}6 \cdot \frac{1\,\text{km}}{1000}}{\frac{1\,\text{h}}{3600}} = \frac{1{,}6 \cdot 3600\ \text{km}}{1000\ \text{h}} = 5{,}76\ \frac{\text{km}}{\text{h}}.$$

Drei Musterrechnungen

Die Berechnung der Geschwindigkeit:
Ein Auto durchfährt den Weg $s = 200$ m in der Zeit $t = 5$ s gleichförmig.
Gegeben: $s = 200$ m; $t = 5$ s
Gesucht: v

$$v = \frac{s}{t} = \frac{200\ \text{m}}{5\ \text{s}} = \frac{40\ \text{m}}{1\ \text{s}} = \frac{40 \cdot (1/1000)\ \text{km}}{(1/3600)\ \text{h}}$$

$$= \frac{40 \cdot 3600\ \text{km}}{1000\ \text{h}} = 40 \cdot 3{,}6\ \frac{\text{km}}{\text{h}} = 144\ \frac{\text{km}}{\text{h}}$$

Die Berechnung des Weges:
Wie lang ist der Weg s, den eine Radfahrerin in der Zeit $t = 20$ min mit der konstanten Geschwindigkeit $v = 20$ km/h zurücklegt?
Gegeben: $t = 20$ min; $v = 20$ km/h
Gesucht: s
Zum Berechnen von s haben wir noch keine Gleichung. Wir können aber auf $v = s/t$ die Regeln der Algebra anwenden. Wir multiplizieren die Gleichung $v = s/t$ auf beiden Seiten mit t und erhalten die Gleichung $v \cdot t = s$. Als Rechnung ergibt sich:

$$s = v \cdot t = 20\ \text{km/h} \cdot \tfrac{1}{3}\ \text{h} = 6{,}67\ \text{km}.$$

Die Berechnung der Zeit:
Welche Zeit t braucht ein Flugzeug ($v = 600$ km/h) für den Weg $s = 1000$ km?
Gegeben: $s = 1000$ km; $v = 600$ km/h
Gesucht: t
Um t zu erhalten, dividieren wir die Gleichung $s = v \cdot t$ auf beiden Seiten durch v und erhalten die Gleichung $s/v = t$:

$$t = \frac{s}{v} = \frac{1000\ \text{km}}{600\ \frac{\text{km}}{\text{h}}} = \frac{1000}{600}\ \text{h} = 1{,}67\ \text{h} = 1\ \text{h}\ 40\ \text{min}.$$

Kopfhaar	1 cm/Monat	Schneeflocke	20 cm/s
Schnecke	2 mm/s	Regentropfen	9 m/s
Pferd	60 km/h	Lawine	100 km/h
Schwertfisch	110 km/h	Orkan	300 km/h
Gepard	120 km/h	Mond um Erde	1 km/s
Schwalbe	300 km/h	Erde um Sonne	30 km/s
Strafstoß	100 km/h	Schall in Luft	340 m/s
Tennisaufschlag	260 km/h	Schall in Wasser	1,5 km/s
ICE	410 km/h	Schall in Eisen	5,8 km/s
Flugzeug	900 km/h	Licht	300 000 km/s

T1: Geschwindigkeiten

Wir messen die Schallgeschwindigkeit

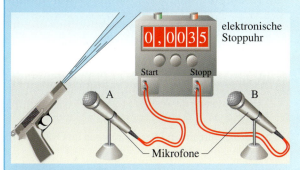

Das Bild zeigt einen Versuchsaufbau zur Messung der Schallgeschwindigkeit. Die verwendete elektronische Stoppuhr kann sehr kurze Zeiten messen (auf 0,1 ms genau). An die Stoppuhr sind zwei Mikrofone angeschlossen. Mit einer „Pistole" verursachen wir einen lauten Knall bei Mikrofon A. Damit starten wir die Uhr. Sie wird gestoppt, wenn der Schall das in seiner Laufrichtung aufgestellte Mikrofon B erreicht.

Wir stellen die Mikrofone in verschiedenen Entfernungen s auf und messen jeweils die Laufzeit t des Schalls. Die ➠ *Tabelle 2* gibt die Messwerte an:

s in m	0	0,4	0,8	1,2	1,6
t in s	0	0,0012	0,0023	0,0035	0,0047
v in m/s	–	333	347	342	340

T2: Schallgeschwindigkeit bei 20 °C Lufttemperatur

Wir erhalten für die Schallgeschwindigkeit $v = s/t \approx 340$ m/s. Da die benutzte Uhr nur bei vollen zehntausendstel Sekunden weiterschaltet, ist in der 2. Zeile die Ziffer in der letzten Stelle unsicher, sie kann um eine Einheit nach oben oder nach unten abweichen. Die Schallgeschwindigkeit ist in verschiedenen Stoffen unterschiedlich groß. In Gasen ist sie am kleinsten, in festen Körpern am größten. ➠ *Tabelle 1* enthält einige Werte.

... noch mehr Aufgaben

A1: Ein Auto soll mit der konstanten Geschwindigkeit $v = 0,30$ m/s fahren. Berechne die Teilwege nach $t = 0$ s, 1 s, 2 s, 3 s, 4 s und zeichne ein t-s-Diagramm für diese Bewegung. Berechne den Weg s, den das Auto in 2,5 s zurücklegt, und die Zeit t, die es für 0,5 m braucht. Bestätige die Ergebnisse an Hand des Diagramms.

A2: Die Leitpfosten an der Autobahn haben einen Abstand von 50 m. Wie kannst du damit die Anzeige des Tachometers bei 100 km/h überprüfen? Ist es zweckmäßig, als Weg 50 m zu wählen?

A3: Welchen Fehler macht ein Zeitnehmer beim 100 m-Lauf, wenn er die Uhr startet, sobald er den Startschuss hört? Wäre dies für die Läuferin von Vorteil? Wie viel Zeit braucht das Licht für den 100 m-Weg (Lichtgeschwindigkeit 300 000 km/s)? Darf man also nach dem Rauchzeichen der Startpistole stoppen, ohne einen nennenswerten Fehler zu machen?

A4: Wie lange braucht das Licht von der Sonne zur Erde (150 Mio. km)? In der Astronomie werden Entfernungen in Lichtjahren angegeben; das ist der Weg, den das Licht in einem Jahr durchläuft. Wie lang ist er?

A5: Der Umfang der Erde beträgt etwa 40 000 km. Welche Geschwindigkeit haben die Menschen am Äquator allein wegen der täglichen Erddrehung?

A6: Bei der Messung der Schallgeschwindigkeit wurde die Zeit auf eine zehntausendstel Sekunde genau gemessen. Welcher Wert hätte sich für die Schallgeschwindigkeit ergeben, wenn die Uhr jeweils eine um eins größere (kleinere) Ziffer in der letzten Stelle angezeigt hätte (➠ *Tabelle 2*)?

A7: In vielen Wohngebieten ist „Tempo 30" vorgeschrieben. Das nützt der Verkehrssicherheit. Der reine Bremsweg bis zum Stillstand eines Autos ist bei der Geschwindigkeit 50 km/h etwa 20 m und bei 30 km/h etwa 7 m lang.

Wird nun ein Autofahrer zu einer Vollbremsung gezwungen, so reagiert er erst nach einer „Schrecksekunde". Wie weit fährt das Auto in einer Reaktionszeit von 0,5 s? Wie groß ist somit der gesamte Weg bis zum Stillstand?

A8: Die Entfernung von Stuttgart nach Hannover beträgt rund 500 km. Wenn eine Autofahrerin diesen Weg in sechs Stunden und 15 Minuten zurücklegt, dann hat sie eine mittlere Geschwindigkeit von 500 km/6,25 h = 80 km/h erreicht. Während der Fahrt ist sie teilweise schneller und teilweise langsamer als 80 km/h gefahren. Vereinfachend nehmen wir an, sie sei gleichförmig mit 80 km/h gefahren. Wie weit war sie dann nach 3 Stunden 45 Minuten von Stuttgart entfernt? Nach welcher Fahrzeit war sie 100 km vor Hannover? Wie ändern sich die Antworten, wenn sich die Gesamtfahrzeit verlängert durch eine Pause von 25 Minuten drei Stunden nach dem Start?

B 1: Ein Schlag – und das Pendel wird ausgelenkt.

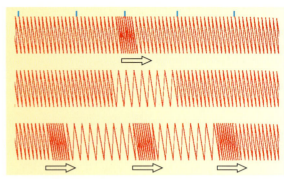

B 2: Verdichtungen und Verdünnungen im Drahtwurm.

V 1: Wir stellen eine Klingel auf einem Schwamm unter eine Glasglocke. Wir hören ihren Klang. Pumpen wir die Luft ab, so ist ihr Ton nicht mehr zu hören.

V 2: Wir hängen ein kleines Kügelchen so auf, dass es die Membran eines Tamburins berührt (⟹ *Bild 1*). Schlagen wir ein zweites Tamburin in unmittelbarer Nähe kräftig an, so fliegt das Kügelchen weg.

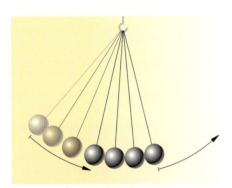

V 3: Wir lenken die linke Kugel aus und lassen sie los. Sie trifft auf die zweite Kugel. Ohne dass sich die inneren Kugeln merklich bewegen, wird die letzte Kugel weit ausgelenkt.

Die Ausbreitung des Schalls

1. Wo breitet sich der Schall aus?

Im luftleeren Raum kann sich Schall nicht ausbreiten. Stellen wir nämlich eine Klingel unter eine Glasglocke und pumpen die Luft ab, so ist die Klingel nicht mehr zu hören (⟹ *Versuch 1*). Berührt sie aber zufällig den Teller oder die Glasglocke, dann erreicht der Schall wieder unser Ohr.

Halten wir eine Stimmgabel frei in der Hand, so hören wir sie in größerer Entfernung nicht. Berührt sie aber das Ende eines Stabes aus Holz oder aus Metall, so hören wir sie am anderen Ende deutlich. Schall kann sich also nicht nur in Luft, sondern auch in Glas, in Metallen und in anderen festen Körpern ausbreiten. Auch Flüssigkeiten leiten den Schall weiter, wie wir z.B. im Schwimmbad beim Tauchen feststellen können.

 Merksatz

Schall kann sich in allen Körpern ausbreiten, nicht aber im leeren Raum.

2. Wie breitet sich der Schall aus?

Was geht bei der Schallausbreitung in Luft oder anderen Stoffen vor sich? Schlagen wir ein Tamburin kräftig an, so breitet sich ein Knall in der Luft aus. Trifft er auf eine zweite Membran, so wird diese ausgelenkt und stößt ein Kügelchen weg (⟹ *Versuch 2*). Was in der Luft zwischen den beiden Membranen abläuft, können wir allerdings nicht sehen: Wird die Membran eines Tamburins durch einen Schlag ausgelenkt, so stößt sie die angrenzende Luft etwas zur Seite. Diese gibt – mit geringer Verzögerung – den Stoß an die angrenzende Luft weiter. Dabei wird die Luft nicht weggeblasen, sondern sie bleibt, wo sie ist. Der Rauch eines Räucherstäbchens zwischen den beiden Tamburinen zeigt keine wesentliche Bewegung. Am Ende wird die zweite Membran von der an sie angrenzenden Luft ausgelenkt. Das kleine Kügelchen wird weggestoßen.

Wie ist es aber, wenn eine Membran *Schwingungen* ausführt? Wie kann dann die Luft den Schall weiterleiten? Wie reagiert Luft auf die *Hin- und Herbewegung* einer Schallquelle?

Bewegt sich die Membran eines Lautsprechers nach außen, so wird die angrenzende Luft wie beim Tamburin weggestoßen. Bewegt sie sich aber nach innen, so füllt die angrenzende Luft den frei werdenden Raum. Bei dem ständigen Hin und Her der Membran schwingt auch die Luft mit und kann so den Schall an unser Ohr weiterleiten. Das wollen wir nun veranschaulichen.

3. La Ola – die Welle

Wenn die Fußballfans in Hochstimmung sind, lassen sie eine Begeisterungswelle durch die Ränge laufen. Irgendwo reißen Zuschauer die Arme hoch und stehen auf, ihre Nachbarn folgen ihrem Beispiel und schon beginnt eine *Welle* um das Stadion zu laufen. Das Zusammenspiel aller Zuschauer beim Auf und Ab der Arme bringt diese Welle zustande. Jeder bleibt an seinem Platz, doch die *Welle läuft*. Bei der Ausbreitung von Schall werden Luftteilchen hin und her bewegt. Sie geben ihre Bewegung an die benachbarten Teilchen weiter. Das braucht etwas Zeit. Alle Teilchen schwingen dabei an ihrem Ort hin und her, aber die **Schallwelle** breitet sich aus.

Bewegen wir ein Ende eines *Drahtwurms* (➠ *Bild 2*) in Längsrichtung periodisch hin und her, so laufen abwechselnd Verdichtungen und Verdünnungen der aneinander gekoppelten Windungen wie eine **Welle** durch den Drahtwurm.

Mit diesem Modell können wir auch die Ausbreitung von Schall in einer Schnur (➠ *Versuch 4*) veranschaulichen. Der Boden des Joghurtbechers bewegt das eine Ende der Schnur hin und her. Die Teilchen der Schnur sind elastisch aneinander gekoppelt und geben die Bewegung an die Nachbarteilchen weiter.

 Merksatz

Eine Schallquelle erzeugt Schwingungen. Sie bewirken in Luft und in anderen elastischen Körpern eine **Schallwelle**. Alle von der Welle erfassten Teilchen führen dieselbe Schwingung aus. Je weiter ein Teilchen von der Schallquelle entfernt ist, desto später beginnt es mit dieser Schwingung.

 Interessantes

Das Echolot

Trifft Schall auf einen Körper, so wird er an diesem *reflektiert*. Kommt der Schall wieder an seinen Ausgangspunkt zurück, so sprechen wir von einem **Echo**. Aus der Zeit, die zwischen dem Aussenden des Schalls und dem Eintreffen seines Echos vergeht, können wir die Entfernung des reflektierenden Körpers bestimmen. In der Schifffahrt wird das **Echolot** eingesetzt, um Meerestiefen zu bestimmen oder Fischschwärme zu orten.

V 4: Wir verbinden die Böden zweier Joghurtbecher mit einer Schnur. Spricht jemand leise in den einen Becher, so hören wir dies am anderen Becher auch über größere Entfernungen recht gut. Der Schall wandert in der Schnur von Becher zu Becher. Die Schnur als Ganzes wandert dabei nicht.

Stoff	Schallgeschwindigkeit
Blei	1200 m/s
Kupfer	3900 m/s
Holz	5500 m/s
Eisen	5800 m/s
Salzwasser	1520 m/s
Sauerstoff	322 m/s
Luft	340 m/s
Wasserstoff	1330 m/s

T 1: Schallgeschwindigkeit in Stoffen

... noch mehr Aufgaben

A 1: Wie weit ist ein Gewitter entfernt, wenn es 6 s nach dem Blitz donnert?

Man sendet Ultraschallsignale aus und misst deren Laufzeit.

B 3: Tiefenmessung mit dem Echolot.

Interessantes

Lärm und Lärmschutz

Wenn Schall zu Lärm wird

Musik begleitet uns durch den Tag: beim Wecken, unterwegs im Auto, in der Disko, beim Träumen und Einschlafen. Gefällt sie uns nicht mehr, so können wir sie abschalten.

Aber eine Lebensweisheit besagt:

Musik wird störend oft empfunden, da sie mit Geräusch verbunden (Wilhelm BUSCH).

B 1: Lärmquellen

Laute Musik: Warnung vor Gehörschäden

STUTTGART (lsw). Diskokrach kann ohrenbetäubend sein. „Die Folge von zu lautem und zu langem Hören können taube Ohren, Ohrensausen und im schlimmsten Fall ein unumkehrbarer Hörschaden sein", warnte der Präsident des Landesgesundheitsamtes in Stuttgart. Schon jetzt nähmen Gehörschäden bei Kindern und Jugendlichen zu. Am heutigen Mittwoch findet bundesweit der „Tag für die Ruhe – gegen Lärm" statt.

Stundenlanges lautes Hören mit einem Walkman kann für das sensible Gehör ebenfalls zum Stress werden. Hörschäden entstünden auch durch Impulslärmquellen wie Computerspiele, Kinderpistolen oder Knallfrösche. Diese seien sogar noch risikoreicher, da wegen der Kürze die tatsächliche Lautstärke subjektiv gar nicht wahrgenommen werde.

Bei „Freizeitlärm in Innenräumen" beginne das Risiko von Gehörschäden mit 85 Dezibel, warnte der Chef des Amtes. „Und bei spätestens 100 Dezibel hört die Gemütlichkeit auf." Während der Lärmpegel am Arbeitsplatz bis ins letzte Detail geregelt sei, fehle es für Freizeiteinrichtungen an Grenzwerten. „In den Diskotheken erreicht der durchschnittliche Schallpegel zwischen 92 und 111 Dezibel." Die Befragung von 347 Berufsschülern habe ergeben, dass fast 60 Prozent regelmäßig Musik von 85 Dezibel und mehr hörten.

Das Sozialministerium sieht auch in dem zunehmenden Verkehrslärm ein gesundheitliches Risiko. Über zwei Drittel der Bevölkerung fühlten sich dadurch belästigt. Verschiedene Untersuchungen gäben Hinweise darauf, dass chronische Lärmbelastung neben Schlafstörungen und Minderung der Leistungsfähigkeit auch Herz- und Kreislauferkrankungen verursachen könne. So werde vermutet, dass bei ständigen Lärmbelastungen über 65 Dezibel das Herzinfarktrisiko ansteige.

Lautstärke	Auswirkungen
0 dB (A)	Hörschwelle menschliches Ohr
60 dB (A)	Stressreaktionen im Schlaf
90 dB (A)	Hörschäden bei längerem Einwirken
130 dB (A)	Schmerzgrenze menschliches Ohr
150 dB (A)	Irreparable Schäden am Innenohr in ca. 1 Sekunde

T 1: Schallpegel in dB (A)

Wie wird Schallstärke gemessen?

Mit „laut" und „leise" beschreiben wir die *subjektiv* empfundene Lautstärke einer Schallwahrnehmung. Als solche ist sie nicht messbar, wohl aber die je Sekunde auf eine bestimmte Fläche übertragene Energie (Schallintensität). Ihre Messwerte bei der Hörschwelle (hier wird Schall gerade noch wahrgenommen) und bei der Schmerzschwelle (hier löst Schall Schmerz aus), liegen weit auseinander. Sie unterscheiden sich um mehrere Zehnerpotenzen. Die *Dezibelskala* macht diese Messwerte mit einem mathematischen Kunstgriff überschaubarer (➠ *Tabelle 1*). Ihre Werte liegen zwischen 0 dB (A) und 150 dB (A).

Die Hörschwelle bekommt den Wert 0 dB (A). Der Schmerzschwelle wird der Wert 130 dB (A) zugeordnet. Erreicht der Schallpegel diesen Wert, so führt dies zu Schmerzen im Innenohr. Bei einer Überschreitung besteht die Gefahr bleibender Gehörschäden.

Jede Verdoppelung der Schallintensität führt zu einer Zunahme des Schallpegels um 3 dB (A). Hat also ein Motorrad einen Schallpegel von 80 dB (A), dann haben zwei gleiche Motorräder in gleicher Entfernung 83 dB (A).

Interessantes

Gefahr für das Ohr

Viele junge Menschen hören Musik über einen Kopfhörer. Das Musikerlebnis ist dabei besonders intensiv. Wie stark werden dabei die Ohren belastet? Vorsicht ist geboten: Es können Werte bis zu 110 dB (A) auftreten. Eine Statistik zeigt, dass ein nicht geringer Teil der Jugendlichen (etwa 25%) seinen Ohren zuviel zumutet und Hörschäden davonträgt.

Lärmschutz durch Schalldämpfung

Der **Straßenverkehr** ist die **Hauptursache** für Lärmbelästigung. Um den Verkehrslärm zu mindern, baut man Schallschutzwände entlang verkehrsreicher Straßen. Im Gegensatz zu Licht kann man sich vor Schall nicht durch eine Abschirmung schützen. Er umläuft die Wand an ihren Rändern, er geht sozusagen „um die Ecke herum". Um *Lärmminderung an der Quelle* zu erreichen, wurden die EG-Geräuschgrenzwerte 1996 für Pkw von 77 dB (A) auf 74 dB (A) gesenkt. Wie wir wissen, bedeutet die Abnahme um 3 dB (A), dass zwei Pkw der neuen Generation zusammen nur noch so laut sind, wie ein alter Pkw allein. Leider wird durch die Zunahme der Anzahl und der Fahrleistung der Pkw die Lärmminderung wieder aufgehoben.

Auch bei *Flugzeugen* führten neue Grenzwerte zu einer wirksamen Lärmminderung. Leider heben andere Faktoren, wie die Zunahme der Flugbewegungen diesen Fortschritt wieder auf. Eine Flugvermeidung in der Nacht, Abbau von Kurzstreckenflügen wäre der effektivste Lärmschutz.

Beim Umgang mit *Maschinen* werden Höchstwerte von etwa 80 dB (A) empfohlen. Das Tragen eines Gehörschutzes wird vorgeschrieben. Bei Büroarbeit liegen die empfohlenen Höchstwerte bei 50 dB (A) und bei überwiegend geistiger Tätigkeit bei 40 dB (A).

Lärmschutz durch Schalldämmung

Schallabsorbierende Wände mindern beim Hausbau die Schallausbreitung. *Trittschall* kann man durch schalldämmende Maßnahmen unterdrücken: Der Bodenestrich wird in eine Wanne aus schallschluckendem Material gelegt *(schwimmender Estrich)*. Ein durchgehender elastischer Dämmstoff verhindert eine Schallübertragung an die angrenzenden Räume. Er darf an keiner Stelle unterbrochen werden, sonst entstehen *Schallbrücken* und der gesamte Trittschallschutz geht verloren. Die Fundamente einer Maschine setzt man auf eine Korkschicht, die an keiner Stelle überbrückt werden darf.

Lärmbelästigung (1992–1994)	Anteil Belästigter (%)
Straßenverkehr	70
Flugverkehr	50
Schienenverkehr	21
Industrie	21
Nachbarn	22
Sportanlagen	7

T 2: Lärmbelästigungen

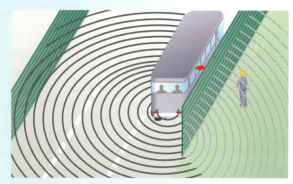

B 2: Lärmschutz: Trotz Schalldämpfer und Tempolimit erreicht der Schallpegel an manchen Orten die gesetzlich vorgeschriebene Höchstgrenze. Dann werden entlang den Straßen Wände errichtet, die den Schall reflektieren sollen. Eine Bepflanzung oder die Verwendung von schallschluckendem Material bringt eine zusätzliche Lärmminderung. Eine vollständige Lärmvermeidung ist aber in keinem Fall gegeben, da sich Schall auch „um die Ecke herum" ausbreitet.

B 3: Bereits bei der Planung eines Hauses muss Lärmverminderung berücksichtigt werden. Das erreicht man durch eine geschickte Verlegung der Wasserleitungen, sowie durch Umhüllungen mit Steinwolle oder Styropor®. Zur Trittschalldämmung werden z.B. Styropor®-Platten auf dem Boden verlegt.

Das ist wichtig

1. Schallerreger

Musikinstrumente sind die geläufigsten Schallerreger. Sie erzeugen periodische Schwingungen, die wir als **Ton** oder **Klang** empfinden. Wir hören aber auch allerlei *Geräusche*, deren Ursprung nicht immer erkennbar ist; das *Knacken* eines Astes, das *Knistern* eines Papiers, das *Knirschen* der Zähne, das *Rascheln* des Laubes und das *Rauschen* des Meeres. Sie werden von den verschiedensten Schallerregern verursacht, die regelmäßige oder auch unregelmäßige Schwingungen mit wenigen Perioden ausführen. Bei einem *Knall* werden wenige Schwingungen mit sehr großer Amplitude erzeugt.

2. Schallempfänger

Unser *Ohr* ist ein natürlicher Schallempfänger. Es ermöglicht dem *Gehör*, eine Vielzahl von Klangmustern zu unterscheiden. Es hat aber auch eine Schwäche: nicht jede Schwingung wird als Ton aufgenommen. Dagegen registriert ein künstlicher Schallempfänger, ein *Mikrofon*, sowohl die langsamen als auch schnellen Schwingbewegungen. Im Gegensatz zum Ohr registriert ein Mikrofon Druckschwankungen unabhängig von deren Frequenz und Amplitude.

Schall sehr hoher Frequenz nennen wir **Ultraschall**. Er unterscheidet sich von Schall nur dadurch, dass ihn unser Ohr nicht hört. Schall ist in der Luft, solange er sich dort als regelmäßige oder unregelmäßige Druckschwankung ausbreitet.

3. Beschreibung von Schwingungen

Schwingungen sind **periodische** Bewegungen. Sie unterscheiden sich durch ihre **Amplitude** und ihre **Periodendauer** T. In der Akustik wird die **Tonhöhe** durch die **Frequenz** f gekennzeichnet. Sie gibt die Zahl der in einer Sekunde ausgeführten Perioden an. Zwischen der Periodendauer T und der Frequenz f besteht die Beziehung

$$f = \frac{1}{T}; \text{ in Einheiten: } \mathbf{1\ Hz} = \frac{1}{\mathbf{s}}.$$

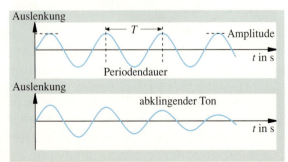

4. Töne und Klänge

Bei einer Tonleiter haben alle Töne ein festes **Frequenzverhältnis** zum Grundton. Nehmen wir mehrere Töne gleichzeitig wahr, so hören wir einen **Klang**. Musikinstrumente erzeugen niemals einen einzigen Ton, sondern immer einen Klang.

5. Eigenschwingungen und Resonanz

Eigenschwingungen sind Schwingungen, zu denen ein Körper besonders gut angeregt werden kann. Schlagen wir eine Stimmgabel an, so schwingt sie mit der ihr eigenen Frequenz, z. B. 440 Hz. Schlagen wir in ihrer Nähe eine zweite Stimmgabel mit derselben Frequenz 440 Hz an, so schwingt die erste Stimmgabel in ihrer **Eigenfrequenz** 440 Hz von selbst mit. Sie gerät in **Resonanz**.

6. Die Schallwelle

Eine Schallquelle erzeugt Schwingungen. Sie führen in Luft und elastischen Körpern zu einer Schallwelle. Dabei führen die von der Schallwelle erfassten Teilchen Schwingungen aus. Je weiter ein Teilchen von der Schallwelle entfernt ist, desto später beginnt es mit dieser Schwingung. Im luftleeren Raum gibt es keine Schallwelle.

7. Die Schallgeschwindigkeit

In Luft legt der Schall in 3 Sekunden etwa einen Kilometer Weg zurück. Schall breitet sich in verschiedenen Stoffen unterschiedlich aus. Messungen ergeben, dass sich der Schall in Gasen am langsamsten und in festen Körpern am schnellsten ausbreitet.

Fliegt ein Flugzeug mit einer Geschwindigkeit, die größer ist als die Schallgeschwindigkeit in Luft – also mit etwa 340 m/s oder 1224 km/h – so verdichten sich die von ihm ausgelösten Schallwellen zu einer starken Druckwelle. Wo diese die Erde erreicht, hört man einen lauten Knall – den **Überschallknall**.

9. Schall verursacht Lärm

Lärm macht krank. Zur Lärmverminderung werden Schallquellen durch Materialien wie Gummi, Schaumstoff, … abgeschirmt. Diese Materialien *absorbieren* den Schall (*Schalldämpfung*). *Gehörschutz* vermindert die Schallintensität am Ohr und schützt das Gehör so vor zu starkem Lärm.

Ein **abklingender Ton** wird immer leiser, ändert aber seine Frequenz nicht. Im Schwingungsbild werden die Amplituden zunehmend kleiner, während die Periodendauer erhalten bleibt.

Beachvolleyballspielen erfordert vor allem Ausdauer, Kraft und Sprungvermögen. In diesem Kapitel geht es um *Kräfte*. Sie lassen sich an ihren Wirkungen erkennen. Schlägt eine Spielerin kraftvoll gegen den Ball, wird dieser schneller und/oder ändert seine Richtung. Die Spielerin spürt an der Hand eine *Gegenkraft* des Balles. Der Ball wird beim Schlag verformt.

Wenn eine Situation ein schnelles Vorlaufen erfordert, bietet der weiche Sand den Spielerinnen wenig Hilfe: Der Sand gibt nach, wenn man versucht sich kräftig abzustoßen. Die für einen Blitzstart wesentliche Gegenkraft bleibt klein.

Volleybälle müssen bestimmte Normen erfüllen: Der Umfang und die *Masse* oder die *Gewichtskraft* eines Wettkampfballes sind vorgeschrieben. Vom Zusammenhang zwischen Gewichtskraft und Masse ist in diesem Kapitel die Rede.

Genau über dem Netz kann der Ball von zwei Spielerinnen gleichzeitig geschlagen werden, es wirken dann also zwei Kräfte auf ihn ein. Was in solchen Fällen passiert, erfährst du auch auf den nächsten Seiten. Die Spielerinnen müssen aus eigener Kraft hochspringen, was im Laufe des Spieles immer anstrengender wird.

Haben wir im Alltag Lasten zu heben, so stehen uns gelegentlich Hilfen zur Verfügung, die Kräfte reduzieren. Solche Seilmaschinen werden im Folgenden erklärt.

B 1: Mit voller Kraft!

B 2: Kraftwirkungen beim Kopfball

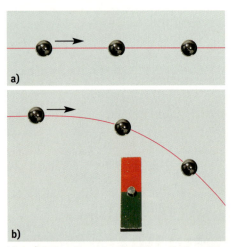

a)

b)

V 1: a) Wir rollen eine Stahlkugel über eine Glasplatte. Die Bahn der Kugel ist geradlinig; die Kugel wird nicht beschleunigt. **b)** Nun legen wir zusätzlich einen Magneten auf die Glasplatte. Wenn die Kugel in die Nähe des Magneten kommt, wird sie beschleunigt oder verzögert. Die Kugel scheint einer Kreisbahn zu folgen.

 Vertiefung

Eine Fähigkeit ist noch keine Kraft
Magnete haben die Fähigkeit, Eisen oder Stahl anzuziehen. Ist kein Eisen in der Nähe eines Magneten, so führt diese Fähigkeit zu keiner Kraft. Insbesondere dürfen wir *dem Magneten allein* noch keine Kraft zuordnen. Der Magnet kann sich z.B. nicht mit magnetischen Kräften von selbst in Bewegung setzen. Von einer Kraft können wir nur dann sprechen, wenn sie an einem Körper angreift und durch Kraftwirkungen erfahrbar wird.

Kräfte und ihre Messung

1. Kräfte ändern den Bewegungszustand

Der Sportler in ⮕ *Bild 1* wirft den Ball auf das Handballtor. Dabei spürt er die Anspannung seiner Muskeln. In der Sprache der Physik heißt das: *Der Spieler übt auf den Ball eine Kraft aus.* Die Zuschauer können die Muskelanspannung nur eingeschränkt beobachten. Sie sehen aber, wie stark und in welche Richtung der Ball beschleunigt wird. Dies sind *Wirkungen der Kraft*, die auch ein Zuschauer wahrnehmen kann.

Fliegt z.B. der Ball auf das Tor zu, ist es die Aufgabe des Torhüters, ihn zu „halten". Dazu muss er den Ball mit einer großen Kraft abbremsen. Der Torhüter spürt die Kraft an den Händen oder am Körper. Wenn es dem Torwart gelingt, den Ball so abzulenken, dass dieser am Tor vorbeifliegt, hat er seine Aufgabe auch erfüllt. Um die Flugrichtung des Balls zu ändern, muss er ebenfalls eine Kraft auf ihn ausüben.

Wirkt eine Kraft auf den Ball, so wird dieser beschleunigt, abgebremst oder seine Flugrichtung wird verändert. Wir erkennen Kräfte daran, dass sie den *Bewegungszustand* von Körpern *ändern*.

Die Stahlkugel aus ⮕ *Versuch 1 a* rollt – einmal in Bewegung gesetzt – mit konstanter Geschwindigkeit über die Glasplatte; sie ändert ihren Bewegungszustand nicht. Es wirkt parallel zur Glasplatte *keine* Kraft auf die Stahlkugel. Ein Magnet dagegen kann die Kugel beschleunigen bzw. verzögern; er kann auch ihre Bewegungsrichtung ändern (⮕ *Versuch 1 b*). Er kann nämlich auf die Kugel eine Kraft ausüben. In jedem Fall wird der Bewegungszustand der Kugel geändert. Die **Kraft** des Magneten auf die Stahlkugel ist die **Ursache** dafür.

2. Kräfte verformen Körper

Das ⮕ *Bild 2* zeigt eine weitere Kraftwirkung: Der Kopf des Fußballspielers übt auf den Ball eine Kraft aus. Durch diese Kraft wird der Ball zunächst langsamer und dann wieder schneller.

Neben diesen Änderungen des Bewegungszustandes wird der Ball durch die Kraft verformt, wie das Foto eindrucksvoll zeigt. Mit den Händen können wir diese Verformung nachempfinden, indem wir den Ball etwas zusammendrücken. Jetzt wirken auf ihn zwei Kräfte in verschiedene Richtungen. Diesmal wird der Ball nur verformt und nicht beschleunigt.

B3: Expander als „Maßstab" für Kräfte

Merksatz

Werden Körper verformt oder wird ihr Bewegungszustand geändert, so greifen Kräfte an ihnen an.
Das Ändern des Bewegungszustandes bedeutet:
Der Körper wird durch die Kraft schneller, langsamer oder in eine Kurve gezwungen.

3. Das Prinzip der Kraftmessung

Wer misst, vergleicht eine Größe mit den Vielfachen einer Einheit. So kann die Länge eines Tisches z. B. mit 3 · 1 m (Einheit) bestimmt werden. Diese allgemeine Aussage über das Messen wollen wir nun auf die Situation zweier Mädchen übertragen, die „ihre Kräfte messen wollen". Wie ermittelt man die Stärkere? Wievielmal so stark ist sie wie die andere?

Man könnte beim Schlagballweitwurf oder beim Kugelstoßen Kräfte vergleichen. Doch spielen dabei auch Geschicklichkeit und Übung eine Rolle. Also lassen wir die Schülerinnen nach ▧▶ *Bild 3* nacheinander an einem Expander ziehen. Ein Ende des Expanders ist an der Wandtafel sicher befestigt. Der Ort des rechten Griffes wird an der Tafel durch eine Kreidemarkierung festgehalten.

Wird der Expander von zwei Schülerinnen jeweils bis zur gleichen Marke verlängert, dann sagen wir, beide üben gleich große Kräfte aus. In der Sprache der Physik ist damit die *Maßgleichheit* für Kräfte festgelegt. Zum Messen brauchen wir aber auch noch eine *Einheit*. Wir legen als vorläufige Einheit die Kraft, die die Schülerin Ina ausübt, mit der Bezeichnung „1 Ina" fest.

Was sollen aber „2 Ina" sein? Jetzt brauchen wir Inas gleich starke Mitschülerin. Wir vereinbaren: Wenn beide am Expander in die gleiche Richtung ziehen, üben sie zusammen die Kraft „2 Ina" aus. Drei Schülerinnen, die sich als gleich stark erwiesen haben, üben gemeinsam in gleicher Richtung die Kraft „3 Ina" aus. Auf diese Weise erzeugen wir eine Kräfteskala. Wenn wir sie zusammen mit dem Expander aufbewahren, können wir später die Kraftmessungen weiterführen.

Die meisten Expander liefern eine ungleichmäßige Kräfteskala. Wir werden bald bessere Kraftmesser kennen lernen.

Merksatz

Zwei Kräfte, die denselben Körper gleich stark verformen, sind gleich groß.
Wenn Kräfte, die in einem Punkt eines Körpers angreifen, die gleiche Richtung haben, addieren sie sich.

... noch mehr Aufgaben

A1: a) Nenne alltägliche Vorgänge zu den Wirkungen einer Kraft. **b)** Stelle eine Liste mit alltagssprachlichen Begriffen zusammen, die jeweils das Wort „Kraft" enthalten. **c)** Welcher dieser Begriffe verwendet „Kraft" im physikalischen Sinne?

A2: Beschreibe anhand von ▧▶ *Bild 1* den Ablauf eines Wurfes. Berichte zunächst aus der Sicht des Werfers und dann aus der Sicht einer Zuschauerin. Der Ball kommt auf das Tor – der Torwart hält. Berichte aus seiner Sicht.

A3: Ein Boxer schlägt im Training viele Male auf einen schweren Sandsack. Beschreibe den Vorgang und verwende dabei die Begriffe aus dem oberen Merksatz.

A4: Das Bild zeigt einen Tennisball im Augenblick des Kontaktes mit den Schlägersaiten. Beschreibe den Vorgang. Welche Kräfte treten auf und was bewirken sie?

A5: Ein Fußballreporter ruft, ein Spieler habe den Ball gehalten, abgewehrt bzw. verlängert. Was hätte der Spieler tun müssen, wenn das wörtlich gemeint wäre? Beschreibe physikalisch den jeweiligen Vorgang und die Wirkung.

B 1: Sir Isaac NEWTON, engl. Physiker

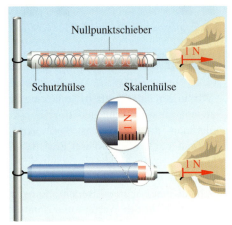

Nullpunktschieber

Schutzhülse   Skalenhülse

B 2: Am Kraftmesser zieht rechts eine Hand mit der Kraft 1 Newton.

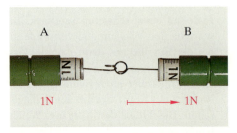

B 3: Ein linker Partner hält Kraftmesser A nur fest, während ein rechter an Kraftmesser B mit der Kraft 1 N zieht.

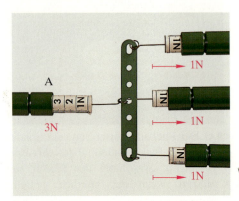

B 4: Die Kräfte von je 1 N (rechts) addieren sich am linken Kraftmesser zu 3 N.

4. Kraftmesser und die Krafteinheit Newton

Kraftmesser sind kleine, aber präzise Expander. Sie enthalten nach ➠ *Bild 2* eine hochwertige Stahlfeder. Kraftmesser sind in der international vorgeschriebenen Krafteinheit, dem **Newton** (Abkürzung **N**) geeicht, zu Ehren des englischen Physikers Isaac NEWTON (➠ *Bild 1*), der wichtige Gesetze der Mechanik formuliert hat.

 Merksatz

Die **Einheit der Kraft** ist **1 N** (**Newton**).

Unsere vorläufige Krafteinheit „1 Ina" hatte ihren Sinn bei den prinzipiellen Überlegungen zur Kraftmessung. Regionale oder sogar individuelle Maßeinheiten sind hinderlich, deshalb gibt es weltweit einheitliche Maßeinheiten wie das Newton.

Der Kraftmesser in ➠ *Bild 2* besteht aus einer Schraubenfeder aus Stahldraht, einer Plastikhülse mit Skala und einer Schutzhülse. Das linke Ende der Feder ist mit der Schutzhülse verbunden, das rechte mit der Skalenhülse. Diese kann reibungsfrei aus der Schutzhülse gezogen werden. Wenn keine Kraft wirkt, stellen wir den Nullpunktschieber (dritte Hülse) auf den Skalenwert 0 N. Verlängert dann eine Kraft die Feder, so taucht ein Teilstrich mit 1 N auf. Verlängern wir die Feder bis zum Teilstrich 5, so üben wir eine Kraft von 5 N aus. Je nach Härte der Federn haben Kraftmesser verschiedene Messbereiche: empfindliche von 0 N bis 0,1 N oder von 0 N bis 1 N; robuste von 0 N bis 5 N usw.

5. Versuche mit Kraftmessern

➠ *Bild 3* zeigt, dass beide Kraftmesser die gleiche Kraft anzeigen, unabhängig davon, an welchem Ende man zieht. Kraftmesser messen also die Kraft, die sie erfahren, aber auch die, die sie auf einen anderen Körper ausüben. Betrachten wir den waagerechten Draht in ➠ *Bild 3* zwischen den Kraftmessern A und B. Er überträgt die Kraft 1 N von links nach rechts oder auch umgekehrt. Im Draht, also unterwegs, nimmt die Kraft weder zu noch ab, sie beträgt überall 1 N. Dieses gilt auch dann, wenn wir den Draht durch einen langen Faden, ein Gummiband oder mehrere Federn ersetzen.

➠ *Bild 4* zeigt rechts drei Kraftmesser, die parallel zueinander liegen. An jedem Kraftmesser wird mit 1 N nach rechts gezogen. Als „Resultat" zeigt der linke Kraftmesser (A) die Kraft 3 N an. Die drei gleichgerichteten Kräfte von je 1 N haben sich zur der **resultierenden Kraft** 3 N addiert. Wenn die gleichgerichteten Kräfte unterschiedlich sind (z. B. 3 N, 7 N und 5 N) und wieder am gleichen Körper angreifen, dann addieren sie sich auch (hier: 15 N).

 Merksatz

Wenn mehrere gleichgerichtete Kräfte am gleichen Körper angreifen, dann addieren sich ihre Beträge.

6. Kräfte sind Vektorgrößen

Die Wirkung einer Kraft ist mit ihrem Betrag und ihrer Richtung allein noch nicht eindeutig bestimmt. Stellen wir uns vor, dass eine bestimmte Kraft (Betrag und Richtung sind fest gewählt) auf eine geöffnete Tür wirkt. Greift die Kraft in der Nähe der Türangel an, so wird die Tür kaum gedreht. Lassen wir die Kraft aber auf einen Ort in der Nähe des Griffes wirken, so bewegt sich die Tür leicht. Die Wirkung einer Kraft wird also auch von ihrem *Angriffspunkt* bestimmt.

Merksatz

Die Wirkung einer Kraft hängt ab:
- vom Angriffspunkt der Kraft,
- von der Richtung der Kraft,
- vom Betrag der Kraft.

Kräfte stellen wir in physikalischen und technischen Zeichnungen symbolisch als **Pfeile** dar.
- Den Pfeil heften wir meist an den Punkt des Körpers, an dem die Kraft angreift, also an den Angriffspunkt.
- Die Spitze des Pfeils weist in die Kraftrichtung.
- Den Betrag der Kraft können wir durch die Länge des Pfeils kennzeichnen. Dazu vereinbaren wir für seine Länge einen Kräftemaßstab, z. B. 1 cm ≙ 1 N. Dann stellt in ➠ *Bild 5* ein 3 cm langer Pfeil eine Kraft vom Betrag $F = 3$ N dar.

Mit dem Buchstaben F kennzeichnen wir Kräfte (engl.: force = Kraft).

Physikalische Größen, die wir durch Pfeile darstellen können, denen also eine Richtung zukommt, nennen wir **Vektorgrößen**. Wir bezeichnen sie durch einen Pfeil über dem Buchstabensymbol: z. B. $\vec{F}$. Sprechen wir nur vom Betrag, so schreiben wir den Buchstaben ohne Pfeil ($F = 30$ N). Wenn man sagt, eine Kraft sei doppelt so groß wie eine andere, so meint man, sie habe den doppelten Betrag (unabhängig von der Richtung).

Es gibt auch Größen, denen keine bestimmte Richtung zukommt, wie Volumen V und Zeit t. Wir nennen sie **skalare Größen**.

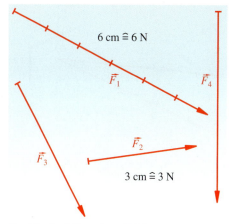

B 5: Kraftpfeile zeigen Richtung, Angriffspunkt und Betrag der Kraft an.

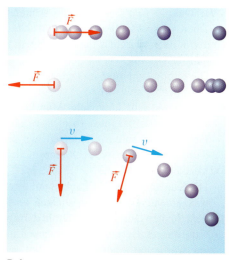

B 6: Bewegungen einer Kugel auf einer Glasplatte. Oben: Kraft in Bewegungsrichtung, Mitte: Kraft gegen die Bewegungsrichtung, Unten: Kraft senkrecht zur Bewegungsrichtung (Momentbilder in gleichen Zeitabständen).

... noch mehr Aufgaben

A1: Denke dir vier Situationen aus, bei denen Kräfte wirken. Beantworte dazu folgende Fragen:
- Wer übt die Kraft aus?
- Wo greift die Kraft an?
- Wie lautet der Name der Kraft?
- Welche Kraftwirkung liegt vor?

A2: Nimm einen Magneten zur Hand. Hat er für sich eine Kraft im Sinne der Physik? Was musst du tun, damit eine magnetische Kraft auftritt? Wie kannst du sie messen? Hängt sie nur vom Magneten ab?

A3: In ➠ *Bild 6* sind Momentbilder einer Kugelbewegung dargestellt. Auf die Kugel wirkt eine Kraft. Sie ist durch die roten Pfeile in einigen Punkten dargestellt, die blauen Pfeile stehen für die momentane Bewegungsrichtung. Beschreibe die drei dargestellten Bewegungen, übertrage die Zeichnungen in dein Heft und ergänze sie durch weitere Kraft- und Bewegungspfeile.

A4: Kann eine Kraft am gleichen Körper zwei verschiedene Wirkungen ausüben?

A5: Max übt die Kraft 300 N aus. Wie könnte man sie mit 100 N-Kraftmessern nachmessen?

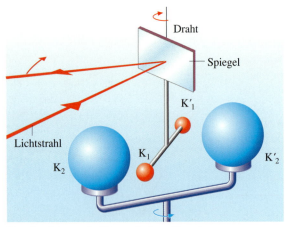

B 1: Anziehungskräfte zwischen Kugeln

B 2: Die Gewichtskraft zieht immer nach unten.

V1: Das ➠ *Bild 1* zeigt einen schematischen Versuchsaufbau zur Untersuchung der Kräfte zwischen den Bleikugeln K_1 und K_2.

Die Kräfte kann man im täglichen Leben nicht beobachten. Wenn es sie gibt, dann müssen sie sehr klein sein. Man könnte sie mit Federkraftmessern nicht messen. Um sie aufzuspüren, benutzen wir deshalb eine raffinierte, sehr empfindliche Versuchsanordnung.

Die Kugeln K_1 und K_1' hängen mit ihrem waagerechten Verbindungsbalken an einem dünnen Draht. Dieser Draht dient als Kraftmesser. Bereits ein schwacher Luftzug würde die Anordnung mitsamt dem Spiegel in Drehung versetzen. Deshalb ist diese Anordnung in einem geschlossenen Gehäuse untergebracht, das hier der Einfachheit halber nicht gezeichnet wurde.

Zunächst sei alles in Ruhe. Der am Spiegel reflektierte Lichtstrahl bewegt sich nicht. Nun drehen wir die beiden großen Kugeln K_2 und K_2' auf der blau gezeichneten Auflage außerhalb des Gehäuses. Dabei nähert sich K_2 der vorderen kleinen Kugeln K_1 von links. Kugel K_2' nähert sich der hinteren kleinen Kugel K_1' von rechts.

Wenn es richtig ist, dass sich diese Kugeln anziehen, dann kommt K_1 nach links und gleichzeitig K_1' nach rechts in Bewegung. Der Draht und der daran befestigte Spiegel drehen sich. Der am Spiegel reflektierte Lichtstrahl (rot) dreht sich mit. Dies geschieht tatsächlich, wenn auch sehr langsam.

Körper erfahren Gewichtskräfte

1. Was sind Gewichtskräfte?

Lassen wir einen Gegenstand los, so fällt er nach unten. Dabei wird er immer schneller. Der Gegenstand erfährt also eine nach unten wirkende Kraft. Man nennt sie **Gewichtskraft** oder auch **Schwerkraft**. An allen Orten der Erde fallen die Gegenstände zu Boden, deshalb sind in ➠ *Bild 2* die Pfeile für die Gewichtskräfte zur Erdmitte gezeichnet.

Aber nicht nur die Erde kann solche Kräfte ausüben. Astronauten erfuhren nämlich auch auf dem Mond eine Gewichtskraft, die allerdings viel kleiner war als auf der Erde. Also zieht auch der Mond Körper an. Er ist wie die Erde ein großer Materiebrocken. Wir fragen deshalb: Zieht vielleicht *jedes* Materiestück *jedes* andere an – wenn auch nur schwach?

Der ➠ *Versuch 1* gibt auf diese Frage eine Antwort: Zwischen den Kugeln bestehen Anziehungskräfte. Im Versuch sind die Kräfte sehr klein, die Anziehungskräfte sind bei der „riesigen Kugel" Erde viel größer. Um magnetische Kräfte kann es sich nicht handeln, da auch unmagnetische Stoffe wie Blei, Wasser oder Holz Anziehungskräfte erfahren.

 Merksatz

Beliebige Körper ziehen sich gegenseitig an.

Es ist also irreführend zu sagen, die Körper sind *schwer*. Jeder Körper erfährt nämlich eine Gewichtskraft erst von der Erde als Anziehungskraft. Diese kann also kein unveräußerlicher „Besitz" eines Körpers sein. Hielten wir uns nämlich in einem Raumschiff weit weg von allen Himmelskörpern auf, so würden wir keine merkliche Gewichtskraft erfahren. Für sich allein haben Körper keine Gewichtskraft. Sie erfahren diese erst als Anziehungskraft, etwa von der Erde, dem Mond oder von anderen Himmelskörpern.

2. Ist die Gewichtskraft überall gleich?

Die Gewichtskraft zeigt nach ➠ *Bild 2* zur Erdmitte; sie hat also am Äquator eine ganz *andere Richtung* als an den Polen. Sind dann wenigstens die Beträge überall gleich? Wir wissen, dass die Erde keine exakte Kugel ist; die Pole liegen etwas näher am Erdmittelpunkt als der Äquator. Sehr genaue Kraftmesser zeigen, dass ein und derselbe Körper an den Polen eine etwas größere Gewichtskraft erfährt als bei uns. Unabhängig vom Material sind alle Körper an den Polen um 0,5% schwerer als am Äquator und um 0,25% schwerer als bei uns in Mitteleuropa.

Wenn ein Körper sich von der Erde entfernt, nimmt die Anziehungskraft auf ihn ab. Im doppelten Abstand vom Erdmittelpunkt, also in 6370 km Höhe über dem Boden, ist sie auf den vierten Teil gesunken, im dreifachen Abstand gar auf den neunten Teil.

Der Mond hat einen kleineren Radius und eine geringere Masse als die Erde. Er zieht alle Körper auf seiner Oberfläche nur mit dem 6. Teil der Gewichtskraft an, die sie auf der Erde erfahren würden (➠ *Bild 3*). Zieht also die Erde einen Körper mit $F = 6$ N an, so würde er an der Oberfläche des Mondes von diesem nur die Gewichtskraft 1 N erfahren. Deshalb konnten Raumfahrer auf dem Mond mit der gleichen Muskelkraft viel höher springen als bei uns. Dagegen ist auf dem größten Planeten des Sonnensystems, dem Jupiter, die Gewichtskraft, die ein Körper erfährt, 2,6-mal so groß wie bei uns.

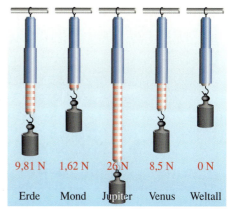

B3: Der Betrag der Gewichtskraft ein und desselben Körpers hängt vom Ort ab.

Kräfte auf die kleinen Kugeln in ➠ *Bild 1*	$1/10^9$ N
Gewichtskraft eines Normalbriefs	0,2 N
Gewichtskraft einer Schokoladentafel	1 N
Gewichtskraft von 1 l Wasser	10 N
Gewichtskraft eines Menschen	700 N
Zugkraft eines Pkw	5000 N
Zugkraft einer Lokomotive	15000 N
Kraft der Erde auf den Mond	$2 \cdot 10^{20}$ N

T1: Verschiedene Kräfte

Merksatz

Die Gewichtskraft, die auf einen Körper wirkt, hängt vom Ort ab. Dieses gilt für Betrag und Richtung.

... noch mehr Aufgaben

A1: Nach ➠ *Bild 2* ist die Gewichtskraft von Körpern am Äquator anders gerichtet als an den Polen. Ein Weitgereister behauptet: „Überall, wo ich war, zeigte sie nach unten." Kläre den Widerspruch.

A2: Wir haben mit dem Expander waagerechte Zugkräfte der Größe „1 Ina", „2 Ina" usw. gemessen. Wie könnte man prüfen, ob 1 Ina auch die Gewichtskraft der Schülerin Ina ist, die diese von der Erde erfährt? Wäre sie überall gleich groß?

A3: Hänge an ein Gummiband einen Knetklumpen und markiere die Verlängerung. Deine private Krafteinheit heißt nun „1 Knet". Erzeuge die Kräfte 2 und 3 Knet. Muss dabei die Verlängerung des Bandes unbedingt doppelt bzw. dreifach sein? Wie bekommst du die Kraft 0,5 Knet? Wie bestimmt man, wie viel Newton einem „Knet" entsprechen?

A4: Ein Laborant misst mit Kraftmessern täglich die Gewichtskräfte von weißen Mäusen. Eines Tages gibt er sie in cm statt in N an. Warum liegt das nahe? Was ist dagegen einzuwenden?

A5: Wie müsste man beim Versuch nach ➠ *Bild 1* vorgehen, damit der reflektierte Lichtzeiger nach vorn und nicht nach hinten wandert?

A6: Ein zwischen zwei Kraftmessern gespannter Draht überträgt die Kraft 1 N von einem Kraftmesser zum anderen. Was ändert sich, wenn man den Draht durch eine Fadenschlinge aus 2 bzw. 4 parallelen Fadenstücken ersetzt?

A7: Man hat mit einem Kraftmesser eine horizontale Kraft bestimmt. Wie muss man den Nullpunktschieber ändern, wenn man mit demselben Kraftmesser eine vertikal nach unten bzw. oben wirkende Kraft messen will?

B 1: Astronaut J. IRWIN trägt auf dem Mond einen Tornister mit 84 kg Masse.

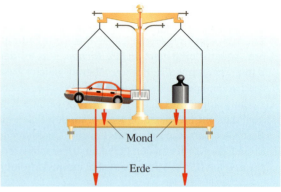

B 2: Die Balkenwaage zeigt auf der Erde wie auf dem Mond an, ob zwei Massen gleich sind.

V 1: Wir legen auf jede Schale einer Balkenwaage ein gleichartiges Spielzeugauto. Stehen beide Schalen in gleicher Höhe, so erfahren beide Autos die gleiche Gewichtskraft. Wir ersetzen ein Auto durch Wägestücke aus einem Wägesatz, sodass die Schalen wieder in gleicher Höhe stehen. Nun erfahren Auto und Wägestücke die gleiche Gewichtskraft. Dieser Vergleich ist viel genauer als bei der Benutzung von Federkraftmessern. Die tatsächliche Größe der Kräfte zeigt die Balkenwaage nicht an.

Vertiefung

Wägesätze

Ein Standardwägesatz enthält folgende Stücke: 500 g, 200 g, 200 g, 100 g, 50 g, 20 g, 20 g, 10 g, 5 g, 2 g, 2 g, 1 g.
Damit lassen sich alle Massen zwischen 1 g und 1110 g bestimmen, z. B.
768 g =
500 g + 200 g + 50 g + 10 g
$\qquad$ + 5 g + 2 g + 1 g.
Unterhalb der Grenze von einem Gramm gibt es auch Milligrammstücke.

Ein Wägesatz aus folgenden Stücken: 1 g, 2 g, 4 g, 8 g, 16 g, 32 g, 64 g, 128 g, 256 g, 512 g ermöglicht das Bestimmen von Massen bis 1023 g. Dieser Wägesatz umfasst zwar weniger Stücke, ist aber unpraktisch bei gebräuchlichen Massen:
100 g = 64 g + 32 g + 4 g bzw.
500 g =
256 g + 128 g + 64 g + 32 g + 16 g + 4 g.

Körper haben Masse

1. Die Masse als „Besitz" eines Körpers

Eine Schokoladentafel (ohne Verpackung) erfährt auf der Erde die Gewichtskraft vom Betrag $G = 1$ N, auf dem Mond dagegen nur $\frac{1}{6}$ N. Dort zeigt ein Kraftmesser erst bei sechs Tafeln 1 N an. Daraus folgt nicht, dass ein Raumfahrer die sechsfache Menge an Schokolade braucht, um seinen Bedarf an Süßigkeiten zu erfüllen. Dass die Tafel Schokolade leichter geworden ist, liegt am Mond und nicht an der Schokolade.

Kaufleute benutzen keine Federkraftmesser, um ihre Warenmengen zu ermitteln, sondern Balken- oder Tafelwaagen, die ohne Federn auskommen (➠ *Bild 2*).
Worin liegt nun der Vorteil dieser Waagen gegenüber einem Federkraftmesser? Der ➠ *Versuch 1* legt nahe, dass Balkenwaagen genauere Ergebnisse liefern als Kraftmesser. Gehen wir nun aber in Gedanken auf den Mond. Dort belasten Warenmenge wie Wägestücke die Waagschalen je nur mit $\frac{1}{6}$ der Kraft (➠ *Bild 2*). Die Abnahme der Gewichtskraft wirkt sich allerdings auf beide Schalen gleich aus. Die Waagschalen sind auch auf dem Mond in gleicher Höhe, wenn sie es vorher auf der Erde waren. Balkenwaagen registrieren also Änderungen der Gewichtskraft durch Ortswechsel nicht; sie sind folglich *keine* Kraftmesser.

Balkenwaagen reagieren aber sehr empfindlich, wenn wir vom zu wiegenden Körper etwas wegnehmen oder etwas hinzufügen. Wir sagen, dabei ändere sich die Masse des Körpers. Deshalb schreiben wir zwei Körpern, die eine Waage zum Einspielen (Schalen in gleicher Höhe) bringen, die gleiche *Masse m* zu, selbst dann, wenn sie aus verschiedenen Stoffen bestehen (z.B. Spielzeugauto und Messing-Wägestücke). Mit Balkenwaagen werden also Massen *verglichen*.
An jedem Ort gilt: Körper gleicher Massen erfahren die gleiche Gewichtskraft.

Somit können wir mit Balkenwaagen
• Massen bestimmen,
• Gewichtskräfte $\vec{G}$ (Beträge G) aber nur vergleichen.

2. Die Einheit der Masse

Normale Schokoladentafeln tragen die Aufschrift 100 g. Mit 1 g oder 1 kg bezeichnen wir nämlich die **Einheit der Masse** m. Wie wir wissen, ist die Masse etwas anderes als die Kraft. Deshalb gibt es verschiedene Einheiten. **1 kg** ist die Masse eines bestimmten Normkörpers (aus Edelmetall), des so genannten *Urkilogramms*; es wird in Paris aufbewahrt. Zwei solche Körper erfahren am gleichen Ort die doppelte Gewichtskraft; sie haben die Masse 2 kg (➠ *Bild 3*).
Eine Balkenwaage spielt sich auf der Erde wie auf dem Mond ein, falls in der einen Schale eine Tafel Schokolade und in der anderen ein 100 g-Wägestück liegen. Beide haben unabhängig vom Ort die Masse 100 g. Die Angabe 100 g auf der Tafel bleibt bei der Reise auf den Mond gültig, nicht aber die Angabe $G = 1$ N. Die **Masse** kennzeichnet einen „Besitzstand" des Körpers, der im Gegensatz zur Gewichtskraft **nicht vom Ort abhängt**. Der Aufbewahrungsort für das Urkilogramm ist also beliebig.

Merksatz

Die Masse eines jeden Körpers bleibt beim Ortswechsel erhalten. Die Grundeinheit der Masse ist das Kilogramm (kg).
Körper, die am gleichen Ort die gleiche Gewichtskraft erfahren, haben die gleiche Masse. Erfährt ein Körper am selben Ort die n-fache Gewichtskraft wie ein anderer, so besitzt er überall die n-fache Masse.

Weitere Masseeinheiten sind:
1 kg = 1000 g; 1 g = 1000 mg (Milligramm); 1 t (Tonne) = 1000 kg.

3. Welche Gewichtskraft erfährt ein 1 kg-Stück?

Hängen wir einen Körper mit der Masse $m = 1$ kg an einen Kraftmesser, so zeigt dieser uns – wie überall in Mitteleuropa – die Gewichtskraft vom Betrag $G = 9,8$ N an. Also gehört die Gewichtskraft 1 N zur Masse $m = 1$ kg/9,8 $= 102$ g $\approx 0,1$ kg. Das entspricht ziemlich genau einer Tafel Schokolade *mit* Verpackung.
Ein Grammstück erfährt in Mitteleuropa die Gewichtskraft 1 N/102 $\approx 0,01$ N = 1 cN (**Zenti-Newton**).
Umgangssprachlich wird oft der Begriff „Gewicht" verwendet, wenn eigentlich die Masse gemeint ist. Wir sprechen z.B. vom Körper„gewicht" und geben es mit 45 kg an. Physikalisch korrekt wäre es, von der Körpermasse zu sprechen.

Merksatz

Ein Körper der Masse 1 kg erfährt in Mitteleuropa die Gewichtskraft vom Betrag 9,8 N $\approx$ 10 N.

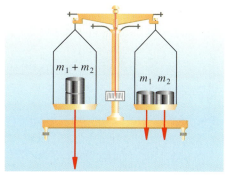

B3: Masse und Gewichtskraft

... noch mehr Aufgaben

A1: Man gab dem Urkilogramm so genau wie möglich die Masse von 1 l (1 dm^3) Wasser (bei 4 °C). Prüfe diesen Zusammenhang – wenn möglich – zu Hause nach. Welche Masse hat 1 l Wasser auf dem Mond? Welche Gewichtskraft erfährt es dort?

A2: a) Kann man Massen auch mithilfe der Verlängerung von Federn vergleichen? Welche Einschränkung ist zu machen? **b)** Warum gibt man der Skala von Kraftmessern nicht die Einheit kg?

A3: a) Welche Masse m und welcher Betrag G der Gewichtskraft kommt dem Urkilogramm auf dem Mond zu? **b)** Tragen die Stücke unserer Wägesätze mit Recht die Aufschrift 1 kg und 1 g oder sollten sie durch 10 N und 1 cN ersetzt werden?

A4: Warum sagt man, Körper *haben* (besitzen) Masse und *erfahren* Gewichtskräfte?

A5: Das Urkilogramm wird in Paris aufbewahrt. Ist dies für seine Gültigkeit als Massenormal von Bedeutung?

A6: Warum nennen wir einen Wägesatz nicht einen Gewichtssatz?

A7: Anni benutzt einen alten Wägesatz, dessen kg-Stück mit einer Kruste überzogen ist. Damit wiegt sie Zucker ab und sagt, wegen der Kruste liege die Masse des Zuckers unter 1 kg. Susi widerspricht ihr. Diskutiere.

A8: Manche Badezimmerwaagen messen Kräfte und geben sie als Massen (in kg) aus. Was wäre, wenn man eine solche Waage auf den Mond mitnähme?

Masse m in kg	Betrag G der Gewichtskraft in N	$g = \dfrac{G}{m}$ in $\dfrac{N}{kg}$
Auf der Erde		
1,000	9,80	9,8
0,500	4,90	9,8
0,300	2,94	9,8
0,200	1,96	9,8
0,102	1,00	9,8
Auf dem Mond		
1,00	1,60	1,6
0,50	0,80	1,6
0,30	0,50	1,7
0,20	0,32	1,6
0,10	0,16	1,6

T 1: Ortsfaktoren auf Erde und Mond

Mittel-europa	9,81	Sonne	274
Äquator	9,78	Jupiter	26
Pole der Erde	9,83	Venus	8,5
Mond	1,6	Mars	3,7

T 2: Ortsfaktoren g in N/kg

Beispiele

Wenn deine Masse 60 kg beträgt, so erfährst du die Gewichtskraft
$G = m \cdot g = 60 \text{ kg} \cdot 9,8 \text{ N/kg} = 588 \text{ N}$
auf der Erde,
$G = m \cdot g = 60 \text{ kg} \cdot 1,6 \text{ N/kg} = 96 \text{ N}$
auf dem Mond und
$G = m \cdot g = 60 \text{ kg} \cdot 3,7 \text{ N/kg} = 222 \text{ N}$
auf dem Mars (theoretisch).

4. Wir berechnen die Gewichtskraft weltweit

➧ *Tabelle 1* zeigt den Betrag G der Gewichtskräfte von Wägestücken der Masse m auf Erde und Mond. Ein Stück mit der halben Masse erfährt am gleichen Ort auch nur die halbe Gewichtskraft.

Merksatz

Betrag G der Gewichtskraft und Masse m sind am gleichen Ort einander proportional.

Zwei Größen sind dann proportional, wenn ihre Quotienten konstant sind. In der dritten Spalte der ➧ *Tabelle 1* sind die Quotienten G/m errechnet. Diese Quotienten haben die Einheit N/kg. Die errechneten Quotienten sind tatsächlich für alle Messwertepaare gleich: Der Wert für die Erde beträgt 9,8 N/kg. Wir kürzen ab: $g = G/m = 9{,}8 \text{ N/kg}$.

Die Einheit N/kg zeigt: Am Quotienten $g = G/m$ können wir insbesondere ablesen, wie groß die Gewichtskraft G (in N) ist, die ein Körper der Masse 1 kg erfährt. Der Quotient liefert bei uns 9,8 N je kg, und zwar unabhängig vom Körper, seinem Volumen und seinem Material.
Zwar sind die Gewichtskräfte auf dem Mond kleiner als auf der Erde, aber auch dort sind die Quotienten G/m für alle Körper konstant. Der Wert beträgt $g = 1{,}6 \text{ N/kg}$. Ein Körper der Masse 1 kg erfährt auf dem Mond nur die Gewichtskraft 1,6 N.

Der Quotient $g = G/m$ hängt also vom Ort ab; wir nennen ihn **Ortsfaktor** g. Die ➧ *Tabelle 2* gibt Werte für mehrere Orte an. Das Wort „Faktor" zeigt eine weitere Bedeutung von g an: Aus $G/m = g$ folgt nämlich $G = m \cdot g$.

Merksatz

Wir erhalten den Betrag G der Gewichtskraft eines Körpers an einem bestimmten Ort, wenn wir die nur vom Körper abhängige Masse m mit dem nur vom Ort abhängigen Ortsfaktor g multiplizieren: $G = m \cdot g$.

All dies zeigt, dass Gewichtskraft und Masse zwei physikalische Größen sind, die wir streng voneinander unterscheiden müssen.

Vertiefung

Wie definiert man Größen?

Kräfte erkennt man daran, dass sie Körper verformen oder ihren Bewegungszustand ändern. Mit Kräften beschreiben wir also mechanische Einwirkungen auf Körper. Wenn wir einen Körper beleuchten, so wirken wir optisch auf ihn ein, nicht aber mechanisch; wir üben keine Kraft auf ihn aus, die ihn beschleunigen oder verformen würde.

Mit Balkenwaagen können wir weder die Helligkeit von Lampen noch die Größe von Flächen messen. Balkenwaagen und Wägesätze sind auf den Begriff Masse spezialisiert und grenzen diesen von anderen Größen – auch von Kräften – ab. Für „abgrenzen" sagen wir auch „definieren". Das Messverfahren mit Balkenwaage und Wägesatz definiert für uns den physikalischen Begriff Masse.

... noch mehr Aufgaben

A1: Jemand sagt: Fallende Steine besitzen ein Gewicht und werden deshalb beim Fallen von selbst schneller. Was sagst du dazu?

A2: a) Personenwaagen im Badezimmer enthalten meist Federn (wie Kraftmesser). Trotzdem tragen sie die Maßbezeichnung kg. Unter welchen Voraussetzungen stimmt die Anzeige? **b)** Warum schreibt der Gesetzgeber zum Kennzeichnen von Warenmengen das Kilogramm vor und nicht das mit Kraftmessern leichter zu messende Newton? Warum verbietet er den Gebrauch von Kraftmessern im kaufmännischen Bereich?

A3: Mit welchem Gerät wiegen wir Erbsen mit einer Gewichtskraft von 10 N ab? Bekäme man damit bei uns, an den Polen, am Äquator, auf dem Mond immer die gleiche Anzahl Erbsen? (Denke an die Gewichtskraft, die eine Erbse erfährt und betrachte ▸ *Bild 1*).

A4: Ein Kaufmann wiegt bei uns 100 g Erbsen mit der Balkenwaage ab. Müsste er am Nordpol weniger Erbsen auf die Waagschale legen ▸ *Bild 1*)?

A5: a) Kann man Gewichtskräfte auch mit der Balkenwaage vergleichen? Kann man mit ihrer Hilfe Gewichtskräfte in N angeben, wenn man den Ortsfaktor des Messortes kennt? **b)** Welche Gewichtskraft erfährt der Tornister von IRVIN auf dem Mond? Könnte man ihn auch auf dem Mars oder dem Jupiter tragen?

A6: Ein Körper hängt an einer Federwaage. Sie zeigt auf der Erde 9,81 N, dem Mond 1,62 N, auf Jupiter 26 N, der Venus 8,5 N und im Weltall 0 N. Wie groß ist seine Masse? Kann man sagen, ob er überall dieselbe Masse hat? Welches Problem tritt dabei im Weltall – weitab von allen Himmelskörpern – auf?

A7: Ein Körper hat die Masse 100,0 kg. Um wie viel Newton ändert sich seine Gewichtskraft bei einer Reise vom Nordpol über Mitteleuropa zum Äquator?

A8: Auf der Venus erfährt ein Körper die Gewichtskraft 43 N. Welche Masse hat er? Stelle für dort eine Tabelle gemäß ▸ *Tabelle 1* auf. Welche Gewichtskräfte würdest du dort erfahren?

A9: Astronauten haben sich im Weltraum verirrt. Sie landen auf einem Planeten und bestimmen dort die Gewichtskraft eines Körpers der Masse 20 kg zu 74 N. Welche Messgeräte benutzen sie? Wie können sie mithilfe der Tabelle der Ortsfaktoren ihren Landeplatz bestimmen?

A10: Jemand kauft 100 g Schokolade und 13 N Erbsen und sagt, er habe nun insgesamt 600 g Lebensmittel. Auf welchem Planeten könnte dies gelten (▸ *Tabelle 2*)? **Merke:** Eine Masse kann man zu einer Gewichtskraft genauso wenig addieren wie eine Strecke zu einer Zeit.

A11: Ein Stück Platin erfährt an den Polen die Gewichtskraft 10,00 N. Wie groß wäre sie am Äquator, wie groß in 6370 km Höhe, wie groß auf dem Mond bzw. dem Planeten Jupiter?

A12: Ein Forscher berichtet, er habe mit einer überaus empfindlichen Balkenwaage nachgewiesen, dass die Gewichtskraft eines Körpers auf dem Matterhorn geringer sei als im Tal. Was sagst du dazu (▸ *Bild 2a*)?

A13: In einem Labor wurde die Gewichtskraft desselben Körpers über mehrere Monate hinweg sehr genau gemessen. Sie nahm im Winter ab, als man den Kohlenkeller darunter leerte. Begründe dies. Welche Art Messgerät wurde (▸ *Bild 2b*) benutzt?

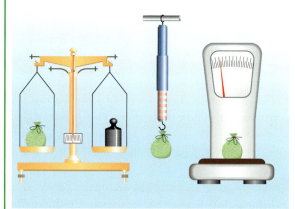

B1: zu A 4: Erbsenzählen am Äquator und an den Polen mit Waagen und Kraftmessern

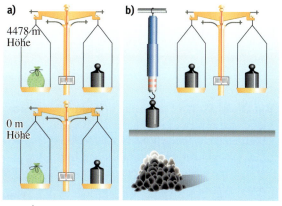

B2: a) Zu A 12: Spielt die Waage auch auf dem Berg ein? **b)** Zu A 13: Kohlen im Keller beeinflussen *G*.

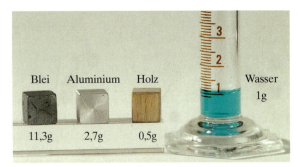

B1: Die Masse von 1 cm³ verschiedener Stoffe

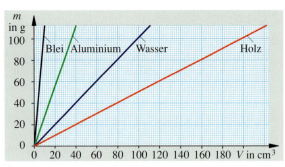

B2: Bei homogenen Stoffen ist m proportional zu V.

V1: Wir bestimmen die Masse von einigen Bleikügelchen mit einer Balkenwaage. Mithilfe eines Überlaufgefäßes können wir das Volumen der Kügelchen feststellen.

V2: Bestimme die Masse von 5 cm³ Wasser (in g). Was fällt dir beim ermittelten Zahlenwert auf?

V3: Ermittle die Masse m und das Volumen V mehrerer Aluminiumstücke. Die ▥➡ *Tabelle 1* enthält mögliche Messwerte.

V in cm³	10	20	30	40
m in g	27	54	80	110
m/V in g/cm³	2,7	2,7	2,67	2,75

T1: Messwerte für m/V für Aluminium

V4: Wir bestimmen die Massen von Holzquadern. Ihr Volumen berechnen wir als das Produkt aus den drei Kantenlängen. Die Tabelle zeigt einige Messwerte.

V in cm³	30	60	90	90	45
m in g	15	31	44	60	29
m/V in g/cm³	0,5	0,52	0,49	0,67	0,64

V5: Die Masse der Luft in einer Glaskugel lässt sich mit einer sehr genauen Waage bestimmen, indem wir die Glaskugel einmal mit und ein weiteres Mal ohne Luft (Kugel mit einer Vakuumpumpe auspumpen) auf die Waage legen. Ein Liter (1 dm³) der uns umgebenden Luft hat die Masse 1,29 g. Der Quotient m/V hat also den Wert 0,00129 $\frac{\text{g}}{\text{cm}^3}$.

Stoffe haben eine Dichte

1. Ist Blei schwerer als Aluminium?

Ein Bleikügelchen ist leichter als ein Aluminiumtopf. Trotzdem sagen wir, Blei ist schwerer als Aluminium. Das ist kein Widerspruch. Im ▥➡ *Bild 1* sind die Massen von 1 cm³-Würfeln aus verschiedenen Materialien angegeben. Danach beträgt die Masse eines solchen 1 cm³-Würfels aus Blei 11,3 g, eines Würfels aus Aluminium aber nur 2,7 g.

In ▥➡ *Versuch 1* werden die Masse und das Volumen einiger Bleikügelchen bestimmt. Um die Masse von 1 cm³ dieser Bleikügelchen zu ermitteln, müssen wir keinen neuen Versuch durchführen, uns genügt eine einfache Rechnung:

$$\frac{m}{V} = \frac{3,4\,\text{g}}{0,3\,\text{cm}^3} = 11,3\,\frac{\text{g}}{\text{cm}^3}.$$

Das Ergebnis zeigt: Die Masse von 1 cm³ Blei ist 11,3 g.

Der Quotient m/V ist auch für die übrigen Stoffe sinnvoll (▥➡ *Versuche 2, 3* und *4*). ▥➡ *Versuch 3* zeigt, dass zum n-fachen Volumen V auch die n-fache Masse m gehört. Die entsprechenden Messpunkte liegen auf einer Ursprungsgeraden. Also gilt bei Körpern aus einheitlichem Material: **Die Masse m ist dem Volumen V proportional.**

Für Holz ist der Quotient m/V keine Konstante. Holz ist ein Naturprodukt, und besteht nicht aus einheitlichem Material. Deshalb kann man nur eine Bandbreite für m/V angeben (▥➡ *Versuch 4*).

Der Quotient m/V beschreibt offensichtlich das jeweilige Material. Wir führen für den Quotienten als Bezeichnung $\varrho = \frac{m}{V}$ ein. ϱ heißt **Dichte** des Materials (ϱ (rho): griech. Buchstabe). Die Dichte ist eine **Materialkonstante**. Sie hängt nicht von den Maßen des Körpers ab. Die Dichte von Blei ist 11,3 $\frac{\text{g}}{\text{cm}^3}$, von Aluminium 2,7 $\frac{\text{g}}{\text{cm}^3}$ und von Wasser 1,0 $\frac{\text{g}}{\text{cm}^3}$. Da die Masse vom Ort nicht abhängt, gelten die Dichtewerte überall, auch auf dem Mond.

 Merksatz

Unter der **Dichte ϱ** eines Körpers verstehen wir den Quotienten aus der Masse m und dem Volumen V: $\varrho = \frac{m}{V}$.
Die Dichte kennzeichnet das Material eines Körpers.

Luft	≈ 0,0013	Glas, Marmor	≈ 2,5
Kork	≈ 0,2	Aluminium	2,70
Holz	0,3 – 1,1	Eisen	7,86
Benzin	0,70	Kupfer	8,93
Alkohol	0,79	Silber	10,5
Wasser	1,00	Quecksilber	13,55
Magnesium	1,74	Gold	19,3

T 2: Dichte in $\frac{g}{cm^3}$ bei 20 °C

2. Wozu können wir die Dichte benutzen?

Welcher Stoff ist das? Masse und Volumen von zwei ähnlich aussehenden Metallstücken betragen $m_1 = 120$ g; $V_1 = 44,5$ cm³ und $m_2 = 113$ g; $V_2 = 65$ cm³. Ihre Dichten sind also $\varrho_1 = m_1/V_1 = 2,70 \frac{g}{cm^3}$ und $\varrho_2 = m_2/V_2 = 1,74 \frac{g}{cm^3}$.
Nach ⮕ *Tabelle 2* handelt es sich um die Metalle Aluminium und Magnesium.

Welche Masse liegt vor? Es sollen 2 m³ Sand transportiert werden. Ein Lkw mit 3 t (= 3000 kg) Nutzlast ist verfügbar. Reicht eine Fahrt aus? An einer kleinen Sandprobe wird die Sanddichte ermittelt: $\varrho = 1,7 \frac{kg}{dm^3}$. Da 2 m³ = 2000 dm³ sind, beträgt die Sandmasse $m = \varrho \cdot V = 2000$ dm³ $\cdot 1,7 \frac{kg}{dm^3} = 3400$ kg.
Eine Fahrt reicht also nicht.
Betrachten wir das gleiche Volumen ($V = 2$ m³) aus Styropor® ($\varrho = 0,017 \frac{kg}{dm^3}$). Es hat nur die Masse
$m = 0,017 \frac{kg}{dm^3} \cdot 2000$ dm³ = 34 kg.
Styropor® ist ein Schaumstoff und enthält viel Luft.
Ein Zimmer, dessen Grundfläche 40 m² und dessen Höhe 2,5 m beträgt, hat das Volumen $V = 100$ m³. Die Masse seiner Luft beträgt: $m = \varrho \cdot V = 0,0013 \frac{kg}{dm^3} \cdot 100 \cdot 10^3$ dm³ = 130 kg.

Welches Volumen? Geht 1 kg Quecksilber mit der Dichte $\varrho = 13,6 \frac{g}{cm^3}$ in ein 100 cm³-Becherglas? Sicherheitsbestimmungen verbieten ein Ausprobieren. Wir müssen rechnen und lösen die Gleichung $m = \varrho \cdot V$ nach V auf:
$V = m/\varrho = 1000$ g/$(13,6 \frac{g}{cm^3}) = 73,5$ cm³. Das Becherglas wäre groß genug.

Merksatz

Berechnung der Masse:	$m = \varrho \cdot V$
Berechnung des Volumens:	$V = \frac{m}{\varrho}$

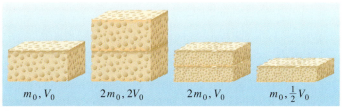
B 3: Dichte von „Tafelschwämmen"

m_0, V_0 $2m_0, 2V_0$ $2m_0, V_0$ $m_0, \frac{1}{2}V_0$

... noch mehr Aufgaben

A1: In ⮕ *Versuch 4* gibt eine Tabelle die Masse und das Volumen verschiedener Holzstücke an. Trage die Messwerte entsprechend ⮕ *Bild 2* auf. Handelt es sich hierbei durchweg um die gleiche Holzsorte?

A2: a) Du willst in ⮕ *Bild 2* die Massen ablesen, die jeweils zum Volumen 20 cm³ der angeführten Stoffe gehören. Welche Gerade zeichnest du? **b)** Welche Gerade gibt die Volumina dieser Stoffe an, die zur gleichen Masse 50 g bzw. 100 g gehören?

A3: a) Bestimme das Volumen von 54 g Aluminium zunächst nach ⮕ *Bild 2* und dann durch Rechnung. **b)** Ermittle auf beide Arten die Masse von 30 cm³ Aluminium.

A4: Welche Masse hat eine 0,80 cm dicke Schaufensterscheibe, die 4,00 m lang und 2,00 m hoch ist? Welche Gewichtskraft würde die Scheibe auf dem Mond erfahren?

A5: Schätze die Masse von 1 m³ Marmor und berechne sie dann. Welche Gewichtskraft erfährt dieser Block bei uns, welche auf dem Mond?

A6: Welches Volumen hat 1 kg Spiritus (Alkohol)? Welches Volumen hat die Alkoholmenge, die gleich viel wiegt wie 1 l (dm³) Quecksilber?

A7: Von zwei volumengleichen Körpern hat der eine die dreifache Masse. Zwei andere Körper haben die gleiche Masse, der eine hat jedoch das fünffache Volumen. Wie verhalten sich jeweils die Dichten beider Körper?

A8: ⮕ *Bild 3* zeigt modellhaft vier „Tafelschwämme". Vergleiche deren Dichten miteinander, indem du die Quotienten m/V bildest und die Ergebnisse miteinander vergleichst.

A9: a) Welches Volumen hat eine Styropor®-Scheibe mit der Masse 100 g ($\varrho = 0,017 \frac{g}{cm^3}$)? **b)** Styropor® besteht aus einem Stoff, der luftfrei die Dichte $1,7 \frac{g}{cm^3}$ hat. Macht man ihn flüssig und mischt Luft in feinen Bläschen hinzu, so entsteht nach dem Erhärten der „Schaumstoff". Wie viel cm³ Luft enthält 1 cm³ Styropor®? Von der Masse der Luft sehe man ab.

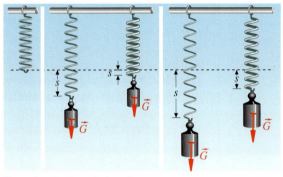

B 1: Eine Feder wird verlängert.

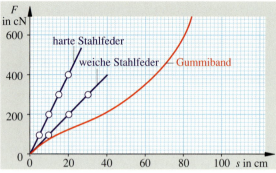

B 2: Schaubilder zu ➠ *Versuch 1* und *2*

V 1: An zwei unterschiedliche Stahlfedern hängen wir verschiedene Wägestücke. Dabei messen wir jeweils die zugehörige Verlängerung *s* der Feder. Die Verlängerung *s* und den Betrag *G* der Gewichtskraft der Wägestücke tragen wir in eine Tabelle ein (➠ *Tabelle 1*). Mit der Gewichtskraft wird an der Feder gezogen, wir sprechen deshalb von der *Zugkraft $\vec{F}$*. In der dritten und letzten Zeile der Tabelle stehen die Quotienten aus dem Betrag der Zugkraft und der Verlängerung. Der Quotient *F/s* hat die Einheit cN/cm.

Zugkraft: F in cN	0	100	200	300	400
Verlängerung: s in cm	0	5,1	10,1	15,2	20,0
F/s in cN/cm	–	19,6	19,8	19,7	20,0
Zugkraft: F in cN	0	100	200	300	400
Verlängerung: s in cm	0	10,2	20,0	30,2	39,7
F/s in cN/cm	–	9,8	10	9,9	10,1

T 1: Messwerte; oben harte, unten weiche Feder

V 2: Wir wiederholen Versuch 1 mit einem neuen *Gummiband*. Notiere die Messwerte in einer Tabelle. Wiederhole diesen Versuch mit demselben Gummiband. Suche eine Begründung, wenn die Messwerte voneinander abweichen. Bilde auch die Quotienten *F/s*.

Hookesches Gesetz

1. Wie verhalten sich Federn bei Verlängerung?

Kraftmesser bestehen im Wesentlichen aus Stahlfedern. Das hat folgenden Grund: Stahlfedern verformen sich **elastisch**, d. h., sie nehmen ihre Ausgangsform an, wenn die formändernde Kraft nicht mehr wirkt. Eine Feder aus Weicheisendraht würde sich **plastisch** verformen, d. h., diese Feder behält ihre Verformung dauerhaft.

Der ➠ *Versuch 1* zeigt, dass zwischen der Zugkraft vom Betrag *F* und der Verlängerung *s* ein gesetzmäßiger Zusammenhang besteht. Der ➠ *Tabelle 1* können wir entnehmen: **F ~ s**.

Der Quotient **D = F/s** ist eine Konstante, die die Feder beschreibt. Ist *D* größer, sprechen wir von einer härteren Feder; ist *D* kleiner, so liegt eine weichere Feder vor. *D* heißt **Federhärte**. Ein Blick auf ➠ *Bild 2* zeigt, dass die Messwerte in der grafischen Darstellung Ursprungsgeraden ergeben. Die Gerade, die zur härteren Feder mit größerem *D* gehört, ist steiler.

Auf der Hülse eines jeden Kraftmessers ist eine größtmögliche Zugkraft angegeben. Wird diese überschritten, verformt sich die Feder nicht mehr elastisch, sondern plastisch, d. h., sie wird dauerhaft verlängert – der Kraftmesser ist zerstört. Betrag *F* der Zugkraft und Verlängerung *s* sind dann nicht mehr proportional.

Merksatz

Hookesches Gesetz: Die Verlängerung *s* einer Feder ist innerhalb eines gewissen Bereiches dem Kraftbetrag *F* proportional: **s ~ F**. Der Quotient aus *F* und *s* ist dann konstant:

$$\frac{F}{s} = D = \text{konstant} \quad \text{oder} \quad F = D \cdot s.$$

Wir ersetzen die Feder durch ein Gummiband (➠ *Versuch 2*). ➠ *Bild 2* zeigt typische Messwerte. Zwar steigt auch hier die Verlängerung mit der Zugkraft. Allerdings erhalten wir keine Gerade. Es liegt also keine Proportionalität zwischen *s* und *F* vor. **Das hookesche Gesetz ist kein allgemein gültiges Naturgesetz**.

... noch mehr Aufgaben

A1: Drei Kraftmesser haben unterschiedliche Messbereiche: Bei der Verlängerung $s = 10$ cm zeigen sie Kräfte von 0,1 N, 1,0 N bzw. 10,0 N an. Wie groß ist jeweils die Federhärte? Berechne für jede Feder die Kräfte, die zu Verlängerungen von $s = 2$ cm, 4 cm, 6 cm und 8 cm gehören. Trage diese Werte in ein Schaubild entsprechend ➟ *Bild 2* ein (1 cm ≙ 1 N; 1 cm ≙ 1 cm). Zu welcher Feder gehört die steilere Gerade?

A2: a) Feder A wird durch dieselbe Kraft mit dem Betrag $F = 2,0$ N um 12 cm, also dreimal so stark verlängert wie Feder B. Bestimme die Federhärten. Wie verhalten sie sich zueinander? **b)** Zur gleichen Verlängerung einer Feder C braucht man die doppelte Kraft wie bei Feder D. Wie verhalten sich deren Federhärten?

A3: a) Entnimm ➟ *Bild 2* für beide Federn die Verlängerung s bei der Belastung $F = 150$ cN. Welche Kräfte verlängern die Federn um 15 cm? Welche Geraden zeichnet man im Diagramm zum Beantworten dieser Fragen? **b)** Woran erkennt man in ➟ *Bild 2*, dass die steilere Gerade zur härteren Feder gehört? Gilt dies auch, wenn man s über F aufträgt? **c)** Die Linie in ➟ *Bild 2* für das Gummiband ist bei stärkerer Belastung steiler. Wie verhält sich dort die „Härte" des Bandes? Wo ist es besonders weich?

A4: Ist bei einer Feder auch der Quotient s/F konstant? Gib seinen Wert (samt Einheit) für die in ➟ *Tabelle 1* benutzten Federn an. Warum nennt man diesen Quotienten nicht Federhärte?

A5: Rechne die Konstante $D = 10$ cN/cm in N/cm und in N/m um. Jemand zieht aus diesem Wert die Folgerung, dass die Feder durch die Kraft vom Betrag 10 N um 1 m verlängert wird.

Nimm zu dieser Schlussfolgerung Stellung.

A6: a) Eine Feder wird durch 40 cN um 6 cm, durch 80 cN um 12 cm länger. Wie stark wird sie durch 60 cN bzw. 5 cN verlängert? Können wir sicher angeben, um wie viel sie durch 10 N verlängert wird? **b)** Welche Masse hat ein Körper, der diese Feder auf dem Mond um 7 cm verlängert?

A7: Astronauten hängen ein 2,0 kg-Stück an eine Feder der Härte 100 cN/cm. Diese wird um 7,6 cm länger. Auf welchem Planeten sind sie gelandet?

A8: Zwei Kraftmesser mit der Federhärte 0,1 N/cm werden aneinander gehängt und am unteren Ende mit der Kraft 1 N belastet. Um wie viel verlängern sich beide Federn zusammen? Welche Härte hat die Federkette?

A9: Zwei Federn mit verschiedenen Härten ($D_1 = 0,1$ N/cm und $D_2 = 0,3$ N/cm) werden hintereinander aufgehängt. Eine Kraft vom Betrag 1 N verlängert diese Federkombination um 2,5 cm. Bestimme die Härte der Kombination und versuche, einen Zusammenhang zu den einzelnen Federhärten herzustellen.

A10: a) Zwei Federn gleicher Härte ($D = 0,2$ N/cm) werden parallel aufgehängt (➟ *Bild 3*). Eine Kraft vom Betrag 0,6 N verlängert diese Federkombination um 6 cm. Bestimme die Härte der Federkombination. **b)** Stelle eine Vermutung über den Zusammenhang der Härten der Einzelfedern und der Federkombination auf.

A11: Bessere Abschleppseile enthalten eine zusätzliche Feder, mit der auftretende „Ruck"-Bewegungen, zum Beispiel beim Anfahren, gedämpft werden. Die Federhärte beträgt 100 N/cm. Eine solche Feder verlängert sich beim Anfahren von 25 cm auf 37 cm. Wie groß ist

der Betrag der Zugkraft, die dabei vom Seil übertragen wird?

A12: ➟ *Bild 4* zeigt ein s-F-Diagramm für ein Gummiband. Im zugehörigen Versuch wurde ein neues Gummiband zunächst in Schritten von 0,5 N belastet und die jeweilige Verlängerung bestimmt. Dann wurde von der Maximalbelastung aus in gleichen Schritten entlastet und wiederum die Verlängerung bestimmt. Die Messwerte zeigt das Diagramm. Begründe den Verlauf der Kurven.

A13: Ein Metalldraht wird durch Kräfte gedehnt. Es ergeben sich folgende Messwerte:

F in N	2	4	6	8	10	12	14
s in cm	0,4	0,9	1,1	1,7	2,1	2,9	3,6

Bis zu welcher Ausdehnung gilt das hookesche Gesetz?

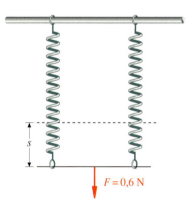

B3: zu Aufgabe 10

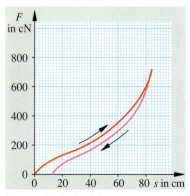

B4: zu Aufgabe 12

B 1: Tauziehen – Kräfte im Vergleich

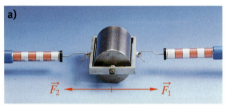

V 1: Wir ziehen an der ruhenden Walze mit Federkraftmessern in entgegengesetzte Richtungen. Zugleich messen wir die Beträge F_1 bzw. F_2 der beiden Kräfte.
a) Wenn wir mit gleich großen Kräften ziehen, dann bleibt die Walze in Ruhe.
b) Ziehen wir dagegen mit verschieden großen Kräften, so setzt sich die Walze in Bewegung – und zwar in Richtung der größeren der beiden Kräfte.

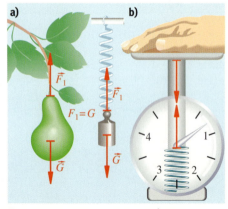

B 2: Kräftegleichgewicht an **a)** einem Zweig, **b)** einer Druckfeder

Kräftegleichgewicht

1. Kräfte wirken – und doch keine Bewegung

Beim Tauziehen kommt es auf die rote Marke in der Mitte an (➡ *Bild 1*): Jede Gruppe versucht mit großer Kraft, sie auf die eigene Seite zu ziehen. Wenn sich die Marke aber trotzdem nicht bewegt, was können wir dann folgern?

Mit ➡ *Versuch 1* untersuchen wir einen solchen Fall, indem wir die beteiligten Kräfte messen. Es zeigt sich: Der Ruhezustand der Walze bleibt bei kleinen wie bei großen Kräften erhalten, sofern folgende Bedingung erfüllt ist: Die Beträge der entgegengesetzt gerichteten Kräfte sind gleich groß, d. h. es gilt: $F_1 = F_2$. Man sagt dann: Die beiden Kräfte befinden sich im **Kräftegleichgewicht**.

Wenn dagegen die Beträge dieser Kräfte nicht gleich, sondern verschieden groß sind, wenn also z. B. $F_1 > F_2$ gilt, so setzt sich die Walze in Bewegung – in Richtung der größeren Kraft. Dann sind die Kräfte nicht im Kräftegleichgewicht.
Bei einem Körper in Ruhe *kann* es sein, dass gar keine Kraft an ihm angreift. Es ist aber auch möglich, dass an dem Körper zwei Kräfte angreifen, die sich im Kräftegleichgewicht befinden.

Was gilt nun für eine Birne, die in Ruhe an einem Zweig hängt? An der Birne zieht die Gewichtskraft nach unten (➡ *Bild 2 a*). Der Zweig wurde dadurch *gekrümmt* – und aufgrund dieser Verformung bringt der Zweig eine Kraft nach oben auf. Je größer die Verformung ist, desto größer ist die Kraft des Zweiges – ganz ähnlich wie die Kraft einer Druckfeder. Der Zweig hat sich genau so weit verformt, dass sich die nach oben gerichtete Kraft (Betrag F_1) und die nach unten, also entgegengesetzt gerichtete Gewichtskraft (Betrag G) im Kräftegleichgewicht befinden: $G = F_1$.

Eine *gegengleiche* Kraft bringt auch die Druckfeder in ➡ *Bild 2 b* auf, wenn z. B. eine Hand auf sie drückt. Wieder sind die Kräfte im Kräftegleichgewicht. Je mehr sich diese Feder verkürzt, desto größer ist die Kraft, die an der Feder angreift.

2. Eine Kraft als Ersatz für zwei

➟ *Bild 3a* zeigt zwei Kinder, wie sie Kräfte auf einen Einkaufswagen ausüben: Der Wagen wird in Bewegung gesetzt. Also sind die Kräfte nicht im Kräftegleichgewicht. Die beiden Kräfte sind von *gleichem Betrag* und *gleicher Richtung*, sie sind also nicht gegengleich. Den Wagen kann sogar *ein* Kind allein genau so in Bewegung bringen. Dazu muss es jedoch die zwei Kräfte durch *eine* den beiden gleichwertige Kraft ersetzen, die so genannte **Ersatzkraft**, auch die **Resultierende** der Einzelkräfte genannt. Haben diese gleiche Richtung, so ist der Betrag der Ersatzkraft gleich der Summe der Einzelbeträge. Nur dann gilt mit $F_1 = F_2 = 30\,\text{N}$:

$$F_{\text{Ersatz}} = F_1 + F_2 = 30\,\text{N} + 30\,\text{N} = 60\,\text{N}.$$

In ➟ *Bild 3b* üben die Kinder in entgegengesetzten Richtungen Kräfte aus. Der Wagen setzt sich auch diesmal in Bewegung. Es gibt also wieder kein Kräftegleichgewicht. Die eine Kraft ist größer als die andere ($F_1 > F_2$). Weiter gilt: Der Wagen setzt sich umso stärker in Bewegung, je größer der Unterschied zwischen den beiden Kräften, je größer also die Differenz $F_1 - F_2$ ist. Wenn die Kraftrichtungen entgegengesetzt sind, dann liefert diese Differenz der Einzelbeträge den Betrag der Ersatzkraft. Hier wäre es falsch, die Summe zu nehmen. Gemäß ➟ *Bild 3b* erhalten wir:

$$F_{\text{Ersatz}} = F_1 - F_2 = 30\,\text{N} - 20\,\text{N} = 10\,\text{N}.$$

Auch in ➟ *Bild 3c* wirken die Kräfte der beiden Kinder in entgegengesetzten Richtungen, nun aber mit gleichen Beträgen. Der Wagen bleibt in Ruhe stehen, die Kräfte befinden sich im Kräftegleichgewicht. Das Ergebnis ist so, als ob gar keine Kraft auf den Wagen wirken würde. Für die Ersatzkraft gilt nun:

$$F_{\text{Ersatz}} = F_1 - F_2 = 30\,\text{N} - 30\,\text{N} = 0\,\text{N}.$$

Merksatz

Die Kräfte an einem Körper lassen sich durch *eine* **Ersatzkraft** ersetzen (sie wird auch deren Resultierende genannt). Ist die **Ersatzkraft null**, so sind die Kräfte im Gleichgewicht. Ein ruhender Körper bleibt dann in Ruhe. Ist die **Ersatzkraft** an einem ruhenden Körper **ungleich null**, dann wird er in Bewegung gesetzt.

Statt zu sagen: „Die Kräfte sind im Kräftegleichgewicht", ist es auch üblich zu sagen: „Die Kräfte heben sich *in ihrer Wirkung* auf". Die Kräfte sind aber keineswegs verschwunden, sie sind weiterhin vorhanden. Wir erkennen sie manchmal daran, dass sie einen Körper *verformen* (➟ *Bild 4*) oder *drehen* (➟ *Bild 5*).

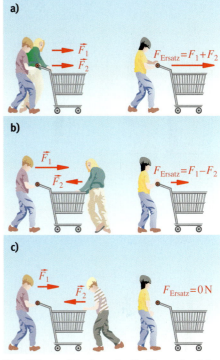
B3: Wie groß ist jeweils die Ersatzkraft?

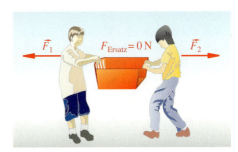
B4: Verformung bei Kräftegleichgewicht

B5: Drehung bei Kräftegleichgewicht

... noch mehr Aufgaben

A1: Wie in ➟ *Bild 1* wirken vier Kräfte mit den Beträgen 410 N, 295 N, 315 N, 335 N nach rechts. Bei Kräftegleichgewicht sind drei Beträge der nach links wirkenden Kräfte bekannt: 295 N, 370 N, 365 N. Mit welchem Kraftbetrag zieht der achte Teilnehmer?

A2: Zwei gleich große Kräfte können einen Körper verformen. Gib Beispiele an, mit denen dies vorgeführt werden kann.

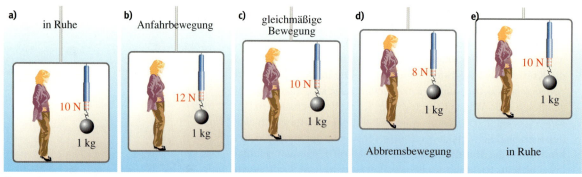

B 1: Wir untersuchen die Kräfte in einem Aufzug.

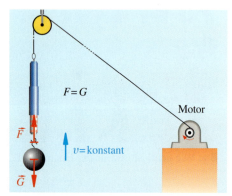

V 1: Wir hängen eine Kugel an einen Kraftmesser. Sie erfährt eine Gewichtskraft vom Betrag $G = 10$ N. An den Kraftmesser binden wir ein Seil, das wir über eine Umlenkrolle führen und auf der Welle eines Elektromotors befestigen. Wir lassen die Kugel von dem Motor mit möglichst gleich bleibender Geschwindigkeit aufwärts ziehen.
a) Im Stillstand zeigt der Kraftmesser 10 N an. Die Kraft nach oben hat den gleichen Betrag wie die Gewichtskraft nach unten. **b)** Beim Anfahren zeigt der Kraftmesser etwa 12 N an. Also ist die Kraft nach oben jetzt größer als die unveränderte Gewichtskraft von 10 N nach unten. Dies ergibt jetzt eine Ersatzkraft von 2 N nach oben. **c)** Während der Fahrt mit gleich bleibender Geschwindigkeit werden 10 N angezeigt – genauso wie in der Ruhe. Die Kraft nach oben ist wieder von gleichem Betrag wie die Gewichtskraft. **d)** Beim Abbremsen zeigt der Kraftmesser nur noch etwa 8 N an. Dieser kleineren Kraft nach oben wirkt die unveränderte Gewichtskraft entgegen. Das ergibt eine Ersatzkraft von 2 N nach unten.

Das Trägheitsgesetz

1. Das eigenartige Gefühl im Aufzug

Ob sich ein Aufzug gleichmäßig bewegt, oder ob er anfährt oder abbremst, können wir im Innern nicht *sehen*, wenn die Tür dicht schließt und kein Fenster eingebaut ist. Wir *spüren* aber jeweils unterschiedliche Kräfte in den Füßen – besonders deutlich, wenn wir uns auf die Zehen stellen. Welche physikalischen Zusammenhänge dabei bestehen, untersuchen wir mit ⟹ *Versuch 1*.

Beim Anfahren nach oben zeigt uns der Kraftmesser, dass – anders als noch zuvor im Ruhezustand – kein Kräftegleichgewicht mehr besteht. Die Kraft nach oben ist nun größer als die Gewichtskraft. Dies ergibt eine nach oben gerichtete Ersatzkraft. Sie ist Ursache dafür, dass sich die Kugel aufwärts in Bewegung setzt. Wer in einem Aufzug mitfährt (⟹ *Bild 1 b*), der spürt in den Füßen eine vergrößerte Kraft und fühlt sich beim Anfahren schwerer.

Während der gleichmäßigen Fahrt, solange der Körper also weder schneller noch langsamer wird, zieht der Motor nur mit demselben Betrag wie die Gewichtskraft. Trotz des jetzt wieder bestehenden Kräftegleichgewichts kommt die Kugel nicht zur Ruhe, sondern bewegt sich mit gleicher Geschwindigkeit weiter. *Kräftegleichgewicht gibt es also nicht nur im Ruhezustand, sondern auch bei gleichmäßiger Bewegung!* Im Aufzug (⟹ *Bild 1 c*) spürt man deshalb bei der gleichmäßigen Fahrt nichts anderes als bei Stillstand; man fühlt sich genauso schwer wie in Ruhe.
Der Vergleich mit dem Ruhezustand zeigt: *Zum Festhalten eines Körpers wie auch zum Hochheben mit gleich bleibender Geschwindigkeit braucht man dieselbe Kraft.* Diese Kraft hat den gleichen Betrag wie die Gewichtskraft des Körpers.

Beim Abbremsen, kurz bevor der Motor anhält, zieht er mit kleinerer Kraft. Ein Kräftegleichgewicht gibt es jetzt nicht. Es überwiegt die nach unten ziehende Gewichtskraft, und die Kugel wird abgebremst. Im Aufzug (⟹ *Bild 1 d*) spürt man eine Entlastung in den Füßen und fühlt sich leichter.

2. Alle Körper sind träge

Angenommen, an einem Körper greift keine Kraft an oder es besteht an ihm Kräftegleichgewicht. Ist er dann in Ruhe, so bleibt er in Ruhe. Ist er in Bewegung, dann bleibt er in Bewegung und behält seine Geschwindigkeit nach Betrag und Richtung bei. Damit zeigt sich eine Eigenschaft, die jeder Körper hat, seine **Trägheit**.

Wird ein Auto plötzlich abgebremst, so behalten die Insassen und die Ladung ihren Bewegungszustand bei. *Aufgrund ihrer Trägheit* bewegen sie sich mit gleicher Geschwindigkeit weiter. Ein Insasse erfährt erst, wenn sich sein Sicherheitsgurt spannt, eine Kraft in entgegengesetzter Richtung. Er wird dann, ohne Schaden zu nehmen, abgebremst. In einer Kurve ändert zwar das Fahrzeug die Bewegungsrichtung – Insassen und Ladung dagegen nicht, solange keine Kraft auf sie einwirkt (➩ *Bild 2*).

Merksatz

Das Trägheitsgesetz: Ein Körper, an dem keine Kraft angreift oder der sich im Kräftegleichgewicht befindet, behält seine Geschwindigkeit nach Betrag und Richtung bei. Er ist träge. Sein Zustand lässt sich nur durch eine Kraft ändern.

Unsere tägliche Erfahrung scheint dem Trägheitsgesetz sehr zu widersprechen. Denken wir nur an einen Wagen, den wir mit einer Kraft in Bewegung gesetzt haben. Wenn wir dann keine Kraft mehr auf ihn ausüben, wird er langsamer und kommt bald zur Ruhe. Das Trägheitsgesetz verlangt aber: Falls keine Kraft angreift, muss sich der Wagen mit gleicher Geschwindigkeit weiterbewegen. Ein Widerspruch? Da der Wagen langsamer wird, verlangt dasselbe Gesetz: Es muss eine Kraft geben, die ihn abbremst. Hier entsteht diese Bremskraft durch *Reibung*.

B 2: Körper behalten ihre Geschwindigkeit bei.

Innerer Trieb oder äußere Ursache?

Das Trägheitsgesetz stammt von Galileo GALILEI. Er hat es für Körper mit waagerechten Bewegungen ausgesprochen. Bald nach ihm hat Isaac NEWTON das Trägheitsgesetz für alle Körper ohne jede Einschränkung formuliert. Das war im 17. Jahrhundert.

Vorher galt die Lehrmeinung des ARISTOTELES aus der Antike. Danach sollten alle Körper, die in Bewegung gesetzt werden, aus einem inneren Trieb heraus wieder zum Zustand der Ruhe streben. Diese Auffassung entspricht durchaus der alltäglichen Erfahrung. Dass sich Körper ohne Reibung bewegen, kommt ja in unserer Wahrnehmung nicht vor. Bewegungen, die wir auf der Erde kennen, benötigen, wenn sie erhalten bleiben sollen, eine ständig wirkende Kraft.

GALILEI hat unzählige Experimente durchgeführt und genau beobachtet. Er fand, dass die Reibung mit sorgfältig geplanten Versuchen ganz entscheidend verringert werden kann. Er folgerte dann, dass die Körper, wenn sie nur auf sich gestellt, also völlig ohne äußere Einwirkung sind, ihren Bewegungszustand beibehalten. Sie haben also keinen inneren Trieb, von sich aus zur Ruhe zu kommen. Bewegungsänderungen haben stets eine äußere Ursache. Ein Bewegungszustand mit unveränderter Geschwindigkeit und Richtung ist daher ebenso ein Normalzustand wie der Zustand der Ruhe.

Diese neue Denkweise leitete eine Revolution in der Naturbetrachtung ein. NEWTON gelangte schließlich zu der Erkenntnis, dass das Trägheitsgesetz sowohl auf der Erde wie auch im gesamten Weltraum Gültigkeit hat.

A1: Beschreibe die Kräfte, die in ➩ *Versuch 1* bei einer *Abwärts*bewegung zu erwarten sind. Mache nach Möglichkeit selbst eine Fahrt im Aufzug und vergleiche.

A2: Erläutere die Gefahren, die von ungesicherten Gegenständen im oder auf dem Auto ausgehen.

A3: Beschreibe, in welchen Fällen die Kopfstützen in einem Auto lebensrettend werden.

A4: Auf einem Wasserglas liegt eine Postkarte und darauf eine Münze. Ziehe die Karte zunächst einmal langsam, dann möglichst schnell weg. Beschreibe deine Beobachtung und erkläre sie. Ändere den Versuch auch ab.

B1: Im Führerstand der U-Bahn stets im Blick: Der Geschwindigkeitsmesser.

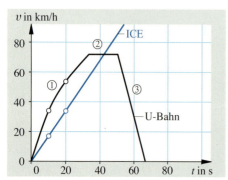

B2: Zeit-Geschwindigkeit-Diagramm von einem U-Bahnzug und einem ICE-Zug.

t in s	0	5	10	15	20
v_{UB} in km/h	0	18	**34**	45	54
v_{ICE} in km/h	0	8,5	17	25,5	**34**

T1: Einige Werte aus dem t-v-Diagramm

V1: Wir ziehen einen Wagen, dessen Räder leicht rollen, mit möglichst gleichbleibender Kraft drei Sekunden lang nach rechts. Der Wagen setzt sich mit zunehmender Geschwindigkeit in Bewegung. Wiederholen wir den Versuch mit einer *größeren* Kraft, so erreicht der Wagen eine *größere* Geschwindigkeit. Weil dies nach *gleich langer* Anfahrzeit geschah, ist sicher: Er wurde nun *stärker* beschleunigt.

3. Geschwindigkeit verändern heißt beschleunigen

Fahrzeuge auf Straßen und Schienen, aber ebenso zu Wasser und in der Luft müssen ihre Geschwindigkeit häufig ändern. Dabei werden sie durch Geschwindigkeitsmesser (auch **Tachometer** genannt) kontrolliert. Im ⇒ *Bild 1* ist von der Fahrt einer U-Bahn ein Zeitpunkt festgehalten: In diesem Moment war ihre „momentane" Geschwindigkeit $v = 54$ km/h, das sind umgerechnet $v = 15$ m/s. Die Dauergeschwindigkeit dieser U-Bahn liegt im Allgemeinen bei $v = 72$ km/h = 20 m/s. Von einem Körper, dessen Geschwindigkeit vergrößert wird, sagt man: Der Körper wird **beschleunigt**.

⇒ *Bild 2* zeigt den typischen Ablauf einer U-Bahnfahrt zwischen zwei Bahnhöfen in Gestalt eines Diagramms. Über der waagerechten Zeitachse ist die jeweilige, momentane Geschwindigkeit aufgetragen. Mit drei Graphen wird die U-Bahnfahrt dargestellt:
- (1) Zur Anfahrzeit, solange also die Geschwindigkeit zunimmt, gehört ein ansteigender Geschwindigkeitsgraph.
- (2) Während der Fahrzeit mit Dauergeschwindigkeit bleibt die Geschwindigkeit unverändert (konstant); dazu gehört ein Graph, der in gleicher Höhe bleibt, also waagerecht verläuft.
- (3) Schließlich wird die U-Bahn gebremst – während der Bremszeit nimmt die Geschwindigkeit ab; dazu gehört ein fallender Geschwindigkeitsgraph.

Im ⇒ *Bild 2* ist außerdem der Graph eines anfahrenden ICE-Zuges zu sehen. Von welchem der beiden Züge sollten wir nun sagen, dass er *stärker* beschleunigt wird? Etwa von dem ICE, weil er eine viel größere Endgeschwindigkeit erzielt? Nein, denn es kommt auch auf die Zeit an! Bis der ICE 34 km/h schnell ist, benötigt er nach ⇒ *Tabelle 1* die Zeit 20 s; die U-Bahn braucht jedoch nur 10 s für den gleichen Geschwindigkeitszuwachs. Ebenso zeigt die Tabelle, dass in gleich langen Zeiten die U-Bahn eine größere Geschwindigkeits*änderung* als der ICE erreicht. So lassen sich Beschleunigungsvorgänge vergleichen – und auch Bremsvorgänge.

4. Eine große Kraft beschleunigt stärker

Wie sehr ein Körper beschleunigt wird, hängt mit der Kraft zusammen. Dies sagt uns das Gefühl, das wir vom Einkaufswagen im Supermarkt kennen: Je größer die Geschwindigkeit des Wagens in kurzer Zeit werden soll, je mehr wir ihn also beschleunigen wollen, desto *kräftiger* müssen wir unsere Muskeln einsetzen. Dies überprüfen wir im ⇒ *Versuch 1* mithilfe von Kraftmessern. Die größere Kraft ergibt in gleicher Zeit eine größere Geschwindigkeit – oder anders gesagt: Um die gleiche Geschwindigkeit zu erreichen, braucht die größere Kraft weniger Zeit. Eine große Kraft beschleunigt also einen Körper stärker als eine kleine.

 Merksatz

Je größer die antreibende Kraft auf einen Körper ist, desto stärker beschleunigt sie ihn.

5. Körper sind verschieden träge

Omnibusse und Lastwagen haben gegenüber einem Moped sehr viel stärkere Motoren. Trotzdem fährt das Moped beim gemeinsamen Start an einer grünen Ampel dem Omnibus weit voraus (⟶ *Bild 3*) – das Moped wird stärker beschleunigt als der Bus. Da es mit einer kleineren Kraft angetrieben wird, hängt das Beschleunigen offensichtlich nicht nur mit der Kraft zusammen.

Im ⟶ *Versuch 2* bilden wir den Vergleich mit zwei Wagen, die wie Bus und Moped unterschiedlich große Masse haben, vereinfacht nach: Indem wir an beiden gemeinsam ziehen, beschleunigen wir beide auch nahezu gleich. Die beschleunigenden Kräfte sind aber verschieden groß. Wir können ausschließen, dass dies etwa durch die Reibung zu begründen wäre. Der Wagen, der den Bus darstellt, benötigt für die Bewegungsänderung eine viel größere Kraft. Daraus folgern wir, dass er mit seiner größeren Masse zugleich eine größere Trägheit hat als das Fahrzeug mit der kleinen Masse.

Dass die Kräfte unterschiedlich sind, können wir uns nun so verdeutlichen: Mit der einen großen Kraft hätten wir ja anstelle des *einen* Wagens mit der großen Masse – d. h. mit der großen Trägheit – zugleich eine entsprechend *größere Anzahl* unbeladener Wagen – jeder mit kleiner Trägheit – beschleunigen können. Dann wäre auf *jeden* Wagen eine gleich große Kraft entfallen.

Der Omnibus in ⟶ *Bild 3* hat zwar im Vergleich zum Moped einen viel stärkeren Motor, aber auch eine im Verhältnis noch viel größere Masse und Trägheit. Daher wird er weniger stark beschleunigt.
Auch beim **Abbremsen,** nicht nur beim Beschleunigen, ändert sich der Bewegungszustand eines Körpers. Dazu müssen in jedem Fall die auf ihn einwirkenden Kräfte eine Ersatzkraft ergeben, die nicht null ist. Aus unserer Erfahrung mit leeren und vollen Einkaufswagen wissen wir: Um Körper großer Masse, also großer Trägheit, schnell abzubremsen, braucht man große Kräfte.

B 3: Das Moped wird trotz kleinerer Antriebskraft stärker beschleunigt.

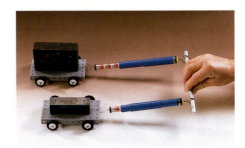

V 2: Wir verwenden zwei leichtgängige Wagen; die Masse des hinteren Wagens ist durch das aufgesetzte Massestück um ein Vielfaches größer als die des vorderen. Mithilfe des für beide gemeinsamen Stabes werden beide Wagen ziemlich genau gleich beschleunigt. Die Kraftmesser zeigen, dass an dem Wagen mit der größeren Masse eine größere Kraft angreift.

Merksatz

Je größer die **Masse** eines Körpers ist, desto größer ist seine **Trägheit**. Werden zwei Körper gleich stark **beschleunigt**, so muss an dem Körper mit der größeren Trägheit eine größere Kraft angreifen als an dem Körper mit der kleineren Trägheit.

Vertiefung

Du findest es gar nicht selbstverständlich, dass einem Körper, der „schwer" ist, zugleich die Eigenschaft „Träge-sein" zukommt, die umso größer ist, je größer die Masse des Körpers ist? Richtig so! Auch die Physik kann das *nicht erklären* – aber alle Messungen haben es gezeigt.

... noch mehr Aufgaben

A1: ⟶ *Tabelle 1* sowie ⟶ *Bild 2* zeigen: Die U-Bahn wird in den einzelnen 5 s-Abschnitten nicht gleich stark beschleunigt. Erläutere dies. Vergleiche mit dem ICE.
A2: Mit großen Kräften lassen sich Körper erheblich beschleunigen.

Nenne dazu Beispiele aus dem Sport.
A3: Ein Mopedfahrer nimmt eine Person als Beifahrer mit. Wie wirkt sich das auf die Trägheit, auf die Antriebskraft und auf das Beschleunigen aus?

A4: In einem Weltraumlabor lässt sich eine gefüllte Blechdose von einer leeren nicht wie am Erdboden mithilfe der Schwerkraft unterscheiden. Wie kann man sie dennoch prüfen, ohne dass sie geöffnet wird?

B1: Anna zieht an Björn, Björn an Anna.

B2: Das blaue Auto wirkt auf das rote und umgekehrt.

V1: a) Anna und **B**jörn stehen auf Skateboards auf ebenem Boden und ziehen gleichzeitig an einem Seil (⟹ *Bild 1*). Die Folge ist, dass sie sich gleich schnell aufeinander zu bewegen und sich (bei gleicher Masse) in der Mitte treffen. Wie die Kraftmesser zeigen, hat jeder auf den anderen eine gleich große Kraft ausgeübt: $F_{\text{A auf B}} = F_{\text{B auf A}}$. **b)** Nun versucht nur Anna zu ziehen, Björn dagegen nicht. Björn hält deshalb das Seil nur fest. Doch auch dann bewegen sich beide in gleicher Weise aufeinander zu! Björn stellt fest, dass er dabei – ohne es zu beabsichtigen – wieder eine gleich große Kraft ausüben musste. **c)** Jetzt nimmt Björn sich vor, auf die Kraft von Anna *nicht* mit einer Gegenkraft zu antworten. Dies gelingt ihm jedoch nur, wenn er das Seil loslässt. Dann aber kann auch Anna gar keine Kraft mehr auf Björn ausüben.

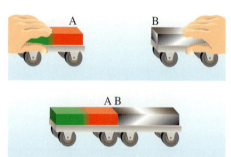

V2: Auf einem Wagen befestigen wir einen Magneten (A) und auf einem anderen ein Eisenstück (B), das kein Magnet ist. Wenn wir die Wagen aus nicht zu großem Abstand frei lassen, dann prallen sie in der Mitte aufeinander (falls die Wagen samt Beladung gleiche Masse haben).

Kraft und Gegenkraft

1. Keine Kraft ohne Gegenkraft

Bisher haben wir untersucht, wie Kräfte auf einen Körper wirken, wenn die Kräfte von anderen Körpern aufgebracht werden. Nun werden wir diese anderen Körper in unsere Betrachtungen mit einbeziehen.

Hierzu ergibt ⟹ *Versuch 1* etwas Neuartiges: Eine Person übt eine Kraft auf einen anderen Körper aus. Dabei zeigt sich, dass zugleich auch eine Kraft auf die Person selbst zurückwirkt. Zu einer Kraft von Körper A auf Körper B tritt eine gleich große **Gegenkraft** von Körper B auf Körper A auf – ohne unser Zutun, jedes Mal und unabänderlich.

Das Auftreten von Kraft und Gegenkraft zeigt sich auch in ⟹ *Versuch 2*, wenn Magnet und Eisenstück gegeneinander prallen. Dies blieb folgenlos – aber das Aufeinanderprallen in ⟹ *Bild 2* hatte erhebliche Auswirkungen: Der blaue Lieferwagen A übte auf den am Unfall beteiligten, roten Pkw B die Kraft $\vec{F}_{\text{A auf B}}$ aus und zerbeulte dessen Front. Mit dem Auftreten dieser Kraft wirkte aber sofort auch von dem beteiligten Pkw die Gegenkraft $\vec{F}_{\text{B auf A}}$ auf den Lieferwagen. Sie zerbeulte mit dem gleichem Betrag wie $F_{\text{A auf B}}$ dessen Motorhaube. Wieder zeigt sich: Es gibt keine Kraft ohne Gegenkraft.

Merksatz

Wenn der Körper A eine Kraft auf den Körper B ausübt, so übt der Körper B auf den Körper A eine Gegenkraft aus.
Kraft und Gegenkraft haben entgegengesetzte Richtungen.
Kraft und Gegenkraft haben gleiche Beträge: $F_{\text{A auf B}} = F_{\text{B auf A}}$

Kraft und Gegenkraft treten *immer* als Paar auf, und sie greifen stets an *verschiedenen* Körpern an. Wir müssen unterscheiden: Im Kapitel Kräftegleichgewicht haben wir uns klargemacht, welche Kräfte wirken, wenn z. B. eine Birne an einem Zweig hängt. Dort sind auch zwei entgegengesetzt gerichtete Kräfte beteiligt. Aber: Beim Kräftegleichgewicht greifen die Kräfte am *selben* Körper an.

2. Antrieb durch Rückstoß: Antrieb durch Gegenkraft

Wenn jemand in einem Boot sitzt wie in ⫸ *Bild 3* und mit großer Kraft Steine nach hinten wirft, dann wirken die Steine mit einer gleich großen Gegenkraft auf den, der wirft, zurück. Diese Gegenkraft treibt ihn voran – und auch das Boot, sofern er fest darin sitzt. Man spricht von **Rückstoßkraft** oder kürzer von Rückstoß.

Statt Steine zu werfen, könnte man auch Wasser schöpfen und dies nach hinten schleudern. Noch einfacher ist es aber, wenn man mit einem Paddel oder mit einer motorgetriebenen Schraube ständig Wasser nach hinten beschleunigt. Das beschleunigte Wasser übt dabei wie der Stein die Gegenkraft auf das Boot nach vorne aus. Das Boot wird durch die Rückstoßkraft angetrieben.

Flugzeuge beschleunigen Luft mit Propellern oder Düsentriebwerken nach hinten. Sie üben dazu eine Kraft auf die Luft nach hinten aus. Die Gegenkraft der Luft wirkt auf das Flugzeug nach vorn. Wie Boote und Flugzeuge nutzen auch Fische und Vögel dieses Prinzip des Antriebs aus. Den Raketen wird vorher die Materie, die sie dann bei der Verbrennung mit großer Kraft ausstoßen, in Tanks mitgegeben. Sie können daher auch im leeren Weltraum beschleunigen, die Richtung ändern und abbremsen.

3. Tragflächen: Getragen durch Gegenkraft

In ⫸ *Bild 5* steht der *Drachen* schräg zum Wind und lenkt die anströmende Luft teilweise nach unten. Dazu muss der Drachen eine Kraft auf die Luft nach unten ausüben. Die Gegenkraft der Luft hält den Drachen oben oder lässt ihn steigen. Flaut der Wind ab, so wird weniger Luft je Sekunde nach unten umgelenkt – folglich werden Kraft und Gegenkraft kleiner, der Drachen sinkt.

Die *Tragflächen der Flugzeuge* sind etwas geneigt und gekrümmt (⫸ *Bild 6*). Dadurch wird beim Flug die Luft nach unten umgelenkt. Dabei übt das Flugzeug auf die Luft eine abwärts gerichtete Kraft aus. Die Luft wirkt mit der Gegenkraft auf das Flugzeug nach oben. Wenn diese Gegenkraft nach oben genau so groß ist wie die Gewichtskraft des Flugzeugs nach unten, dann behält es seine Höhe bei. Wenn es schneller fliegt, nimmt die Gegenkraft der Luft auf das Flugzeug zu. Größere Tragflächen und stärkere Wölbung vergrößern die Gegenkraft ebenfalls. Deshalb genügen bei großen Reisegeschwindigkeiten relativ schmale Flügel. Bei Start und Landung dagegen wird die Flügelfläche durch das Ausfahren zusätzlicher Landeklappen vergrößert.

B 3: Der Rückstoß treibt das Boot an.

B 4: Raumschiffe brauchen Raketendüsen.

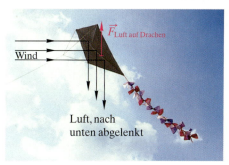

B 5: Kraft und Gegenkraft beim Drachen

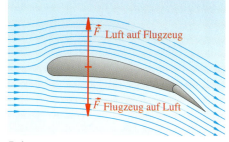

B 6: Tragflügel mit Landeklappe

... noch mehr Aufgaben

A 1: Wenn jemand von einem Boot aus zum Ufer springt, treten eine Kraft und eine Gegenkraft auf. Zeichne beide in eine Skizze ein. Kommentiere die Kräfte und deren Wirkungen.

A 2: Ein Sprinter übt beim Start eine Kraft nach *hinten* auf den Startblock aus. Welche Kraft beschleunigt folglich den Sprinter nach vorn? Warum wird er, falls der Startblock nach hinten wegrutscht, nicht beschleunigt?

A 3: Du stehst auf einer Personenwaage. Welche Kräfte wirken?

a)

b)

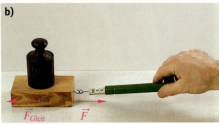

$\vec{F}_{\text{Gleit}}$ $\vec{F}$

V1: a) Wir legen zwei Bürsten aufeinander, ziehen die obere Bürste mit einer Kraft nach rechts und beobachten, wie sich die Borsten verbiegen. **b)** Wir messen die Gleitreibungskraft an einem Holzklotz mit einem Kraftmesser. Wir ändern die *Anpresskraft* durch verschiedene Auflagekörper und die *Art* der Gleitflächen, indem wir z. B. auch Filz oder Sandpapier verwenden.

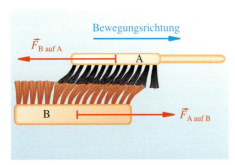

Bewegungsrichtung

$\vec{F}_{\text{B auf A}}$

A

B

$\vec{F}_{\text{A auf B}}$

B1: Gleitreibungskraft ist eine Gegenkraft

B2: Metalloberfläche im Mikroskop

Reibungskräfte

1. Die Gleitreibungskraft bremst Bewegungen

Wenn man seine Hand fest auf einen Tisch oder auf einen Pappkarton presst und sie dabei wegzieht, dann spürt man eine bremsende Kraft. Um Genaueres über solche Reibungsvorgänge zu erfahren, führen wir den ▮▮▶ *Versuch 1* durch.

Die Verformungen, die wir in ▮▮▶ *Versuch 1 a* beobachten, verdeutlicht ▮▮▶ *Bild 1*: Die Bürsten wirken mit Kraft und Gegenkraft aufeinander. Die Borsten der unteren Bürste B werden durch eine Kraft $\vec{F}_{\text{A auf B}}$ nach rechts gebogen; sie wirken daher mit der gleich großen Gegenkraft $\vec{F}_{\text{B auf A}}$ auf die obere Bürste A nach links zurück, also der Bewegung entgegen. Diese Gegenkraft hemmt die Gleitbewegung; man nennt sie die **Gleitreibungskraft** $\vec{F}_{\text{Gleit}}$.

Die Oberflächen von Körpern, die z. B. aus Holz oder Metall bestehen, sind alle mehr oder weniger rau, auch wenn sie dem Augenschein nach glatt und eben aussehen. ▮▮▶ *Bild 2* zeigt ein Beispiel in starker Vergrößerung. Dass sich diese Unebenheiten der beiden Gleitflächen miteinander verzahnen, ist für die Gleitreibungskraft eine mögliche Erklärung. Für genauere Angaben braucht man erst präzise Forschungen zum Aufbau der Materie.

▮▮▶ *Versuch 1 b* zeigt uns: Die Gleitreibungskraft $\vec{F}_{\text{Gleit}}$ ist von Fall zu Fall unterschiedlich groß. Im Allgemeinen ist sie umso größer,
- je größer die Kraft ist, mit der die beiden Körper aneinander gepresst werden,
- je rauer die Gleitflächen sind.

Wenn wir schwere Getränkekisten im Keller weiterschieben wollen, ist die Reibung für uns sehr *nachteilig*. Überaus *nützlich* dagegen ist uns die Gleitreibung z. B. beim Bremsen. Dabei ist es auch wichtig, dass man sowohl sehr weiches als auch hartes Bremsen bewirken kann. Je kräftiger man beim Radfahren die Bremsklötze auf die Felge drückt, desto größer ist dort die Gleitreibungskraft und desto stärker wird dann das Rad abgebremst (▮▮▶ *Bild 3*). Für eine gute Bremswirkung muss die Felge sauber sein.

B3: Die Felgenbremse gibt Sicherheit durch Gleitreibung.

2. Die Haftkraft hält die Körper fest

Damit das Abrutschen an einer Kletterstange nicht zu schnell geschieht, nutzen wir die Gleitreibungskraft. Wenn wir sehr kräftig zupacken, dann können wir die Abwärtsbewegung ganz verhindern, obwohl nach wie vor die Gewichtskraft an uns angreift. Über Gegenkräfte, die bei Stillstand wirken können, gibt uns ⮞ *Versuch 2* Auskunft. In diesem Versuch steigern wir die Kräfte langsam.

Bei kleiner Zugkraft zeigt sich eine **Haftkraft**. Die Kraft, mit der man gerade noch ziehen kann, bevor der Körper gleichförmig zu gleiten beginnt, ist so groß wie die *maximale* Haftkraft $\vec{F}_{\text{Haft}}$. Für viele Körper gilt: Solange ein Körper ruht, verzahnen sich die Unebenheiten der Oberflächen stärker als beim raschen Hinweggleiten. Die Haftkraft wird ähnlich der Gleitreibungskraft im Allgemeinen umso größer, je rauer die Oberflächen sind und je stärker die beiden Körper aufeinander gepresst werden.

Wenn Schleifen und Knoten schlecht geknüpft sind, dann lösen sie sich, sobald die Belastung zu groß wird. Die maximale Haftkraft ist dann zum Halten zu gering. Die Schlingen von gut geknüpften Knoten, z. B. von Seemannsknoten, pressen umso stärker aufeinander, je größer die Zugbelastung ist. Die Haftkraft nimmt bei diesen Knoten mit der Belastung zu: Sie halten gut.

3. Die Rollreibungskraft ist besonders klein

⮞ *Versuch 3* zeigt, dass eine Rollbewegung nur sehr wenig gehemmt wird – von der **Rollreibungskraft** $\vec{F}_{\text{Roll}}$. Die Unebenheiten der Oberflächen können sich nun ähnlich wie die Zähne von Zahnrädern aufeinander abwälzen. Das gilt ebenso für die Laufflächen bei Rädern. Setzt man ein Rad mit seiner Nabe auf den Zapfen der Achse, so tritt hier jedoch Gleitreibung auf. Auch die meisten Türscharniere bilden solche Gleitlager. Bei Fahrzeugrädern setzt man Rollen- oder *Kugellager* ein (⮞ *Bild 5*). Dann wird auch an der Achse das Gleiten durch ein Abrollen ersetzt.

4. Schmieren verkleinert die Reibungskräfte

Befindet sich zwischen den festen Körpern eine Flüssigkeitsschicht, so wird die Reibungskraft zumeist ganz erheblich verringert. Achslager und Motorkolben in ihrem Zylinder werden deshalb geölt, und zugleich werden sie davor bewahrt, dass sich ihre Oberflächen aufrauen. – Beim Schlittschuhlaufen kann sich zwischen Kufen und Eis sehr schnell eine Wasserschicht bilden; darauf gleitet man fast reibungsfrei (⮞ *Bild 6*).

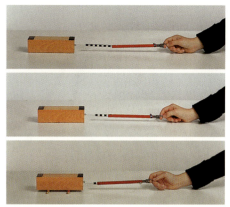

B 4: Kräftevergleich: $F_{\text{Haft}} > F_{\text{Gleit}} > F_{\text{Roll}}$

V 2: Wir versuchen, einen Klotz mit ganz allmählich zunehmender Kraft in Bewegung zu setzen (⮞ *Bild 4 a*). Solange der Klotz noch in Ruhe ist, zeigt der Kraftmesser einen größeren Wert als nachher.

V 3: Wir legen den Klotz auf runde Stäbe und ziehen ihn mit einem Kraftmesser weg (⮞ *Bild 4 c*). Die Kraft ist extrem klein.

B 5: Kugellager und Rollenlager

B 6: Wasserschmierung beim Schlittschuh

... noch mehr Aufgaben

A 1: Ein Holzschrank wird nach und nach über unterschiedliche Fußböden geschoben. Beschreibe die zugehörigen Reibungskräfte.

A 2: Teppiche auf einem glatten Untergrund benötigen zur Sicherheit geeignete Gleitschutzunterlagen. Erläutere dies physikalisch.

A 3: Beschreibe Vor- und Nachteile der Reibung beim Laufen im Sand, im Gras, auf Asphalt, auf nassen Fliesen und auf Eis.

B 1: Eine große Last hängt an vielen Seilen.

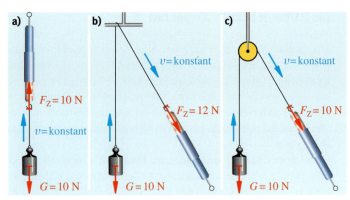

B 2: Eine Last wird mit einem Seil gehoben.

V 1: a) Wir ziehen einen Körper der Masse $m = 1$ kg an einem Seil gleichförmig nach oben (⟹ *Bild 2a*). Der Kraftmesser zeigt den Betrag der Zugkraft $F_Z = G = 10$ N.
b) Das Seil wird über einen Metallstab gelegt und abgewinkelt weitergeführt (⟹ *Bild 2b*). Wir müssen nun mit der größeren Zugkraft vom Betrag $F_Z = 12$ N ziehen. Der Unterschied kommt von der Reibungskraft: $F_{Reib} = 12$ N $- 10$ N $= 2$ N.
c) Wir ersetzen den Stab durch eine Rolle (⟹ *Bild 2c*). Die Zugkraft beträgt dann kaum mehr als $F_Z = 10$ N.

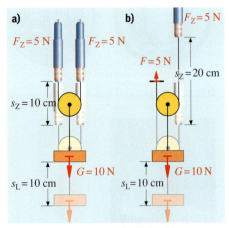

V 2 a: Wir hängen einen Klotz mithilfe von Rolle und Seil an zwei Federkraftmessern auf (⟹ *Bild a*). Die Last, also Klotz und Rolle zusammen, erfährt eine Gewichtskraft vom Betrag $G = 10$ N. Jeder der beiden Kraftmesser zeigt eine Kraft $F_Z = 5$ N an. Wenn wir nun an jedem der beiden Seil-enden zugleich längs des Kraftweges $s_Z = 10$ cm ziehen, dann wird auch die Last um $s_L = s_Z = 10$ cm gehoben.

Seilmaschinen

1. Eine Kraft wird umgelenkt

Seile und Rollen sind Hilfsmittel, mit denen sich viele Tätigkeiten erleichtern lassen – vor allem das Heben von Lasten: Anstelle der eigentlich erforderlichen Kräfte bringen Seile und Rollen „mit List" *veränderte* Kräfte zum Einsatz. Von dem altgriechischen Wort für List: „mechane" stammt unser Wort „Maschine".

Im ⟹ *Versuch 1a* haben wir mithilfe eines Seils den *Angriffspunkt* der Kraft verlagert – trotz unverändertem Betrag und unveränderter Richtung der Kraft ist das oft von Nutzen, z. B. bei tiefen Baugruben.
Im ⟹ *Versuch 1b* haben wir die *Richtung* der Kraft an einem Stab umgelenkt. Auch das ist oft hilfreich. Der Stab ergibt aber für uns zugleich eine Erschwernis: Die erforderliche Zugkraft wird größer. Die Ursache kennen wir: Zwischen Seil und Stab tritt zusätzlich eine entgegengerichtete Kraft auf, die Reibungskraft.

Im ⟹ *Versuch 1c* wird die Kraft mit einer Rolle umgelenkt. Dabei tritt nur eine kaum merkliche Reibungskraft auf. Solche Rollen werden **feste Rollen** genannt, wenn ihre Achsen **ortsfest** sind.

 Merksatz

> Mit **Seil** und **fester (d. h. ortsfester) Rolle** kann man eine Kraft in eine andere Richtung umlenken. Wenn keine Reibung auftritt, ändert sich dabei der Betrag der Kraft nicht.

2. Eine Kraft wird halbiert

Im ⟹ *Versuch 2a* hängt der Klotz an der Rolle, und die Last wird nun von *zwei* Seilabschnitten getragen. Die Gewichtskraft $\vec{G}$ teilt sich dabei gleichmäßig, d. h. je zur Hälfte auf die beiden tragenden Seilabschnitte auf. Läuft das Seil über eine reibungsfreie Rolle, so ist die Kraft im Seil überall gleich groß. Ein Anheben der beiden Seilenden ergibt ein gleich hohes Anheben der Last.

Mit ⟹ *Versuch 2b* wandeln wir die bisherige Anordnung an einer Stelle ab. Das eine Seilende wird an einem Haken befestigt. Es zeigt sich: Zum Halten der Last oder zum Heben mit gleichbleibender Geschwindigkeit ist jetzt nur noch eine halb so große Kraft nötig. Das ist ein bedeutender *Vorteil*. Aber dafür müssen wir zugleich auch einen *Nachteil* in Kauf nehmen: Zum Heben der Last um einen Lastweg s_L ist es nun notwendig, einen doppelt so großen Weg $s_Z = 2 \cdot s_L$ für die Zugkraft aufzuwenden. Denn da der Haken das eine Seilende nur hält, aber nicht hebt, müssen wir auf der anderen Seite den Kraftweg seines Seilabschnitts mit übernehmen. – Macht der Nachteil nun den Vorteil wertlos? Nein, denn ohne Hilfsmittel könnten wir viele Hebevorgänge kaum oder gar nicht ausführen!

Während sich die Rolle dreht, hebt sich zugleich ihre Achse mit der Last; die Achse ist nun also nicht ortsfest. In solchen Fällen werden die Rollen daher **lose**, d. h. **ortsveränderliche Rollen** genannt. Das Ziehen wird zumeist noch bequemer, wenn eine zusätzliche ortsfeste Rolle die Zugkraft wie in ⟹ *Bild 3* umlenkt.

Merksatz

Eine **lose Rolle** verteilt die Kraft $\vec{F}_L$ gleichmäßig auf zwei Seilabschnitte. In jedem Abschnitt gilt für den Betrag der Zugkraft $F_Z = \frac{1}{2} \cdot F_L$.
Ist ein Seilende fest, so wird der Weg s_Z der Zugkraft doppelt so groß wie der Lastweg s_L. Es gilt $s_Z = 2 \cdot s_L$.

3. Der Flaschenzug

Zu einem **Flaschenzug** gehört eine Gruppe von festen und eine Gruppe von losen Rollen. Die Rollen sind drehbar in Haltevorrichtungen gelagert, die *Flaschen* genannt werden. Der Name rührt von den früher üblichen, flaschenähnlichen Bauformen her.

In ⟹ *Versuch 3* hängt die Last jetzt an vier Seilabschnitten. Folglich übt jeder Seilabschnitt nur eine Zugkraft mit $F_Z = \frac{1}{4} G$ nach oben aus. Die beiden oberen Rollen sind ortsfest und lenken die Seilkräfte um. Wie zu erwarten, zeigt sich:
Wenn alle Rollen nur eine verschwindend kleine Reibung haben, so müssen wir am freien Seilende nur mit der Zugkraft $F_Z = \frac{1}{4} G$ ziehen; für $G = 12$ N folgt $F_Z = 3$ N. Der Vorteil der verkleinerten Zugkraft beim Heben der Last muss aber auch hier mit einem Nachteil erkauft werden: Damit alle vier Seilabschnitte um den Lastweg s_L verkürzt werden, muss der Weg s_Z der Zugkraft nun viermal so groß sein.

Merksatz

Wenn ein Flaschenzug die Kraft $\vec{F}_L$ auf n tragende Seilabschnitte verteilt, so gilt:
- Die erforderliche Zugkraft hat den Betrag $F_Z = \frac{1}{n} \cdot F_L$;
- der erforderliche Kraftweg beträgt $s_Z = n \cdot s_L$.

V 2 b: Wir befestigen das linke Seilende an einem Haken (⟹ *Bild b*). Er hält nun die Hälfte der Last. Daher müssen wir jetzt nur noch eine halb so große Zugkraft mit $F_Z = \frac{1}{2} G = 5$ N ausüben. Damit die Last um 10 cm angehoben wird, müssen wir am freien Ende $2 \cdot 10$ cm $= 20$ cm weit ziehen.

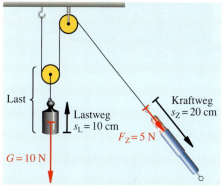

Last
Lastweg $s_L = 10$ cm
$G = 10$ N
Kraftweg $s_Z = 20$ cm
$F_Z = 5$ N

B 3: Die lose Rolle halbiert die Kraft, und die feste Rolle ändert die Richtung.

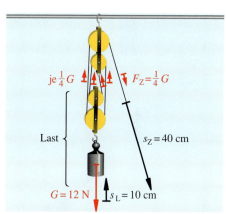

je $\frac{1}{4} G$ $F_Z = \frac{1}{4} G$
Last
$s_Z = 40$ cm
$G = 12$ N $s_L = 10$ cm

V 3: Wir ziehen einen Klotz mit einem Flaschenzug um 10 cm hoch. Der Betrag der Gewichtskraft der gesamten Last ist 12 N. Wir messen die Zugkraft von etwa 3 N und den Weg der Zugkraft von 40 cm.

... noch mehr Aufgaben

A 1: Katrin kann eine Kraft von 400 N aufbringen. Wie groß darf die Last sein, die sie damit an einer festen Rolle, an einer losen Rolle oder an dem Flaschenzug (⟹ *Versuch 3*) hochziehen könnte?

A 2: Eine Kiste wird mit einer losen Rolle hochgezogen. Der Betrag der Zugkraft ist 270 N. Welche Gewichtskraft hat der Kisteninhalt ($G_{Rolle} + G_{leere\ Kiste} = 130$ N)?

B 1: Gemeinsam wirkende Kräfte **a)** mit gleichen Richtungen oder **b)** mit verschiedenen Richtungen.

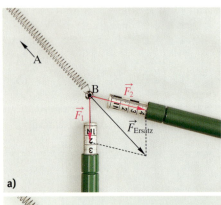

a)

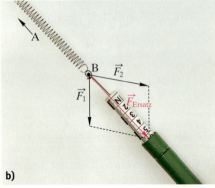

b)

V 1: a) Wir ersetzen den gemeinsamen Teil der Hundeleine durch eine Schraubenfeder. Das eine Ende der Feder (Punkt A) ist links oben an der Tafel befestigt. Am anderen Ende (Punkt B) greifen über je einen Kraftmesser zwei Kräfte mit den Beträgen $F_1 = 3{,}0$ N und $F_2 = 4{,}0$ N nach verschiedenen Richtungen an. Die Feder spannt sich aber so, als ob an ihr nur *eine* Kraft angreifen würde. Deren Richtung wird von der Feder AB angezeigt. **b)** Wir dehnen die Feder mit nur *einem* Kraftmesser bis zum selben Endpunkt B wie zuvor. Die dazu nötige Kraft hat den Betrag $F_{\text{Ersatz}} = 5{,}5$ N und heißt Ersatzkraft.

Zusammensetzen von Kräften

1. Rückblick: Zwei Kräfte mit gleicher Richtung

In ⟾ *Bild 1 a* ziehen zwei Ponys einen Wagen. Ihre Kräfte mit den Beträgen 1000 N und 2000 N wirken dabei in gleicher Richtung. Der Wagen könnte aber ebenso von *einem* Pferd allein anstelle der zwei Ponys gezogen werden. Wir wissen aus dem Kapitel „Kräftegleichgewicht", mit welcher Kraft das eine Pferd die beiden Kräfte der Ponys ersetzen kann. Weil die Richtungen der Kräfte übereinstimmen, dürfen wir die Beträge der beteiligten Kräfte wie Zahlen addieren. Hier erhalten wir den Betrag 3000 N.

Eine einzige Kraft mit diesem Betrag und mit der gleichen Richtung wie die zwei ursprünglichen Kräfte kann die beiden gleichwertig ersetzen. An der Auswirkung ändert sich dadurch nichts. Die eine Kraft, die die zwei Kräfte $\vec{F}_1$ und $\vec{F}_2$ ersetzt, heißt **Ersatzkraft** $\vec{F}_{\text{Ersatz}}$ (oder Resultierende) der beiden Kräfte $\vec{F}_1$ und $\vec{F}_2$.

2. Addition von Kräften unterschiedlicher Richtungen

In ⟾ *Bild 1 b* zerren zwei Hunde am gemeinsamen Teil ihrer Leine nach verschiedenen Richtungen. Ob sich auch diese zwei Kräfte durch *eine* Kraft ersetzen lassen und – wenn ja – welchen Betrag und welche Richtung hat sie dann? Dies erkunden wir in ⟾ *Versuch 1*. Tatsächlich: Die beiden Kräfte $\vec{F}_1$ und $\vec{F}_2$ lassen sich trotz unterschiedlicher Richtungen durch *eine* Kraft, die Ersatzkraft $\vec{F}_{\text{Ersatz}}$, ersetzt denken. Die Kräfte $\vec{F}_1$ und $\vec{F}_2$, aus denen sich die Ersatzkraft zusammensetzt, heißen die **Komponenten** der Kraft $\vec{F}_{\text{Ersatz}}$.

Bei der Kraftmessung fällt uns etwas völlig Neues auf: Unser Messwert 5,5 N liegt deutlich unter der Summe 7 N aus den Beträgen 3 N und 4 N. Der Betrag der Ersatzkraft ist *kleiner* als die Summe aus den Beträgen ihrer Komponenten! *Das Ergebnis entspricht also nicht mehr den Regeln der Zahlenaddition, wenn die Komponenten verschiedene Richtungen haben.*

Die Richtung der Ersatzkraft liegt zwischen den Richtungen ihrer Komponenten; sie ist mehr zu der Komponente hin geneigt, die den größeren Betrag aufweist.

3. Kräfte werden geometrisch addiert

In den Bildern zum ⮕ *Versuch 1* sind die Kraftkomponenten und ihre Ersatzkraft zeichnerisch festgehalten. Winkelgetreu wurden die Kraftpfeile eingetragen. Ihre Längen geben die Beträge in einem einheitlichen Kräftemaßstab wieder.

Dabei ergibt sich zu unserer Überraschung die Figur eines Parallelogramms. Ein Punkt ist der Angriffspunkt, zwei weitere sind die beiden Endpunkte der Komponentenpfeile. Der vierte Punkt ist der Endpunkt des Ergebnispfeils. Die Komponentenpfeile bilden zwei benachbarte Seiten, und der Ergebnispfeil bildet die Diagonale vom gemeinsamen Angriffspunkt aus. Die gestrichelten Linien vervollständigen dieses **Vektorparallelogramm**.

Dieser geometrische Zusammenhang gilt für alle Kräftezusammensetzungen. Das ermöglicht es uns, zukünftig – auch ohne Versuch – die Ersatzkraft von zwei Kraftkomponenten zu bestimmen. Wir brauchen nur Zug um Zug eine entsprechende Zeichnung aufzubauen (⮕ *Bild 2*): Man zeichnet den ersten Kraftpfeil, dann fügt man mit gleichem Angriffspunkt den zweiten hinzu, vervollständigt das Parallelogramm und erhält die Diagonale als Ergebnis.

Diese Addition von Kräften verschiedener Richtungen zeigt eindringlich, dass man Kräfte als **Vektoren** behandeln muss. Mit dem Betrag allein ist eine Kraft nicht bestimmt. Die Zusammensetzung geschieht als **Vektoraddition**, d. h. als geometrische Addition. Als Sonderfälle sind darin die Additionen gleich- und entgegengesetzt gerichteter Kräfte enthalten. Das zeigt ⮕ *Bild 3*, wenn der Winkel $0°$ oder $180°$ beträgt. Dann ergibt sich der Betrag der Ersatzkraft als Summe bzw. als Differenz – wie bei Zahlen.

Merksatz

Zwei Kräfte $\vec{F}_1$ und $\vec{F}_2$, die an einem Punkt angreifen, lassen sich durch *eine* Kraft mit gleichem Angriffspunkt ersetzen, die **Ersatzkraft $\vec{F}_{Ersatz}$**.

Diese Ersatzkraft findet man, indem man aus den **Komponenten** $\vec{F}_1$ und $\vec{F}_2$ ein **Parallelogramm** bildet. Die Diagonale, die den Angriffspunkt der Komponenten enthält, stellt die Ersatzkraft dar.

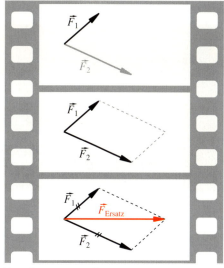

B2: So entsteht die Konstruktion der Ersatzkraft – eine geometrische Addition.

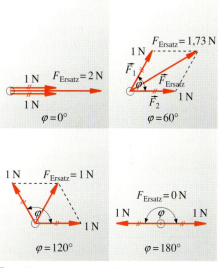

B3: Geometrische Addition von zwei Kräften mit den Beträgen 1 N

... noch mehr Aufgaben

A1: Ermittle durch Konstruktion die Ersatzkraft zweier Kräfte mit den Beträgen 6 N und 8 N, wenn sie Winkel von $0°$, $30°$, $60°$, $90°$, $120°$, $150°$, $180°$ einschließen. Zwischen welchen Grenzen liegt der Betrag der Ersatzkraft? Bei welchen Winkeln kommt man auch ohne Zeichnung, nur durch gewohnte Zahlenrechnung mit den Beträgen zum Ergebnis?

A2: Wie ändert sich bei zwei betragsgleichen Kräften der Betrag der Ersatzkraft, wenn der Winkel zwischen den Komponenten von $0°$ bis $180°$ wächst (⮕ *Bild 3*)? Bei welchen Winkeln ist der Betrag der Ersatzkraft größer, bzw. gleich oder kleiner als der Betrag einer Komponente?

A3: An einem Telegrafenmast zieht ein Draht horizontal nach Osten mit 2000 N, ein zweiter horizontal nach Süden mit 3000 N. Ermittle Himmelsrichtung und Betrag der Ersatzkraft durch Konstruktion. Zeichne auch die Himmelsrichtung ein, in der ein schräg verlaufendes Halteseil am Boden zu befestigen ist. Mit diesem Seil soll der Mast bestmöglich gesichert werden.

Vertiefung

B 1: Jupiter mit Monden – Foto einer Raumsonde

Naturgesetze

A. Naturgesetze gelten überall

Ein Jupitermond bewegt sich um seinen Planeten herum wie der Sitz eines Kettenkarussells um die Säule in der Mitte. Natürlich gibt es keine Ketten, mit denen der Mond gezwungen wird, anstelle einer Geradeausbewegung eine gekrümmte Bahn auszuführen. Für die dazu nötige Kraft muss als Ursache die Anziehung zwischen Jupiter und Mond gelten. Auf der Erde erfahren *alle* Körper, ob aus Blei oder aus Holz, eine Gewichtskraft. Der Drehwaagenversuch hat uns gezeigt, dass es Anziehungskräfte auch für zwei Körper untereinander gibt – und sie wirkt gegenseitig. Indem wir die auf der Erde gefundenen Versuchsergebnisse auf den Weltraum und damit auf die ganze Natur ausdehnen, haben wir ein **Naturgesetz** ausgesprochen. Die Astronomen sahen es sogar außerhalb unseres Sonnensystems bei Fixsternen bestätigt, die sich gegenseitig umkreisen. Bislang fand sich keine Ausnahme von dieser allgemein gültigen *Massenanziehung*. Aus Beobachtungsdaten einer Jupitermondbahn konnte man vorhersagen, dass jeder Körper in Jupiternähe eine 2,6-mal so große Kraft erfährt wie auf der Erde. Unter dieser Voraussetzung wurden die Raumsonden geplant, denen wir die so erfolgreichen Nahaufnahmen vom Jupiter verdanken.

B. Naturgesetze sind praktisch

Wenn wir eine Feder beim Händler bestellen (z. B. als Ersatzteil), dann kommt es nicht nur auf die Abmessungen an. Insbesondere muss die nötige Federhärte angegeben werden. Mit Worten allein ist dies nicht zuverlässig möglich. Denn was der eine hart nennt, kann für einen anderen weich bedeuten. Präziser ist es, die Federhärte mit dem Quotienten $D = \frac{F}{s}$ (z. B. $D = 10 \frac{\text{cN}}{\text{cm}}$) zu beschreiben. Die Federhärte ist durch ein Naturgesetz, das *hookesche Gesetz*, festgelegt.

C. Wie findet man Naturgesetze?

Das hookesche Gesetz wie auch andere Gesetze finden wir mithilfe von Messreihen. Sie zeigen mit vielen Paaren von Messwerten, wie zwei Größen – beim hookeschen Gesetz *Kraft* und *Verlängerung* – miteinander zusammenhängen. Dazu stellt man die einzelnen Wertepaare in einem Koordinatensystem dar, dessen Achsen zweckmäßig eingeteilt werden.

▶ *Bild 2* zeigt das Diagramm einer solchen Messreihe. Mit *einer* Geraden können die Messpunkte gar nicht wirklich verbunden werden. Trotzdem wäre es sinnlos, stattdessen von Punkt zu Punkt eine Zickzacklinie zu zeichnen. Denn jeder Messwert ist mit Unsicherheiten behaftet. Diese **Messfehler** lassen sich zwar durch mehr Sorgfalt und aufwendigere Hilfsmittel (z. B. Lupenablesung) verkleinern, aber prinzipiell nicht vermeiden. Grundsätzlich kennt niemand den präzisen Wert! Unsere Angaben der Kräfte sind nicht völlig genau – noch viel unsicherer sind die gemessenen Verlängerungen. Weil jeder wahre *s*-Wert etliche Millimeter über oder auch unter dem Messwert liegen kann, sind im Diagramm die Punkte zu kleinen *Balken* erweitert worden.

Wenn für den Zusammenhang von Kraft und Verlängerung eine **Proportionalität** gilt, dann muss sich eine Ursprungsgerade zeichnen lassen – und zwar so, dass sich die Streuungen der Messpunkte an ihr etwa ausgleichen. Diese **Ausgleichsgerade** durchläuft nicht die Messpunkte, aber die Messbalken. Sie ist umso zuverlässiger, je mehr Messpunkte vorliegen und je weniger diese streuen.

Wenn wir eine Ausgleichsgerade gefunden haben, können wir sagen: Mit ihren Punkten haben wir in guter Näherung zahllose Wertepaare dieser Feder zur Verfügung, weit mehr als von uns gemessen wurden! Aber Vorsicht: Zulässig ist dies allein in dem Bereich, in dem wir gemessen haben. Tatsächlich gibt es bei Federn nur einen begrenzten *Proportionalbereich*, außerhalb davon verläuft der Graph gekrümmt.

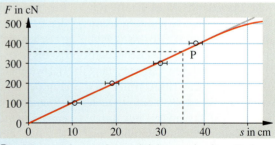

B 2: Messpunkte und Ausgleichsgerade einer Feder

D. Kritischer Umgang mit Berechnungen

Die Ausgleichsgerade im s-F-Diagramm ermöglicht es uns, für die Feder Voraussagen zu machen: Welche Kraft ist nötig für eine bestimmte Verlängerung? Und umgekehrt: Wie weit verlängert sich die Feder bei einer vorgegebenen Kraft? Die Antwort enthält das Diagramm, doch die Ablesung ist nicht sehr bequem und wenig genau.

Aber wir haben ja für die Gerade auch eine Beschreibung in Gleichungsform. Da sich die Proportionalität bestätigt hat, gibt es einen festen Quotienten $F/s = D$, den Proportionalitätsfaktor, Federhärte genannt. Er stellt das Steigungsmaß unserer Geraden dar. Mit seiner Kenntnis können wir Werte *berechnen*: eine Kraft durch $F = s \cdot D$ und eine Verlängerung durch $s = F/D$. Doch wie erfasst man diesen Faktor D zuverlässig? Eine Möglichkeit ist, einen Punkt P der Ausgleichsgeraden zu benutzen (es muss kein Messpunkt sein). Dem Diagramm entnehmen wir zu der Verlängerung $s = 35$ cm die Kraft $F = 360$ cN; aus $D = F/s = 360$ cN/35 cm folgt damit gemäß Anzeige unseres Taschenrechners: $D = 10{,}28571429$ cN/cm. Diese Angabe täuscht aber eine völlig überzogene Genauigkeit vor. Es ist ja nicht ausgeschlossen, dass zur Kraft $F = 360$ cN der wahre s-Wert nur 34,8 cm beträgt, und dieser würde $D = 10{,}34482759$ cN/cm ergeben. Für das Endergebnis sind also nur wenige Stellen des Zahlenwertes vertretbar, und das spricht hier für die gerundete Angabe $D = 10{,}3$ cN/cm.

E. Überlegter Umgang mit Naturgesetzen

Im Kapitel „Kräftegleichgewicht" haben wir die Kräfte betrachtet, die beim Tauziehen das Seil mit der roten Marke entweder im Ruhezustand halten oder in Bewegung setzen. Nun stellen wir uns eine weitere Frage: Wie groß ist die Spannkraft *in* dem Seil, also für eine bestimmte Stelle S des Seils zwischen dem rechten Seilstück und dem linken Seilstück?

Um eine Antwort zu finden, probieren wir es mit einer Überlegung: Wenn – wie in ▥▶ *Bild 3 a* – am Seil LR eine Kraft mit $F_{L,\,links} = 1$ N nach links und zugleich eine Kraft mit $F_{R,\,rechts} = 1$ N nach rechts wirkt, dann gilt für die Ersatzkraft an dem ganzen Seil $F_{Ersatz} = (1-1)$ N $= 0$ N. Wenn es nicht so wäre, würde sich das Seil nach rechts oder links in Bewegung setzen. Zum Beweis kann man an dem locker liegenden Seil am linken Ende L mit einer kleinen Kraft vom Betrag 0,1 N ziehen, und schon setzt es sich in Bewegung. Dass aber die Spannkraft in dem gestrafften Seil wirklich

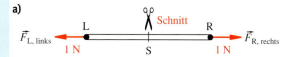

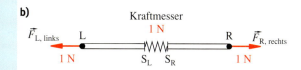

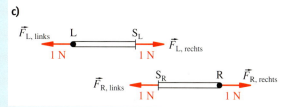

B 3: Wie groß ist die Spannkraft an der Schnittstelle?

den Betrag 0 N haben soll, da kommen uns doch Zweifel. Probieren wir es mit einer anderen Überlegung: Das Seil ist ja eigentlich durch 2-mal 1 N gespannt. Sollte in ihm also die Spannkraft 2 N herrschen? Ein Kraftmesser, den man in das (irgendwo durchgeschnittene) Seil einfügt, müsste das bestätigen. Diesen Versuch führen wir nun gemäß ▥▶ *Bild 3 b* aus und erkennen: Der an einer *beliebigen Schnittstelle* S eingefügte Kraftmesser zeigt genau 1 N, also weder 2 N noch 0 N. Unsere Überlegungen waren beide fehlerhaft.

Wenn der Kraftmesser bei S eingeknüpft ist, muss auch das linke Seilstück mit den Enden L und S_L für sich im Gleichgewicht sein. Am rechten Ende S_L zieht also nach rechts eine Kraft mit $F_{L,\,rechts} = 1$ N (weder 2 N noch 0 N). Sie hält der Kraft mit $F_{L,\,links} = 1$ N das Gleichgewicht. Am rechten Seilstück $S_R R$ dagegen sind $\vec{F}_{R,\,links}$ und $\vec{F}_{R,\,rechts}$ im Gleichgewicht (▥▶ *Bild 3 c*).

Das **Kräftegleichgewicht** bezieht sich auf jeweils *einen bestimmten*, ausgewählten Körper. Es gilt also: Gleichgewicht am *linken* Teil wegen $F_{L,\,links} = F_{L,\,rechts}$; Gleichgewicht am *rechten* Teil wegen $F_{R,\,links} = F_{R,\,rechts}$.

Kraft und Gegenkraft greifen *stets an zwei verschiedenen Körpern* an: Mit den beiden gleich großen, aber entgegengesetzt gerichteten Kräften $\vec{F}_{L,\,rechts}$ und $\vec{F}_{R,\,links}$ haben an der Schnittstelle S vor dem Schnitt die beiden Seilstücke aufeinander gewirkt.

Das ist wichtig

1. Physikalische Größen und Einheiten

Jede physikalische Größe – z.B. der Weg s, das Volumen V, die Zeit t, die Geschwindigkeit v – bezeichnet ein **messbares physikalisches Merkmal**. Zum Beispiel kennzeichnet das Volumen eines Körpers seine Raumerfüllung. Um den Betrag einer Größe anzugeben, teilt man mit, wievielmal so groß sie im Verhältnis zu einer vereinbarten Einheit ist:

physikalische Größe = Zahlenwert mal Einheit.

Beispiele:
Weg = 2,5 mal 1 Meter; $s = 2{,}5 \cdot 1\,\text{m} = 2{,}5\,\text{m}$
$Volumen$ = 0,2 mal 1 Kubikmeter;
$V = 0{,}2 \cdot 1\,\text{m}^3 = 0{,}2\,\text{m}^3$;
$Geschwindigkeit$ = 15 mal 1 m/s;
$v = 15 \cdot 1\,\text{m/s} = 15\,\text{m/s}$
(Die Einheit 1 m/s ist zusammengesetzt gemäß der Definition: $Geschwindigkeit = Weg/Zeit$.)

Wenn bei der Angabe einer Größe von einer Einheit zu einer anderen Einheit gewechselt wird, so gilt:
Zu einer **kleineren (bzw. größeren) Einheit** gehört stets ein **größerer (bzw. kleinerer) Zahlenwert.**

Dabei wird die auszutauschende Einheit durch einen Term ersetzt, der ihren Wert mithilfe der gewünschten Einheit angibt.

Beispiele:
Umrechnung von Kubikmeter auf Liter:
$V = 0{,}01\,\textbf{m}^3 = 0{,}01 \cdot (\textbf{1000 l}) = (0{,}01 \cdot 1000)\,\text{l} = 10\,\text{l}$.
Umrechnung von Sekunde auf Stunde:
$t = 900\,\textbf{s} = 900 \cdot (\textbf{1 h/3600}) = (900/3600)\,\text{h}$
$\quad = \frac{1}{4}\,\text{h} = 0{,}25\,\text{h}$.
Umrechnung von (km/h) auf (m/s):
$v = 36\,\text{km/h} = 36 \cdot (1000\,\text{m})/(3600\,\text{s}) = 10\,\text{m/s}$.
Es ist nützlich, sich zu merken: **10 m/s = 36 km/h.**
(Die mittlere Geschwindigkeit eines Sprinters – 100 m in 10 s – ist etwa gleich der Mopedgeschwindigkeit.)

Durch Zusatzfaktoren können größere oder kleinere Einheiten gebildet werden:

Giga	G	Milliarde
Mega	M	Million
Kilo	k	Tausend
Zenti	c	Hundertstel
Milli	m	Tausendstel

Die Einheiten, die im Folgenden aufgeführt werden, sind (von vielen möglichen) die *bevorzugten* Einheiten.

2. Kraft

Symbol: $\vec{F}$ (Betrag: F);   Einheit: 1 N (Newton);
Messgerät: Federkraftmesser (nutzt die Verformung)

An einem Körper greift eine Kraft an, …
- … wenn er verformt wird *und/oder*
- … wenn sein Bewegungszustand geändert wird.

Zur vollständigen Angabe einer Kraft gehören ihr **Betrag** wie auch ihre **Richtung**. Oft ist außerdem ihr **Angriffspunkt** wichtig. Größen mit Richtungseigenschaften heißen **Vektorgrößen** – im Gegensatz zu **Skalaren**. Vektorgrößen lassen sich durch Pfeile darstellen.
Es gibt verschiedene Kraftarten: z.B. Muskelkraft, Magnetkraft, Federkraft, Gewichtskraft, …

Die Gewichtskraft $\vec{G}$, die ein Körper auf der Erde oder in ihrer Umgebung erfährt, rührt von der Anziehung her, die die Erde auf den Körper ausübt – eine Auswirkung der allgemein gültigen **Massenanziehung**. Die Gewichtskraft ist im Allgemeinen von Ort zu Ort verschieden. Je größer der Abstand vom Erdmittelpunkt ist, desto kleiner ist die Gewichtskraft.

Für alle Kräfte gilt: Übt ein Körper A auf einen Körper B eine Kraft $\vec{F}_{\text{A auf B}}$ aus, so übt der Körper B auf den Körper A die **Gegenkraft** $\vec{F}_{\text{B auf A}}$ aus. Diese Kräfte sind entgegengesetzt gerichtet und betragsgleich.

Zwei Kräfte, die an einem Punkt angreifen, lassen sich durch eine **Ersatzkraft** $\vec{F}_{\text{Ersatz}}$ ersetzen. Man spricht von zusammengesetzten Kräften und nennt das Ergebnis dieser Kräfteaddition auch die **Resultierende**. Der Betrag der Ersatzkraft ist im Allgemeinen nicht gleich der Summe aus den Beträgen der Einzelkräfte. Man findet die Ersatzkraft als Diagonale eines **Parallelogramms**, das aus den Einzelkräften, den so genannten **Komponenten**, gebildet wird (*Vektoraddition*).

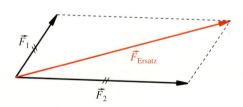

B 1: Addition zweier Einzelkräfte zur Ersatzkraft

3. Masse

Symbol: m;   Einheit: 1 kg (Kilogramm);
Messgerät: Balkenwaage und Wägesatz

Die Massen zweier Körper sind gleich, wenn beide am gleichen Ort eine gleich große Gewichtskraft erfahren.

Je größer die Masse eines Körpers ist, desto größer ist seine **Trägheit**. Werden zwei Körper gleich stark beschleunigt, so muss an dem Körper mit der größeren Masse eine größere Kraft angreifen als an dem Körper mit der kleineren Masse.

4. Ortsfaktor

Symbol: g;   Einheit: 1 N/kg;
Definition: $g = G/m$

Der Ortsfaktor g gibt den Zusammenhang zwischen der Gewichtskraft $\vec{G}$, die ein Körper an einem bestimmten Ort erfährt, und seiner Masse m als Quotient an. Der Ortsfaktor hängt nicht vom Körper ab; er ist an einem Ort für alle Körper gleich groß, für verschiedene Orte im Allgemeinen verschieden.
In **Mitteleuropa** gilt: **$g = 9{,}8$ N/kg**.

5. Dichte

Symbol: ϱ;   Einheit: 1 g/cm^3 = 1 kg/dm^3;
Definition: $\varrho = m/V$

Die Dichte ϱ eines Stoffes gibt den Zusammenhang von Masse m und Volumen V eines Körpers als Quotient an. Die Dichte ist unter normalen Bedingungen für einen Stoff konstant. Verschiedene Stoffe haben im Allgemeinen verschiedene Dichten.
Unter Normalbedingungen gilt …
- … für Wasser: $\varrho = 1{,}00$ g/cm^3 = 1,00 kg/dm^3,
- … für Luft: $\varrho = 0{,}00129$ g/cm^3 = 1,29 g/dm^3.

Aufgaben

A1: In einem Gespräch über ein Auto werden die folgenden Merkmale genannt: Lang, schnell, alt, schön, geräumig, teuer, stark, schwer. Ordne ihnen – soweit möglich – physikalische Größen und geeignete Einheiten zu. Wieso ist das nicht für alle Merkmale möglich?

A2: Ute sagt von ihrem 3 km langen Schulweg, er betrage „10 Fahrradminuten". Ulf braucht mit 15 km/h die Zeit 11 min. Wessen Weg ist länger? Welche Voraussetzung gehört zu Utes Aussage?

A3: Gib für einen Marathonläufer, der für die Strecke (42 195 m) die Zeit 2 h 15 min benötigt, die mittlere Geschwindigkeit in km/h an. Vergleiche mit der Geschwindigkeit eines 100 m-Sprinters, der 10 s braucht.

A4: In der Seeschifffahrt wird 1 kn (Knoten) als Einheit der Geschwindigkeit benutzt: 1 kn = 1852 m/h. Leite die zugehörigen Umrechnungsgleichungen her: 1 kn = ??? m/s und 1 m/s = ??? kn.

A5: Für eine Fahrt zu einem Termin an einem anderen Ort plant jemand eine bestimmte Geschwindigkeit ein und fährt rechtzeitig los. Wegen eines Unwetters kann er jedoch die erste Hälfte des Weges nur mit halb so großer Geschwindigkeit durchfahren. Welche Chancen hat er nun, mit erhöhter Geschwindigkeit dennoch pünktlich zu sein? Bilde ein Beispiel und verallgemeinere.

A6: Das Schiffshebewerk Niederfinow (zwischen Berlin und Stettin) hat einen Trog mit 85 m Länge, 12 m Breite und 2,5 m Tiefe. Wie viel Tonnen Wasser (1 t = 1000 kg) werden (ohne Schiffe) in diesem Aufzug transportiert? Wie viel Tonnen wären es mehr, falls der Wasserstand auch nur um 5 cm überschritten würde?

A7: Für den Küchengebrauch gibt es Messbecher, die z. B. bei der Bestimmung von 400 g Zucker eine Waage ersetzen. Wie kann ein Volumenmessgerät zu einem Messgerät für Massen werden?

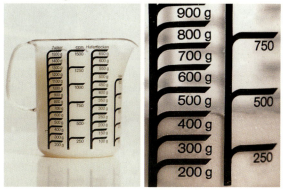

A8: a) Welche Masse hat ein würfelförmiges Salzkorn von 0,5 mm Kantenlänge? Der Tabellenwert für die Dichte von Kochsalz ist $\varrho = 2{,}2$ g/cm^3. Wie viele solcher Körner haben zusammen die Masse 500 g?
b) Eine Handelspackung von 500 g Kochsalz hat die Abmessungen 4 cm, 7 cm und 12 cm. Welche Dichte ergibt sich daraus? Erkläre den Unterschied zum angegebenen Wert.

A9: Die Dichte von frisch gefallenem Schnee beträgt 0,2 g/cm^3. Wie groß ist die Masse einer 30 cm hohen Schneeschicht auf einem flachen Terrassendach von 20 m^2 Fläche? Wie stark wird es dadurch belastet?

A10: Welches Volumen hat ein Goldbarren der Masse 1 kg, dessen Dichte 19,3 g/cm^3 beträgt?

A11: In der Tabelle im Anhang wird die Dichte von Aluminium mit dem Wert „2,70 g/cm^3" angegeben. Oft liest man nur die Angabe „2,7 g/cm^3". Welche Bedeutung hat dieser Unterschied?

A12: Vergleiche die Kräfte, die für ein gleich starkes *Beschleunigen* eines Autos auf ebenem Mondboden bzw. auf ebenem Erdboden erforderlich sind. Vergleiche ferner die Kräfte, die jeweils zum *Anheben* des Autos nötig sind. Begründe deine Aussagen.

A13: Der Ortsfaktor an der Erdoberfläche hängt zwar vom Abstand zum Erdmittelpunkt ab, aber auch davon, ob sich unter dem Ort z. B. eine Höhle befindet oder z. B. ein Bleierzlager. Erläutere die Zusammenhänge.

A14: Für eine Station auf dem Mars (Ortsfaktor g_{Mars} = 3,7 N/kg) wird ein Kran geplant. Er soll Bauteile heben, für die auf der Erde ein Stahlseil mit 24 Adern erforderlich ist. Wie viele solcher Adern muss das Seil auf dem Mars haben? Auf dem Mond genügen vier Adern. Wie groß ist demnach g_{Mond}?

A15: Entscheide und begründe, welche die härtere von den jeweils zwei beschriebenen Federn ist. Verwende zunächst passend ausgedachte Werte $(s; F)$ und verallgemeinere dann. (Die Federhärte D ist der Quotient aus den Beträgen von Kraft und Verlängerung.)
a) Feder A_1 erfährt von einer gleich großen Kraft eine größere Verlängerung als Feder A_2. **b)** Feder B_1 benötigt für eine gleich große Verlängerung eine größere Kraft als Feder B_2. **c)** Wenn Feder C_1 doppelt so stark belastet wird wie Feder C_2, verlängert sie sich dreimal so weit wie C_2.

A16: Prüfe, ob die folgenden Wertepaare $(s; F)$ sich im Proportionalbereich der Feder befinden. Kommentiere dein Vorgehen und dein Ergebnis: (30 cm; 309 cN), (40 cm; 412 cN), (50 cm; 500 cN), (60 cm; 531 cN).

A17: Eine Feder ist von einer Kraft mit F_1 = 6 N bereits um die Verlängerung s_1 gedehnt worden. Dann wird die Kraft auf *insgesamt* F_2 = 24 N vergrößert. Dadurch erhöht sich die Verlängerung *um* den Wert 12 cm. Mit diesen Angaben lässt sich gemäß der Skizze in ▨➡ *Bild 1* ein maßstäbliches Diagramm herstellen. Ermittle so die Anfangsverlängerung s_1.

A18: Von zwei Kraftkomponenten, die an einem Punkt angreifen, ist ihre Ersatzkraft bekannt: Sie ist horizontal nach rechts gerichtet und hat den Betrag 75 N. Die erste Komponente greift schräg aufwärts mit $\alpha = 37°$

zur Horizontalen an, die zweite ist mit $\beta = 53°$ schräg abwärts gerichtet. Konstruiere das Kräfteparallelogramm und bestimme die Beträge F_1 und F_2.

A19: Warum heben sich die drei Kräfte gemäß ▨➡ *Bild 2* in ihrer Wirkung auf? Bilde von zwei Kräften die Ersatzkraft und vergleiche diese Ersatzkraft mit der dritten Kraft.

A20: ▨➡ *Bild 3* zeigt die Addition von drei Kräften. Zunächst wird von $\vec{F}_1$ und $\vec{F}_2$ die Ersatzkraft $\vec{F}_{Ersatz\,12}$ konstruiert. Dann wird von $\vec{F}_{Ersatz\,12}$ und $\vec{F}_3$ die Ersatzkraft $\vec{F}_{Ersatz\,123}$ ermittelt. Übertrage die Zeichnung maßstabsgetreu in dein Heft und setze die Kräfte in anderer Reihenfolge zusammen: Zuerst $\vec{F}_2$ und $\vec{F}_3$, dann das Zwischenergebnis mit $\vec{F}_1$. Formuliere deine Feststellungen.

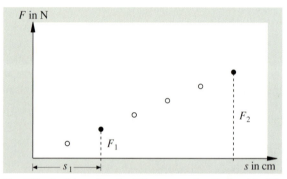

B1: Prinzipskizze für das Diagramm der Feder (A 17)

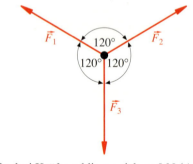

B2: Die drei Kräfte addieren sich zu 0 N (A 19).

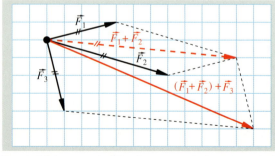

B3: Addition von drei Kräften: Zum Zwischenergebnis von zwei Kräften wird die dritte Kraft addiert (A 20).

„Amusement rides" heißt die Überschrift der Internet-Seite, auf der ein Stahlbau-Unternehmen seinen Freifall-Tower anbietet. – Mit TÜV-Plakette und Garantie für Nervenkitzel.

Bitte Platz nehmen und anschnallen!

Mit Motorkraft und mäßiger Geschwindigkeit geht es in die Höhe. Dort beginnt der freie Fall. In zwei Etappen geht es hinunter, beschleunigt und gebremst. Höhe und Geschwindigkeit sind Merkmale für Höhenenergie und Bewegungsenergie. Wenn die zahlenden Gäste an der Spitze des Turmes angekommen sind, haben sie Höhenenergie. Ein Elektromotor hat sie geliefert; der Schausteller merkt es an der „Stromrechnung".

Im freien Fall wird die Höhenenergie schnell zu Bewegungsenergie. Beim Zwischenstopp in halber Höhe sind die Fahrgäste die Bewegungsenergie schon wieder los. In den Bremsen ist sie zu innerer Energie gewandelt worden. Dort ist die Temperatur gestiegen. Die Energie-Übertragungskette Höhenenergie → Bewegungsenergie → innere Energie wiederholt sich noch einmal, dann ist der Spaß vorbei.

Zum Schluss bleibt die Erinnerung an einen aufregenden (und hoffentlich nicht zu teuren) „Hop" und heiße Luft in der Umgebung der Bremsen.

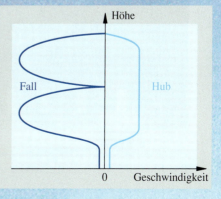

B 1: Keines dieser Autos kommt ohne Energiezufuhr in Bewegung.

V 1: a) Wir lassen den Schlitten A in ▰▰➤ *Bild 3*, von links kommend, gegen den ruhenden Schlitten B prallen. A hält an und B fährt weiter. Die Abstände im Stroboskopbild von B sind die Gleichen wie bei A. B hat die Geschwindigkeit, die wir vor dem Stoß bei A beobachteten. **b)** Schlitten B stößt am Ende der Bahn auf eine dort befestigte Feder. Sie wird kurzzeitig gespannt. Dann fährt B zurück, genau so schnell wie er hingefahren ist.

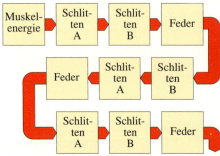

B 2: Die Energie-Übertragungskette für die ▰▰➤ *Versuche 1 a, 1 b*. Ohne Reibung kein Ende.

Verschiedene Energieformen

Energie kennen wir aus dem Alltag. In jedem Haus werden Heizung und Elektrogeräte mit Energie versorgt. Jeder Autofahrer tankt Benzin und kauft so die Energie, um fahren zu können. Energievorrat, Energieversorgung und Energiekosten sind bedeutende Themen für unseren Alltag und für politische Entscheidungen. Wer die Vorgänge in Natur, Technik und Wirtschaft auch nur zu einem Teil verstehen will, muss etwas über Energie wissen.

1. Bewegte Körper, gespannte Federn

Bevor sich die Spielzeugautos in ▰▰➤ *Bild 1* bewegen, muss man den Federmotor aufziehen oder eine Batterie anschließen. Man gibt dabei dem Auto einen Energievorrat. Bei der Feder ist es **Spannenergie**, bei der Batterie **elektrische Energie**. Gespannte Federn und Batterien liefern Energie. Ist das Auto in Bewegung, sagen wir: Es hat **Bewegungsenergie**. Was dies bedeutet, sehen wir besonders deutlich im ▰▰➤ *Versuch 1 a* mit der Luftkissenbahn. Einmal angestoßen, gleitet ein Schlitten mit konstanter Geschwindigkeit über die Bahn. *Dann braucht man keinerlei Kraft mehr,* um seinen Bewegungszustand zu erhalten, er gleitet ja *reibungsfrei.* Dem Schlitten wird durch den Anstoß mit der Hand Energie zugeführt, die er als Bewegungsenergie übernimmt und ohne Weiteres nicht wieder abgibt. Die konstante Geschwindigkeit sagt uns, dass die Bewegungsenergie sich nicht ändert.

Ist Energie etwa das Gleiche wie Kraft? Nein, der Versuch mit der Luftkissenbahn zeigt dies deutlich: Der Schlitten behält seine Bewegungsenergie, *obwohl* nach dem Anstoß keine Kraft mehr auf ihn wirkt. Auch auf deinem Fahrrad trittst du in die Pedalen und führst dir mittels der Kraft deiner Beine Bewegungsenergie zu. Wenn du dann aufhörst zu treten, behältst du sie. Sie nimmt leider langsam ab, weil bei einem Fahrrad Reibungskräfte unvermeidlich sind. Sie entziehen dir und deinem Fahrrad Bewegungsenergie. So sehen wir das *Trägheitsgesetz* mit anderen Augen: Körper, die sich kräftefrei bewegen, haben konstante Bewegungsenergie. Man sieht es an der konstanten Geschwindigkeit.

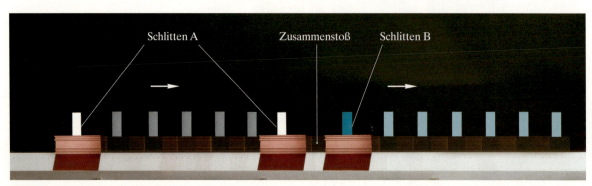

B 3: Ein Luftstrom hebt die Schlitten von der Schiene. Nach kurzem Anschub gleiten sie reibungsfrei, die von Hand zugeführte Bewegungsenergie bleibt erhalten. Die konstanten Abstände im Stroboskopbild bestätigen dies.

In ⫸ *Versuch 1a* gibt der Schlitten A mit einem Stoß seine Bewegungsenergie an den Schlitten B weiter. Für kurze Zeit wirken zwei Kräfte. Als *actio und reactio* stoppen sie den einen Schlitten und setzen den anderen in Bewegung. – Am Ende der Fahrbahn übernimmt in ⫸ *Versuch 1b* eine Feder die Energie des Schlittens als Spannenergie und gibt sie wieder zurück. Ganz kurz ist der Schlitten B in Ruhe – ohne Bewegungsenergie. Die *Energie-Übertragungskette* in ⫸ *Bild 2* zeigt, wie es mit einer *zweiten Feder am Anfang der Bahn* weitergeht. Ohne Reibung kann man viele Wiederholungen beobachten.

2. Gehobene Körper haben Höhenenergie

Im ⫸ *Versuch 2* setzt ein Wägestück über Faden und Rolle den Schlitten in Bewegung. Nur solange das Wägestück an Höhe verliert, wird der Schlitten schneller, seine Bewegungsenergie nimmt zu. Diese Energie kann nur vom Wägestück stammen; es liefert so lange Energie, wie es an Höhe verliert.

Wir sagen: Das Wägestück hat *Höhenlage-Energie*, kurz **Höhenenergie**. Die Höhenenergie eines Körpers nimmt ab, wenn er an Höhe verliert. Aber die Energie verschwindet dabei nicht. Im ⫸ *Versuch 2* ist sie auf den Schlitten übertragen worden. Dazu war die Zugkraft des Fadens nötig. Wieder wird der Unterschied zwischen Kraft und Energie deutlich: Bei *konstanter* Kraft hat die Bewegungsenergie auf Kosten der Höhenenergie zugenommen.

Wo kam die Höhenenergie her? Jemand hob das Wägestück an und hängte es an den Faden. So gewann es an Höhe. Wer Energie hat (in den Muskeln), kann einem Körper nicht nur Bewegungsenergie, sondern auch Höhenenergie verschaffen.

3. Was kann mit Energie geschehen?

- *Energie kann übertragen werden*: Bei der Wippe im ⫸ *Bild 4* hat der Vater Ulrike gerade auf den linken Sitz gehoben; er hat ihre Höhenenergie vergrößert. Jens, auf dem rechten Sitz unten, erfährt die gleiche Gewichtskraft wie Ulrike, hat aber weniger Höhenenergie. Er bekommt sie nach leichtem Abstoß: Während Jens an Höhe gewinnt, gibt Ulrike von ihrer Höhenenergie ab. In umgekehrter Richtung geht es weiter: Ulrike bekommt Höhenenergie, diesmal auf Kosten von Jens.
- *Energie kann die Form wandeln, ohne den Besitzer zu wechseln*: Der Skater in der Halfpipe hat beim Start nur Höhenenergie und im Tal nur Bewegungsenergie (⫸ *Bild 5*). Unterwegs wächst seine Bewegungsenergie auf Kosten der Höhenenergie.

Merksatz

Energie gibt es in **verschiedenen Formen**:
Bewegte Körper haben **Bewegungsenergie**, verformte elastische Körper haben **Spannenergie**, gehobene Körper **Höhenenergie**. **Energie kann** von einem Körper auf einen anderen **übertragen werden**. Energie kann ihre **Form wandeln**.

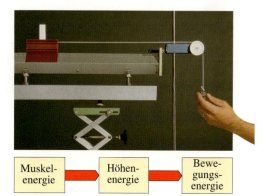

| Muskel-energie | Höhen-energie | Bewe-gungs-energie |

V 2: Das Wägestück wird mit der Hand gehoben und an den Faden gehängt. Wenn es losgelassen wird, setzt sich der Schlitten in Bewegung. Wenn das Wägestück den Tisch erreicht, hört der Antrieb auf, der Schlitten fährt weiter.

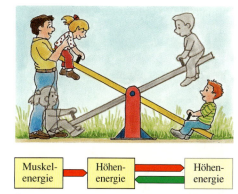

| Muskel-energie | Höhen-energie | Höhen-energie |

B 4: Die Wippe überträgt Höhenenergie, die mal dem einen Partner, mal dem anderen gehört. – Hin und her!

| Höhen-energie | Bewe-gungs-energie | Höhen-energie |

B 5: In der Halfpipe bleibt die Energie bei einem Besitzer, mal als Höhenenergie, mal als Bewegungsenergie und unterwegs teils teils! Die zu wandelnde Energie wird bereitgestellt, wenn der Skater sich in die Höhe des Startplatzes begibt.

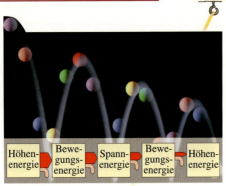

B 1: Nervenkitzel mit Energieumwandlung

V 1: Wir lassen eine elastische Kugel („Flummi") auf eine harte Unterlage fallen. Das Bild zeigt die Spur der Bewegung. Die Energie-Übertragungskette zeigt, wie aus Höhenenergie nacheinander Bewegungsenergie, Spannenergie (der verformten Kugel), Bewegungsenergie, Höhenenergie, … wird. Die Höhe nimmt immer mehr ab, daher die dünne Abzweigung der Energie in die Umgebung.

Energieerhaltung

1. Energieerhaltung bei Energieumwandlung

Wenn die Wagen in ▦➡ *Bild 1* im Freilauf bergab fahren, werden sie schneller. Ihre Bewegungsenergie nimmt zu, die Höhenenergie nimmt ab. Beides sorgt für den Nervenkitzel einer Achterbahn. In der Talsohle haben die Wagen größte Bewegungsenergie und kleinste Höhenenergie. Mit voller Fahrt geht es weiter, bergauf und ohne Hilfe; der Höhengewinn geschieht auf Kosten der Bewegungsenergie. Wenn die Bewegungsenergie „verbraucht" ist, muss der nächste Berg erklommen sein oder aber ein fremder Antrieb muss Energie zuführen.

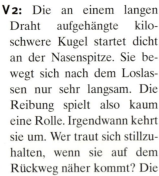

V 2: Die an einem langen Draht aufgehängte kiloschwere Kugel startet dicht an der Nasenspitze. Sie bewegt sich nach dem Loslassen nur sehr langsam. Die Reibung spielt also kaum eine Rolle. Irgendwann kehrt sie um. Wer traut sich stillzuhalten, wenn sie auf dem Rückweg näher kommt? Die Energiebetrachtung gibt Sicherheit: Auf dem Rückweg schafft es die Kugel genau bis zur Nasenspitze. Es sei denn, jemand hat ihr heimlich Energie zugeblasen.

Man kann Energie gut mit Geld vergleichen, mit verschiedenen Besitzern und verschiedenen Konten. Mancher Mensch hat mehrere Konten. Wenn er Geld nur zwischen den eigenen Konten überweist, wird er weder ärmer noch reicher (solange die Bank nichts abzweigt oder – als Zinsen – hinzutut), die Summe seiner Kontostände bleibt konstant.

Die in ▦➡ *Versuch 1* hüpfende Kugel hat drei Energiekonten: für Höhenenergie, für Bewegungsenergie und für Spannenergie (während sie beim Aufprall auf die harte Unterlage verformt wird). Immer wenn die Kugel am oberen Punkt ihrer Bahn umkehrt, sind die Konten für Bewegungsenergie und Spannenergie leer. Die **Gesamtenergie** der Kugel besteht nur noch aus Höhenenergie. Im Versuch fällt und steigt die Kugel viele Male. Nach jedem Durchlauf der Energie-Übertragungskette *Höhenenergie → Bewegungsenergie → Spannenergie → Bewegungsenergie → Höhenenergie* ist aber die maximale Höhe und damit die Gesamtenergie etwas kleiner geworden. Ob dies an der Luftreibung liegt?

Die Kugel von ▦➡ *Versuch 2* schwingt viele Male, ohne dass die Umkehrpunkte merklich an Höhe verlieren. Ihre Gesamtenergie nimmt nur ganz langsam ab. Im Idealfall, d. h. ohne Reibung, *bleibt die Gesamtenergie der schwingenden Kugel erhalten.*

Vertiefung

In der Mechanik betrachten wir Höhenenergie, Bewegungsenergie und Spannenergie. Außer diesen Formen kennen wir **chemische Energie**, die in Benzin, Dieselöl, Heizöl, in Pflanzen und in Kohle gespeichert ist. Seit Jahrmillionen wird **Sonnenenergie** von Pflanzen in chemische Energie umgewandelt. Auch haben heiße Körper mehr **innere Energie** als kalte.

Reibung ist in der Mechanik fast immer unvermeidlich. Dabei steigt die Temperatur der beteiligten Körper. Wir müssen also in der Mechanik auch immer die innere Energie in Rechnung stellen.

Merksatz

Die **Gesamtenergie** eines Körpers kann auf verschiedene Energieformen verteilt sein. – Ohne Energieübertragung von oder zu anderen Körpern bleibt die Gesamtenergie des Körpers konstant.

2. Energieerhaltung bei Energieübertragung

Die Trampolinspringerin in ➡ *Bild 2* hat im höchsten Punkt ihrer Bahn keine Bewegungsenergie, aber maximale Höhenenergie. Beim anschließenden Fall wird Höhenenergie zu Bewegungsenergie. Im tiefsten Punkt der Bahn gibt es wieder einen Augenblick ohne Bewegung. Die verlorene Höhenenergie steckt dann in den nun stärker gespannten Federn *des Trampolins*. Beim Entspannen geben sie *der Springerin* die Energie zurück. Oben hat sie dann wieder nur Höhenenergie. Die Gesamtenergie besteht in diesem Fall aus den Teilenergien *der Springerin* und der Spannenergie in den Federn *des Trampolins*.

Auch Geld kann auf mehrere Konten verteilt sein, die *verschiedenen* Personen gehören – und wird in großen und kleinen Portionen zwischen den Konten verschoben. Wenn die Banken nichts abzweigen, bleibt die gesamte Geldmenge erhalten.

Die Trampolinspringerin würde von Mal zu Mal weniger Höhe erreichen, wenn sie sich nicht jedes Mal ein wenig abstoßen würde. Es liegt an der Reibung, dass sich ständig Energie in die Umgebung „verkrümelt" und durch die Springerin ersetzt werden muss. *Ohne Reibung* bliebe die Gesamtenergie, also die Summe aus Bewegungs-, Spann- und Höhenenergie immer konstant.

Merksatz

Sind bei Energieübertragung und -umwandlung *ohne* Reibung mehrere Körper beteiligt, so bleibt die Summe aus Bewegungs-, Spann- und Höhenenergie all dieser Körper erhalten.

3. Energieerhaltung auch bei Reibung

Der Schlitten in ➡ *Versuch 3* bleibt liegen, wo er zur Ruhe gekommen ist. Wo ist die Bewegungsenergie geblieben, mit der er sich auf dem Luftkissen noch ungebremst bewegt hat? Er bewegt sich nicht mehr, er hat keine Höhe gewonnen, und er wurde auch nicht verformt; es gibt auch keinen anderen Körper, der in Bewegung geraten, gehoben oder verformt worden wäre. Gilt auch hier die Energieerhaltung? Genauere Beobachtungen liefern einen Hinweis: Dort wo Schlitten und Fahrbahn ohne Luftkissen aneinander gerieben haben, ist die Temperatur der Materialien gestiegen – wie bei jeder Reibung.

In der Wärmelehre wirst du erfahren, dass mit der Temperatur eines Körpers seine **innere Energie** zunimmt (wie die Höhenenergie mit der Höhe). Die Bewegungsenergie des Schlittens ist nicht verloren gegangen; sie hat sich in das Innere der beteiligten Körper verkrochen. Anschließend fließt sie in die kältere Umgebung und erhöht deren Temperatur. Wenn Reibung im Spiel ist, gehört zur Energiebetrachtung ein Konto für die innere Energie.

Merksatz

Tritt Reibung auf, so gehört zur Energiesumme die innere Energie der beteiligten Körper und der Umgebung.

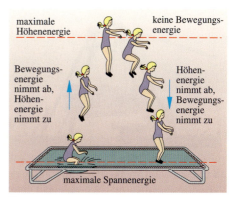

B 2: Auch beim Trampolinspringen findet ständig Energieumwandlung statt. Neben Höhen- und Bewegungsenergie der Springerin ist aber auch Spannenergie des Trampolins im Spiel.

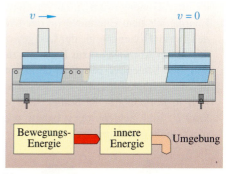

V 3: Auf den letzten 20 cm der Luftkissenfahrbahn sind die Luftaustrittslöcher mit Klebestreifen verschlossen. Ohne das Luftpolster tritt eine Reibungskraft auf, die den Schlitten bremst. Seine Geschwindigkeit nimmt schnell ab.

✏ **... noch mehr Aufgaben**

A1: Mit einem Tennisschläger wird ein „scharfer" Ball geschlagen. Welche Energieumwandlungen und welche Energieübertragungen finden dabei statt?

A2: Beschreibe die Energieübertragungen, die beim Stabhochsprung mit flexiblem Stab auftreten.

A3: Beschreibe die Energieerhaltung für einen „Flummi", den du so in die Höhe wirfst, dass er gerade eben bis zur Zimmerdecke kommt.

A4: Wenn du mit dem Fahrrad einen steilen Berg hinunterrollst, kannst du erreichen, dass die Geschwindigkeit gleich bleibt. Wo bleibt die Höhenenergie?

B1: Zwei Schwimmkräne beim Einbau der Bohrinselplattform „Schwedeneck-See". Die Schwimmkräne haben die hunderte von Tonnen schwere Last (Gewichtskraft $\vec{G}$) um einige Meter angehoben.

Mit der nach oben gerichteten Hubkraft (Betrag $F_s = G$) haben die Kräne der Last längs des Weges s Energie zugeführt und ihr den Höhengewinn $h = s$ verschafft. Energie aus dem Energievorrat der Kräne ist so zu Höhenenergie der Last geworden. Beim Abtransport zur Baustelle ziehen die Schlepper die Schwimmkräne mit der gehobenen Last viele Seemeilen weit in horizontaler Richtung. Schleppkraft $\vec{F}_s$ und Schleppweg s haben jetzt nichts mehr mit $\vec{G}$ und h zu tun.

V1: Ein kleiner Stoß genügt, und schon liefert Körper A durch Höhenverlust Energie. Körper B bekommt sie. Er könnte sie später wieder abgeben.

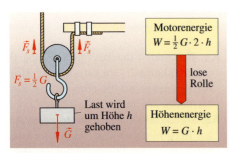

B2: Energieübertragung mit einer losen Rolle – ohne Reibung

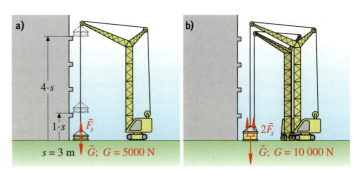

B3: Kräne übertragen Energie und vergrößern die Höhenenergie **a)** einzeln, **b)** gemeinsam

Ein Maß für Energie

1. Energieübertragung beim Heben

Die Schwimmkräne im ➠ *Bild 1* arbeiten mit Dieselmotoren. Als Treibstoff wird Öl zugeführt, also Energie in chemischer Form. Diese Energie wird beim Heben auf die Last übertragen. Die verbrauchte Ölmenge ist für uns ein Maß für die *beim Heben übertragene Energie* und damit auch für die *Zunahme der Höhenenergie der Last*. Wir suchen Gleichungen, um diese Energiemengen zu berechnen.

- In ➠ *Bild 3a* hebt ein Kran allein eine Last in die erste Etage eines Hauses. Wir bezeichnen die dabei übertragene Energieportion mit W (von dem englischen Wort „work": Arbeit).
- Hebt nun der Kran die gleiche Last bis in die vierte Etage, dann ändert sich nichts an der Kraft, mit der die Last gehoben wird. Aber: Der Kran verbraucht für den vierfachen Weg die *vierfache* Menge Öl. **Die übertragene Energie ist also proportional zum Weg s.**
- In ➠ *Bild 3b* soll die *doppelte Last* in die erste Etage gehoben werden. Zwei Kräne sorgen gemeinsam für die *doppelte Hubkraft*, sie verbrauchen *zusammen* die *doppelte Menge* Öl. **Also ist die abgegebene Energie proportional zum Betrag F_s der längs des Weges s ausgeübten Kraft.** Es gilt $W \sim F_s$.
- Bei vierfachem Weg und doppelter Hubkraft wird viermal die doppelte, also die achtfache Energie geliefert: **Die Energie ist dem Produkt $F_s \cdot s$ proportional**: $W \sim F_s \cdot s$.

Statt das verbrauchte Öl abzumessen, verwenden wir künftig das Produkt $W = F_s \cdot s$ als Maß für die vom Kran gelieferte Energie.

Wir wissen jetzt, dass beim Heben einer Last die Energie $W = F_s \cdot s$ „unterwegs" ist. Wenn bei einer Banküberweisung 100 Euro den Besitzer wechseln, dann wissen wir, wie sich die Kontostände ändern (wenn die Bank keine Gebühren „abzweigt"). Für die *Energiebuchhaltung* muss das Gleiche gelten: Wir erwarten, dass die vom Kran aufgewendete Energie voll und ganz als Höhenenergie bei der Last ankommt.

Die beim Heben wirkende Kraft $\vec{F}_s$ und die Gewichtskraft $\vec{G}$ der Last haben gleiche Beträge: $F_s = h$. Der Hubweg s ist gleich dem Höhengewinn h. *Die Höhenenergie der Last nimmt also beim Heben um $W = G \cdot h$ zu.*

In ⟹ *Versuch 1* gibt einer der Körper von seiner Höhenenergie ab, er hebt dabei den anderen und verschafft ihm Höhenenergie. Der Höhengewinn des Körpers B ist gleich dem Höhenverlust des Körpers A. Deshalb nimmt beim absinkenden Körper die Höhenenergie um den gleichen Betrag $W = G \cdot h$ ab.

2. Kraft längs eines Weges bedeutet Energieübertragung

Wenn die Schwimmkräne in ⟹ *Bild 1* samt gehobener Last von Schleppern an einen anderen Ort geschleppt werden, wird wieder Öl verbraucht und Energie übertragen. Wegen der Reibung im Wasser müssen die Schlepper längs des ganzen Schleppweges s die Schleppkraft $\vec{F}_s$ aufbringen. Mit ähnlichen Überlegungen wie in *Ziff. 1* kommt man für die übertragene Energie zum gleichen Ergebnis: Die *mithilfe einer Kraft $\vec{F}_s$ längs eines Weges s gelieferte Energie* wird *immer* mit $W = F_s \cdot s$ berechnet. Man nennt sie auch **Arbeit**.

Die Einheit der mit $W = F_s \cdot s$ gemessenen Energieportion erhält man aus der Einheit 1 N für die Kraft und 1 m für den Weg: $1\,\text{N} \cdot 1\,\text{m} = 1\,\text{Nm}$. Für diese aus Newton und Meter *zusammengesetzte Einheit* ist **Joule (J)** ein anderer Name: $1\,\text{J} = 1\,\text{Nm}$.

Merksatz

Die mithilfe einer Kraft vom Betrag F_s längs des Weges s übertragene Energie beträgt

$$W = F_s \cdot s. \tag{1}$$

Dabei ist $\vec{F}_s$ die Kraft, die längs der Wegstrecke s wirkt.

Hebt man einen Körper mit der Gewichtskraft vom Betrag G um die Höhe h, so steigt dessen Höhenenergie um

$$W = G \cdot h. \tag{2}$$

Beim Absenken um h verringert sich die Höhenenergie um $W = G \cdot h$.
Einheit der Energie: $1\,\text{N} \cdot 1\,\text{m} = 1\,\text{Nm} = 1\,\text{J}$ (Joule); $1\,\text{kJ} = 1000\,\text{J}$.

3. Halbe Kraft aber doppelter Weg – gleiche Energie

Wir haben mit *Flaschenzügen* Kräfte vergrößert – etwa auch die Energie? Sind *Kraftverstärker* Energieerzeuger?
In ⟹ *Bild 2* hängt der Haken an einer **losen Rolle**. Ein Ende des Seils ist am Ausleger befestigt, das andere wird vom Kranmotor gezogen. Die Gewichtskraft $\vec{G}$ ist auf zwei Seilstücke verteilt. Zum Heben der Last reicht also $F_s = \frac{1}{2} G$. Beide Seilstücke müssen aber je um die Hubhöhe h kürzer werden; der Kranmotor wickelt die Seilstrecke $s = 2\,h$ auf. $W = F_s \cdot s = \frac{1}{2} G \cdot 2\,h = G \cdot h$ ist die gelieferte Energie. Um diesen Wert wächst auch die Höhenenergie der Last. Die lose Rolle hat an der Energie nichts geändert.

 Vertiefung

Energiebuchhaltung: Die Übertragung der Höhenenergie von einem Körper auf einen anderen (⟹ *Versuch 1*) gleicht der Überweisung eines Geldbetrages von einem Bankkonto auf ein anderes: Wird nichts abgezweigt, geht nichts verloren. Überweist dir deine großzügige Patentante zum Geburtstag 50 € auf dein Taschengeldkonto, dann weiß sie, dass der Kontostand auf deinem Konto um 50 € wachsen wird. Sie kennt aber nicht den Kontostand. Bei der Höhenenergie eines Körpers geht es uns wie der Patentante: Wir können nur die Zunahme und die Abnahme berechnen, nicht die Höhenenergie selbst. – Trotzdem reden wir oft von *der Höhenenergie*. Dies dürfen wir nur tun, wenn wir vorher eine Höhe festgelegt haben, wo der Kontostand null sein soll. Zum Beispiel in der Höhe des Experimentiertisches im Physikraum. *Alle* Körper, die dort liegen, haben dann die Höhenenergie null.

Zum Halten braucht man keine Energie
Die Kräne in ⟹ *Bild 3* können die angehobene Last tagelang halten. Die Hubvorrichtung ist an einer Sperrklinke eingerastet. Die Gewichtskraft der Last spannt das Seil. An der Höhenenergie ändert sich nichts.
Hältst du, *ohne Bewegung,* mit der Hand eine Last in konstanter Höhe, so lieferst du ihr keine Energie. Trotzdem strengt es dich an, deine Kräfte lassen nach. Muskeln haben nämlich keine „Sperrklinke". In einem gespannten Muskel finden ständig Energieumwandlungen statt. Kontraktionswellen laufen hin und her. Der Mensch ermüdet. *Unser Körper verhält sich nicht wie eine Maschine.*

... noch mehr Aufgaben

A 1: Berechne die gelieferte Energie, wenn die Kräne in ⟹ *Bild 3* zusammen eine 600 t-Last 15 m hoch heben.
A 2: Dein Herz pumpt jede Minute etwa 5 l Blut ($m \approx 5$ kg) durch deinen Körper. Es muss dabei so viel Energie liefern, als ob es das Blut 1 m hoch heben würde. Berechne die in einem Tag gelieferte Energie.

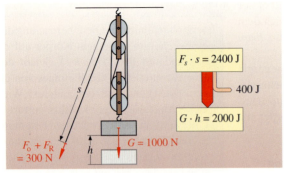

B 1: Ein Teil der Energie wird durch Reibung entwertet. Zu viel Reibung macht den Flaschenzug nutzlos.

B 2: Die Notfallspur ist die letzte Chance, nach der Gefällstrecke vor der Brücke zum Stehen zu kommen.

V 1: Wenn man gelernt hat, sich an der glatten Kletterstange Stück um Stück hoch zu arbeiten, kann man es auch genießen herunterzurutschen. Erst gewinnt man Höhe und bekommt Höhenenergie, dann verliert man Höhe und gibt die Energie wieder ab. Zwischen Händen, Füßen und Kletterstange geschieht alles zugleich: Energieübertragung, Energiewandlung und Energieentwertung. Wer nicht aufpasst, verbrennt sich.

V 2: Mit der Videokamera wird ein vertrauter Vorgang aufgezeichnet. Man wird sehen, wie Steffi nach dem Loslassen langsam „ausschaukelt". Ohne Energiezufuhr geht es nicht mehr weiter. Es sei denn, man lässt den Videofilm rückwärts laufen.

Energieentwertung

1. Bei Reibung wird Energie abgezweigt

Eine Kiste mit 100 kg Masse ($G = 1000$ N) soll um $h = 2$ m gehoben werden. Wir berechnen die beim Heben zu liefernde Energie: $W = G \cdot h = 1000$ N $\cdot 2$ m $= 2000$ J. Um diesen Wert wird die Höhenenergie der Kiste vergrößert.

Die Hubkraft 1000 N ist etwas für Gewichtheber; weniger kräftige Leute nehmen wie im ➡ *Bild 1* einen Flaschenzug zu Hilfe. Bei zwei losen Rollen und vier tragenden Seilstücken würde man ohne Reibung am Seilende nur $F_o = 1000$ N/4 $= 250$ N benötigen. Für eine Hubhöhe von $h = 2$ m hat man 4 Seilstücke um je 2 m zu verkürzen. Man muss also längs des Weges $4 \cdot 2$ m ziehen.

- *Ohne Reibung* werden am Seil 250 N $\cdot 8$ m $= 2000$ Nm $= 2000$ J übertragen, die Höhenenergie wächst um 2000 J.
- *Mit Reibung* ist der Weg der Gleiche: $s = 8$ m. Als Kraft ist jetzt aber $F_s = F_o + F_R = 300$ N aufzubringen (➡ *Bild 1*). Dabei führt man dem Flaschenzug die Energie $W = F_s \cdot s = 300$ N $\cdot 8$ m $= 2400$ J zu. Die Höhenenergie der Kiste wird aber nur um 2000 J vergrößert.

Durch Reibung wird also die Energie $W_R = F_R \cdot s = 50$ N $\cdot 8$ m $= 400$ J abgezweigt. Sie fehlt auf dem Höhenenergie-Konto, weil sie als Wärme in die Umgebung geht. Kraftverstärkung mit losen Rollen ist ohne Verluste bei der Energieübertragung nicht zu haben.

2. Mit Reibung wird man Energie los

In ➡ *Versuch 1* klettert Lena an einer Kletterstange nach oben. Sie muss dazu längs des Weges von unten nach oben eine Kraft entsprechend ihrer Gewichtskraft aufwenden. Runter geht es einfacher: Lena lässt beim Hinunterrutschen ihre Höhenenergie zu Bewegungsenergie werden und regelt die Geschwindigkeit mit der Reibungskraft zwischen Händen, Füßen und Kletterstange. Lena spürt, dass die Temperatur der reibenden Flächen steigt. Dort wird Energie umgewandelt. Kommt Lena unten an, ist sie ihre Höhenenergie los und in der Sporthalle ist die Temperatur etwas gestiegen.

Bergab kontrolliert man die Geschwindigkeit eines Fahrzeugs mit der Bremse. Was auf dem Konto der Höhenenergie verschwindet, darf nicht auf dem Konto der Bewegungsenergie landen, sondern soll innere Energie der Umgebung werden. Die richtige Energieumwandlung schafft so Verkehrssicherheit! – Manchmal sieht man an Gefällstrecken Notausfahrten für Lkw (⟹ *Bild 2*). Wenn die Bremsen versagen, kann der Fahrer sein Fahrzeug in einem Kiesbett zum Stehen bringen. Hier ist die Rollreibungskraft der Räder um ein Vielfaches größer als auf der normalen Fahrbahn, der Anhalteweg entsprechend kürzer.

3. Reibung bedeutet Energieentwertung

Bei der Schaukel in ⟹ *Versuch 2* wird die Energie-Übertragungskette Höhenenergie → Bewegungsenergie → Höhenenergie → Bewegungsenergie → usw. viele Male durchlaufen. Die maximale Höhe nimmt dabei stetig ab, weil wegen der Reibung Energie in innere Energie der beteiligten Körper und der Umgebung gewandelt wird. So ist es bei allen Vorgängen in der Mechanik: Die für den Antrieb aufgewendete Energie landet spätestens beim Anhalten als innere Energie in der Umgebung. Es wäre schön, wenn man den so entstehenden Energievorrat anzapfen könnte. Leider geht das nicht ohne Weiteres. Oder kannst du dir vorstellen, dass die Schaukel sich von alleine in Bewegung setzt, sie Steffi von Mal zu Mal höher hinaus trägt und die Umgebung der Schaukel dabei kälter wird? An dem rückwärts vorgeführten Video zu ⟹ *Versuch 2* erkennt jeder, wie naturwidrig solch ein Gedanke ist.
Die *Energieübertragung bei Vorgängen mit Reibung ist nicht umkehrbar,* die **Energie wird entwertet**. Innere Energie der Umgebung ist weniger wertvoll als Höhen- oder Bewegungsenergie.

Mit den wertvollen mechanischen und chemischen Energieformen kann man mehr anfangen als mit der in der Luft und im Wasser der Weltmeere gespeicherten inneren Energie. Die dort in ungeheuren Mengen vorhandenen Energievorräte nützen uns nichts, weil sie sich nicht *von selbst* in wertvollere Formen umwandeln. So entsteht unser **Energieproblem**. Wenn wir Energie „verbrauchen", so vernichten wir sie nicht, wir übertragen sie in weniger wertvolle Formen. Wir lassen Vorgänge ablaufen, die man nicht zurückspulen kann. **Energiekrise** bedeutet einen drohenden Mangel an wertvoller Energie, **Energiesparen** ist der sorgfältige Umgang mit wertvoller Energie.
Im Alltag spielt *elektrische Energie* eine wichtige Rolle, weil sie sehr leicht in andere Energieformen umgewandelt werden kann.

Merksatz

Mechanische, chemische und elektrische Energie ist wertvoll, weil sie leicht in andere Energieformen umgewandelt werden kann. In der Mechanik ist Reibung bei Umwandlung und Übertragung von Energie unvermeidlich, immer fließt ein Teil der Energie in die Umgebung. Diese Energie ist für nützliche Anwendungen verloren, sie ist entwertet, aber nicht verschwunden.

Vertiefung

Energie im Straßenverkehr

Wenn ein Auto beim Anhalten ohne Aufprall zum Stillstand kommen soll, müssen die Bremsen für die Wandlung der Bewegungsenergie in innere Energie sorgen. Steht beim Anhalten eines Pkw viel Bremsweg zur Verfügung, so genügt eine kleine Bremskraft mit $F_R = W/s$; das Auto wird sanft abgebremst. Bei scharfem Bremsen führt die große Bremskraft zu einem kurzen Bremsweg $s = W/F_R$. Reifen und Straße übernehmen die Bewegungsenergie des Autos und geben sie als wertlose innere Energie in die Umgebung ab; zum Anfahren braucht man erneut wertvolles Benzin.
Fatal, wenn die Bremskraft nicht mehr zu steigern und der Bremsweg nicht lang genug ist. – Bei einem Aufprall muss das Produkt $W = F_R \cdot s$ aus „Knautschkraft" F_R, und „Knautschweg" s gleich der zu entwertenden Bewegungsenergie des Autos sein. Sicherheitsgurte und eine lange Knautschzone sind für die angeschnallten Insassen wichtig; ihre Bewegungsenergie wird so mit kleinerer Kraft ($F_R = W/s$) längs des (langen) Knautschweges s entwertet.

... noch mehr Aufgaben

A1: Wenn beim Flaschenzug in ⟹ *Bild 1* die Reibungskraft 750 N beträgt, findet Kraftverstärkung nicht mehr statt. Zeichne für diesen Fall das Energie-Übertragungsdiagramm.

A2: Beschreibe Vorgänge mit Wandlung und Übertragung von Höhen- und Bewegungsenergie (z. B. hüpfender Flummi). Woran würde man erkennen, wenn eine Video-Aufzeichnung dieses Vorgangs rückwärts vorgeführt wird?

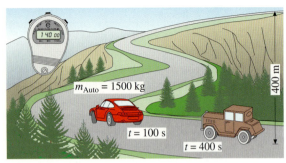

B1: Gleicher Energiezuwachs – verschiedene Zeiten

B2: Leistungsangaben: Wie viel Joule je Sekunde?

Taschenrechner	0,02 W
Fahrraddynamo	3 W
Haushaltsglühlampe	25–100 W
Mensch (dauernd)	80 W
kleiner Tauchsieder	300 W
Heizung einer Wohnung	20 kW
mittlerer Automotor	50 kW
Diesellokomotive	3 MW
ICE	8 MW
Dampfturbine	1000 MW

T1: Leistungen verschiedener Größenordnung; 1 MW (Megawatt) = 10^6 W. Für eine Glühlampe z. B. bedeutet 60 W: Sie nimmt je Sekunde 60 J elektrische Energie auf und gibt sie als Licht und Wärme (leider, zum größeren Teil) wieder ab.

 Interessantes

Die Leistung von Automotoren wurde früher in PS („Pferdestärke") statt in kW angegeben. 1 PS war an der Leistung eines Pferdes orientiert („Hafermotor"); es gilt 1 PS ≈ 0,75 kW = 750 W.

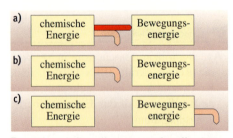

B3: Energieflussdiagramme für die Autofahrt. Gebogene Pfeile bedeuten Energieübertragung in die Umgebung: **a)** in der Beschleunigungsphase, **b)** bei freier Fahrt mit konstanter Geschwindigkeit, **c)** am Ende der Fahrt.

Leistung

1. Wie schnell wird Energie übertragen?

Ein Sportauto und ein Oldtimer mit gleicher Masse 1500 kg fahren die gleiche Bergstrecke und gewinnen beide 400 m Höhe (➥ *Bild 1*). Oben angekommen sagt der Fahrer des Oldtimers: „Unsere Autos haben beide die Höhenenergie 15 000 N · 400 m = 6000 kJ bekommen. Die Motoren der Autos sind gleich stark!"

Darf man so folgern? Sicher nicht, denn es kommt auch darauf an, wie lange die beiden Wagen für ihre Bergfahrt brauchen. Das sportliche Auto schafft es in 100 s, das „Schnauferl" ist dagegen erst nach 400 s oben. Will man die beiden Motoren vergleichen, so fragt man besser nach der Energie, die sie jeweils in der gleichen Zeit liefern.

Teilt man zum Vergleich die umgesetzte Energie durch die dafür benötigte Zeit, so erhält man die *Schnelligkeit der Energieübertragung*. Diesen Quotienten W/t nennt man **Leistung P**.

Merksatz

Der Quotient aus der übertragenen Energie W und der dazu benötigten Zeit t ist die **Leistung $P = W/t$**.
Die Einheit der Leistung ist 1 J/s = 1 W (Watt);
1000 W = 1 kW (Kilowatt).

Die Leistung des Sportwagens im obigen Beispiel ist $P = W/t = $ 6 000 000 J/100 s = 60 000 J/s = 60 000 W (Watt) = 60 kW (Kilowatt), die des Oldtimers $P = $ 15 000 J/s = 15 kW.

3. Leistung mal Zeit ist übertragene Energie

Oft kennt man die Leistung eines elektrischen Gerätes (➥ *Bild 2*) und möchte die Energie berechnen, die in einer bestimmten Zeit geliefert wird. Multipliziert man beide Seiten von $P = W/t$ mit t, so erhält man $W = P \cdot t$. Beträgt die Leistung z. B. 80 W und wird das Gerät 10 s lang betrieben, so ist die umgesetzte Energie $W = P \cdot t = $ 80 W · 10 s = 800 Ws.

Die in der Rechnung auftretende Einheit Ws (Wattsekunde) wird häufig statt der Einheit Joule benutzt:
1 Ws = 1 W · 1 s = 1 (J/s) · 1 s = 1 J.
In der Praxis misst man die Energie auch in Kilowattstunden:
1 kWh = 1000 W · 3600 s = 3 600 000 J.

Merksatz

Wattsekunde (Ws) und Kilowattstunde (kWh) sind praktische Einheiten für die Energie.
Es gilt: 1 Ws = 1 J und 1 kWh = 3 600 000 J.

Für eine Kilowattstunde elektrischer Energie bezahlt man etwa 0,15 € und bekommt dafür 1 Stunde lang in jeder Sekunde 1000 J „aus der Steckdose". Mit der Dauerleistung 100 W (Fahrrad fahren) hättest du 10 Stunden zu tun, ehe für 0,15 € Energie übertragen wäre! Die bequem und in großen Mengen verfügbare elektrische Energie verführt dazu, Energie verschwenderisch zu entwerten. Viele sagen deshalb, Energie sei zu billig.

3. Kilowatt auch beim Auto

Die Energie, die der Motor eines Autos umsetzt, hängt von der Menge des verbrauchten Benzins ab. Beim Fahren braucht man viel Leistung, gibt also viel Gas bei großer Geschwindigkeit und wenn man die Bewegungsenergie vergrößern will. Man nimmt Gas weg, wenn die gewünschte Reisegeschwindigkeit erreicht ist, wenn man nicht weiter beschleunigen will. Der Motor liefert dann nur noch die Energie, die durch Reibung an der Luft, in den Lagern und den Reifen in innere Energie gewandelt wird. Von dort geht sie von alleine – entwertet – in die kältere Umgebung (➡ *Bild 3*).
Bei einem Auto mit 50 kW nimmt man auf der Autobahn etwa 25 kW als Dauerleistung in Anspruch. Der Motor setzt damit Sekunde für Sekunde die Energie 25 000 J um, in einer Stunde $W = P \cdot t = 25\,000$ W · 3600 s = 90 MJ. Das Auto fährt dabei mit 6 l Benzin 100 km weit. 6 l Benzin liefern bei der Verbrennung aber die Energie 250 MJ. Wir sehen: Etwa zwei Drittel der mit dem Benzin gekauften Energie werden schon im Motor entwertet; sie erhöhen die Temperatur des Kühlwassers und schließlich die der Umgebung.
Ehe wir uns mit dem „nützlichen" Drittel beschäftigen, wollen wir die Mathematik benutzen, um eine hilfreiche Formel herzuleiten:
Setzt man in $P = W/t$ für die übertragene wertvolle Energie $W = F_s \cdot s$ ein, so folgt $P = F_s \cdot s/t$ oder $P = F_s \cdot v$, weil der Quotient s/t aus Weg und Zeit die Geschwindigkeit v eines Körpers ist.

Die neue Gleichung $P = F_s \cdot v$ zeigt, dass die Kraft, mit der Energie übertragen wird, etwas anderes ist als die dabei auftretende Leistung. Aus den 25 kW Nutzleistung folgt bei $v = 100$ km/h für die Kraft $F_s = 25$ kW/(100 km/h) = (25 000 J/s)/(27,8 m/s) = 900 N, mit der die Energie mechanisch übertragen wird. Ohne sie würden Reibung und Luftwiderstand die Fahrt schnell beenden.

Beim Bergwandern ist ein Höhengewinn von 300 m stündlich „eine gute Leistung". Rechnet man mit 750 N ($m = 75$ kg) für die Gewichtskraft, so erhält man
$P = 750$ N · 300 m/3600 s
$= \frac{750}{12}$ Nm/s ≈ 62 W.
Nur gut trainierte Leute halten dies stundenlang durch.

Beim Rad fahren kann mit dieser Tretkurbel die momentane Leistung bestimmt werden: Während der Fahrt werden die vom Sportler an den Pedalen ausgeübten Kräfte und deren Geschwindigkeit gemessen: Ein Computer berechnet mit $P = F \cdot v$ die momentan aufgebrachte Leistung und registriert für diesen und andere Messwerte Diagramme. Für einen trainierten Sportler hat man so eine Dauerleistung von 375 W bei einer (Fahr-)Geschwindigkeit von 45 km/h bestimmt. Die Herzfrequenz lag bei 165 Schlägen in der Minute.
Die Gangschaltung ermöglicht es, bei wechselnder Fahrgeschwindigkeit F und v am Pedal so einzustellen, dass P maximal wird.

... noch mehr Aufgaben

A1: Wie groß ist die Leistung, wenn stündlich 3,6 Mio. J (= 1 kWh) übertragen werden?
A2: Ein Löschfahrzeug der Feuerwehr kann je Minute 1500 l Wasser 75 m hoch pumpen. Wie groß ist die Pumpleistung?
A3: Der Motor eines Krans leistet 20 kW. Mit welcher Geschwindigkeit zieht er ein Werkstück der Masse $m = 0,5$ t hoch?
A4: Im Mikrowellengerät wird ein Tellergericht mit 700 W in 1,5 min erhitzt. Berechne die übertragene Energie in Joule und in kWh.

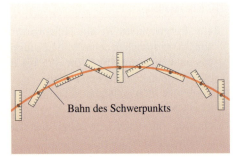

B 1: Alles dreht sich um einen Punkt.

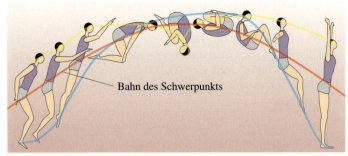

Bahn des Schwerpunkts

B 2: Gelungener Salto – jeder Punkt macht, was er soll.

V 1: a) Anne fasst ein 30 cm langes Kunststofflineal an einem Ende und wirft es so weit es geht. Wir beobachten die Flugbahn von der Seite. Das Lineal bewegt sich als Ganzes wie ein Ball auf parabelförmiger Flugbahn. Zugleich rotiert es um einen Punkt in der Mitte des Lineals. **b)** Mit einem Klumpen Knetwachs an einem Ende des Lineals rotiert es um einen Punkt S in der Nähe des Knetwachs-Klumpens. Wieder markiert dieser Punkt S des Lineals die Flugbahn für die Zuschauer.

a)

b)

V 2: a) Der Zimmermannshammer ist für Versuch 1 zu gefährlich. Auch er würde beim Wurf um den Schwerpunkt S rotieren. Hier ist er – genau wie das Lineal – zur Balance gebracht. Man muss dazu den Schwerpunkt ziemlich genau über die Auflage bringen. **b)** Wenn man Hammer oder Lineal beweglich aufhängt, nehmen sie eine Lage ein, bei der der Schwerpunkt am tiefsten und senkrecht unter dem Aufhängepunkt liegt.

Schwerpunkt und Standfestigkeit

1. Der Schwerpunkt – ein Punkt vertritt alle anderen

Das im ⇒ *Versuch 1 a* geworfene Lineal rotiert unterwegs um seinen Mittelpunkt und nicht etwa um das Ende, das Anne angefasst hatte. Im ⇒ *Bild 2* springt eine Turnerin einen Salto. Für drei Punkte ihres Körpers sind Bahnen eingezeichnet. Nur eine der Bahnen gleicht der eines schräg nach oben geworfenen Balles. Beim Flug *ausgedehnter Körper* fliegt *ein bestimmter Punkt* S auf der Bahn des kompakten Balles (den wir als *Massenpunkt* idealisiert denken). Diesen Punkt nennen wir **Schwerpunkt**.

In ⇒ *Versuch 1 b* versehen wir ein Ende des Lineals mit einem schweren Klumpen Klebwachs. Das Lineal rotiert nach dem Abwurf um einen anderen Punkt als in Versuch 1 a. Der Schwerpunkt ist in die Nähe des Klebwachs-Klumpens gerückt, seine Lage hängt also von der Verteilung der Masse ab.

Man kann das Lineal – mit oder ohne Klebwachs – auf einer Bleistiftspitze balancieren, wenn man den Schwerpunkt über die Spitze bringt (⇒ *Versuch 2 a*). Die Gewichtskraft des Lineals wirkt an der Berührungsstelle auf den Bleistift. So, als ob die Masse des Lineals im Schwerpunkt vereinigt wäre. Der Schwerpunkt heißt deshalb auch **Massenmittelpunkt**.

Nimm ein Lineal an beliebiger Stelle lose zwischen zwei Finger und versuche es anzuheben. Es wird sich so lange drehen, bis der Schwerpunkt seine tiefste Lage senkrecht unter dem Aufhängepunkt eingenommen hat. ⇒ *Bild 3* zeigt, wie man damit den Schwerpunkt eines Körpers bestimmt. Beim weiteren Heben erfährt der Schwerpunkt den gleichen Höhengewinn wie der Angriffspunkt der Hubkraft. Die mittels der Hubkraft zugeführte Energie vermehrt die Höhenenergie des Körpes um $W = m \cdot g \cdot h_S$.

 Merksatz

Beim Halten, Heben und Werfen kann man sich die gesamte Gewichtskraft eines festen ausgedehnten Körpers in seinem **Schwerpunkt** S angreifend denken. Ändert sich die Höhe des Schwerpunktes um h_S, dann ändert sich die Höhenenergie des Körpers um $W = m \cdot g \cdot h_S$.

2. Energiebilanz bei Veränderung: stabil, labil, indifferent

Lineal und Zimmermannshammer *balancieren* in ➠ *Versuch 2a*, wenn man den Körper unter dem Schwerpunkt unterstützt. Schon die kleinste Veränderung dieser **labilen** Lage führt zum Absturz. Die Höhenenergie des Körpers nimmt von alleine ab. In ➠ *Versuch 2b* hängen Hammer und Lineal **stabil** an der Wand. Der jeweilige Schwerpunkt liegt jetzt unter dem Angriffspunkt der Haltekraft. Veränderungen der Lage erfordern Energiezufuhr, weil der Schwerpunkt gehoben werden muss. Er kehrt „von alleine" an seinen niedrigsten Ort zurück. Wer bei dem Lineal ein Loch genau durch den Schwerpunkt bohrt, kann das Lineal in jeder Lage an die Wand hängen. Veränderungen der Lage bedeutet weder Energiezuführ noch Energieabgabe. Die Lage ist **indifferent**.

Merksatz

Die **Lage eines Körpers** ist
* **stabil**, wenn jede Lageveränderung Energiezufuhr bedeutet,
* **labil**, wenn jede Lageveränderung zu Energieabgabe führt,
* **indifferent**, wenn Lageveränderung ohne Energieübertragung möglich ist.

Am *Höhengewinn oder Höhenverlust des Schwerpunkts* erkennt man, ob der Körper Höhenenergie aufnimmt oder abgibt.

2. Standfestigkeit hängt vom Schwerpunkt ab

In ➠ *Bild 4* ist für einen Würfel und einen Quader *gleicher Grundfläche* dargestellt, wie weit man sie aus einer stabilen Ruhelage bewegen kann, ehe sie umkippen. Die Entscheidung fällt, wenn der Schwerpunkt des Körpers über der Drehkante liegt (*labile Lage*). Hier hat der Schwerpunkt maximale Höhe, der Körper maximale Höhenenergie. Jetzt bewegt er sich auf Grund seiner Gewichtskraft weiter. Für den Quader ist es trotz doppelter Masse einfacher, ihn auf die Seite zu legen (HS' ist ja kleiner).

Um die **Standfestigkeit** eines beliebigen Körpers in stabiler Ruhelage zu beurteilen, muss man prüfen, welche Energie zugeführt werden muss, um die nächstliegende labile Lage zu erreichen. Die Lage des Schwerpunkts und die Lage des Drehpunktes (oder der Drehachse) spielen dabei die entscheidende Rolle. Stellen wir uns vor, im Quader von ➠ *Bild 4* wäre die gesamte Masse in der unteren Hälfte untergebracht und die obere Hälfte wäre leer. Dann läge der Schwerpunkt S in gleicher Höhe wie im Würfel und zum Kippen müsste auch er um 41 cm gehoben werden. Bei doppelter Masse wäre dieser „Mogel-Quader" standfester als der homogene Würfel. – Wie ein *Stehaufmännchen*!

Merksatz

Die **Standfestigkeit** eines Körpers in stabiler Lage hängt davon ab, welche Energie zugeführt werden muss, um eine labile Lage zu erreichen.

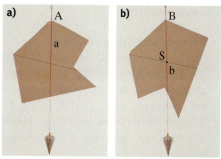

B3: So findet man den Schwerpunkt eines unregelmäßigen Körpers: **a)** Wenn man ihn am Punkt A drehbar aufhängt, so dreht er sich in eine stabile Lage, bei der der Schwerpunkt unter dem Drehpunkt liegt – irgendwo auf der mithilfe des Lots eingezeichneten Hilfslinie a. **b)** Mit dem Aufhängepunkt B erhält man die zweite Ortslinie b für den Schwerpunkt S.

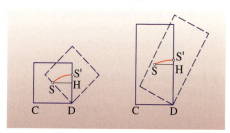

B4: Der Würfel muss um 45° gekippt werden, ehe er umkippt. Bei der Kantenlänge CD = 2 m hat die halbe Diagonale DS die Länge 1,41 m. Der Schwerpunkt muss um HS' = 41 cm angehoben werden. Beim Quader mit gleicher Grundfläche und doppelter Höhe (und doppelter Masse) ist HS' = 11 cm. Der Schwerpunkt vertritt die doppelte Masse und wird etwa um ein Viertel gehoben. Ihn zu kippen erfordert also nur halben Energieaufwand.

... noch mehr Aufgaben

A1: a) Begründe mit dem Verfahren aus ➠ *Bild 3*, dass der Körperschwerpunkt KSP richtig eingezeichnet worden ist. **b)** Wie ändert sich während der Übung die Höhenenergie des Sportlers?

Das ist wichtig

1. Mechanische Energieformen

Mechanische Energie begegnet uns als **Höhenenergie** (andere Bezeichnung: Lageenergie), als **Bewegungsenergie** oder als **Spannenergie**. Wir erkennen die Änderung der mechanischen Energie eines Körpers an Änderungen seiner Höhe, seiner Geschwindigkeit oder an seiner elastischen Verformung.

Bei **Reibung** nimmt die **innere Energie** der beteiligten Körper und der Umgebung zu. Man erkennt es an der Temperaturerhöhung.

2. Energieerhaltung

Die **Gesamtenergie** eines Körpers kann **auf mehrere Energieformen** verteilt sein. Ohne Reibung und ohne Energieübertragung von oder zu anderen Körpern bleibt die Summe aus den mechanischen Energieformen konstant.

Sind bei **Energieübertragung** und **Energieumwandlung** mehrere Körper beteiligt, so bleibt auch dann die Energiesumme erhalten.

3. Energiemenge und Arbeit

Arbeit ist die Bezeichnung für eine mithilfe einer Kraft übertragene **Energiemenge**; deshalb werden für Energie und Arbeit gleiche Formelzeichen und gleiche Einheiten benutzt:

Symbol: W

Einheit: 1 J (Joule)

$1\,\text{J} = 1\,\text{Nm}$

Für die mithilfe einer Kraft vom Betrag F_s längs des Weges s übertragene Energiemenge (Arbeit) W gilt

$$W = F_s \cdot s.$$

Bei mechanischen Vorgängen gilt:

- Kraft überträgt Energie nur mit Bewegung,
- Kräfte, die senkrecht zur Bewegung wirken, übertragen keine Energie.

Ändert sich die Höhe eines Körpers mit der Gewichtskraft $\vec{G}$ um die Höhe h, so ändert sich die Höhenenergie des Körpers um

$$W = G \cdot h = m \cdot g \cdot h.$$

Dabei ist g der Ortsfaktor.

4. Leistung

Oft ist nicht die übertragene Energiemenge von Interesse, sondern die Schnelligkeit, mit der dies geschieht.

Die **Leistung** P ist der Quotient aus der übertragenen Energie W und der dafür benötigten Zeit t.

Symbol: P

Definition: $P = \dfrac{W}{t}$

Einheit: 1 W (Watt); $1\,\text{W} = 1\,\dfrac{\text{J}}{\text{s}}$

Wird die Energie mittels einer Kraft $\vec{F}$ auf einen mit der Geschwindigkeit v bewegten Körper übertragen (Kraft in Bewegungsrichtung), dann braucht man die Leistung

$$P = F \cdot v.$$

5. Wattsekunden und Kilowattstunden

Wird die Energie W während der Zeit t mit der Leistung P übertragen, so gilt

$$W = P \cdot t.$$

Daraus folgt die **Energieeinheit Wattsekunde (Ws):**

$$1\,\text{J} = 1\,\text{W} \cdot 1\,\text{s} = 1\,\text{Ws}.$$

Wird die Leistung in kW (Kilowatt) und die Zeit in h (Stunden) gemessen, dann benutzt man für die Energie auch die Einheit 1 kWh **(Kilowattstunde)**.

$$1\,\text{kWh} = 1000\,\text{W} \cdot 3600\,\text{s} = 3\,600\,000\,\text{Ws}$$
$$= 3\,600\,000\,\text{J}.$$

6. Energieentwertung

Mechanische, chemische und elektrische Energie sind wertvoll, weil sie sich in jede andere Energieform umwandeln lassen.

Bei Energieumwandlung und Energieübertragung in der Mechanik ist Reibung unvermeidlich, immer fließt ein Teil der Energie in die Umgebung und erhöht deren innere Energie. Dieser Teil ist für nützliche Energieanwendungen verloren, er ist entwertet aber nicht verschwunden.

7. Schwerpunkt und Standfestigkeit

Im **Schwerpunkt** denkt man sich die gesamte Gewichtskraft eines ausgedehnten Körpers angreifend.

Die Lage eines Körpers ist **stabil**, wenn bei Lageveränderungen der Schwerpunkt angehoben, also Energie zugeführt werden muss.

Sie ist **labil**, wenn Lageveränderung Schwerpunktserniedrigung und Energieabgabe bedeutet.

Die Lage ist **indifferent**, wenn der Schwerpunkt bei jeder Lageänderung seine Höhe behält, der Körper also weder Energie aufnimmt noch abgibt.

Der Begriff Atom stammt von DEMOKRIT, einem griechischen Philosophen, der allein durch Nachdenken versuchte, eine Antwort auf die Frage zu finden, ob es *kleinste Teilchen* gibt. Noch heute ist dieses eine gewichtige Frage an die Grundlagen der Physik.

In diesem Kapitel wird ein einfaches Modell für Teilchen entwickelt, was in vielen Situationen eine befriedigende Erklärung liefert.

Flüssigkeiten und Gase in einem Gefäß lassen sich durch Kräfte auf einen Kolben in einen *Druckzustand* versetzen. Dieser Zustand lässt sich an jeder Begrenzungsfläche – auch im Inneren – als Kraft auf diese Fläche nachweisen.

Der *Schweredruck* in der Tiefe eines Meeres kann auf den *Kolbendruck* zurückgeführt werden, wenn die Wassersäule als Kolben angesehen wird.

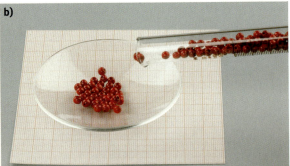

B 1: a) Ein Öltropfen verteilt sich auf Wasser. **b)** Die Kügelchen fließen auf die Schale.

V 1: *Ölfleckversuch:*

Wir füllen einen tiefen Teller bis zum Rand mit Wasser und stauben auf die Wasseroberfläche hauchdünn Bärlappsporen. Aus einer Bürette lassen wir einen Tropfen einer Ölsäure-Benzin-Lösung (1:1000) in den Teller fallen. Es bildet sich ein Ölfleck (das Benzin verdunstet), dessen Fläche wir bestimmen. Geben wir einen weiteren Tropfen hinzu, so verdoppelt sich die Fläche.

Wir ermitteln in einem weiteren Versuch mit der gleichen Bürette, welches Volumen ein einzelner Tropfen der Ölsäure-Benzin-Lösung hat. Wir lassen dazu 1 cm³ der Lösung langsam aus der Bürette tropfen und zählen z. B. 60 Tropfen.

Ein Tropfen hat also das Volumen $\frac{1}{60}$ cm³ und enthält die Ölmenge

$$V = \frac{1}{60}\,\text{cm}^3 \cdot \frac{1}{1000} = \frac{1}{60\,000}\,\text{cm}^3.$$

Im Versuch entsteht aus einem solchen Tropfen eine Ölschicht mit der Fläche $A = 160$ cm². Die Dicke der Ölschicht erhalten wir mit der Gleichung $h = V/A$:

$$h = \frac{(1/60\,000)\,\text{cm}^3}{160\,\text{cm}^2} = \frac{1\,\text{cm}^3}{60\,000 \cdot 160\,\text{cm}^2}$$

$$h = 0,000\,000\,1\,\text{cm}.$$

Wir können annehmen, dass die Ölmoleküle wie Kügelchen nebeneinander liegen, da von der doppelten Menge auch die doppelte Fläche bedeckt wird.

Die Dicke der Ölschicht ist also gleich dem Durchmesser eines Moleküls. Der Durchmesser eines Ölmoleküls beträgt demzufolge etwa ein millionstel Millimeter.

Das Teilchenmodell

1. Eine Modellflüssigkeit

Geben wir einige Kochsalzkristalle in eine Suppe, so schmeckt die ganze Suppe salziger als vorher. Das Kochsalz muss sich also ganz fein in der Suppe verteilt haben. Wir können es schmecken, aber nicht sehen.

Die kleinsten Bestandteile („Teilchen") der Materie sind wegen ihrer geringen Größe unserer Anschauung entzogen. DEMOKRIT nannte sie Atome. Heute unterscheiden wir **Atome** und **Moleküle**. Vereinfacht stellen wir uns diese Teilchen als Kügelchen vor. Um unsere Vorstellung zu entwickeln, verwenden wir Kunststoffkügelchen, die wir in einen Messzylinder füllen (➡ *Bild 2*). So können wir deren Gesamtvolumen bestimmen. Einige dieser Kügelchen schütten wir auf eine flachgewölbte Schale (Uhrenglas, ➡ *Bild 1 b*). Leichtes Rütteln bewirkt, dass alle Kügelchen in einer Schicht nebeneinander liegen. So bilden sie ungefähr eine Kreisfläche, die wir messen können. Geben wir noch einmal so viele Kügelchen hinzu, so drängen sich diese zwischen die anderen, bis alle wieder in einer Schicht nebeneinander liegen. Aus Volumen und Kreisfläche lässt sich der Kügelchendurchmesser berechnen. Mit einer Schieblehre könnten wir das Ergebnis kontrollieren.

Die Kügelchen bilden eine **Modellflüssigkeit**: Sie lassen sich leicht gegeneinander verschieben, bilden in etwa eine waagerechte Oberfläche und weichen aus, wenn ein Gegenstand eintaucht.

2. Wie groß ist ein Ölmolekül?

Mit dem *Ölfleckversuch* können wir die Größe *realer* Moleküle abschätzen (➡ *Versuch 1*). Ein Tropfen einer Ölsäure-Benzin-Lösung in Wasser ergibt einen runden Fleck, dessen Fläche wir messen können (➡ *Bild 1 a*). Ein zusätzlicher zweiter Tropfen der Lösung ergibt einen Kreis mit der doppelten Fläche. Der Benzinanteil verdunstet und nur das Öl breitet sich auf der Wasseroberfläche aus; es schwimmt dort. Da jeder Tropfen (konstantes Volumen vorausgesetzt) nach dem Zerfließen eine gleich große Fläche bedeckt, können wir daraus schließen, dass die Ölmoleküle in einer Schicht nebeneinander liegen – wie die Kügelchen unserer Modellflüssigkeit. Eine einfache Abschätzung zeigt, dass ein Ölmolekül einen Durchmesser von etwa 10^{-9} m hat (Versuch 1).

3. Die brownsche Bewegung – Hinweis auf kleinste Teilchen

Wir beobachten einen Tropfen Milch bei 1000 facher Vergrößerung unter dem Mikroskop und sehen zahlreiche „Kügelchen". Sehen wir etwa Moleküle? Leider nein: Verdünnen wir nämlich die Milch mit Wasser, so wächst der Abstand dieser Kügelchen. Wassermoleküle haben sich dazwischen geschoben. Unter dem Mikroskop kann man diese nicht erkennen. Die sichtbaren Kügelchen sind Fetttröpfchen, die im Wasser schweben.

Der Versuch hält aber eine große Überraschung bereit: Die Fetttröpfchen zittern ständig und unregelmäßig hin und her. Der Engländer BROWN beobachtete die Erscheinung 1827 als Erster; man nennt sie nach ihm die **brownsche Bewegung**. Je kleiner die Fetttröpfchen sind, desto schneller zittern sie. Daraus folgern wir, dass sich die wesentlich kleineren Moleküle der Flüssigkeit in einer noch viel rascheren Zitterbewegung befinden – und das andauernd.

Eine Kaliumpermanganatlösung, die vorsichtig auf den Boden eines mit Wasser gefüllten Glases geleitet wird, verteilt sich im Laufe von Tagen ganz gleichmäßig darin (Versuch 2).
Zunächst befindet sich die Lösung des Kaliumpermanganates am Boden des Glases. Aufgrund der ständigen Molekularbewegung kommt es zu einer Durchmischung von Wasser und Kaliumpermanganat. Der Versuch bestätigt also die brownsche Bewegung.

Eine Erklärung dieses Versuches mit der Modellflüssigkeit scheitert. Füllen wir die Kügelchen in ein Becherglas, so bleiben sie dort regungslos liegen. Die Molekularbewegung ließe sich wohl nur durch ständiges Schütteln darstellen.

Und noch etwas fehlt den Kügelchen im Becherglas: Echte Flüssigkeiten bilden Tropfen; zwischen Molekülen müssen also Anziehungskräfte bestehen, die jedoch die freie Verschiebbarkeit nicht beeinträchtigen. Um diesen Zusammenhalt der Moleküle auch im Modell zu berücksichtigen, haben wir ein Uhrenglas benutzt (Bild 1 b). Seine Wölbung sorgt dafür, dass die Kügelchen nach jedem Schütteln wieder zu einer lückenlosen „Flüssigkeit" zusammenlaufen.

Merksatz

Für die Moleküle einer **Flüssigkeit** gilt:
* Sie sind in ständiger und unregelmäßiger Zitterbewegung.
* Sie lassen sich leicht verschieben.
* Sie bilden eine waagerechte Oberfläche.
* Zwischen Molekülen wirken Anziehungskräfte.
Eine typische Molekülgröße ist ein millionstel Millimeter.

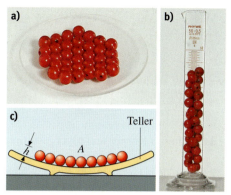

B 2: Modellflüssigkeit

V 2: Wir leiten eine Lösung des violetten Salzes Kaliumpermanganat vorsichtig auf den Boden eines mit Wasser gefüllten Glases. Obwohl das Wasser keinerlei Bewegung zeigt, färbt es sich im Laufe von Tagen von unten nach oben, bis es einheitlich violett ist. Wegen ihrer ständigen Bewegung schieben sich die Moleküle des Kaliumpermanganats zwischen die Wassermoleküle: Die Salzteilchen *diffundieren* in das zunächst farblose Wasser.

... noch mehr Aufgaben

A 1: Benenne einige Eigenschaften realer Flüssigkeiten und prüfe, ob die Modellflüssigkeit aus den Kunststoffkügelchen diese Eigenschaften auch besitzt.
A 2: Unter welchen Voraussetzungen können wir aus der Fläche eines Ölflecks und aus dem zugehörigen Tropfenvolumen den Durchmesser eines Ölmoleküls berechnen?
A 3: Was verstehen wir unter dem Teilchen*modell* und einer *Modell*eisenbahn. Benenne Gemeinsamkeiten, wo liegen Unterschiede. Wann ist ein *Modell* falsch?

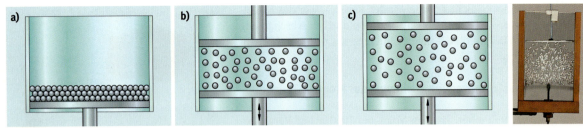

B 1: a) Fester Körper und **b)**, **c)** gasförmiger Zustand im Modell

V 1: Mit dem Gerät in ▥▶ *Bild 1* können wir modellhaft feste und gasförmige Körper darstellen. Der Gefäßboden ist ein beweglicher Kolben, der von einem Motor auf und ab bewegt wird.
Bewegt sich der Motor kaum, bleiben die Glaskügelchen im Gefäß nahezu in Ruhe: Es liegt ein Festkörper vor.
Bewegt sich der Motor schneller, so fliegen die Kügelchen ungeordnet durcheinander: Nun wird ein Gas dargestellt.

V 2: Wir nehmen eine Glasspritze und schließen darin ein bestimmtes Luftvolumen ein. Wir erhöhen vorsichtig die Temperatur des Gases und sehen, dass sich der Kolben nach außen schiebt. Das Volumen des Gases hat sich also vergrößert.

V 3: Wir ziehen den Kolben einer Fahrradpumpe ganz heraus und verschließen mit dem Daumen die Öffnung der Pumpe. Jetzt lässt sich der Kolben nur mit großer Kraft hineinschieben. Nach dem Loslassen bewegt er sich zurück. Die Luft in der Pumpe lässt sich also zusammendrücken. Sie nimmt das ursprüngliche Volumen wieder ein, wenn die Kraft auf den Kolben nicht mehr wirkt.

B 2: In der Schneeflocke herrscht Ordnung.

4. Ein Modellgas

In ▥▶ *Bild 1* rechts sehen wir ein Gefäß, in dem kleine Glaskügelchen ungeordnet umherfliegen. Der Gefäßboden ist als Kolben ausgebildet und wird von einem Motor schnell auf und ab bewegt. Dabei werden die Kügelchen hochgeschleudert, stoßen gegeneinander und prallen von den Wänden ab.

In ▥▶ *Bild 1 b, c* erkennen wir den beweglichen Gefäßdeckel deutlicher. Durch den ständigen Aufprall der Kügelchen wird dieser Deckel angehoben und in einer bestimmten Höhe gehalten. Läuft der Motor schneller, bewegen sich auch die Kügelchen schneller und der Deckel wird weiter angehoben.

Durch die schnellere Bewegung des Gefäßbodens erhalten die Kügelchen eine höhere Bewegungsenergie. Wenn die Gesamtheit der Kügelchen eine höhere Bewegungsenergie besitzt, wird der Deckel weiter angehoben; das heißt, die Kügelchen beanspruchen für ihre Bewegung ein größeres Volumen. Ein reales Gas in einer Glasspritze verhält sich genauso (▥▶ *Versuch 2*). Es schiebt einen Kolben nach außen und vergrößert so das Gasvolumen, wenn man die Temperatur erhöht. In Gasen nimmt die Bewegungsenergie beim Erhitzen zu. Die Glaskügelchen in dem Gefäß bilden also ein *Modellgas*.
Wenn wir den Gefäßdeckel mit der Hand nach unten drücken, verkleinern wir das Volumen des Modellgases. Geben wir den Deckel wieder frei, so hebt sich dieser wieder in die Ausgangshöhe. Luft in einer Fahrradpumpe verhält sich genauso (▥▶ *Versuch 3*).

 Merksatz

Moleküle eines Gases sind ständig in schneller Bewegung. Sie haben so große Abstände, dass Anziehungskräfte zwischen ihnen keine Rolle spielen.

Durch Energiezufuhr werden die Moleküle schneller.

5. Ein Festkörpermodell

In ▥▶ *Bild 1 a* liegen die Glaskügelchen nebeneinander, eine Bewegung ist zunächst nicht zu erkennen. Bei genauerer Betrachtung wäre eine leichte Bewegung festzustellen; einige Glaskügelchen drehen sich.

Ist Wasser zu Eis gefroren, verschieben sich die Moleküle nicht mehr, sondern sie haften fest aneinander. Die regelmäßige Form von Kristallen (⫸ *Bild 2*) lässt vermuten, dass sich beim Kristallisieren die Moleküle ordnen und so eine feste Struktur bilden. Diesen Prozess können wir im ⫸ *Versuch 4* beim Abkühlen des geschmolzenen Fixiersalzes beobachten.

Merksatz

In Festkörpern haben die kleinsten Teilchen einen festen Platz, um den sie eine Zitterbewegung ausführen.

V 4: Wir gießen geschmolzenes Fixiersalz auf eine kalte Glasplatte. Beim Abkühlen sehen wir regelmäßige Kristalle entstehen.

Vertiefung

Die Idee von den kleinsten Teilchen

Der Aufbau der Materie beschäftigte bereits ca. 500 Jahre vor unserer Zeitrechnung im antiken Griechenland die hellsten Köpfe dieser Zeit.

Die griechischen Philosophen DEMOKRIT (er lebte bis 360 v. Chr.) und ARISTOTELES (384–322 v. Chr.) kamen dabei zu völlig entgegengesetzten Antworten:

DEMOKRIT lehrte, alle Stoffe seien aus kleinsten Teilchen zusammengesetzt, er nannte sie Atome (griech. *atomos:* unteilbar).
ARISTOTELES dagegen behauptete, man könne Materie immer weiter teilen, ohne je auf kleinste Teilchen zu stoßen.
DEMOKRIT orientierte sich bei seiner Position an Stoffen, wie z. B. Sandstein, während ARISTOTELES sich auf das Wasser bezog.

In der Antike gab es keine Klärung dieser widersprüchlichen Positionen. Das lag unter Anderem daran, dass die Möglichkeit, ein Entscheidungsexperiment durchzuführen, der antiken Philosophie fremd war.
Über 2000 Jahre gab es in dieser Frage keinen Fortschritt, bis zu Beginn des 19. Jahrhunderts DALTON eine Atomvorstellung entwickelte.

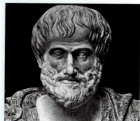

DEMOKRIT   ARISTOTELES

... noch mehr Aufgaben

A 1: Beschreibe mithilfe der modellhaften Vorstellung, die das Gerät aus ⫸ *Bild 1* nahe legt, den Übergang von einem Festkörper zu einer Flüssigkeit bzw. von einer Flüssigkeit zu einem Gas. Gehe dabei auf die Bewegung des Stempels ein.

A 2: Ein Gasgemisch besteht aus verschiedenen Gasen. Die enthaltenen Molekülarten können unterschiedliche Masse haben. Beschreibe die möglichen Beobachtungen in einem Modellgas aus zwei unterschiedlichen Molekülarten.

A 3: Beschreibe anhand der Vorstellung von kleinsten Teilchen aus ⫸ *Bild 3* die drei Zustandformen: fest – flüssig – gasförmig. Gehe dabei auf die Bewegungsmöglichkeiten ein.

fest
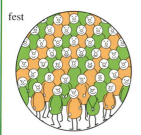

flüssig

gasförmig

B 3: Fest – flüssig – gasförmig (Modellvorstellung)

B 1: Was haben diese zwei Bilder gemeinsam?

V 1: Übe auf einen Holzklotz, einen Schaumstoffquader und auf eine Wasseroberfläche mit dem Finger eine Kraft aus. Der Versuch, auf eine Wasseroberfläche eine Kraft auszuüben, scheitert, weil das Wasser ausweicht: Man erfährt keine Gegenkraft.

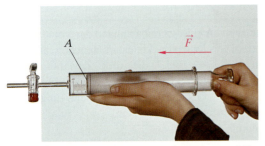

V 2: Die Glasspritze ist mit Wasser gefüllt. Durch den Kolben kann man eine Kraft auf die eingeschlossene Wassermenge ausüben. Die Kraft $\vec{F}$ wirkt jetzt im Bereich der ganzen Kolbenfläche A auf das Wasser ein. Die Wirkung der Kraft bleibt gering. Das Wasser lässt sich nur minimal zusammendrücken. Ist der Zylinder mit Luft gefüllt, lässt sich jetzt der Kolben mit der gleichen Kraft viel weiter hineinschieben.

Der Kolbendruck

1. Druck in Alltagssituationen

Phänomene, die durch Druck verursacht werden, begegnen uns täglich. Schon das allmorgendliche Füllen des Zahnputzbechers mit Wasser sollte uns an den Druck in der Wasserleitung erinnern. Dieser wird besonders anschaulich bei dem Versuch, den Wasserhahn mit dem Finger zuzuhalten. Die Fahrradfahrt zur Schule wird leichter, wenn der Reifendruck stimmt. Mit hohem Blutdruck steigt das Risiko für Herz-Kreislauf-Erkrankungen.

Diese Beispiele beziehen sich auf den Druckbegriff der Physik, im Alltag jedoch verwenden wir diesen Begriff z. T. in ganz anderen Zusammenhängen: Druck als erlebte Form des Stresses, z. B. bei Klassenarbeiten, oder im Sinne von einengenden Vorschriften durch Eltern und Schule; Linoldruck als künstlerische Form, Buch- bzw. Zeitungsdruck stehen für einen ganz anderen Aspekt des Begriffes. Diese Aufzählung muss unvollständig bleiben.

Der Fahrradreifen und der Blutkreislauf der Menschen haben als Gemeinsamkeit einen abgeschlossenen Behälter, der mit einer Flüssigkeit oder einem Gas gefüllt ist. An solchen Beispielen wollen wir den physikalischen Druckbegriff zunächst erarbeiten. Dazu müssen wir vorab einige Einschränkungen vornehmen:

Die folgenden Überlegungen beziehen sich nur auf Flüssigkeiten und Gase, die in Ruhe sind oder sich nur sehr langsam bewegen. Die Widerstandskräfte, die z. B. eine schnelle Schwimmerin im Wasser spürt oder die bei schnellen Bewegungen in der Luft erfahrbar sind, interessieren uns augenblicklich nicht.

Manche Türen in öffentlichen Gebäuden tragen den auffordernden Schriftzug „Drücken". Also drücken wir gegen die Tür, um sie zu öffnen. Diese Beschreibung ist physikalisch ungenau, denn wir üben eigentlich auf die Tür eine Kraft aus, die sie in Bewegung setzt. Was ist eigentlich der Unterschied zwischen Druck und Kraft? Dieser Frage wollen wir uns genauer widmen.

2. Druckzustand in Flüssigkeiten

Bei ⇒ *Versuch 1* werden mit dem Finger auf verschiedene Körper Kräfte ausgeübt. Ein Holzklotz als fester Körper gibt die ausgeübte Kraft unmittelbar an seine Unterlage weiter. Verformungen sind nicht feststellbar. Eine Kraft auf den Schaumstoffkörper bewirkt eine Verformung. Eine Kraft auf eine Wasseroberfläche bewirkt dagegen wenig. Sogar Wasser in einer Glasspritze zeigt bei einer Kraft $\vec{F}$ auf die Kolbenfläche A kaum Wirkung (⇒ *Versuch 2*), der Kolben bewegt sich nur wenig. Das Wasservolumen bleibt nahezu unverändert. Flüssigkeiten lassen sich bekanntlich (fast) nicht zusammendrücken. Hat denn die Kraft auf einen Kolben überhaupt keine Folgen?

Weitere Versuche geben auf diese Frage eine Auskunft. Der ⇒ *Versuch 3* mit dem spritzenden Rundkolben zeigt, dass aufgrund der Kraft auf den Kolben vom Wasser Kräfte auf alle begrenzenden Wandflächen ausgeübt werden. Die Wände üben eine Gegenkraft auf die Wasserfläche aus. Wo diese Gegenkraft fehlt – an den Öffnungen –, fliegt das Wasser hinaus.

Aber nicht nur auf die Außenwände wirken solche Kräfte. Vielmehr wirkt auch im Inneren senkrecht zu jeder Fläche eine Kraft. Dies zeigt ⇒ *Versuch 4* mit der luftgefüllten Gummiblase im Inneren eines wassergefüllten Rundkolbens.

Die Kraft auf den Kolben versetzt das Wasser in einen **Druckzustand**. Dieser sorgt dafür, dass auf jede Begrenzungsfläche und auf jede Fläche im Inneren eine Kraft wirkt. Diese steht immer senkrecht zur Fläche.

3. Das Teilchenmodell hilft weiter

Durch die Kraft des Kolbens wirkt auf alle inneren und äußeren Begrenzungsflächen eine Kraft, die vorher nicht da war. Um das zu verstehen, ziehen wir das Teilchenmodell für eine Flüssigkeit heran. Dazu stellen wir uns ein mit reibungsfreien kleinen Kugeln dicht gefülltes Gefäß vor. Die Kugeln stellen die leicht gegeneinander verschiebbaren Moleküle dar.

Das ⇒ *Bild 2* veranschaulicht dies an einem noch etwas weiter vereinfachten Modell mit Münzen. Der rechte Kolben übt (auf die Münzen) eine Kraft nach links aus. Jede Münze versucht, sich zwischen andere zu schieben und sie zur Seite zu drängen. So setzt sich die Wirkung der Kolbenkraft in alle Richtungen durch die Modellflüssigkeit fort. Die drei anderen Kolben werden nach außen bewegt.

Durch die Kolbenkraft wird die Flüssigkeit in einen besonderen Zustand versetzt. Man sagt, es herrsche in ihr ein Druckzustand oder kurz ein **Druck**. Als Folge davon wirkt aufgrund der leichten Verschiebbarkeit der Moleküle auf *jede* Begrenzungsfläche eine Kraft.

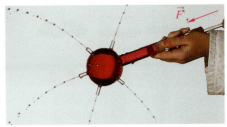

V3: Ein Rundkolben, der in der Wand mehrere Löcher hat, wird mit Wasser gefüllt. Übt man mit dem Kolben eine Kraft auf das Wasser aus, so spritzt es in alle Richtungen, sogar nach hinten. Wie lässt sich diese Beobachtung erklären? Durch die Kraft auf den Kolben übt das Wasser auf alle begrenzenden Wandflächen Kräfte aus. Wo die Wandflächen fehlen, spritzt das Wasser heraus.

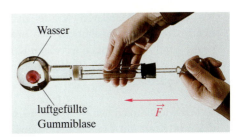

V4: Der Rundkolben enthält neben Wasser auch eine luftgefüllte Gummiblase. Nun wird der Kolben vorsichtig nach links geschoben. Die Luft in der Gummiblase wird zusammengedrückt. Die Gummiblase wird deshalb kleiner, bleibt aber rund. Dies zeigt, dass auf allen Seiten Kräfte entstanden sind, die jeweils senkrecht auf die Blasenhaut einwirken. Wiederholt man diesen Versuch mit einem luftgefüllten Rundkolben, so wird die Luftblase nur leicht zusammengedrückt.

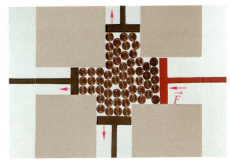

B2: Die Münzen drücken sich nach allen Seiten weg, wenn auf den rechten Kolben eine Kraft wirkt.

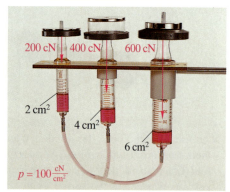

V1: Drei Glasspritzen mit unterschiedlichen Querschnittsflächen werden durch Schlauchleitungen miteinander verbunden und mit einer Flüssigkeit gefüllt. Die Maßangaben kannst du dem Bild entnehmen. Wird mit dem linken Kolben eine Kraft vom Betrag F_1 ausgeübt, so erfahren die beiden anderen Kräfte nach oben, sie werden angehoben. Wie groß sind F_2 und F_3? Klemmen wir einen Kolben ab, so ergeben sich für die anderen keine Änderungen.

V2: Wir wiederholen den *Versuch 1* so, dass ein Kraft mit $F_1 = 200$ cN ausgeübt wird. Dazu berücksichtigen wir die Gewichtskraft des Kolbens. Um die Beträge der Kräfte der anderen Kolben zu messen, legen wir auf diese so viele Wägestücke, bis der Stillstand des Kolbens eintritt. Die Tabelle zeigt die Messergebnisse:

	Fläche A	Kraftbetrag F	$\dfrac{F}{A}$
Kolben 1	2 cm²	200 cN	100 $\frac{\text{cN}}{\text{cm}^2}$
Kolben 2	4 cm²	400 cN	100 $\frac{\text{cN}}{\text{cm}^2}$
Kolben 3	6 cm²	600 cN	100 $\frac{\text{cN}}{\text{cm}^2}$

Wiederholen wir den Versuch mit Luft, so ändert sich am Ergebnis nichts.

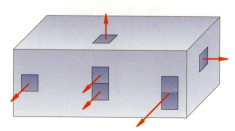

B1: Kräfte auf Grenzflächen

4. Druckzustand in Gasen

Führen wir die Versuche, mit denen wir den Druckzustand entdeckt haben, mit Luft statt mit Wasser durch, so finden wir die gleichen Erscheinungen. Auch jetzt wird z. B. ein kleiner Luftballon zusammengedrückt, wenn wir mit einem beweglichen Kolben eine Kraft auf die Luft im Glasgefäß ausüben. So wirkt auch hier auf jede Grenzfläche eine Kraft, die vorher nicht da war.

Um mit dem Kolben eine gleich große Kraft zu erzeugen wie beim wassergefüllten Gefäß, muss man jetzt allerdings den Kolben wie bei einer Luftpumpe weit hineinschieben – Luft lässt sich ja zusammendrücken.

Merksatz

Flüssigkeiten und Gase können in einen **Druckzustand** versetzt werden. Wir erkennen ihn daran, dass auf eine beliebige Begrenzungsfläche eine Kraft ausgeübt wird.

5. Der Druck und seine Messung

Der *Versuch 1*, bei dem wir die Kräfte an drei verschieden großen Grenzflächen messen können, zeigt: Die auf die Fläche wirkende Kraft ist der Größe der Fläche proportional. Der Quotient F/A ist also konstant.
Erhöht man an einer Stelle die Kraft, so ergibt sich ein größerer Quotient – aber wieder ist er an allen Grenzflächen gleich groß. Auch wenn man noch weitere Gefäße über Schläuche an das vorhandene anschließt, gilt: Bei einem bestimmten Druckzustand hat der Quotient F/A überall den gleichen Betrag.

Den Druckzustand kann man also mit diesem Quotienten gut beschreiben. Deshalb definiert man die Messgröße **Druck p** mit ihm:

$$p = \frac{F}{A} \text{ mit der \textbf{Maßeinheit} } 1\,\frac{\text{N}}{\text{m}^2} = 1\,\text{Pa}.$$

Pa ist die Abkürzung für Pascal (Blaise PASCAL, franz. Physiker, 17. Jahrhundert).

Merksatz

Erfährt eine Grenzfläche A einer Flüssigkeit oder eines Gases eine Kraft vom Betrag F, so sagen wir, es herrscht der **Druck p**. Für ihn gilt:

$$p = \frac{F}{A} \text{ mit der Einheit } 1\,\text{Pa} = 1\,\frac{\text{N}}{\text{m}^2}.$$

Es gilt: $1\,\text{Pa} = 1\,\frac{\text{N}}{\text{m}^2} = \frac{1}{10\,000}\,\frac{\text{N}}{\text{cm}^2} = \frac{1}{100}\,\frac{\text{cN}}{\text{cm}^2}$.

Große Drücke misst man in Bar (bar): **1 bar = 100 000 Pa**.
Den **Luftdruck** gibt man in Hektopascal (hPa) an: **1 hPa = 100 Pa**.

Interessantes

A. Blutdruckmessung

„Der Blutdruck beträgt 140 zu 90." Was ist mit dieser Aussage gemeint?

In der medizinischen Praxis wird der Druck noch in mmHg (Millimeter Quecksilbersäule) gemessen. Es gilt: 1 mmHg = 133,322 Pa. Der Blutdruck wird nun durch die Werte 140 mmHg und 90 mmHg beschrieben.

Um die Bedeutung dieser beiden Werte zu verstehen, ist ein kleiner Ausflug in die Medizin erforderlich. Wenn sich die Herzkammern zusammenziehen und entleeren (*Systole*) wird das Blut durch den raschen Druckanstieg weitertransportiert. Es entsteht eine Art Druckwelle, die wir als Pulsschlag an vielen Körperstellen ertasten können.

Wenn der Herzmuskel sich entspannt (*Diastole*), strömt Blut in die Herzkammer nach.

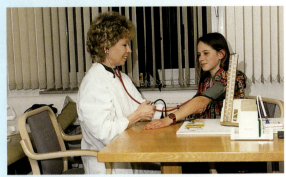

Der Wert 140 mmHg bezeichnet den *systolischen* und 90 mmHg den *diastolischen* Wert des Blutdrucks (jeweils am Arm gemessen).

Medizinisches Personal verzichtet oft auf moderne elektronische Blutdruckmessgeräte und verwendet den Messapparat mit Gummimanschette und Quecksilbermanometer, der vom italienischen Kinderarzt Scipione Riva-Rocci (1863–1937) erfunden wurde.

Wie wird der Blutdruck korrekt gemessen? Der Blutdruck sollte immer in Ruhe, z. B. nach längerem Sitzen, gemessen werden. Der Ellenbogen soll sich dabei in gleicher Höhe mit dem Herzen befinden. Die Armmanschette des Messgerätes wird einige Zentimeter oberhalb der Ellenbeuge um den Oberarm gelegt. Die Manschette wird zügig aufgepumpt bis zu einem Wert etwa 30 mmHg oberhalb des zu erwartenden systolischen Wertes. Durch die Arterie des Armes fließt nun kein Blut mehr. Ein Stethoskop wird in die Ellenbeuge gelegt und die Luft langsam abgelassen. Beim ersten hörbaren Pulsgeräusch wird der systolische Wert abgelesen, beim Verschwinden des Geräusches wird der diastolische Wert bestimmt. Dieser lässt insbesondere Rückschlüsse auf die Elastizität der Gefäße zu.

B. Überprüfung eines Druckmessgerätes

Das rechte Foto zeigt den Versuchsaufbau: Eine vertikal eingespannte Glasspritze mit einem Dreiwegehahn ist über einen Schlauch mit einem Differenzdruckmessgerät verbunden. Ohne Kolben zeigt das Messgerät 0,0 hPa an. Nun werden mit dem Kolben, auf dem sich ein Wägestückteller befindet, nach und nach 50 g-Wägestücke aufgelegt. Damit steigt F und die zugehörigen Druckwerte werden von der Anzeige abgelesen. Die Messwerte sind im F-p-Diagramm als Kreise dargestellt. Aus der Kolbenquerschnittsfläche A und den bekannten Kraftbeträgen F können wir nach der Definition $p = F/A$ die Druckwerte berechnen; das Ergebnis dieser Rechnungen (rote Linie

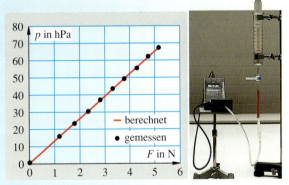

im Diagramm) stimmt gut mit den Messwerten überein. Das Differenzdruckmessgerät ist somit ein geeignetes Instrument zur Druckbestimmung.

... noch mehr Aufgaben

A1: In einer Wasserleitung herrscht ein Druck von 5,3 bar. Welche Kraft braucht man, um die Öffnung eines Wasserhahns ($A = 1{,}4\ cm^2$) zuzuhalten?

A2: Die Scheibenbremsen eines Autos sollen mit $F = 10\ kN$ angepresst werden. Der Druck in der Bremsleitung erreicht 200 bar. Welche Fläche muss der Bremskolben haben?

A3: Erdgasleitungen werden mit einer Wandstärke von 2 cm für einen Betriebsdruck bis zu 170 bar ausgelegt. Welche Kraft wirkt in der Leitung auf eine Begrenzungsfläche von 7 cm^2?

A4: Wie erreicht man in ⟹ *Versuch 1* Kolbenstillstand, wenn links 15 N statt 2 N wirken? Welcher Druck (in Pa) herrscht dann?

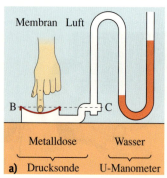  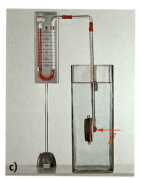 

B 1: a) Drucksonde mit angeschlossenem Manometer; **b)** bis **d)** zu ➡ *Versuch 2*

V 1: Wir üben, wie im ➡ *Bild 1 a* dargestellt, mit dem Finger eine Kraft senkrecht auf die Membran einer Drucksonde aus. Sie wird eingedrückt und verdrängt so Luft aus der Dose. Dadurch ändert sich der Stand des Wassers im U-Rohr. Je größer die ausgeübte Kraft ist, desto stärker ändert sich der Stand des Wassers im U-Rohr.

V 2: a) Wir tauchen die Sonde mit der Membran nach oben in Wasser (➡ *Bild 1 b*). Am Wasser im U-Rohr ist zu erkennen, dass die Membran eine mit der Tiefe zunehmende Kraft erfährt. **b)** In einer bestimmten Tiefe wird die Dose um die horizontale Achse BC gedreht (➡ *Bilder 1 c, 1 d*). Somit verändern wir die Stellung der Gummimembran. Dabei bleibt die Anzeige im U-Rohr gleich. Wenn wir die Membran sehr genau beobachten, stellen wir fest, dass die Kraft in jeder Stellung senkrecht zur Membran wirkt. **c)** Tauchen wir die Sonde in Spiritus, so wirkt in gleicher Tiefe eine kleinere Kraft auf die Membran als im Wasser.

V 3: Wir senken ein unten offenes Glasrohr in einen mit Wasser gefüllten Glaszylinder (➡ *Bild 2 b*). Die Öffnung liegt 30 cm unter der Wasseroberfläche. Mit einer Kolbenspritze drücken wir Luft in das Rohr und verdrängen so das Wasser aus dem Rohr. Dabei steigt der Druck in der Luft, wie ein empfindliches Manometer anzeigt. Wenn die ersten Blasen aufsteigen, ist der Druck der Luft so groß wie der Druck im Wasser an der Rohröffnung. Das Manometer zeigt dann 30 hPa.

Der Schweredruck

1. Druck am künstlichen Trommelfell

Beim Tauchen im Schwimmbad spürst du eine Kraft am Trommelfell. Sie nimmt mit der Tiefe rasch zu. Zu Recht sagst du, dass du einen starken „Druck" spürst. So haben wir den Druck ja kennen gelernt: Auf jede Grenzfläche wirkt eine zu ihr senkrecht stehende Kraft. Das Trommelfell ist eine solche Grenzfläche.

Welche Gesetzmäßigkeiten gelten für den Druck im Wasser? Woher kommt diesmal der Druck? Anders als bisher übt ja kein Kolben eine Kraft auf das Wasser aus.

Wir gehen zunächst der ersten Frage nach und untersuchen den Druck mit einem Messgerät (➡ *Versuch 1*), das als *Drucksonde* ein künstliches Trommelfell besitzt. Diese Grenzfläche kann man in alle Richtungen drehen.
Im ➡ *Versuch 2* wird die Drucksonde mit der Membran nach oben ins Wasser getaucht. Die Membran erfährt mit zunehmender Tiefe eine zunehmende Kraft.
Diese Kraft bleibt gleich groß, wenn die Stellung der Membran in gleicher Tiefe verändert wird; die Anzeige des Gerätes bleibt dabei gleich. Beobachten wir die Verformung der Membran sehr genau, zeigt sich, dass die Kraft in jeder Stellung senkrecht zur Membran wirkt. Dies ist eine weitere Bestätigung dafür, dass wir im Wasser einen Druckzustand nachgewiesen haben.

Einen solchen Druckzustand finden wir auch in anderen Flüssigkeiten. Allerdings ist der Druck in gleicher Tiefe bei unterschiedlichen Flüssigkeiten im Allgemeinen verschieden groß (➡ *Versuch 2 c*).

 Merksatz

Im Wasser herrscht ein Druck. Er zeigt sich an jeder Grenzfläche durch auf sie senkrecht wirkende Kräfte. Es gilt:
- In gleicher Tiefe ist der Druck überall gleich groß.
- Je größer die Tiefe, desto größer der Druck.

2. Wie groß ist der Druck *p* in der Tiefe *h*?

Die ⟹ *Versuche 2* lassen vermuten, dass der Druck *p* in der Tiefe *h* unter der Oberfläche von der Gewichtskraft der darüber lastenden Flüssigkeit herrührt. Mit dieser Annahme lässt sich der Druck *p* sogar berechnen.

⟹ *Bild 2a* zeigt eine Flüssigkeit in einem Glaszylinder. Wir stellen uns die über der Fläche *A* in der Tiefe *h* lastende Flüssigkeitsmenge als Kolben vor. Dessen Volumen ist $V = A \cdot h$. Hat die Flüssigkeit die Dichte ϱ, so hat der Kolben die Masse $m = \varrho \cdot V$ und erfährt die Gewichtskraft $G = m \cdot g = \varrho \cdot A \cdot h \cdot g$. Diese Gewichtskraft wirkt als Kraft auf die Fläche *A* und erzeugt dort den Druck *p*:

$$p = \frac{F}{A} = \frac{G}{A} = \frac{A \cdot h \cdot g \cdot \varrho}{A} = h \cdot g \cdot \varrho.$$

A ist entfallen; dies zeigt, dass der Druck *p* von der Querschnittsfläche *A* des Gefäßes unabhängig ist.

Die Gleichung für den Druck enthält den Ortsfaktor $g = 9,8$ N/kg; für einzelne Berechnungen ist es bequemer, dafür andere Einheiten zu wählen:

$$g = \frac{9,8\,\text{N}}{1\,\text{kg}} = \frac{980\,\text{cN}}{1000\,\text{g}} = 0,98\,\frac{\text{cN}}{\text{g}} \approx 1\,\frac{\text{cN}}{\text{g}}.$$

Im ⟹ *Versuch 3* haben wir in 30 cm Wassertiefe für den Druck den Wert 30 hPa gemessen. Im ⟹ *Beispiel, rechts* kommen wir rechnerisch auf genau denselben Wert. Die Berechnungen zu unserer Annahme und die experimentellen Ergebnisse stimmen also überzeugend überein. Die Druckzustände in einer Flüssigkeit werden demnach von deren Gewichtskraft verursacht. Wir nennen den Druck daher **Schweredruck** oder **hydrostatischen Druck**.

Unsere Überlegungen zum Druck belegen auch, dass bei gleichbleibender Tiefe Kraft und Fläche proportional sind. Denn es gilt $F = G = A \cdot h \cdot g \cdot \varrho$.

3. Die Gewichtskraft wird „umgelenkt"

Auf alle Flüssigkeitsteilchen wirken Gewichtskräfte nach unten. Warum aber üben dann z.B. die an der vertikalen Membran liegenden Teilchen auf diese Membran eine Kraft nach links aus (⟹ *Bild 1c*)? Jedes der leicht verschiebbaren Teilchen versucht, sich zwischen andere zu klemmen und sie dorthin zu schieben, wo es möglich ist. So entsteht z.B. eine Kraft nach links. Mit diesem Ansatz können wir auch erklären, warum eine nach unten weisende Membran eine Kraft nach oben erfährt.

Die Gewichtskräfte in Höhe der Membran tragen dazu bei, dass der Druck nach unten hin größer wird, nicht jedoch in horizontaler Richtung.

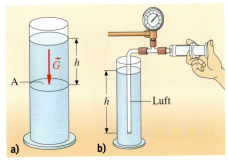

B 2: a) Wassersäule als „Kolben"
b) Aufbau von ⟹ *Versuch 3*

Beispiel

Wie groß ist der Druck am Boden eines zylindrischen Gefäßes, das bis zur Höhe $h = 30$ cm mit Wasser gefüllt ist?

Lösung:
$$p = h \cdot g \cdot \varrho$$
$$= 30\,\text{cm} \cdot 1\,\frac{\text{cN}}{\text{g}} \cdot 1\,\frac{\text{g}}{\text{cm}^3} = 30\,\frac{\text{cN}}{\text{cm}^2}$$
$$= 30\,\text{hPa}.$$

... noch mehr Aufgaben

A1: Berechne den Druck, der 10 cm unter der Oberfläche von Wasser, Alkohol bzw. Quecksilber besteht. Die Dichten findest du in einer ⟹ *Tabelle* am Buchende.
A2: Wie hoch muss eine Quecksilbersäule sein, die den Druck 1 bar erzeugt?
A3: Wie groß ist der Druck in 11 000 m Meerestiefe (Dichte von Salzwasser: 1,02 g/cm³)? Wie groß ist dort die Kraft auf 1 cm² Oberfläche einer Taucherkugel (⟹ *Bild 3*)? Wirken bei der Kugel Kräfte nur auf die obere Halbkugel? Ist die Kraft auf 1 cm² Oberfläche der Kugel überall gleich groß?

B3: Taucherkugel, mit der Jacques Piccard 11 000 m tief tauchte (1960).

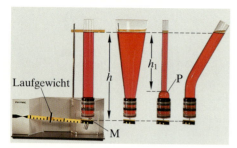

B 1: Zum hydrostatischen Paradoxon

V 1: Aus einem Joghurtbecher wird der Boden entfernt. Dabei ist auf glatte Ränder zu achten. Wir stellen den beidseitig offenen Kegelstumpf auf eine ebene Unterlage und füllen Wasser hinein. Das Wasser fließt nicht aus, weil die auf die schrägen Wände nach unten wirkende Gewichtskraft des Wassers den Becher fest auf die Unterlage presst.

V 2: Drücken wir den Joghurtbecher aus ⠿ *Versuch 1* mit der großen Öffnung nach unten auf die Unterlage, füllen Wasser ein und lassen los, so wird der Becher deutlich angehoben; das Wasser fließt aus. Es wirken auf die schrägen Wände infolge des Schweredrucks Kräfte schräg nach oben, die den Becher anheben.

V 3: Wir verschließen außerhalb des Wassers die untere Öffnung eines Glaszylinders mit einer leichten Platte, indem wir sie mit einem Faden an den unteren Zylinderrand ziehen ⠿ *Bild 3*. Dann tauchen wir den Zylinder ein. Die vom Wasser nach oben ausgeübte Kraft presst die Platte gegen die Zylinderöffnung. Vorsichtig gießen wir gefärbtes Wasser in den Zylinder. Wenn es innen so hoch wie außen steht, fällt die Platte ab, obwohl innen weniger Wasser als außen ist.

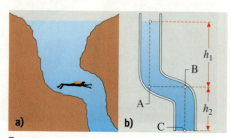

B 2: Der Druck in C ist so, als ob über C eine Wassersäule mit $h = h_1 + h_2$ stünde.

4. Paradoxe Vorstellungen

Verschieden geformte Glasgefäße, welche die gleiche Grundfläche haben, werden unten durch eine Gummimembran verschlossen. Jedes Gefäß wird bis zur Höhe h mit gefärbtem Wasser gefüllt ⠿ *Bild 1*. Die Kraft, welche die Membran erfährt, wird gemessen. Sie nimmt wie erwartet beim Einfüllen von Wasser zu. Der Druck am Boden steigt mit der Füllhöhe. Überraschenderweise ist er jedoch bei gleicher Füllhöhe unabhängig von der Form der verwendeten Gefäße und damit von der Gewichtskraft der eingefüllten Flüssigkeit. Da dieses Ergebnis zunächst paradox erscheint, spricht man vom **hydrostatischen Paradoxon**.

Beim *zweiten*, sich nach oben erweiternden Gefäß ist die Erklärung einfach: Der Schweredruck am Boden wird nur durch die Gewichtskraft des Teiles der Flüssigkeit verursacht, der senkrecht über dem Boden steht. Alles Wasser, das über den schrägen Wänden liegt, wird von diesen getragen.
In ⠿ *Versuch 1* wird ein Plastikbecher durch die auf die schrägen Wände nach unten wirkende Gewichtskraft des Wassers auf die Unterlage gepresst.

Beim *dritten Gefäß* ist die Kraft, die das Wasser an der Membran erzeugt, größer als seine eigene Gewichtskraft. Woher kommt hier die zusätzliche Kraft? Falls wir bei P (⠿ *Bild 1*) ein Loch bohrten, würde Wasser herausspritzen. Denn durch den Schweredruck der Wassersäule der Höhe h_1 wird auf die horizontal liegende Wand eine Kraft nach oben ausgeübt. Da sich kein Loch in der Wand befindet, drückt diese mit einer Kraft vom gleichen Betrag nach unten (Kraft und Gegenkraft) und somit auch auf die Membran.

Die Erklärung für das *vierte Gefäß* fällt uns leichter, wenn wir uns zunächst einen Taucher vorstellen, der waagerecht schwimmt ⠿ *Bild 2*. Er stellt keine Druckunterschiede in der Horizontalen fest. Wie wir wissen, ändert sich der Schweredruck nur in vertikaler, nicht aber in horizontaler Richtung.

In ⠿ *Bild 2 b* betrachten wir den Druck an den Stellen A, B und C. Die Höhe h_1 bestimmt den Druck in A. In B ist er gleich groß. Die Höhe h_2 bestimmt die Druckzunahme von B nach C. Daher können wir den Druck in C so berechnen, als ob über C eine senkrechte Säule der Höhe $h = h_1 + h_2$ stünde.

Merksatz

In einer ruhenden Flüssigkeit besteht in einer horizontalen Ebene gleicher Druck.
Der Schweredruck p in einer Flüssigkeit ist von der Gefäßform unabhängig.
Der Schweredruck hängt nur von der Tiefe h, von der Dichte ϱ der Flüssigkeit und vom Ortsfaktor g ab.

$$p = h \cdot g \cdot \varrho.$$

Beispiel

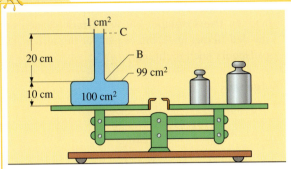

Eine besondere Aufgabe

Das Gefäß auf der Waage hat die Grundfläche $A_1 = 100\ cm^2$ und die Höhe $h_1 = 10\ cm$. Oben ist es durch die Fläche $A_2 = 99\ cm^2$ abgeschlossen. Bei B ist ein Rohr mit Querschnitt $A_3 = 1\ cm^2$ und $h_2 = 20\ cm$ Höhe aufgesetzt.
a) Wenn das Wasser bis B bzw. C reicht, wirken die Kräfte $\vec{F}_B$ bzw. $\vec{F}_C$ auf den Boden. Wie groß sind sie? **b)** Vergleiche F_B und F_C mit den Beträgen G_B und G_C der jeweiligen Gewichtskraft des Wassers. **c)** Wenn das Wasser bis C steigt, wirkt eine nach oben gerichtete Kraft $\vec{F}_2$ auf die Fläche A_2. Berechne den Betrag F_2. **d)** Welcher Zusammenhang besteht zwischen F_C, G_C und F_2?

Lösung:
a) Gefäß bis B mit Wasser gefüllt:
Druck: $p_B = h_1 \cdot g \cdot \varrho = \mathbf{10\ cN/cm^2}$;
Kraft: $F_B = p_B \cdot A_1 = 10 \cdot 100\ cN = \mathbf{10\ N}$.

Gefäß bis C mit Wasser gefüllt:
Druck: $p_C = (h_1 + h_2) \cdot g \cdot \varrho = \mathbf{30\ cN/cm^2}$;
Kraft: $F_C = p_C \cdot A_1 = 30 \cdot 100\ cN = \mathbf{30\ N}$.

b) Gefäß bis B mit Wasser gefüllt:
Betrag G_B der Gewichtskraft des eingefüllten Wassers:
$G_B = m_B \cdot g = \varrho \cdot (A_1 \cdot h_1) \cdot g = \mathbf{10\ N}$.
Es ist also $G_B = F_B$.

Gefäß bis C mit Wasser gefüllt:
Betrag G_C der Gewichtskraft des eingefüllten Wassers:
$G_C = m_C \cdot g = \varrho \cdot (A_1 \cdot h_1 + A_3 \cdot h_2) \cdot g = \mathbf{10{,}2\ N}$.
Es ist also $G_C < F_C$.

c) Druck: $p_2 = h_2 \cdot g \cdot \varrho = \mathbf{20\ cN/cm^2}$;
Kraft: $F_2 = p_2 \cdot A_2 = 20 \cdot 99\ cN = \mathbf{19{,}8\ N}$.

d) Es ist $F_C = G_C + F_2$; F_2 erzeugt am Deckel des Gefäßes eine gleich große Gegenkraft nach unten, die zusammen mit $\vec{G}_C$ die Kraft $\vec{F}_C$ ergibt.

... noch mehr Aufgaben

A1: Der Glaszylinder in ⟹ *Versuch 3* hat die Querschnittsfläche $25\ cm^2$, die Platte erfährt die Gewichtskraft $1\ N$ (⟹ *Bild 3*). **a)** Von welcher Eintauchtiefe an fällt die Platte nicht ab? **b)** Der Zylinder sei $20\ cm$ eingetaucht. Bis zu welcher Höhe kann man Wasser (Alkohol) einfüllen, ohne dass die Platte abfällt? **c)** Was ändert sich, wenn man die Anordnung nach ⟹ *Bild 4* verwendet?

A2: In der oben vorgerechneten Aufgabe sei $A_1 = 100\ cm^2$, $A_3 = 2\ cm^2$, $h_1 = 15\ cm$, $h_2 = 8\ cm$. Beantworte für diese Werte dieselben Fragen wie in der obigen Musteraufgabe, wenn das Gefäß mit Spiritus gefüllt wird.

A3: Was zeigt die Waage in obiger Musteraufgabe an, wenn man das Gefäß auf ihr bis C mit Wasser füllt? Kann man Flüssigkeiten in solchen Gefäßen wiegen?

A4: Geben wir in eines der miteinander verbundenen Gefäße Wasser, so füllen sich die anderen, bis der Wasserspiegel überall gleich hoch steht (⟹ *Bild 5*). **a)** Gib eine Begründung dafür. **b)** Unsere Wasserversorgung besteht im Prinzip auch aus verbundenen Gefäßen. Erkundige dich nach dem Aufbau. Welche Funktion haben Wassertürme bei der Wasserversorgung?

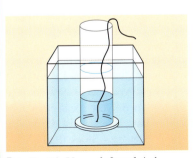
B3: Zu ⟹ *Versuch 3* und A 1

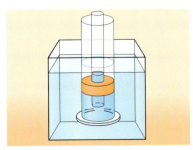
B4: Zu A 1c

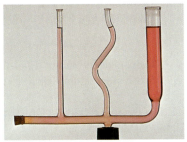
B5: Verbundene Gefäße

Das ist wichtig

1. Eine **Modellvorstellung von Gasen, Flüssigkeiten und Festkörpern**, die sich an kleinen Kügelchen aus Glas oder Kunststoff orientiert, erweist sich als hilfreich für Erklärungen und Begründungen.

Der Ölfleckversuch erlaubt eine Abschätzung des **Durchmessers eines Ölmoleküls**. Dieser beträgt etwa ein millionstel Millimeter.

Die **brownsche Bewegung** ist mit diesem Teilchenmodell nicht darstellbar. Sie ist aber ein wichtiger Hinweis auf die Existenz kleinster Teilchen.

2. Herrscht in einer ruhenden Flüssigkeit oder in einem ruhenden Gas ein **Druckzustand**, so gilt:
- Auf jede Begrenzungsfläche A wirkt eine Kraft $\vec{F}$. Es gilt: Betrag F ist proportional A.
- Der Betrag F der Kraft ist unabhängig von der Stellung der Fläche A.
- Die Kraft $\vec{F}$ steht senkrecht auf der Fläche A.

3. Der **Druck p** ist definiert durch

$$p = \frac{F}{A}.$$

Einheiten des Drucks sind **1 Pa (Pascal), 1 bar (Bar)**:

$$1\,\text{Pa} = 1\,\frac{\text{N}}{\text{m}^2}; \quad 100\,\text{Pa} = 1\,\text{hPa} = 1\,\frac{\text{cN}}{\text{cm}^2};$$

$$1\,\text{bar} = 1000\,\text{mbar} = 1000\,\text{hPa} = 10\,\frac{\text{N}}{\text{cm}^2}.$$

Man misst den Druck mit **Manometern**.

4. Übt man mit einem Kolben eine Kraft auf eine Flüssigkeit oder ein Gas aus, so gilt an jeder Stelle der Flüssigkeit oder des Gases (bei Vernachlässigung des Schweredrucks) das Gesetz des **Kolbendrucks**:

$$\frac{F_1}{A_1} = \frac{F_2}{A_3} = \frac{F_3}{A_3} \ldots = p = \text{konstant}.$$

5. In Flüssigkeiten herrscht ein **Schweredruck**.
- Er ist unabhängig von der Form der Gefäße.
- Er hängt nur von der Tiefe h, der Dichte ϱ der Flüssigkeit und dem Ortsfaktor g ab:

$$p = h \cdot \varrho \cdot g.$$

- Geht man in Wasser 10 m tiefer, so nimmt der Schweredruck um 1000 hPa (1 bar) zu.

6. Die Begriffe Kraft und Druck müssen sorgfältig unterschieden werden:

Wir kennzeichnen eine **Kraft** durch Angabe von Betrag, Angriffspunkt und Richtung.

Üben wir auf eine verschiebbare Begrenzungsfläche eine Kraft aus, so versetzen wir z. B. eine Flüssigkeit in einen **Druckzustand**. Für den **Druck** können wir **nur den Betrag** angeben; es gibt für ihn weder Angriffspunkt noch Richtung.

Aufgaben

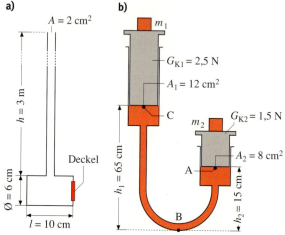

B1: a) zu A 2, **b)** zu A 1

A1: Zwei vertikal gestellte Glasspritzen sind durch einen Schlauch wie in ➠ *Bild 1b* verbunden und mit Spiritus gefüllt; m_1 und m_2 sind Wägestücke. Die Kolben der Spritzen erfahren die Gewichtskräfte mit Beträgen $G_{K1} = 2,5$ N und $G_{K2} = 1,5$ N. **a)** Es sei $m_1 = 0$ kg. Warum bewegen sich die Kolben, wenn auch $m_2 = 0$ kg ist? (Daten aus ➠ *Bild 1b* entnehmen.) Wie groß muss m_2 sein, damit die Kolben in Ruhe sind? **b)** Es sei jetzt $m_2 = 650$ g. Wie groß muss dann m_1 sein, damit die Kolben in Ruhe sind? Wie groß ist jeweils der Druck bei A, B und C?

A2: An einer Blechdose (➠ *Bild 1a*) mit der Länge 10 cm und dem Durchmesser 6 cm (die Querschnittsfläche beträgt 28,3 cm²) ist ein 3 m langes vertikales Rohr von 2 cm² Querschnitt angebracht. Das gesamte Rohr und die Dose sind mit Wasser gefüllt. **a)** Welche Gewichtskraft (Betrag G) erfährt das Wasser? **b)** Welche Kraft (Betrag F) wirkt auf den Deckel der Dose ($A = 25$ cm²)? Warum ist $F > G$? Woher kommt die zusätzliche Kraft?

A3: Die Wasserversorgung einer Stadt nutzt Hochbehälter (Wassertürme), um den nötigen Druck in den Leitungen aufzubauen und Verbrauchsschwankungen auszugleichen. Ein solcher Behälter liege 60 m höher als ein mehrstöckiges Haus. Wie groß ist der Wasserdruck im Erdgeschoss bzw. im 4. Stock (9 m höher)? Wie groß ist die jeweilige Kraft auf einen Wasserhahn mit einem Innendurchmesser von $\frac{1}{2}$ Zoll (12,7 mm)?

Fauchend schießt die Flamme in die Ballonhülle. Mit offenen Sinnen können die Ballonfahrer dabei Einiges beobachten: Metallteile knacken, da sie sich mit zunehmender Temperatur ausdehnen. Die Flammengase strahlen heiß ins Gesicht. Der Ballon bläht sich auf, weil die Luft bei höherer Temperatur mehr Platz braucht. Ein Teil der Luft quillt über, der Ballon steigt auf. Die heißere Luft hat mehr Energie als vorher, aber sie gibt sie durch die Hülle nach und nach wieder nach außen ab, dort hilft sie dem Ballon nicht mehr.

Könnte man nicht mit einer geschickt geplanten Maschine eine von Heiß nach Kalt fließende Energie nutzen, z. B. um eine Pumpe zu betreiben? – Diese Frage stellte sich schon vor etwa 200 Jahren Robert STIRLING – und er beantwortete sie mit der Konstruktion seines „Heißluftmotors". Der von STIRLING gebaute Motor konnte leider nur einen sehr kleinen Teil der zugeführten Energie in mechanische Energie umwandeln. Später wurde er verbessert. Außerdem wurden andere wirkungsvolle Maschinen erfunden (z. B. Gasturbinen), die dem gleichen Zweck dienen.

Energie, die sich in die Umwelt „verkrümelt" hat, ist zwar nicht verschwunden, aber wir können sie nicht mehr nutzen. Sie ist für uns wertlos geworden. Deshalb ist es heute, bei so vielen Menschen auf der Erde, wichtiger denn je, möglichst wenig der kostbaren Energie zu entwerten.

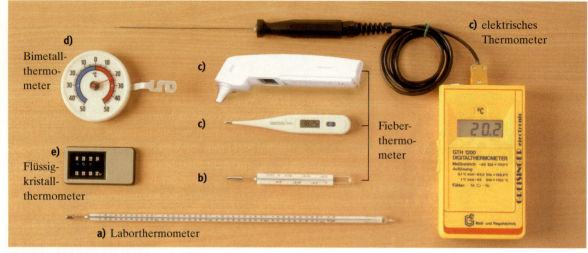

B 1: Verschiedene Ausführungen von Thermometern

V 1: Wir füllen einen Glaskolben mit Wasser. Dann verschließen wir den Glaskolben mit einem Stopfen mit Steigrohr und erhitzen ihn (z. B. mit einer Gasflamme).

Der Wasserspiegel im Rohr beginnt nach einiger Zeit zu steigen. Lassen wir dann das Wasser im Kolben abkühlen, so sinkt auch der Wasserspiegel im Rohr wieder. Damit haben wir ein Flüssigkeitsthermometer (noch ohne Skala) gebaut.

Skalenstriche
dünnes Steigrohr
Thermometergefäß (aus Glas) mit geeigneter Thermometerflüssigkeit (z. B. gefärbter Alkohol)

V 2: Wir tauchen ein Flüssigkeitsthermometer, das noch keine Skala hat (⮕ *Bild 2*), in ein Gefäß mit „Eiswasser" (Wasser mit zerkleinertem Eis) und rühren vorsichtig um. Die Flüssigkeitssäule sinkt. Ihre Kuppe bleibt schließlich an einem bestimmten Punkt stehen. Man nennt diesen so erhaltenen „Fixpunkt" den **Eispunkt** und schreibt ihm die Temperatur **0 °C** zu (sprich: null Grad Celsius). Anschließend tauchen wir das Gerät in siedendes Wasser. Die Flüssigkeitssäule stellt sich nun auf einen anderen Fixpunkt ein, den **Siedepunkt** des Wassers. Man schreibt ihm die Temperatur **100 °C** zu (bei normalem Druck von 1013 hPa).

Temperaturmessung

1. Thermometer

Sicher hast du vor dem Schwimmen schon einmal heiß geduscht. Nach dem Sprung ins Wasser hast du gefroren, obwohl deine Körpertemperatur schon höher als normal war. „Frieren" ist keine objektive Temperaturangabe. Es ist eine Empfindung als Folge eines Reizes aus der Umgebung, der den Körper veranlasst, wieder die richtige Temperatur einzuregeln.
Auch der „Schüttelfrost" ist kein objektives Anzeichen einer zu niedrigen Temperatur. Er ist der Trick der Natur, die zur Abwehr einer Infektion benötigte höhere Körpertemperatur zu erzielen.

Wollen wir die **Temperatur** eines Gegenstandes objektiv messen, benutzen wir in der Physik Messgeräte. Sie heißen **Thermometer** und sind unabhängig von den Empfindungen des Menschen.

Flüssigkeiten dehnen sich beim Erhitzen aus. In ⮕ *Versuch 1* nutzen wir dies zum Bau eines einfachen Flüssigkeitsthermometers aus. Die Flüssigkeit befindet sich in einem dünnen Glasrohr. Dehnt sie sich aus, braucht sie mehr Platz und steigt deshalb in dem Glasrohr hoch. So zeigt die Flüssigkeit ihre eigene Temperatur an, die Temperatur des Thermometers.

Will man die Temperatur eines *anderen* Körpers bestimmen, so muss man das Thermometer in Kontakt mit diesem Körper bringen. Dann geht Energie von selbst vom heißeren zum kälteren Körper über, bis die Temperaturen sich angeglichen haben. Danach ändert sich die Höhe der Flüssigkeitssäule im Steigrohr nicht mehr. Das dauert beim Fiebermessen etwa drei Minuten. Die Thermometerflüssigkeit hat dann die gleiche Temperatur wie der Kranke. Die Flüssigkeit zeigt also auch dessen Temperatur an.

2. Wie gewinnt man eine Skala?

Der Abstand zwischen **Eispunkt 0 °C** und **Siedepunkt 100 °C** (⮞ *Versuch 2*) wird nach einem Vorschlag von Anders CELSIUS (1701–1744) in hundert gleiche Teile, **Grade** genannt, eingeteilt. Damit können wir die **Temperatur** eines Körpers angeben. Unscharfe Begriffe wie „kalt" und „heiß" werden so durch exakte Zahlenwerte mit Einheit präzisiert. Wir sind heute damit vertraut und übersehen leicht, dass der Begriff „Temperatur" erst mit der Erfindung des Thermometers geschaffen worden ist. Vorher wäre z. B. die Angabe, dass die Körpertemperatur eines gesunden Menschen einen bestimmten Wert hat, nicht möglich gewesen.

Die an der **Celsius-Skala** gemessene Temperatur bezeichnen wir mit dem griechischen Buchstaben ϑ (sprich: Theta). Um auch tiefere Temperaturen als 0 °C messen zu können, setzt man die Celsius-Skala unter 0 °C fort und trägt dort negative Celsius-Grade (−1 °C, −2 °C usw.) ein. Für Temperaturen über 100 °C verlängert man die Celsius-Skala entsprechend über 100 °C hinaus (vgl. ⮞ *Tabelle 1*). Man muss zwischen Temperaturpunkten ϑ_1 oder ϑ_2 (Angabe in °C) und Temperatur*differenzen* $\Delta\vartheta = \vartheta_2 - \vartheta_1$ unterscheiden. Die Differenzen geben wir in der **Einheit K (Kelvin)** an (nach dem englischen Physiker William LORD KELVIN; 1824–1907). Die neue Einheit hilft uns, Verwechslungen zu vermeiden. Steigt z. B. die Temperatur von $\vartheta_1 = -2$ °C auf $\vartheta_2 = +9$ °C, so beträgt die Temperaturdifferenz $\Delta\vartheta = \vartheta_2 - \vartheta_1 = 11$ K (sprich: Delta Theta gleich Theta zwei minus Theta eins gleich elf Kelvin).

3. Thermometer für verschiedene Zwecke

Ein Thermometer an der Außenwand eines Hauses sollte Temperaturen zwischen −50 °C und +50 °C messen können (⮞ *Bild 1 d),* innerhalb des Hauses genügt ein Messbereich von +10 °C bis +30 °C. Bei einem Fieberthermometer reicht sogar der Bereich von +36 °C bis +42 °C, aber dafür sollen noch Temperaturunterschiede von 0,1 K ablesbar sein. Beim früher gebräuchlichen Quecksilberthermometer (⮞ *Bild 1 b)* ist deshalb der Innendurchmesser des Steigrohres sehr klein und gleichzeitig das Thermometergefäß an seinem unteren Ende groß. Schon eine geringe Temperaturerhöhung lässt dann die Flüssigkeitssäule erheblich steigen.
Nicht nur das Volumen, auch andere physikalische Größen hängen eindeutig von der Temperatur ab. Jede dieser Größen kann man zur Temperaturmessung benutzen (⮞ *Interessantes*).

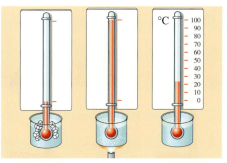

B 2: Wir stellen eine Thermometerskala her

Tiefste im Labor erzeugte Temperatur	−273 °C
Tiefste Temperatur in der Antarktis	−94 °C
Körpertemperatur des Menschen etwa	37 °C
Höchste Temperatur in Wüsten	59 °C
Temperatur einer Gasflamme etwa	1600 °C
Temperatur eines Glühlampendrahtes	2000 °C
Temperatur der Sonnenoberfläche ca.	6000 °C
Temperatur im Sonneninneren	10^8 °C

T 1: Einige bemerkenswerte Temperaturen

 Interessantes

Thermometerarten

Flüssigkeitsthermometer sind einfach aufgebaut, jedoch leider nur in einem kleinen Temperaturbereich verwendbar. Quecksilber wird bei −39 °C fest und siedet bei +357 °C. Reiner Alkohol ist zwischen etwa −70 °C und +60 °C verwendbar.
In *elektrischen Thermometern* (⮞ *Bild 1 c)* nutzt man die Temperaturabhängigkeit der elektrischen Eigenschaften, z. B. des Widerstands, vieler Leiter aus. Bei elektrischen Thermometern kann der Messfühler weit vom Anzeigegerät entfernt sein. Sie eignen sich gut als *Fernthermometer.* Die Messwerte können als elektrische Größen leicht vom Computer verarbeitet werden.

... noch mehr Aufgaben

A 1: Dein Bruder sagt, er traue dem Flüssigkeitsthermometer nicht mehr, es scheine falsch anzuzeigen. Wie kann man es prüfen?
A 2: Für welchen Zweck werden die in ⮞ *Bild 1* gezeigten Thermometer benutzt? Welche Thermometer sind Flüssigkeitsthermometer? Bei welchen Thermometern ist eine Temperaturanzeige fern von der Messstelle möglich (⮞ *Interessantes*)?
A 3: CELSIUS hatte anfangs den Eispunkt mit 100 °C, den Siedepunkt mit 0 °C bezeichnet. Diskutiere, ob die Empfindung „heißer" auch zwingend „höhere Temperatur" bedeutet.

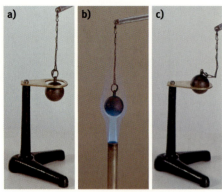

V 1: Eine Messingkugel geht bei Zimmertemperatur nur knapp durch einen Messingring hindurch (*a*). Wenn sie zuvor mit einem Bunsenbrenner erhitzt worden ist (*b*), bleibt sie darin stecken (*c*). Offensichtlich hat sie sich ausgedehnt.

V 2: Wir spannen ein Eisenrohr am linken Ende fest ein (➡ *Bild 3*). Das andere Ende liegt auf einem beweglichen Steg. Jede Längenänderung des Rohres kippt den Steg ein wenig um D und wird so von der Spitze eines langen Zeigers vergrößert angezeigt. Wir leiten nun Wasser durch das Rohr, zunächst kaltes und dann solches mit jeweils etwas höherer Temperatur. Jedesmal bestimmen wir die eintretende Längenzunahme.

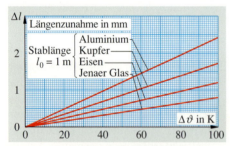

B 1: Längenzunahme in Abhängigkeit von der Temperaturerhöhung

B 2: Herstellung eines Hohlspiegels

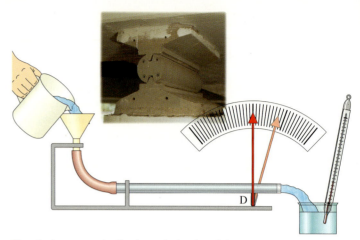

B 3: So können wir die thermische Ausdehnung messen.

Die thermische Ausdehnung

1. Wie dehnen sich feste Körper aus?

Die *thermische* (durch Temperaturerhöhung bewirkte) Ausdehnung fester Körper hat in der Praxis große Bedeutung. Du weißt sicher, dass eine Brücke aus Stahl im Sommer länger ist als im Winter. Ingenieurinnen und Ingenieure müssen sogar berechnen können, wie groß diese Längendifferenz ist.

Um diese Frage schon *vor* dem Bau der Brücke beantworten zu können, untersucht man ein kleines Modell aus dem gleichen Material. In ➡ *Versuch 2* nehmen wir zur Vereinfachung ein Eisenrohr von 1,00 m Länge. Nacheinander leiten wir Wasser mit immer höherer Temperatur durch dieses Rohr und messen jedes Mal die Längenzunahme.

Tragen wir in einem Diagramm die Längenzunahme Δl über der Temperaturerhöhung $\Delta\vartheta$ auf, so erhalten wir eine *Ursprungsgerade* (➡ *Bild 1*). Für die thermische Ausdehnung gilt also $\Delta l \sim \Delta\vartheta$.

Für Rohre aus anderem Material ergeben sich ebenfalls Geraden, aber mit jeweils anderen Steigungen (➡ *Bild 1*). Eine größere Steigung bedeutet, dass bei gleicher Temperaturzunahme die Längenzunahme vergleichsweise stärker ist. Die thermische Ausdehnung hängt also auch vom Material ab.

Für einige Materialien findest du Werte in ➡ *Tabelle 1*. Für spezielle Anwendungen wurden Glaskeramiken entwickelt, die praktisch keine thermische Ausdehnung zeigen, z. B. Ceran® für Kochfelder von Küchenherden oder Zerodur® für die Herstellung der großen Spiegel astronomischer Teleskope (➡ *Bild 2*).

Merksatz

Im Allgemeinen dehnen sich feste Körper bei Temperaturerhöhung aus, bei Temperaturerniedrigung ziehen sie sich zusammen. Die Stärke der Ausdehnung hängt vom Material ab.

2. Versuch im Kleinen – Vorhersage fürs Große

Wird die thermische Ausdehnung eines Körpers behindert, können sehr große Kräfte auftreten. In ⟶ *Versuch 3* wird dadurch ein fingerdicker Eisenbolzen zerbrochen. Im Großen kann durch solche Kräfte sogar eine Brücke zerstört werden! Dicke Eisenbahnschienen sind schon bei großer sommerlicher Hitze verbogen worden, als wären sie Spaghetti.

Es ist deshalb sehr wichtig, schon vor dem Bau großer Bauwerke vorhersagen zu können, mit welchen Ausdehnungen man rechnen muss. Eine solche Vorhersage wollen wir nun gemeinsam versuchen:

- ⟶ *Tabelle 1* entnehmen wir:
  Ein 1 m langer Eisenstab dehnt sich bei einer Temperaturerhöhung von $\Delta\vartheta = 100$ K um 1,2 mm aus.
- Eine 80 m lange Brücke würde sich (wieder bei $\Delta\vartheta = 100$ K) dann 80-mal so stark, also um $80 \cdot 1,2$ mm = 96 mm, ausdehnen.
- In Mitteleuropa wird eine Brücke Temperaturschwankungen zwischen $\vartheta_1 = -20\,°C$ und $\vartheta_2 = +30\,°C$ ausgesetzt. Man muss also mit einer Temperaturdifferenz von nur $\Delta\vartheta = 50$ K rechnen und nicht mit 100 K.
  $\Delta\vartheta = 50$ K führt zu 96 mm $\cdot$ 50 K/100 K = 48 mm Verlängerung.

Bei der Konstruktion wird dies berücksichtigt. Ein Brückenende wird dazu auf stabilen Stahlrollen beweglich gelagert. Du kannst es im Hintergrund von ⟶ *Bild 3* erkennen. In die Fahrbahn wird eine Dehnungsfuge eingelassen, damit sie nicht aufreißt.

3. Bimetallstreifen

Zwei Blechstreifen, z.B. aus Messing und Eisen, die man fest miteinander verschweißt oder vernietet hat, bilden einen so genannten Bimetallstreifen (⟶ *Bild 4*). Beim Erhitzen biegt er sich zu der Seite, an der sich das Metall weniger ausdehnt. Versieht man das Ende des Bimetallstreifens mit einem Zeiger über einer Skala, erhält man ein *Bimetallthermometer*. Ist der Streifen lang genug, führt schon eine mäßige Temperaturänderung zu einer deutlichen Auslenkung des Zeigers. Wickelt man ihn zu einer Spirale, so passt er sogar in ein kleines Gehäuse.

Bringt man an einen Bimetallstreifen elektrische Kontakte an, so erhält man einen *Bimetallschalter*. Dieser kann beim Überschreiten einer bestimmten Temperatur automatisch Feueralarm auslösen. Aber nicht immer muss es so dramatisch sein. Im Bügeleisen schaltet er die Heizung aus, wenn eine bestimmte Temperatur überschritten wird. Kühlt sich das Bügeleisen danach ab, so schließt sich der Kontakt (man hört ein leises Klicken), und die Heizung arbeitet wieder. So wird der Bimetallschalter zu einem Regler, der als **Thermostat** die Temperatur des Bügeleisens nahezu konstant hält.

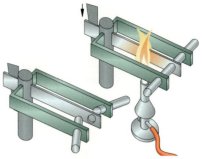

V3: In eine stabile Haltevorrichtung wird ein Eisenstab mit einer Querbohrung eingesetzt. Ein durch diese Bohrung geschobener gusseiserner Bolzen hält ein Ende des Stabes; ein Keil am anderen Ende spannt den Stab fest ein. Erhitzt man den Stab, so dehnt er sich aus. Man kann jetzt den Keil weiter hineintreiben. Kühlt sich der Stab wieder ab, so zieht er sich zusammen und zerbricht den Bolzen. (Vorsicht vor wegfliegenden Bruchstücken!)

Material	Dehnung Δl in mm	Material	Dehnung Δl in mm
Zink	2,6	Chrom	0,9
Alumin.	2,4	Jenaer Glas	0,8
Messing	1,9	Porzellan	0,3
Kupfer	1,7	Invarstahl	0,15
Eisen	1,2	Quarzglas	0,06
Beton	1,2	Glaskeramik	<0,01

T1: Ein Stab mit der Ausgangslänge $l_0 = 1$ m dehnt sich bei einer Temperaturerhöhung von $0\,°C$ auf $100\,°C$ um Δl aus.

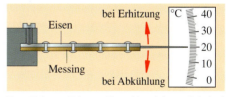

B4: Dieser Bimetallstreifen biegt sich bei Erhitzung nach oben, denn Messing dehnt sich stärker aus als Eisen.

... noch mehr Aufgaben

A1: Warum kann man Stahlbeton zum Hausbau benutzen (⟶ *Tabelle 1*)?

A2: In ⟶ *Versuch 1* fällt die steckengebliebene Kugel nach einiger Zeit wieder durch die Öffnung. Suche nach Gründen hierfür. Wie kannst du deine Vermutung testen?

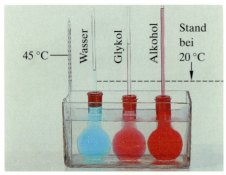

V1: Wir füllen einen Glaskolben mit *Wasser*, einen zweiten mit *Glykol* und einen dritten mit *Alkohol* (jeweils $V = 250 \text{ cm}^3$ und $\vartheta = 20\,°C$). Die drei Kolben versehen wir mit Steigrohren gleicher Weite und tauchen sie dann in Wasser von etwa $45\,°C$. Nach kurzer Zeit steigen die Flüssigkeitssäulen in allen drei Rohren beträchtlich. Sie erreichen schließlich verschiedene Höhen.

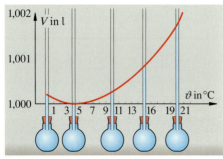

V2: Mithilfe eines sehr dünnen Steigrohres messen wir die Ausdehnung von Wasser im Bereich von $0\,°C$ bis etwa $20\,°C$. Es ergibt sich die dargestellte Kurve. Die Dichte des Wassers verhält sich *anomal*.

V3: a) Wir erhitzen ein mit *Wachs* gefülltes Reagenzglas im Wasserbad, bis das Wachs geschmolzen ist. Dann lassen wir das Wachs abkühlen und erstarren. Dabei senkt sich die Oberfläche. **b)** Nun füllen wir *Wasser* in ein Reagenzglas und tauchen es dann in eine so genannte Kältemischung (eine Mischung aus Eis und Salz, mit der Temperaturen unter $0\,°C$ erreicht werden). Das Wasser gefriert und bildet einen Eiszylinder. Er ist höher als die Wassersäule.

4. Wir untersuchen nun Flüssigkeiten genauer

Wir haben nachgewiesen, dass feste Körper sich bei einer Temperaturerhöhung ausdehnen. Wie stark die Ausdehnung ist, hängt neben der Temperaturdifferenz auch vom Material ab. Auch Flüssigkeiten benötigen mehr Platz, wenn die Temperatur steigt. Diese Eigenschaft haben wir ja schon früher ausgenutzt, um ein Thermometer zu bauen. (Die Teilchen tanzen bei hoher Temperatur eine Art „Teilchen-Rock'n-Roll". Dazu brauchen sie mehr Platz als beim „Tango" der tiefen Temperatur.) ⮕ *Versuch 1* zeigt nun, dass sich auch verschiedene Flüssigkeiten beim Erhöhen der Temperatur unterschiedlich stark ausdehnen.

Merksatz

Verschiedene Flüssigkeiten dehnen sich bei gleicher Temperaturerhöhung unterschiedlich stark aus.

5. Wasser ist ein Außenseiter

Untersucht man, wie das Volumen von 1 kg Wasser von der Temperatur abhängt, so erhält man bei sehr genauen Messungen die Kurve aus ⮕ *Versuch 2*. (Jede noch so kleine thermische Ausdehnung des Glasgefäßes würde das Ergebnis des Versuches verfälschen. Man nimmt deshalb einen Kolben aus „Nullausdehnungs"-Material.) Der Versuch zeigt, dass sich Wasser bei einer Temperaturerhöhung von $0\,°C$ bis $4\,°C$ zunächst zusammenzieht. Erst wenn man es über $4\,°C$ erhitzt, dehnt es sich wieder aus. Dies ist im Vergleich zu anderen Stoffen ein ungewöhnliches Verhalten. Man nennt es die **Anomalie des Wassers** (anomal, regelwidrig). Wenn Wasser aber bei $4\,°C$ das kleinste Volumen hat, dann ist seine Dicht ($\varrho = m/V$) bei dieser Temperatur am größten.

Merksatz

Wasser hat bei $4\,°C$ seine größte Dichte.

Schau dir noch einmal die Messkurve in ⮕ *Versuch 2* an: Beim Dichtemaximum ändert eine kleine Temperaturabweichung fast nichts an der Dichte des Wassers. Deshalb gab man 1799 dem Urkilogramm möglichst genau die Masse von 1 dm^3 Wasser bei $4\,°C$.

6. Warum schwimmt Eis?

Kühlt man eine Flüssigkeit immer mehr ab, so wird sie schließlich fest. Denke dabei z. B. an Kerzenwachs. Wachs zieht sich beim Erstarren zusammen (⮕ *Versuch 3 a*). Den meisten anderen Stoffen geht es genauso. Wasser dagegen verhält sich auch hier anomal, es dehnt sich beim Erstarren aus und zwar um etwa 9% seines Volumens bei $0\,°C$ (⮕ *Versuch 3 b*). Eis hat folglich eine geringere Dichte als Wasser, deshalb geht es in Wasser nicht unter, sondern schwimmt wie ein Schiff. Der unter Wasser liegende Teil eines Eisbergs entspricht dabei etwa $\frac{9}{10}$ des Gesamtvolumens!

Interessantes

A. Die Anomalie im Teilchenbild

Eis besteht wie flüssiges Wasser aus H_2O-Molekülen. Diese lassen sich im Wasser gegeneinander verschieben, im Eis dagegen sitzen sie ziemlich fest, sie bilden ein geordnetes *Kristallgitter*. Dort nehmen sie einen größeren Abstand voneinander ein und beanspruchen deshalb mehr Platz als im flüssigen Zustand. Kleine, sperrige Eiskristallklümpchen („Cluster") bilden sich schon unterhalb etwa $+9\,°C$. Je weiter die Temperatur sinkt, desto mehr Cluster bilden sich. Ihr größerer Raumbedarf wirkt dem abnehmenden Wasservolumen entgegen – und gewinnt schließlich.

Wenn das Eis schmilzt, wird diese sperrige Ordnung nach und nach wieder aufgegeben, und die Moleküle rücken dichter zusammen. (Wenn man einen Haufen dünner Zweige zerkleinert und dadurch ihre sperrige Anordnung zerstört, wird der von der Holzportion benötigte Raum ebenfalls geringer.) Erhöht man die Temperatur des Schmelzwassers, werden nach und nach auch die noch verbliebenen Molekülgruppen zerkleinert, sodass sich das Volumen noch etwas verringert. Oberhalb von $4\,°C$ überwiegt die normale thermische Ausdehnung des flüssigen Wassers. Ab hier verhält sich das Wasser „normal".

B. Die Anomalie des Wassers in der Natur

a) Im Frühjahr und Sommer wird das Wasser eines Sees von oben her erwärmt, z.B. durch die wärmere Luft oder durch die Sonneneinstrahlung. Es bildet sich eine Temperaturschichtung, bei der die Temperatur von oben nach unten abnimmt, denn das Wasser mit der höchsten Temperatur hat die geringste Dichte und bildet deshalb die oberste Schicht.

b) Im Herbst und Winter bildet sich eine andere Temperaturschichtung. Kühlt sich das Wasser an der Oberfläche ab, so nimmt zunächst seine Dichte zu; es sinkt nach unten. Dabei mischt es sich mit dem kälteren Wasser oder verdrängt dieses.

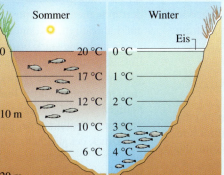

Die Umschichtung endet, wenn unten die Temperatur $4\,°C$ erreicht ist. Wird das Oberflächenwasser noch kälter, so bleibt es oben, denn seine Dichte ist jetzt wieder kleiner als die in der darunterliegenden Schicht.

Stehende Süßwasserseen gefrieren deshalb stets von oben. In tieferen Schichten haben sie fast das ganze Jahr hindurch angenähert die Temperatur $4\,°C$. (In Salzwasser liegen andere Bedingungen vor.)

c) Bildet sich an der Oberfläche des Sees Eis, so schwimmt es wegen seiner geringeren Dichte. Eine geschlossene Eisdecke verzögert die Abkühlung tieferer Wasserschichten. Daher können dort Fische den Winter überstehen.

... noch mehr Aufgaben

A1: Warum ist Wasser als Thermometerflüssigkeit ungeeignet, um Temperaturen unter $+9\,°C$ zu bestimmen?

A2: Tauche ein zuvor erhitztes Thermometer in kaltes Wasser. Erkläre, weshalb der Flüssigkeitsfaden dabei zunächst etwas ansteigt.

A3: Eine Wasserportion (eine Wachsportion) wird von $90\,°C$ auf $1\,°C$ abgekühlt. Beschreibe, wie sich dabei die Teilchen verhalten.

A4: Spanne zwei dünne Glasrohre an einem Ende ein, sodass sie senkrecht parallel und dicht zusammen stehen. Halte dann in der Nähe der Befestigungsstelle eine Streichholzflamme dazwischen. Beobachte die freien Enden der Glasrohre und erkläre, weshalb sie ihren Abstand ändern.

A5: Begründe, weshalb man einen Kupferdraht nicht ohne Probleme in Glas einschmelzen kann.

A6: Jemand misst eine Strecke mit einem Stahllineal, das in der Sonne gelegen hat. Werden die Messwerte zu groß oder zu klein?

A7: Um wie viel verlängert sich ein 120 cm langer Kupferdraht, wenn seine Temperatur von $0\,°C$ auf $40\,°C$ steigt?

A8: Um wie viel ist der aus Eisen erbaute Eiffelturm (Höhe 300 m) an einem Sommertag bei $+30\,°C$ höher als im Winter bei $-20\,°C$?

A9: Die Metalllegierung INVAR (65% Fe, 35% Ni) dehnt sich beim Erhitzen nicht aus. Warum ist dies für Pendeluhrbauer ebenso wichtig wie für Hersteller von Farbfernsehbildröhren? Suche im Internet nach Antworten.

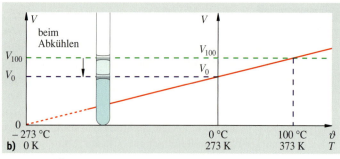

B 1: a) Gasvolumen und Temperatur hängen zusammen. **b)** Kleiner als null kann das Volumen nicht werden.

V 1: Im durchbohrten Stopfen eines Glaskolbens steckt ein Rohr. Wir halten die Rohröffnung unter Wasser und erhitzen den Kolben zunächst mit den Händen, anschließend mit einer Flamme (⟾ *Bild 1 a*). Die Luft im Kolben dehnt sich aus; Luftblasen verlassen das Rohr und steigen im Wasser auf. Sinkt die Temperatur, dringt Wasser durch das Rohr in den Kolben.

 Vertiefung

Das Gasthermometer

Das Gasthermometer (⟾ *Bild 1 b*) besteht aus einem engen Glasrohr mit konstantem Querschnitt, in dem eine bestimmte Menge Luft abgegrenzt ist. Als leicht beweglicher Verschluss dient ein kleiner Quecksilbertropfen. Das jeweilige Luftvolumen entspricht der Länge der unter dem Quecksilbertropfen eingeschlossenen Luftsäule.

Mit einer geeigneten Skala am Glasrohr kann man das Gerät zur Temperaturmessung verwenden (bei gleichem Luftdruck). Die Skala stellt man genauso her wie beim Flüssigkeitsthermometer:
- Zuerst bestimmt man die Fixpunkte,
- dann teilt man die dazwischen liegende Strecke in 100 gleiche Teile.

Füllt man das Gasthermometer nicht mit Luft, sondern mit einem beliebigen anderen Gas, so erhält man unter denselben Versuchsbedingungen überraschenderweise praktisch die gleiche Skala. Bei unterschiedlichen Flüssigkeiten haben wir gesehen, dass dies nicht gilt!

Deshalb benutzt man Gasthermometer, um die Temperaturskala exakt festzulegen.

Das thermische Verhalten der Gase

1. Wie verhalten sich Gase bei Temperaturänderungen?

⟾ *Versuch 1* zeigt, dass Luft sich schon bei geringer Temperaturerhöhung erheblich ausdehnt – wenn man es zulässt. Verhindert man die Ausdehnung der Luft, so treten erhebliche Kräfte auf. Fahrradreifen können platzen, wenn sie durch kräftige Sonnenbestrahlung stark erhitzt werden. Man sagt: Der *Druck* der Luft ist gestiegen. Das können wir mit dem Teilchenmodell verstehen, wenn unsere frühere Überlegung zutrifft, dass die Teilchen mit zunehmender Temperatur schneller werden und somit heftiger gegen die Wände des Behälters stoßen.

Steigendes Volumen bei gleich bleibendem Druck oder steigender Druck bei gleichem Volumen – beides kann man ausnutzen, um ein Thermometer zu bauen – ein **Gasthermometer** (⟾ *Vertiefung*).

Wir nehmen ein Gasthermometer, bei dem der Druck konstant bleibt und das Volumen sich verändern kann. Erhitzen wir nun dieses Gerät mit der darin befindlichen Luft, so dehnt sie sich aus. Bei 0 °C hat sie ein bestimmtes Volumen V_0. Bei 100 °C ist es schon erheblich größer, aber noch nicht doppelt so groß (⟾ *Bild 1 b*). Wir unterteilen nun die Skala gleichmäßig zwischen 0 °C und 100 °C und setzen die Skala mit gleichen Schrittweiten über 100 °C hinaus fort. Jetzt erhöhen wir wieder die Temperatur. Erst bei 273 °C (das musst du nicht probieren) ist das Volumen von V_0 auf 2 V_0 gestiegen. Daraus schließen wir:
Bei einer Erhöhung der Temperatur um 273 K steigt das Gasvolumen um V_0. Also können wir sagen:
Bei einer Temperaturerhöhung um 1 K steigt das Volumen um $V_0/273$.
Wiederholt man diesen Versuch mit anderen Gasen, so findet man praktisch immer dasselbe Ergebnis.

 Merksatz

Alle Gase dehnen sich bei Temperaturerhöhung gleich aus. Beträgt diese 1 K, so ist die Volumenzunahme $\frac{1}{273}$ des Volumens V_0 bei 0 °C. Dabei muss aber der Druck konstant bleiben.

2. Eine Temperaturskala ohne negative Werte

Sinkt die Temperatur, so verringert sich das Gasvolumen im Thermometer, und zwar je 1 K um $V_0/273$. Das Volumen bei sehr niedriger Temperatur zeigt der gestrichelte Teil der roten Geraden in ➡ *Bild 1b*. Bei $-273\,°C$ ist Schluss! Dort hätte das Gas kein Volumen mehr. Wie können wir uns das vorstellen? Die Gasteilchen sind bei abnehmender Temperatur immer langsamer geworden und bleiben schließlich liegen. Ohne Bewegung benötigen sie jetzt keinen Raum mehr und sind dicht gepackt. Sie benötigen praktisch nur noch ihr Eigenvolumen, das wir vernachlässigen. Man denkt dabei an ein **ideales Gas**, das zudem bis $-273\,°C$ gasförmig bleibt, also nie flüssig wird. Helium kommt diesem Ideal schon ziemlich nahe.

Der Punkt $(-273\,°C; V = 0)$ beschreibt diesen Zustand. Wir verschieben nun die Temperaturskala so, dass ihr Nullpunkt dort liegt. Nach William LORD KELVIN nennt man diese neue Skala die **Kelvin-Skala**. Im neuen Koordinatensystem wird die Gerade zur Ursprungsgerade. Daran erkennen wir:

Das Volumen eines idealen Gases ist seiner Kelvin-Temperatur proportional. Bezeichnen wir die Kelvin-Temperatur wie üblich mit T, so gilt: $V \sim T$.

Bei $T = 0\,K$ $(\vartheta = -273\,°C)$ stehen die Teilchen eines idealen Gases still, noch langsamer können sie nicht werden. $T = 0\,K$ ist also die tiefste Temperatur, die nicht unterschritten werden kann. Man nennt sie daher den **absoluten Nullpunkt** der Temperatur. „Kältegrade" braucht man in der Physik nicht.

3. Grad Celsius oder Kelvin – leicht umrechenbar

Die Kelvin- und die Celsius-Skala haben gleich große Gradschritte, die wir schon früher mit 1 K bezeichnet haben. Wir haben jetzt erfahren, was dahinter steckt. Für den Eispunkt gilt $\vartheta_E = 0\,°C$ und $T_E = 273\,K$ (sprich: 273 Kelvin), für den Siedepunkt $\vartheta_S = 100\,°C$ und $T_S = 373\,K$. Man kann die Temperaturangaben umrechnen, denn $\vartheta = x\,°C$ bedeutet dasselbe wie $T = (273 + x)\,K$.

Die Zimmertemperatur $\vartheta = 20\,°C$ lässt sich also auch als $T = (273 + 20)\,K = 293\,K$ angeben.

Merksatz

Für das **Volumen eines idealen Gases** gilt $V \sim T$, falls der Druck konstant bleibt. T ist die Kelvin-Temperatur.
Die Zahlenwerte auf der Kelvin-Skala sind um 273 höher als die auf der Celsius-Skala.

Nehmen wir an, wir kennen das Volumen V_1 einer bestimmten Gasportion bei einer Temperatur T_1. Dann können wir das neue Volumen V_2 bei einer neuen Temperatur T_2 berechnen, denn die Quotienten aus Volumen und Kelvin-Temperatur sind gleich (bei gleichem Druck):

$$\text{Aus} \quad \frac{V_2}{T_2} = \frac{V_1}{T_1} \quad \text{folgt:} \quad V_2 = T_2 \cdot \frac{V_1}{T_1}.$$

Interessantes

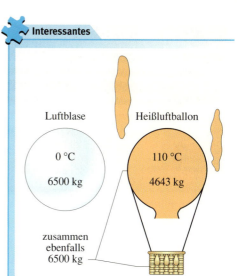

Luftblase   Heißluftballon
0 °C   110 °C
6500 kg   4643 kg
zusammen ebenfalls 6500 kg
1857 kg

Physik im Heißluftballon

Bei gleichem Druck hat 1 kg heiße Luft ein größeres Volumen als 1 kg kalte; ihre Dichte ist also durch das Erhitzen geringer geworden. Deshalb wird heiße Luft in kalter Umgebung nach oben gedrückt.

Wir stellen uns eine große Luftblase vor mit dem Volumen $V_1 = 5000\,m^3$ bei $\vartheta = 0\,°C$ $(T = 273\,K)$. Ihre Masse $m = \varrho \cdot V = 1{,}3\,kg/m^3 \cdot 5000\,m^3 = 6500\,kg$ ist erheblich. Dennoch schwebt sie in der Luft, die sie umgibt. Erhitzen wir sie auf etwa $110\,°C$ $(T_2 = 383\,K)$, so ist ihr neues Volumen etwa $7000\,m^3$. (Rechne nach!) Steckt die Luftblase in einem Heißluftballon gleichen Volumens, der unten offen ist, so entweichen $2000\,m^3$, d.h. $\frac{2}{7}$ der ursprünglichen Luftmenge. Der Ballon wird also um $\frac{2}{7} \cdot 6500\,kg = 1857\,kg$ leichter. Haben Ballonhülle, Korb, Gasbrenner und Insassen insgesamt diese Masse, so schwebt der Ballon genauso wie vorher die kalte Luftblase.

... noch mehr Aufgaben

A1: Begründe, weshalb die Kelvin-Skala nach unten begrenzt ist, aber nicht nach oben.

A2: Aus dem Winterurlaub kommend heizt du dein Zimmer (25 m^3) von $13\,°C$ auf $21\,°C$ auf. Wie viel Luft verschwindet durch die geöffnete Tür in den Flur?

B 1: Eine glühende Bremsscheibe

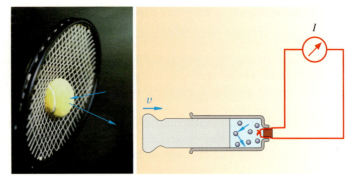

B 2: Teilchen werden schneller gemacht – höhere Temperatur

Vertiefung

Eine Gasmenge bei steigender Temperatur

- Bei **konstantem Volumen** (wir halten den Kolben der Glasspritze fest) stoßen die Teilchen jetzt heftiger gegen die Wände. Die Kraft auf die Wände wird größer, **„der Druck steigt"**.
- Der **Druck soll bleiben**. Die Teilchen werden aber im Mittel schneller, prallen also heftiger gegen die Kolbenwand als die Teilchen von außen (dort ist die tiefere Temperatur). Der Kolben wird hinausgeschoben. **Das Volumen wird größer**.

V 1: Wir füllen zwei Bechergläser gleicher Größe mit Wasser von 20 °C bzw. von 80 °C. Dann geben wir in die Gläser je ein Stück Würfelzucker. Im heißen Wasser zerfällt der Zucker schnell, im kalten Wasser dauert es viel länger.

Wir erklären das so:
Die Moleküle des Wassers sind bei hoher Temperatur viel schneller und damit energiereicher als bei niedriger Temperatur. So können sie durch ihre Stöße die Zuckermoleküle leichter von den festen Zuckerkörnern losschlagen.
Auch in festen Stoffen bewegen sich die einzelnen Teilchen, indem sie um einen festen Platz herum winzige Schwingungen ausführen. Diese Schwingungen werden mit steigender Temperatur heftiger. Zum heftigeren Schwingen benötigen die Moleküle mehr Platz. Deshalb dehnen sich auch feste Körper bei Temperaturerhöhung aus.

Teilchenbewegung und innere Energie

1. Temperatur und Molekülbewegung

Nach dem Teilchenmodell bewegen sich die Teilchen (die Moleküle) eines Gases ständig in alle Richtungen. In dichter Folge und unregelmäßig prallen sie dabei auf Gefäßwände; so tragen sie z. B. einen beweglichen Kolben. Ein Modellversuch mit Glaskügelchen zeigte uns, dass bei zunehmender Geschwindigkeit der Teilchen der Kolben gehoben wird und dadurch das von ihm abgegrenzte Volumen zunimmt. Auch wirkliche Gase verhalten sich so: Erhöht man beim Gasthermometer die Temperatur des Gases, so wird der Tropfen gehoben. Dies bestätigt unsere Vorstellung, *dass die Gasteilchen mit steigender Temperatur im Mittel schneller werden.*

Während ihres schnellen Fluges stoßen sich die Gasteilchen auch gegenseitig. Das Ergebnis ist eine völlig regellose Bewegung aller Teilchen, bei der keine Richtung bevorzugt wird. (Deshalb ist z. B. ein Kinderluftballon rundum prall, nicht etwa nur links und rechts.)

Sinkt die Temperatur eines Gases, so werden seine Moleküle langsamer. Bei konstantem Druck wird das Gasvolumen kleiner; der Abstand der Moleküle verringert sich. Schließlich vereinigen sie sich zu Tröpfchen: Das Gas kondensiert (verdichtet sich) zu einer Flüssigkeit. Jetzt werden Kräfte zwischen den Molekülen wirksam, die diese in der Flüssigkeit zusammenhalten.

Auch in Flüssigkeiten und festen Stoffen bewegen sich Teilchen ungeordnet. Dies haben wir bei unseren Überlegungen zum *Teilchenmodell* und zur *Diffusion* untersucht und bestätigt.
Und auch für Flüssigkeitsteilchen und feste Körper gilt, dass Teilchenbewegung und Temperatur eng zusammenhängen: Je höher die Temperatur, desto größer ist die mittlere Geschwindigkeit der Moleküle. ⇒ *Versuch 1* bestätigt dies für eine Flüssigkeit.

Merksatz

Je größer die **Temperatur** eines Körpers ist, desto größer ist die **mittlere Geschwindigkeit der einzelnen Moleküle** bei ihrer ungeordneten Bewegung.

2. Ungeordnete Molekülbewegung und innere Energie

Sich bewegende Körper haben Bewegungsenergie – auch Moleküle, die sich ungeordnet bewegen. Jedes einzelne Molekül hat zwar wenig Energie, es sind aber sehr viele Moleküle. Deshalb kann die Energie insgesamt hoch sein. Diese Energie, die alle Teilchen eines Körpers zusammen haben, nennt man seine **innere Energie**. Die doppelte Teilchenmenge (z.B. zweier Backsteine gleicher Temperatur) hat bei gleicher Temperatur die doppelte innere Energie. Die *Temperatur* ist ein Maß für die *mittlere Energie je Teilchen*. Will man die innere Energie erhöhen, so muss man den Teilchen von außen Energie zuführen, z.B. durch *Reibung*.

Fährt man mit einem Fahrrad bergab und betätigt dabei die Rücktrittbremse, so steigt die Temperatur in der Nabe umso höher, je stärker und länger man bremst. Wird die Bremse eines Autos übermäßig beansprucht, so wird sie in kurzer Zeit glühend heiß (⟹ *Bild 1*), sodass sie versagen kann.

Diese Temperaturerhöhung können wir im Teilchenbild einfach erklären. Rutscht ein Körper auf seiner Unterlage, so verzahnen sich winzige Unebenheiten der Berührungsflächen kurz miteinander. Reißen sie sich anschließend los, geraten ihre Moleküle in stärkere Schwingungen. Diese stoßen dann weiter innen liegende Moleküle an, sodass schließlich *alle inneren* Moleküle stärker schwingen: Die Temperatur des ganzen Körpers hat zugenommen.

Damit haben wir *eine* Möglichkeit kennen gelernt, die innere Energie eines Körpers zu erhöhen: Beim Reibungsvorgang wirkt eine Kraft längs eines Weges, *führt also dem geriebenen Körper Energie mechanisch zu*. Die Energie des Körpers auf Grund seiner *geordneten Bewegung* ist nach dem Stillstand aber keineswegs verloren. Sie hat sich in die stärker gewordene *ungeordnete Bewegung aller Teilchen* „verkrümelt" und so die innere Energie des Körpers erhöht. Wir erkennen es an der Temperaturerhöhung des Körpers. Ein anderes Beispiel: Wenn wir Luft in einer Luftpumpe oder einer Glasspritze (⟹ *Bild 2* und *Versuch 2*) zusammenschieben, wird sie heiß – warum? Der mit einer *Kraft längs eines Weges* verschobene Kolben geht den anprallenden Molekülen entgegen (wie ein Tennisschläger dem anfliegenden Ball). Die dabei übertragene Energie (Arbeit) verstärkt die *ungeordnete Molekülbewegung* des komprimierten Gases und erhöht damit dessen innere Energie.

Lässt man den Kolben herausfahren, werden die Luftmoleküle mit geringerer Geschwindigkeit reflektiert (du kennst dies vom Stoppball). Sie geben so einen Teil der inneren Energie an den Kolben ab. Dabei wird aus der ungeordneten Bewegung der Luftmoleküle die gerichtete Bewegung des Kolbens.

Merksatz

Die **innere Energie** ist die **Summe aller Teilchenenergien** eines Körpers. Sie steigt mit der Temperatur.

V 2: a) Wir setzen in die Öffnung einer Glasspritze ein elektrisches Thermometer, das mit einem so genannten Thermoelement Temperaturen sehr schnell messen kann. Pressen wir nun die Luft zusammen, so steigt sofort ihre Temperatur. **b)** Lassen wir den Kolben zurückfahren, so zeigt das Thermometer eine Temperaturabnahme.
(Genau genommen wirkt die Außenluft mit. In a) braucht die Hand weniger Kraft, bei b) erfährt sie weniger.)

 Vertiefung

Eine Gasmenge bei *gleicher* Temperatur

Mithilfe einer Kraft längs der Verschiebung des Kolbens wird dem Gas Energie zugeführt. Die herumschwirrenden Teilchen werden

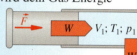

im Mittel etwas schneller. Aber bevor die Temperatur T_1 für uns merklich steigt, haben sie ihre zusätzliche Energie schon wieder durch Stöße an die Wandmoleküle abgegeben. Diese wiederum reichen sie an Nachbarmoleküle weiter bis zur Außenluft. Dort verkrümelt sich die Energie. Mittlerweile ist aber das Gasvolumen kleiner geworden. Die Moleküle liegen dichter beieinander und an den Wänden. Sie trommeln jetzt zwar genauso heftig, aber häufiger

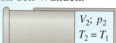

gegen die Wände. Also: Das Volumen V_2 ist kleiner als vorher V_1, der Druck p_2 ist größer als der Druck p_1 vorher. Die Temperatur hat sich nicht geändert ($T_2 = T_1$) – und damit auch nicht die innere Energie!

A1: Diskutiere den geschilderten Vorgang in umgekehrter Richtung: „Das Gas höheren Drucks treibt den Kolben mit einer Kraft hinaus…"

... noch mehr Aufgaben

A2: Presse deine Hände fest gegeneinander und reibe sie kräftig. Was spürst du? Wie kannst du den Vorgang erklären?

A3: Ein Schmied „bearbeitet" mit dem Hammer ein Hufeisen von normaler Temperatur bis es rot glüht. Erkläre dies.

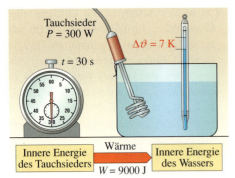

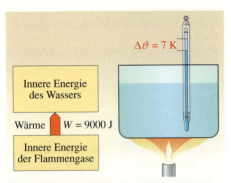

V 1: Wir bringen den Tauchsieder in eine Wassermenge $m_1 = 300\,g$ und schalten ihn 3 s lang ein. Wir führen ihm so die Energieportion

$$W = 300\,W \cdot 30\,s = 9000\,J$$

zu. Sie ist nach kurzer Zeit (fast ganz) auf das Wasser übergegangen. Die Wassertemperatur ist inzwischen von 20 °C auf 27 °C, also um 7 K gestiegen; der Tauchsieder hat sich auf diese Temperatur abgekühlt. Anschließend heizen wir wieder 30 s lang, führen also noch einmal die gleiche Energieportion zu; schrittweise erhöhen wir so die Wassertemperatur. Die Tabelle zeigt: Die Zunahme beträgt immer wieder 7 K.

t in s	W in Portionen	W in J	ϑ in °C	$\Delta\vartheta$ in K
0	0	0	20	0
30	1	9000	27	7
60	2	18000	34	14
90	3	27000	41	21
120	4	36000	48	28

B 1: Energiezufuhr vom Körper höherer Temperatur (Flammengase) zum Körper tieferer Temperatur (Wasser). Die allein durch die ungeordnete Molekülbewegung übertragene Energie heißt *Wärme*.

Wärme erhöht die innere Energie

1. Erhitzen mit dem Tauchsieder

Im vorigen Kapitel haben wir Energie mechanisch, d. h. mit einer Kraft längs eines Weges, übertragen. Die so übertragene Energie nannten wir *Arbeit*.
In ➡ *Versuch 1* machen wir es einmal anders. Wir erhitzen Wasser mit einem 300 W-Tauchsieder. Die Leistungsangabe bedeutet, dass der Tauchsieder in jeder Sekunde 300 J dem elektrischen „Netz" entnimmt. Hiermit wird zunächst die Heizspirale des Tauchsieders erhitzt. Sie gibt diese Energie dann durch Molekülstöße an das Wasser weiter. Dort verstärkt sie dessen ungeordnete Molekülbewegung und erhöht damit die innere Energie in jeder Sekunde um 300 J. Die Wassertemperatur steigt.
Dieser Temperaturanstieg $\Delta\vartheta$ ist zur übertragenen Energie W proportional; es gilt:

$$\Delta\vartheta \sim W.$$

2. Was ist „Wärme"?

Statt des Tauchsieders hätte man auch die heißen Gase einer Flamme nehmen können (➡ *Bild 1*). Jeweils geht Energie von einem heißeren Körper (Tauchsieder, Flammengase) auf einen kälteren über, und zwar durch ungeordnete Molekülbewegung. Man nennt die so übertragene Energie **Wärme**.

Nach unserem Versuch sinkt die Wassertemperatur wieder, „Wärme fließt ab". Mit dem Wort *Wärme* beschreibt man also die aufgrund eines Temperaturunterschieds übertretende Energie. Sie fließt stets *von selbst vom heißeren zum kälteren Körper*.
Verwechsle nie die innere Energie mit der Wärme! Ein Körper hoher Temperatur *hat* viel innere Energie. Gibt er davon etwas ab, so nennt man die abfließende Energieportion, und nur diese, während des Abfließens *Wärme*. Im kalten Körper angekommen, ist es keine Wärme mehr; vielmehr wurde durch diesen Energieübergang dort die innere Energie und damit die Temperatur erhöht.

 Merksatz

Energie, die infolge eines Temperaturunterschieds durch ungeordnete Teilchenstöße von einem heißen Körper auf einen kälteren Körper übergeht, nennen wir **Wärme**.
Die **Einheit** der Wärme ist **1 J (Joule)**.

Der Geldbetrag auf deinem Girokonto gehört zu deinem Vermögen. Überweist du davon eine Summe, so spricht man vom Überweisungsbetrag, solange das Geld unterwegs ist. Ist es beim Empfänger verbucht, so gehört es zu dessen Vermögen. Genauso gibt es Fachausdrücke für die Energie, die *ein Körper hat* (innere Energie), und für die, die *unterwegs* ist (*Wärme* bzw. *Arbeit*).

3. Berechnen von Wärme und Zunahme innerer Energie

Die Werte in ➠ *Versuch 1* gelten für 300 g Wasser. Mit *zwei* 300 W-Tauchsiedern könnten wir bei 2 · 300 g = 600 g Wasser dieselbe Temperaturerhöhung $\Delta\vartheta$ erzielen. Die zur Temperaturerhöhung nötige Energie ist also zur Wassermasse m proportional:

$$W \sim m.$$

Bei 2facher Wassermasse und 3facher Temperaturerhöhung benötigen wir die 6fache Energie, W ist somit zum Produkt aus m und $\Delta\vartheta$ proportional, es gilt deshalb:

$$W = c \cdot m \cdot \Delta\vartheta.$$

Die Konstante c hat den Wert 4,3 J je g und K. Dies liefert unser ➠ *Versuch 1* z. B. für $m = 300$ g, $W = 9000$ J, $\Delta\vartheta = 7$ K:

$$c = \frac{W}{m \cdot \Delta\vartheta} = \frac{9000\,\text{J}}{300\,\text{g} \cdot 7\,\text{K}} = 4{,}3\ \frac{\text{J}}{\text{g} \cdot \text{K}}.$$

Genaue Messungen ergeben, dass man zum Erhitzen von Wasser 4,1868 J je g und je K braucht. Gewöhnlich rundet man diesen Wert und sagt, die spezifische **Wärmekapazität** von Wasser sei $c = 4{,}2$ J/(g · K). (Wenn du spezifische „Energiekapazität" sagst, denkst du eigentlich richtig.)

Damit können wir nun die Zunahme der inneren Energie für jede beliebige Wassermasse m und Temperaturerhöhung $\Delta\vartheta$ ausrechnen, z. B. für $m = 400$ g und $\Delta\vartheta = 10$ K:

$$W = c \cdot m \cdot \Delta\vartheta = 4{,}2\ \frac{\text{J}}{\text{g} \cdot \text{K}} \cdot 400\,\text{g} \cdot 10\,\text{K} = 16\,800\,\text{J}.$$

Merksatz

Steigt bei einem Körper der Masse m die Temperatur um $\Delta\vartheta$, so wurde seine innere Energie erhöht, z. B. durch Zufuhr der Wärmemenge W:

$$W = c \cdot m \cdot \Delta\vartheta.$$

4. Auf das Material kommt es an

Nicht immer haben wir es mit Wasser zu tun. Die Körper, deren Temperatur wir erhöhen wollen, können auch aus einem anderen Stoff sein. ➠ *Versuch 2* zeigt, dass die spezifische Wärmekapazität vom Stoff abhängt, und welcher Zahlenwert sich für Glykol ergibt. c ist also eine *Materialkonstante*. Um bei gleichen Massen verschiedener Stoffe die gleiche Temperaturdifferenz zu erreichen, ist also der Energiebedarf im Allgemeinen verschieden.

Merksatz

Die **spezifische Wärmekapazität** c ist eine Materialkonstante. Sie hat die Einheit $\frac{\text{J}}{\text{g} \cdot \text{K}}$. Ihr Zahlenwert gibt an, welche Energie in J man braucht, um die Temperatur von 1 g des betreffenden Stoffes um 1 K zu erhöhen.

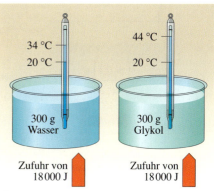

V 2: Mit einem 300 W-Tauchsieder erhitzen wir 300 g Glykol (Frostschutzmittel). Wir führen dem Glykol in einer Minute 300 W · 60 s = 18 000 J zu. Dabei steigt seine Temperatur um $\Delta\vartheta = 24$ K (bei Wasser sind es $\Delta\vartheta = 14$ K; siehe oben). Aus $W = c \cdot m \cdot \Delta\vartheta$ folgt

$$c = \frac{W}{m \cdot \Delta\vartheta}.$$

Mit den gemessenen Werten des Glykols erhalten wir:

$$c_{\text{Glykol}} = \frac{W}{m \cdot \Delta\vartheta} = \frac{18\,000\,\text{J}}{300\,\text{g} \cdot 24\,\text{K}} = 2{,}5\ \frac{\text{J}}{\text{g} \cdot \text{K}}.$$

Wir sehen: Glykol hat eine andere spezifische Wärmekapazität als Wasser, c ist eine Materialkonstante.

... noch mehr Aufgaben

A1: In einem Becherglas ($m = 100$ g) sind 500 g Wasser. Welche Energie ist nötig, um die Temperatur des Becherglases mit Inhalt von 20 °C auf 50 °C zu erhöhen ($c_{\text{Glas}} = 0{,}75\ \frac{\text{J}}{\text{g} \cdot \text{K}}$)?

A2: In einer Waschmaschine werden 10 l Wasser von 15 °C auf 95 °C aufgeheizt. Um wie viele Kilowattstunden läuft dabei das Zählwerk im Elektrizitätszähler weiter? Wie viel ist dafür zu bezahlen, wenn eine kWh 0,15 € kostet?

A3: Die Temperatur der dunklen Betonmauer eines Zimmers ($m_{\text{Beton}} = 4500$ kg; $c_{\text{Beton}} = 0{,}88\ \frac{\text{J}}{\text{g} \cdot \text{K}}$) ist tagsüber durch Sonnenstrahlung um 5 K gestiegen. **a)** Wie viel Energie hat sie dadurch gespeichert? **b)** Am Abend gibt sie diese zusätzliche Energie als Wärme an die Raumluft ab. Um wie viel K steigt die Lufttemperatur ($c_{\text{Luft}} \approx 1\ \frac{\text{J}}{\text{g} \cdot \text{K}}$; $m_{\text{Luft}} = 40$ kg)?

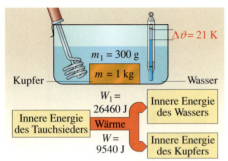

$\Delta\vartheta = 21\,\text{K}$

$m_1 = 300\,\text{g}$

$m = 1\,\text{kg}$

Kupfer — — Wasser

$W_1 = 26460\,\text{J}$

Innere Energie des Wassers

Innere Energie des Tauchsieders   Wärme

$W = 9540\,\text{J}$

Innere Energie des Kupfers

V 1: Wir füllen eine Glasschale zum Teil mit Wasser ($m_1 = 300$ g), legen ein Kupferstück ($m = 1000$ g) hinein und erhitzen beides mit dem 300 W-Tauchsieder 120 s lang. Die Wassertemperatur steigt zunächst schnell an, geht aber nach dem Abschalten des Tauchsieders wieder etwas zurück, weil noch Energie vom Wasser an das Kupferstück übergeht. Die Temperaturzunahme $\Delta\vartheta$ beträgt schließlich 21 K. (Ohne das Kupferstück betrug sie in der gleichen Zeitspanne 28 K.)

Stoff	c in $\frac{\text{J}}{\text{g}\cdot\text{K}}$	Stoff	c in $\frac{\text{J}}{\text{g}\cdot\text{K}}$
Eis	2,09	Wasser	4,2
Sand	0,90	Glykol	2,4
Aluminium	0,90	Alkohol	2,4
Beton	0,88	Petroleum	2,0
Glas	0,75	Schmieröl	1,7
Eisen	0,45	Quecksilber	0,14
Messing	0,38	Wasserstoff	14,3
Kupfer	0,38	Wasserdampf	1,95
Silber	0,23	Luft	1,005
Blei	0,13	Kohlenstoffdioxid	0,85

T 1: Spezifische Wärmekapazitäten einiger Stoffe (bei den Gasen wird ein konstanter Druck vorausgesetzt)

V 2: Wir stellen in einem großen Becherglas 400 g Wasser mit der Temperatur 65 °C bereit. Dann gießen wir 800 g Wasser von 20 °C hinein, rühren um und messen die Mischungstemperatur. Sie beträgt $\vartheta_\text{m} = 35$ °C. Die abgegebene Energie ist

$$W_\text{ab} = 4,2\,\tfrac{\text{J}}{\text{g}\cdot\text{K}} \cdot 400\,\text{g} \cdot (65-35)\,\text{K} \approx 50400\,\text{J},$$

die vom kalten Wasser aufgenommene ist

$$W_\text{auf} = 4,2\,\tfrac{\text{J}}{\text{g}\cdot\text{K}} \cdot 800\,\text{g} \cdot (35-20)\,\text{K} \approx 50400\,\text{J}.$$

5. Gute und schlechte Energiespeicher

Wollen wir nun die spezifische Wärmekapazität eines *festen* Stoffes bestimmen, so können wir diesen nur schlecht durch Berühren mit dem Tauchsieder erhitzen. Besser geht es mit einem Wasserbad, so wie wir es in ➠ *Versuch 1* machen.

Der Tauchsieder hat die Energieportion:
$W_2 = 300\,\tfrac{\text{J}}{\text{s}} \cdot 120\,\text{s} = 36000\,\text{J}$ abgegeben.
Das Wasser hat aber nur die kleinere Energieportion
$W_1 = 4,2\,\tfrac{\text{J}}{\text{g}\cdot\text{K}} \cdot \text{K} \cdot 300\,\text{g} \cdot 21\,\text{K} = 26460\,\text{J}$ aufgenommen.

Die Differenz $W_2 - W_1 = 9540\,\text{J}$ diente dazu, die Temperatur des Kupferstücks um 21 K zu erhöhen. Daraus berechnen wir nun c_Cu:

$$c_\text{Cu} = \frac{W_2 - W_1}{m \cdot \Delta\vartheta} = \frac{9540\,\text{J}}{1000\,\text{g} \cdot 21\,\text{K}} = 0,45\,\frac{\text{J}}{\text{g}\cdot\text{K}}.$$

Der Wert, den wir für die spezifische Wärmekapazität von Kupfer ermitteln, ist etwas zu groß. Wir haben nicht berücksichtigt, dass ein Teil der zugeführten Energie als Wärme auf Glasschale und Raumluft überging. Genauere Verfahren liefern den Wert $c_\text{Cu} = 0,38\,\text{J}/(\text{g}\cdot\text{K})$.

Bei extremen Temperaturen können die Werte für die spezifische Wärmekapazität von den Werten in ➠ *Tabelle 1* abweichen, da c etwas von der Temperatur abhängt.

Die ➠ *Tabelle 1* zeigt uns, dass die spezifische Wärmekapazität des Wassers besonders groß ist. Deshalb nimmt z. B. 1 g Wasser bei der Temperaturänderung von 0 °C auf 40 °C viel mehr Energie auf als 1 g Sand oder 1 g Luft.
Von dieser Eigenschaft des Wassers wird sogar unser Klima beeinflusst. *Seeklima* ist ausgeglichen, *Landklima* weist größere Temperaturschwankungen auf. Sand und Gestein sind eben schlechtere Energiespeicher als Wasser. Zusätzlich rührt der Wind das Wasser in den Weltmeeren um, sodass die von der Temperaturänderung erfasste Schicht dicker als die entsprechende Schicht des Festlandes ist. Aus diesen Gründen ändern die Weltmeere ihre Temperatur im Verlauf der Jahreszeiten nicht so stark wie das Festland. So ist der Unterschied zwischen See- und Landklima zu erklären.

6. Mischungsversuche

Sicher hast du schon einmal versehentlich eine Badewanne mit zu kaltem Wasser gefüllt. Erhitzt du dann das Wasser mit einem Tauchsieder? Sicher nicht, es wäre lebensgefährlich! Du mischst einfach heißes Wasser dazu. *Wie viel* heißes Wasser du hinzugeben musst, wirst du vermutlich einfach ausprobieren. Einen derartigen Mischungsvorgang untersuchen wir in ➠ *Versuch 2* genauer.

Bei diesem Versuch gibt das *heiße* Wasser etwas von seiner inneren Energie ab, seine Temperatur sinkt deshalb. Die *abgegebene*

Energie können wir aus den Versuchsdaten berechnen, es sind 50400 J. Das *kalte* Wasser nahm, wie uns seine Temperaturerhöhung zeigt, Energie auf. Diese *aufgenommene* Energie betrug ebenfalls 50400 J.

Wiederholt man den Versuch mit anderen Wassermengen, anderen Ausgangstemperaturen und auch mit anderen Stoffen, so findet man auch dann: $W_{auf} = W_{ab}$. Beide Energieportionen sind gleich! Beruhigt stellen wir fest: Auch in der Wärmelehre gilt der Satz von der Erhaltung der Energie. (Geht bei diesem Versuch Wärme vom Gefäß an die Umgebung über, so beeinträchtigt dies das Ergebnis.)

Merksatz

Bei Mischungsversuchen ist stets die aufgenommene gleich der abgegebenen Energieportion:

$$W_{auf} = W_{ab}.$$

Auch in der Wärmelehre bewährt sich der Satz von der Erhaltung der Energie.

... noch mehr Aufgaben

A1: 500 g Wasser von 16 °C werden mit 400 g Wasser von 60 °C gemischt. Welche Mischungstemperatur ergibt sich? Überprüfe das Ergebnis mit einem Hausexperiment.

A2: Eine Porzellantasse ($m = 125$ g) mit einer spezifischen Wärmekapazität von $c = 0,8 \frac{J}{g \cdot K}$ hat die Temperatur $\vartheta_1 = 20$ °C. Welche Endtemperatur ergibt sich, wenn man 125 g Tee (Wasser) von $\vartheta_2 = 80$ °C hineingießt? (Vorausgesetzt, es geht keine Wärme an die Umgebung über.)

A3: (zu den Beispielen)
a) Im Kraftwerk des Beispiels c) wird der Kühlwasserdurchsatz auf $20 \frac{m^3}{s}$ verringert. Wie groß ist jetzt die Temperaturerhöhung? **b)** Bei welchem Kühlwasserdurchsatz würde die Temperaturerhöhung 10 K betragen?

Beispiel

a) Durch Mischungsversuche lassen sich gelegentlich schwierige Aufgaben auf einfache Weise lösen. So kann man mit dieser Methode sogar die Temperatur eines glühenden Metallstücks bestimmen. Dazu erhitzen wir einen kleinen Kupferklotz ($m_{Cu} = 200$ g) in der Gasflamme auf Rotglut und tauchen ihn dann zügig in einem bereitgestellten Gefäß ganz unter Wasser. Die Temperatur des Wassers ($m_W = 250$ g) steigt schnell von $\vartheta_1 = 20$ °C auf $\vartheta_2 = 70$ °C. Vom heißen Kupferstück wurde also dem Wasser die Energie

$$W = 4,2 \frac{J}{g \cdot K} \cdot 250 \text{ g} \cdot 50 \text{ K} = 52\,500 \text{ J}$$

zugeführt. Daraus errechnen wir für das Kupferstück

$$\Delta\vartheta = \frac{W}{c_{Cu} \cdot m_{Cu}} = \frac{52\,500 \text{ J}}{0,38 \frac{J}{g \cdot K} \cdot 200 \text{ g}} = 690 \text{ K}.$$

Falls keine Energie abgewandert ist, betrug die Temperatur des Kupfers etwa $\vartheta = \vartheta_2 + \Delta\vartheta =$ **760 °C**.

b) Wie teuer ist ein Wannenbad? Damit die Temperatur von 100 kg Wasser von 10 °C (das ist etwa die Temperatur des Leitungswassers) auf 35 °C steigt, braucht man

$$W = c \cdot m \cdot \Delta\vartheta = 4,2 \frac{J}{g \cdot K} \cdot 100 \text{ kg} \cdot (35 - 10) \text{ K}$$

$$= 4,2 \cdot 100 \cdot 25 \text{ kJ} = \mathbf{10\,500 \text{ kJ}}.$$

Das sind 10500/3600 kWh = 2,9 kWh.
Diese Energie können uns z. B. die Generatoren des Elektrizitätswerkes liefern. Bei einem Preis von 0,15 € je kWh kostet uns das Bad rund 0,45 €. Dazu kommt noch der Preis des Wassers.

c) Ein großes Kraftwerk produziert in jeder Sekunde 2000 MJ (= 2000 · 10⁶ J) „Abwärme" und gibt diese Energie an je 100 m³ Kühlwasser ab. Dessen Temperatur steigt um

$$\Delta\vartheta = \frac{W}{c_W \cdot m_W} = \frac{2000 \cdot 10^6 \text{ J}}{4,2 \frac{J}{g \cdot K} \cdot 100 \cdot 10^6 \text{ g}} \approx \mathbf{4,8 \text{ K}}.$$

d) Um lediglich die 40 m³ Luft ($m \approx 50$ kg) eines ausgekühlten Zimmers von 5 °C auf 20 °C aufzuheizen, braucht man $W \approx 1 \frac{J}{g \cdot K} \cdot 50 \text{ kg} \cdot 15 \text{ K} = 750 \text{ kJ}$. Ein Heizgerät mit der Leistung 2 kW müsste dazu etwa nur sechs Minuten lang betrieben werden. (Rechne nach!) Tatsächlich muss man länger heizen, weil die im Zimmer befindlichen Gegenstände und die Wände (mit großer Masse) ebenfalls aufgeheizt werden müssen.

Wird dagegen „stoßgelüftet", kühlen Gegenstände und Wände kaum ab. Es muss nur die frische kalte Luft aufgeheizt werden, und das geht dann relativ schnell. Lüftet man also richtig, so lässt sich eine Menge Heizkosten sparen.

B 1: Aus Reibungsarbeit wird innere Energie.

B 2: Die zusätzliche innere Energie zeigt sich in der höheren Temperatur.

V 1: Unser Versuchsgerät besteht aus einem Kupferzylinder, der auf einer Seite drehbar gelagert ist (⟹ *Bild 2*). In eine axiale Bohrung auf der anderen Seite setzen wir ein Thermometer mit feiner Skalenteilung ein und verschließen die Bohrung mit einer Gummidichtung. Wir geben vorher etwas gekörntes Kupfer (notfalls auch etwas Wasser) in die Bohrung und verbessern so den Kontakt zwischen Thermometer und Kupferzylinder. So zeigt das Thermometer die Temperatur des Kupferzylinders sehr genau an.

Dann schlingen wir ein Reibband zwei- oder dreimal um den Zylinder und hängen ein 5 kg-Wägestück daran. Ein Federkraftmesser (Schraubenfeder) hält das freie Ende des Reibbandes.

Wenn wir nun die Kurbel drehen, ist die Schraubenfeder fast entspannt. Die in Richtung des Reibbandes wirkende Reibungskraft $\vec{F}_R$ hält der Gewichtskraft $\vec{G}$ des Wägestückes das Gleichgewicht. Für die Beträge gilt $F_R = G = 49{,}1$ N.

Der Zylindermantel wird mit dieser Reibungskraft $\vec{F}_R$ relativ zum ruhenden Reibband bewegt (wie die Straße unter einem bremsenden Reifen), und zwar bei jeder Umdrehung um den Weg des Zylinderumfangs $U = 0{,}157$ m. Während des Versuchs halten wir nach jeweils 50 Umdrehungen kurz an und lesen die Temperatur des Kupferzylinders ab: Die Temperaturzunahme ist der Zahl der Umdrehungen, folglich der als Arbeit zugeführten Energie, proportional. Die Temperatur ist nach 200 Umdrehungen ($s = 200 \cdot 0{,}157$ m $= 31{,}4$ m) um etwa 5,8 K gestiegen.

Energieerhaltung bei Reibung

1. Ein Reibungsversuch – quantitativ

Bisher haben wir Tauchsieder als Heizgeräte bevorzugt. Gilt der Berechnungsterm $W = c \cdot m \cdot \Delta\vartheta$ etwa nur für elektrische Heizungen? Und stimmte denn die Leistungsangabe auf dem Tauchsieder überhaupt? Vertrauen ist gut, Kontrolle ist besser.

Zur Klärung dieser Fragen wollen wir nun Temperaturerhöhungen noch auf andere Weise herbeiführen. Dazu benutzen wir die uns schon bekannte Reibung. In der Technik stört sie meistens sehr, für uns ist sie in diesem Fall aber von großem Vorteil:

In ⟹ *Versuch 1* benutzen wir sie, um die Temperatur eines Kupferzylinders durch Zufuhr berechenbarer Energieportionen zu erhöhen. Die Energie wird dabei mit Arbeit (nicht mit Wärme) zugeführt und lässt sich deshalb mithilfe der Reibungskraft und des Weges gut bestimmen. Den Betrag der Reibungskraft ermitteln wir zu $F_R = 49{,}1$ N, den Weg zu $s = 31{,}4$ m. Daraus berechnen wir nun die Arbeit zu $W = F_R \cdot s = 31{,}4$ m $\cdot$ 49,1 N $= 1540$ J. Die gesamte beim Reiben in Form von Arbeit zugeführte Energie floss dem Kupferzylinder zu und erhöhte seine innere Energie.

2. Erhöhung innerer Energie durch *Arbeit* oder *Wärme*

Auch mit einem Tauchsieder (im Wasserbad) hätten wir die Temperatur der im ⟹ *Versuch 1* benutzten Kupfermasse (Zylinder, Reibband, Kupferkörner; $m = 690$ g) um 5,8 K erhöhen können. In Form von *Wärme* wäre die Energie vom Tauchsieder dem Kupfer zugeführt worden. Die Rechnung liefert in dem Fall:

$$W = c \cdot m \cdot \Delta\vartheta = 0{,}38 \, \tfrac{\text{J}}{\text{g} \cdot \text{K}} \cdot 690 \text{ g} \cdot 5{,}8 \text{ K} = 1520 \text{ J}.$$

Dies stimmt mit der zugeführten *Arbeit* von 1540 J im Rahmen der Messfehler sehr gut überein. Die frühere Ermittlung von c war also korrekt.

Wir sehen also, dass man die innere Energie eines Körpers auf verschiedenen Wegen erhöhen kann:

- Durch Zufuhr mechanischer Energie (Arbeit $W = F \cdot s$), also durch geordnete Bewegung mit der Kraft vom Betrag F längs des Weges s. Sie verstärkt die ungeordnete Molekülbewegung und erhöht damit die innere Energie.
- Durch übergehende Wärme von einem Körper höherer Temperatur auf einen anderen Körper niedrigerer Temperatur. Dies geschieht von selbst auf Grund des Temperaturunterschieds durch ungeordnete Molekülbewegung.
- Sowohl beim Reiben von Körpern (auch beim Komprimieren von Gasen) als auch bei Zufuhr mittels Wärme gilt für den Zusammenhang zwischen zugeführter Energie und Temperaturerhöhung: $W = c \cdot m \cdot \Delta\vartheta$.

Merksatz

Man kann die innere Energie eines Körpers erhöhen, indem man ihm Arbeit oder Wärme zuführt (oder beides). Das Ergebnis wird von der Art der Zufuhr nicht beeinflusst.

3. Energieerhaltung – Energieentwertung

Wenn sich der Kupferklotz von ▶ *Versuch 1* wieder auf seine Ausgangstemperatur abkühlt, gibt er die beim Reiben aufgenommene Energie von 1540 J als Wärme ab. *Also geht auch bei dieser Umwandlung der Energieformen keine Energie verloren.*

Reibungsarbeit kann *erwünscht* sein. So kann man durch Reiben harter Hölzer ein Feuer anzünden (▶ *Bild 1*). Reibung braucht man z. B. beim Bremsen, denn das Auto muss seine Bewegungsenergie loswerden. Sie wird in innere Energie der Bremsen überführt; diese werden heiß. Die Bremsscheiben geben die Energie als Wärme an die Umgebung ab. Dabei wird sie leider entwertet, denn sie kann beim nächsten Anfahren nicht genutzt werden (▶ *Bild 3*).
Kraftwerke arbeiten da sinnvoller: In ihnen wird immerhin ein Teil der inneren Energie von heißem Dampf genutzt, also in wertvolle (mechanische und elektrische) Energie verwandelt.
Unerwünschte Reibung kann man verringern (Schmierung, Kugellager), aber nicht völlig beseitigen. Stets fließt auch hier ein Teil der Energie als Wärme in die Umgebung.
Durch Reibung „verschwindet" also keine Energie. Die innere Energie der Umgebung nimmt in gleichem Maße zu. Damit wird aber ein Teil der *mechanischen* Energie unwiederbringlich *in eine weniger wertvolle Form* umgewandelt und so dem gewünschten Zweck (Bewegung) unumkehrbar entzogen.

Merksatz

Unter Berücksichtigung auch der inneren Energie der Körper gilt die Energieerhaltung selbst bei Vorgängen mit Reibung, also ohne jede Einschränkung.
Wärme, die bei Reibungsvorgängen in die Umgebung fließt, ist für weitere Nutzung verloren – dieser Teil der Energie ist entwertet.

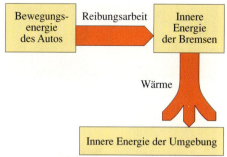

B3: Die Energie-Übertragungskette beim Bremsen eines Autos beginnt mit der wertvollen Bewegungsenergie. Bremst der Fahrer sein Fahrzeug ab, so entwertet er die Energie und schickt sie in die Bremsen. Ihr Temperaturanstieg verrät die Erhöhung ihrer inneren Energie. Danach fließt die *gesamte* Energie in die Umgebung (Luft) und ist für uns verloren.
Stelle dir diesen Vorgang nun wieder zurücklaufend vor: Die Luft würde die ihr von den Bremsen gegebene Energie wieder an diese zurückgeben. Die Bremsen würden heiß. Bei nachfolgender Abkühlung ginge ihre innere Energie in Bewegungsenergie des Autos über. Es führe, ohne dass im Motor Benzin verbrennt. Du findest diesen Ablauf „unnatürlich", obwohl auch hierbei *die Energie erhalten bleibt*? Recht hast du, denn dergleichen hast du noch nie erlebt. Die Natur erlaubt diesen Vorgang nicht.

... noch mehr Aufgaben

A1: Wie oft muss man bei ▶ *Versuch 1* die Kurbel herumdrehen, um Energie zu übertragen, die 200 g Wasser für eine Tasse Kaffee von 20 °C auf 100 °C erhitzen kann? Wie lange würde es etwa dauern?
A2: Beschreibe die in ▶ *Bild 1* dargestellten Vorgänge und zeichne die zugehörigen Energie-Übertragungsketten. Stelle dir vor, man könne die Zeit rückwärts laufen lassen. Beschreibe dann die Vorgänge.
A3: Straßenbahnen und ICE-Züge können elektrisch abgebremst werden. Dabei wird ihre Bewegungsenergie direkt in elektrische Energie umgewandelt und in das Leitungsnetz zurückgegeben. Eine an anderer Stelle anfahrende Elektrobahn kann sie nutzen. Zeichne und diskutiere die Energie-Übertragungskette.

B1: Eisberge schmelzen nur langsam.

B2: Kleine Eisberge kühlen Getränke.

V1: a) In ein Reagenzglas geben wir Naphthalinpulver und stecken ein Thermometer hinein. Das Ganze tauchen wir in Wasser, das wir z. B. mit einer Gasflamme sieden lassen. Die Temperatur des Naphthalins steigt zunächst bis auf etwa 80 °C. Dann bleibt sie konstant, bis alles Naphthalin geschmolzen ist. Erst danach steigt sie weiter. Die Schmelztemperatur des Naphthalins beträgt also 80 °C. **b)** Das Reagenzglas mit dem geschmolzenen Naphthalin aus a) tauchen wir in kaltes Wasser. Die Temperatur des flüssigen Naphthalins sinkt nicht weiter als bis zur Erstarrungstemperatur (80 °C), obwohl ständig Wärme auf das Kühlwasser übergeht. Erst wenn alles Naphthalin erstarrt ist, sinkt die Temperatur wieder.

Schmelzen und Erstarren

1. Wärmezufuhr – aber keine Erhöhung der Temperatur!

Versucht man Eis auf eine höhere Temperatur zu bringen, so schmilzt es zunächst. Das Gemisch aus Eis und Schmelzwasser behält dabei aber so lange die Temperatur 0 °C, bis alles Eis geschmolzen ist. Verhalten sich auch andere Stoffe so?

Betrachten wir z. B. Naphthalin (➡ *Versuch 1 a*). Während des Schmelzvorgangs ging ständig Wärme vom siedenden Wasser ($\vartheta_W = 100\,°C$) auf das Naphthalin ($\vartheta_N = 80\,°C$) über. Dadurch wurde dessen innere Energie erhöht; trotzdem stieg seine Temperatur (Bewegungsenergie je Teilchen) nicht. Wozu diente dann die übertragene Energie?

Im festen Naphthalin sind die Moleküle an feste Plätze gebunden, um die herum sie mit zunehmender Temperatur immer heftiger schwingen – bis zur Schmelztemperatur. Bei dieser reißen sie sich aus dem geordneten Verband los. Zum Aufbrechen der Bindungen ist viel Energie erforderlich, sie steckt nachher als ein Teil der inneren Energie in der Schmelze. Die innere Energie in Flüssigkeiten ist also *mehr* als nur die Bewegungsenergie der Moleküle.

Was geschieht aber mit dieser Energie, wenn das Naphthalin später wieder erstarrt?

Beim Erstarren binden sich die Moleküle wieder im Kristallverband. Die beim Schmelzen aufgenommene Energie wird wieder abgegeben. Die *Bewegungsenergie* der Moleküle und damit auch die *Temperatur* des Körpers *ändern sich während dieser Kristallisation nicht*. Auch Untersuchungen an anderen Stoffen liefern stets dieses Ergebnis.

📎 **Merksatz**

Die Erstarrungstemperatur eines Stoffes ist gleich seiner Schmelztemperatur. Zum Schmelzen muss man Energie zuführen; beim Erstarren wird sie wieder abgegeben.

2. Wie viel Energie braucht Eis zum Schmelzen?

Wie viel Energie man braucht, um einen Eisblock von 0 °C zu schmelzen, hängt sicher von seiner Masse ab. Um einen Vergleich mit anderen Stoffen zu ermöglichen, rechnet man deshalb die benötigte Energieportion W auf Körper gleicher Masse um. Dazu teilt man W durch die Masse m des geschmolzenen Stoffes. Der Quotient heißt **spezifische Schmelzwärme** $s = W/m$. Diese ist eine Materialkonstante und hat die Einheit 1 J/g.

In ⮞ *Versuch 3* messen wir die spezifische Schmelzwärme von Eis mit dem Ergebnis $s = 336$ J/g (genauer Wert: 335 J/g). Dieser Wert ist im Vergleich zur spezifischen Schmelzwärme anderer Stoffe (⮞ *Tabelle 2*) recht groß, deshalb kann man Getränke mit hineingegebenen Eisstücken auch so gut kühlen. Die kleinen Eisberge schwimmen in der Flüssigkeit (⮞ *Bild 2*) und entziehen ihr die zum Schmelzen nötige Energie.

Hier, wie bei allen Schmelzvorgängen, findet Wärmezufuhr ohne Temperaturerhöhung statt. Wir sehen, das umgangssprachliche Wort „erwärmen" ist also problematisch.

Wenn ein Körper erstarrt, binden sich seine Moleküle wieder aneinander. Beim Schmelzen wurden sie unter Energieaufwand getrennt. Die dabei benötigte Energie wird beim Erstarren wieder frei. Dies bestätigt wieder einmal die *Erhaltung der Energie*.

3. Auch zum Auflösen braucht man Energie

Auch wenn man Zucker oder Salz in Wasser auflöst, müssen Teilchen aus ihrem Kristallverband gerissen werden. Hierzu ist Energie nötig – wie beim Schmelzen. Lösen wir z. B. 20 g Kochsalz in 200 g Wasser, so nehmen die Salzkristalle die Energie, die sie zum „Zerbrechen" ihrer Bindungen brauchen, von der inneren Energie des Wassers. Weil weder eine Flamme noch ein Tauchsieder diese Energie ersetzt, sinkt die Temperatur der Lösung, und zwar umso stärker, je mehr Salz gelöst wird.

Bringt man Salz mit Eis oder Schnee zusammen, so tritt zweierlei ein: Beide Mischungspartner werden (breiartig) flüssig. Zum Auflösen der Bindungen zwischen den Molekülen brauchen sowohl Salz als auch Eis viel Energie. Die Temperatur der Salz-Wasser-Lösung nimmt deshalb ab. Trotzdem bleibt die Salz-Wasser-Mischung flüssig. Bei einem Gewichtsverhältnis von Eis : Salz = 3 : 1 sinkt die Temperatur auf etwa −18 °C. Man nennt deshalb eine Mischung aus zerkleinertem Eis und Salz auch *Kältemischung*.

Streut man im Winter Salz auf vereiste Straßen, so schmilzt das Eis. Die zum Schmelzen erforderliche Energie wird zum Teil der Luft oder dem Untergrund entzogen, die dadurch kälter werden. Aus Rücksicht auf die Natur muss man das Streusalz allerdings sparsam einsetzen.

Stoff	Schmelz-temperatur	Stoff	Schmelz-temperatur
Quecksilber	− 39 °C	Zinn	232 °C
Eis	0 °C	Blei	327 °C
Fixiersalz	48 °C	Kupfer	1084 °C
Paraffin	≈ 53 °C	Eisen, rein	1535 °C
Naphthalin	80 °C	Platin	1773 °C
Natrium	98 °C	Wolfram	3370 °C

T1: Schmelztemperaturen bei normalen Bedingungen

Stoff	spez. Schmelz-wärme	Stoff	spez. Schmelz-wärme
Quecksilber	13 J/g	Fixiersalz	200 J/g
Blei	25 J/g	Kupfer	205 J/g
Schwefel	42 J/g	Eisen	260 J/g
Zinn	60 J/g	Eis	335 J/g
Silber	105 J/g	Aluminium	400 J/g
Naphthalin	148 J/g	Kochsalz	500 J/g

T2: Spezifische Schmelzwärmen einiger Stoffe

V3: Um die spezifische Schmelzwärme von Eis zu bestimmen, geben wir etwa 300 g Eis aus dem Kühlschrank ($\vartheta = 0$ °C) in ein isoliertes Gefäß. Um uns die spätere Rechnung zu erleichtern, wiegen wir die *gleiche Menge* heißes Wasser ($\vartheta = 90$ °C) ab und gießen dieses über die Eisstückchen. Wir warten ab, bis alles Eis geschmolzen ist. Dann messen wir die Mischungstemperatur $\vartheta_m = 5$ °C. Das heiße Wasser hat sich abgekühlt und *je Gramm* die Energie

$4{,}2$ J/(g · K) · 1 g · $(90 - 5)$ K = $4{,}2 · 85$ J = 357 J. abgegeben. Zur Temperaturerhöhung des Schmelzwassers wurden je Gramm $4{,}2$ J/(g · K) · 1 g · 5 K = 21 J benötigt. Der Rest von 336 J diente also dazu, 1 g Eis zu schmelzen, das heißt, aus Eis von 0 °C Wasser von 0 °C zu machen.

... noch mehr Aufgaben

A1: Warum stellt man die Glühdrähte für Glühlampen aus Wolfram her? (⮞ Tabelle 1)

A2: Welche Energie braucht man, um 5 kg Eis ($\vartheta = 0$ °C) zu schmelzen?

B 1: Wasser verdampft und kondensiert wieder.

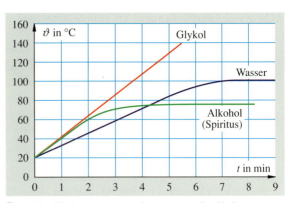

B 2: Die Siedetemperatur hängt vom Stoff ab.

V 1: Wir erhitzen in einem großen Becherglas etwas Wasser. Mit einer Glasplatte decken wir das Becherglas ab. Schon nach kurzer Zeit erkennen wir an der Unterseite der Deckplatte einen Beschlag aus sehr kleinen Wassertröpfchen, die langsam wachsen. Dabei ist die Wassertemperatur noch weit von der Siedetemperatur entfernt. Erhitzen wir das Wasser weiter bis auf 100 °C, so bilden sich dort, wo geheizt wird, Blasen, die hochsteigen: das Wasser siedet. Diese Blasen enthalten ein unsichtbares Gas; es ist Wasserdampf.
Halten wir ein kaltes Becherglas in den Wasserdampfstrom, so beschlägt es sofort (⟹ *Bild 1*). Wasserdampf kondensiert zu flüssigem Wasser.

V 2: Wir erhitzen gleiche Mengen verschiedener Flüssigkeiten (Wasser, Alkohol und Glykol) mit einem Tauchsieder und verfolgen dabei den Temperaturverlauf (⟹ *Bild 2*). In allen Fällen siedet die Flüssigkeit bei einer für sie charakteristischen Temperatur, ihrer Siedetemperatur. Bei Glykol (Frostschutzmittel) steigt die Temperatur weit über 100 °C, denn die Siedetemperatur reinen Glykols beträgt 197 °C. Alkohol siedet dagegen schon bei 78 °C (⟹ *Tabelle 1*).
Alle angegebenen Siedetemperaturen gelten für normalen äußeren Druck von 1013 hPa. Auf der Zugspitze, bei etwa 700 hPa, siedet Wasser schon bei 90 °C. Das Garen von Speisen dauert bei so niedrigem Druck wesentlich länger. Im Schnellkochtopf bei erhöhtem Druck ist die Garzeit verkürzt.

Verdampfen und Kondensieren

1. Wasser ist manchmal unsichtbar

Wenn du gegen eine kalte Fensterscheibe hauchst, so beschlägt sie. Woher kommen die zahlreichen Wassertropfen des Beschlags? ⟹ *Versuch 1* beweist, dass unsichtbarer Wasserdampf – also gasförmiges Wasser an der kalten Scheibe kondensiert. Es bildet wieder sichtbare Wassertropfen.
Die Luft, die du ausatmest, hat in deinen Lungen Wasserdampf aufgenommen. Gelangt der Wasserdampf an einen kalten Gegenstand, so kondensiert er; der Gegenstand beschlägt. Bei sehr kalter Außenluft bildet sich beim Ausatmen vor deinem Mund Nebel.

 Merksatz

Wasserdampf ist ein unsichtbares Gas. Nebel und Wolken bestehen dagegen aus sehr kleinen Wassertropfen und sind deshalb sichtbar.

Jede Umwandlung flüssigen Wassers in gasförmiges nennen wir **Verdampfen**. Bei tieferen Temperaturen erfolgt das Verdampfen langsam. Dabei fliegen die schnellsten Wassermoleküle durch die Wasseroberfläche in den Raum darüber. Wir sagen: Das Wasser **verdunstet**. Bei 100 °C verdampfen die Teilchen sogar *innerhalb* der Flüssigkeit in neu entstehende Hohlräume hinein und bilden so Blasen. Wir sagen: Das Wasser **siedet**. Bei größerem äußeren Druck bilden sich die Blasen erst bei höherer Temperatur; dann liegt die Siedetemperatur über 100 °C.
Im Winter kann man beobachten, wie eine Schneeschicht bei Temperaturen unter 0 °C langsam verschwindet, ohne zu schmelzen. Dabei geht Wasser vom festen direkt in den gasförmigen Zustand über. Diesen Vorgang nennt man **Sublimation**. Der umgekehrte Vorgang tritt bei hinreichend tiefen Temperaturen unter 0 °C ein. Wasserdampf in der Luft überspringt den flüssigen Zustand und bildet direkt Eiskristalle; so entstehen Schneeflocken und *Reif*.

2. Erneut bewährt sich das Teilchenmodell

Wenn Wasser verdampft, rücken die Wassermoleküle weit auseinander. Sie müssen dabei gegen die Anziehungskräfte, die zwischen ihnen wirken, anlaufen und außerdem die Luft wegschieben. Die dazu erforderliche Energie kommt meistens von einem Heizgerät. Beim Verdunsten liefert häufig die Umgebung diese Energie und wird dadurch kälter. So kühlt z. B. die Verdunstung von Körperschweiß die Hautoberfläche.

3. Energie wandert hin und her

Sorgfältig durchgeführte Messungen zeigen:

a) Die zum Verdampfen einer Flüssigkeit (bei ihrer normalen Siedetemperatur, d. h. bei normalem Druck) erforderliche Energie hängt von der Menge und Art der Flüssigkeit ab. Den Quotienten $r = W/m$ nennt man die **spezifische Verdampfungswärme** des benutzten Stoffes. Sie ist eine Materialkonstante und hat die Einheit 1 J/g.
Die spezifische Verdampfungswärme des Wassers beträgt 2258 J/g. Man braucht also 2258 J, um 1 g Wasser von 100 °C in Dampf von 100 °C umzuwandeln.

b) Beim **Kondensieren** einer Flüssigkeit wird die Verdampfungswärme wieder frei. In *Versuch 3* bestimmen wir die Menge des im Thermosgefäß kondensierten Wasserdampfs und die Temperaturerhöhung des kalten Wassers. Hieraus berechnen wir die vom Dampf gelieferte Energie. Es zeigt sich, dass 1 g Wasserdampf bei der Kondensation wie erwartet 2258 J abgegeben hat. Wieder mal wird die *Erhaltung der Energie* bestätigt.

Wasserdampf ist gefährlich! 1 g siedendes Wasser gibt an die Haut die Energie $W = 4{,}2\,\frac{\text{J}}{\text{g} \cdot \text{K}} \cdot (100 - 37)\,\text{K} = 265\,\text{J}$ ab. 1 g Wasserdampf von 100 °C würde zusätzlich 2258 J abgeben! Entsprechend schwer wäre die Verbrennung deiner Haut.

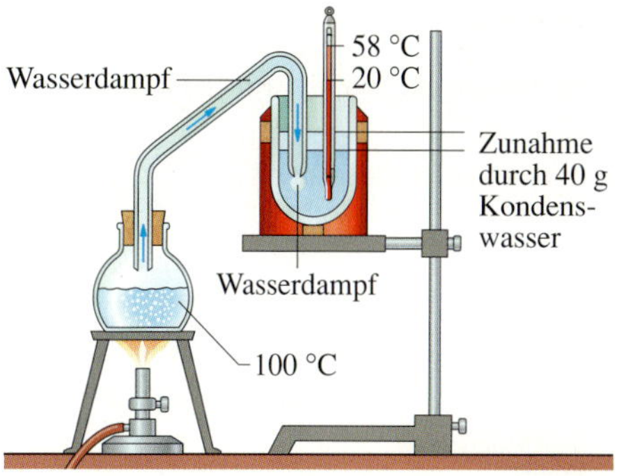

V3: Wir erzeugen einen kräftigen Dampfstrahl und leiten ihn durch eine Glasspitze in ein Thermosgefäß mit kaltem Wasser. Der in das Wasser eingeblasene Dampf kondensiert, wobei die zusammenfallenden Blasen ein lautes Geräusch erzeugen. Die Wassertemperatur im Thermosgefäß steigt schnell. Die dazu erforderliche Energie liefert der kondensierende Wasserdampf. Es ist dieselbe Energieportion, die vorher zum Verdampfen nötig war.

Stoff	Siedetemperatur	Stoff	Siedetemperatur
Ammoniak	−33 °C	Glykol	197 °C
Frigen	−30 °C	Glyzerin	290 °C
Äther	35 °C	Quecksilber	357 °C
Alkohol	78 °C	Schwefel	444 °C
Benzol	80 °C	Zink	910 °C
Wasser	100 °C	Eisen	2880 °C

T1: Siedetemperaturen einiger Stoffe beim Normdruck von 1013 hPa (Frigen: Kältemittel R 12).

... noch mehr Aufgaben

A1: Unter welchen Bedingungen „schwitzen" Fensterscheiben? In welchen Räumen einer Wohnung sind diese Bedingungen vor allem gegeben?

A2: Weshalb soll man einen Raum, in dem Wäsche getrocknet wird, besonders gut lüften?

A3: Unter welchen Bedingungen kannst du deinen „Atem" sehen? Was siehst du dabei eigentlich? Unter welchen Bedingungen bildet sich an Gräsern und Zweigen Tau, unter welchen Reif?

A4: **a)** Weshalb spritzt und prasselt es, wenn man Fleisch in siedendes Fett ($\vartheta > 200\,°\text{C}$) legt? **b)** Erhitzt man in einem Topf Fett (oder Öl) weit über 100 °C, so kann es in Brand geraten. Versucht man, dieses Feuer mit Wasser zu löschen, so spritzt das brennende Fett aus dem Topf und verschlimmert den Brand. Wie ist das zu erklären? Und wie kann man erfolgreich löschen?

A5: **a)** Was bewirkt die Verdunstung des Schweißes auf der Haut? **b)** Was ändert sich, wenn Wind oder Zugluft die Verdunstung beschleunigen? **c)** Kann ein Ventilator helfen, oder erhöht er nur die Temperatur der Luft?

A6: Im Urlaub liegst du am Strand und sonnst dich. Du möchtest etwas Kühles trinken, aber weit und breit ist kein Laden in Sicht und deine Flasche Mineralwasser ist warm. Was kannst du tun, um trotzdem kühleres Mineralwasser zu bekommen?

Zustandsänderungen im Alltag

A. Kochen in Rekordzeit

Das Volumen des Wassers nimmt beim Verdampfen stark zu. Aus 1 l Wasser werden beim Normdruck von 1013 hPa und bei der Temperatur 100 °C etwa 1700 l Wasserdampf. Verschließt man das Wassergefäß, so staut sich der Wasserdampf, und der Druck im Gefäß steigt. Dadurch wird die Blasenbildung in der Flüssigkeit erschwert, sodass die Siedetemperatur des Wassers auf über 100 °C steigt. Das nutzt man bei *Drucktöpfen* aus, denn Speisen werden bei höheren Temperaturen schneller gar. Ein Sicherheitsventil verhindert einen zu großen und deshalb gefährlichen Druckanstieg. Ohne dieses Ventil könnte der Druck so hoch werden, dass der Topf platzt und großen Schaden anrichtet.

B. Die Espressomaschine und der Obstbaum

Zum Verdampfen muss dem Wasser viel Energie zugeführt werden, für jedes Gramm 2258 J. Beim *Kondensieren* geht diese Energie wieder in die Umgebung. Dies nutzt man bei der *Espressomaschine* aus. In ihr wird Wasserdampf erzeugt und bereitgehalten. Möchte jemand einen heißen Kaffee trinken, wird in der Maschine heißer Dampf durch die benötigte Menge Wasser geleitet. Dabei kondensiert der Dampf und gibt viel Energie an das Wasser ab. Um 200 g Wasser von 15 °C auf 80 °C zu erhitzen, braucht man 54 600 J. Diese bekommt man bei der Kondensation von nur 24 g Wasserdampf.

Auch *Obstblüten* profitieren von physikalischen Gesetzen. Nicht selten drohen zur Blütezeit Nachtfröste. Obstbauern besprengen dann ihre Bäume mit Wasser.

Nach kurzer Zeit sinkt dessen Temperatur auf 0 °C und das Wasser beginnt zu *gefrieren*. Dabei gibt es viel Energie an die umgebende Luft und an noch nicht gefrorenes Wasser ab. Der Abkühlungsvorgang an den Blüten wird genügend verlangsamt, sodass die Blüten heil die eiskalte Nacht überstehen.

C. Rauchteilchen fördern die Kondensation

In einem Glaskolben bringen wir Wasser zum Sieden. Den entstehenden Wasserdampf lassen wir durch ein Glasrohr, dessen Ende zu einer Düse verengt ist, ausströmen. Einige Zentimeter von dieser Düse entfernt bildet sich eine kleine Wolke. Halten wir nun ein brennendes Streichholz dicht an die Düse unter den Dampfstrahl, geschieht etwas Überraschendes. Obwohl die Flamme etwas Wärme zuführt, wird die Kondensation keineswegs verzögert, sondern setzt sogar früher ein! Den Molekülen fehlten vorher nämlich Ansatzpunkte für die Tropfenbildung. Offensichtlich werden diese von der Streichholzflamme geliefert. Sie enthält winzige *Rußteilchen* und verschiedene andere Verbrennungsprodukte. An ihnen erfolgt die Kondensation bevorzugt; man nennt sie deshalb *Kondensationskerne*. In feuchter Luft wird die Nebelbildung also durch Rauch gefördert.

Autoabgase enthalten viel Wasserdampf und gleichzeitig viele Rußteilchen, die als Kondensationskerne dienen. Deshalb erzeugt ein fahrendes Auto eine kleine Wolke aus kondensierten Wassertröpfchen, solange die Auspuffanlage noch kalt ist. Diese selbst produzierte Wolke kannst du auch bei einem hochfliegenden Flugzeug beobachten. Man nennt sie *Kondensstreifen*.
Nebel und Wolken bilden sich ebenfalls an kleinsten Staubteilchen.
Später – in der Kernphysik – wirst du die „Nebelkammer" kennen lernen. Schnelle, energiereiche Teilchen schießen in die Kammer und stoßen auf ihrer Bahn mit Luftteilchen zusammen. Diese sind danach elektrisch geladene Kondensationskerne. Bei Abkühlung der Kammerluft bildet sich längs der Teilchenbahn ein Kondensstreifen – er verrät die unsichtbaren Teilchen.

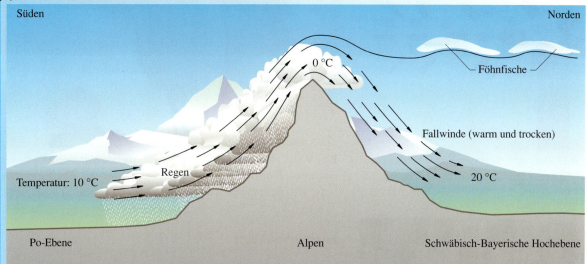

Süden

Norden

0 °C

Föhnfische

Fallwinde (warm und trocken)

Regen

Temperatur: 10 °C

20 °C

Po-Ebene

Alpen

Schwäbisch-Bayerische Hochebene

Zustandsänderungen in der Natur

Es gibt auf der Erde rund $1400 \cdot 10^6$ km^3 Wasser. In der Atmosphäre befinden sich davon etwa 0,001 %, also immerhin noch 14 000 km^3. Dies ist im Vergleich zu den anderen Bestandteilen der Atmosphäre, also vor allem Sauerstoff und Stickstoff, nur etwa 4 %. Wasser spielt aber eine besondere Rolle, denn es kommt in allen drei Zustandsformen vor, gasförmig als Wasserdampf, flüssig in Wassertropfen und fest als Eis. Bei jeder Umwandlung von einem Zustand in einen anderen werden beträchtliche Energiemengen hin- und hergeschoben – das haben wir gelernt. Um 1 g Wasser von 20 °C zu verdunsten, sind schon 2452 J erforderlich (bei 100 °C waren es 2258 J/g). Diese große Energiemenge wird beim Kondensieren wieder der Luft zugeführt und lässt die Temperatur ansteigen. Die Luft dehnt sich aus und steigt auf. Umwandlungsprozesse haben also sehr viel mit dem **Wetter** zu tun. (Mit der großen Bedeutung der Sonnenstrahlung werden wir uns noch später in diesem Buch beschäftigen.)

A. Warum ist es in der Höhe so kalt?
Befassen wir uns zunächst einmal mit trockener auf- und absteigender Luft. Du erinnerst dich noch an den *Luftpumpenversuch*: Wenn man den Kolben herausschnellen lässt, sinkt nicht nur der Druck. Die Luftmoleküle werden vom zurückweichenden Kolben reflektiert. Wie beim Stoppball sind sie danach langsamer als vorher. Wenn der Vorgang schnell genug abläuft, hat die Luft keine Zeit, die fehlende innere Energie von außen zu bekommen. Somit ist die Temperatur der Luft jetzt niedriger als vorher. Beim

Aufstieg der Luft z. B. vor einem Gebirge ist es genauso. Die Luft dehnt sich gegen die dort vorhandene Luft aus und verliert dabei innere Energie, ihre Temperatur sinkt. Wenn Luft aus dem Gebirge ins Tal strömt, wird sie wie in einer riesigen Luftpumpe wieder zusammengedrückt. Ihre Temperatur steigt umso höher, je tiefer sie ins Tal fällt. Auf derselben Höhe unten angekommen, hat sie wieder ihre ursprüngliche Temperatur.

B. Der Föhn
Wer in der Nähe der Alpen wohnt, kennt den *Föhn*. Es herrscht warmes und sehr trockenes Wetter. Auf den Höhen weht ein starker Sturm aus Süden. Auf der Südseite, in Norditalien, steigt die feuchte Luft auf und kühlt sich dabei ab. Bei genügend tiefer Temperatur in einer bestimmten Höhe kondensiert der Wasserdampf, es regnet. Die Kondensation setzt viel Energie frei. Daher sinkt die Lufttemperatur beim weiteren Aufstieg nicht so stark, wie wenn die Luft trocken aufgestiegen wäre. Nun folgt der Abstieg. Die Luft wird wieder zusammengedrückt, die Luftmoleküle werden schneller, die Temperatur steigt. Die Wolken lösen sich bei genügend hoher Temperatur schon weit oben in der Luft auf; es sieht für den Beobachter so aus, als blieben sie stehen. Es bildet sich die scharf begrenzte, drohend aussehende „Föhnmauer". (Nur ein paar typisch aussehende Föhnwolken, die „Föhnfische", dringen weiter vor.) Die jetzt ausgetrocknete Luft hat, wenn sie auf der ursprünglichen Höhe angekommen ist, eine höhere Temperatur als am Ausgangspunkt. Der Föhn beeinflusst das Wohlbefinden mancher Menschen, sie bekommen dann Kopfweh.

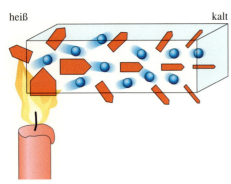

heiß   kalt

B1: Bei der Wärmeleitung wird innere Energie von Teilchen zu Teilchen durch unregelmäßige Stöße weitergegeben.

B2: Vögel plustern sich im Winter auf. Die Luft in ihrem Gefieder ist ein schlechter Wärmeleiter. Dadurch ist die Energieabgabe aus dem Körperinneren an die Umgebung gering.

V1: Vier Schüler halten Stäbe gleicher Form und Größe aus Eisen, Kupfer, Glas und Kohlenstoff (Graphit) in eine Flamme. Wer lässt zuerst los?

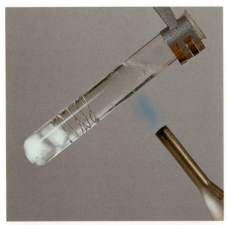

V2: Wir füllen ein Reagenzglas mit Wasser, geben ein Stück Eis hinein und drücken dieses mit einer Drahtspirale nach unten. Dann erhitzen wir das Reagenzglas oben mit einem Gasbrenner. Nach kurzer Zeit siedet oben das Wasser, aber das Eis unten schmilzt nicht. Wasser ist ein schlechter Wärmeleiter.

Energietransport

1. Energie wandert *durch* die Materie

Selten ist die Energie gleich dort, wo man sie haben möchte. Man braucht sie z.B. *im* Kochtopf, aber die heiße Gasflamme ist *darunter*. Wie gelangt die Energie in den Topf?

Die Atome und Moleküle in der Gasflamme führen eine heftige, ungeordnete Bewegung aus und stoßen gegen den Topfboden. Dabei übertragen sie Energie an die Teilchen des kälteren Topfbodens. Diese stoßen dann ihre Nachbarteilchen an. So wandert Energie durch eine Vielzahl von Stößen bis zum Inhalt des Topfes. Den *Transport von Energie mithilfe unregelmäßiger Teilchenstöße* nennt man **Wärmeleitung**. Dabei wandern die Teilchen selbst nicht mit (⟾ *Bild 1*).

Verschiedene Stoffe leiten die Energie verschieden gut (⟾ *Versuch 1*). Alle Metalle sind gute Wärmeleiter. Glas, Keramik, Holz, Kunststoffe und alle Flüssigkeiten (außer Quecksilber) sind schlechte Wärmeleiter (⟾ *Versuch 2*). Alle Gase, auch Luft, sind sehr schlechte Wärmeleiter (⟾ *Bild 2*).

2. Energie wandert *mit* der Materie

Vom Kessel einer Zentralheizung bis in die Wohnräume muss die Energie über eine beträchtliche Strecke transportiert werden. Durch Wärmeleitung ginge das nicht. Deshalb lässt man erhitztes Wasser durch Rohre vom Heizungskessel zu den Heizkörpern der einzelnen Zimmer fließen (⟾ *Bild 3*). Dabei führt es seine innere Energie mit sich, *zusammen mit der sie tragenden Materie*. Man spricht von **Konvektion**.

In einer Zentralheizungsanlage sorgt eine Pumpe für die Zirkulation des heißen Wassers. Wie werden aber die Luftmassen hoher und tiefer Temperatur in der Atmosphäre und wie die Meeresströmungen angetrieben?

⟾ *Versuch 3* hilft uns zu verstehen, wie die Konvektion von Wasser auch ohne einen Pumpenantrieb möglich ist:

Das kalte Wasser im rechten Rohrstück hat eine größere Dichte und damit eine größere Masse als das heiße Wasser im linken Rohrstück. Es kann deshalb die kleinere Masse im linken Rohrstück nach oben drücken! Nach dem Wegnehmen der Flamme, d.h. ohne Energiezufuhr von außen, kommt die Zirkulation schnell zum Stillstand. Das kalte Wasser sammelt sich im unteren Teil, das heiße Wasser im oberen Teil des Glasrohres.

3. Energiefluss *ohne* Materie

Zwischen Sonne und Erde gibt es fast keine Materie. Trotzdem erreicht uns Energie von der Sonne. Wird es uns zu heiß, so gehen wir in den Schatten. Dort kann uns die Sonnen*strahlung* nicht mehr erreichen.

Heiße Körper senden eine *Strahlung* aus, die Energie mit sich trägt (➠ *Versuch 4*). Je höher die Temperatur eines Körpers ist, desto intensiver ist diese **Temperaturstrahlung**. Wir spüren sie auf der Haut. Bei genügend hoher Temperatur senden Körper zudem *Licht* aus, also Strahlung, die wir sehen können. So leuchtet der schwach glimmende Glühdraht einer Glühlampe in einer roten Farbe. Bei höherer Temperatur des Glühdrahtes erscheint uns die Strahlung gelblich und bei noch höherer Temperatur schließlich weiß. Wir müssen uns also nicht wundern, dass auch die Temperaturstrahlung wie Licht reflektiert und von einer schwarzen Fläche fast vollständig verschluckt wird (➠ *Versuch 5*).

Merksatz

Den Energietransport durch Stöße bei der ungeordneten Teilchenbewegung nennt man **Wärmeleitung**. Luft ist ein schlechter Wärmeleiter.

Strömende Materie führt ihre innere Energie mit sich. Diesen Transport nennt man **Konvektion**.

Temperaturstrahlung transportiert Energie ohne Materie und ohne Teilchenstöße. Die Temperaturstrahlung aller Körper wird bei steigender Temperatur intensiver. Bei genügend hoher Temperatur entsteht Licht.

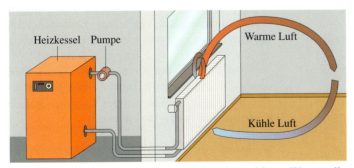

B 3: In einer Warmwasserheizung führt das erhitzte Wasser die Energie mit sich. Die Pumpe treibt den Wasserkreislauf an. Die Energie gelangt dann durch die Oberfläche des Heizkörpers in die Zimmerluft; deren Temperatur steigt. Durch die anschließende Zirkulation wird die Energie verteilt.

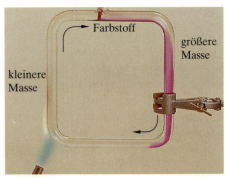

V 3: Wir füllen ein zum Ring gebogenes Glasrohr mit Wasser und geben an einer Stelle etwas Farbstoff hinein. Nun erhitzen wir das Rohr seitlich mit der Flamme eines Gasbrenners. Nach kurzer Zeit beginnt das Wasser im Kreis zu strömen.

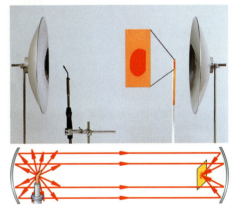

V 4: Der Lötkolben sendet Temperaturstrahlung aus. Nach zweimaliger Reflexion an den Hohlspiegeln trifft diese auf das temperaturempfindliche *Thermochrompapier*. An der Auftreffstelle färbt sich dieses.

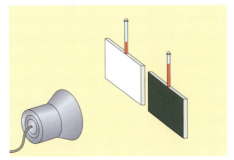

V 5: Die Temperaturstrahlung wird von einer spiegelnden Aluminiumoberfläche reflektiert, von einer berußten Oberfläche weitgehend verschluckt. Deshalb stellt sich jeweils eine andere Temperatur ein.

Interessantes

Warum Elefanten große Ohren haben und Igel im Winter schlafen

Afrikanische *Elefanten* sind die größten Landtiere. Mit ihrer Nahrung nehmen sie viel (chemische) Energie auf. Diese wird vor allem in den Muskeln umgewandelt. Neben der erwünschten mechanischen Energie entsteht dabei aber auch innere Energie. Damit ihre Körpertemperatur nicht auf gefährlich hohe Werte ansteigt, muss diese Energie nach außen transportiert und als Wärme an die Umgebung abgegeben werden.

Hunde lösen das Problem durch *Hecheln*. Wir Menschen scheiden Wasser über die Haut aus, wir *schwitzen*. Beim Verdunsten des Schweißes wird der Haut die dafür erforderliche Verdampfungswärme entzogen. Elefanten haben wegen ihrer großen, gut durchbluteten Ohren eine erheblich *vergrößerte Hautoberfläche*, über die sie wirkungsvoll Energie abgeben können. Bei Bedarf können sie zusätzlich mit den Ohren wie mit einem Fächer wedeln. Dadurch wird die warme Luftschicht abgestreift, die sich in der Nähe der Haut bildet.

Kleine Tiere, wie Mäuse, müssen nicht befürchten, an Überhitzung zu sterben. Sie sind eher der Gefahr ausgesetzt, im Winter zu erfrieren! Warum ist das so? Die in den Muskeln entstehende *innere Energie* ist ungefähr proportional zur Muskelmasse und damit auch ungefähr *proportional zum Volumen* eines Tieres. Die *Energieabgabe* über die Haut ist aber ungefähr *proportional zu seiner Körperoberfläche*.

Vergleichen wir nun die Oberfläche A und das Volumen V eines Würfels der Kantenlänge $a = 2$ cm („Maus") mit dem eines Würfels der Kantenlänge $a = 2$ m („Elefant"):

$$A_{\text{Maus}} = 6\,a^2 = 24\text{ cm}^2,$$
$$V_{\text{Maus}} = a^3 = 8\text{ cm}^3.$$

Der große Würfel hat eine 100-mal so große Kantenlänge, also eine 10^4-mal so große Oberfläche und ein 10^6-mal so großes Volumen:

$$A_{\text{Elefant}} = 240\,000\text{ cm}^2,$$
$$V_{\text{Elefant}} = 8\,000\,000\text{ cm}^3.$$

Beim Verhundertfachen der Kantenlänge wächst das Volumen eines Würfels also hundertmal so stark wie die Oberfläche! Auf jeden Kubikzentimeter „Elefanten-Volumen" entfallen nur 0,03 cm² Oberfläche für die Energieabgabe; auf jeden Kubikzentimeter „Maus-Volumen" aber hundertmal so viel, nämlich 3 cm²!

Kleine warmblütige Tiere haben es deshalb besonders schwer, ihre Körpertemperatur zu halten. Sie sind darauf angewiesen, fast ununterbrochen Nahrung aufzunehmen. Fehlt einer Tierart im Winter passende Nahrung, wie z. B. den Igeln und Fledermäusen, so ist der *Winterschlaf* ein Ausweg. Während des Winterschlafes sinkt die Körpertemperatur bis auf wenige Grad Celsius über Umgebungstemperatur. Dadurch wird die Energieabgabe im Winter drastisch verringert. Alle Vorgänge im Körperinneren laufen nur noch sehr langsam ab und die im Winterspeck gespeicherte Energie reicht dann zum Überleben meist aus.

Warmblütige Tiere, die in kalten Regionen leben, brauchen eine gute *Wärmeisolation*. Wölfe haben deshalb im Winter ein dickeres Fell als im Sommer. Bei strengem Frost sträubt sich ihr Haar, um die wärmeisolierende Luftschicht dicker zu machen. Eine Speckschicht verbessert die Wärmeisolation zusätzlich.

Wir Menschen haben nur noch ein kümmerliches Fell. Versuchen wir die Haare zu sträuben, so bekommen wir lediglich eine Gänsehaut. Besonders leicht frieren wir, wenn zusätzlich zu niedrigen Temperaturen die Haut nass wird oder der Wind weht. Wir sind deshalb meist auf Kleidung angewiesen. Diese verhindert, dass Regen auf unsere Haut gelangt und dass die dünne Schicht warmer Luft, die unseren Körper umgibt, weggeblasen wird.

Besonders gut isolieren Kleidungsstücke, die viele Luftporen enthalten. Verantwortlich dafür ist *die schlechte Wärmeleitfähigkeit* der Luft in den Poren z. B. von Wolle, Daunen, Federn oder Fellen. Dort kann keine großräumige Konvektion stattfinden.

Interessantes

Energietransport ist manchmal erwünscht ...

Will man innere Energie von einem Ort zu einem anderen transportieren, so geht das durch *Konvektion* schneller als durch *Wärmeleitung*:

- Bei Fernheizungen wird heißes Wassers durch Rohre von vielen Kilometern Länge gepumpt.
- Bei einem Gas-Durchlauferhitzer gibt die Flamme Energie durch sehr gut wärmeleitende Metallrohre an das kalte Wasser weiter. Anschließend wird die Energie zusammen mit dem Wasser zur weiter entfernten Entnahmestelle transportiert.
- Damit ein Automotor nicht zu heiß wird, transportiert das Kühlwasser Energie zum Kühler, wo sie als Wärme an die schnell vorbeiströmende Luft abgegeben wird.
- Elektrische Heizgeräte sind oft mit einem Gebläse ausgestattet. Als Transportmittel für die Energie dient hierbei die Luft.

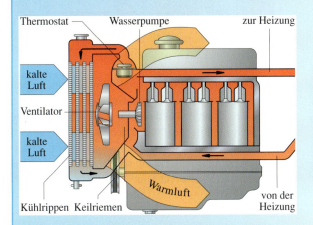

Thermostat — Wasserpumpe — zur Heizung — kalte Luft — Ventilator — kalte Luft — Warmluft — von der Heizung — Kühlrippen Keilriemen

Transistoren und Mikroprozessoren können sich wie Widerstände im Betrieb stark erhitzen. Damit die Kristallstruktur der Halbleitermaterialien nicht zerstört wird, versieht man sie bei Bedarf mit *Kühlkörpern*. Diese besitzen durch ihre Verzweigungen eine große Oberfläche, über die sie Energie schneller abgeben. Sie sind meist aus Aluminium gefertigt. Dieses Metall ist ein sehr guter Wärmeleiter.

Bei der Kühlung hilft auch die *Temperaturstrahlung*. Deshalb erhalten Kühlkörper bei der Herstellung eine dunkle Oberfläche. Körper mit dunklen, matten Oberflächen verschlucken nämlich nicht nur die Temperaturstrahlung fast vollständig, sie *strahlen* Energie auch

sehr gut ab. Die Kühlkörper von Mikroprozessoren haben zusätzlich meist noch einen kleinen Ventilator.

Auch die verschiedenen Meeresströmungen transportieren gewaltige Energiemengen aus den heißen Tropen in die kälteren Regionen der Erde. So fließt z.B. der *Golfstrom* aus der Karibik bis an die nordeuropäischen Küsten und sorgt dort für milde Winter.

... und manchmal auch unerwünscht

In einer *Thermosflasche* soll sich die Temperatur der eingefüllten Flüssigkeit möglichst nicht ändern. Deshalb müssen alle drei Arten des Energietransports weitgehend unterbunden werden:

Die dargestellte Thermosflasche besteht aus einem doppelwandigen Glasgefäß, das zum Schutz gegen äußere Stöße von einer Kunststoffhülle umgeben ist. Die Glaswände sind verspiegelt. Dadurch wird das Eindringen und Austreten der Temperaturstrahlung verhindert. Aus dem Raum zwischen den Glaswänden hat man die Luft herausgepumpt. Deshalb findet dort weder Wärmeleitung noch Konvektion statt. Der Bereich der Einfüllöffnung ist die einzige Stelle, durch die dann noch Energie fließen kann. Man verschließt diese Öffnung mit einem Stopfen aus schlecht wärmeleitendem Material.

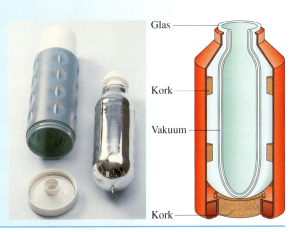

Glas — Kork — Vakuum — Kork

Eine gute Wärmedämmung spart Heizkosten

Fällt im Winter die *Heizung* aus, so sinkt die Temperatur im Zimmer. Die innere Energie der Raumluft und der Möbel „kriecht" nämlich nach außen in die kalte Winterluft. Dies geschieht vor allem an Fenstern und Türen, aber auch durch die Wände. Soll die Temperatur im Zimmer konstant bleiben, so muss ein Heizkörper die nach außen strömende Energie ständig nachliefern. In Deutschland geht auf diese Weise ca. ein Drittel der insgesamt in der Industrie, den Haushalten und im Verkehr eingesetzten Energie *nutzlos verloren*!

Wir könnten viel Energie sparen, wenn die Energie langsamer aus den beheizten Räumen verschwinden würde. *Wie können wir das erreichen?*

Die Wärmeleitung durch die Wände ist gering, wenn diese dick sind und aus schlecht leitenden Mauerziegeln oder Porenbeton bestehen.

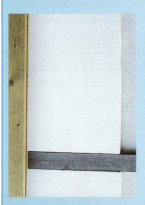
Platten aus Styropor® oder Mineralfasern, die man auf dem Mauerwerk befestigt, behindern die Wärmeleitung zusätzlich. Die gute Wärmedämmung dieser Materialien beruht auf der sehr schlechten Wärmeleitfähigkeit der Luft, die in den Hohlräumen dieser Materialien eingeschlossen ist.

Die Fensterfläche eines Zimmers ist meist erheblich kleiner als die Fläche der Außenwände, aber die Scheiben sind viel dünner als das Mauerwerk. Deshalb ist ihre isolierende Wirkung gering und der Energieverlust durch die Fenster entsprechend groß. Fenster mit nur einer Glasscheibe gibt es nur noch in älteren Gebäuden. In Neubauten und bei der Mo-

dernisierung von Altbauten müssen mindestens doppelt verglaste Fenster eingebaut werden. Dabei behindern die ca. 10 – 15 mm dicken Luftschichten zwischen den Glasscheiben die Wärmeleitung viel stärker als die Glasscheiben selbst. Auch die Energieverluste durch die Temperaturstrahlung sind nicht zu vernachlässigen. Um diese zu verringern, beschichtet man eine der Glasscheiben mit einer dünnen, fast unsichtbaren Metallschicht, die die Temperaturstrahlung reflektiert und so im Zimmer hält. Trotzdem lassen auch dreifach verglaste Fenster mit Beschichtung ca. viermal so viel Energie hindurch wie eine 36 cm dicke Wand aus Mauerziegeln.

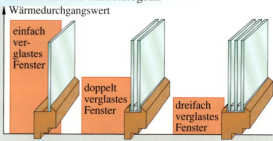

Es ist selbstverständlich, dass Türen, Fenster und Wände keine größeren Undichtigkeiten haben dürfen, damit der Wind nicht durch die Ritzen bläst und die warme Raumluft wegführt. Dichtet man alle Ritzen perfekt ab, so muss man unbedingt genügend oft lüften. Andernfalls entsteht ein ungesundes Raumklima mit zu viel CO_2, zu wenig Sauerstoff und zu hoher Luftfeuchtigkeit. Eine hohe Luftfeuchtigkeit begünstigt die Entstehung von Schimmel an den Außenwänden. Langandauerndes Lüften ist jedoch nicht sinnvoll, da die Wände und Möbel dabei Energie abgeben und dann wieder kostspielig aufgeheizt werden müssen.

Die **Absenkung der Raumtemperatur** ist eine weitere sehr wirksame Sparmaßnahme. Bei Absenkung um 1 K erniedrigt sich die erforderliche Heizleistung um ca. $\frac{1}{15} \approx 7\%$!
Die Lufttemperatur eines Raumes allein entscheidet nicht, ob wir uns wohlfühlen. Selbst bei einer Lufttemperatur von 20 °C können wir ein Zimmer als unbehaglich kühl empfinden. Dies ist z. B. der Fall, wenn der Raum Wände mit einer schlechten Wärmedämmung oder zu große Fensterflächen besitzt. Dann gibt unser Körper viel mehr Energie in Form von Temperaturstrahlung ab, als er von der kalten Wand oder aus der Richtung des Fensters als Strahlung aufnimmt. Umgekehrt kann man bei starker Sonnenstrahlung trotz niedriger Lufttemperatur behaglich im Freien sitzen.

Vertiefung

Wie viel Energie fließt durch eine Hauswand nach draußen?

Beim Heizen eines Raumes gelangt die zugeführte Energie schließlich nach draußen. Sie bleibt zwar in der Welt, aber für die Hausbewohner ist sie verloren. Gehen wir diesem Energiefluss durch eine Außenwand einmal nach:

Die Materialien und die Dicke der einzelnen Schichten einer Wand bestimmen ihren *Wärmedurchgangswert (k-Wert)*. Der **k-Wert** gibt an, wie viel Energie in einer Sekunde durch 1 m² Mauerfläche fließt, wenn die Temperaturdifferenz zwischen der Innen- und Außenluft 1 K beträgt. Da der gesamte Energiefluss W proportional zur Zeit t, zur Fläche A und zur Temperaturdifferenz $\Delta\vartheta$ ist, gilt

$$W = k \cdot t \cdot A \cdot \Delta\vartheta.$$

Wir nehmen an, dass die Außenwand eines Zimmers eine Größe von 10 m² hat und aus drei Schichten besteht: 2 cm Außenputz, 24 cm Hohllochziegel und 1,5 cm Innenputz. In Tabellen findet man für eine solche Wand einen Wärmedurchgangswert von $k = 0{,}95$ J/(s · m² · K). Im Laufe eines Wintertages ($\Delta\vartheta = 25$ K) verliert das Zimmer durch diese Wand die Energie

$$W = 0{,}95 \text{ J/(s · m}^2\text{ · K)} \cdot 24 \cdot 3600 \text{ s} \cdot 10 \text{ m}^2 \cdot 25 \text{ K}$$
$$\approx 20{,}5 \text{ MJ} \approx 5{,}7 \text{ kWh.}$$

Eine zusätzliche Dämmschicht aus Styropor® oder Mineralfasern von 8 cm Dicke verringert den k-Wert auf etwa ein Drittel! Dementsprechend muss man $\frac{2}{3}$ weniger Energie über die Heizkörper zuführen, um die gleiche Raumtemperatur aufrecht zu erhalten.

... noch mehr Aufgaben

A1: Experimente für zu Hause:
a) Stelle ein Bügeleisen wie im Bild auf und wähle eine hohe Betriebstemperatur.

Halte deine Hand im Abstand von ca. 30 cm vor das Bügeleisen (*Vorsicht, komm der Bodenfläche des Bügeleisens dabei nicht zu nahe!*). Was spürst du? Halte ein Blatt Papier bzw. ein Stück Alu-Folie zwischen Bügeleisen und Hand! Welche Arten des Energietransports entfallen dadurch? Begründe! **b)** Halte deine Hand jetzt ca. 30 cm neben ② bzw. 30 cm über ③ das Bügeleisen und wiederhole die Versuche aus a). Erkläre deine Beobachtungen. *Vergiss nicht, das Bügeleisen auszuschalten!*
A2: a) Welche Materialien verwendet man bei Kleidungsstücken, um bei niedrigen Temperaturen nicht zu frieren? **b)** Welche Materialien werden zur Wärmedämmung von Häusern benutzt? **c)** Welche Eigenschaft der in a) und b) genannten Materialien ist für ihre gute Wärmedämmung verantwortlich?

A3: Wie wirkt sich die Verspiegelung der Wände einer Thermosflasche aus, wenn man **a)** eine heiße und **b)** eine sehr kalte Flüssigkeit einfüllt?

A4: a) Verfolge den Weg der Energie bei einer Zentralheizung von der Flamme des Brenners bis zur Luft des beheizten Zimmers. **b)** Warum können Warmwasserheizungen im Prinzip auch ohne eine Umwälzpumpe auskommen? **c)** Über Heizkörpern bildet sich oft eine Schmutzschicht an der Wand. Warum? **d)** Auf welche verschiedenen Arten kann Energie aus einem beheizten Raum verschwinden? **e)** Durch Herunterlassen der Rollläden kannst du nachts Energie sparen. Begründe! Was kannst du noch tun, um Heizenergie zu sparen?

A5: Warum sind Kühltruhen, in denen Tiefkühlkost offen aufbewahrt wird, von oben und nicht von vorn zugänglich?

A6: Warum ist die Wärmedämmung bei Luft besonders gut, wenn sie in Poren eingeschlossen ist?

A7: Vom Schwimmen weißt du, dass die Energieabgabe des Körpers an vorbeiströmendes kaltes Wasser besonders groß ist. Wie sind die warmblütigen Delphine und Wale vor Auskühlung geschützt?

A8: a) Im Kochtopf wird der Suppe nur von unten Energie zugeführt. Bei welcher Art Suppe muss man rühren, bei welcher ist es nicht nötig? **b)** Ein Topf mit welligem Boden ist auf einem Elektroherd nicht einsetzbar, wohl aber auf einem Gasherd. Begründe.

A9: In einem Park stehen eine Holzbank und eine Bank aus Metall nebeneinander. Warum kommt dir die Metallbank beim Sitzen meist viel kälter vor als die Holzbank? Wann würdest du eine Metallbank wärmer als eine Holzbank mit gleicher Temperatur empfinden?

B1: Das hölzerne Bootsmodell aus Ägypten (1900 v. Chr.) zeigt die Fahrt gegen den Wind. Der Mast ist umgeklappt, die Mannschaft rudert.

B2: Leistungsstarke Benzinmotoren ermöglichen heute eine schnelle Fortbewegung ohne körperlichen Energieaufwand.

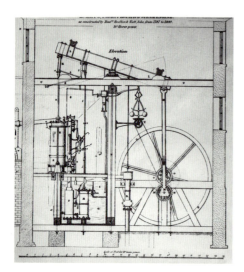

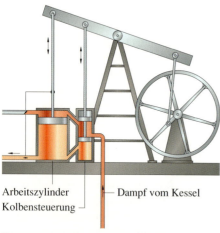

Arbeitszylinder
Kolbensteuerung ⎯ Dampf vom Kessel

B3: In einem Kessel wird Wasserdampf erzeugt und einem Zylinder mit Kolben zugeführt. James WATT nutzte in seiner „doppelt wirkenden Dampfmaschine" die Kraft des heißen Wasserdampfes für die Auf- und die Abwärtsbewegung.

Wärmekraftmaschinen

Seit vielen hunderttausend Jahren nutzen die Menschen die *Energie des Feuers* um sich zu „wärmen" und um ihre Nahrung zuzubereiten. Die *mechanische Energie des Windes und des fließenden Wassers* treibt seit Tausenden von Jahren Schiffe und Mühlen an und entlastete so die Menschen von schwerer körperlicher Arbeit. Aber Wind und fließendes Wasser stehen nicht immer, nicht überall und meist auch nicht in beliebiger Menge zur Verfügung. War auch der Einsatz von Haustieren nicht möglich, so mussten unsere Vorfahren selbst Hand anlegen und „im Schweiße ihres Angesichtes" hart arbeiten.

Diese Situation änderte sich erst, als die Menschen herausfanden, wie man mit einer Maschine *Wärme in mechanische Energie* umwandeln kann. Die erste **Wärmekraftmaschine**, die das konnte, war die **Dampfmaschine** (⟹ *Bild 3*). Der Engländer James WATT verbesserte um 1790 die schon in Vorstufen vorhandene Dampfmaschine so weit, dass sie eine große Verbreitung fand und dadurch die so genannte *industrielle Revolution* einleitete. Damit war die Energie, die im Holz und in der Kohle steckt, über die Verbrennung zum Antrieb von Maschinen nutzbar.

Robert STIRLING gelang es 1816 als Erstem, einen praktisch einsetzbaren **Heißluftmotor** zu bauen. Die Erfindung des **Benzin-** und des **Dieselmotors** in der 2. Hälfte des 19. Jahrhunderts ermöglichte schließlich den Bau kleiner und trotzdem leistungsfähiger Motoren. Heute steht in den reichen Ländern der Erde an jedem Ort und zu jeder Zeit mechanische Energie fast beliebig zur Verfügung.

1. Wir entwickeln einen einfachen Heißluftmotor

⟹ *Versuch 1* zeigt uns, wie wir Wärme in mechanische Energie umwandeln können:

a) Die mit Luft von Zimmertemperatur gefüllte Glaskugel wird in einen Behälter mit heißem Wasser getaucht. Der Kolben der aufgesetzten Spritze wird zunächst festgehalten. Durch die Wär-

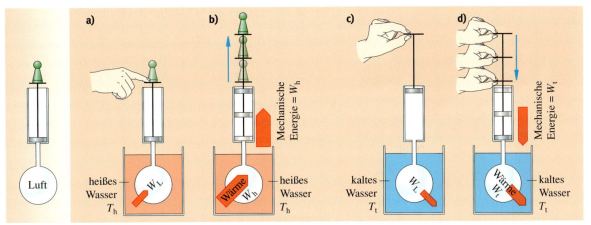

V 1: Ein Heißluftmotor wandelt die Differenz der Wärmen $W_h - W_t$ in mechanische Energie um. (T_h: hohe Temperatur, T_t: tiefe Temperatur, W_L: Wärme, die die Luft aufnimmt bzw. abgibt)

mezufuhr W_L steigt die Temperatur der eingeschlossenen Luft und erreicht nach kurzer Zeit die Temperatur T_h des heißen Wassers. Die Luftmoleküle in der Glaskugel sind jetzt schneller als vorher und stoßen heftiger gegen den Kolben der Spritze. Wir spüren eine Kraft, die den Kolben nach oben drückt.

b) Nun lassen wir den Kolben los. Dieser und die kleine Figur werden angehoben. Von dem nach oben weichenden Kolben kommen die Luftmoleküle nach der Reflexion mit geringerer Geschwindigkeit zurück. Sie geben, wie ein Stoppball beim Tennis, einen Teil ihrer Energie an den Kolben ab. Diese abgegebene Energie wird praktisch sofort durch Wärme W_h aus dem Wasserbad hoher Temperatur ersetzt, sodass die Luft die Temperatur T_h behält.

Schauen wir auf die *Energiebilanz: Die aus dem heißen Wasserbad zugeführte Wärme W_h wurde vollkommen in Höhenenergie, also wertvolle mechanische Energie, umgewandelt.* Wenn wir diesen Vorgang des „Gewichthebens" beliebig oft wiederholen könnten, hätten wir einen Motor! Dazu müssten wir den Kolben aber wieder in seine Ausgangsstellung bringen. Solange sich die Glaskugel weiterhin im heißen Wasserbad befindet, benötigen wir zum Zurückschieben des Kolbens gleich große Kräfte, müssen also *die gewonnene mechanische Energie W_h wieder opfern.*

c) Wir sind schlau und kühlen die Luft mit kaltem Wasser zunächst auf Zimmertemperatur T_t ab. Bei dieser tiefen Temperatur sind die Luftmoleküle langsamer. Wir können den Kolben mit *weniger Kraft, also weniger Energieaufwand W_t, zurückschieben.*

d) Der Kolben stößt beim Herunterdrücken gegen die Luftmoleküle und führt ihnen mechanische Energie so zu wie ein *schlagender* Tennisschläger einem Tennisball. Die zugeführte Energie W_t geht praktisch sofort als nicht mehr nutzbare Wärme (*Abwärme*) in das kalte Wasser.

Ist der Ausgangszustand wieder erreicht, können wir im nächsten Motorzyklus eine weitere Figur anheben, und so weiter …

◆ Vertiefung

Versuch 1 – genauer betrachtet

Während des Arbeitstaktes (b) wird der Kolben mit der positionsabhängigen Kraft (Betrag F_h) nach oben gedrückt. Der Druck und die Kraft, die ein Gas auf die Gefäßwände ausüben, sind proportional zu seiner Kelvin-Temperatur T. Findet die Ausdehnung des heißen Gases z.B. bei $T_h = 600\,K$ statt, so ist die Kraft F_h (bei gleicher Kolbenstellung) doppelt so groß wie F_t bei $T_t = 300\,K$. Nur diese Kräfte bestimmen die mechanische Energie, denn Hin- und Rückweg sind gleich. Deshalb gilt:

Der Motor liefert bei $T_h = 600\,K$ die mechanische Energie W_h. Bei $T_t = 300\,K$ führen wir ihm die mechanische Energie W_t zu. Diese ist nur halb so groß wie W_h.

Allgemein gilt:

$$\frac{W_h}{W_t} = \frac{T_h}{T_t}.$$

Bei allen Betrachtungen zu Versuch 1 haben wir den *äußeren Luftdruck* außer Acht gelassen. Er wirkt genauso wie die konstante Gewichtskraft des Kolbens: So wie der Luftdruck die Aufwärtsbewegung (*Ziff. 1 b*) behindert, unterstützt er in gleicher Weise die Abwärtsbewegung (*Ziff. 1 d*). Auf die Energiebilanz eines vollständigen Motorzyklusses hat er deshalb keinen Einfluss.

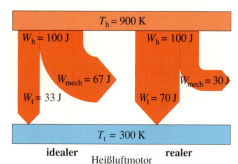

$T_h = 900$ K

$W_h = 100$ J $W_h = 100$ J

$W_{mech} = 67$ J $W_{mech} = 30$ J

$W_t = 33$ J $W_t = 70$ J

$T_t = 300$ K

idealer   **realer**
Heißluftmotor

B 1: Die technisch erreichbaren Wirkungs-grade von realen Heißluftmotoren liegen weit unter denen eines idealen Heißluft-motors.

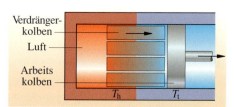

Verdränger-kolben

Luft

Arbeits-kolben

T_h T_t

B 2: Heißluftmotoren mit Verdrängerkol-ben benötigen keinen ständigen Tempe-raturwechsel. Der linke Teil bleibt stets heiß (T_h), der rechte kalt (T_t).

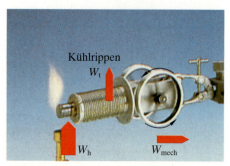

Kühlrippen
W_t

W_h W_{mech}

B 3: Demonstrations-Heißluftmotor

B 4: Heißluftmotoren können mit beliebi-gen Brennstoffen oder umweltfreundlich direkt mit Solarenergie betrieben wer-den.

2. Der Wirkungsgrad eines idealen Heißluftmotors

Wie viel mechanische Energie kann uns ein Heißluftmotor lie-fern, wenn wir ihm die Wärme $W_h = 100$ Joule zuführen? Sicherlich kann er nicht die gesamte zugeführte Wärme in me-chanische Energie umwandeln, denn beim Abkühlen und auch beim Verdichten wandert ein Teil von ihr als „Energieabfall" in das kalte Wasser. Den Energieabfall W_L beim Abkühlen kann man vermeiden, die Abwärme W_t dagegen *prinzipiell* nicht. Nutzbar bleibt im Idealfall die Differenz $W_{nutzbar} = W_h - W_t$.

Das Verhältnis aus nutzbarer mechanischer Energie $W_{nutzbar}$ und zugeführter Wärme $W_{zugeführt} = W_h$ bezeichnet man als **Wir-kungsgrad** η (sprich: „eta") einer Wärmekraftmaschine:

$$\eta_{max} = \frac{W_{nutzbar}}{W_{zugeführt}} = \frac{W_h - W_t}{W_h} = 1 - \frac{W_t}{W_h}.$$

Die Energien W_h und W_t sind proportional zu den Kelvin-Tem-peraturen T_h und T_t, bei denen diese Energien aufgenommen bzw. abgegeben werden ($\Rightarrow$ *Vertiefung* auf vorheriger Seite). Ein idealer Heißluftmotor hat deshalb den Wirkungsgrad

$$\eta_{max} = 1 - \frac{T_t}{T_h},$$

wobei T_h die hohe und T_t die tiefe Kelvin-Temperatur ist.

Betrachten wir als Beispiel einen **idealen Heißluftmotor**, dessen heißes Ende auf $T_h = 900$ K aufgeheizt und dessen kaltes Ende auf einer Temperatur von $T_t = 300$ K ($\approx$ Zimmertemperatur) ge-halten wird. Dann beträgt der maximal mögliche Wirkungsgrad

$$\eta_{max} = 1 - \frac{300\,\text{K}}{900\,\text{K}} = 1 - \frac{1}{3} \approx 67\%.$$

Aus 100 J zugeführter Wärme lassen sich höchstens etwa 67 J an mechanischer Energie herausholen ($\Rightarrow$ *Bild 1*). Diesen Wert kann man bei den angenommenen Temperaturen *prinzipiell* nicht überschreiten.
Man hat herausgefunden, dass die Gleichung für den maximalen Wirkungsgrad η_{max} nicht nur für Heißluftmotoren, sondern *ganz allgemein für alle Maschinen gilt, die Wärme in mechanische Energie umwandeln.*

Merksatz

Unter dem **Wirkungsgrad** η einer **Wärmekraftmaschine** versteht man den Quotienten aus der nutzbaren mechanischen Energie und der zugeführten Wärme:

$$\eta = \frac{W_{nutzbar}}{W_{zugeführt}}.$$

Eine Wärmekraftmaschine, die zwischen den Temperaturen T_t und T_h arbeitet, kann keinen höheren Wirkungsgrad besitzen als

$$\eta_{max} = 1 - \frac{T_t}{T_h}.$$

3. Eine Maschine – zwei Verwendungen

Bis hierher haben wir das *Prinzip des Heißluftmotors* gut verstanden. Für den praktischen Einsatz ist unser „Motor" völlig unbrauchbar. Sein wesentlicher Nachteil besteht darin, dass nicht nur die Luft selbst, sondern auch das Gefäß, in dem sich die Luft befindet, abwechselnd erhitzt und abgekühlt werden muss. Die Energie, die das Gefäß bei der hohen Temperatur als Wärme aufnimmt, wird anschließend nutzlos an das kalte Wasser abgegeben.

Praktisch einsetzbare Heißluftmotoren besitzen einen langen Zylinder, der an einem Ende *ständig* beheizt und am anderen Ende *ständig* gekühlt wird. Ein luftdurchlässiger Kolben, der *Verdrängerkolben* (▥▶ *Bild 2*), schiebt die eingeschlossene Luft durch seine vielen Bohrungen zwischen dem heißen und dem kalten Bereich hin und her. So wird die Luft abwechselnd aufgeheizt und abgekühlt, ohne dass ein Temperaturwechsel des Zylinders durchgeführt werden muss. Die Abgabe der mechanischen Energie erfolgt über den *Arbeitskolben* an ein Schwungrad (▥▶ *Bild 3*).

Was wird geschehen, wenn wir einem Heißluftmotor *von außen* mechanische Energie zuführen, anstelle ihm mechanische Energie zu entnehmen? ▥▶ *Versuch 1* gibt uns die Antwort: Beim Antreiben des Motors (mit umgekehrter Drehrichtung) vergrößert sich die Temperaturdifferenz zwischen dem warmen linken und dem kalten rechten Zylinderende! Wir können diese Beobachtung mit unserem einfachen Heißluftmotor aus *Ziff. 1* verstehen:
Die Vorgänge a) bis d) laufen jetzt in umgekehrter Reihenfolge (d) → c) → b) → a) → …) mit umgekehrten Bewegungsrichtungen des Kolbens ab. Alle Energiepfeile besitzen jetzt die entgegengesetzte Richtung, behalten aber ihren Betrag. Das kalte Wasser gibt Wärme an die sich ausdehnende Luft ab. Das heiße Wasser nimmt Wärme von der Luft auf, während diese zusammengedrückt wird. Das heiße Wasser wird dadurch im Laufe der Zeit heißer, das kalte Wasser kälter.

Betrachten wir das Gesamtergebnis am Beispiel in ▥▶ *Bild 5*:
Der angetriebene Heißluftmotor rechts „pumpt" mit der zugeführten mechanischen Energie $W_{mech} = 67$ J gegen das Temperaturgefälle die Energie $W_t = 33$ J vom kalten Wasser zum heißen Wasser. Dort wird die Summe aus der zugeführten mechanischen Energie und der aufgenommenen Wärme $W_h = W_{mech} + W_t = 67$ J + 33 J = 100 J als Wärme an das heiße Wasser abgegeben. Aus dem Heißluftmotor (links) ist eine **Wärmepumpe** (rechts) geworden.

Merksatz

Praktisch einsetzbare Heißluftmotoren besitzen einen Verdrängerkolben. Dieser schiebt die eingeschlossene Luft zwischen dem heißen und dem kalten Bereich hin und her und wechselt so ihre Temperatur.
Die Vorgänge in einem Heißluftmotor sind umkehrbar. Ein angetriebener Heißluftmotor ist eine **Wärmepumpe**.

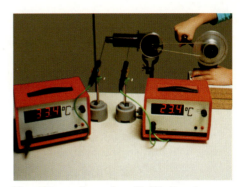

V1: Wir treiben den Heißluftmotor aus ▥▶ *Bild 3* mit Muskelkraft an. Die Drehrichtung soll dabei umgekehrt wie bei der Verwendung als Heißluftmotor sein. Wir beobachten Überraschendes: Die Temperatur des linken Zylinderendes steigt langsam auf über 33 °C an.

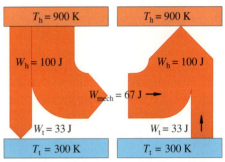

B5: Vergleich des Energieflusses in Heißluftmotor (links) und Wärmepumpe

... noch mehr Aufgaben

A1: Gib Beispiele an für die Nutzung des Windes, des fließenden Wassers und von Haustieren als „mechanische Energiequellen".

A2: WATTS erste Dampfmaschine erzeugte beim Verbrennen von 100 kg Steinkohle (spezifischer Heizwert 31 MJ/kg) eine mechanische Energie von 4 MJ. Berechne ihren Wirkungsgrad.

A3: Ein idealer Heißluftmotor, dessen kaltes Ende auf 50 °C gekühlt wird, soll einen Wirkungsgrad von 50 % besitzen. Wie hoch muss die Temperatur am heißen Ende mindestens sein? Gib das Ergebnis in K und in °C an.

A4: Das Energieflussdiagramm in ▥▶ *Bild 5* rechts bezieht sich auf eine ideale Wärmepumpe. Wie musst du das Diagramm für eine *reale* Wärmepumpe ändern?

 **Interessantes**

A. Das trickreiche Funktionsprinzip des Stirlingmotors

Robert STIRLING meldete 1816 einen wesentlich verbesserten Heißluftmotor zum Patent an. Das neuartige Bauteil seines Motors nannte STIRLING „economizer". Mit dem economizer, heute Regenerator genannt, konnte er den Wirkungsgrad erheblich steigern. Wie arbeitet ein STIRLING-Motor?

Erster Zwischentakt (a): Der Verdränger wird nach rechts geschoben. Die Luft strömt durch seine Bohrungen und wird aufgeheizt. Der Luftdruck steigt.

Arbeitstakt (b): Die heiße Luft presst den Arbeitskolben mit großer Kraft nach rechts. Der Verdrängerkolben macht die Bewegung mit. Über ein Gestänge wird viel mechanische Energie W_h an ein Schwungrad abgegeben. Die abgegebene Energie W_h wird von der äußeren Heizung sofort als Wärme nachgeliefert.

Zweiter Zwischentakt (c): Der Verdränger wird nach links geschoben. Durch seine Bohrungen strömt die Luft in den rechten Zylinderbereich, wobei sie den Verdränger aufheizt und selbst auf T_t abgekühlt wird. Der Luftdruck sinkt. Der Verdränger dient dabei als Energie-Zwischenspeicher. Im nächsten Zwischentakt gibt er diese Energie an die kalte Luft wieder ab (**Regenerator-Prinzip**). Durch diesen Trick ist zum erneuten Aufheizen der Luft keine Energiezufuhr von außen nötig!

Verdichtungstakt (d): Der Arbeitskolben wird vom Schwungrad nach links bewegt und komprimiert im kalten Bereich des Zylinders die Luft mit der Temperatur T_t. Das Schwungrad liefert die Energie W_t in Form mechanischer Energie. Das Gas wird dabei aber nicht heißer, denn die Energie W_t wandert als Abwärme durch die Zylinderwand in das Kühlwasser.

Mit dem ersten Zwischentakt beginnt nun der Zyklus von neuem. Dabei wird die Luft vom noch heißen Verdränger aufgeheizt. Im Idealfall erreicht sie dabei ohne Energiezufuhr von außen wieder die Temperatur T_h.

B. Wie arbeitet der Motor in einem Auto?

1896 führte Nikolaus OTTO einen damals neuartigen „Verbrennungsmotor" vor: Er verbrannte Gas direkt im Zylinder des Motors! Bei der explosionsartigen Verbrennung entstehen Temperaturen von etwa 2000 °C, sodass keine äußere Heizung wie beim Heißluftmotor erforderlich ist. Gottlieb DAIMLER und Carl BENZ verbesserten diesen Motor, indem sie statt Gas ein Gemisch aus Luft und feinen Benzintröpfchen benutzten.

Der *Dieselmotor*, von Rudolf DIESEL um 1895 entwickelt, saugt kein Treibstoff-Luftgemisch, sondern reine Luft an. Diese komprimiert er auf mindestens 25 bar und erhitzt sie dadurch auf über 600 °C. In diesem Zustand sprüht eine Hochdruckpumpe Treibstoff in den Zylinder. In der heißen Luft entzündet sich der Treibstoff sofort. Der Dieselmotor kann Treibstoffe nutzen, die sich erst bei sehr hohen Temperaturen „vergasen" lassen und deshalb für einen *Ottomotor* ungeeignet sind. Außerdem nutzt der Dieselmotor wegen der höheren Betriebstemperatur den Treibstoff besser aus als der Ottomotor.

B1: Turbo-Dieselmotor; Verbrauch: 2,99 l auf 100 km

Interessantes

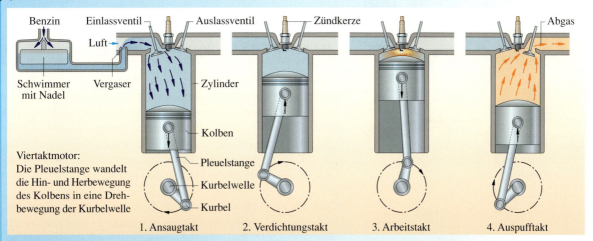

Benzin — Einlassventil — Auslassventil — Zündkerze — Abgas

Luft

Schwimmer mit Nadel — Vergaser — Zylinder

Kolben

Viertaktmotor:
Die Pleuelstange wandelt die Hin- und Herbewegung des Kolbens in eine Drehbewegung der Kurbelwelle

Pleuelstange — Kurbelwelle — Kurbel

1. Ansaugtakt   2. Verdichtungstakt   3. Arbeitstakt   4. Auspufftakt

B 2: Die vier Takte eines Ottomotors

C. Im Kühlschrank arbeitet eine Wärmepumpe

An der Rückseite der meisten Kühlschränke findest du schwarze, von einem schlangenförmigen Rohr durchzogene Kühlrippen (⟹ *Bild unten* links). Während der Kühlschrank „läuft", besitzen die Kühlrippen eine höhere Temperatur als die Umgebung. Du kannst das mit der Hand nachprüfen! Offensichtlich transportiert eine *Wärmepumpe* Energie aus dem Inneren des Kühlschranks dorthin. Solches geschieht niemals von selbst. Man braucht eine Maschine mit Energiezufuhr von außen.

Die Wärmepumpe eines Kühlschrankes besteht im Wesentlichen aus einem geschlossenen Rohrsystem, in dem ein Kühlmittel zirkuliert (⟹ *Bild unten* rechts). Als Kühlmittel eignen sich nur Stoffe, die eine Siedetemperatur von niedriger als −20 °C besitzen. Das Kühlmittel gelangt in flüssiger Form in das Innere des Kühlschranks. Im Verdampfer, einem schlangen-

förmig verlegten Rohr, siedet es. Dabei entzieht es der Luft im Innenraum die zum Verdampfen benötigte Energie und kühlt die Luft dadurch ab. Der Kompressor, der durch einen Elektromotor angetrieben wird, pumpt das gasförmige Kühlmittel zum Kondensator, einem schlangenförmig verlegten Rohr an der Rückseite des Kühlschranks. Unter dem hohen, vom Kompressor erzeugten Druck, kondensiert es dort. Dabei wird die wieder frei werdende Verdampfungsenergie über die Kühlrippen an die Zimmerluft abgegeben. Anschließend fließt das flüssige Kühlmittel durch ein sehr enges Rohr wieder zum Verdampfer. Das enge Rohr hält den hohen Druck des Kompressors vom Verdampfer fern, wo der Druck klein sein muss.

Wärmepumpen zum Beheizen von Gebäuden sind im Prinzip genauso aufgebaut: Sie entziehen dem Erdboden, Gewässern oder der Außenluft Energie und pumpen diese in die Gebäude.

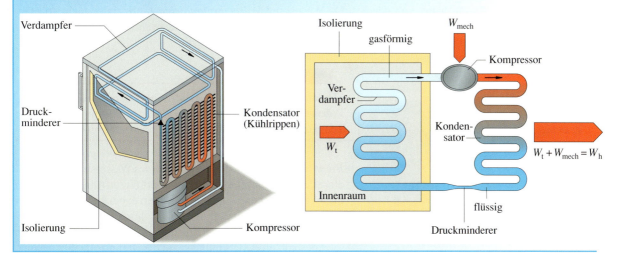

Verdampfer

Druckminderer

Kondensator (Kühlrippen)

Isolierung — Kompressor

Isolierung — W_{mech} — Kompressor — gasförmig

Verdampfer

Kondensator

Innenraum

W_t

$W_t + W_{mech} = W_h$

flüssig

Druckminderer

B 1: Elektrische Energie ist vielseitig einsetzbar.

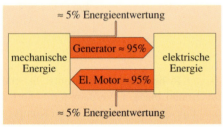

≈ 5% Energieentwertung

mechanische Energie — Generator ≈ 95% → El. Motor ≈ 95% ← elektrische Energie

≈ 5% Energieentwertung

B 2: Motoren und Generatoren entwerten auch in der Praxis nur einen kleinen Teil der zugeführten Energie.

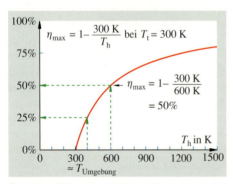

$\eta_{max} = 1 - \dfrac{300\,K}{T_h}$ bei $T_t = 300\,K$

$\eta_{max} = 1 - \dfrac{300\,K}{600\,K}$ = 50%

T_h in K

≈ $T_{Umgebung}$

B 3: Der Wert der Wärme hängt von der Temperatur ab, bei der sie abgegeben wird. Der Wirkungsgrad η_{max} zeigt es uns an (bezogen auf eine Umgebungstemperatur von 300 K).

Dampfmaschine	15%
Strahltriebwerk (Flugzeug)	18%
Ottomotor (Benzin)	30%
Dieselmotor	38%
Dampfturbinenkraftwerk	40%
Gas- und Dampfturbinenkraftwerk	58%

T 1: Wirkungsgrade von Wärmekraftmaschinen und -anlagen

Wert und Weg der Energie

1. Sind alle Energieformen gleichwertig?

Mechanische Energie und elektrische Energie kann man *vollständig* in innere Energie umwandeln. Das geschieht z.B. bei Reibungsvorgängen oder in einem Wasserkocher (⟹ *Bild 1*). Auch die Umwandlung von mechanischer Energie in elektrische Energie und umgekehrt ist *vollständig* möglich, sieht man von geringfügigen Energieverlusten durch Reibung ab (⟹ *Bild 2*). Weil sich mechanische und elektrische Energie vollständig in andere Energieformen überführen lassen, sagt man: **Mechanische Energie und elektrische Energie sind vollwertig**.

Können wir auch Wärme vollständig in mechanische und elektrische Energie überführen? Erinnern wir uns an unseren Modell-Heißluftmotor: Beim *Ausdehnungsvorgang* wird die zugeführte Wärme *vollständig* in mechanische Energie umgewandelt! Wollen wir mehr Wärme mit diesem Motor in mechanische Energie umwandeln, müssen wir ihn periodisch arbeiten lassen. Dann ist, wie bei allen Wärmekraftmaschinen, höchstens der Anteil $\eta_{max} = 1 - T_t/T_h$ in mechanische Energie umwandelbar.

Die Umwandlung von Wärme in mechanische Energie könnte mit einer periodisch arbeitenden Wärmekraftmaschine nur für $T_t = 0\,K$ vollständig ($\eta = 1$) stattfinden. Eine Wärmeabgabe unterhalb der Umgebungstemperatur ist aber nicht sinnvoll: Zum Kühlen müsste man *mindestens so viel* mechanische Energie aufwenden, wie die Wärmekraftmaschine zusätzlich liefern würde! Nimmt z.B. eine Wärmekraftmaschine Wärme bei der Temperatur $T_h = 600\,K$ auf, so ist ihr Wirkungsgrad wegen $T_t \approx T_{Umgebung} \approx 300\,K$ auf höchstens 1 − 300 K/600 K = 0,5 = 50% begrenzt (⟹ *Bild 3*).
Ist $T_h \approx T_{Umgebung}$, so erhalten wir $\eta_{max} \approx 0$! Wärme, die bei Umgebungstemperatur übertragen wird, ist vollständig entwertet. So können wir die geringen Temperaturunterschiede, die in unserer Umgebung zu finden sind, nicht ausnutzen.
Da Wärme mit *Wärmekraftmaschinen* prinzipiell nicht vollständig in mechanische Energie umgewandelt werden kann, sagt man: **Wärme ist nicht vollwertig**.

Merksatz

Mechanische Energie und elektrische Energie sind vollwertig, Wärme ist nicht vollwertig. Der Wert der Wärme sinkt mit der Temperatur und ist bei Umgebungstemperatur null.

Brennstoffzellen wandeln die Energie des Wasserstoffs beim Oxidieren mit Sauerstoff mit *hohem Wirkungsgrad* (über 50%) *direkt* in elektrische Energie um. Sie brauchen dabei *keine Temperaturdifferenz*, der Wirkungsgrad ist nicht durch $\eta_{max} = 1 - T_t/T_h$ beschränkt! Als „Abgas" entsteht nur *harmloser Wasserdampf*. Man setzt deshalb große Hoffnungen auf die Brennstoffzellentechnik.

2. Der Weg der Energie

- Energie fließt als Wärme vom beheizten Zimmer durch die Außenwand in die Winterluft. Auf ihrem Weg durch die Wand wird sie mehr und mehr entwertet. Draußen, in der kalten Umgebungsluft angekommen, ist sie **vollständig entwertet**.
- Ein Auto wird durch Bremsen zum Stehen gebracht. Dabei wandelt sich die Bewegungsenergie des Autos durch Reibung in innere Energie der Bremsscheiben und der Bremsbeläge um. Ihre Temperatur steigt an. Im Laufe der Zeit geben die Bremsscheiben und -beläge die aufgenommene Energie an die Umgebungsluft ab. Nach dem Temperaturausgleich ist die ursprünglich vorhandene Bewegungsenergie des Autos **vollständig entwertet**.
- Entwertung von Energie findet auch statt, wenn bei der *Stromleitung* elektrische Energie in innere Energie umgewandelt wird oder wenn die *Temperaturstrahlung* eines heißen Körpers (z. B. Sonne) einen kälteren (z. B. Erde) aufheizt.
- In Elektromotoren und Generatoren geht durch unvermeidliche *Reibungsvorgänge* ein kleiner Teil der zugeführten Energie als Wärme in die Umgebung (➡ *Bild 2*).

Ein *idealer* Heißluftmotor entwertet die zugeführte Energie noch nicht. Alle Veränderungen, die er hervorruft, könnten ja durch eine ideale Wärmepumpe vollständig rückgängig gemacht werden. Aber in realen Heißluftmotoren bewirken Wärmeleitungs- und Reibungsvorgänge, dass ein erheblicher Teil der zugeführten Energie entwertet wird.

Vorgänge ohne Energieentwertung sind in der Natur eher selten. Die Bewegung der Planeten und Kometen um die Sonne ist ein Beispiel dafür. Bei der Annäherung eines Kometen an die Sonne wandelt sich Höhenenergie ohne Entwertung in Bewegungsenergie um, beim Entfernen findet der umgekehrte Vorgang statt.
Jede Veränderung der Welt, die von Energieentwertung begleitet wird, ist nicht mehr umkehrbar. Die Entwicklung der Welt erhält durch nicht mehr umkehrbare Vorgänge eine *Richtung*. Bei dieser Entwicklung nimmt im Laufe der Zeit die entwertete Energie auf Kosten der vollwertigen Energieformen immer mehr zu.

Veranschaulichen können wir dieses Naturgesetz durch „Einbahnstraßen-Pfeile für den Energiefluss" (➡ *Bild 4*). Längs der Pfeile wird die Energie mehr und mehr entwertet.

Merksatz

Bei Wärmeleitung, Stromleitung, Temperaturstrahlung und Reibungsvorgängen findet Energieentwertung statt. Vorgänge ohne Energieentwertung sind selten. Bei allen Vorgängen bleibt die Gesamtenergie erhalten.
Die Welt entwickelt sich in einer Weise, die durch eine zunehmende Energieentwertung gekennzeichnet ist.

Meere
Erdboden
Atmosphäre
Tiere
Pflanzen
Holz, Erdöl, Erdgas
Nahrungsmittel
Lampen, Öfen, Motoren
Menschen
Energie ins Weltall

B 4: Die Sonne bestrahlt jeden Quadratmeter der Erdoberfläche bei senkrechtem Einfall mit einer Leistung von etwa 1 kW. Den weiteren Weg der Energie zeigt die **Energie-Übertragungskette**:
Nur 0,1 % der eingestrahlten Gesamtenergie nutzen die Pflanzen bei der **Fotosynthese** und erzeugen damit Zucker, Stärke, Öle und Fette. Von diesen Stoffen ernähren sich Tiere und Menschen. Vor Jahrmillionen entstanden aus Pflanzen und Tieren Kohle-, Erdöl- und Erdgaslager. Diese **fossilen Brennstoffe** nutzen wir in Motoren und zum Heizen. Die Heizenergie fließt durch Wände und Fenster in die Umgebung. Dorthin gelangt schließlich auch die in Lebewesen, Motoren und Lampen aller Art umgesetzte Energie. Als Temperaturstrahlung ($T \approx 300$ K) wird sie schließlich allseitig *in den Weltraum abgestrahlt*. Gegenüber der einfallenden Sonnenstrahlung ($T \approx 6000$ K) ist sie stark entwertet worden.

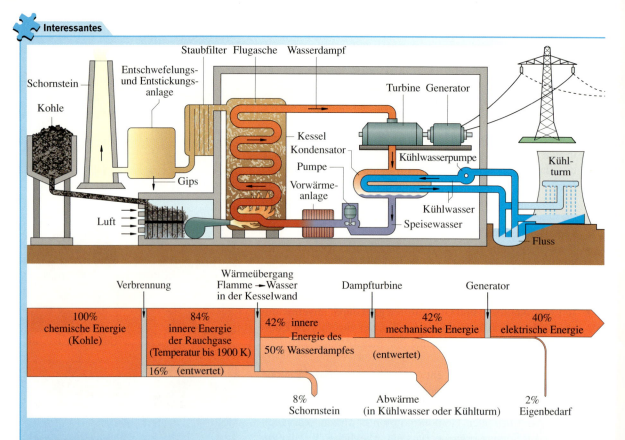

Staubfilter Flugasche Wasserdampf

Schornstein — Entschwefelungs-
und Entstickungs-
anlage

Kohle

Turbine Generator

Kessel

Kondensator

Pumpe

Vorwärme-
anlage

Gips

Luft

Kühlwasserpumpe

Kühl-
turm

Kühlwasser

Speisewasser

Fluss

	Verbrennung	Wärmeübergang Flamme → Wasser in der Kesselwand	Dampfturbine	Generator
100% chemische Energie (Kohle)	84% innere Energie der Rauchgase (Temperatur bis 1900 K)	42% innere Energie des 50% Wasserdampfes	42% mechanische Energie (entwertet)	40% elektrische Energie

16% (entwertet)

8%
Schornstein

Abwärme
(in Kühlwasser oder Kühlturm)

2%
Eigenbedarf

Wärmekraftwerke

Elektrische Energie lässt sich vielseitiger und meist einfacher als andere Energieformen einsetzen. Sie ist außerdem gut zu transportieren. Deshalb wandelt man die Energie der fossilen Brennstoffe in Kraftwerken in elektrische Energie um. Diese wird dann mit einem Leitungsnetz zur individuellen Nutzung verteilt.

Kohlekraftwerke

In einem Kohlekraftwerk (➡ *Bild oben*) wird die angelieferte Kohle zunächst zu feinem Kohlenstaub zermahlen. Nach dem Trocknen wird dieser zusammen mit der richtigen Menge Luft in einen riesigen Ofen eingeblasen. Dort verbrennt er bei Temperaturen bis zu 1600 °C wegen seiner sehr feinen Verteilung vollständig. Die entstehenden Rauchgase erhitzen Wasser, das in Rohren durch den Brennraum fließt. Das Wasser von 550 °C verdampft. Der Wasserdampf von 550 °C hat einen Druck von 200 bar. In der Kesselwand ist ein Teil der Energie beim Übergang von 1600 °C auf 550 °C bereits entwertet worden. Leider kann die Dampferzeugung zurzeit noch nicht bei höheren Temperaturen stattfinden, da die heute verwendeten Turbinenschaufeln keine stärkere Belastung aushalten. Vielleicht gibt es aber eines Tages widerstandsfähigere Materialien für höhere Dampftemperaturen.

Der Wasserdampf strömt dann in der Dampfturbine gegen die schräg gestellten Schaufeln eines Laufrades und drückt diese seitlich weg (➡ *Bild unten*). Bei einem Druck von 200 bar übt der Wasserdampf dabei auf 1 cm^2 eine Kraft von 2000 N aus! Anschließend wird der Dampf durch feststehende Leitschaufeln wieder in eine günstige Richtung umgelenkt und stößt dann gegen ein zweites Laufrad, usw. Alle Laufräder sitzen auf derselben Welle.

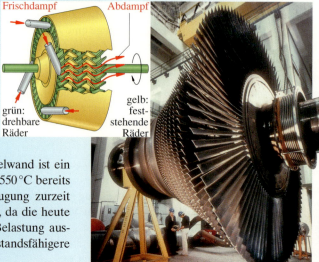

Frischdampf   Abdampf

grün:
drehbare
Räder

gelb:
fest-
stehende
Räder

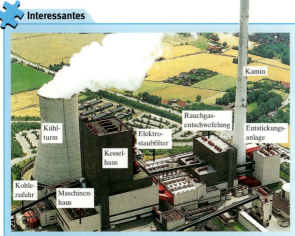

B 1: Kohlekraftwerk

Jedes Mal, wenn die Moleküle des heißen Wasserdampfes gegen eine zurückweichende Schaufel des Laufrades stoßen, geben sie einen Teil ihrer Bewegungsenergie an diese ab und prallen mit verminderter Geschwindigkeit zurück. Von Laufrad zu Laufrad sinken die Temperatur, der Druck und die Dichte des Wasserdampfes. Zur optimalen Energieübertragung sind die Laufräder im Niederdruckteil einer Turbine größer als im Hochdruckteil.

Hinter dem letzten Laufrad lässt Kühlwasser den Dampf kondensieren. Die dabei frei werdende Energie wird an Flusswasser oder über Kühltürme an die Umgebungsluft abgegeben.

Man kann die frei werdende Energie auch als **Fernwärme** zum Heizen von Räumen einsetzen. Beim Kondensieren mithilfe von Flusswasser oder Kühltürmen erreicht die Turbine einen höheren Wirkungsgrad, weil die von der Turbine genutzte Druck- und Temperaturdifferenz größer ist. So verringert sich z. B. der Dampfdruck von 1 bar auf 0,03 bar, wenn Wasserdampf von 100 °C zu Wasser von 24 °C kondensiert. Bei der Verwendung der Restenergie als Fernwärme (**Kraft-Wärme-Kopplung**) verzichtet man dagegen auf einen höheren Wirkungsgrad bei der Stromerzeugung zu Gunsten einer besseren Energieausnutzung insgesamt.

Die Turbine treibt den auf derselben Welle sitzenden Generator an. Dieser wandelt die zugeführte mechanische Energie mit nur geringen Verlusten in elektrische Energie um.

Beim Verbrennen der Kohle entstehen neben dem Wasserdampf leider auch die umweltbelastenden Verbrennungsprodukte Kohlenstoffdioxid (CO_2), Schwefeldioxid (SO_2) und Stickoxide (NO_x). Außerdem entsteht Staub. Um die Schädigung der Umwelt gering zu halten, müssen die Rauchgase durch Elektro-Staubfilter, Entschwefelungs- und Entstickungsanlagen gereinigt werden. CO_2 ist nicht zurückhaltbar. Es gelangt in die Atmosphäre und beeinflusst das Klima (*Treibhauseffekt*).

Anstelle von Kohle werden in manchen Wärmekraftwerken Erdgas oder aufbereitetes Erdöl verbrannt. Da vor allem Erdgas viel sauberer als Kohle verbrennt, ist der Aufwand für die Rauchgasreinigung viel geringer.

GuD-Kraftwerke

Der Wirkungsgrad von Wärmekraftwerken mit Dampfturbinen ist mit ca. 40% bei weitem nicht so hoch, wie er aufgrund der hohen Verbrennungstemperatur im Kessel sein könnte. Die Ursache liegt in der etwa *50-prozentigen Energieentwertung* bei der Abkühlung der Rauchgase (1600 °C) auf die Temperatur des heißen Wassers (550 °C)! Mit Gasturbinen, den modernsten Maschinen der Kraftwerke, kann man diese Temperaturdifferenz zusätzlich nutzen:

In einer Gasturbine geben die heißen Rauchgase bei einer Temperatur von 1100 °C, ähnlich wie im Düsentriebwerk eines Flugzeugs, direkt Energie an sehr hitzebeständige Schaufeln ab. Die Rauchgase, die aus einer Gasturbine austreten, besitzen immer noch eine Temperatur von mehr als 500 °C. Mit ihnen erzeugt man Wasserdampf, den man einer Dampfturbine zuführt (**G**as-**u**nd-**D**ampfturbinenanlage: GuD). Der Wirkungsgrad bei der Erzeugung elektrischer Energie steigt durch das Vorschalten einer Gasturbine von etwa 40% auf fast 60%. Leider besitzen Gasturbinen einen Nachteil: Man kann in ihnen keine preiswerte Kohle verfeuern, sondern muss Erdgas oder Dieselöl einsetzen.

Ein *Kombi-Kraftwerk* mit GuD und Kraft-Wärme-Kopplung kann die Energie der eingesetzten fossilen Brennstoffe zu 50% in wertvolle elektrische Energie umwandeln und insgesamt (einschließlich Fernwärme) zu fast 90% ausnutzen.

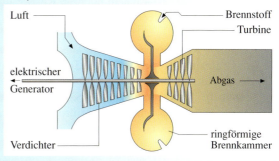

B 2: Gasturbine: Es ist günstig, die Verbrennungsluft zu komprimieren. Dazu dient der Verdichter, wie die Turbine eine Serie von Schaufelrädern.

Das ist wichtig

1. Temperatur

Die **Temperatur** kennzeichnet den *Zustand* eines Körpers genauer als die subjektiven Begriffe „kalt", „lau" oder „heiß". Zur Messung benutzen wir Thermometer mit den beiden nach CELSIUS bzw. KELVIN benannten Temperaturskalen. Sie haben gleiche Gradschritte, aber verschiedene Nullpunkte. Man kann x °C in y K umrechnen:

$$y = x + 273. \text{ Beispiel: } 20\,°C = 293\,K.$$

Mit der Temperatur ändern sich im Allgemeinen die Abmessungen aller Körper (bei Gasen setzen wir konstanten Druck voraus). Kennt man das Verhalten eines Probekörpers, so kann man auf das eines beliebigen Körpers aus gleichem Material schließen.

2. Innere Energie und Temperatur

Die Teilchen eines Körpers bewegen sich unregelmäßig. Je größer die **mittlere Geschwindigkeit je Teilchen** ist, desto höher ist die **Temperatur**.
Bringt man 2-mal je 1 kg Wasser gleicher Temperatur zusammen, so haben die 2 kg danach dieselbe Temperatur, denn an der Geschwindigkeit der Teilchen ändert sich nichts.
Je größer die **Summe aller Teilchenenergien** eines Körpers, desto größer ist dessen **innere Energie**. Sie steigt mit der Temperatur.
Bringt man 2-mal 1 kg Wasser gleicher Temperatur zusammen, so verdoppelt sich die innere Energie, wie sich auch die Masse verdoppelt.

3. Erhöhen der inneren Energie

Wenn wir die innere Energie (und Temperatur) eines Körpers erhöhen wollen, müssen wir die Geschwindigkeit, mit der sich seine Teilchen ungeordnet bewegen, erhöhen. Dies kann auf zwei verschiedene Arten geschehen:
- Durch Berühren mit einem anderen Körper, der eine höhere Temperatur hat. Dessen schnellere Teilchen geben durch Stöße mit den Teilchen des kälteren Körpers Energie ab. Die Temperatur des wärmeren Körpers sinkt. Die Teilchen des kälteren Körpers nehmen diese Energie auf. Hier steigt die Temperatur. Die während dieses Vorgangs vom ersten zum zweiten Körper allein auf Grund des Temperaturunterschieds übergehende Energie nennt man in der Physik **Wärme**.
- Die Energie kann auch mechanisch übertragen werden, d.h. mit einer Kraft längs eines Weges. Dies geschieht z.B. bei Reibungsvorgängen (bei Gasen auch durch Kompression). Die Energie der geordneten Bewegung des Körpers geht so über in die Energie der sich ungeordnet bewegenden Teilchen. Die so übertragene Energie heißt **Arbeit**.

Wärme und *Arbeit* sind also *Übertragungsformen* der Energie („Wärme in einem Körper" gibt es also in der Physik nicht).

Ändert sich die Temperatur eines Körpers der Masse m um $\Delta\vartheta$, so ändert sich dessen innere Energie um

$$W = c \cdot m \cdot \Delta\vartheta.$$

Die Konstante c ist stoffabhängig, sie heißt **spezifische Wärmekapazität**.
Die spezifische Wärmekapazität von Wasser ist $4{,}2\,\frac{J}{g \cdot K}$. Das heißt, 1 g Wasser speichert bei einer Temperaturerhöhung von 1 K die zusätzliche innere Energie 4,2 J.

4. Zustandsänderungen

Nicht nur für Temperaturerhöhungen, auch zur Änderung des Aggregatzustandes ist Energie nötig.

Beim **Schmelzen** (fest ⇨ flüssig) gilt:

$$W = s \cdot m.$$

s ist die **spezifische Schmelzwärme** (für Wasser ist $s = 335\,\frac{J}{g}$). Während des Schmelzvorgangs wird zwar Energie zugeführt (z.B. Wärme), aber die Temperatur bleibt konstant (bei Wasser unter normalem Druck 0 °C).
Nach dem Schmelzen hat der Körper eine höhere innere Energie bei gleicher Temperatur. Diese kann er beim Erstarren ohne Temperatursenkung wieder abgeben.

Beim **Verdampfen** (flüssig ⇨ gasförmig) gilt:

$$W = r \cdot m.$$

r ist die **spezifische Verdampfungswärme** (für Wasser ist $r = 2258\,\frac{J}{g}$). Auch hier bleibt die Temperatur während des Verdampfens konstant (bei Wasser unter normalem Druck 100 °C).
Wasserdampf hat die zusätzliche Energie gespeichert. Beim Kondensieren geht sie wieder auf andere Körper (z.B. Luft der Umgebung) über.

5. Erhaltung der Energie

Bei allen Übergängen der Energie von einem Körper auf einen anderen sowie bei allen Zustandsänderungen, bleibt die Summe aller Energieformen immer konstant.

6. Energietransport

Energie kann durch verschiedene Vorgänge von einem Ort zu einem anderen übertragen werden. Wir unterscheiden drei Arten des Energietransports:

- Geschieht der Energietransport durch Stöße bei der ungeordneten Teilchenbewegung, so sprechen wir von **Wärmeleitung**. Die Teilchen selbst wandern nicht mit (Energie wandert *in* Materie).
  Alle Metalle sind gute Wärmeleiter. Alle (nicht strömenden) Gase leiten die Energie sehr schlecht weiter.

- Wird innere Energie zusammen mit der sie tragenden Materie transportiert, so sprechen wir von **Konvektion** (Energie wandert *mit* Materie).
  Durch Konvektion werden in den Meeresströmungen und durch Winde riesige Energiemengen transportiert.

- Die **Temperaturstrahlung** transportiert Energie *ohne Materie* und ohne Teilchenstöße.
  Die Temperaturstrahlung der Sonne kann uns erreichen, obwohl der Raum zwischen Sonne und Erde fast frei von Materie ist.

7. Wärmekraftmaschinen

Maschinen, die Wärme in mechanische Energie umwandeln, heißen Wärmekraftmaschinen. Dampfmaschinen, Heißluftmotoren, Benzin- und Dieselmotoren und Dampfturbinenkraftwerke sind Wärmekraftmaschinen.

Wärmekraftmaschinen können *prinzipiell* nicht die gesamte ihnen zugeführte Wärme in mechanische Energie umwandeln. Ein Teil der Wärme W_h, die bei hoher Temperatur T_h zugeführt wird, geht unvermeidlich als Abwärme W_t bei tiefer Temperatur T_t in die Umgebung. Man sagt deshalb: Wärme ist nicht vollwertig.

Der **Wirkungsgrad η** einer Wärmekraftmaschine gibt an, welchen Anteil der zugeführten Wärme $W_{\text{zugeführt}}$ sie in wertvolle mechanische Energie W_{nutzbar} umwandelt:

$$\eta = \frac{W_{\text{nutzbar}}}{W_{\text{zugeführt}}}.$$

Der Wirkungsgrad einer Wärmekraftmaschine kann *prinzipiell* nicht größer sein als

$$\eta_{\max} = 1 - \frac{T_t}{T_h}.$$

Beispiel: Für $T_h = 600\,\text{K}$ und $T_t = T_{\text{Umgebung}} = 300\,\text{K}$ erhalten wir einen maximalen Wirkungsgrad von

$$\eta_{\max} = 1 - \frac{300\,\text{K}}{600\,\text{K}} = 1 - \frac{1}{2} = 50\%.$$

Je höher T_h, desto größer ist $\eta_{\max}$. Bei der Entwicklung von Wärmekraftmaschinen ist man deshalb bestrebt, Materialien zu verwenden, die eine möglichst hohe Temperatur T_h aushalten.

8. Wärmepumpen

Treibt man einen Heißluftmotor durch Zufuhr mechanischer Energie an, so laufen alle Vorgänge in umgekehrter Richtung ab. Das Gesamtergebnis ist:

Die zugeführte mechanische Energie W_{mech} wird zusammen mit der Wärme W_t, die bei tiefer Temperatur aufgenommen wird, als Wärme W_h bei der hohen Temperatur T_h abgegeben: $W_h = W_{\text{mech}} + W_t$.

Durch die Zufuhr mechanischer Energie ist es also möglich, Wärme entgegengesetzt zur normalen Richtung von einem Körper niedriger Temperatur zu einem Körper höherer Temperatur „zu pumpen".

Bei Wärmepumpen spricht man nicht vom Wirkungsgrad η sondern von der *Leistungszahl* $\eta' = \frac{1}{\eta} > 1$.

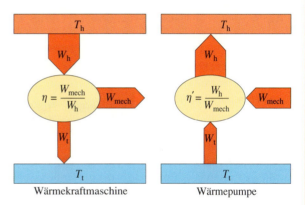

Wärmekraftmaschine   Wärmepumpe

9. Energieentwertung

Bei **Reibungsvorgängen** wird vollwertige mechanische Energie in weniger wertvolle innere Energie der beteiligten Körper umgewandelt. Ihr Wert wird noch geringer, wenn sie anschließend auf Körper niedrigerer Temperatur übergeht. Dies geschieht z. B. durch *Wärmeleitung* oder *Temperaturstrahlung*. Im Allgemeinen gelangt die ursprünglich vollwertige Energie schließlich in die Umgebung. Dort, **als Teil der inneren Energie der Umgebung**, hat sie für uns keinen Nutzen mehr; ohne Zufuhr von wertvoller Arbeit kann sie nicht mehr in eine wertvolle Energieform umgewandelt werden. Diese Energie ist **vollständig entwertet** worden.

Jeder Vorgang in der Welt, der von **Energieentwertung** begleitet ist, ist **unumkehrbar**. Dadurch nimmt in der Welt im Laufe der Zeit die entwertete Energie auf Kosten der wertvollen Energie immer mehr zu. Die Energie insgesamt ändert sich dabei nicht.

Aufgaben

A1: a) Hohe, schlanke Fernsehtürme werden oft aus aufeinandergesetzten Betonrohren gebaut. Welche Wirkung hat die einseitige Sonnenbestrahlung auf sie? **b)** Welche Kurve beschreibt die Spitze eines solchen Turms während eines sonnigen Sommertages (von oben gesehen)?

A2: Zeichne das bei höherer Temperatur vergrößerte Stahlband (in übertriebener Darstellung)

A3: a) Das Stahlseil eines Skiliftes ist 1500 m lang. Um wie viel ändert sich seine Länge im Verlauf eines Tages, wenn die tiefste Temperatur −20 °C und die höchste −5 °C beträgt? **b)** Skizziere, wie man mit Umlenkrollen und einem schweren Betonklotz eine immer gleiche Spannung des Seiles erreichen kann.

A4: Wo gibt es im Haushalt Thermostate? Gib an, was sie jeweils bewirken sollen.

A5: Erkläre, wie es möglich ist, dass ein Kochfeld aus Glaskeramik sogar diese ungewöhnliche „Behandlung" heil überstehen kann.

A6: a) Weshalb werden deine Hände heiß, wenn sie an einem Kletterseil schnell herabrutschen? **b)** Verbietet die „Erhaltung der Energie", dass die Hände sich abkühlen und du am Kletterseil nach oben schwebst?

A7: Was meint man physikalisch bei der Bemerkung „Hier ist es sehr warm"? Was ist gemeint, wenn jemand sagt: „Vorsicht, in der Herdplatte steckt noch viel Wärme"?

A8: Wenn du deinen Fuß verstaucht hast, kann ein „Kühlkissen" (mit einem speziellen Gel gefüllt) einen Bluterguss verhindern. Gut wäre natürlich, wenn es über längere Zeit dem Fuß Wärme entziehen könnte. Johanna macht dazu ein Mischungsexperiment: Sie legt das Kissen ($m_K = 426$ g, $\vartheta_K = 0$ °C) in heißes Wasser ($m_W = 2000$ g, $\vartheta_W = 50$ °C) und wartet ab. Nach einiger Zeit ergibt sich eine Mischungstemperatur von $\vartheta_M = 39$ °C. Daraus berechnet Johanna die spezifische Wärmekapazität des Gels. Welche besondere Eigenschaft stellt sie fest?

A9: Wie viel Energie muss 200 g Wasserdampf von 150 °C entzogen werden, um daraus Eis von −20 °C zu machen?

A10: Warum friert man auch bei hoher Lufttemperatur, wenn man bei windigem Wetter aus dem Wasser kommt?

A11: Erkläre mit einigen Beispielen den Unterschied von „Temperatur", „innerer Energie" und „Wärme".

A12: Kann man einem Stoff Wärme zuführen, ohne dass eine Temperaturerhöhung eintritt? Warum ist das Wort „erwärmen" mehrdeutig?

A13: Ein Bleistück von 1 kg Masse fällt aus 10 m Höhe auf eine harte Unterlage. Um wie viel Kelvin steigt die Temperatur des Bleis, wenn die Höhenenergie in innere Energie umgewandelt wird und zu 80 % im Blei bleibt?

A14: Wie kann man die Temperatur einer Gasmenge erhöhen, ohne Wärme zuzuführen?

A15: Ein Verkäufer von Pressluftflaschen ruft: „Hier kaufen Sie Energie!" Ist er ein Schwindler?

A16: Finnischer Speckstein (eine magnesithaltige Steinmasse auf Talgbasis) hat eine spezifische Wärmekapazität von $c = 0{,}98 \frac{J}{g \cdot K}$, eine Dichte von $2{,}980 \frac{g}{cm^3}$, eine thermische Ausdehnung von $0{,}017 \frac{mm}{m \cdot K}$ und die Schmelztemperatur 1630 °C. Die Wärmeleitung von Speckstein ist deutlich besser als von Ofenschamotte, aber schlechter als bei Metallen. Warum nimmt man ausgerechnet dieses Material gern zum Bau von Speicheröfen? Vergleiche mit anderen hitzebeständigen Materialien und diskutiere.

A17: a) In der linken Hälfte des Zylinders befindet sich Luft (gleiche Temperatur wie außen). Der Kolben ist frei beweglich. Die Zylinderwand ist gut wärmeleitend. Rechts ist keine Luft. Was wird passieren? Diskutiere Energie und Temperatur. **b)** Diesmal befindet sich ein Schieber als Trennwand im Zylinder. Er wird seitlich herausgezogen, sodass die Moleküle nicht gegen eine zurückweichende Wand prallen können. Das Gas strömt nach rechts ins Vakuum. Was passiert?

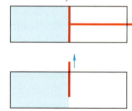

A18: Der von uns im Buch benutzte Modellheißluftmotor wird als Wärmepumpe betrieben. Beschreibe detailliert die ablaufenden Vorgänge.

A19: Eine Wärmepumpe wird als „Kältemaschine" zum Kühlen einer Gefriertruhe eingesetzt. Sie nimmt Wärme bei $T_t = 253$ K auf und gibt Wärme bei $T_h = 303$ K an die Umgebung ab. **a)** Zeige, dass bei einer idealen Wärmepumpe für die entzogene Wärme W_t gilt:

$$W_t = \left(\frac{1}{\eta} - 1 \right) \cdot W_{mech} = \frac{T_t}{T_h - T_t} \cdot W_{mech}.$$

mit $\eta = 1 - T_t / T_h$.
b) Wie viel Wärme kann die (ideal gedachte) Wärmepumpe mit 1 kJ an mechanischer Energie dem Inneren der Gefriertruhe entziehen?

Sterne oder auch unsere Sonne erzeugen Licht. Wir sehen sie deshalb, weil ihr Licht unmittelbar in unser Auge trifft. Der Mond jedoch kann kein eigenes Licht aussenden. Wir sehen die helle Mondsichel dennoch, weil ein Teil des Sonnenlichts auf seine Oberfläche trifft und von dort in unser Auge gelangt. Den Rest der Mondscheibe sehen wir nur schwach. Das Licht, das von diesem Teil des Mondes in unser Auge trifft, hat einen noch weiteren Weg zurückgelegt. Es kommt ebenfalls von der Sonne, trifft auf die Erdkugel, wird von dort zum Mond gelenkt und gelangt schließlich von dort wieder zur Erde zurück in unser Auge.

Galileo GALILEI betrachtete bereits vor etwa 400 Jahren die Mondoberfläche mit einem Fernrohr. Mit einem solchen Gerät erreicht man, dass wir von weit entfernten Gegenständen, wie z. B. der Mondoberfläche, mehr Einzelheiten erkennen können. Wie das genau funktioniert, wirst du im folgenden Kapitel erfahren.

Wie entsteht ein Regenbogen und warum ist er überhaupt farbig? Neben vielen anderen werden wir auch diese Fragen auf den nächsten Seiten beantworten.

B 1: Eine alltägliche Situation, die viel Physik enthält.

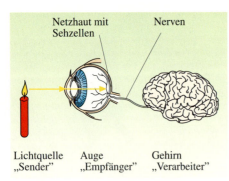

B 2: Das Sehen ist ein mehrstufiger Vorgang.

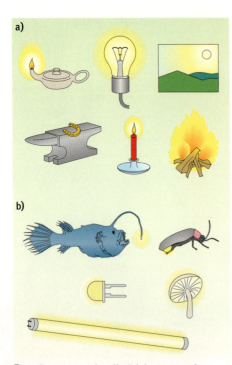

B 3: Gegenstände, die Licht aussenden

Lichtausbreitung

1. Was bedeutet „Sehen"

Sehen ist ein Vorgang, bei dem die Sehzellen in unserem Auge durch Licht gereizt werden. Dabei entstehen elektrische Signale, die von Nerven ins Gehirn geleitet werden (➡ *Bild 2*). Dort verarbeiten wir die Signale zu einer Bildvorstellung.

2. Wann sehen wir etwas?

Zum Sehen gehören immer ein „Sender", der Licht aussendet (auch Lichtquelle genannt), und ein Empfänger. Ein solcher Lichtsender ist z. B. die Sonne. Das Auge ist ein Beispiel für einen Empfänger. So wie die Sonne senden alle heißen Körper Licht aus (➡ *Bild 3a*). ➡ *Bild 3b* zeigt Lichtquellen, die sogar bei normaler Temperatur Licht erzeugen.

Zündest du in einem dunklen Raum ein Zündholz an, dann siehst du die Flamme, denn das Licht der Flamme fällt direkt in dein Auge. Du erkennst gleichzeitig auch die Gegenstände in diesem Raum. Sicher, sie waren vorher schon da, aber natürlich unsichtbar. Das brennende Zündhölzchen erschließt uns die „optische" Welt. Sein Licht breitet sich nach allen Richtungen aus. Die Gegenstände im Raum werden vom Zündholz beleuchtet und geben das empfangene Licht in alle möglichen Richtungen wieder ab, so als wären sie selbst Lichtquellen. Man sagt: Die beleuchteten Gegenstände **streuen** das Licht.

Merksatz

Man sieht die Gegenstände, die Licht aussenden und deren Licht vom Auge empfangen wird.

Entweder erzeugen die Gegenstände selbst Licht oder sie streuen das Licht, das von anderen Lichtquellen stammt.

Wir sehen also nur etwas, wenn das Licht *in* unser Auge fällt. Stellen wir uns ⟶ *Bild 1* als reale Situation vor:

Die Glühlampe sehen wir, weil ihr Licht direkt in unser Auge fällt. Die rechte Gesichtsseite des Mädchens wird von der Leuchte direkt beleuchtet, das Licht dort gestreut. Es macht also einen Umweg, bevor es in unser Auge trifft. Das Licht, das von der linken Gesichtsseite in unser Auge fällt, hat einen noch längeren Umweg hinter sich: Von der Leuchte zuerst zur Wand, von dort zum Mädchen und dann erst in unser Auge. Da bei jeder Streuung Verluste entstehen, ist diese Gesichtsseite dunkler.

3. Vom Lichtbündel zum Lichtstrahl

Eine Kerze strahlt das Licht nach allen Seiten aus, eine Taschenlampe dagegen nur in eine Richtung. Man spricht dann von einem **Lichtbündel**. Durch eine Blende (zum Beispiel einen Karton mit einem kleinen Loch) können wir das Lichtbündel stark einengen. Dann erzeugt die Taschenlampe an der Wand nur einen ganz kleinen Lichtfleck. Zu sehr feinen Lichtbündeln sagt man **Lichtstrahlen**, denn man kann geometrische Strahlen als *Denkmodell* für diese sehr feinen Lichtbündel verwenden.

Lichtbündel werden dadurch sichtbar gemacht, dass man in ihren Verlauf Kreidestaub, Wasserdampf oder Rauch bläst. An den Kreide-, Wasser- oder Rauchteilchen wird ein Teil des Lichts gestreut. Man sieht die beleuchteten Teilchen. Wir sehen dann auch, dass Lichtbündel geradlinig verlaufen (⟶ *Bild 4*).

Schauen wir nachts in den wolkenlosen Himmel, dann erscheint er uns schwarz, obwohl doch die Sonne auch nachts leuchtet. Das Licht scheint an der Erde vorbei, es wird nicht gestreut, also gelangt es nicht in unser Auge (⟶ *Bild 5*). Erst wenn der Mond als überdimensionales Staubteilchen in unser Blickfeld tritt, wissen wir, dass das Universum lichtdurchflutet ist. Auf der Tagseite der Erde wird das Licht schon an der Lufthülle gestreut, der Himmel erscheint uns hell.

Die Sterne, die wir am Himmelszelt sehen, leuchten selbst. Es sind Sonnen oder ganze Galaxien, also große Sonnenansammlungen. Doch sind sie so weit entfernt, dass sie uns nur als Pünktchen am Himmel erscheinen.

Im ⟶ *Bild 6* kreuzen sich auf einem Schirm flache Lichtbündel aus zwei Experimentierleuchten. Der Verlauf wird dadurch sichtbar, dass sie an dem Schirm entlangstreifen. Die Lichtbündel durchdringen sich ungestört, anders als sich kreuzende Wasserstrahlen.

Merksatz

Die geradlinigen verlaufenden **Lichtstrahlen sind Denkmodelle** für sehr feine Lichtbündel. Diese durchdringen sich ungestört.

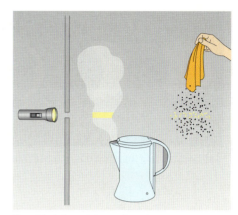

B 4: Lichtbündel werden sichtbar

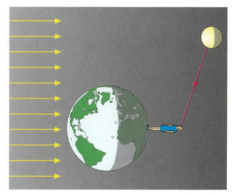

B 5: Der lichtdurchflutete Nachthimmel erscheint uns dunkel, nur der beleuchtete Mond ist sichtbar.

B 6: Lichtbündel stören sich gegenseitig nicht.

... noch mehr Aufgaben

A1: Beim Blaulicht eines Polizeifahrzeugs rotiert um eine Glühlampe ein Spiegel, der das Licht bündelt. Warum sieht man das Blaulicht blinken, obwohl die Lampe doch immer leuchtet?

B 1: Bilder einer totalen Sonnenfinsternis, aufgenommen im Abstand von 20 Minuten.

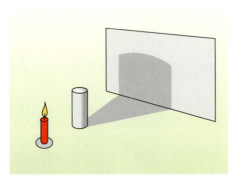

B 2: Hinter dem Gegenstand befindet sich ein lichtfreier Raum.

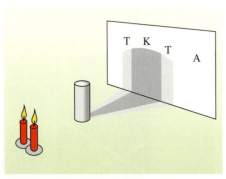

B 3: Kommt eine zweite Kerze hinzu, dann gibt es links und rechts neben dem dunklen Schatten etwas hellere Flächen, häufiger „Halbschatten" genannt.

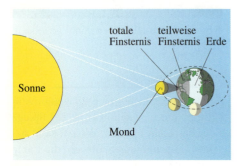

B 4: So entsteht eine Sonnenfinsternis.

Licht und Schatten

1. Lichtfreier Raum

Bringt man vor eine Lichtquelle einen undurchsichtigen Gegenstand, dann ist der Raum dahinter dunkel, also lichtfrei. Dort sieht man Gegenstände nicht. Stellt man nach ▨ *Bild 2* hinter den Gegenstand ein großes weißes Blatt Papier, so zeigt es den Umriss des Gegenstands. Er stellt die Grenze zwischen beleuchteter und nicht beleuchteter Fläche dar. Umgangssprachlich nennt man den nicht beleuchteten Bereich den „Schatten" des Körpers.

Im ▨ *Bild 3* stehen zwei Kerzen nahe beisammen. Auch ihrem Licht verwehrt der undurchsichtige Gegenstand den Weg zum Papier. Dort sehen wir jetzt drei Zonen:
In den Kernbereich (K) kann weder das Licht der linken noch der rechten Kerze gelangen. Dort ist es völlig dunkel.
Rechts und links davon gibt es Bereiche, die das Licht nur jeweils einer Kerze trifft. Diesen Bereich nennt man „Teillichtbereich" (T) oder auch „Halbschatten".
Auf alle Stellen außerhalb dieser Bereiche fällt dagegen das Licht beider Kerzen (A). Dort ist es ganz hell.

2. Sonnenfinsternis

Das spektakulärste Schattenereignis ist die **totale Sonnenfinsternis** (▨ *Bild 1*). Dabei steht der Mond für bestimmte Erdregionen so, dass das Licht der Sonne diese Regionen nicht mehr erreicht. Eine solche Region wird verfinstert – nicht eigentlich die Sonne! Die Bewohner befinden sich im „Schatten" des Mondes. Dieser Schatten rast mit hoher Geschwindigkeit über die Erdoberfläche. Während der völligen Verdeckung der Sonne wird deren *Korona*, die lichtschwächer leuchtende Umgebung der Sonne, sichtbar (▨ *Bild 1*, mittlere Abbildung).
Weil der Schattenbereich nicht sehr groß ist, ist das ganze, großartige Naturschauspiel nach wenigen Minuten wieder vorbei.

Die letzte totale Sonnenfinsternis in Deutschland fand am 11.08. 1999 statt. Die nächste wird hier erst wieder am 17.04. 2135 zu beobachten sein.

3. Mondphasen

Der Mond zeigt sich in wechselnder Gestalt, einmal als runde Scheibe, dann wieder als schmale Sichel. Dies kann man anhand von ⇒ *Bild 5* erklären. Dort sind acht verschiedene Standorte des Mondes eingezeichnet, die dieser während seines vier Wochen dauernden Umlaufs um die Erde einnimmt.

Die Sonne beleuchtet immer die ihr zugewandte Mondhälfte. Die andere ist unbeleuchtet. Je nach Position des Mondes sehen wir nur Teile dieser beleuchteten Seite. Der Mond erscheint uns also in seinen **Mondphasen**. Wir sehen …:

- bei Vollmond die beleuchtete Mondfläche ganz (1),
- bei Halbmond die Hälfte des beleuchteten Mondes (3), (7),
- bei Neumond sehen wir die beleuchtete Mondhälfte nicht (5).

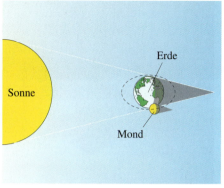

B 6: Hinter Erde und Mond gibt es einen Schattenkegel.

Aber auch den nicht von der Sonne beleuchteten Teil kann man in klaren Nächten schwach erkennen. Von der Erde gelangt nämlich etwas Streulicht zum Mond und beleuchtet ihn ein wenig.

Warum gibt es eigentlich nicht bei jedem Neumond eine Sonnenfinsternis und bei jedem Vollmond eine Mondfinsternis? Die Ebene der Mondbahn ist gegenüber der Ebene der Erdbahn um ungefähr 5° geneigt. So gelingt es dem Mond nur selten, die Sonnenscheibe zu verdecken.

Es gibt zwar alle 28 Tage Vollmond, aber meistens steht die Erde nicht exakt auf der Verbindungslinie Mond-Sonne. Wäre dies der Fall, so träfe das Sonnenlicht den Mond nicht und wir hätten eine Mondfinsternis (⇒ *Bild 7*).

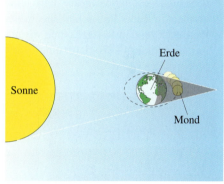

B 7: So entsteht eine Mondfinsternis.

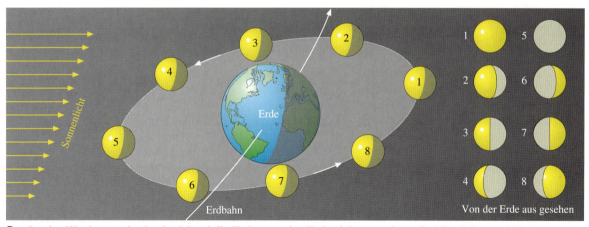

B 5: In vier Wochen umkreist der Mond die Erde; von der Erde sieht man dann die Mondphasen 1 bis 8.

✏ **... noch mehr Aufgaben**

A 1: Beschreibe, wie sich Schatten und beleuchtete Flächen ändern, wenn man in ⇒ *Bild 3* die Kerzen auseinanderzieht.

A 2: Fußballspieler haben bei Flutlicht vier sternförmig angeordnete Teilschatten. Wie ist dies zu erklären?

A 3: Warum kann eine Mondfinsternis nur bei Vollmond und eine Sonnenfinsternis nur bei Neumond stattfinden?

A 4: Aus welcher Art von Verfinsterung kann man auf die Kugelgestalt der Erde schließen, aus einer Sonnen- oder einer Mondfinsternis?

V1: Das breite Lichtbündel einer Experimentierleuchte fällt schräg auf mehrere verschiedene Pappestücke und einen kleinen Spiegel. Wir sehen die bunten Pappestücke; den Spiegel sehen wir aber nur als dunkles Feld – dafür einen hellen Fleck an der Wand.

V2: Vor eine Glasscheibe wird eine brennende Kerze gestellt. Ihr Spiegelbild scheint hinter der Glasscheibe zu stehen. Nun nehmen wir eine gleichgroße, nicht brennende Kerze und stellen sie so hinter die Glasscheibe, dass von vorne der Eindruck entsteht, auch ihr Docht würde brennen.

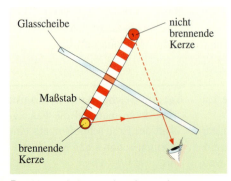

B1: Versuch 2 von oben betrachtet

B2: Ein Spiegelbild, das zahlreiche Touristen anlockt.

Reflexion am ebenen Spiegel

1. Glatte Flächen spiegeln

Die Erfahrung sagt uns, dass man sich nur in glatten Flächen spiegeln kann: In der Glasscheibe, im Badezimmerspiegel, in einer ruhigen Wasseroberfläche, in der polierten Lackoberfläche mancher Möbel oder von Autos. Man spiegelt sich jedoch nicht in rauen oder stumpfen Oberflächen.

Im ➡ *Versuch 1* sind die Pappestücke deutlich zu erkennen, denn ihre Oberflächen sind rau und streuen das Licht nach allen Richtungen. Der Spiegel jedoch reflektiert das Licht nur in eine Richtung, deshalb erscheint an der Wand der helle Fleck.

2. Der Spiegel – Fenster zur Spiegelwelt

Schaue in den Spiegel in einem Zimmer. Du siehst dich, aber auch das ganze übrige Zimmer; die Gegenstände im Hintergrund, die Wände, die Decke, den Boden, wenn man so will: Die ganze Welt ist hinter der Spiegelfläche für das Auge nochmals vorhanden. Willst du allerdings deinem Gegenüber im Spiegel die Hand reichen, dann erkennst du: Die Spiegelwelt ist nur eine Sehwelt, aber keine Tastwelt. Wir schauen in die Spiegelwelt hinein, scheinbar wie durch ein Fenster in ein Haus. Unser Gehirn erzeugt uns diese Scheinwelt. Wir sind ja gewohnt, dass Lichtstrahlen gerade verlaufen. Deshalb glauben wir, sie kämen aus einem Raum hinter dem Spiegel. In Wirklichkeit kommen sie von vorn und werden an der Spiegeloberfläche geknickt. Trotzdem ist die Vorstellung einer Spiegelwelt, den Spiegel also als Fenster in eine zweite „gespiegelte" Welt aufzufassen, nützlich. Sie hilft uns, das Reflexionsgesetz zu finden und andere „Spiegelfragen" zu klären.

Unter günstigen Lichtverhältnissen erkennt man, dass sich Glasscheiben wie „richtige" Spiegel verhalten, mit dem Vorteil, dass man auch die Welt dahinter sieht. Deshalb verwenden wir jetzt eine normale Glasscheibe als Spiegel.

3. Die Gesetze des Spiegelns

Betrachten wir den Versuch 2 von oben (⟹ *Bild 1*), dann sehen wir, dass die Kerzen achsensymmetrisch zur Glasscheibe angeordnet sein müssen. Nur so kann der Eindruck entstehen, die nicht brennende Kerze habe eine Flamme. Dieser Eindruck entsteht für jeden Beobachter vor der Scheibe, wenn diese nur groß genug ist. Achsensymmetrisch bedeutet: Ihr Abstand zur Scheibe ist jeweils gleich, ihre Verbindungslinie senkrecht zu ihr.

Merksatz

Das Spiegelbild erscheint senkrecht gegenüber der Spiegelebene und im gleichen Abstand vom Spiegel wie der reale Gegenstand.

B 4: Reale Welt – Spiegelwelt. So wird das Auge getäuscht.

Wir untersuchen jetzt den Verlauf eines Lichtstrahls. Dazu leuchten wir mit einer Taschenlampe so in einen Spiegel, dass das Lichtbündel in das Auge des Betrachters trifft. Dieser glaubt, dass er in das Licht der Lampe in der „Spiegelwelt" schaut (⟹ *Bild 4*). In Wirklichkeit wird das Licht natürlich auf der Spiegeloberfläche reflektiert und fällt dann in sein Auge. Der ⟹ *Versuch 3* zeigt uns, dass das Licht der Taschenlampe das Auge des Betrachters nur trifft, wenn die Lichtquelle, der Reflexionspunkt auf dem Spiegel und das Auge des Betrachters in einer Ebene liegen. In dieser so genannten **Reflexionsebene** liegen der hinlaufende und der reflektierte Lichtstrahl. Diese Ebene steht stets senkrecht auf der Spiegeloberfläche. Zeichnen wir die Taschenlampe achsensymmetrisch ein, dann erhalten wir folgende geometrischen Verhältnisse (⟹ *Bild 3*):
Da die Punkte T', R und A auf einer Geraden und T' und T symmetrisch zum Spiegel liegen, sind die drei rot eingezeichneten Winkel gleich groß. Um das Reflexionsgesetz auch bei gekrümmten Flächen anwenden zu können, verwendet man das Lot (grün). Die beiden gelben Winkel neben dem Lot, **Einfallswinkel** (α) und **Reflexionswinkel** (β), sind dann ebenfalls gleich groß. Dies lässt sich in ⟹ *Versuch 4* für jeden Winkel sehr genau bestätigen.

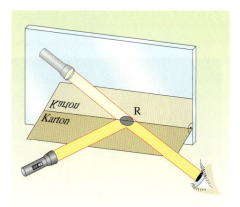

V 3: Mit der Taschenlampe wird so in den Spiegel geleuchtet, dass das Bündel das Auge des Betrachters trifft. Mit Staub kann man die Stelle auf dem Spiegel sichtbar machen, an der das Lichtbündel reflektiert wird (R). Ein Helfer hält ein Stück Karton so in die Anordnung, dass die Lichtbündel streifend darauf sichtbar werden und sich deshalb nachzeichnen lassen.

Merksatz

Reflexionsgesetz: Einfallender Lichtstrahl, Lot und reflektierter Lichtstrahl liegen in einer Ebene. Einfallswinkel und Reflexionswinkel sind gleich groß.

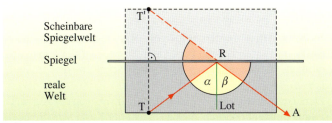

B 3: Geometrische Verhältnisse bei der Reflexion am Spiegel

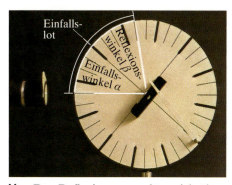

V 4: Das Reflexionsgesetz lässt sich überprüfen, in dem man ein feines Lichtbündel einer Experimentierleuchte auf einen Spiegel fallen lässt und die Winkel misst.

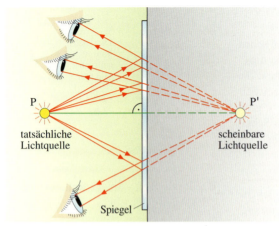

B 1: Das Licht scheint von P' zu kommen.

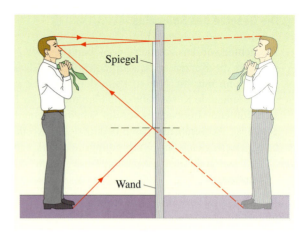

B 2: So muss man den Spiegel aufhängen.

B 3: Schatten aus der Spiegelwelt

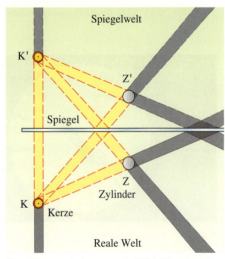

B 4: Konstruktion zu ▶ *Bild 3* in Draufsicht.

Spiegelbilder

1. Konstruktion mit Spiegelbildern

Wir wollen Spiegelbilder und den Verlauf von Lichtstrahlen konstruieren. Dazu verwenden wir die Tatsache, dass sich auf Grund des Reflexionsgesetzes die Lichtstrahlen einer Lichtquelle vor dem Spiegel so verhalten, als ob sie aus einer Lichtquelle hinter dem Spiegel stammten. Diese und die tatsächliche Lichtquelle liegen symmetrisch zum Spiegel (▶ *Bild 1*).

Ein Beispiel: Wie groß muss ein Spiegel mindestens sein, damit man sich dort in voller Größe sehen kann (▶ *Bild 2*)?
Zuerst zeichnen wir die Person und die Wand, an der der Spiegel hängt. Die „dahinter stehende" Person der Spiegelwelt konstruieren wir Punkt für Punkt. Jeder reale Punkt und sein Spiegelpunkt liegen symmetrisch zum Spiegel. (So kennen wir dies auch als Achsenspiegelung in der Mathematik).

Jetzt soll sich unsere Person in der Spiegelwelt betrachten. Die Lichtstrahlen müssen dazu von den Füßen und vom Scheitel ins Auge fallen können. Wir zeichnen die Verbindung von den Fußspitzen und dem Scheitel in der Spiegelwelt zum realen Auge. Aus den Schnittpunkten mit der Wand ergibt sich die Mindestspiegelgröße (in dieser Situation gerade die halbe Körpergröße). Die richtige Höhe liegt auch schon fest und der tatsächliche Verlauf der Lichtstrahlen lässt sich jetzt ebenfalls einzeichnen. (▶ *Bild 2*).

Auch Schatten werden gespiegelt. Wir stellen eine brennende Kerze und einen Zylinder vor einen Spiegel. Ist der Raum abgedunkelt, dann erkennen wir zwei Schatten des Zylinders (▶ *Bild 3*). Wie ist das zu erklären?
Der erste Schatten am Zylinder stammt direkt von der Kerze. Der zweite entsteht dadurch, dass das Licht der Kerze vom Spiegel so reflektiert wird, als ob es von der Kerze in der Spiegelwelt käme.

Alle Lichtpunkte haben ihre Spiegelpunkte in der Spiegelwelt. Deshalb findet auch jeder Schatten (fehlendes Licht) sein Gegenstück „hinter dem Spiegel" (⇒ *Bild 4*).

2. Der Winkelspiegel

Zwei Spiegel werden im rechten Winkel zueinander aufgestellt (⇒ *Bild 5*). Ein Lichtbündel trifft den ersten Spiegel und wird von diesem auf den zweiten reflektiert. Dieser reflektiert das Bündel ein zweites Mal. Das Experiment zeigt, dass das Lichtbündel immer in die gleiche Richtung zurückkehrt, aus der es gekommen ist. Wie lässt sich dies erklären?

a) Konstruktion des Lichtwegs (⇒ *Bild 6*): Der von P kommende Lichtstrahl trifft in Punkt C auf den Spiegel. Mithilfe des Lots und des Reflexionsgesetzes (Einfallswinkel und Reflexionswinkel sind gleich groß) erhalten wir den weiteren Verlauf bis zur Stelle D, an der der Strahl auf den zweiten Spiegel trifft. Auch dort wird der weitere Verlauf wie schon an der Stelle C konstruiert. Der Lichtstrahl verlässt den Winkelspiegel in Richtung P'.

b) Wie lässt sich geometrisch der experimentelle Befund, dass einfallender und reflektierter Strahl parallel sind, begründen?
Den ersten Einfallswinkel bezeichnen wir mit α und markieren ihn mit roter Farbe. Der grün gekennzeichnete Winkel ist der Ergänzungswinkel zu α. Er hat also die Größe $(90° - \alpha)$.
Da das Dreieck CAD rechtwinklig ist, ist bei D wieder der Winkel α zu finden. Der Austrittswinkel hat damit die Größe $(90° - \alpha)$.
Da das zweite Lot parallel zum ersten Spiegel ist, sind also einfallender und reflektierter Strahl parallel.

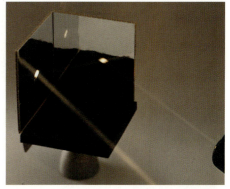

B 5: Das Licht einer Experimentierleuchte fällt auf einen Winkelspiegel.

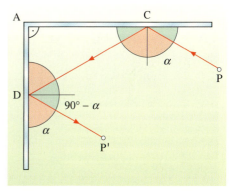

B 6: Verlauf des Lichtstrahls beim Winkelspiegel

✏ **... noch mehr Aufgaben**

A1: Du willst dich in einem Spiegel von Kopf bis Fuß betrachten.
a) Wie groß muss der Spiegel mindestens sein? In welcher Höhe muss er hängen (Augenhöhe 10 cm geringer als Körperhöhe)?
b) Ist die Spiegelgröße davon abhängig, wie weit du vor der Wand stehst, an der der Spiegel hängt? Fertige dazu eine maßstäbliche Zeichnung (1:20) an. Zeichne dich im Abstand von 1 m und von 2 m zur Wand ein. **c)** Kannst du dich im unverändert aufgehängten Spiegel auch dann noch ganz sehen, wenn du einen Kopfstand machst?
A2: In ⇒ *Bild 3* sieht man an der Kerze einen Schatten, obwohl sie die einzige Lichtquelle ist. Wie ist dies zu erklären?

A3: Der Spiegel S soll so gedreht werden, dass Licht der Lampe L auf den Punkt P fällt.
Übertrage die Zeichnung ins Heft und bestimme den Winkel gegenüber der Horizontalen.

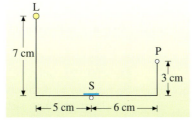

A4: Eine Person, die 1,60 m groß ist, (Augenhöhe 1,50 m) steht vor einem Spiegel und beugt sich um 40 cm nach vorne. Der Abstand der Füße von der Wand beträgt 1 m. Wie groß muss ein senkrecht hängender Spiegel mindestens

sein, in dem sie sich vollständig sieht?

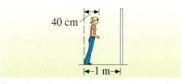

A5: In einem Zimmer hängt eine Glühlampe. Auf dem Boden liegt ein Spiegel und erzeugt an Decke und Wand einen Lichtfleck. Übertrage die Zeichnung (Maßstab 3:1) in dein Heft und konstruiere die Lage und Größe des Spiegels so, dass der Lichtfleck entsteht.

Lichtfleck

Spiegel

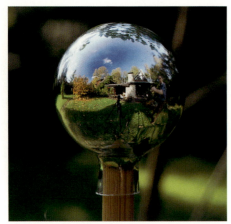

B1: Diesen Versuch kannst du auch mit einer Christbaumkugel durchführen.

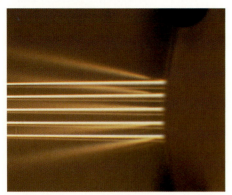

B2: Versuch zum Wölbspiegel

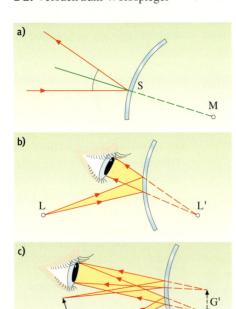

B3: Konstruktion der Spiegelwelt

Gekrümmte Spiegel

1. Der Wölbspiegel

Reflexionen an gekrümmten Flächen üben eine Faszination aus. Anders als beim ebenen Spiegel sieht man bei nach außen gewölbten Spiegeln fast die ganze Welt, die den Betrachter umgibt. Zudem sieht sich der Betrachter selbst in oft amüsierend verzerrter Form (*Bild 1*).

Wir bringen einen nach außen gewölbten polierten Metallstreifen auf einer Scheibe an und untersuchen, was passiert, wenn der Streifen von einem Lichtbündel getroffen wird. Um die einzelnen Vorgänge deutlich zu machen, verwenden wir keine Kerze sondern eine Punktlicht-Lampe und eine Blende mit mehreren Schlitzen (*Bild 2*).
Wir beobachten: Einige Strahlen laufen nach der Reflexion am Metallstreifen stark auseinander.

Können wir auch hier, wie beim ebenen Spiegel, eine Lichtquelle in der Spiegelwelt finden?
Um eine Antwort auf die Frage zu bekommen, greifen wir uns eine winzige Teilfläche der gewölbten Spiegelfläche heraus. Diese betrachten wir als winzigen ebenen Spiegel. Jetzt können wir hier das Reflexionsgesetz anwenden.
Es sagt, dass der Winkel zwischen Lot und einfallendem Lichtstrahl gleich dem Winkel zwischen Lot und reflektiertem Strahl ist.
Der gewölbte Metallstreifen stellt ein Segment eines Kugelspiegels dar. Der Kugelspiegel habe den Mittelpunkt M. Das *Lot* auf die spiegelnde Oberfläche (grün) erhalten wir nun als Verbindungsgerade Mittelpunkt M–Spiegelelement S (*Bild 3a*). Verlängern wir die reflektierten Strahlen nach hinten, dann erhalten wir als Schnittpunkt einen Punkt unserer scheinbaren Lichtquelle in der Spiegelwelt (*Bild 3b*).
In *Bild 3c* wurde dies mit zwei Punkten durchgeführt. Man erkennt, dass die Punkte in der Spiegelwelt sehr viel enger zusammenliegen als in der Realität. Der Wölbspiegel wirkt also *verkleinernd*. Da alle Punkte zusammenrücken, sieht man beim Blick in einen Wölbspiegel einen größeren Ausschnitt der Umgebung als bei einem gleich großen ebenen Spiegel.

Diesen Effekt nutzt man beispielsweise bei Rückspiegeln in Autos oder bei Verkehrsspiegeln an unübersichtlichen Kreuzungen aus. Dort will man sich mit einer kleinen Spiegelfläche einen möglichst großen Überblick über die Verkehrssituation verschaffen.

In Fabriken und Einzelhandelsmärkten findet man diese gewölbten Spiegel ebenfalls. Man verwendet sie auch hier immer dann, wenn man sich schnell einen Überblick verschaffen will: Arbeitet die Maschine richtig, kommt jemand um die Ecke oder macht sich ein Ladendieb an den Waren zu schaffen?

2. Der Hohlspiegel

Bei Hohlspiegeln lassen sich die gleichen Versuche wie bei Wölbspiegeln durchführen. Auch die Konstruktion der Spiegelwelt erfolgt auf die gleiche Weise.

Ist der Abstand zum Spiegel klein genug, dann liegt die Spiegelwelt hinter dem Spiegel, ihre Punkte aber weiter auseinander als in der Realität (⟾ *Bild 5*). Man sieht die Gegenstände vergrößert (z. B. im Kosmetik- oder Rasierspiegel).

3. Der Brennpunkt des Hohlspiegels

Fallen *parallele* Lichtbündel auf einen Hohlspiegel (⟾ *Bild 6*), dann beobachten wir, dass sich alle reflektierten Bündel fast genau in einem einzigen Punkt schneiden. Diesen Punkt nennt man den *Brennpunkt* des Hohlspiegels.

Mit einem Hohlspiegel ist es also möglich, parallele Lichtbündel in einem Punkt zu vereinen. Diese Eigenschaft nutzt man z. B. beim Bau von Solaröfen (⟾ *Bild 4a*). Damit lässt sich die Energie, die von der Sonne auf den Spiegel fällt, auf einen kleinen Fleck konzentrieren. Es wird dort sehr heiß. Schon um 1870 hat Abel PIFRE mit einer solchen Anordnung eine kleine Dampfmaschine betrieben (⟾ *Bild 4b*).

Aber auch für einfachere Anwendungen ist der Hohlspiegel geeignet. Schon bei einem Durchmesser von 1,5 m kann man mit einem solchen Spiegel kochen. In den Brennpunkt bringt man einen Kochtopf, sodass das Sonnenlicht auf diesen gebündelt wird (⟾ *Bild 4c*). Die Sonnenenergie wird konzentriert zugeführt, das Kochgut wird erhitzt.

Diese Idee, für sonnenreiche Länder entwickelt, hat sich bis heute nicht durchgesetzt. In diesen Ländern ist es üblich, abends zu kochen. Dann scheint aber die Sonne nicht.

Umgekehrt wird Licht, das aus dem Brennpunkt kommt, nach der Reflexion parallel. Dies nutzt man z. B. bei Autoscheinwerfern (⟾ *Bild 7*). In den Brennpunkt des Hohlspiegels bringt man die Wendel der Glühlampe. Das Licht ist nach der Reflexion fast parallel und man kann damit die Straße sehr weit ausleuchten.

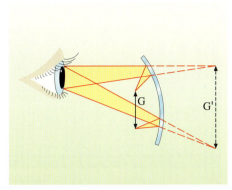

B 5: Spiegelwelt beim Hohlspiegel

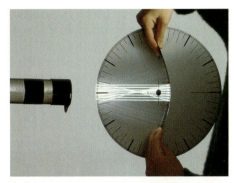

B 6: Der Brennpunkt beim Hohlspiegel

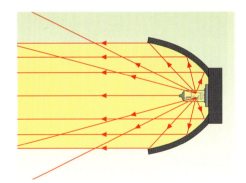

B 7: Ein Kfz-Scheinwerfer

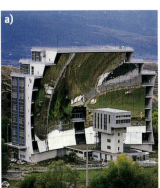

B 4: a) Solarofen **b)** Solardampfmaschine von PIFRE **c)** Solar-Kochgerät

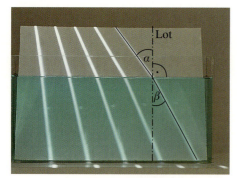

V 1: Eine Experimentierleuchte und eine Blende mit mehreren parallelen Schlitzen erzeugen etliche Lichtbündel verschiedener Neigung. Sie dringen in eine mit Wasser gefüllte Wanne ein und haben an der Wasseroberfläche einen Knick. Wir sehen, wie die Bündel an der weißen Rückwand der Wasserwanne entlang streifen. Beim Bündel ganz rechts sind das Lot auf der Wasseroberfläche, die Lichtstrahlen und die Winkel α und β eingezeichnet.

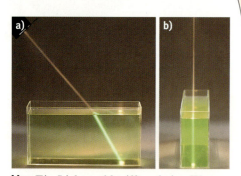

V 2: Ein Lichtstrahl trifft auf eine Wasseroberfläche. Es wurde in der Luft mit Staub und im Wasser mit Fluoreszein sichtbar gemacht. **a)** Man sieht die Anordnung von vorn. Der Strahl hat einen Knick. **b)** Dreht man die Anordnung um 90°, dann kann man sie von rechts betrachten. Man sieht keinen Knick.

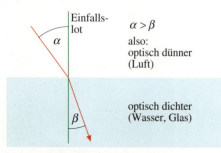

B 1: So definiert man „optisch dicht" – „optisch dünn".

Brechung

1. Geknickte Lichtstrahlen

Im ⟩⟩⟩ *Versuch 1* machen wir folgende Beobachtungen: Sowohl in Luft als auch in Wasser verlaufen die Lichtbündel jeweils geradlinig. Beim Übergang von Luft in Wasser bekommen die Lichtbündel einen Knick, es sei denn, sie treffen senkrecht auf die Wasseroberfläche.

Im ⟩⟩⟩ *Versuch 2* wird nun ein einziges Lichtbündel untersucht. Weil es sehr fein ist, können wir auch von einem Lichtstrahl sprechen. Von vorne sehen wir den Lichtstrahl geknickt (⟩⟩⟩ *Versuch 2a*). Dies kennen wir schon von ⟩⟩⟩ *Versuch 1*. Von rechts gesehen erkennen wir nur eine gerade Linie, die senkrecht zur Wasseroberfläche verläuft (⟩⟩⟩ *Versuch 2b*). Wir folgern:
Einfallender und gebrochener Strahl liegen mit dem (gedachten) Lot in derselben Ebene.

Mit unserem „Lichtstrahlen-Modell" können wir die Lichtbrechung formulieren:

Merksatz

Lichtstrahlen werden beim Übergang von Luft in Wasser gebrochen. Dabei liegen einfallender Strahl, Einfallslot und gebrochener Strahl in einer Ebene.

In ⟩⟩⟩ *Versuch 1* bezeichnen wir den Winkel zwischen dem Einfallslot und dem in Luft verlaufenden Lichtstrahl mit α; den Winkel zwischen diesem Lot und dem Lichtstrahl im Wasser dagegen nennen wir β. Trifft der Lichtstrahl die Wasseroberfläche senkrecht, so wird er nicht gebrochen. Dies ist der Fall, wenn $\alpha = \beta = 0°$ ist.
Weiter beobachten wir, dass der Winkel β im Wasser stets kleiner als der Winkel α in Luft ist (wenn nicht $\alpha = \beta = 0°$ ist). Außerdem ist der Unterschied zwischen α und β umso größer, je flacher der Strahl auf die Grenzfläche der beiden Stoffe trifft.

Diese Eigenschaft findet man bei jedem Übergang von einem durchsichtigen Stoff in einen anderen durchsichtigen Stoff. Allerdings ist das Maß, in dem der einfallende Strahl beim Übergang von einem in den anderen Stoff gebrochen wird, von Stoffpaar zu Stoffpaar verschieden.

Der Stoff, in dem der Lichtstrahl mit dem Einfallslot den kleineren Winkel (β) bildet, nennt man das **optisch dichtere** Medium. Das Medium, in dem der Winkel (α) größer ist, ist im Vergleich mit dem anderen Stoff das **optisch dünnere** Medium (⟩⟩⟩ *Bild 1*). Wasser und auch Glas sind demnach optisch dichter als Luft.
Man sagt: Ein Lichtstrahl wird beim Übergang vom dünneren ins dichtere Medium *zum Lot hin* gebrochen.

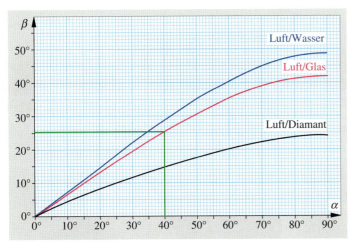

B 2: Zusammenhang zwischen α und β für verschiedene Stoffe. α wird immer in Luft gemessen.

Für die Lichtbrechung können wir jetzt die folgende Regel formulieren:

Merksatz

Der Lichtstrahl wird beim Übergang vom optisch dünneren ins optisch dichtere Medium zum Lot hin gebrochen.
Einfallender Strahl, Einfallslot und gebrochener Strahl liegen in einer Ebene.

2. Genauere Messung zur Brechung

Im ⟶ *Versuch 3* wird der Übergang eines Lichtstrahls von Luft in ein Stück Glas untersucht. Wir lesen die Größe des Winkels zwischen einfallendem Strahl und Lot sowie des zugehörenden Winkels im optisch dichteren Medium ab. Damit erhalten wir die ⟶ *Tabelle 1* beziehungsweise das Diagramm in ⟶ *Bild 2*. Beispielsweise ist in der Abbildung des Versuchsgeräts $\alpha = 40°$, $\beta = 25{,}4°$.
Wir können hier den Zusammenhang von α und β leider nicht in eine Formel fassen. Deshalb benutzen wir die ⟶ *Tabelle 1* oder das Diagramm (⟶ *Bild 2*), um entsprechende Werte abzulesen.

3. Umkehrbarkeit des Lichtwegs

Wir wiederholen den Versuch, mit dem die Brechung von Licht beim Übergang in Glas gezeigt wird. Dabei halten wir aber am Ende einen Spiegel senkrecht in den Lichtstrahl. Das Licht wird dort reflektiert (⟶ *Bild 3*). Um das einfallende und das reflektierte Licht unterscheiden zu können, verwenden wir diesmal weißes Licht und setzen vor den Spiegel ein rotes Farbfilter. Somit ist das von der Lampe ausgehende Licht weiß, das vom Spiegel reflektierte Licht rot. Der Versuch zeigt: Der Rückweg des oben am Glas austretenden Lichts deckt sich exakt mit dem Hinweg.

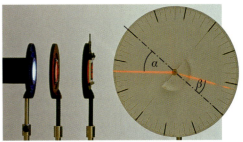

V3: Auf der Scheibe mit Gradeinteilung ist ein Halbzylinder aus Glas angebracht. Eine Experimentierleuchte mit Schlitzblende und Farbglas erzeugt ein feines Lichtbündel, das die Mitte des ebenen Glaskörpers trifft. Wir beobachten, dass an der Eintrittsstelle ein Knick entsteht. Das Licht wird beim Übergang von Luft in Glas gebrochen. – An der runden Seite beobachten wir keinen Knick, denn hier sind der Lichtstrahl und die Oberfläche stets senkrecht zueinander. Deshalb kann man den Winkel β, der ja eigentlich innerhalb des Glases gemessen werden müsste, am Rand der Scheibe messen. Bei verschiedenen Stellungen der Scheibe lassen sich so α und β ablesen (⟶ *Tabelle 1*).

Winkel α in	Winkel β in	
Luft	Glas	Wasser
0°	0°	0°
10°	6,6°	7,5°
20°	13,2°	14,9°
30°	19,5°	22,0°
40°	25,4°	28,8°
50°	30,7°	35,1°
60°	35,3°	40,5°
70°	38,8°	44,8°
80°	41,0°	47,6°
90°	41,8°	48,6°

T1: Zusammenhang von α und β

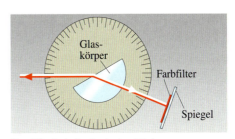

B3: Umkehrbarkeit des Lichtwegs

A. Reflexion

Bei Versuchen zur Brechung beobachtet man außer dem gebrochenen auch reflektiertes Licht: Von jedem Lichtstrahl wird ein Teil an der Oberfläche wie an einem Spiegel nach dem Reflexionsgesetz reflektiert. Mit wachsendem Winkel α steigt die Helligkeit des gespiegelten Teils, die des gebrochenen Teil nimmt ab.

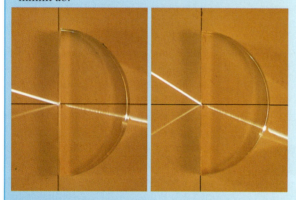

B. Optische Täuschungen

- Eine Münze liegt an der Stelle P im Wasser. Das Tageslicht wird von ihr nach allen Seiten gestreut. Ein Teil des gestreuten Lichts fällt nach der Brechung an der Grenzschicht Wasser-Luft ins Auge des Betrachters. Der kann jedoch nicht wahrnehmen, dass das Lichtbündel einen Knick macht. Er sieht die Münze an der Stelle P′, wo sie tatsächlich nicht liegt. Die Münze scheint samt Boden „angehoben" zu sein.

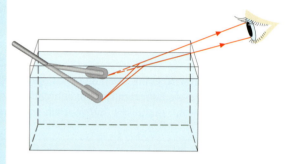

Die Situation des geknickten Paddels im Versuch und die geometrische Erklärung der Täuschung.

- Die Leiter hat gleiche Sprossenabstände. Trotzdem erscheinen die Sprossen, die unter Wasser sind, viel enger zu stehen.

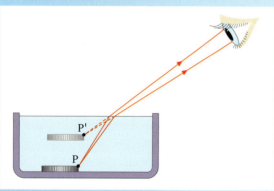

- Der Teil des Paddels, der sich unter Wasser befindet, erscheint uns gegenüber dem Teil oberhalb des Wassers abgeknickt. Wir lassen uns täuschen, denn wir gehen davon aus, dass sich das Licht überall geradlinig ausbreitet. Lichtstrahlen von Paddelstellen unter Wasser werden aber an der Wasseroberfläche gebrochen.

Interessantes

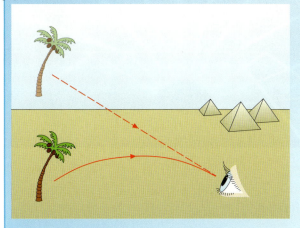

C. Fata Morgana oder warum schwebt die Palme am Himmel?

Die optische Dichte von Luft sinkt mit steigender Temperatur. In der Atmosphäre liegen Schichten unterschiedlicher Temperaturen und damit unterschiedlicher optischer Dichte übereinander. Bei einer *Fata Morgana* werden schräg in dieses Luftschichtenpaket einfallende Lichtstrahlen „umgebogen". Trifft der „umgebogene" Lichtstrahl in unser Auge, dann werden wir getäuscht, denn wir gehen durch unsere alltägliche Erfahrung von einer geradlinigen Lichtausbreitung aus. Wir sehen die Palme am Himmel schweben.

Die folgenden Voraussetzungen müssen für eine Fata Morgana allerdings erfüllt sein:
- Windstille, damit die Luftschichten unterschiedlicher Temperatur erhalten bleiben;
- die richtige Lage des Objekts und des Beobachters.

Wie kommt aber so ein „umgebogener" Lichtstrahl zustande? Wir denken uns verschiedene durchsichtige Stoffe brettartig übereinander gestapelt. Ihre optische Dichte nehme nach unten zu. Dann wird an jeder Grenzfläche der Lichtstrahl ein bisschen zum Lot hin gebrochen. Damit ergibt sich der in der Abbildung a) dargestellte Verlauf.
Wenn wir uns diese Schichten sehr dünn vorstellen, und die optische Dichte wieder von oben nach unten zunimmt, dann erhalten wir einen „gebogenen" Lichtstrahl b).

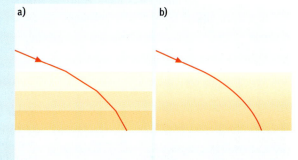

a) b)

A1: Warum können wir einen Glasstab oder eine Glasplatte in Luft oder in Wasser sehen, obwohl Glas durchsichtig ist?

A2: Um welchen Winkel wird ein Lichtstrahl abgelenkt, der unter 35° zum Lot von Luft in Wasser übergeht? (Benutze dazu das α-β-Diagramm.)

A3: Eine punktförmige Lichtquelle, von der nach allen Richtungen Lichtstrahlen ausgehen, ist 5 cm von der ebenen Oberfläche eines Glaskörpers entfernt. Der senkrecht zur Glasoberfläche verlaufende Strahl treffe die Oberfläche im Punkt P. Zeichne die von der Lichtquelle ausgehenden Lichtstrahlen, die 1,8 cm, 4,2 cm bzw. 6,0 cm vom Punkt P entfernt auf der Glasoberfläche ankommen. Wie laufen diese Lichtstrahlen nach der Brechung im Glas weiter?

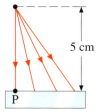

5 cm

P

A4: Bei Naturvölkern, die noch mit Speeren auf die Jagd nach Fischen gehen, wirft der Fischer den Speer nach einem im Wasser erspähten Fisch nicht genau in Blickrichtung. Warum nicht? Wie muss er zielen?

A5: Ein Lichtstrahl wird durch Brechung um den Winkel δ aus seiner Richtung abgelenkt. Wie kann man den Ablenkwinkel δ berechnen? Stelle in einem Diagramm dar, wie der Ablenkwinkel δ vom Winkel α abhängt, unter dem ein Lichtstrahl aus der Luft auf Diamant fällt.

A6: Der Behälter im Bild ist mit Zuckerlösung gefüllt. Ihre optische Dichte wächst mit nach unten zunehmender Konzentration der Zuckerlösung. Warum ist das Lichtbündel gekrümmt?

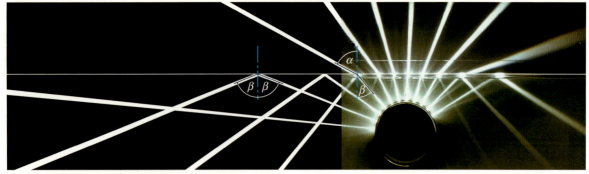

B 1: Totalreflexion beim Übergang Wasser-Luft

V 1: Eine Lichtquelle wird in das Innere eines mit Wasser gefüllten Glastroges gebracht (⟹ *Bild 1*). Durch zahlreiche Schlitze gehen schmale Lichtbündel nach verschiedenen Richtungen. Einige Bündel werden an der Grenzfläche vollständig reflektiert.

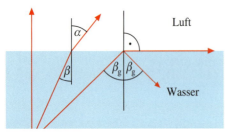

B 2: $\alpha = 90°$ beim Grenzwinkel β_g

Konstruktion des Strahlverlaufs

Wenn ein Lichtstrahl vom optisch dichteren ins optisch dünnere Medium tritt, dann wird er *vom Lot weg* gebrochen. Für die Zeichnung liest man die schon bekannte Tabelle einfach umgekehrt ab – sucht also zum vorgegebenen β den zugehörenden Wert von α. Ist β größer als der zu $\alpha = 90°$ gehörende Wert, dann gibt es nur noch Reflexion (nach dem Reflexionsgesetz).

α in Luft	β in Glas
...	...
40°	25,4°
50°	30,7°
60°	35,3°
...	...
90°	41,8°

B 3: Konstruktion der Lichtstrahlen

Totalreflexion

1. Gefangenes Licht

Im ⟹ *Versuch 1* mit der Lichtquelle im Wasser können wir folgende interessante Beobachtung machen: Der Lichtstrahl, der senkrecht auf die Oberfläche trifft, verlässt dort ungebrochen das Wasser. Links und rechts davon sind Lichtstrahlen, die vom Lot weg gebrochen werden. Ein Teil des Lichts wird jeweils nach dem Reflexionsgesetz an der Grenzfläche reflektiert. Der reflektierte Anteil wird umso heller, je größer der Winkel zwischen Strahl und Lot ist. Weiter außen beobachten wir sogar Lichtstrahlen, die das Wasser gar nicht mehr verlassen. Sie werden an der Oberfläche nach dem Reflexionsgesetz total reflektiert. Das sind die Lichtstrahlen, die unter einem großen Winkel auf die Oberfläche treffen. Wie groß muss dieser Winkel sein, damit die **Totalreflexion** einsetzt, der Strahl also nur noch reflektiert wird?

2. Grenzwinkel

Vergrößert man beim Übergang von Luft in Wasser den Winkel zwischen Strahl und Lot, so beträgt die obere Grenze für den Winkel α in Luft 90°. Der zugehörige Winkel β ist demnach der größte Winkel im dichteren Medium. Man nennt ihn den **Grenzwinkel β_g** (⟹ *Bild 2*). Wegen der Umkehrbarkeit des Lichtweges können wir die bisherige Tabelle auch in diesem Fall verwenden. Wir lesen ab: Bei $\alpha = 90°$ in Luft ist der Grenzwinkel in Wasser $\beta_g = 48,6°$. Trifft Licht auf die Grenzfläche zwischen einem optisch dichteren und einem dünneren Medium unter einem größeren Winkel als dem Grenzwinkel, so entsteht Totalreflexion.

Merksatz

Tritt ein Lichtstrahl vom optisch dichteren ins optisch dünnere Medium, dann wird er an der Grenzfläche gebrochen, teilweise auch reflektiert. Je weiter sich der Winkel β dem Grenzwinkel β_g nähert, desto mehr Licht wird reflektiert. Überschreitet β den Grenzwinkel β_g, dann wird nur noch reflektiert.

3. Lichtleiter

Im ⟱ *Versuch 2* sieht man, dass das Licht nicht seitlich aus dem Plexiglasstab austritt, sondern den Windungen folgt und erst am andern Ende den Stab wieder verlässt. Der Stab hat einen kleinen Durchmesser. Seine seitlichen Begrenzungsflächen gegen die umgebende optisch dünnere Luft werden von allen Lichtstrahlen nur flach getroffen; es gibt *Totalreflexion*. Deshalb kann das Licht den Plexiglasstab seitlich nicht verlassen. Es wird von Wand zu Wand reflektiert, bis es fast senkrecht auf die Endflächen des Lichtleiters trifft.

Glasfaserkabel sind Bündel optisch gegeneinander getrennter haardünner Lichtleiter. Jede Faser überträgt einen anderen Punkt des Gegenstands (⟱ *Bild 4*). Um „Bilder" übertragen zu können, müssen die Fasern sehr exakt geordnet sein. In der Medizin verwendet man beim so genannten **Endoskop** dünne Glasfaserkabel aus Tausenden von Lichtleitern, um damit in das Innere des menschlichen Körpers zu sehen.

Mit Glasfaserkabeln (⟱ *Bild 5*) können auch Telefongespräche oder Daten übertragen werden: Elektrische Signale werden in Lichtsignale umgewandelt, durch das Glasfaserkabel geleitet und an dessen Ende wieder in elektrische Signale zurückverwandelt.

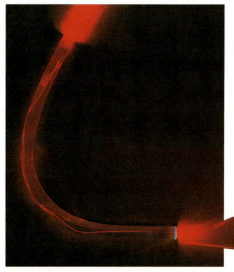

V 2: Licht aus einer Experimentierleuchte fällt auf ein Ende eines gebogenen Stabes aus Plexiglas. Das Licht tritt oben ein und unten rechts aus, jedoch nicht seitlich. (Das leichte Leuchten stammt von Kratzern und Unreinheiten der Oberfläche, an denen Licht gestreut wird).

B 4: Viele geordnete Glasfasern übertragen dieses Bild.

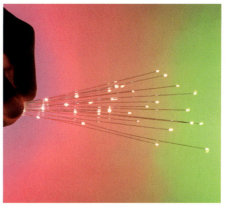

B 5: Glasfaserkabel übertragen Information

... noch mehr Aufgaben

A 1: Von dem Licht, das eine punktförmige Lichtquelle unter Wasser aussendet, kann nur ein bestimmter Teil durch die Wasseroberfläche treten. **a)** Zeige: Dieser Teil hat im Wasser die Form eines Kegels. **b)** Wie groß ist sein Öffnungswinkel?

A 2: Eine punktförmige Lichtquelle befindet sich 4 cm unter Wasser. Sie sendet nach allen Seiten Licht aus. Der senkrecht zur Wasseroberfläche verlaufende Strahl treffe diese in P. Zeichne von der Lichtquelle ausgehende Lichtbündel, die 2 cm, 4 cm und 6 cm von P entfernt auf die Wasseroberfläche treffen. Wie verlaufen diese Lichtbündel anschließend weiter?

A 3: Das Schnittbild eines Quaders aus Glas ist 8 cm lang und 4 cm hoch. Auf die Mitte der Seitenfläche fällt unter dem Winkel 50° zum Lot ein in der Schnittebene liegender Lichtstrahl. Konstruiere seinen weiteren Verlauf, bis ein Teil den Quader erstmals wieder verlässt.

Mehrmalige Brechung

1. Der Weg durch das Prisma

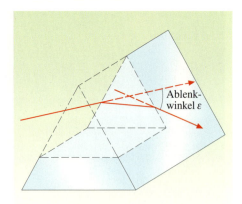

B 1: Ein Lichtstrahl auf seinem Weg durch ein Prisma. Der Strahl wird dabei um den Winkel ε aus seiner ursprünglichen Richtung abgelenkt.

Ein keilförmiger Glaskörper heißt optisches **Prisma**. Wichtig sind dabei die gegeneinander geneigten ebenen Grenzflächen. Wir verfolgen nun einen Lichtstrahl auf seinem Weg durch ein solches Prisma (⯈ *Bild 1*).

Um den Strahlverlauf zu verstehen, betrachten wir einmal die Querschnittzeichnung in ⯈ *Bild 2*:

a) Der Lichtstrahl trifft unter dem Winkel α_1 zum Lot auf die Grenzfläche. Dort geht er von der Luft ins optisch dichtere Medium Glas über, wird also zum Lot hin gebrochen (β_1).

b) Der Lichtstrahl durchquert das Glasstück geradlinig, bis er auf die Grenzfläche auf der anderen Seite trifft. Dort wird der Winkel zwischen ihm und dem Lot mit β_2 bezeichnet.

c) Beim Übergang vom dichteren ins dünnere Medium wird der Lichtstrahl vom Lot weg gebrochen. Der zu β_2 gehörende Austrittswinkel α_2 muss der Tabelle entnommen werden. Unter diesem Winkel α_2 gegenüber dem Lot verlässt der Lichtstrahl das Prisma.

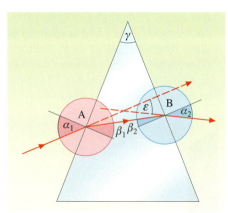

B 2: Brechung am Prisma. Beim Eintritt in das Prisma wird der Lichtstrahl zum Lot hin gebrochen; beim Austritt wird er vom Lot weg gebrochen.

Durch die zweimalige Brechung wird das Licht stärker aus seiner ursprünglichen Richtung abgelenkt als bei einmaliger. Den Ablenkwinkel ε bestimmen wir so:

Der einfallende Lichtstrahl wird über die Grenzfläche hinaus verlängert, als ob das Prisma nicht vorhanden sei. Der ausfallende Lichtstrahl wird rückwärts verlängert, bis er die Verlängerung des einfallenden Strahls schneidet. Jetzt lässt sich der Ablenkwinkel ε messen (⯈ *Bild 1*). Dieser Ablenkwinkel ε ist bei gleichem Einfallswinkel α umso größer, je stumpfer das Prisma ist. Wie stumpf ein Prisma ist, gibt der **Keilwinkel** γ an (⯈ *Bild 3*). Je größer der Winkel γ ist, umso größer ist der Ablenkwinkel ε.

 Merksatz

Ein Lichtstrahl wird an einem optischen **Prisma** so gebrochen, dass er zu dessen dickerem Ende hin abgelenkt wird. Je stumpfer das Prisma ist, desto größer ist die Ablenkung.

2. Der Weg durch die planparallele Platte

Ein Glasstück, das wie eine Fensterscheibe ebene und zueinander parallele Grenzflächen zur Luft aufweist, wird **planparallele Platte** genannt. Wir verfolgen wiederum einen Lichtstrahl auf seinem Weg durch die Platte (⯈ *Bild 4*).

a) Der Lichtstrahl trifft unter dem Winkel α zum Lot auf die Grenzfläche. Dort geht er von der Luft ins optisch dichtere Medium Glas über, wird also zum Lot hin gebrochen.

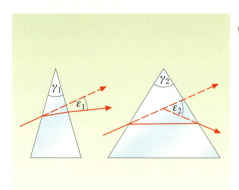

B 3: Je stumpfer das Prisma ist, desto größer ist der Ablenkwinkel ε. Anders ausgedrückt: Je größer der Keilwinkel γ ist, desto größer ist der Ablenkwinkel ε.

b) Der Lichtstrahl durchquert die Glasplatte geradlinig, bis er auf die Grenzfläche auf der anderen Seite trifft. Dort ist der Winkel zum Lot wiederum β.

c) Beim Übergang vom dichteren ins dünnere Medium wird der Lichtstrahl vom Lot weg gebrochen. Der Austrittswinkel ist wieder α (Brechungstabelle, rückwärts angewandt).

Somit ist der austretende Lichtstrahl zum eintretenden Lichtstrahl parallel, aber etwas zur Seite verschoben (➠ *Bild 4*). Diese seitliche Verschiebung s ist umso größer, je dicker die Platte und je größer der Einfallswinkel ist.

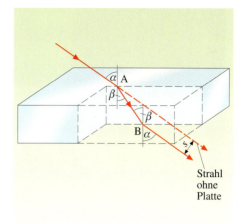

Strahl
ohne
Platte

Merksatz

Lichtstrahlen haben nach der Brechung an einer **planparallelen Platte** wieder ihre ursprüngliche Richtung. Sie werden nur parallel verschoben.
Die Verschiebung ist umso größer, je schräger sie einfallen und je dicker die Platte ist.

B 4: Ein Lichtstrahl auf seinem Weg durch eine planparallele Platte. Der Strahl wird dabei parallel verschoben. Die Verschiebung ist umso größer, je dicker die Platte ist.

... noch mehr Aufgaben

A1: Ein Lichtstrahl fällt unter dem Winkel 60° zum Lot auf eine planparallele Glasplatte der Dicke 2 cm. Zeichne den weiteren Verlauf und miss die Verschiebung nach Austritt aus der Platte.

A2: Eine punktförmige Lichtquelle befindet sich 5 cm über einer planparallelen Glasplatte mit 3 cm Dicke. Der senkrechte Lichtstrahl trifft diese in P. Zeichne die von der Quelle ausgehenden Lichtstrahlen, die 4,2 cm und 8,7 cm von P entfernt auf der Glasoberfläche ankommen. Konstruiere ihren weiteren Verlauf sowohl in als auch hinter der Glasplatte.

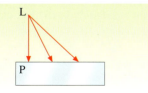

A3: Fensterscheiben bestehen aus planparallelen Platten. Erkläre, warum man die Verschiebung der Lichtstrahlen üblicherweise nicht bemerkt.

A4: Vor das Modell des Stuttgarter Fernsehturms wurde eine dicke Glasplatte gehalten. Dabei entstand das Bild unten. Erkläre, wie es dazu kommt.

A5: Ein Lichtbündel trifft senkrecht die Grundfläche eines Glasprismas (Keilwinkel $\gamma = 90°$) Konstruiere den weiteren Verlauf des Lichtbündels.

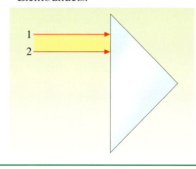

A6: Der Querschnitt eines Glasprismas sei ein gleichseitiges Dreieck. Konstruiere den Weg des Lichtstrahls, der das Prisma in der Mitte der Seite unter $\alpha_1 = 40°$, 20° bzw. 0° trifft.

A7: (Hausversuch) Fülle ein quaderförmiges und durchsichtiges Kunststoff- oder Glasgefäß mit Wasser. Baue aus einem Trinkhalm und Pappe eine Peileinrichtung.

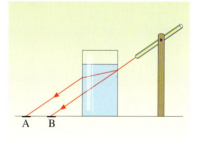

Markiere die Punkte A und B (mit und ohne wassergefülltem Gefäß). Stelle eine genaue maßstäbliche Zeichnung her. Bestätige damit die in der Tabelle der Brechungswinkel genannten Zahlen für Wasser.

B1: Bei der Brechung weißen Lichts an einem Prisma entsteht ein leuchtendes farbiges Band.

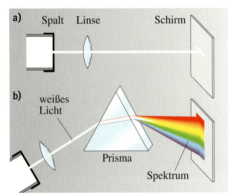

B2: Versuchsaufbau zur Erzeugung des Spektrums einer Glühlampe

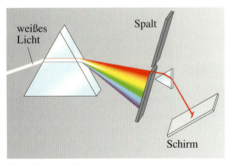

B3: Weitere Zerlegung gelingt nicht.

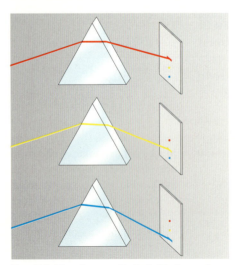

B4: Die Brechung – für jede Farbe anders.

Farbzerlegung

1. Das Spektrum

Du kennst vielleicht das farbige Funkeln eines Kristallleuchters oder das farbige Blitzen eines Brillanten. Wir wollen nun untersuchen, wie aus weißem Licht beim Durchgang durch Kristall, Brillanten oder auch Glas farbiges Licht wird.

Bisher haben wir Brechungsversuche mit einfarbigem Licht durchgeführt. Nun benutzen wir weißes Licht, also beispielsweise Sonnenlicht oder Licht einer Glühlampe. Wir erhalten eine scharfe Linie auf dem Schirm, wenn wir einen Spalt mit einer Linse kombinieren (wie in ⟹ *Bild 2 a*).

Wir stellen in den Lichtweg ein Prisma (⟹ *Bild 2 b*). Nun beobachten wir auf dem Schirm nicht mehr ein Bild des weißen Spalts, also eine weiße Linie, sondern ein in vielen Farben leuchtendes Band (⟹ *Bild 1*). Dieses Band wird **Spektrum** genannt.

Lässt sich das farbige Licht noch weiter zerlegen? Dazu erweitern wir den Versuchsaufbau. Ein zweiter Spalt hinter dem Prisma lässt nur das rote Licht durch (⟹ *Bild 3*). Das rote Licht fällt nun auf ein zweites Prisma. Auf dem Schirm dahinter entsteht kein neues Spektrum, sondern wieder eine rote Linie. Das rote Licht wird durch ein zweites Prisma in seiner Farbe also nicht verändert.
Nicht weiter zerlegbares Licht nennt man **spektralrein**.

2. Spektralfarben

Wird weißes Licht durch ein Prisma geschickt, so fächert es in viele Farben auf. Wir erklären uns dies dadurch, dass die Stärke der Brechung von der Farbe abhängt. Bei Versuchen mit einfarbigem Licht stellen wir fest, dass rotes Licht weniger stark gebrochen wird als gelbes oder gar blaues Licht (⟹ *Bild 4*).

Alle Beobachtungen deuten darauf hin, dass diese Spektralfarben im von uns als weiß empfundenen Licht schon komplett enthalten sind. Wenn dieser Gedanke richtig ist, dann müsste eigentlich umgekehrt wieder weißes Licht entstehen, wenn man sämtliche farbigen Lichter des Spektrums mithilfe einer Sammellinse (wie du sie als Brennglas kennst) vereinigt. Genau dies bestätigt uns der ⟹ *Versuch 1*.

Im Kapitel „Brechung" haben wir eine Brechungstabelle verwendet. Da jede Farbe unterschiedlich gebrochen wird, muss die Tabelle genau genommen einen Hinweis darauf enthalten, für welche Farbe sie gilt. ⟶ *Tabelle 1* zeigt die für verschiedene Spektralfarben unterschiedlichen Winkel β.

Merksatz

Im weiß erscheinenden Sonnenlicht sind alle farbigen Lichter enthalten. Lichtstrahlen verschiedener Farbe werden verschieden stark gebrochen. Deshalb entsteht bei der Brechung weißen Lichts ein farbiges **Spektrum**.
Licht, das sich nicht mehr in weitere Farben zerlegen lässt, nennt man **spektralrein**.

Damit lässt sich nun auch das am Anfang beschriebene farbige Funkeln eines Kristallleuchters erklären. Die Glasstücke am Leuchter sind so geschliffen, dass sie wie Prismen wirken. Sie zerlegen das Licht der Kerzen in farbige Lichter.

3. Verschiedene Lichtquellen – verschiedene Spektren

Die Farben des von Glühlicht erzeugten Spektrums gehen fließend ineinander über; man nennt es deshalb auch ein **kontinuierliches Spektrum**. Das menschliche Auge kann darin etwa 140 verschiedene Farbstufen unterscheiden. In einer groben Einteilung werden daraus sechs Spektralfarben besonders hervorgehoben: Rot-Orange-Gelb-Grün-Blau-Violett. Diese Farben finden wir auch ähnlich im Regenbogen. Seine Erscheinung beruht ebenfalls auf Brechung (und Reflexion; siehe ⟶ *Interessantes* nächste Seite).

Lampen mit leuchtenden Gasen erzeugen kein kontinuierliches Spektrum. Das Spektrum von Natriumlampen der Straßenbeleuchtung besteht nur aus einer gelben Linie. Andere Lampen haben eine Vielzahl farbiger Linien. Man nennt solche Spektren deshalb **Linienspektren** (⟶ *Bild 5b*) Anhand der Zahl und der Lage dieser Linien kann man leuchtende Gase identifizieren. Dies wird **Spektralanalyse** genannt. **Laserlicht** zeigt nur eine Linie (⟶ *Bild 6, 5c*). Leuchtdioden liefern dagegen einen so schmalen Ausschnitt eines kontinuierlichen Spektrums, dass er als Linie erscheint.

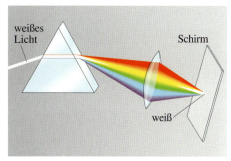
V1: Die vom Prisma aufgespaltenen Spektralfarben werden durch eine Linse an einer Stelle des Schirms vereinigt.

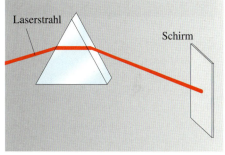
B6: Der Laserstrahl wird nicht zerlegt.

α	β		
	Rot	Gelb	Blau-Violett
0,0°	0,0°	0,0°	0,0°
10,0°	6,5°	6,6°	6,6°
20,0°	12,9°	13,0°	13,1°
30,0°	19,1°	19,2°	19,3°
40,0°	24,9°	25,1°	25,2°
50,0°	30,1°	30,3°	30,5°
60,0°	34,5°	34,8°	35,0°
70,0°	38,0°	38,3°	38,5°
80,0°	40,1°	40,5°	40,7°
90,0°	40,9°	41,2°	41,4°

T1: Winkel β, abhängig von der Farbe, für den Übergang Luft-Glas.

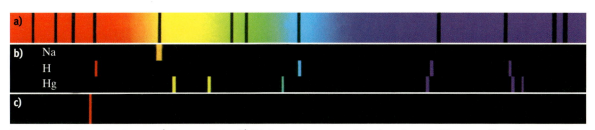
B5: Verschiedene Spektren: **a)** Sonnenlicht, **b)** Linienspektren von Natriumdampf, Wasserstoff und Quecksilberdampf (von oben nach unten) und **c)** eines Lasers

A. Der Regenbogen

• Wo finden wir einen Regenbogen?

Der Regenbogen ist zu sehen, wenn wir auf eine Regenwand blicken und dabei die Sonne im Rücken haben. Da die Sonne zudem tief stehen soll, sehen wir Regenbögen morgens im Westen und abends im Osten. Besonders kräftig leuchten die Farben bei großen Regentropfen.

• Wie entsteht ein Regenbogen?

Sonnenlicht fällt auf viele Regentropfen. Einen bestimmten Lichtstrahl schauen wir uns genauer an (➡ Bild 1 a). Er wird beim Übergang in den Tropfen gebrochen, an dessen Rückseite teilweise reflektiert und schließlich beim Verlassen des Tropfens nochmals gebrochen. Dabei wird der Strahl weißen Sonnenlichts in Spektralfarben zerlegt. Roter, grüner und blauer Strahl haben unterschiedliche Richtungen.

Eine Regenwand besteht aus vielen Tropfen. Bei jedem passiert dasselbe. Man sieht aber von jedem Tropfen nur eine Farbe (➡ Bild 1 b).

In der Zeichnung fällt von weiter oben befindlichen Tropfen rotes, von tieferen Tropfen blaues Licht in das Auge des Beobachters.

Es wird aber noch etwas komplizierter, denn es fällt ja nicht nur ein Lichtstrahl auf jeden Tropfen. Weitere Strahlen treffen parallel zum ersten auf. Sie alle enthalten auch rotes Licht. Diese roten Strahlen verlassen den Tropfen in verschiedene Richtungen. Dabei wird aber eine Richtung bevorzugt: Im Winkel von 42,3° zu den einfallenden Stahlen treten besonders viele rote Lichtstrahlen aus – ein kräftiges Bündel roten Lichts (➡ Bild 2). Das violette Licht tritt dagegen unter 40,7° konzentriert aus. So hat jede Farbe ihren eigenen Vorzugswinkel. Unter diesem Winkel findet sich aber auch noch etwas von den anderen Farben. So ist Regenbogenlicht nicht völlig spektralrein.

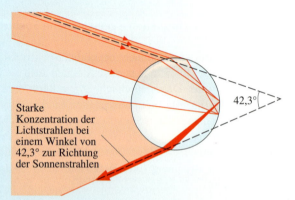

Starke Konzentration der Lichtstrahlen bei einem Winkel von 42,3° zur Richtung der Sonnenstrahlen

42,3°

B 2: Das rote Licht bevorzugt diese Richtung.

Das Auge des Beobachters treffen Lichtbündel aus unzählig vielen Regentröpfchen. Bündel einer bestimmten Farbe bilden denselben Winkel mit der Richtung der Sonnenstrahlen. Sie liegen also auf dem Mantel eines Kegels, dessen Spitze im Auge des Beobachters liegt. Jede Farbe bildet so einen eigenen Kreisbogen (➡ Bild 3).

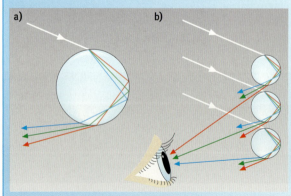
a)   b)

B 1: Farbzerlegung am Regentropfen

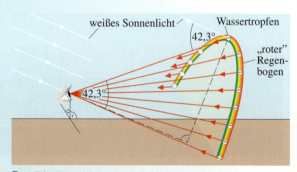
weißes Sonnenlicht   Wassertropfen

42,3°

„roter" Regenbogen

42,3°

B 3: Ein Regenbogen und der Betrachter

• Der Nebenregenbogen

Außer dem Hauptregenbogen kann man noch den lichtschwächeren **Nebenregenbogen** beobachten. Ein Teil des Lichts trifft nämlich jeden Tropfen auch so, dass es zweimal reflektiert wird (➡ *Bild 4*). Der Winkel zwischen Sonne, Tropfen und Beobachter beträgt in diesem Fall ungefähr 52°. Also fällt wegen des größeren Winkels nur das Licht aus höheren Tropfen in unser Auge als beim Hauptregenbogen.

Bei jeder Reflexion des Lichtbündels verlässt ein Teil des Lichts den Tropfen. So ist die Intensität des Nebenregenbogens deutlich geringer; oft ist er überhaupt nicht zu sehen.

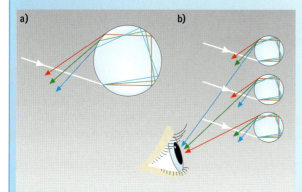

B 4: Entstehung des Nebenregenbogens

B. Unsichtbares Licht

Wir erzeugen mit einem Spalt und einem Prisma ein kontinuierliches Spektrum des Sonnenlichts und *sehen* die Farben Rot bis Violett. Sind das wirklich alle Farben des Spektrums oder gibt es da noch mehr?

Unser Auge täuscht uns ja manchmal. Deshalb untersuchen wir das Spektrum mit einem empfindlichen Sensor für Strahlungsstärke. Halten wir einen solchen Sensor vor den Schirm in das Spektrum, dann schlägt das angeschlossene Messinstrument aus.

Verschieben wir den Sensor nach links oder rechts über das Spektrum hinaus, so schlägt das Instrument überraschenderweise ebenfalls aus, unter Umständen sogar stärker als beim sichtbaren Bereich.

Decken wir den Spalt ab, dann geht der Ausschlag sofort zurück. Offensichtlich gibt es jenseits von Rot und Violett „Licht", das wir Menschen nicht *sehen* können. Manche Tiere können allerdings auch dieses „Licht" wahrnehmen. Man nennt das unsichtbare Licht, das jenseits von Rot nachzuweisen ist, **infraro-**

tes Licht (IR). Das jenseits von Violett nachweisbare „Licht" nennt man **ultraviolettes Licht (UV)**. Während wir für dieses Licht technische Sensoren benötigen, können z. B. Bienen ultraviolettes, Grubenottern infrarotes Licht wahrnehmen.

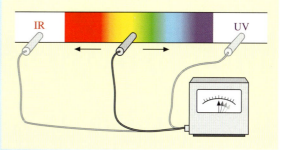

B 5: Nachweis des „unsichtbaren Lichts"

• Ultraviolettes Licht (UV)

Ultraviolettes Licht löst chemische und biologische Effekte aus. Es bräunt die Haut und fördert die Bildung des Vitamins D in unserem Körper. Aber zu starke Einwirkung ist schädlich: UV-Licht erzeugt dann Sonnenbrand und kann Hautkrebs auslösen.

Das von der Sonne ausgehende, sehr schädliche ultraviolette Licht wird zum großen Teil von der Lufthülle der Erde abgefangen. Dabei spielt das **Ozon** (O_3) in der äußeren Lufthülle eine ganz wichtige Rolle. Eine Verringerung des Ozons bedeutet, dass mehr ultraviolette Strahlung auf der Erde ankommt. Dies führt zu einem vermehrten Auftreten von Schädigungen.

• Infrarotes Licht (IR)

Während das ultraviolette Licht nur von sehr heißen Körpern abgestrahlt wird, senden alle Objekte selbst bei Zimmertemperatur **infrarotes Licht** aus. Dessen Intensität steigt mit der Temperatur. Spezielle Kameras wandeln diese Intensitäten in sichtbare Farben um. So kann man mit infrarotem Licht die Temperatur eines Körpers berührungslos messen (➡ *Bild 6*).

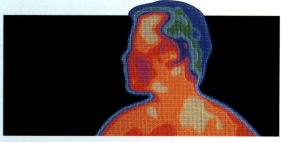

B 6: Thermographie-Bild eines Menschen

B 1: A. DÜRER zeigte 1525, wie man einen Gegenstand mit gespannten Fäden exakt abbildet.

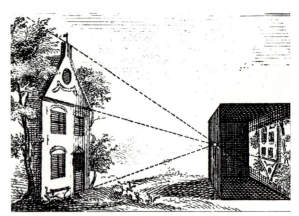

B 2: Camera obscura; Pieter VAN MUSSCHENBROEK, Leyden, 1769

B 3: Abbildung mit der Lochkamera

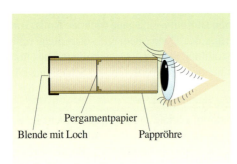

Pergamentpapier

Blende mit Loch   Pappröhre

B 4: Lochkamera aus Pappe

Von jedem Punkt des leuchtenden Gegenstandes gelangt Licht an alle Stellen des Schirms

Schirm

B 5: So entsteht ein Durcheinander.

Optische Abbildungen

Bis zur Erfindung der Fotografie war die exakte Abbildung eines Gegenstands umständlich. A. DÜRER beschreibt dies 1525 (⟾ *Bild 1*). Von der Wand wird zu einem Punkt des Gegenstands ein Faden gespannt. Im künftigen Bilderrahmen legt man die Lage dieses Fadens durch zwei quer gespannte Fäden fest. Dann entfernt man den ersten Faden und klappt das Zeichenpapier auf den Rahmen, um dort den Bildpunkt zu zeichnen.

1. Die Lochkamera

Schon IBN-AL-HAITHAM, arabischer Physiker (um 1000), kannte die „*Camera obscura*", die **Lochkamera**. Sie besteht aus nichts anderem als einem dunklen Raum mit einem winzigen Loch (⟾ *Bild 3*).
Wir bauen sie mit einer Pappröhre, etwas Pergamentpapier und einem Stück schwarzen Karton nach (⟾ *Bild 4*). Noch eindrucksvoller ist es, wenn man ein Zimmer mit einem Vorhang vor dem Fenster völlig verdunkelt und ein winziges Loch in den Vorhang macht. Anschließend stellt man hinter das kleine Loch einen Schirm aus durchscheinendem Material. Haben sich die Augen an die Dunkelheit gewöhnt, dann sieht man auf dem Schirm die Umgebung vor dem Fenster, in Farbe. Selbst Bewegungen sind zu sehen. Allerdings steht das Bild nicht nur auf dem Kopf, sondern es ist auch seitenverkehrt.

2. Vom Lichtfleck zum optischen Bild

Die Häuser und Bäume draußen im Freien streuen das auf sie fallende Sonnenlicht. Sie senden dieses Licht wieder aus. Wir stellen uns diese Körper aus vielen leuchtenden Punkten zusammengesetzt vor. Jeder Punkt sendet nach allen Seiten Licht aus. Dieses Licht trifft alle Stellen des Schirms (⟾ *Bild 5*). Er erscheint gleichmäßig hell.

Stellen wir nun vor den Schirm die Blende mit einem feinen Loch, dann schafft dieses Ordnung (⟹ *Bild 6*). Von jedem Gegenstandspunkt erreicht nämlich nur noch ein schmales Lichtbündel den Schirm. Dort entsteht ein Lichtfleck. Je kleiner das Loch in der Blende ist, desto kleiner ist der Lichtfleck. Auch von den anderen Gegenstandspunkten gehen Lichtbündel aus. Sie überkreuzen sich in der Blendenöffnung ungestört und erzeugen auf dem Schirm ebenfalls kleine Lichtflecke. Dabei rufen benachbarte Gegenstandspunkte auch benachbarte Lichtflecke hervor; es entsteht ein fast naturgetreues, um 180° gedrehtes Bild. Die Lichtflecke haben sich zu einem optischen Bild des Gegenstands zusammengefügt; diesen Vorgang nennt man eine **optische Abbildung**.

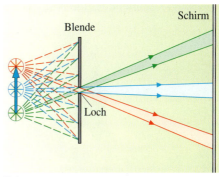

B6: Einzelne Bündel werden ausgesondert.

3. Der Lichtstrahl als Modell des Lichtbündels

Ist das Loch der Lochblende genügend klein, so wird nur ein sehr feines Lichtbündel durchgelassen. Schon in vorherigen Abschnitten hatten wir solche sehr feinen Bündel Lichtstrahlen genannt, denn mit dem *Denkmodell* „Lichtstrahl" lassen sie sich gut beschreiben. Mit diesem Modell kann man dann die Gesetze der Geometrie auf die Optik anwenden. In der Geometrie beginnt ein *Strahl* in einem Punkt, ist unendlich lang und unendlich schmal.

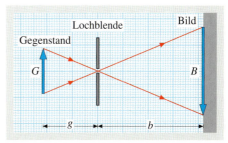

B7: Bildkonstruktion mit Lichtstrahlen

Merksatz

Lichtstrahlen sind Denkmodelle für sehr feine Lichtbündel.

4. Der Abbildungsmaßstab

Wir konstruieren die Abbildung des Gegenstands mit Lichtstrahlen (⟹ *Bild 7*). Dazu greifen wir zwei Punkte heraus, z. B. die Spitze und den Fuß des Pfeils. Von diesen Punkten aus zeichnen wir je einen Strahl durch die Öffnung der Lochkamera bis zum Schirm. Die folgenden Größen stehen fest und können gemessen werden:
- Höhe G des Gegenstands: **Gegenstandshöhe G**
- Höhe B des Bildes: **Bildhöhe B**
- Abstand g des Gegenstands von der Öffnung: **Gegenstandsweite g**
- Abstand b des Bildes von der Öffnung: **Bildweite b**.

Als **Abbildungsmaßstab A** bezeichnet man den Quotienten aus Bildhöhe und Gegenstandshöhe *(B/G)*. Beim Nachmessen in der Zeichnung stellt man zudem fest, dass dieser Quotient immer gleich dem Quotienten aus Bildweite und Gegenstandsweite *(b/g)* ist.

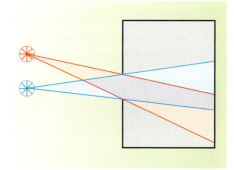

B8: Je größer die Öffnung der Lochkamera ist, desto „dicker" sind die durchgelassenen Lichtbündel. Die Lichtflecke überlagern sich, das Bild wird unscharf.

Merksatz

Für Abbildungsmaßstab A, Bildhöhe B, Gegenstandshöhe G, Bildweite b und Gegenstandsweite g gilt:

$$A = \frac{B}{G} = \frac{b}{g}.$$

B9: Dieses Foto wurde mit einer Lochkamera gemacht.

B 1: Wirkung eines Brennglases

B 2: Der Wassertropfen als (natürliche) Linse.

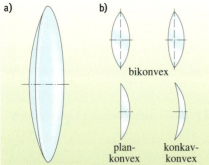

B 3: Formen von Sammellinsen:
– – – – Mittelebene; –·–·– optische Achse

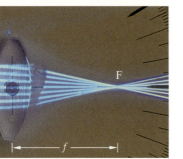

B 4: Hier sieht man den Brennpunkt.

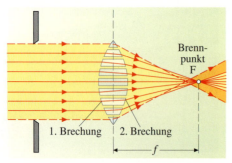

B 5: Modell einer Sammellinse, aus Prismenstücken zusammengesetzt.

Linsen

Hält man ein Brennglas geschickt in die Sonne, dann kann man damit ein Stück Papier entzünden (➡ *Bild 1*). Licht transportiert also Energie. Das Brennglas besteht aus Glas oder klarem Kunststoff und ist so hergestellt, dass die Begrenzungsflächen Teile von Kugeloberflächen sind (➡ *Bild 3 a*).

Brenngläser gehören zu den **Sammellinsen**. Den Sammellinsen ist gemeinsam, dass sie in der Mitte dicker als am Rand sind. Im ➡ *Bild 3 b* sind verschiedene Linsenformen dargestellt. Alle haben dieselben optischen Eigenschaften. Somit genügt es, wenn wir uns auf die Linsenform in ➡ *Bild 3 a* beschränken.

Eingezeichnet ist jeweils auch die **Mittelebene** und die darauf senkrecht stehende **optische Achse**.

Wassertropfen haben auf Grund ihrer Form ebenfalls linsenähnliche Eigenschaften (➡ *Bild 2*).

1. Eigenschaften von Linsen

Sammellinsen lenken durch Brechung alle zur Achse parallelen Lichtstrahlen ungefähr durch einen Punkt auf der anderen Seite der Linse. Dieser Punkt liegt auf der Achse und heißt **Brennpunkt**, denn beim Brennglas entzündet sich dort das Papier. Je weiter die Strahlen von der Achse entfernt sind, desto mehr weichen sie von dieser Regel ab. Die Regel, dass **achsenparallele Strahlen** nach der Brechung an der Linse durch den Brennpunkt gehen, gilt also nur für **achsennahe Strahlen**. Der Brennpunkt wird in Zeichnungen mit dem Buchstaben F (lat. focus: Feuerstätte) abgekürzt, sein Abstand von der Mitte der Linse heißt **Brennweite** f.

Die Eigenschaft, Licht zu sammeln, erklären wir uns mit der Lichtbrechung an Prismen. Im ➡ *Bild 5* fallen parallele Lichtstrahlen auf das Modell einer Sammellinse. Es ist aus Prismenteilen zusammengesetzt. Nahe der Linsenmitte sind es dicke Prismenteile mit kleinem Keilwinkel. Sie brechen das Licht nur schwach. Zum Rande hin werden die Keilwinkel größer, die Brechung wird also stärker.

2. Konstruktion von Strahlengängen

Wir wollen Versuche mit Linsen durchführen oder optische Geräte beschreiben und erklären. Dabei wäre es mühsam, den Lichtweg durch die Linsen immer mit dem Prismenmodell zu konstruieren. Man hat das Modell folgendermaßen vereinfacht (⟹ *Bild 6*):

Man zeichnet zunächst die **Mittelebene** der Linse und dazu senkrecht die **optische Achse** durch den Mittelpunkt der Linse. Die Lichtstrahlen werden nicht wie in der Wirklichkeit an den Grenzflächen gebrochen. Vereinfachend werden sie ungebrochen bis zur Mittelebene gezeichnet und dort nur einmal geknickt. Bei dünnen Linsen ist dies genau genug.

Setzen wir die Lichtquelle auf die rechte Seite der Linse (⟹ *Bild 7*), dann erkennen wir: Jede Sammellinse hat zwei Brennpunkte F_1 und F_2, die symmetrisch zum Mittelpunkt auf der optischen Achse liegen.

3. Ausgezeichnete Strahlen

Die Brennpunkteigenschaft legt fest:
- **Achsenparallele Lichtstrahlen** gehen nach der Brechung durch den Brennpunkt F (⟹ *Bild 8a*).
- **Brennpunktstrahlen** sind nach der Brechung achsenparallel (⟹ *Bild 8b*). Wir wissen ja, dass achsenparallele Strahlen durch den Brennpunkt gehen. Da der Lichtweg umkehrbar ist, sind umgekehrt Brennpunktstrahlen nach der Brechung achsenparallel. Dies lässt sich am Versuch überprüfen, indem man eine Punktlichtlampe in den Brennpunkt einer Sammellinse bringt.
- Der **Mittelpunktstrahl**, der genau durch die Mitte der Linse geht, verlässt diese in der ursprünglichen Richtung (⟹ *Bild 8c*). Die mittlere Zone der Sammellinse wirkt nämlich auf den Lichtstrahl wie eine planparallele Platte (⟹ *Bild 9*). Bei dünnen Linsen kann man aber die geringfügige Parallelverschiebung vernachlässigen. Man kann deshalb sagen: Der Strahl durch den Mittelpunkt geht ungebrochen durch die dünne Sammellinse hindurch.

Diese drei ausgezeichneten Strahlen spielen später bei der Konstruktion von optischen Bildern eine wichtige Rolle.

Merksatz

Achsennahe und zugleich achsenparallele Lichtstrahlen werden an einer Sammellinse so gebrochen, dass sie die optische Achse im Brennpunkt auf der anderen Seite schneiden. Seine Entfernung von der Mittelebene bezeichnet man als die **Brennweite** der Linse.

Die drei **ausgezeichneten Strahlenverläufe** sind:
a) achsenparalleler Strahl → Brennpunktstrahl
b) Brennpunktstrahl → achsenparalleler Strahl
c) Mittelpunktstrahl bleibt Mittelpunktstrahl

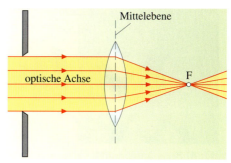

B6: Vereinfachung der Konstruktion

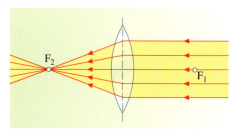

B7: Jede Sammellinse hat zwei Brennpunkte.

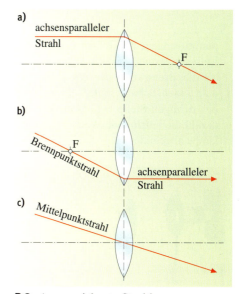

B8: Ausgezeichnete Strahlen

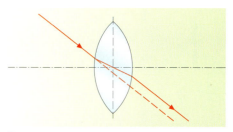

B9: Mittelpunktstrahl durch eine dicke Linse

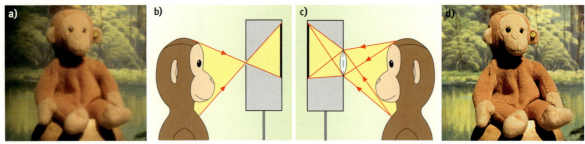

B1: a) Foto, aufgenommen mit einer Lochkamera, **b)** Querschnitt durch die Lochkamera, **c)** Querschnitt durch die Linsenkamera, **d)** Foto, aufgenommen mit einer Linsenkamera

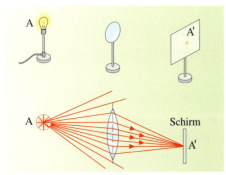

V1: Eine Glühlampe mit einer (fast) punktförmigen Wendel wird so vor einer Linse aufgestellt, dass ihr Abstand größer als die Brennweite der Linse ist. Stellt man einen Schirm hinter der Linse an der richtigen Stelle auf, dann sieht man darauf die leuchtende Wendel der Glühlampe abgebildet.

B2: Abbildung der leuchtenden Eins

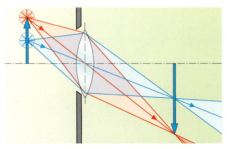

B3: Von jedem Punkt geht Licht aus.

Abbildung mit Linsen

In ⟹ *Bild 1a, 1d* wird gezeigt, dass die Abbildungseigenschaften von Loch- und Linsenkamera durchaus vergleichbar sind. Allerdings hat die Linsenkamera den großen Vorteil, dass durch die größere Öffnung sehr viel mehr Licht zur Verfügung steht (⟹ *Bild 1c*). Damit ist die Belichtungszeit deutlich kürzer. Das Bild ist außerdem bei richtiger Einstellung gestochen scharf.

1. Das Bild eines Punktes

Nach ⟹ *Versuch 1* schneiden sich alle von einem Punkt A ausgehenden Lichtstrahlen, die durch die Linse gehen, hinter der Linse in einem Punkt A'. An dieser Stelle muss der Schirm stehen, damit A scharf abgebildet wird. Die maßstäbliche Zeichnung verdeutlicht, dass unter den Lichtstrahlen, die sich im Bildpunkt A' schneiden, auch die drei ausgezeichneten Strahlen sind.

2. Vom Punkt zum Bild

Auch eine ausgedehnte, leuchtende Eins (⟹ *Bild 2*) wird durch die Linse auf den Schirm hell und scharf abgebildet. Das Bild steht auf dem Kopf und ist seitenverkehrt, wie bei der Lochkamera. Wie kommt diese optische Abbildung zustande? Jeden Punkt der Eins fassen wir als Punktlichtlampe auf. Diese sendet nach allen Seiten Licht aus (⟹ *Bild 3*). Ein Teil dieses Lichts trifft die Linse und wird gebrochen. Es vereinigt sich hinter der Linse wieder zum entsprechenden Bildpunkt. Alle Bildpunkte zusammen liefern das Bild des Gegenstandes.

Zur Konstruktion greifen wir aus der Vielzahl von Lichtstrahlen stellvertretend nur die drei ausgezeichneten Strahlen heraus. Ihren Verlauf kennen wir gut und sie genügen uns, denn sie treffen sich im selben Punkt wie alle Strahlen (⟹ *Versuch 1*).

Von einer fernen Turmspitze fallen die Lichtstrahlen nicht achsenparallel, sondern **schiefparallel** auf eine Sammellinse. Auch dann schneiden sich die Lichtstrahlen nach der Brechung in einem Punkt. Er liegt aber nicht auf der optischen Achse (⟹ *Bild 5*).

Um diesen Punkt zu konstruieren, verwenden wir zwei der ausgezeichneten Strahlen: Den Mittelpunktstrahl und den Strahl durch den linken Brennpunkt. Unter welchem Winkel das schiefparallele Bündel auch einfällt, der Schnittpunkt liegt immer im Abstand der Brennweite f von der Mittelebene. Man nennt die Ebene, in der diese Schnittpunkte liegen, die **Brennebene**. Zu ihr gehört der Brennpunkt. Er hat ebenfalls den Abstand f von der Mittelebene. Da der Strahlengang umkehrbar ist, gilt: Von einem Punkt der Brennebene ausgehende Strahlen sind nach der Brechung schiefparallel.

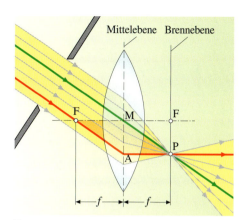

B 5: Schiefparallele Lichtbündel

Merksatz

Schiefparallele Lichtstrahlen werden an einer Sammellinse so gebrochen, dass sie sich in einem Punkt der Brennebene schneiden. Von einem Punkt der Brennebene ausgehende Strahlen sind nach der Brechung schiefparallel.

Fotografiert man einen hohen Turm mit einer Kamera, deren Linse 10 mm Durchmesser hat, dann wird klar, dass die Ausdehnung der Linse für die Abbildung von untergeordneter Bedeutung ist. Bei der Konstruktion zeichnet man deshalb nur die Mittelebene und die optische Achse. Die Linse selbst kann man andeuten oder ganz weglassen.

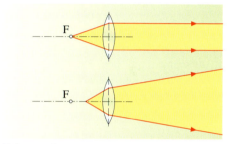

B 6: Paralleles und divergentes (auseinanderlaufendes) Lichtbündel

3. Größere und kleinere Bilder

Lage und Größe des Bildes hängen von der Gegenstandsweite g ab (➡ Tabelle 1). Steht der Gegenstand G sehr weit links von der Linse, so treffen die von jedem Gegenstandspunkt ausgehenden Lichtstrahlen praktisch parallel bei ihr ein. Das optische Bild liegt dann in der rechten Brennebene. Nähern wir den Gegenstand der Linse, so entfernt sich das Bild B von der Linse und wird dabei immer größer (➡ Bild 4). Ist der Gegenstand schließlich bis zur linken Brennebene vorgerückt, so sind die von seinen Punkten ausgehenden Lichtstrahlen nach der Brechung parallel. Rückt der Gegenstand noch weiter vor, dann sind die Lichtstrahlen divergent. In den beiden letzten Fällen kommt kein Bild auf dem Schirm zustande (➡ Bild 6).

Gegenstands-weite g	Bildweite b	Bild
sehr groß	$b \approx f$	stark verkleinert
$g > 2f$	$f < b < 2f$	verkleinert
$g = 2f$	$b = 2f$	gleich groß
$f < g < 2f$	$b > 2f$	vergrößert
$g \approx f$	sehr groß	stark vergrößert

T 1: Größenverhältnisse

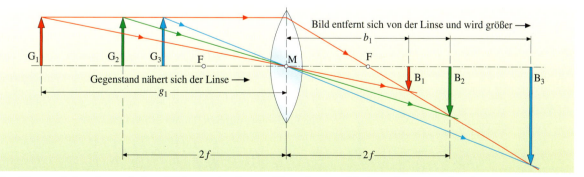

B 4: Konstruktion des optischen Bildes an der Sammellinse für verschiedene Gegenstandsweiten

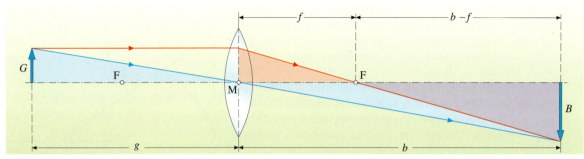

B 1: Aus dieser Konstruktion des optischen Bilds wird die Linsengleichung hergeleitet.

Der zweite Strahlensatz

Werden zwei sich im Punkt S schneidende Geraden (rot) von zwei Parallelen (blau) geschnitten, so verhalten sich die Abschnitte auf den Parallelen wie die von S aus gemessenen Abschnitte auf einer Geraden.

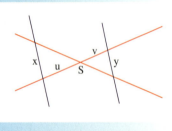

$$\frac{x}{y} = \frac{u}{v}$$

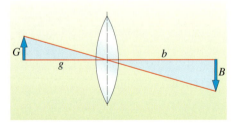

B 2: Beziehung zwischen B, G, b und g

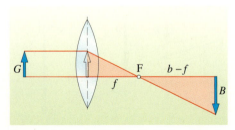

B 3: Beziehung zwischen B, G, f und $b-f$

Die Linsengleichung

Bisher haben wir die Abbildung geometrisch konstruiert. Um genauer arbeiten zu können, und weil es vielfach auch schneller geht, hat man die Linsengleichung hergeleitet, mit deren Hilfe man geschickt Bildhöhe *(B)*, Bildweite *(b)* und die anderen Größen berechnen kann. Man benötigt dazu den zweiten Strahlensatz aus der Mathematik (⟹ *Vertiefung*).

1. Die Herleitung der Linsengleichung

Wie wir schon wissen, ist der Abbildungsmaßstab *(A)* als Quotient aus Bildhöhe *(B)* und Gegenstandshöhe *(G)* definiert:

$$A = \frac{B}{G}.$$

Mit dem Strahlensatz erkennst du in ⟹ *Bild 2* (und in ⟹ *Bild 1*, jeweils blaue Figur) die schon von der Lochkamera bekannte Beziehung:

$$\frac{B}{G} = \frac{b}{g}.$$

Da man die Gegenstandshöhe auch auf der Mittelebene der Linse einzeichnen kann, gilt nach ⟹ *Bild 3* (und nach ⟹ *Bild 1*, jeweils rote Figur) ebenfalls die Gleichung:

$$\frac{B}{G} = \frac{b-f}{f}.$$

Da jeweils auf der linken Seite der Abbildungsmaßstab A steht, kann man die beiden Gleichungen zusammenführen:

$$\frac{b}{g} = \frac{b-f}{f}.$$

Diese Gleichung lässt sich allerdings schlecht merken. Man zerlegt deshalb den rechten Bruch in zwei Teilbrüche und dividiert die Gleichung durch b. Damit erhält man:

$$\frac{1}{g} = \frac{1}{f} - \frac{1}{b} \quad \text{oder} \quad \frac{1}{g} + \frac{1}{b} = \frac{1}{f}.$$

Diese Gleichung heißt **Linsengleichung**.

Merksatz

Ein Gegenstand der Höhe G befindet sich in der Gegenstandsweite g vor einer Sammellinse mit der Brennweite f. Es gelte $g > f$. Hinter der Linse entsteht in der Bildweite b ein optisches Bild der Höhe B. Der **Abbildungsmaßstab** beträgt

$$A = \frac{B}{G} = \frac{b}{g}.$$

Außerdem gilt die **Linsengleichung**

$$\frac{1}{f} = \frac{1}{g} + \frac{1}{b}.$$

Beispiel

Anwendung der Linsengleichung

a) Ein Gegenstand ist 3 cm hoch, die Brennweite der Linse beträgt 10 cm, die Gegenstandsweite 15 cm.

Mit diesen Angaben lässt sich die Bildweite berechnen:

$$\frac{1}{b} = \frac{1}{f} - \frac{1}{g} = \frac{1}{10\,\text{cm}} - \frac{1}{15\,\text{cm}} = \frac{1}{30\,\text{cm}}.$$

Die **Bildweite** beträgt also **30 cm**. Damit kann man den Abbildungsmaßstab und die Bildhöhe berechnen:

$$A = \frac{b}{g} = \frac{30\,\text{cm}}{15\,\text{cm}} = 2; \quad B = A \cdot G = 2 \cdot 3\,\text{cm} = 6\,\text{cm}.$$

Der Abbildungsmaßstab beträgt $A = 2$, die Bildhöhe $B = 6$ cm.

b) Ein Baum ist 100 m von einer Sammellinse mit $f = 15$ cm entfernt. Die Bildhöhe beträgt 3 mm. Wie hoch ist der Baum in Wirklichkeit?

Die Bildweite wird wieder mit der Linsengleichung bestimmt:

$$\frac{1}{b} = \frac{1}{f} - \frac{1}{g} = \frac{1}{15\,\text{cm}} - \frac{1}{10\,000\,\text{cm}} = 0{,}0666 \cdot \frac{1}{\text{cm}}.$$

Die Bildweite ist der Kehrwert von $0{,}0666 \cdot \frac{1}{\text{cm}}$, also 15,02 cm. Damit wird über den Abbildungsmaßstab die Höhe des Baums bestimmt zu:

$$A = \frac{b}{g} = \frac{B}{G} \Rightarrow G = \frac{B \cdot g}{b} = \frac{3\,\text{mm} \cdot 100\,\text{m}}{150{,}2\,\text{mm}} = 1{,}997\,\text{m}.$$

Der Baum ist 1,997 m ≈ **2 m hoch**.

c) Die Gegenstandsweite beträgt die doppelte Brennweite, d.h. $g = 2\,f$. Wie groß ist der Abbildungsmaßstab?

Setzen wir $g = 2\,f$ in die Linsengleichung ein, so entsteht:

$$\frac{1}{f} = \frac{1}{2f} + \frac{1}{b} \Rightarrow \frac{1}{b} = \frac{1}{f} - \frac{1}{2f} = \frac{1}{2f}.$$

Damit erhält man $b = 2\,f$ und $A = B/G = b/g = \mathbf{1}$.

... noch mehr Aufgaben

A1: Eine 3,7 cm hohe Zündholzschachtel befindet sich 9 cm vor einer Sammellinse der Brennweite $f = 5$ cm. Berechne die Bildweite und die Bildhöhe.

A2: Konstruiere in einer einzigen Zeichnung die optischen Bilder eines 2 cm hohen Pfeils, der in 9 cm, 8 cm, 6 cm, 5 cm und 4 cm Abstand vor einer Sammellinse der Brennweite 3 cm steht. Überprüfe die Ergebnisse durch Nachrechnen mit der Linsengleichung.

A3: Ein 2 cm hoher Fingerhut befindet sich 15 cm vor einem Schirm. Dort soll ein optisches Bild der Höhe 3 cm entstehen. Ermittle zeichnerisch den Ort der Sammellinse und deren Brennweite.

A4: a) Ein Gegenstand steht 20 cm vor einer Sammellinse. 60 cm hinter ihr entsteht sein Bild. Fertige eine Skizze und berechne die Brennweite der Linse.
b) Welche Beziehung muss zwischen der Gegenstandsweite und der Brennweite bestehen, damit das Bild doppelt so hoch wird wie der Gegenstand?

A5: Ein 5 cm hohes Fläschchen soll durch eine Sammellinse der Brennweite $f = 15$ cm auf eine Bildhöhe von 100 cm vergrößert werden. Berechne die dazu nötige Gegenstandsweite. Wie groß ist die Bildweite?

A6: Eine Fliege sitzt 8 cm vor einer Sammellinse. Auf einem Schirm hinter der Linse entsteht ein optisches Bild in dreifacher Vergrößerung. Wie groß ist die Bildweite? Welche Brennweite hat die Linse?

A7: Ein Geldschein ist 14,4 cm lang und 8 cm breit. Er befindet sich 20 cm vor einer Linse mit einer Brennweite von 5 cm. Auf einem dahinter stehenden Schirm entsteht ein Bild des Geldscheins. Berechne seine Maße.

A8: Bei einer Abbildung durch die Sammellinse beträgt die Gegenstandsweite $g = 20$ cm, die Bildweite $b = 30$ cm. Nun rückt man den Gegenstand 5,0 cm näher an die Linse heran. In welcher Richtung und um welche Strecke verschiebt sich dann das optische Bild? Wie ändert sich dabei der Abbildungsmaßstab?

Interessantes

Messung der Lichtgeschwindigkeit

Im Altertum vertrat man die Meinung, das Licht benötige zum Überwinden einer Strecke keine Zeit. Das hieße, es breite sich augenblicklich aus. Galileo GALILEI versuchte, die Lichtgeschwindigkeit zu messen. Nachdem dies misslang, glaubte man, sie sei unmessbar.

Selbst als Olaf RÖMER (rechts) 1676 aus astronomischen Beobachtungen schloss, dass es wohl eine endliche Lichtgeschwindigkeit geben müsse, glaubte ihm die Fachwelt nicht.

Erst 1849 führten die Versuche von Hippolyte FIZEAU (links) zum Erfolg. Er schickte einen Lichtstrahl durch den Rand eines schnell laufenden Zahnrads, sodass durch die Zähne der Lichtstrahl in Lichtblitze zerhackt wurde (➡ *Bild 1*). Diese Lichtblitze legten dann eine 8633 m lange Strecke zurück. Am Ziel wurden die Lichtblitze mit einem Spiegel wieder zurückgeschickt. Am schnell rotierenden Rad war nun aber die Lücke, durch die das hinlaufende Licht treten konnte, durch den nächsten Zahn ersetzt. Der Lichtblitz konnte das Auge nicht erreichen. Jetzt musste man nur noch ausrechnen, wie lange das Zahnrad braucht, damit es sich um genau eine Zahnbreite weitergedreht hat.

Jean FOUCAULT (links) benutzte statt des Zahnrads einen rotierenden Spiegel und konnte damit 1850 die Lichtgeschwindigkeit recht genau bestimmen, sogar in einem Zimmer. Damit wurde es möglich, die Lichtgeschwindigkeit in beliebigen durchsichtigen Stoffen zu messen. In Luft wie im Vakuum fand man $c = 300\,000$ km/s. In Glas beträgt die Lichtgeschwindigkeit nur $200\,000$ km/s, in Wasser $226\,000$ km/s.

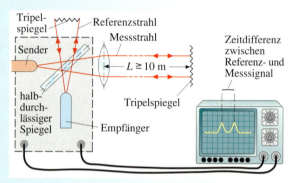

B 2: Heute kann man Licht elektronisch viel schneller zerhacken als mit einem Zahnrad. So können wir sogar im Physiksaal die Lichtgeschwindigkeit bestimmen.

B 3: Mondlandung 1969

Bei der Mondlandung wurde auf dem Mond ein „Spiegel" (➡ *Bild 3*) zurückgelassen, der das Licht, das von der Erde losgeschickt wird, dort reflektiert. Da man den Mondabstand recht genau berechnen kann, kann man die Lichtgeschwindigkeit damit überprüfen. Übrigens braucht ein Lichtblitz zum Mond und zurück ungefähr 2,56 s. Auch das Licht, das von der Sonne zu uns kommt, ist schon geraume Zeit unterwegs: Es braucht fast 500 Sekunden, d. h. über 8 Minuten.

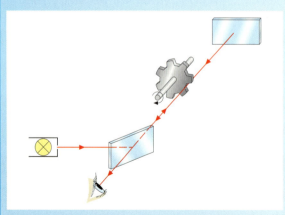

B 1: Prinzip des Versuchsaufbaus von FIZEAU

Das fermatsche Prinzip

Der französische Jurist und Mathematiker Pierre de FERMAT (1601-1665) fand eine interessante Eigenschaft des Lichts (mit heutigen Worten und mit Kenntnis der Größe der Lichtgeschwindigkeit):

„Sind ein Lichtsender S und ein Lichtempfänger E gegeben, dann benutzt das Licht den Weg, auf dem es am schnellsten zum Empfänger kommt."

Wir wollen dieses so genannte **fermatsche Prinzip** an einigen Beispielen überprüfen:

Licht legt in 16 Picosekunden (16 Billionstel Sekunden) in Luft einen Weg von ca. 5 mm zurück. Auf einigen zunächst willkürlich ausgewählten Wegen, die das Licht nehmen könnte, zeichnen wir diese 5 mm-Wegmarken ein. Der Weg mit den wenigsten Abschnitten ist der, den das Licht tatsächlich nimmt.

a) Ebener Spiegel:
Welchen Weg nimmt das Licht von der Lampe (**Sen**der) zum Auge (**E**mpfänger)?

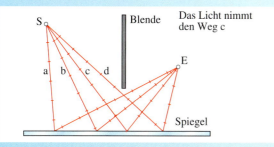

Von den eingezeichneten möglichen Lichtwegen enthält der Weg c die geringste Anzahl von Abschnitten (11,2); nur er erfüllt das Reflexionsgesetz.

b) Gewölbter Spiegel:
Welchen Weg nimmt das Licht von der Lampe (S) zum Auge (E)? Den mit nur 7 Abschnitten.

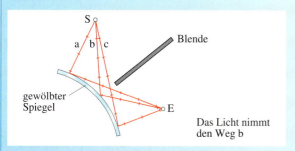

c) Brechung:

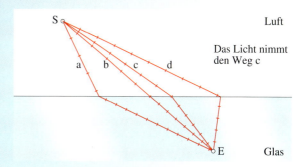

Die Lichtquelle S befinde sich in Luft, der Empfänger E im Glas. Da die Lichtgeschwindigkeit in Glas nur 200 000 km/s beträgt, legt das Licht im Glas natürlich auch nur eine kürzere Strecke pro Zeitintervall zurück, in unserem Beispiel nur ca. 3 mm. Welchen Weg nimmt das Licht von der Lampe (S) zum Empfänger (E) im Glas? Wir zeichnen eine Reihe von denkbaren Wegen und die Wegmarken ein.
Obwohl geometrisch die Verbindung c von S nach E länger als die Verbindung b ist, ist der tatsächliche Lichtweg dort zu suchen, da auf diesem die geringste Anzahl von Abschnitten (12,5) liegt.

d) Linse:
Wird der Empfänger E an die richtige Stelle gestellt, dann benötigt das Licht auf allen Wegen von S nach E die gleiche Zeit (stets 11 Abschnitte), also laufen in E alle Lichtstrahlen zusammen.

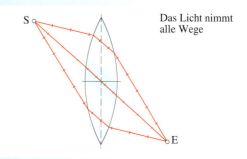

Setzen wir dieses Prinzip ganz genau um, dann erhalten wir in jedem Fall einen Lichtweg, wie wir ihn mit dem Reflexionsgesetz, dem Brechungsgesetz oder den Gesetzen der Sammellinse ebenfalls erhalten haben.

Das fermatsche Prinzip umfasst alle Gesetze der geometrischen Optik.

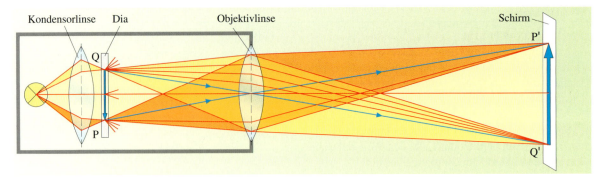

B 1: Schematische Darstellung des Diaprojektors

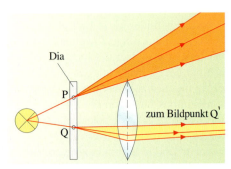

V 1: Wir bringen zwischen Lampe und Sammellinse ein Dia und stellen einen Schirm so auf, dass eine scharfe Abbildung entsteht. Leider ist auf dem Schirm nur ein kleiner Teil des Dias sichtbar.

V 2: Wir ändern Versuch 1 ab. Zwischen Lampe und Dia stellen wir eine weitere Sammellinse, den so genannten Kondensor, und zwar so, dass sie auf der bereits vorhandenen Linse das Bild der Lampe erzeugt (⟹ *Bild 1*). Jetzt erhalten wir auf dem Schirm ein scharfes Bild des gesamten Dias.

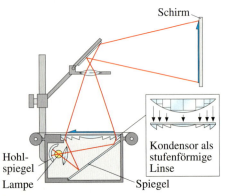

B 2: Tageslichtprojektor mit „ausgedünnter" Sammellinse

Projektor und Fotoapparat

1. Der Diaprojektor

Mithilfe von Sammellinsen kann man helle und scharfe Bilder von Gegenständen auf einem Schirm erzeugen. Bisher haben wir in den Versuchen selbst leuchtende Körper (etwa eine Kerze) oder gut beleuchtete Körper als Gegenstand benutzt. Wir wollen nun ein Dia projizieren. Die Abbildung eines nur mit einer Lampe beleuchteten Dias mit einer Sammellinse ist aber zunächst enttäuschend (⟹ *Versuch 1*). Woher kommt der Misserfolg?

In ⟹ *Versuch 1* breitet sich das Licht von der Lampe im Wesentlichen geradlinig aus. Folglich verfehlt der größte Teil des Lichtbündels, der das Dia durchdringt, die Sammellinse (*Objektivlinse* genannt).
In ⟹ *Versuch 2* vermeiden wir dies. Eine zusätzliche Linse (*Kondensorlinse*) konzentriert nun alles Licht, welches das Dia durchsetzt hat, auf die Mitte der Objektivlinse; an ihr geht kein Licht mehr vorbei. Zwar streut jeder Diapunkt ein wenig Licht zur Seite in ein enges Lichtbündel. Wenn man aber „das Objektiv scharf stellt", dann bildet es alle Diapunkte auf dem Schirm wieder als Punkte ab. Dort erhalten wir ein scharfes Bild des ganzen Dias.

2. Der Tageslichtprojektor

Der Tageslichtprojektor hat die gleiche Aufgabe wie ein Diaprojektor. Doch soll er statt kleiner Dias große Folien projizieren. Um sie auszuleuchten, muss die Kondensorlinse ungefähr die Größe der Folie haben. Eine übliche Sammellinse diesen Ausmaßes wäre leider relativ dick und schwer. Durch einen einfachen technischen Kniff (⟹ *Bild 2*) ist es möglich, eine leichte, dünne großflächige Linse herzustellen, mit den gleichen optischen Eigenschaften der ursprünglichen Linse. Man löst eine Glasplatte in ringförmige Zonen auf und gibt ihnen dieselbe Neigung, welche die Kondensorlinse an der gleichen Stelle haben müsste. Die dabei entstandenen Stufen stören kaum. Dass im Innern Glas entfällt, hat auf die Brechung keinen Einfluss.

3. Der Fotoapparat

Du kannst heute im Fotogeschäft unter einer ganzen Reihe von verschiedenen Modellen von Fotoapparaten auswählen. Das einfachste Modell – die uns bekannte *Lochkamera* – ist nicht dabei.

Warum benutzen wir zum Fotografieren keine Lochkamera?
➠ *Bild 3* zeigt noch einmal wie in der Lochkamera ein Bild entsteht. Auf dem Schirm überlappen sich viele kleine Lichtflecke (alle in Form des Loches) und setzen sich zum Bild zusammen. Da sie nicht punktförmig sind, wird das Bild unscharf. Je kleiner man das Loch macht, um so dunkler wird das Bild. Vergrößert man das Loch, so wird das Bild zwar heller, die entsprechenden Lichtflecke auf dem Schirm aber etwas größer, das Bild wird unschärfer.

Was ist am technischen **Fotoapparat** besser?
Dort gelangt das Licht durch eine Sammellinse (Objektivlinse genannt, da zum Objekt gerichtet) in das Innere. Da sie eine große Öffnung hat, ist das Bild viel heller; die Belichtungsdauer ist viel kürzer als bei der Lochkamera. Zudem bildet die Linse jeden Punkt der Gegenstandsebene in einen Punkt der zugehörigen Bildebene ab (➠ *Bild 4*). Bringt man dort den Film an, so entsteht ein scharfes Bild.
Zwei **Vorteile** hat der Fotoapparat gegenüber der Lochkamera:
• die Bilder sind hell,
• die Bilder sind scharf.
Nachteil: Man muss auf die gewünschte Entfernung scharf stellen.

Was sind die notwendigen Teile eines Fotoapparates?
Die wesentlichen **Bauteile** eines einfachen technischen Fotoapparates (➠ *Bild 5*) haben folgende Funktionen:
• die **Objektivlinse** (Sammellinse) erzeugt die Bilder;
• die **Blende** (kreisförmige Öffnung) begrenzt die Lichtmenge, die je Sekunde in den Fotoapparat gelangt;
• der **Film** (Schirm) fängt das Bild auf und speichert durch eine chemische Reaktion das Bild;
• der **Verschluss** lässt nur während des Fotografierens Licht auf den Film (beim Betätigen des Auslösers wird zwischen Film und Blende ein Art Vorhang mit schlitzförmiger Öffnung vorbeigezogen).
• das **Gehäuse** verhindert den seitlichen Lichteinfall auf den Film.

Seit der Erfindung des Fotoapparates im Jahre 1837 durch Louis Jacques DAGUERRE hat sich an diesem Prinzip nichts geändert. Die Weiterentwicklung bestand hauptsächlich in Verbesserungen der Linsenqualität und der Empfindlichkeit der Filme. Außerdem wurden die Fotoapparate im Laufe der Zeit sehr viel handlicher und bedienungsfreundlicher.
In **Digitalkameras** wird das Bild nicht mehr durch einen chemischen Prozess auf einem Film festgehalten. Vielmehr wird es in „Punkte" zerlegt, **Pixel** genannt. Ihre Helligkeit speichert man elektronisch als Zahl.

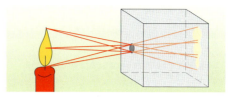

B3: Bildentstehung in der Lochkamera

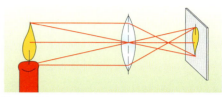

B4: Bildentstehung bei der Sammellinse

B5: Modell eines einfachen Fotoapparats

... noch mehr Aufgaben

A1: a) Lisa will mit ihrem Diaprojektor im Zimmer möglichst große Bilder erhalten. Wo muss sie die Projektionswand aufstellen? **b)** Nun führt sie ihre Dias in einem Saal vor. Die Bilder sollen dort nicht größer werden als in ihrem Zimmer. Die Leinwand im Saal ist aber viel weiter vom Projektor entfernt als in ihrer Wohnung. Warum braucht Lisa einen Projektor mit einer anderen Objektivlinse? Müsste Sie auch an der Kondensorlinse etwas ändern?

A2: Um scharfe Bilder zu erhalten, muss man bei manchen älteren Fotoapparaten die Entfernung des Gegenstandes von Hand einstellen, indem man den Abstand zwischen Objektivlinse und Film verändert. Jemand fotografiert zunächst einen Gegenstand in 3 m Entfernung und anschließend einen in 30 m Entfernung. Wie muss der Abstand Objektivlinse–Film verändert werden?

Die Qualität der Fotos lässt sich steigern

Objektivwechsel verändert Bildgröße und Bildausschnitt

Berufsfotografen schleppen in ihrer Fototasche immer eine Vielzahl von Objektiven mit sich herum – jedes für eine bestimmte Anwendung.

Ein Versuch mit Sammellinse und Schirm zeigt uns den Nutzen zweier unterschiedlicher Objektivlinsen:

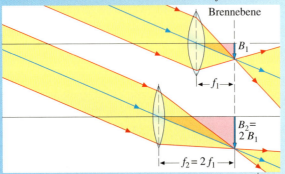

Zuerst verwenden wir eine Linse mit der Brennweite $f_1 = 10$ cm, dann eine mit $f_2 = 20$ cm. Eine Kerzenflamme in großer Entfernung (ca. 5 m) dient als Gegenstand. Bei der großen Gegenstandsweite erhalten wir in beiden Fällen scharfe Bilder ungefähr in der Brennebene. Die zwei Bilder der Kerzenflamme unterscheiden sich jedoch in ihrer Größe. Das Bild, das durch ein Objektiv doppelter Brennweite aufgenommen wurde, ist doppelt so hoch und doppelt so breit.

Das Foto links zeigt einen Baum aufgenommen mit einem Objektiv der Brennweite 70 mm. Rechts wurde derselbe Baum aus gleicher Entfernung mit 35 mm Brennweite fotografiert. Die beiden Fotos bestätigen unseren eigenen Versuch:

- Objektive großer Brennweite erzeugen große Bilder
- Objektive kleiner Brennweiten liefern vergleichsweise kleine Bilder, allerdings passt jetzt „mehr Landschaft" auf den Film vorgegebener Größe.

Je nach Motiv verwendet der Profi also Linsen mit großer Brennweite (**Teleobjektive** genannt) oder Linsen mit kleiner Brennweite (**Weitwinkelobjektive**, sie erfassen einen großen Winkelbereich).

Ein **Zoomobjektiv** besteht aus einem **Mehrlinsensystem**. Ein Verschieben der Linsen gegeneinander verändert die Gesamtbrennweite und damit die Bildgröße stufenlos in gewissen Grenzen.

Scharfe Fotos durch Einstellen der Entfernung

Sammellinsen erzeugen nur dann scharfe Bilder auf dem Schirm, wenn Gegenstandsweite g und Bildweite b entsprechend der Linsengleichung richtig aufeinander abgestimmt sind. Die Gegenstandsweite (Entfernung) ist durch den Standort des Fotografen festgelegt. Die dazu passende Bildweite stellt man durch Verschieben der Objektivlinse mittels eines Schraubgewindes ein. Eine Skala am Objektiv dient dem Fotografen dabei als Orientierung.

Wir können die richtige Bildweite aber auch berechnen. Die *Linsengleichung* ermöglicht es. Das Diagramm unten zeigt die so ermittelten Werte für eine Linse der Brennweite $f = 5$ cm. Die Grafik verdeutlicht, dass bei einer Entfernung ab etwa 10 m bis „∞" (unendlich) das Bild praktisch immer in der Brennebene ($b \approx f$) scharf abgebildet wird. Bei geringerer Entfernung muss die Objektivlinse entsprechend dem Diagramm etwas nach vorn verschoben werden.

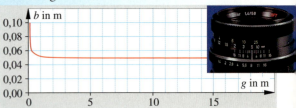

Blendenöffnung und Belichtungsdauer verändern die Helligkeit des Fotos

Wird der Film an einer Stelle von Licht getroffen, so löst es dort einen chemischen Prozess aus. Je nach der Empfindlichkeit des Filmes muss mehr oder weniger Licht (Energie) für diesen Vorgang gewählt werden. Je länger der Verschluss geöffnet ist (d. h. je größer die Belichtungsdauer), desto mehr Licht gelangt auf den Film. Die Lichtmenge hängt aber auch von der Blendenöffnung ab. Bei größerer Öffnung gelangt natürlich mehr Licht bei einer bestimmten Belichtungsdauer auf den Film. Bei einem nicht automatisch gesteuerten Fotoapparat muss der Fotograf stets die Belichtungsdauer in Abhängigkeit von Filmempfindlichkeit und Blendenöffnung selbst einstellen.

Interessantes

Scharfe Fotos ohne Entfernungseinstellung

Bei ganz einfachen Fotoapparaten kann man nach dem Einlegen des Filmes sofort fotografieren, ohne irgendwelche Einstellungen vornehmen zu müssen. Gleiches gilt für manche teuren Kameras. Hat dies denselben Grund?

Manuelle Einstellungen

Die graphische Darstellung der Bildweite in Abhängigkeit von der Gegenstandsweite lässt erkennen, dass man insbesondere die „Entfernung" an einem Fotoapparat einstellen muss. Doch spielt dabei auch die Blende eine Rolle, wie der folgende Versuch verdeutlicht.

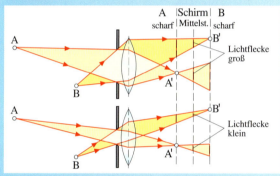

Vor eine Sammellinse ($f = 10$ cm) stellen wir in den Gegenstandsweiten 25 cm und 50 cm jeweils eine Kerze. Auf dem Schirm hinter der Linse lässt sich aber jeweils nur eine Kerzenflamme scharf abbilden. Stellen wir den Schirm in der Mittelstellung auf, so sind beide Bilder etwa gleich unscharf.
Verkleinern wir die runde Blendenöffnung vor der Linse etwas, so erkennen wir in Mittelstellung des Schirms, dass beide Flammenbilder zugleich hinreichend scharf werden.
Die Erklärung liefert das obige Bild: Durch das Einengen der Lichtbündel verkleinern sich die Lichtflecke, und damit die Unschärfen, die von den beiden Gegenstandspunkten erzeugt werden.

Einfache Fotoapparate haben kleine Objektivlinsen ohne zusätzliche Blende. Sie lassen nur schlanke Lichtbündel zu, die nur winzige Zerstreuungskreise, also relativ scharfe Bilder, geben für Gegenstandsweiten zwischen 3 m bis „∞". Nahaufnahmen unter 3 m werden zu unscharf.
Auch die Belichtungsdauer ist bei diesen einfachen Apparaten fest eingestellt. Wegen der kleinen Blendenöffnung erhält man mit diesen Kameras fast aus-

schließlich bei Sonnenschein oder mit Blitzzuschaltung richtig belichtete Fotos.

Die automatische Lösung

Mit dem gerade besprochenen Fotoapparat kann man insbesondere keine Nahaufnahmen machen. Bei den teuren Kameras dagegen ist die Entfernung einstellbar – dies geschieht sogar *automatisch*. Lichtstrahlen, die von einem Gegenstandspunkt ausgehen, werden auf einen Punkt des Films fokussiert. Eine solche Technik heißt **Autofokus**. Es gibt einige unterschiedliche technische Ausführungen eines solchen Systems. Im Folgenden wollen wir uns das Prinzip eines einfachen (aktiven) Autofokus-Systems einmal näher ansehen:

Eine im Innern der Kamera eingebaute Leuchtdiode sendet einen für das Auge unsichtbaren infraroten Lichtstrahl aus. Peilt man mit diesem Strahl das zu fotografierende Objekt an, so wird er daran gestreut. Ein Teil des Streulichts erreicht auch die Kamera. Hinter einer Öffnung im Gehäuse ist ein Infrarot-Sensor angebracht. Infrarotlicht, das an nahen Objekten gestreut wurde, trifft den Sensor an der Stelle A, solches, das an weit entfernten Objekten gestreut wurde, trifft die Stelle B. Der Sensor registriert die Auftreffstelle und leitet diese Information an einen Mikroprozessor weiter. Dieser berechnet daraus die Bildweite. Ein kleiner Elektromotor verschiebt dann die Objektivlinse, sodass sie den richtigen Abstand zum Film bekommt.

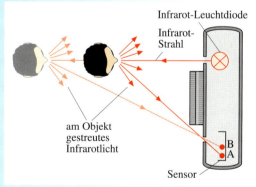

Ist der Fotoapparat dann noch mit einem elektronischen Belichtungsmesser ausgestattet, der die Helligkeit des Gegenstandes ausmisst, dann kann der Mikroprozessor auch diese Werte bearbeiten. In Abhängigkeit von der Filmempfindlichkeit berechnet er dann Blendenöffnung oder Belichtungsdauer, damit das Foto die richtige Belichtung erhält. Auch diese Einstellungen werden während des Auslösens automatisch durchgeführt.

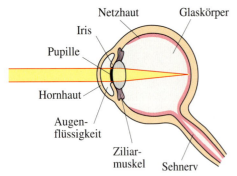

B1: Schnitt durch das menschliche Auge

Fotoapparat	Auge
Objektivlinse	Linse (in Verbindung mit Hornhaut, Augenflüssigkeit und Glaskörper)
Film	Netzhaut
Blendenöffnung	Pupille
Entfernungseinstellung	Akkommodation

T1: Vergleich Fotoapparat – Auge

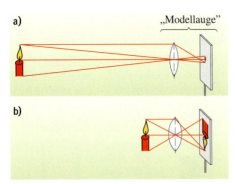

V1: Wir erläutern den Sehvorgang an einem „Modellauge": **a)** Eine Sammellinse der Brennweite 15 cm soll das optische System (Hornhaut, Augenflüssigkeit, Linse und Glaskörper) ersetzen, ein gewöhnlicher Schirm die Netzhaut. Eine Kerze wird in großer Entfernung (etwa 4 m) vor das Modellauge gestellt. Auf dem Schirm in der Brennebene erkennen wir ein scharfes Bild der Flamme: Unser Modellauge blickt entspannt in die Ferne. **b)** Wir schieben nun die Kerze bis auf 30 cm an die Linse heran, das Bild auf dem Schirm wird unscharf. Wir ersetzen die Sammellinse durch eine dickere mit der Brennweite 10 cm und erhalten wieder ein scharfes Bild, ohne den Schirm zu verschieben.

Das Auge

1. Die Optik des menschlichen Auges

Du kennst den Aufbau des menschlichen Auges aus dem Biologieunterricht. ▦➡ *Bild 1* zeigt die wichtigsten Bestandteile in vereinfachter Form. Aus physikalischer Sicht ist das Auge vergleichbar mit einem Fotoapparat (▦➡ *Tabelle 1*):

Das Licht durchdringt beim Eintritt ins Auge die *Hornhaut*, die *Augenflüssigkeit*, die *Linse* und den *Glaskörper*. Diese vier Bestandteile bilden das *optische System* des Auges. Sie wirken zusammen wie *eine* Objektivlinse:
Parallele Strahlen werden so gebrochen, dass sie sich rund 23 mm hinter der Hornhaut in einem Punkt treffen. Dort liegt die *Netzhaut*. Auf ihr entsteht so das optische Bild des Gegenstandes. Die Netzhaut enthält eine große Anzahl feinster, lichtempfindlicher Elemente. Über viele Verästelungen sind sie mit dem *Sehnerv* verbunden, der zum Gehirn führt.

Die *Iris* ist eine farbige Haut mit einer kreisrunden Öffnung: der *Pupille*. Die Öffnung kann mit einem Muskel verkleinert werden. Die Iris wirkt damit wie eine Blende. Das Gehirn steuert mit ihr die Lichtmenge, die in 1 s auf die Netzhaut fällt.

Bei einer Abbildung mit starren Linsen verändert sich die Bildweite mit der Gegenstandsweite. Rückt der betrachtete Gegenstand näher an das Auge, so müsste sich die Netzhaut weiter von der Augenlinse entfernen – das entspräche dem Fotoapparat.

Dies geht aber beim Auge nicht, denn der Abstand Linse – Netzhaut ist durch die Augengröße fest vorgegeben. In ▦➡ *Versuch 1 b* tauschen wir die Linse aus, um bei veränderter Gegenstandsweite wieder ein scharfes Bild zu erhalten. Beim richtigen Auge ist ein Linsentausch nicht möglich und auch nicht nötig. Die Augenlinse besteht nämlich aus einem elastischen Stoff. Sie will sich stets von selbst zusammenzuziehen. Dem wirken die Aufhängefasern entgegen, die sie flach ziehen, gesteuert vom *Ziliarmuskel*. Bei nahen Gegenständen erlaubt er der Linse, sich so zu wölben, also die Brennweite so zu ändern, dass auf der Netzhaut ein scharfes Bild entsteht. Bei weiter entfernten Gegenständen ist der Ziliarmuskel entspannt, die Linse flach. Die Brennweite ist größer, sodass das Bild auf der Netzhaut wieder scharf ist (▦➡ *Versuch 1 a*). Die Augenlinse ist eine Linse mit variabler Brennweite.
Dieser Anpassungsvorgang heißt **Akkommodation**. Er läuft, vom Gehirn gesteuert, aber unbewusst ab.

Das Auge kann nicht in jede beliebige Nähe akkommodieren. Bei einem Abstand zum Gegenstand von 10 cm, dem so genannten **Nahpunkt**, ist die Grenze erreicht. So nahe Gegenstände zu betrachten ist sehr anstrengend, man ermüdet dabei rasch. Ohne Anstrengung kann man Gegenstände in einer Entfernung von etwa 25 cm betrachten.

2. Wenn man näher 'ran geht, sieht man mehr

▶ *Versuch 2* zeigt, dass das Sehvermögen des menschlichen Auges Grenzen hat. Eine der Ursachen liegt im Aufbau der Netzhaut: Die Sehzellen sind auf ihr mosaikartig verteilt. Das Auge kann nicht mehr Bildpunkte verarbeiten als Sehzellen vom Bild getroffen werden. Zwei Gegenstandspunkte werden nur dann getrennt wahrgenommen, wenn ihre Bildpunkte auf Sehzellen fallen, zwischen denen eine andere liegt. Treffen zwei Lichtstrahlen unter einem Sehwinkel von weniger als $\frac{1}{60}$ Grad ins Auge, so erfüllen sie diese Bedingung nicht mehr. Man sagt: Das **Auflösungsvermögen** des Auges liegt bei einem Sehwinkel von $\frac{1}{60}$ Grad.

In ▶ *Bild 2* ist das optische Bild auf der Netzhaut konstruiert. Wir erkennen sofort, dass dieses Bild umso größer wird, je näher der Gegenstand ans Auge rückt. Beim richtigen Auge ist die Netzhaut zwar gekrümmt, doch am Prinzip der Abbildung ändert sich dadurch nichts. Ein größeres Netzhautbild bedeutet, dass mehr Sehzellen gereizt und so mehr Einzelheiten erkannt werden. Dabei wächst der **Sehwinkel** (im Bild α genannt), den die beiden Mittelpunktsstrahlen bilden, nach ▶ *Bild 2* mit der Größe des Bildes auf der Netzhaut.

Merksatz

Je näher ein Gegenstand dem Auge rückt, desto größer werden der Sehwinkel und das Netzhautbild und desto größer erscheint dann auch der Gegenstand. Man erkennt dann mehr Einzelheiten.

3. Wozu braucht man eine Brille?

Die häufigsten Augenfehler sind **Kurzsichtigkeit** und **Übersichtigkeit**.
Beim *kurzsichtigen* Auge liegt die Netzhaut nicht in der Brennebene, sondern etwas dahinter. Auf der Netzhaut ist deshalb das Bild ferner Gegenstände unscharf. Nahe Gegenstände kann das Auge dagegen scharf sehen. ▶ *Bild 3 a* zeigt, wie eine Brille den Mangel beseitigt. Das parallele Lichtbündel, das von einem weit entfernten Gegenstand kommt, wird durch die Brille etwas aufgeweitet, sodass das Auge das Bündel hinter der eigentlichen Brennebene genau auf der Netzhaut bündelt. Brillengläser mit dieser Eigenschaft heißen *Zerstreuungslinsen*. Das vormals verschwommene Bild erscheint jetzt scharf.
Beim *Übersichtigen* liegt die Netzhaut vor der Brennebene. Der Ziliarmuskel muss also zum Blick in die Ferne bereits etwas angespannt werden, was ohne weiteres möglich ist. Bei nahen Gegenständen kann die Linse aber nicht genügend gewölbt werden, das Bild erscheint verschwommen. Abhilfe schafft eine Brille mit geeigneten Sammellinsen (▶ *Bild 3 b*); sie verkürzen insgesamt die Brennweite und unterstützen die Augenlinsen bei der Lichtbündelung.

V 2: Die beiden schwarzen Punkte sind eng nebeneinander gedruckt. Aus großer Entfernung (etwa 10 m) betrachtet gewinnst du den Eindruck, dass es sich auf dem Foto um lediglich einen einzigen schwarzen Fleck handelt.

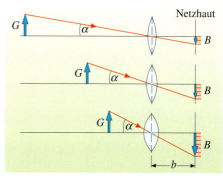

B 2: Sehwinkel und Netzhautbild

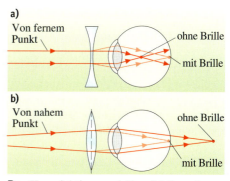

B 3: Kurzsichtiges und übersichtiges Auge

... noch mehr Aufgaben

A 1: Mit zunehmendem Alter verringert sich die Elastizität der Linse, der Nahpunkt entfernt sich. Welche Art von Brille hilft, nahe Gegenstände scharf zu sehen? Erkläre dies.

A 2: Erkläre die Wirkung der Zerstreuungslinse durch Zerlegen in Prismen.

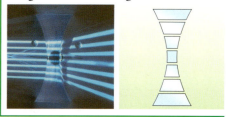

Interessantes

Steht die Welt auf dem Kopf?

Dir ist sicher aufgefallen, dass die Netzhautbilder wie alle Bilder, die eine Sammellinse von weit entfernten Gegenständen erzeugt, auf dem Kopf stehen und seitenverkehrt sind. Trotzdem sehen wir die Welt doch „richtig". Ist also unsere Vorstellung der Bildentstehung im Auge falsch? Ist das Netzhautbild vielleicht doch seitenrichtig und aufrecht?

Das folgende kleine Selbstexperiment bestätigt unsere bisherige Vorstellung: Die Sehzellen der Netzhaut reagieren auf Lichteinfall oder auf Druck. Schließe beide Augen und versuche dabei auf die Nasenspitze zu sehen. Berühre nun mit dem Zeigefinger der rechten Hand von unten den äußersten Augenwinkel des geschlossenen rechten Auges. Du „siehst" dann helle Ringe – nicht aber an der Druckstelle rechts, sondern links.

Die rechts gereizten Sehzellen lösen also eine Empfindung aus, die wir auf der anderen Seite registrieren. Diese Seitenumkehr bewerkstelligt das Gehirn. Es bleibt also dabei: Die physikalischen Netzhautbilder sind seiten- und höhenverkehrt.

Das Gehirn sieht mehr als zwei Augen

In jedem unserer Augen wird ein Netzhautbild erzeugt. Wir „sehen" aber immer nur ein Bild. Das Gehirn empfängt die Bildinformationen von beiden Augen und verarbeitet sie zu einem Bild. Betrachten wir etwa einen Baum aus großer Entfernung (1 km) so empfangen beide Augen identische Bilder – das Gehirn hat eine leichte Aufgabe zu lösen. Betrachten wir jedoch einen Gegenstand, der nahe vor dem Auge ist, so ergibt sich ein größeres Problem:

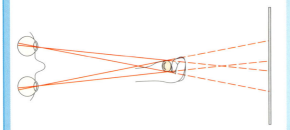

Betrachtest du den Daumen der ausgestreckten Hand zunächst nur mit dem linken Auge, und dann nur mit dem rechten Auge, so erscheint der Daumen vor dem Hintergrund zu springen. Jedes Auge betrachtet ja den Daumen aus einer etwas anderen Richtung. Betrachtet man den Daumen nun mit beiden Augen, so versagt das Gehirn bei dem Versuch, von diesen zwei verschiedenen Netzhautbildern einen Gesamteindruck zu erzeugen. Fixierst du nämlich dabei den Hintergrund, so siehst du zwei Daumenbilder. Fixierst du allerdings den Daumen, so erkennst du zwei Hintergrundbilder.

Dies fällt im Alltag nicht auf. Betrachten wir nämlich nahe Gegenstände, dann interessiert uns der weit entfernte Hintergrund nicht und wir achten nicht auf das Doppelbild. Gleiches gilt, wenn wir etwa Landschaften betrachten und ein dünnes Hindernis dabei im Wege steht.

Bei diesem beidäugigen Sehen gelingt es dem Gehirn fast immer, einen **räumlichen Eindruck** zu erzeugen, der jedem der beiden Einzelbilder fehlt.

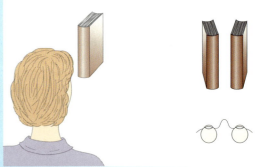

Betrachtest du ein Buch, das mit dem Rücken vor deiner Nase steht, aus 30 cm Entfernung, so siehst du mit dem linken Auge den hinteren Deckel und den Buchrücken, mit dem rechten Auge den Buchrücken und den vorderen Deckel. Betrachtest du nun das Buch mit beiden Augen gleichzeitig, so siehst du tatsächlich den Buchrücken und beide Deckel. Das Gehirn schafft es also, die beiden Netzhautbilder so zu überlagern, dass gleiche Informationen (Buchrücken) sich überlagern und unterschiedliche Informationen (linker und rechter Buchdeckel) sich ergänzen.

Diese Fähigkeit muss das Gehirn aber erst erlernen. Kleinkinder erkennen z. B. noch nicht einmal Gesichter. Erst die zunehmende Erfahrung lehrt es sie. Das beidäugige Bild führt zu dem Eindruck, das betrachtete Buch sei tatsächlich ein dreidimensionaler Gegenstand und nicht etwa nur ein zweidimensionales Foto. Das räumliche Sehen beruht also auf der Zweiäugigkeit und auf einer erlernten Gehirnleistung.

Eine Film- oder Fernsehkamera fotografiert nur mit einem Objektiv. Im Kino oder im Fernsehen kann man daher nicht unterscheiden, ob die Schauspieler z. B. in freier Natur oder nur vor einem gut gemalten Landschaftsbild spielen.

Entfernungsbestimmung ...

Die Größe des Netzhautbildes hängt von der Gegenstandsgröße und der Gegenstandsweite ab. Ist der *Sehwinkel* für zwei Objekte gleich groß, so sind auch die Netzhautbilder der beiden Gegenstände gleich groß.

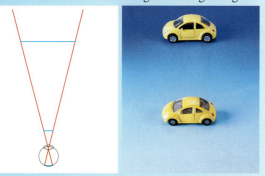

Die beiden Spielzeugautos erscheinen gleich groß. Die Gegenstandsweiten unterscheiden sich aber. Das Gehirn muss also aus Entfernung und Bildgröße auf die Gegenstandsgröße schließen.

... bei kleinen Gegenstandsweiten ...

Fixieren wir etwa einen Bleistift in einer Entfernung von 50 cm, so müssen sich beide Augen aus der Geradeaussicht drehen.

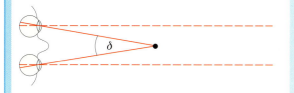

Der Winkel δ verkleinert sich mit zunehmender Gegenstandsweite. Außer der Größe des Netzhautbildes hat das Gehirn auch die Information über die Größe dieses Winkels. Vergrößern wir nun den Abstand zwischen Auge und Bleistift, so deuten wir die Ursache des verkleinerten Netzhautbildes sofort als Vergrößerung der Gegenstandsweite und nicht als eine Verkleinerung des Bleistifts.
Bei einer Entfernung über 3 m ist dieser Effekt so gering, dass das Gehirn die Veränderung des Winkels δ nicht mehr zur Entfernungsmessung verwerten kann.

... und bei großen Gegenstandsweiten

Entfernungsmessungen in der Landschaft gelingen dem Gehirn nur in Verbindung mit aus der Erfahrung gewonnen Größenvergleichen. So kennt jeder Autofahrer die Größe eines Personenwagens. Ein Auto des Gegenverkehrs, das ihm klein erscheint, ist demnach noch weit entfernt.

Aus der Bildgröße von Bäumen leitet man in der freien Landschaft ihre Entfernung ab. Umgekehrt zieht man aus der bekannten Entfernung Rückschlüsse etwa auf die unbekannte Höhe eines Turmes. Die Unterscheidung von Nah und Fern beruht also auf der Wechselbeziehung von bekannter Gegenstandsgröße und bekannter Entfernung.

Fehlt eine Bezugsgröße, so versagt unser Gehirn: Sonne und Mond erscheinen uns beide gleich groß, weil der Sehwinkel jeweils 0,5° beträgt. Sind auch beide in Wirklichkeit gleich groß? Ohne weitere Informationen können wir diese Frage nicht beantworten. Durch genaue Beobachtung über mehrere Jahrhunderte und mithilfe der Mathematik fand man heraus, dass die Sonne etwa 390-mal so weit von der Erde entfernt ist wie der Mond und dass sie damit auch einen etwa 390-mal so großen Durchmesser hat wie der Mond.

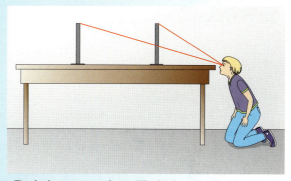

Du kniest so vor einem Tisch, dass du die Tischplatte selbst nicht mehr erkennen kannst. Betrachtest du nun zwei gleiche Stangen aus unterschiedlicher Entfernungen mit einem Auge, so hast du den subjektiven Eindruck, die hintere Stange sei objektiv kleiner und dünner als die vordere. Ursache dieser Fehleinschätzung ist die fehlende Information über die Entfernung.

Wenn der Vollmond bei Mondaufgang dicht über dem Horizont steht, erscheint er uns viel größer, als wenn er einige Stunden später hoch am nächtlichen Himmel steht. Der Mond selbst ist in dieser Zeit nicht wirklich kleiner geworden; auch hat er seine Entfernung zur Erde nicht merklich verändert. Es handelt sich um eine *optische Täuschung*.
Ähnliches kannst du feststellen, wenn du von einem hohen Gebäude aus auf die Straße schaust. Obwohl die Entfernung zu den Autos vielleicht nur 15 m beträgt, erscheinen sie uns viel kleiner als wenn wir sie von der Seite in gleicher Entfernung betrachten würden. Offenbar ist es uns angeboren, Entfernungen in vertikaler Richtung als zu groß wahrzunehmen.

B 1: Lupe und Mikroskop erzeugen größere Netzhautbilder.

V 1: a) Eine Videokamera dient als Modellauge. Wir nähern die Kamera dem Gegenstand (Lineal) bis auf 60 cm und stellen am Kameraobjektiv das Fernsehbild scharf. Auf dem Bildschirm erkennen wir das „Netzhautbild" des Lineals.

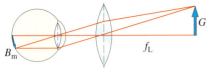

V 1: b) Als Lupe stellen wir eine Sammellinse der Brennweite $f_L = 10$ cm direkt vor das Modellauge. Wir schieben nun das Lineal in die Brennebene der Lupe. Damit ein scharfes Bild entsteht, müssen wir an der Kamera das Objektiv auf „∞" stellen. Auf dem Bildschirm entsteht jetzt ein viel größeres „Netzhautbild" des Lineals als ohne Lupe.

Lupe, Mikroskop und Fernrohr

Willst du eine kleine Schrift etwa auf einer Briefmarke entziffern, so hältst du die Briefmarke möglichst nahe vor dein Auge. Wie du weißt, wird dadurch das Netzhautbild ziemlich groß. Es überdeckt jetzt mehr Sehzellen, sodass man mehr Einzelheiten der Briefmarke erkennt. Oft reicht diese Methode aber nicht aus.

1. Die Lupe

25 cm ist die kürzeste Entfernung, in der wir ohne Anstrengung einen Gegenstand über längere Zeit betrachten können. (Bei diesem Abstand muss das Auge nur schwach akkommodieren.) ⫸ *Versuch 1 a* zeigt ein „Netzhautbild" des Lineals für unser Modellauge. Ein größeres Bild als bei einer Gegenstandsweite von 25 cm gelingt ohne Hilfe nicht. Mit einer **Lupe** aber können wir die Gegenstandweite weiter verringern und so ein größeres Netzhautbild erhalten (⫸ *Versuch 1 b*). Dazu stellen wir jetzt den Gegenstand in die Brennebene der Lupe. Alle Lichtstrahlen, die dann vom Gegenstand ausgehen, verlaufen hinter der Lupe parallel. Ein solches paralleles Bündel trifft sonst nur von weit entfernten Objekten ins Auge. Dieses kann jetzt entspannt, ganz ohne Akkommmodation das Lineal betrachten.

Haben wir **o**hne Lupe in ⫸ *Versuch 1 a* auf dem Bildschirm eine Bildhöhe $B_o = 2$ mm gemessen, so finden wir in ⫸ *Versuch 1 b* **m**it Lupe $B_m = 12$ mm. Die **Vergrößerung** durch die Lupe ist also $V = B_m/B_o = 6$. Das Lineal erscheint also dem entspannten Modellauge mit Lupe 6-mal so hoch und 6-mal so breit wie ohne Lupe. Wir erkennen also 36-mal so viele Einzelheiten.

 Merksatz

Liegt das Objekt in der Brennebene der Lupe mit $f_L < 25$ cm, so wird das Netzhautbild größer. Unter der **Vergrößerung** V durch ein optisches Instrument versteht man den Quotienten

$$V = \frac{\text{Höhe des Netzhautbildes mit Instrument}}{\text{Höhe des Netzhautbildes ohne Instrument}} = \frac{B_m}{B_o}$$

2. Das Mikroskop (Diaprojektor plus Lupe)

Die Vergrößerung durch Lupen ist höchstens 20. Um kleine Gegenstände noch stärker zu vergrößern, verwendet man Mikroskope. Damit erzielt man Vergrößerungen bis etwa 800.

Mit einem **Mikroskop** betrachtet man meist durchsichtige Objekte auf einer Glasplatte. Diese Objektträger erinnern an Dias. Wir wissen bereits, dass ein Diaprojektor vergrößert. Das optische Bild an der Leinwand ist viel größer als das Original. Betrachtet man dieses vergrößerte Bild zusätzlich durch eine Lupe, so erscheint es im Auge nochmals vergrößert. Nach diesem Prinzip der zweimaligen Vergrößerung arbeitet das Mikroskop.

In ➠ *Versuch 2a* setzen wir diese Überlegung um. Das vergrößerte Bild auf dem Schirm kennen wir bereits vom Diaprojektor. Entfernen wir den Schirm, so bleibt das Bild trotzdem erhalten. Es schwebt frei im Raum. Wie ist das möglich?
Die Sammellinse konzentriert die von den Objektpunkten ausgehenden Lichtbündel in Punkten eines *Zwischenbildes*. Ohne Schirm laufen diese Bündel geradlinig und ungeschwächt auseinander. Es ist so, als stünde in der Ebene des Zwischenbildes ein Gegenstand, von dem Licht ausgeht und in unser Auge (in die Kamera) trifft. Man kann dann das helle, *im Raum schwebende Zwischenbild* mit einer Lupe nochmals vergrößert betrachten (➠ *Versuch 2b*). Auf den Schirm in der Bildebene können wir verzichten. Dies bringt den Vorteil, dass das Lupenbild deutlicher und heller erscheint als mit Schirm.

➠ *Bild 3* zeigt die uns bereits bekannten Bauteile des Diaprojektors: Lampe, Kondensor, Dia (Objekt auf Glas), *Objektivlinse* und das Bild (Zwischenbild). Die Lupe heißt beim Mikroskop *Okularlinse*. Das Gehäuse (*Tubus*) dient als Halter der Linsen und verhindert einen seitlichen Lichteinfall.
Um beim Mikroskop ein möglichst großes Zwischenbild zu erzeugen, wird das Objekt nur wenig außerhalb der Brennebene der Objektivlinse gebracht. Die Bildweite für das Zwischenbild ist dadurch recht groß.
Von der Lupe wissen wir: Stellen wir die Okularlinse so, dass das Zwischenbild in ihrer Brennebene liegt, dann wird die optimale Vergrößerung der Lupe erreicht. Außerdem erzeugt sie so parallele Lichtbündel, sodass der Betrachter mit entspanntem Auge beobachten kann. Ein Scharfstellen des Mikroskops ist erforderlich, damit das Zwischenbild immer am gleichen Platz im Tubus liegt. Der Abstand zwischen Objekt und Objektivlinse mit Tubus wird dazu mittels eines Schraubgewindes verändert.

Merksatz

Beim Mikroskop befindet sich das Objekt ein wenig außerhalb der Brennebene des Objektivs. Dieses erzeugt durch optische Abbildung ein vergrößertes Zwischenbild, das durch eine Lupe (Okular) betrachtet wird. Dabei wird es nochmals vergrößert.

V 2: a) Das Objekt (ein leuchtendes „F") wird 5,5 cm vor eine große Sammellinse mit *f* = 5 cm gestellt. 55 cm hinter der Linse befindet sich ein durchscheinender Schirm. Dort entsteht ein rund 10-fach vergrößertes Bild. Entfernen wir den Schirm und setzen an seine Stelle einen Ring, so erkennen wir, dass das Bild frei im Ring schwebt. **b)** Hinter dem Ring wird eine Lupe im Abstand ihrer Brennweite aufgestellt. Schauen wir durch die Lupe, so sehen wir ein nochmals vergrößertes Bild.

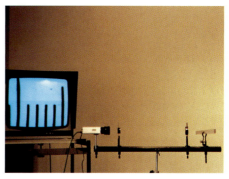

B 2: Mikroskopmodell mit Kamera

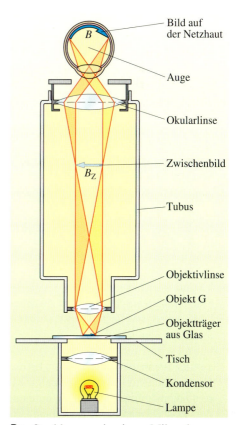

B 3: Strahlengang in einem Mikroskop

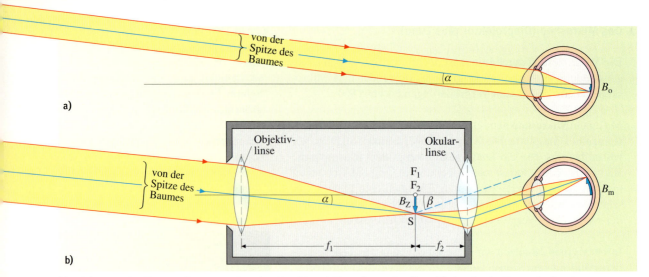

a)

b)

B 1: Die von der Baumspitze ausgehenden Strahlen fallen **a)** unmittelbar, **b)** durch ein Fernrohr ins Auge

V 1: In die Brennebene einer Sammellinse ($f_1 = 100$ cm) stellen wir einen durchscheinenden Schirm. Auf diesem Schirm erscheint nun das Bild eines fernen Gegenstandes (z. B. eines Baumes vor dem Fenster).

Nun bringen wir hinter den Schirm eine Sammellinse der Brennweite $f_2 = 10$ cm als Lupe und betrachten durch sie das optische Zwischenbild. Zur Scharfeinstellung regulieren wir den Abstand der Linsen nach. Es stört die milchige Trübung des Schirmes. Wir entfernen ihn und sehen jetzt den fernen Gegenstand viel deutlicher und heller. Der Gegenstand erscheint viel größer als mit bloßem Auge, aber leider auf dem Kopf stehend.

⇒ *Bild 1 b* zeigt den Strahlenverlauf: Von der weit entfernten Baumspitze gelangt ein praktisch paralleles Lichtbündel in das Objektiv. Schiefparallele Lichtstrahlen werden in der Objektiv-Brennebene, hier im Punkt S, fokussiert. Ohne Schirm läuft das Licht als gespreiztes Bündel weiter. Wieder ist es so, als sei S ein leuchtender Gegenstandspunkt, von dem Lichtstrahlen ausgingen. (Das Zwischenbild schwebt frei im Raum.) Das Okular formt aus dem von S kommenden Lichtbündel wieder ein Parallelbündel, weil es aus der Brennebene des Okulars kommt. Hintere Objektiv-Brennebene und vordere Okular-Brennebene fallen aufeinander. Das entspannte Auge bündelt das Licht dann wieder auf der Netzhaut.

3. Das astronomische Fernrohr (Fotoapparat plus Lupe)

Wir können die Einzelheiten eines Mondkraters nicht erkennen. Leider können wir ihn nicht näher ans Auge rücken. Ein **Fernrohr** ist ein Hilfsmittel, das uns von weit entfernten Gegenständen größere Netzhautbilder erzeugt. Dadurch werden mehr Sehzellen überdeckt, wir erkennen mehr Einzelheiten.

Mit dem Fotoapparat kann man Bilder von weit entfernten Gegenständen aufnehmen. Wenn das Bild des Gegenstands dann eine Größe von etwa 3 mm hat, sehen wir es in 25 cm Entfernung etwa genau so groß wie den Mond. Betrachtet man ein solches Foto mit der Lupe, dann wird das Netzhautbild viel größer – das kennen wir schon.

Das ist also die Grundidee des Fernrohres: Fotoapparat und Lupe werden hintereinander geschaltet (⇒ *Versuch 1*). Das Zwischenbild muss dabei natürlich nicht wie bei einer richtigen Kamera chemisch oder elektronisch gespeichert werden, es wird vielmehr unvermittelt durch eine Lupe betrachtet. Wie beim Mikroskop, so verzichten wir auch hier wieder auf den durchscheinenden Schirm, weil das Zwischenbild im freien Raum entsteht und ohne Lichtverlust dort beobachtet werden kann.

⇒ *Bild 1* verdeutlicht uns die Vergrößerung des Netzhautbildes. Der Verlauf der Lichtbündel im astronomischen Fernrohr erklärt auch, warum das Bild gegenüber der Betrachtung ohne Fernrohr auf dem Kopf steht; auch die Seiten sind vertauscht.

 Merksatz

Prinzip des astronomischen Fernrohres: Eine Objektivlinse erzeugt von einem fernen Gegenstand ein Zwischenbild. Dieses wird durch die Okularlinse wie mit einer Lupe betrachtet.

4. Das Prismenfernglas

Bei astronomischen Beobachtungen stört es nicht, dass man die Objekte durch das Fernrohr umgekehrt und seitenvertauscht sieht. Für Erdbeobachtungen möchte man dagegen ein aufrechtes und seitenrichtiges Bild haben. Man erhält es, wenn man zwei Prismen zwischen die Objektivlinse und die Okularlinse des Fernrohres einbaut (⟼ *Bild 2*); das eine vertauscht bei der Totalreflexion des Lichts an seinen Seitenflächen Rechts und Links, das andere Oben und Unten.

Außerdem wird der Strahlengang durch die vier Reflexionen „gefaltet". Damit braucht der Strahlverlauf weniger Platz. Ein stark vergrößerndes Fernglas wäre sonst wegen der großen Brennweite der Objektivlinse ziemlich lang und unhandlich.

Ferngläser bestehen meist aus zwei Fernrohren – für jedes Auge eines. Das hat den Vorteil, dass vom Gegenstand mehr Information aufgenommen wird. Durch die zweiäugige Betrachtung erscheinen die Gegenstände plastischer, wenn die Objektivlinsen weiter auseinander liegen als die Okularlinsen.

Zwischen den beiden Fernrohren (⟼ *Bild 2*) befindet sich ein Rad zur Scharfeinstellung. Je kleiner der Abstand zum betrachteten Gegenstand ist, desto größer macht man den Abstand zwischen Objektiv- und Okularlinse.

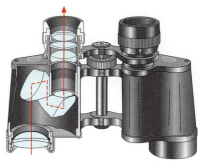

B 2: Schnitt durch ein Prismenfernglas

... noch mehr Aufgaben

A1: Begründe: Die Länge des Fernrohrs beträgt $f_1 + f_2$ (Gegenstände weit entfernt).

A2: Worin stimmen Mikroskop und Fernrohr überein, worin unterscheiden sie sich?

A3: Das Zwischenbild der Sonne ist im Fernrohr so hell, dass man es keinesfalls direkt durch das Okular beobachten darf. Man projiziert es mit dem Okular als reelles Bild auf einen Schirm. Warum muss man das Okular etwas herausziehen?

 Vertiefung

A. Vergrößerung durch das Fernrohr

In ⟼ *Bild 1 b* erkennen wir mithilfe der Mittelpunktstrahlen: Je größer die Brennweite f_1 der Objektivlinse ist, desto größer wird das Zwischenbild. Wir wissen bereits, dass mit abnehmender Brennweite f_2 der Okularlinse die Vergrößerung der Lupe zunimmt. Um starke Vergrößerungen beim Fernrohr zu erzielen, wählt man also f_1 groß und f_2 klein.

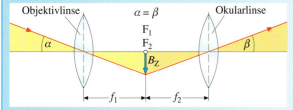

Wir können die Vergrößerung sogar berechnen: Ist die Brennweite f_1 genauso groß wie die Brennweite f_2, so verlaufen die Mittelpunktstrahlen völlig symmetrisch. In diesem Fall vergrößert das Fernrohr den Sehwinkel α und damit auch das Netzhautbild nicht. Aus $f_1 = f_2$ folgt: $B_\mathrm{m} = B_\mathrm{o}$.

Verlängern wir nun – von diesem Sonderfall ausgehend – die Brennweite der Objektivlinse auf das n-fache, also $f_1 = n \cdot f_2$, so wird das Zwischenbild und damit auch das Netzhautbild gegenüber vorher n-mal so hoch: Aus $f_1/f_2 = n$ folgt: $B_\mathrm{m}/B_\mathrm{o} = n \; (= V)$.
Damit gilt für die **Fernrohrvergrößerung:** $V = f_1/f_2$.

B. Die Bildhelligkeit beim Fernrohr

Die Lichtmenge, die ins Auge trifft, wird durch die Pupillengröße bestimmt. Die Durchmesser der Objektivlinsen von Fernrohren sind deshalb so gewählt, dass das parallele Lichtbündel, das ins Auge trifft, mindestens so breit ist wie die Pupillenöffnung (⟼ *Bild 1 b*). Beim Blick durchs Fernrohr gelangt zwar von jedem Punkt des Gegenstandes mehr Licht ins Auge als beim bloßen Auge. Aber die Lichtmenge wird jetzt auf eine größere Fläche der Netzhaut verteilt – das Bild bleibt gleich hell.

Jäger benutzen so genannte *Nachtgläser*. Weil sich der Pupillendurchmesser in der Dämmerung vergrößert hat, muss auch das Objektiv einen großen Durchmesser haben.

Auf deinem Fernrohr sind deshalb meist zwei Zahlen angegeben. Die Aufschrift „10 × 30" besagt:
Die Vergrößerung ist 10fach und der Durchmesser der Objektivlinse beträgt 30 mm, geeignet für einen Pupillendurchmesser von 30 mm/10 = 3 mm.

B 1: Farbige Lichter treffen aufeinander.

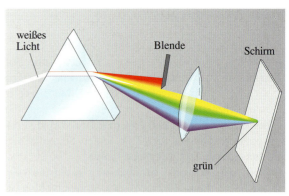

B 2: Die Spektralfarben ohne Rot ergeben Grün.

V 1: Wir erzeugen zunächst ein Spektrum mit dem Licht einer Glühlampe. Dann entfernen wir daraus die Spektralfarbe Rot mit einem schmalen Hindernis. Die übrigen farbigen Lichter fasst eine Linse zusammen (⟱ *Bild 2*). Wir erkennen auf dem Schirm einen grünen Streifen.

V 2: Entfernen wir nun statt der roten die grüne Spektralfarbe, so vereinigt sich der Rest zu einem roten Farbeindruck. Entfernen wir nur Orange, so sehen wir Blau.

V 3: Wir stellen jetzt so viele Hindernisse auf, dass nur noch das rote und das grüne Licht auf die Sammellinse treffen. Auf dem Schirm sehen wir die Farbe Weiß, so als ob wir alle Spektralfarben vereinigt hätten.

Ausgeblendete Spektralfarbe	Mischfarbe des Restes

B 3: Paare von Komplementärfarben

Farbwahrnehmung

Wenn Musikgruppen auf der Bühne stehen, treffen manchmal zwei oder mehr farbige Scheinwerferlichter auf dem Boden an der gleichen Stelle auf. Dabei mischen sich die Farben. Wir wollen diese Erscheinungen jetzt näher untersuchen.

1. Farbige Lichter werden addiert

Du weißt, dass ein Prisma das Licht einer Glühlampe in ein Spektrum zerlegt. Wenn wir alle seine farbigen Lichter mit einer Linse auf eine Stelle vereinigen, empfinden wir sie als Weiß. Welchen Farbeindruck erhalten wir, wenn wir nur einen Teil der farbigen Lichter vereinigen?
Wenn wir in ⟱ *Versuch 1* z.B. Rot entfernen, so vereinigt sich der Rest zu einem grünen Streifen. Das Fehlen von Rot erzeugt also einen grünen Farbeindruck. Blenden wir umgekehrt das grüne Licht aus (⟱ *Versuch 2*), so sehen wir Rot. Auch Orange und Blau bilden ein solches Farbenpaar. Man nennt die auf diese Weise zugeordneten Farben **Komplementärfarben**. ⟱ *Bild 3* zeigt eine Liste solcher Farbenpaare.

„Verhält sich das grüne Mischlicht eigentlich anders als das grüne Spektrallicht?", fragt Marc staunend, als er zum erstenmal von dieser Naturerscheinung erfährt. Tanja schlägt daraufhin folgenden Versuch vor: „Man muss Grün und Rot addieren. Grünes Mischlicht addiert sich mit Rot zu Weiß. Das ist ja klar, weil wir dann alle Farben des Spektrums wieder vereinen. Was reines grünes Spektrallicht mit reinem Rot ergibt, muss ein Versuch zeigen."
Das Ergebnis zeigt uns ⟱ *Versuch 3:* Grünes Mischlicht und grünes Spektrallicht sind für uns bei der Farbaddition nicht unterscheidbar: Grün und Rot addieren sich stets zu Weiß.
Wiederholt man den Versuch mit anderen Komplementärfarben, so erhält man auch immer Weiß als Mischfarbe.

Merksatz

Zwei Komplementärfarben ergeben zusammen Weiß.

Bis jetzt haben wir recht mühevoll stets nur mit den farbigen Lichtern des Spektrums experimentiert. Im ⇒ *Versuch 4* vereinigen wir beliebige farbige Lichter auf bequeme Art.

Aus ⇒ *Versuch 4 a* erkennen wir: Addieren wir zwei im Spektrum nahe beieinander liegende farbige Lichter, so empfinden wir die im Spektrum dazwischen liegende Farbe. Welcher Farbeindruck ergibt sich, wenn wir zwei im Spektrum weit entfernte Farben addieren?

Rot und Violett ergeben zusammen Purpur, eine Farbempfindung, die reine Spektralfarben nicht auslösen können. Nun ist der Übergang vom roten Ende des Spektrums zum violetten Ende über die Mischfarbe Purpur kontinuierlich möglich. Deshalb können wir die Spektralfarben zusammen mit Purpur in einem Kreis anordnen (⇒ *Bild 4*). Dieser so genannte **Farbenkreis** verhilft uns zu einer einfachen Merkregel für die Addition farbiger Lichter:

Merksatz

Addiert man Lichter, deren Farben
- sich im Farbenkreis gegenüberliegen (es sind **Komplementärfarben**), so erhält man **Weiß**,
- im Farbenkreis näher beieinander liegen, so empfindet man eine dazwischen liegende Farbe.

Diese **Gesetze der additiven Farbmischung** sind unabhängig davon, ob man spektralreines Licht oder Mischlicht verwendet.

2. Farbenaddition auf dem Bildschirm

Betrachtest du mit einer Lupe mit starker Vergrößerung den Bildschirm eines Fernsehers, so stellst du fest, dass er aus lauter kleinen bunten Farbscheibchen besteht (⇒ *Bild 5*). Stets sind drei Scheibchen in den Farben Rot, Grün und Blau eng beieinander angeordnet. Der gesamte Bildschirm ist mit diesen Dreierpacks bedeckt. (Der Bildschirm eines Computers ist genauso aufgebaut, jedoch sind die Farbscheibchen viel kleiner und enger zusammen und daher nicht so leicht mit der Lupe zu erkennen.)

In der Bildröhre werden drei Elektronenstrahlen so geführt, dass der erste stets auf die rot, der zweite auf die grün und der dritte auf die blau leuchtenden Scheibchen trifft. Ist der das Scheibchen treffende Elektronenstrahl stark, so leuchtet es hell in seiner Farbe auf. Wird das Scheibchen dagegen von einem schwachen Strahl getroffen, so bleibt es fast dunkel. Leuchten in einem Feld des Bildschirms nur Scheibchen einer Farbsorte hell auf, so erscheint das Feld einfarbig in dieser Farbe (⇒ *Bild 6*).

Leuchten jedoch zwei Sorten z. B. die roten und die grünen Scheibchen in einem Bildschirmfleck hell auf, so gewinnen wir von diesem Fleck in größerem Abstand vom Bildschirm den Farbeindruck Gelb. Das rote und das grüne Licht der Scheibchen trifft auf denselben Netzhautbereich in unserem Auge und addiert sich zu dem neuen Farbeindruck.

V 4: a) Wir stellen zwei Diaprojektoren mit vorgesetzten Farbfiltern auf und projizieren beide Lichtflecke auf einen weißen Schirm. Wenn wir rote und gelbe Filter benutzen, erkennen wir: Rot und Gelb addieren sich zu Orange. Mit anderen Filtern sehen wir z. B.: Orange und Hellgrün ergeben zusammen Gelb. **b)** Wir setzen einen Rot- und einen Violettfilter in die Diaprojektoren ein. Auf dem Schirm erhalten wir als Mischfarbe Purpur (kommt im Spektrum nicht vor). Je nachdem, ob man in der Addition das Rot oder das Violett intensiver macht, erhält man immer wieder andere Purpurtöne; man kann sie auf diese Weise kontinuierlich von reinem Rot in reines Violett übergehen lassen.

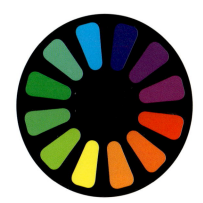

B 4: Farbenkreis

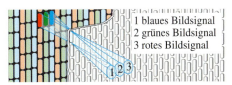

1 blaues Bildsignal
2 grünes Bildsignal
3 rotes Bildsignal

B 5: Farbscheibchen auf dem Bildschirm

B 6: Farbscheibchen und Farbeindruck

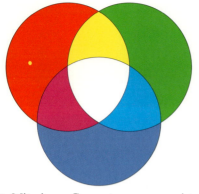

V 1: Mit einem Computerprogramm ist es möglich, auf einer bestimmten Bildschirmfläche unterschiedlich viele rote, blaue oder gelbe Scheibchen aufleuchten und die anderen unbeleuchtet zu lassen. Je nach vorgenommener Einstellung entsteht für uns ein einheitlicher Farbeindruck der Fläche (wir dürfen nur nicht zu nahe an den Monitor herangehen).

Überlagern sich zwei dieser einfarbigen Flächen, so addieren sie sich zu einem neuen Farbeindruck. Wir können aber auch drei farbige Flächen überlagern, d.h. drei farbige Lichter addieren. Je nach Helligkeit und Farbe der drei Farbkreise ergibt die Addition einen anderen Farbeindruck. Sind die drei Grundflächen rot, grün und blau, d.h. in der Überlagerungsfläche der drei Farbkreise leuchten alle Farbscheibchen des Bildschirms hell auf, entsteht dort der Eindruck Weiß.

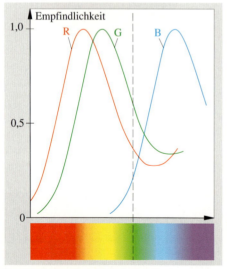

B 1: Farbempfindlichkeit der drei Zapfenarten

3. Drei Grundfarben reichen aus

Wir haben beim Aufbau des Bildschirms gesehen, dass dieser nur Scheibchen aus den Farben Rot, Grün und Blau enthält. Wie viele Farbeindrücke lassen sich damit erzeugen?

▶ *Versuch 1* und das Farbfernsehen zeigen uns, dass wir durch Addition der drei Farben Rot, Grün und Blau *alle* Lichter des Farbenkreises herstellen können. Auch die Farbeindrücke Weiß und Purpur lassen sich so erzeugen. Rot, Grün und Blau nennt man deswegen auch **Grundfarben**.

> **Merksatz**
>
> Durch Addieren der drei Grundfarben Rot, Grün und Blau lassen sich alle Lichter des Farbenkreises herstellen.

4. Warum genügen dem Auge die drei Grundfarben?

Das menschliche Auge schafft es, alleine im Spektrum über 150 unterschiedliche Farbtöne zu unterscheiden. Die Natur hat einen „sparsamen" Weg gefunden, dass wir all diese Farben unterscheiden können.

Auf der Netzhaut eines Auges befinden sich 125 Millionen Stäbchen und 7 Millionen Zapfen. Die Stäbchen sind etwas empfindlicher; sie reagieren aber nur auf Hell-Dunkel-Reize. Die Zapfen ermöglichen uns bei genügender Helligkeit das Farbsehen. Es gibt aber nur *drei verschiedene Arten* von Zapfen. Die erste Art (R) spricht nach ▶ *Bild 1* bevorzugt auf den roten Bereich an, aber auch auf andere Spektralbereiche, wenn auch schwächer. Diese R-Zapfen lösen im Gehirn eine für sie charakteristische R-Empfindung aus. Die zweite Zapfenart (G), die bevorzugt auf die grüne Mitte anspricht, löst eine G-Empfindung aus. Die 3. Art (B) ist für den blauen Teil des Spektrums zuständig.

In ▶ *Bild 1* ist im grünen Bereich eine Farbe besonders gekennzeichnet. Trifft Licht dieser Farbe auf die Netzhaut, so sprechen die R-Zapfen zu 37% an, G zu 61% und B nur zu 22%. Im Gehirn erzeugen diese drei Empfindungen zusammen den Farbeindruck „Grün". Bei jeder Farbempfindung steuern also drei Zapfenarten ihren Anteil bei. Diese **Dreifarbentheorie des Sehens** entspricht somit den Ergebnissen der Farbaddition. Diese findet also erst in unserem Sehapparat – einschließlich Gehirn – statt, nicht schon auf dem Bildschirm.

Der Farbeindruck Gelb kann z.B. durch Addition der zwei Grundfarben Grün und Rot erzeugt werden. Schauen wir in ▶ *Bild 1* nach: Die Spektralfarbe Gelb reizt nämlich die R- und G-Zapfen. Dunkelrot reizt nur die R-, Violett nur die B-Zapfen.

> **Merksatz**
>
> In der Netzhaut des menschlichen Auges sind drei Arten farbempfindlicher Zapfen. Sie reagieren bevorzugt auf Rot, Grün bzw. Blau. Sie lösen im Gehirn die Farbempfindung aus.

5. Filter subtrahieren Farben

Das Licht einer Verkehrsampel ist grün, einer anderen rot. Benutzt man verschiedene Lampen mit unterschiedlich farbigen Lichtern? In der Ampel befinden sich nur gewöhnliche Glühlampen. Sie strahlen weißes Licht – also alle farbigen Lichter – aus. Erzeugt die vorgesetzte Farbscheibe zusätzlich grünes Licht oder färbt sie gar alle Lichtstrahlen ein?

▸ *Versuch 2* liefert uns die Antwort. Die grüne Farbscheibe verschluckt fast alle Farben des weißen Glühlichts. Nur grünes Licht lässt sie hindurch. Grün ist deshalb das einzige Farblicht, das wir hinter der Farbscheibe noch sehen können. Es kommt schon aus der Glühlampe.

Manchmal lassen Farbfilter aber nicht nur Licht einer Spektralfarbe durch. Mehrere hindurchgelassene Farblichter addieren sich dann zu einer Mischfarbe, die dem Filter seine „Farbe" gibt.

Nimmt man aus dem weißen Licht einen Teil der Spektralfarben heraus, so erhält man als Rest eine Mischfarbe. Dieses Verfahren heißt **subtraktive Farbmischung**. Stellt man einen Farbfilter zwischen Lampe und Schirm, so erscheint auf dem Schirm stets die Mischfarbe der durchgelassenen Spektralfarben.

Was geschieht, wenn man weißes Licht nacheinander durch mehrere Farbfilter schickt?

▸ *Versuch 3* zeigt uns ein mögliches Ergebnis. Mithilfe von ▸ *Bild 2* können wir das Ergebnis verstehen: Der Gelbfilter verschluckt den von Blau bis Violett gehenden Teil des Spektrums; es erscheint in Durchsicht gelb. Ein zweiter Filter sperrt die Spektralfarben Rot bis Gelb. Er erscheint blau. Legen wir beide Filter übereinander auf den Tageslichtprojektor, so sehen wir die einzige durchgelassene Farbe auf dem weißen Schirm – nämlich Grün. Die zusätzliche rote Folie verschluckt auch noch diese Farbe.

Merksatz

Durchsichtige farbige Scheiben lassen nur bestimmte Spektralbereiche durch, während die übrigen gesperrt werden. Die Scheibe erscheint in der Mischfarbe der durchgelassenen Farben.

V 2: Wir erzeugen das Spektrum von weißem Glühlicht und bringen zwischen Lichtquelle und Prisma einen grünen Farbfilter: Vom Spektrum bleibt nur noch ein grüner Streifen übrig – genauso hell wie vorher im Spektrum.

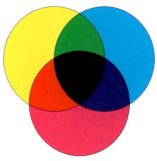

V 3: Wir legen nacheinander mehrere Farbfolien (farbige Filter) auf einen Tageslichtprojektor. Zunächst den Gelbfilter, dann den Blaufilter. Dort wo sich die Folien überlagern erscheint auf der Leinwand die Farbe Grün. Anschließend legen wir noch eine rote Folie dazu. An der Stelle, an der das Licht durch alle drei Farbfolien hindurch muss, ist es jetzt völlig dunkel geworden.

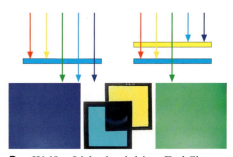

B 2: Weißes Licht durchdringt Farbfilter

... noch mehr Aufgaben

A 1: Mische farbige Lichter mithilfe des Farbenkreises: **a)** Blau mit Gelb **b)** Hellgrün mit Orange **c)** Violett, Rot und Grün.

A 2: a) Erkläre mit ▸ *Bild 1*, warum sich Rot und Grün zu Weiß addieren können. **b)** Erkläre mit ▸ *Bild 1*, warum sich Rot und Grün auch zu Gelb addieren können.

A 3: Entfernt man die Spektralfarbe Violett aus dem Spektrum und addiert die Restfarben, so erhält man Gelb. Erkläre mit ▸ *Bild 1*.

A 4: An einem Farbfernseher tritt plötzlich ein Fehler auf: Das weiße Hemd des Schauspielers wird blau und seine gelbe Nelke wird grün. Welchen Defekt vermutest du?

A 5: Erkläre mit der Dreifarbentheorie des Sehens, warum das Auge nicht nur aus drei Spektralfarben, sondern auch schon durch die Addition von nur zwei spektralreinen Komplementärfarben den Eindruck Weiß erhalten kann.

A 6: Wie prüft man, ob man durch ein Farbfilter eine spektralreine oder eine Mischfarbe sieht?

A 7: a) Begründe: Je mehr Farben additiv gemischt werden, desto heller wird der Farbeindruck. **b)** Begründe: Je mehr Farben subtraktiv gemischt werden, desto dunkler wird die Mischfarbe.

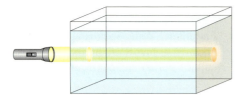

V1: Wir füllen ein kleines Aquarium mit Wasser und rühren einen Teelöffel Milch dazu. Ein Lichtbündel einer Lampe durchstrahlt die Flüssigkeit. Schauen wir von der Seite senkrecht zum Lichtbündel in das Aquarium, so erscheint das Lichtbündel bläulich. Schauen wir jedoch von vorn in das Aquarium durch die Flüssigkeit in die Lampe hinein, so erscheint das auf uns zukommende Licht rötlich.

V2: Wir stellen in einem verdunkelten Raum eine Natriumdampflampe auf und bestrahlen mit ihrem Licht verschiedene bunte Kleiderstoffe. Von den vorher bei Tageslicht wahrgenommenen Farben ist jetzt außer Gelb nichts mehr zu sehen! Ein Stoff, der im Tageslicht z. B. blau aussieht, erscheint uns jetzt schwarz.

1. Reflektiert eine Rose nur rote Anteile vom weißen Licht, so erscheint sie dunkelrot.
2. Verschluckt eine Rose nur Farben des grünen Bereichs, so erscheint sie hellrot.
3. Streut ein Papier von allen Farben des Spektrums 100 % bis 80 %, so erscheint es uns weiß bzw. hellgrau, bei 25 % dagegen dunkelgrau.
4. Verschluckt ein Körper alle Farben des Spektrums, so erscheint er uns schwarz.

T1: Beispiele für Körperfarben

6. Die rote Abendsonne

Beim Sonnenaufgang und beim Sonnenuntergang erscheint die Sonne meist rot bei Tag dagegen weiß. Du weißt jetzt schon so viel über Farben, dass du nach dem großdimensionalen Filter suchst.

In ⭢ *Versuch 1* durchdringt weißes Licht auf kurzer Strecke verdünnte Milch. Die kleinen Schwebstoffe der Milch bilden Hindernisse für das Licht. Es wird an ihnen unregelmäßig nach allen Seiten gestreut. Allerdings werden offenbar Blauanteile des weißen Lichts stärker gestreut als Rotanteile. Licht, das nach dem langen Weg durch die Flüssigkeit übrig geblieben ist, addiert sich im Gehirn zu einem roten Farbeindruck.

Das Sonnenlicht durchdringt über sehr große Entfernungen die Atmosphäre der Erde. Dabei wird Licht an kleinsten Luftpartikeln in der Atmosphäre gestreut. Bei Sonnenauf- und Sonnenuntergang ist der Weg des Lichts durch die Atmosphäre viel länger als bei der hochstehenden Sonne am Tage. Morgens und abends erscheint die Sonne deshalb rot.

7. Die Farbe kommt immer vom Licht

„Ist die Hose blau oder dunkelgrau?", fragt ein Kunde im Kaufhaus. Der Verkäufer nimmt die Hose und geht damit zum Fenster. Er sagt: „Bei dem Licht unserer Leuchtstofflampen erkennt man die Farben nicht so gut. Die Hose ist blau."

Beeinflusst das Licht, bei dem wir einen Körper betrachten, wirklich die Farbe, unter der uns der Körper erscheint?

Farbfilter können mehrere Spektralfarben verschlucken, dafür lassen sie andere durch. Sie erscheinen dann in der Mischfarbe der durchgelassenen Farben. Undurchsichtige Körper verschlucken ebenfalls einige Spektralfarben, andere streuen sie. Diese Körper erscheinen dann in der Farbe, die durch additive Mischung des gestreuten Lichts entsteht.

Die Natriumdampflampe in ⭢ *Versuch 2* erzeugt spektral reines Gelb. Der gelbe Kleiderstoff reflektiert das Gelb der Lampe – er erscheint gelb. Der blaue Stoff hingegen verschluckt gelbes Spektrallicht. Er kann beim Licht der Natriumdampflampe also nichts reflektieren, er erscheint schwarz.

Fällt dagegen weißes Licht (Licht der Sonne oder einer Glühlampe) auf ihn, so treffen alle Spektralfarben auf. Nur die gestreuten Farben gelangen ins Auge und reizen die Zapfen. Unser Gehirn „berechnet" daraus die Mischfarbe (⭢ *Tabelle 1*).

 Merksatz

Jeden Körper sehen wir in einer bestimmten Farbe. Sie ist meistens eine Mischfarbe. Zu ihr tragen alle Spektralfarben bei, die auf den Körper fallen und von ihm gestreut werden.

Die Aussage des Verkäufers, „Die Hose *ist* blau", ist also falsch. Sie *erscheint* lediglich bei Tageslicht in dieser Farbe.

8. Auch beim Farbdruck wird gemischt

Farbige Bilder in Büchern werden mit farbiger Tinte gedruckt. Erstaunlicher Weise werden nur drei verschiedene Farbtinten benötigt. Vom Farbdrucker des Computers weißt du vielleicht, dass seine drei Farbpatronen die Farben Magenta (Purpurrot), Cyan (Blaugrün) und Gelb haben. Ein Farbstoff, der alle Rottöne verschluckt, erscheint in Cyan. Verschluckt der Stoff alle Blau- und Violettfarben, so streut er nur Gelb. In Magenta erscheint ein Farbstoff, der alle Farben im mittleren Bereich des Spektrums (Grün) verschluckt. Mischen wir diese drei Farbstoffe, so verschluckt die Mischung alle Spektralfarben – sie erscheint schwarz.

Um Farbtinte zu sparen, verwendet der Farbdrucker trotzdem auch noch schwarze Tinte. Wie im Buchdruck, werden bei diesem **Vierfarbendruck** nacheinander Rasterbilder des Gegenstandes in den Farben Magenta, Cyan, Gelb und in Schwarz gedruckt (⟶ *Bild 1*). Dabei werden die verschiedenen Punkte teils nebeneinander und teils übereinander gedruckt. Übereinander gedruckte Farbpunkte erzeugen *subtraktive* Farbmischung, nebeneinander gedruckte rufen im Gehirn *additive* Farbmischung hervor.

9. Farben außerhalb des Farbenkreises

Dir ist sicherlich aufgefallen, dass das Spektrum und der Farbenkreis nur *satte* leuchtende Farben enthält. Es fehlen Braun und Rosa, die aus Rot abgeleitet werden. Um ein Papier braun zu färben, druckt man viele schwarze Punkte in die zunächst rote Papierfläche (⟶ *Bild 2*). Durch dieses Abdunkeln von Rot ergeben sich Brauntöne bis hin zu Schwarz.
In ⟶ *Bild 2* links wurde dagegen Rot durch viele weiße Punkte aufgehellt. Dabei entsteht Rosa bis hin zu reinem Weiß. In der Mitte des Dreiecks ist Rot teils mit Schwarz abgedunkelt und teils mit Weiß aufgehellt. Die Grundseite des Dreiecks zeigt, wie aus Weiß durch eine zunehmende Anzahl von schwarzen Punkten alle möglichen Grautöne entstehen. Durch Abdunkeln oder Aufhellen anderer Farben kann man weitere Farbeindrücke außerhalb des Farbenkreises erzeugen, wie z. B. Ocker.

10. Farbmischung im Malkasten

Wenn du gelben und blauen Farbstoff im Malkasten verrührst, entsteht ein Farbstoff in der Farbe Grün. Mischst du nun zwei Farbstoffe zusammen, so werden also mehr Farben verschluckt, weniger Spektralfarben werden gestreut. Du erhältst also das gleiche Ergebnis wie in den Versuchen mit den Farbfiltern. Auch hier handelt es sich tatsächlich um eine *subtraktive* Farbmischung. In der gelösten Farbe schwimmen kleine farbige Körnchen, die einige Spektralfarben schlucken und andere streuen. Farbstoffe erscheinen dann in der Mischfarbe des gestreuten Lichts.

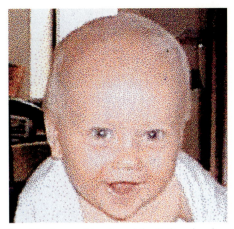

B 1: Rasterpunkte eines Vierfarbendrucks

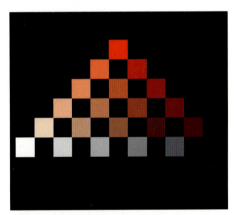

B 2: Braun-, Rosa- und Grautöne

... noch mehr Aufgaben

A 1: Ist Lippenstift rot?
A 2: Welche Farbe zeigt ein bei Tageslicht gelbes Hemd, wenn es mit weißem Glühlicht, mit gelbem Licht, mit blauem Licht oder mit rotem Licht beschienen wird?
A 3: Auch vom Mond aus kann man einen Sonnenuntergang beobachten. Erscheint die Abendsonne dort auch rötlich?
A 4: 1976 ist die Raumsonde „Viking" auf dem Planeten Mars gelandet und hat von der Marsoberfläche Farbbilder zur Erde gesandt. Man hatte damals auf einem Schild der Raumsonde einige Spektralfarben aufgemalt und zusätzlich zur Landschaft mitfotografiert. Welchen Sinn hatte wohl diese Maßnahme? (Beachte: Die Atmosphäre des Planeten Mars hat eine andere chemische Zusammensetzung und eine andere Dichte als die Atmosphäre der Erde.)

Interessantes

Die Bedeutung der Optik für die Wissenschaften

Wir nehmen die meisten Informationen unserer Umwelt mithilfe der Augen auf. Sind die Gegenstände jedoch sehr klein oder sehr weit weg, so stoßen wir aufgrund des beschränkten Auflösungsvermögens unseres Auges an Grenzen. Mit der Lupe und erst recht mit dem Mikroskop kann der Mensch sich einen Einblick in den **Mikrokosmos** (Weltordnung im Kleinen) verschaffen.

Das *Mikroskop* wurde etwa um 1600 erfunden. Es wurde zu *dem* Forschungsinstrument der **Biologie**. Ganze Gattungen von Lebewesen konnten zum ersten Mal beobachtet und beschrieben werden. Kleinstlebewesen, wie die abgebildeten Pantoffeltierchen, wurden entdeckt. Aber auch bei größeren Lebewesen wurden viele Entdeckungen gemacht, so z. B. der Aufbau von tierischem Gewebe, oder auch die Struktur von Blättern und Stängeln von Pflanzen. Aus gemeinsamen Strukturen erkannte man auch Artenverwandtschaften und konnte so Klassifikationen ergänzen oder auch frühere Fehler korrigieren.

Auch die Bestandteile unseres Körpers wurden erst mithilfe des Mikroskops überhaupt deutlich. So konnte der zellare Aufbau des Körpers entdeckt und erforscht werden.

Großen Nutzen zog insbesondere auch die **Medizin** von diesen Erkenntnissen. Viele Krankheitserreger, z. B. Bakterien, konnten entdeckt werden. Eine wichtige Konsequenz daraus war eine Erziehung der Bevölkerung zur Hygiene. Die Notwendigkeit, sich öfter die Hände zu waschen, sich regelmäßig zu baden, oder sich die Zähne zu putzen, konnte nun wissenschaftlich begründet werden. Diese Hygienemaßnahmen führten zu einem starken Anstieg der Lebenserwartung. Die Identifizierung bestimmter Bakterien als Krankheitserreger führte dann auch zur Entwicklung von Impfstoffen. Der vielleicht bekannteste Bakteriologe war Robert KOCH, der u. a. 1882 den Tuberkulose-Erreger und 1884 den Cholera-Erreger entdeckt hat. In vielen Teilen der Welt konnten durch solche Entdeckungen Seuchen, Elend und Not gelindert werden.

Die Natur des Lichts beschränkt die Mikroskopvergrößerung auf etwa 800. Mithilfe des Wissens über Optik wurde im 20. Jahrhundert das Elektronenmikroskop entwickelt. Damit kann man bis in atomare Abstände der Mikrowelt sehen.

Fernrohre machen es möglich, dass Menschen einen Blick in den **Makrokosmos** (Weltordnung im Großen) werfen können.

Galileo GALILEI beobachtete ab 1609 mit seinem selbst gebauten Fernrohr den Sternenhimmel und entdeckte u. a. Mondberge, vier Jupitermonde, die Phasen der Venus und Sonnenflecken. Er hat damit einen riesigen Fortschritt für die **Astronomie** eingeleitet.

Fernrohre waren von diesem Zeitpunkt an *das* Beobachtungsinstrument für alle Himmelsforscher. Man wollte mit immer besseren Geräten immer weiter in das Weltall hinaus schauen. Dies erforderte immer größere Fernrohre, weil mit steigender Vergrößerung auch die Brennweite der Objektivlinse steigt. Außerdem muss der Durchmesser des Objektivs wegen der Bildhelligkeit mit anwachsen. Das Bild zeigt das größte bewegliche Linsenfernrohr der Welt (Brennweite 21 m). Es steht in der Archenhold-Sternwarte (Berlin).

Spiegelteleskope sind Fernrohre bei denen ein Hohlspiegel die Rolle der Objektivlinse übernimmt. Technisch bedingt lassen sich mit ihnen stärkere Vergrößerungen erzielen. Die dicke Atmosphäre der Erde begrenzt jedoch das Auflösungsvermögen aller irdischen Fernrohre. Durch die Luftunruhe ändert sich nämlich die Brechkraft der Atmosphäre längs des Lichtweges vom Stern zum Fernrohr. 1990 hat man das erste Weltraumteleskop (HUBBLE-Teleskop) in eine Umlaufbahn um die Erde geschossen. Oberhalb der dichten Erdatmosphäre wurden mit ihm Bilder von fernen Objekten aufgenommen von bis dahin nicht erreichter Schärfe.

Mithilfe von Fernrohren konnte man herausfinden, dass viele im Fernglas kleine, milchig aussehende Flecke, tatsächlich eine Ansammlung von Milliarden einzelner Sterne sind. Heute weiß man, dass es Milliarden solcher Sternsysteme gibt.

Schickt man das Licht eines Sterns durch ein Prisma, so kann man aus dem Linienspektrum ablesen, dass diese Sterne aus Elementen bestehen, die es auch auf der Erde gibt.

Das ist wichtig

1. Lichtstrahl, geradlinige Ausbreitung

Lichtbündel breiten sich geradlinig aus und durchdringen sich ungestört. Lichtstrahlen sind *Denkmodelle* für sehr feine Lichtbündel.

Reflexionsgesetz: Trifft ein Lichtstrahl auf eine spiegelnde Oberfläche, so wird der Lichtstrahl reflektiert. Dabei liegen einfallender Lichtstrahl, Lot und reflektierter Strahl in einer Ebene. Einfallswinkel und Reflexionswinkel sind gleich groß.

2. Die Brechung des Lichts

Trifft ein Lichtstrahl auf ein Medium mit anderer optischer Dichte, dann wird der Lichtstrahl gebrochen. Einfallender, gebrochener Strahl und Lot liegen in einer Ebene. Der Lichtstrahl wird beim Übergang vom optisch dünneren ins dichtere Medium zum Lot hin gebrochen. Zusätzlich tritt Reflexion auf.

3. Optische Abbildung

Bei der **Lochkamera** sondert eine kleine Öffnung aus dem Licht, das von einem Gegenstand ausgeht, enge Lichtbündel aus. Diese erzeugen auf einem Schirm Lichtflecke, die sich zu einem optischen Bild zusammenfügen. Für den **Abbildungsmaßstab** A gilt:

$$A = \frac{B}{G} = \frac{b}{g}.$$

Dabei ist B die **Bildhöhe**, G die **Gegenstandshöhe**, b die **Bildweite** und g die **Gegenstandsweite**.
Bei der Abbildung durch eine **Sammellinse** wird das von jedem Punkt des Gegenstands ausgehende Licht an der Linse so gebrochen, dass es sich in einer ganz bestimmten Bildweite jeweils wieder zu einem Punkt des optischen Bildes vereinigt.

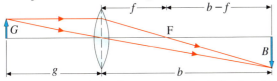

Zur Bildkonstruktion benutzt man den **Mittelpunktstrahl** (er geht ungebrochen durch die Linsenmitte) und den **achsenparallelen Strahl** (er geht nach der Brechung durch den Brennpunkt der Linse).

Die Bildweite b hängt von der Gegenstandsweite g und der Brennweite f der Linse ab. Man kann sie mithilfe der **Linsengleichung** berechnen:

$$\frac{1}{f} = \frac{1}{g} + \frac{1}{b}.$$

Im technischen **Fotoapparat** wird das optische Bild unter Verwendung einer Sammellinse erzeugt. Es wird elektronisch oder chemisch gespeichert.

Das menschliche **Auge** ist physikalisch gesehen ähnlich aufgebaut wie ein Fotoapparat. Das optische Bild wird hier auf der Netzhaut von Sinneszellen aufgefangen. Nerven leiten die Informationen dann zum Gehirn.

4. Optische Instrumente

Unter der **Vergrößerung** V durch ein optisches Instrument versteht man den Quotienten

$$V = \frac{\text{Höhe des Netzhautbildes mit Instrument}}{\text{Höhe des Netzhautbildes ohne Instrument}}.$$

Eine Sammellinse, deren Brennweite kleiner als die **deutliche Sehweite** von 25 cm ist, wirkt als **Lupe**. Bringt man einen Gegenstand in ihre Brennebene, so erhält man mit entspanntem Auge ein vergrößertes Netzhautbild.

Die Objektivlinse des **Mikroskops** erzeugt ein vergrößertes Zwischenbild eines Gegenstandes, der sich etwa in der Brennweite des Objektivs befindet. Mit einer Lupe (Okularlinse) betrachtet man dieses Zwischenbild.
Beim **astronomischen Fernrohr** erzeugt die Objektivlinse (Brennweite f_1) von einem fernen Gegenstand ein Zwischenbild. Dieses wird durch die Okularlinse (Brennweite f_2) wie mit einer Lupe betrachtet. Die Vergrößerung ist $V = f_1/f_2$.

5. Farbwahrnehmung

Weißes Glühlicht oder Sonnenlicht wird bei der Brechung an einem Prisma in verschieden farbige Lichter des **Spektrums** zerlegt. Alle diese farbigen Lichter ergeben zusammengeführt wieder den Eindruck Weiß.
Treffen gleichzeitig einige verschieden farbige Lichter in unser Auge, so entsteht im Gehirn durch **Farbaddition** ein neuer Farbeindruck. Es genügen die drei **Grundfarben** Rot, Grün und Blau, um durch Addition alle Lichter des Farbenkreises herzustellen.

Nimmt man aus dem weißen Licht einen Teil der Spektralfarben heraus, so erhält man als Rest eine Mischfarbe. Dieses Verfahren heißt **subtraktive Farbmischung**. Die Oberflächen von Körpern verschlucken manche farbigen Lichter. Wir sehen sie im Licht der Farbe, die der Körper streut.

Aufgaben

A1: Leuchttürme senden ein Lichtbündel aus. Wann sieht man das Lichtbündel um das Laternenhaus kreisen, wann sieht man nur ein Aufblinken des Leuchtfeuers?

A2: In der Nacht läuft eine Katze unter einer Straßenlaterne her, die eine Leuchtstoffröhre enthält. Erkläre, warum die Katze keinen scharfen Schatten wirft.

A3: Steht man am Abend vor einer Schaufensterscheibe, dann sieht man in der Regel die Auslagen nur, wenn das Schaufenster beleuchtet ist. Ist es dagegen hinter dem Fenster dunkler als außen, dann sieht man nichts. Wie ist das zu erklären.

A4: Diamanten bringt man durch entsprechendes Schleifen dazu, in allen Farben zu funkeln. Erkläre dies. Erläutere, warum dies mit gewöhnlichem Glas nicht so gut gelingen kann.

A5: Schaut ein Taucher von unten an die (ruhige) Wasseroberfläche, dann sieht er einen hellen Kreis, und bei günstigen Bedingungen in diesem hellen Kreis die ganze Oberwasserwelt. Erkläre dies.

A6: „Weiße" Glasflaschen oder deren Scherben stellen, wenn sie im Wald liegen, eine Waldbrandgefahr dar. Überlege, in welchen Situationen diese Aussage zutrifft.

A7: Eine Linse bildet einen 50 cm entfernten Gegenstand so ab, dass er auf einem 25 cm entfernten Schirm scharf ist. In welcher Entfernung von der Mittelebene muss man ein Papier halten, sodass es von der Sonne entzündet werden kann?

A8: Wie ist es zu erklären, dass man mit einer großen Lupe sehr viel schneller ein Blatt Papier mit der Sonne entzünden kann, als mit einer kleinen?
(Hilfe: Die Brennweite spielt dabei keine Rolle.)

A9: Das Objektiv eines Diaprojektors für das Wohnzimmer (Bildweite 3 m) hat eine Brennweite von 90 mm. Verwendet man den Projektor in einem Klassenzimmer (Bildweite 9 m), dann wird das Bild viel größer. **a)** Berechne die Größe des projizierten Bildes (Dia 24 mm × 36 mm) in beiden Fällen. **b)** Welche Brennweite wäre für den Klassenzimmerprojektor angebracht, wenn das projizierte Bild so groß wie im Wohnzimmer sein soll? **c)** Was bedeutet dies für die Bildhelligkeit?

A10: Wie weit muss das Objektiv ($f = 10$ cm) einer Kamera verschoben werden, wenn es zunächst auf „∞", dann auf 0,25 m eingestellt wird? (Fertige eine Zeichnung im Maßstab 1:2.)

A11: Ein Amateurastronom hat ein Fernrohr mit der Objektivbrennweite $f_1 = 2$ m. **a)** Das Zwischenbild der Vollmondscheibe hat einen Durchmesser von etwa 1,8 cm. Wie groß ist der Mond, wenn seine Ent-fernung von der Erde 380 000 km beträgt? **b)** Wie stark ist die Vergrößerung des Fernrohres, wenn die Okularlinse die Brennweite $f_2 = 30$ mm hat?

A12: Du willst mit einer Kamera ($f = 50$ mm, Filmgröße 24 mm × 36 mm) deinen Freund fotografieren. Aus welcher kleinsten Entfernung ist eine Ganzkörperaufnahme möglich, wenn dein Freund 1,70 m groß ist?

A13: Wenn ein stark kurzsichtiger Mensch eine kleine Schrift lesen möchte, nimmt er seine Brille ab und hält das Buch dicht vor die Augen. Erkläre, warum er sich dadurch eine Lupe erspart.

A14: Florian betrachtet mit dem rechten Auge durch ein Mikroskop einen dünnen Draht. Gleichzeitig schaut er mit dem linken Auge auf einen Maßstab, der in 25 cm Entfernung quer zum Draht daneben liegt. Dabei stellt er fest, dass das Bild des Drahtes, das er im Mikroskop sieht, 30 mm des Maßstabes überdeckt. Wie stark vergrößert das Mikroskop, wenn die Dicke des Drahtes 0,05 mm beträgt?

A15: Bei einer Sammellinse ergibt sich bei rotem Licht eine andere Lage des Brennpunktes als bei blauem Licht. **a)** Begründe, warum dies so ist. **b)** Für welches Licht gilt die kleinere Brennweite?

A16: Nenne Möglichkeiten, wie du erkennen kannst, ob grünes Licht spektralrein ist oder nicht.

A17: Eine Sängerin auf der Bühne wird gleichzeitig mit einem grünen und einem roten Scheinwerfer angestrahlt. **a)** In welcher Farbe erscheint ihr weißes Kleid? **b)** Welche Farben haben ihre beiden Schatten auf dem hellen Bühnenboden?

A18: In welche Himmelsrichtung muss man blicken, wenn abends ein Regenbogen zu sehen ist?

A19: Das ➠ *Bild* zeigt im Schnitt den Verlauf eines Sonnenstrahls, der auf einen Regentropfen fällt. **a)** Warum ist der Winkel ∡ AMD = 2 β? **b)** Zeige, dass der Strahlengang achsensymmetrisch zur Geraden BM ist. **c)** Zeige, wie man bei gegebenem Winkel α den aus dem Tropfen herauskommenden Lichtstrahl konstruieren kann, ohne dazu die innerhalb des Tropfens verlaufenden Strahlen AB und BC zeichnen zu müssen (du brauchst dazu den Winkel 4 β).

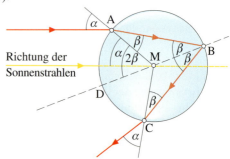

Die Erde selbst war es, die dem Menschen die Kenntnis vom Magnetismus vermittelte.

Die Entdeckung des *Magneteisensteins* und die Erforschung der von ihm ausgehenden Kräfte, führten schließlich zur Erfindung des *Kompasses*. Wie von unsichtbarer Hand geführt, richtet er sich an jedem Ort der Erde in einer bestimmten Richtung aus. Wir führen dies auf den Einfluss des *Magnetfeldes der Erde* zurück.

Die chinesische Chronik *Poeiwen-yun* berichtet schon im Jahre 2600 v. Chr. von einem Gerät, mit dessen Hilfe man sich in unwegsamen Steppengebieten zurecht finden könne. Auch auf Reisen im offenen Meer wurde dieser *„Südweiser"* verwendet. So kam er zu den Arabern und Indern. Mit einer Fülle von Symbolen und Zeichen versehen, enthielt die *Kompassrose* eine Vielzahl von Orientierungshilfen.

S

ompassnadel

N

Magneteisenstein aus dem Ural, 1767

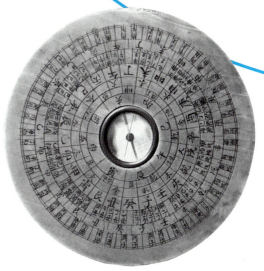

Chinesischer Schiffskompass, 19. Jhdt.

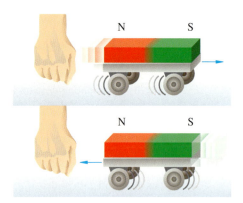

V 1: Ein kleiner Spielzeugwagen enthält einen Stabmagneten. Wir nähern ihm (in der Hand versteckt) das Ende eines zweiten Stabmagneten. Der Wagen bewegt sich, wie von einer unsichtbaren Kraft geführt, auf die Hand zu oder aber läuft von ihr weg.

B 1: Pole eines Magneten

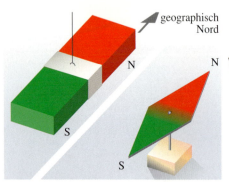

V 2: Wir hängen einen Stabmagneten waagerecht in seiner Mitte an einem Faden so auf, dass er sich frei um seine vertikale Mittelachse drehen kann. Nach einiger Zeit bleibt er in Nord-Süd-Richtung stehen. Wiederholen wir diesen Versuch mit anderen Magneten, so tritt jedesmal dasselbe Ergebnis auf. Auch die Nadel eines Kompasses reagiert wie ein Stabmagnet.

Magnete und ihre Pole

1. Wenn Spielzeuge Magnete enthalten

In Spielzeugen sind gelegentlich Magnete versteckt. Damit kann man bei kleineren Kindern großes Erstaunen auslösen. Da bewegt sich z. B. ein kleiner Käfer wie von Geisterhand geführt über einen Karton. Zehn Kugeln sollen auf eng beieinander liegende Löcher verteilt werden, was selten gelingt: Sie springen aufeinander zu und kleben aneinander.

Verblüffend wird das Spiel bei *zwei* Magneten: Da wird ein Wagen ohne erkennbare Krafteinwirkung weggeschoben (➡ *Versuch 1*) oder ein Körper schwebt, als wäre er schwerelos. Was steckt dahinter?

2. Die Pole eines Magneten

Ein Magnet zieht Eisennägel an. Wir können mit ihm ganze Büschel davon anheben (➡ *Bild 1*). Es zeigt sich, dass an den Enden eines Stabmagneten besonders große Kräfte wirken. Die beiden Enden nennen wir **Pole** des Magneten.

Hängen wir einen Stabmagneten drehbar auf, so stellt er sich in Nord-Süd-Richtung ein (➡ *Versuch 2*). Wir geben demjenigen Pol eines Magneten, der nach *Norden* weist, den Namen **magnetischer Nordpol**. Seinen nach *Süden* weisenden Pol nennen wir **magnetischen Südpol**.

Bei vielen Magneten sind die Pole durch Farben gekennzeichnet: Rot für den magnetischen Nordpol und Grün für den magnetischen Südpol.

Eine **Kompassnadel** ist ein auf einer Spitze gelagerter Stabmagnet. Sie hat die Form eines Doppelpfeils, dessen rote Spitze überall in nördliche Richtung weist. An dieser Pfeilspitze liegt somit der magnetische Nordpol, an der grünen Spitze der magnetische Südpol der Kompassnadel.

> **Merksatz**
>
> Jeder Magnet hat zwei verschiedene Pole, einen magnetischen Nord- und einen magnetischen Südpol. In der Nähe der Pole ist die magnetische Kraft am stärksten.

3. Anziehung und Abstoßung

Worin besteht nun das Geheimnis der Spiele mit versteckten Magneten? Wir nähern einem Stabmagneten einen *zweiten* Magneten (➡ *Versuch 3*). Es ergibt sich genau dann Abstoßung, wenn wir zwei **gleichnamige Pole**, also zwei Nordpole oder zwei Südpole, einander nähern. **Ungleichnamige Pole**, also Nordpol und Südpol, ziehen sich dagegen an.

Schwebt der obere Stab in ➡ *Bild 2*, weil er vielleicht schwerelos ist? Natürlich nicht. Es ist ein Stabmagnet, unter dem ein zweiter Stabmagnet liegt. Beide Nord- und beide Südpole liegen übereinander, sodass auf beiden Seiten abstoßende Kräfte wirken.

Da der obere Magnet über dem unteren schwebt, muss Kräftegleichgewicht am oberen Magneten bestehen und zwar zwischen seiner Gewichtskraft und der nach oben wirkenden magnetischen Kraft. Belastet man den oberen Magneten mit einem Körper, so nähert er sich dem unteren. Dabei steigt die Abstoßungskraft. Sie hält der jetzt größer gewordenen Gewichtskraft das Gleichgewicht. Wir sehen: Magnetische Kräfte werden größer, wenn sich die Pole näher kommen.

Merksatz

Die Kräfte zwischen zwei Magnetpolen nehmen mit kleiner werdendem Abstand der Pole zu.

4. Wenn zwei Magnetpole auf einen Körper wirken

Wenn „zwei am gleichen Strang ziehen", so ist ihre gemeinsame Kraftwirkung größer. Gilt das auch für Magnetpole?
Auf dem Tisch liegt ein Magnet mit dem Südpol nach oben. Wir versuchen, ihn mit dem Nordpol eines kleinen Stabmagneten anzuheben. Es gelingt.
Nun beschweren wir den Magneten mit einem Stück Knetmasse so, dass der Nordpol des kleinen Stabmagneten beide – Magnet und Knete zusammen – nicht mehr anheben kann. Die Kraft eines *einzelnen* Nordpols reicht nicht aus, die beiden Körper anzuheben.

Halten wir jedoch *zwei* gleichgebaute Stabmagnete so zusammen, dass ihre Nordpole nebeneinander liegen, so ist ihre gemeinsame Kraftwirkung groß genug, den beschwerten Magneten anzuheben. *Gleichnamige Pole* stoßen sich zwar ab, verstärken jedoch ihre magnetische Wirkung nach außen.
Halten wir jedoch einen Nordpol und einen Südpol nebeneinander, dann ist ihre gemeinsame Kraft sehr gering. Sie sind nicht einmal fähig, den Magneten allein anzuheben. *Ungleichnamige Pole* schwächen sich in ihrer Wirkung nach außen.

Merksatz

Gleichnamige Pole verstärken sich in ihrer magnetischen Wirkung nach außen. Ungleichnamige Pole dagegen schwächen sich in ihrer Wirkung nach außen ab.

V3: Wir nähern dem Nordpol des frei hängenden Stabmagneten den Nordpol eines zweiten Magneten. Beide Nordpole stoßen sich ab. Stehen sich Nord- und Südpol gegenüber, so ziehen sich beide Pole an.
Wir wiederholen den Versuch am Südpol des frei hängenden Magneten. Die beiden Südpole stoßen sich ab. Nordpol und Südpol ziehen sich auch hier an.
Mit einer Kompassnadel kann man die Pole eines Magneten finden und unterscheiden. Sie ist als *Magnetpolprüfer* verwendbar. Ihr Nordpol wird von einem Nordpol abgestoßen, ihr Südpol von einem Südpol.

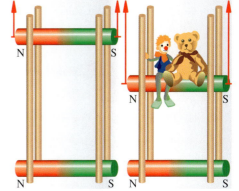

B2: Der obere Magnet wird abgestoßen und schwebt. Kleinerer Abstand, größere Abstoßung

... noch mehr Aufgaben

A1: Von drei gleich aussehenden Körpern sind zwei Magnete. Einer ist nur aus Eisen. Wie kann man ohne weitere Hilfsmittel herausfinden, welches die beiden Magnete sind?
A2: Beschreibe, was passiert, wenn man zwei Stabmagnete nebeneinander an Schnüren aufhängt.

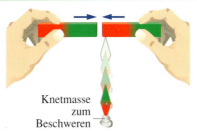
Knetmasse zum Beschweren
B3: Die Kompassnadel fällt.

A3: Erkläre, warum in ➽ *Bild 3* die mit Knete beschwerte Kompassnadel herunterfällt, wenn man den Nordpol des einen und den Südpol des anderen Stabmagneten genügend nahe aneinander bringt.

a)

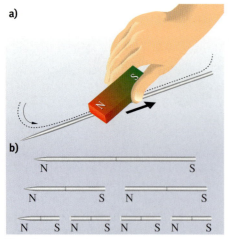

b)

V1: a) Wir streichen mit dem *Nordpol* eines starken Magneten mehrmals *von links nach rechts* über eine etwa 20 cm lange Nadel aus Eisen. Dann bringen wir die Nadel in die Nähe einer Kompassnadel. An der Abstoßung erkennen wir, dass am *rechten Ende* der Nadel ein *Südpol* und am *linken Ende* ein *Nordpol* entstanden ist. **b)** Wir zerbrechen nun die Nadel in der Mitte. Eine Kompassnadel zeigt, dass sich an der linken Bruchstelle ein Süd- und an der rechten Bruchstelle ein Nordpol neu gebildet haben.

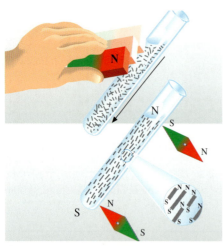

V2: In einem Reagenzglas befindet sich Eisenpulver. Mit dem Nordpol eines starken Magneten streichen wir an dem Glas mehrmals entlang. Eine Kompassnadel zeigt an, dass an den Enden des mit Eisenpulver gefüllten Glases magnetische Pole entstanden sind. Schütteln wir das Reagenzglas, so verschwinden die Pole wieder.

Elementarmagnete

1. Gibt es magnetische Einzelpole?

Ein Magnet zieht ein Stück Eisen an. Wie ist das möglich? Kann man in dem Eisenstück einen Magnetpol erzeugen? Wir streichen mit dem *Nordpol* eines starken Magneten über eine lange Eisennadel (➠ *Versuch 1 a*). Das eine Ende der Eisennadel stößt nun den Nordpol einer Kompassnadel ab. Beim Überstreichen wurde tatsächlich ein Nordpol erzeugt.

Nähern wir aber das andere Ende dem *Südpol* der Kompassnadel, so wird dieser abgestoßen. Überraschenderweise hat die Eisennadel beim Überstreichen *zwei* Pole bekommen, einen Nordpol und einen Südpol. Sie verhält sich jetzt wie ein Stabmagnet. Wir sagen, sie wurde dabei **magnetisiert**.

Durch das Überstreichen mit einem starken Magneten gelingt es uns nicht, einen einzelnen Nordpol in der Nadel zu erzeugen. Brechen wir sie also auseinander und versuchen die beiden Pole der Eisennadel zu trennen (➠ *Versuch 1 b*). Zu unserer Überraschung entsteht dabei an der Bruchstelle auf der einen Seite ein neuer Nordpol und auf der anderen Seite ein neuer Südpol. Jede Hälfte hat einen Nord- und einen Südpol, sodass beide Nadelhälften zwei vollständige Stabmagnete sind.

Brechen wir die beiden Hälften erneut auseinander, so erhalten wir an jeder Bruchstelle wieder einen Nord- und einen Südpol. Jedes Bruchstück ist ein Magnet mit zwei verschiedenen Polen – man sagt **magnetischer Dipol**. Magnetische Einzelpole hat bislang niemand gefunden.

Merksatz

> Es gibt keine magnetischen Einzelpole, sondern nur **magnetische Dipole**.

2. Ein Denkmodell – Elementarmagnete

Nehmen wir einmal an, man könnte die Teilung einer magnetisierten Eisennadel fortsetzen, bis man zu kleinsten, nicht weiter teilbaren Bestandteilen – sozusagen den „Elementen" des Magneten – käme. Diese **Elementarmagnete** müssten wiederum **Dipole** sein. Sie müssten ferner an ihrem Ort drehbar gelagert sein, sodass man sie beim Überstreichen mit einem starken Magneten in einen geordneten Zustand überführen kann. Mit dieser Vorstellung von *Elementarmagneten* wollen wir nun die Magnetisierung einer Eisennadel verständlich machen.

Stark vereinfacht zeichnen wir sie als kleine Stabmagnete (➠ *Bild 1*). Letztlich sind es drehbare Dipole.

Wir stellen uns die Elementarmagnete in einer Eisennadel zunächst völlig ungeordnet vor (➠ *Bild 1 a*). Nun überstreichen wir (in Gedanken) die Eisennadel mit dem *Nordpol* eines starken Magneten. Wir „sehen" – oder können uns vorstellen – wie

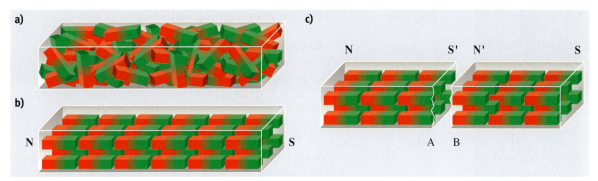

B1: Elementarmagnete **a)** ungeordnet **b)** geordnet **c)** in der Mitte getrennt

sich der Reihe nach die *Südpole der Elementarmagnete* nach dem starken Nordpol ausrichten und in langen Ketten hintereinander zu liegen kommen (⟹ *Bild 1 b*). Im Inneren der Eisennadel liegen jeweils die Nord- und Südpole der Dipole in einer Reihe hintereinander. Am einen Ende der Eisennadel weisen alle Südpole der dort liegenden Dipole nach außen. Sie bilden gemeinsam den starken Südpol der Eisennadel. Am anderen Ende bilden alle Nordpole zusammen den starken Nordpol der Eisennadel. Im Inneren der Nadel schwächen sich die *Nord- und Südpole* der aufeinander folgenden Dipole in ihrer Wirkung nach außen ab.

Wir können nun auch verstehen, warum beim Zerbrechen der Eisennadel neue Pole entstehen. Man kann nämlich die Elementarmagnete selbst nicht zerreißen, da sie nicht weiter unterteilbar sind. Man kann nur aufeinanderfolgende Dipole voneinander trennen. Deshalb zeigen sich in ⟹ *Bild 1 c* an der Bruchstelle AB neue Pole N' uns S'. Fügt man jedoch ihre Teile wieder zusammen, so heben sich die entgegengesetzten Pole N' und S' nach außen hin in ihrer Wirkung wieder auf. Die Bruchstelle erscheint dann wieder unmagnetisch, obwohl der Magnet durchgängig magnetisiert ist.

Ein mit *Eisenpulver* gefülltes Reagenzglas wird mit dem Nordpol eines starken Magneten überstrichen (⟹ *Versuch 2*). Wieder ergibt sich eine magnetische Wirkung nach außen. Auch Eisenpulver lässt sich magnetisieren. Seine magnetischen Dipole kann man mit einem starken Magnetpol ausrichten. Schütteln wir das Reagenzglas, so wird die durch Magnetisieren erzwungene Ordnung der magnetischen Dipole wieder zerstört.

Auch starkes Erhitzen kann zum Verlust der Magnetisierung führen. Mit wachsender Temperatur geraten die Elementarmagnete zunehmend in Unordnung. Schließlich verschwindet ihre Ausrichtung vollständig. Auch ein starker Magnet kann sie bei Eisen oberhalb von 770 °C nicht mehr ordnen (⟹ *Versuch 3*).

Merksatz

Beim **Magnetisieren** richtet man im Eisen Elementarmagnete aus. Im nicht magnetisierten Eisen sind sie ungeordnet.

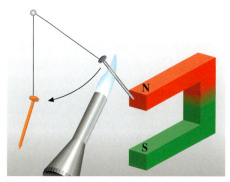

V3: Ein magnetisierter Nagel wird vom Nordpol eines Hufeisenmagneten angezogen. Erhitzen wir ihn bis zur Rotglut (770 °C), so fällt er vom Magneten ab. Die Ordnung der Elementarmagnete ist verloren gegangen. Die heftigere Bewegung der kleinsten Teilchen bei der höheren Temperatur überwindet die ordnenden Magnetkräfte.

V4: Wir füllen in ein Reagenzglas flüssiges Paraffin und mischen es mit Eisenpulver. Dann überstreichen wir das Glas mit dem Nordpol eines starken Magneten. Nach dem Abkühlen bleibt die Magnetisierung der Füllung erhalten. Die Ordnung der Elementarmagnete kann durch Schütteln nicht zerstört werden.

... noch mehr Aufgaben

A1: Überstreiche eine lange Nadel mit einem Magneten, lege sie auf ein Styroporscheibchen und lasse dieses auf Wasser schwimmen. Was geschieht?

A2: Was geschieht, wenn man die Nadel in ⟹ *Versuch 1* mit dem Südpol überstreicht? Wie liegen dann die Elementarmagnete? Skizziere Bilder wie ⟹ *Bild 1*.

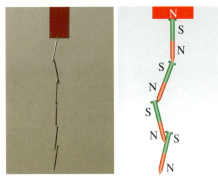

V 1: Auf dem Tisch liegen einige Nägel. Wir nähern ihnen von oben den Nordpol eines Stabmagneten. Der nächstgelegene Nagel hüpft an den Nordpol des Magneten und bleibt daran hängen. Wir heben nun den Magneten langsam an und beobachten, wie ein zweiter Nagel sich an den ersten anhängt, ein dritter an den zweiten usw. Am Ende hängt eine ganze Nagelkette an dem Magneten. Lösen wir die Kette mit der Hand oben vom Magneten, so fällt die ganze Kette auseinander.

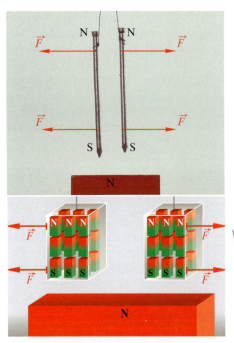

V 2: Wir hängen zwei Nägel an Fäden nebeneinander auf und nähern ihnen von unten den breiten Nordpol eines starken Magneten. Die Fäden straffen sich. Gleichzeitig gehen die Nägel untereinander „auf Abstand". Entfernen wir den Magneten, so nehmen die Nägel wieder ihre alte Stellung ein.

3. Das Elementarmagnetmodell erklärt ...

... Magnetisieren aus der Ferne

Wir können einen Nagel magnetisieren, indem wir mit einem starken Magneten über ihn streichen. Wir wissen, dass sich dabei seine Elementarmagnete so anordnen, dass ihre Nordpole in die eine, ihre Südpole in die andere Richtung zeigen. Die Nadel erhält dadurch magnetische Pole.

Wir beobachten gelegentlich, dass ein zunächst unmagnetischer Nagel aus kleinerer Entfernung auf den Pol eines Magneten zuhüpft (⟹ *Versuch 1*). Wir wissen, dass dies nur möglich ist, wenn der Nagel selbst magnetische Pole besitzt. Wurde er schon aus der Ferne magnetisiert? Können seine Elementarmagnete auch ohne Überstreichen mit einem starken Magneten ausgerichtet werden?

Betrachten wir in Gedanken einen einzelnen quer liegenden Elementarmagneten *unterhalb* des *Nordpols* eines anderen Magneten (⟹ *Versuch 1*). Der *Nordpol* des Elementarmagneten erfährt vom *Nordpol* des anderen Magneten eine *abstoßende Kraft*, der *Südpol* eine *anziehende Kraft*. Beide Kräfte zusammen drehen den Elementarmagneten. Die anderen Elementarmagnete im Nagel werden ebenso gedreht, denn ihre Pole erfahren entsprechende Kräfte. Durch die Ausrichtung aller Elementarmagnete wird aus dem Nagel selbst ein Magnet, dessen Südpol nach oben und dessen Nordpol nach unten weist. Die starke Anziehungskraft zwischen dem oben liegenden Südpol und dem Nordpol des Stabmagneten siegt – wegen des geringeren Abstands – über die kleinere abstoßende Kraft, die der unten liegende Nagelnordpol erfährt. Nagelmagnet und Stabmagnet ziehen sich gegenseitig an.
Der neue, kleine Magnet wirkt zusammen mit dem großen Magneten auf die Elementarmagnete des nächsten Nagels. Auch sie erfahren die schon beschriebene Drehwirkung und richten sich aus: Der zweite Nagel wird ebenso zum Magneten und bleibt am ersten Nagel hängen. Dieser Vorgang wiederholt sich bei allen weiteren Nägeln.

 Merksatz

Ein Magnet in der Nähe eines Körpers aus Eisen richtet dessen **Elementarmagnete** aus. Der Magnet und das so magnetisierte Eisenstück ziehen sich gegenseitig an.

... Magnetisierung von kurzer Dauer

Zwei Nägel werden vertikal aufgehängt. Nähert man den Nordpol eines Magneten von unten, so werden beide Nägel magnetisiert. Die Elementarmagnete der beiden Nägel werden in gleicher Weise angeordnet (⟹ *Versuch 2*). Beide erhalten unten einen Süd- und oben einen Nordpol. Daher stoßen sie sich ab. Sobald wir den Magneten, der die Ordnung der Elementarmagnete bewirkte, entfernen, kehrt die alte Unordnung wieder ein. Die Magnetisierung und damit die Abstoßung verschwinden.

4. Dauermagnete

Wie kommt es, dass unsere Dauermagnete ihre Magnetisierung nicht verlieren? Worin unterscheiden sie sich von Eisen?

Nägel, wie wir sie in ⟼ *Versuch 1* verwenden, bestehen aus Eisen mit nur geringen Verunreinigungen. Die Elementarmagnete lassen sich bei solchem **Weicheisen** leicht ausrichten. Sie verlieren ihre Ordnung aber fast ganz, wenn die magnetische Kraft nicht mehr wirkt. Neben reinem Eisen besitzen auch *Legierungen* von Eisen und Silicium oder mit sehr viel Nickel (50 % bis 80 %) diese Eigenschaft. Sie heißen daher **weichmagnetisch**. Nadeln aus Stahl lassen sich magnetisieren, indem man mit einem Hufeisenmagnet mehrmals darüberstreicht. Sie behalten die Magnetisierung bei. Solche **hartmagnetischen Stoffe** erhält man aus Eisen durch Zusätze von Aluminium, Nickel und Cobalt (AlNiCo). Diese Zusätze behindern das Drehen der Elementarmagnete. Einerseits wird dabei das Magnetisieren erschwert, andererseits bleibt die einmal *erzwungene Ordnung* der Elementarmagnete über das ganze Metallstück hinweg bestehen. **Dauermagnete** stellt man auf diese Weise her. Bestimmte Stähle (mit hohen Anteilen von Nickel und Mangan) sind **nicht magnetisierbar**. Man benutzt sie z. B. für Uhren oder Kompassgehäuse.

Merksatz

Bestimmte Legierungen aus Eisen und anderen Metallen liefern **Dauermagnete**. Durch ihre besondere Beschaffenheit bleibt die einmal erreichte **Ordnung der Elementarmagnete** erhalten.

Interessantes

Digitale Information durch Magnetisieren

Magnetische Dipole eignen sich optimal für die Digitaltechnik. Ihr genügen zwei Zustände zur Informationsverarbeitung. Einen magnetischen Dipol kann man mit genau zwei Orientierungen längs einer Spur anordnen. Das genügt zur Informationsspeicherung auf einer Diskette. Sie besteht aus einer biegsamen dünnen Polyesterfolie, die mit Eisenoxid-Pulver beschichtet ist. Beim Speichervorgang magnetisiert der Schreibkopf kleine Abschnitte der rotierenden Diskette in oder gegen die Laufrichtung. So entstehen Magnetisierungsmuster entsprechend der ursprünglichen Information.

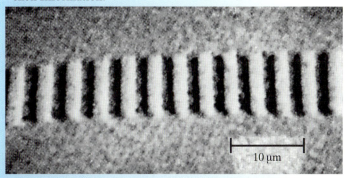

10 µm

S

V3: Auf einer Plexiglasplatte sind viele kleine Magnetnadeln drehbar gelagert. Die Nadeln sind zunächst ohne Ordnung. Nun nähern wir den Südpol eines Stabmagneten. Die Nadeln drehen sich mit ihrer roten Pfeilspitze zum Südpol. Entfernen wir den Magneten, so wird durch leichtes Schütteln die Unordnung wiederhergestellt. *Weichmagnetische* Stoffe verhalten sich so. Würden wir die Magnetnadeln festkleben, so behielten sie ihre Ordnung bei – wie bei *hartmagnetischen* Stoffen.

... noch mehr Aufgaben

A1: Einem Stück unmagnetisiertem Eisen nähert man den Nordpol einer Magnetnadel. Das Eisen zieht diese an. Erkläre.

A2: Nähere ein schwach magnetisiertes Eisenstück einer Magnetnadel langsam so, dass sie abgestoßen wird. Nähere es dem Pol anschließend schnell. Warum kann die Magnetnadel nun angezogen werden?

A3: Zeichne eine Kompassnadel quer vor die Polfläche des Südpols eines Magneten. Auf die Pole der Kompassnadel wirken Kräfte. Zeichne sie als Pfeile mit in das Bild hinein. Beschreibe die entstehende Drehwirkung. Warum wird die Nadel danach – trotz der abstoßenden Wirkung auf ihren Südpol – angezogen? Übertrage die Gedanken auf die Elementarmagnete eines sich dem Südpol nähernden Eisenstückes.

A4: Ein Stabmagnet und ein Stab aus unmagnetisiertem Weicheisen sehen völlig gleich aus. **a)** Wie kannst du mit einem weiteren Magneten feststellen, welcher Stab aus Weicheisen besteht? **b)** Wie kannst du die Entscheidung treffen, wenn kein zweiter Magnet zur Verfügung steht?

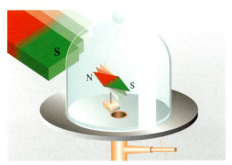

V 1: Wir stellen eine Magnetnadel unter eine Glasglocke. Ihr Nordpol wird vom Südpol eines Stabmagneten angezogen, den wir von außen nähern. Daran ändert sich nichts, wenn wir die Luft aus der Glasglocke herauspumpen.

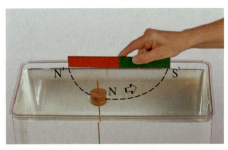

V 2: Wir lassen eine magnetisierte Stricknadel mit ihrem Nordpol N nach oben an einem Korkstück schwimmen. Bringen wir sie in die Nähe des Nordpol N' eines langen Magneten, so stoßen sich die beiden Nordpole ab. (Der Südpol der Nadel ist so weit entfernt, dass die Kraftwirkung auf ihn in dem Versuch keine Rolle spielt). Der Nordpol N setzt sich in Bewegung und beschreibt die im Bild gestrichelte Bahn von N' nach S'. Wenn wir ihn unterwegs anhalten, startet er wieder längs dieser Bahn. Er folgt der Kraft, die auf ihn an dieser Stelle wirkt.
Stecken wir den Südpol der Nadel in den Korken, so bewegt sich die Nadel auf dieser Bahn in umgekehrter Richtung.

B 1: Das Feld eines Stabmagneten

Das magnetische Feld

1. Wie wirken magnetische Kräfte?

Mit einem gespannten Seil kannst du eine Kraft auf einen entfernten Gegenstand ausüben und so den Wirkungsbereich deiner Hände erweitern. Der *Wirkungsbereich* eines Magneten reicht weit in den Raum hinein. Es zeigt sich, dass magnetische Kräfte sogar durch den luftleeren Zwischenraum hindurch wirken (*Versuch 1*).

Eine magnetisierte Stricknadel schwimmt mit ihrem Nordpol N nach oben in Wasser (*Versuch 2*). Ein Stabmagnet wirkt mit seinen beiden Polen N' und S' von außen auf den schwimmenden Nordpol N. Beim Start in der Nähe von N' besteht eine große Abstoßungskraft zwischen den beiden Nordpolen N' und N. Die anziehende Wirkung von S' auf N ist sehr gering. Die Stricknadel wird in bestimmter Richtung von N' weggestoßen und läuft nicht auf dem kürzesten Weg zum Südpol S' hin.

In jedem Punkt der Umgebung des Stabmagneten N'S' besteht zwischen den Polen N und N' eine Abstoßung und zwischen N und S' eine Anziehung. Diese Kräfte ändern von Ort zu Ort ihre Richtungen. Ihre Beträge ändern sich ebenfalls; sie hängen ja von der Entfernung der Pole ab. Ihre resultierende Kraft auf N ist somit von Ort zu Ort verschieden.

Der Nordpol N folgt in jedem Punkt seiner Bahn der resultierenden Kraft. Er beschreibt einen Bogen, der bei N' beginnt und bei S' endet. Die resultierende Wirkung lässt sich mithilfe einer einfachen Linie beschreiben. Verschieben wir den Startpunkt von N geringfügig, so beschreibt N einen anderen Bogen. Nach diesem und weiteren „Läufen" ergibt sich schließlich eine überschaubare, geordnete Struktur von Linien in der Umgebung des Magneten. Startet N an einer beliebigen Stelle im Wasser, so wird er entlang einer Linie dieser Struktur geführt.
Man nennt diese Struktur ein **magnetisches Feld**. Die **Feldlinien** beschreiben die Richtung der resultierenden Kraft, die ein *Test-Nordpol* in der Umgebung eines Magneten erfährt.

Merksatz

Der Wirkungsbereich eines Magneten heißt **magnetisches Feld**. Feldlinien geben die Richtung der Kraft an, die ein Test-Nordpol im Feld eines Magneten erfährt.

2. Feldlinien auf einen Blick

Ein *Test-Nordpol* erfährt in der Umgebung eines Magneten eine Kraft in Richtung der Feldlinien. Ein *Test-Südpol* erfährt dort eine entgegengesetzt gerichtete Kraft. Das gilt auch für die beiden Pole einer kleinen Magnetnadel. Die Kräfte drehen die Nadel und stellen sie in Feldlinienrichtung.

Reihen wir viele solcher Magnetnadeln aneinander, so bilden sie eine Kette entlang einer Feldlinie (⮕ *Bild 1*). Mit mehreren nebeneinander liegenden Ketten erkennt man die Struktur eines Magnetfeldes auf einen Blick. Wir entdecken zum Beispiel in ⮕ *Bild 2* parallele Feldlinien zwischen den Schenkeln eines Hufeisenmagneten.

Mit Eisenpulver erhalten wir ein noch feineres Bild magnetischer Feldlinien (⮕ *Versuch 3*). Eisenfeilspäne werden im Feld selbst zu Dipolen. Wie Kompassnadeln bilden sie eine Vielzahl von Ketten und vermitteln ein übersichtliches Bild der Feldstruktur.

Wir erkennen in den Feldlinienbildern auch den Kontrast von Anziehung und Abstoßung (⮕ *Bild 3*). Stehen sich Nordpol und Südpol gegenüber, so sehen wir zwischen den Polen *Brücken* aus Eisenpulver. Die Anziehung könnte man als *Zug* einer Feldlinie symbolisch beschreiben. Ganz im Gegensatz dazu steht die Abstoßung gleichnamiger Pole: Es sieht so aus, als wollten sich die Feldlinien wegdrängen. Auch in ⮕ *Versuch 3* kann man bei parallelen Feldlinien die Tendenz erkennen, sich wegzudrängen.

Merksatz

Feldlinien verlaufen in der Umgebung eines Magneten vom Nordpol zum Südpol. In der Nähe der Pole laufen die Feldlinien dicht zusammen. Dort ist das Feld am stärksten.

3. Im Magnetfeld ist Energie gespeichert

Wir wissen, dass man eine bestimmte Portion Energie zuführen muss, um einen Körper gegen die Anziehungskraft der Erde zu heben. Die Energie steckt hinterher in der Lage des Körpers als vergrößerte Höhenenergie. Trennen wir einen Magneten von einem anderen unter Kraftaufwand, so müssen wir ebenfalls Energie zuführen (⮕ *Bild 4*). Wo bleibt diese Energie?

Im Inneren der Magnete, also an den Elementarmagneten, hat sich nichts geändert. Diese waren ja schon vorher ausgerichtet, sodass hierzu jetzt keine weitere Energie benötigt wurde. Etwas hat sich aber doch verändert. Die Eisenfeilspäne in ⮕ *Bild 4* zeigen, dass zwischen den Magneten ein vorher nicht vorhandenes Magnetfeld entstanden ist. Lässt man die Magnete wieder los, so werden sie aufeinander zu beschleunigt, und das Feld verschwindet wieder. Dies ist ein Hinweis darauf, dass Energie in einem magnetischen Feld in einer für uns neuartigen Form gespeichert werden kann. Da ein Magnetfeld ja auch im Vakuum existiert, kann Energie im materiefreien Raum gespeichert werden.

Merksatz

In einem Magnetfeld ist Energie gespeichert – sogar im Vakuum. Sie kann beim Verschwinden des Feldes in anderer Form genutzt werden.

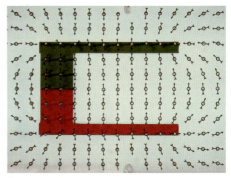

B 2: Homogenes Feld im Hufeisenmagnet

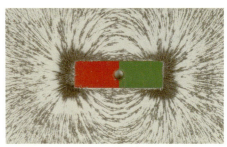

V 3: Wir legen eine Glasplatte über einen Stabmagnet und streuen Eisenpulver darauf. Das Pulver ordnet sich von selbst zu Ketten aus kleinen Dipolen.

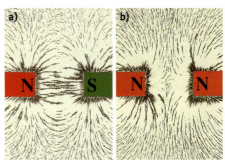

B 3: a) Anziehung ungleichnamiger Pole
b) Abstoßung gleichnamiger Pole

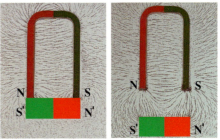

B 4: Unter Energieaufwand wurden die Magnete voneinander getrennt. Jetzt ist die Energie im Magnetfeld gespeichert.

Interessantes

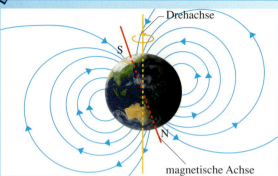

B1: Das Magnetfeld der Erde

Das Magnetfeld der Erde

A. Unsere Erde – auch ein Magnet?

Du weißt, dass eine Kompassnadel immer nach Norden zeigt. Warum tut sie das? Sie ist ein magnetischer Dipol und richtet sich entlang der Feldlinien eines Magnetfeldes aus. Offensichtlich ist es das *Magnetfeld der Erde*, das sie in die Nord-Süd-Richtung dreht. Das haben die Menschen schon sehr früh erkannt und den Kompass als Orientierungshilfe auf der Erde benutzt.

B. Die magnetischen Pole der Erde

Der Nordpol einer Kompassnadel weist in die Richtung des *magnetischen Südpols*. Dieser liegt somit in der Nähe des *geographischen Nordpols* der Erde (⮕ *Bild 1*). Dort weist die Kompassnadel senkrecht nach unten. Umgekehrt liegt der *magnetische Nordpol* der Erde in der Nähe des geographischen Südpols. Die Magnetpole und die *geographischen Pole* der Erde fallen nicht zusammen.

Messungen haben ergeben, dass die Magnetpole der Erde unabhängig voneinander ihre Lage ändern. Sie verschieben sich langsam. Ihre Verbindungslinie geht nicht durch den Erdmittelpunkt.

C. Die Deklination

Da der magnetische Südpol der Erde nicht mit dem geographischen Nordpol zusammenfällt, zeigt eine Kompassnadel in der Regel nicht genau nach Norden. Diese **Missweisung (Deklination)** ist von Ort zu Ort verschieden und verändert sich ständig. Messungen ergaben, dass sich an einem bestimmten Ort in Deutschland (z. B. Wingst) die Missweisung von −5° im Jahr 1938 auf 0° im Jahr 1998 nahezu gleichmäßig verändert hat (⮕ *Bild 2*).

Wir entn̶e̶h̶m̶e̶n̶ ̶... die Deklination ... ... schieden ist. Auf ... ... gart hat sie zurzei...

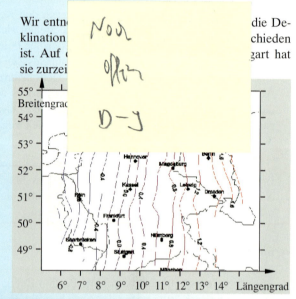

B3: Deklination in Deutschland 1998

D. Der Inklinationswinkel

Die magnetischen Feldlinien verlaufen schräg zur Erdoberfläche. Sie bilden mit der Horizontalen den *Inklinationswinkel*. Bei uns beträgt er etwa 65°. Wir messen ihn mit einer *Inklinationsnadel* (⮕ *Bild 4*). Sie ist eine Kompassnadel, die sich um eine waagerechte Achse drehen kann.

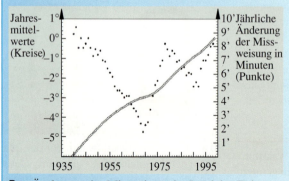

B2: Änderung der Missweisung im Lauf der Zeit

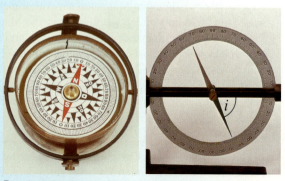

B4: Deklination und Inklination

 **Interessantes**

E. Woher rührt das Erdmagnetfeld?

Das Erdmagnetfeld kann nicht von einem Dauermagneten herrühren. Denn bei Eisen wird jede Magnetisierung schon ab etwa 750 °C beseitigt. Das Innere der Erde hat dagegen teilweise Temperaturen über 3000 °C, ist also glühend flüssig.

Man weiß, dass elektrische Ströme Magnetfelder erzeugen. Geophysiker vermuten daher starke elektrische Ströme im dünnflüssigen Eisen des äußeren Erdkerns (in etwa 3000 km Tiefe). Auf diese Ströme führt man das Erdmagnetfeld zurück. Wegen der *Erdrotation* verlaufen die Magnetfeldlinien im Inneren der Erde annähernd in Richtung der Drehachse.

F. Die Orientierung des Erdmagnetismus im Laufe der Erdgeschichte

Das Magnetfeld der Erde hat sich in Zeiträumen von Millionen von Jahren gewandelt und sogar seine Polung geändert. Davon zeugen eisenhaltige Gesteinsschichten vulkanischen Ursprungs, die von dem jeweiligen Magnetfeld der Erde magnetisiert und entsprechend orientiert wurden. Beim Abkühlen behielt das Gestein seine Ausrichtung dauerhaft bei.

Untersuchungen ergaben, dass sich die Richtung des erdmagnetischen Feldes etwa alle 500 000 Jahre umgekehrt hat. Die Richtungsänderung vollzog sich dabei innerhalb von 5000 Jahren. Diese Umkehrungen der letzten 80 Millionen Jahre sind genau erforscht.

G. Das Magnetfeld schützt die Erde

Das Magnetfeld der Erde reicht über die Atmosphäre hinaus. Es lenkt von der Sonne kommende elektrisch geladene Teilchen hoher Energie *(Sonnenwind)* ab und schützt so Menschen, Tiere und Pflanzen vor dieser gefährlichen Strahlung.

H. Die Geschichte des Magnetismus

Seit mehr als 2500 Jahren kennt man magnetische Erscheinungen. Um 585 v. Chr. beschrieb THALES die Anziehung von kleinen Eisenstückchen durch gewisse Eisenerze. Etwa 200 Jahre später ließ PLATO in einer Schrift seinen Lehrer SOKRATES berichten, dass Magneteisensteine ihre Kraft über mehrere Eisenringe hinweg auf andere Ringe übertragen können.

Praktische Bedeutung gewann der Magnetismus durch die Einführung des Kompasses, der wahrscheinlich aus China stammt. Er wurde von den Arabern nach Europa gebracht. Hier diente er schon im 13. Jahrhundert insbesondere in den nördlichen Breiten als Navigationshilfsmittel bei Nebel auf hoher See. Ohne den Kompass sind die Entdeckungsreisen über die Weltmeere im 15. Jahrhundert und die damit verbundenen kulturellen und wirtschaftlichen Veränderungen schwer vorstellbar.

Pierre DE MARICOURT (1269) kannte bereits die unterschiedlichen Pole eines Magneten und deren wechselseitige Anziehung und Abstoßung. Ihm war auch bekannt, dass beim Auseinanderbrechen eines Magneten wieder Dipole entstehen.

Der bedeutendste Gelehrte des Magnetismus seiner Zeit war der Londoner Arzt William GILBERT (De Magnete, 1600). Er stellte Kugeln aus Magneteisenstein her und markierte die mit einer Kompassnadel gefundenen Meridiane. Er wies die Inklination auf einer Eisenkugel nach. So vermutete er, dass das Innere der Erde aus Magneteisenstein besteht.

I. Das Magnetfeld als Navigationshilfe für Tiere

Wie Zugvögel aus Tausenden von Kilometern Entfernung ihr Brutgebiet ansteuern können und anschließend wieder zurückfinden (➠ *Bild 5*), war lange Zeit ein Geheimnis der Natur. Inzwischen weiß man, dass dabei auch das Magnetfeld der Erde Navigationshilfe leistet. Ihr „Kompass" ist ein *magnetischer Sensor*, der sich in der Haut oberhalb des Schnabels befindet. Dort sind magnetische Eisenoxid-Kristalle in Sinneszellen eingebettet. Die Zellen reagieren auf mechanische Reize. Vermutlich drücken die Kristalle je nach Ausrichtung des Kopfes im Magnetfeld auf verschiedene Nervenmembranen, die den Reiz an das Gehirn weiterleiten.

Der Kompass der Vögel kennt keinen Norden oder Süden. Seine Richtungsangaben lauten *polwärts* oder *äquatorwärts*. Im Gegensatz zum üblichen Kompass, der die Nordrichtung anzeigt, zeigt der Vogelkompass den Inklinationswinkel an, der sich von null am Äquator bis 90° an den Polen ändert.

Weitere wichtige Orientierungshilfen der Zugvögel sind *Sonnenstand und Sternenhimmel*.

B 5: Vogelflugkarte

Das ist wichtig

B 1: Eisenpulver an einem Stabmagneten

1. Die Pole eines Magneten

Jeder Magnet besitzt einen **magnetischen Nordpol** und einen **magnetischen Südpol**. Gleichnamige Pole zweier Magnete stoßen sich ab, ungleichnamige ziehen sich an.

Gleichnamige Pole verstärken sich, ungleichnamige Pole schwächen sich in ihrer Wirkung nach außen.

2. Elementarmagnete

Der Magnetismus von Eisen lässt sich mithilfe der **Elementarmagnete** beschreiben. Es sind magnetische Dipole, die auch in – nach außen unmagnetischem Eisen – schon enthalten sind. Sie werden also beim **Magnetisieren** nicht erzeugt, sondern geordnet. In **weichmagnetischen Stoffen** lassen sie sich leicht ausrichten, gehen aber ebenso leicht wieder in den ungeordneten Zustand über.

In **hartmagnetischen Stoffen** wie Stahl und speziellen Legierungen behalten die Elementarmagnete nach dem Magnetisieren ihre Ordnung bei. Aus solchen Stoffen fertigt man **Dauermagnete**.

3. Das Zusammenwirken magnetischer Kräfte

Bei der Halbierung einer magnetisierten Nadel entstehen wieder zwei vollständige Magnete. Das liegt daran, dass an der Bruchstelle auf der einen Seite alle Nordpole, auf der anderen Seite alle Südpole der dort nebeneinander liegenden Elementarmagnete zusammenwirken und jeweils einen starken Magnetpol bilden. Vor der Trennung schwächten sich die aneinander liegenden Nord- und Südpole gegenseitig in ihrer Wirkung nach außen. Daher erscheint die Mitte der magnetisierten Nadel unmagnetisch.

4. Das magnetische Feld

Der Wirkungsbereich eines Magneten heißt **magnetisches Feld**. In ihm ist Energie gespeichert. Auch die Erde ist von einem Magnetfeld umgeben. Eine Magnetnadel stellt sich in Richtung der **magnetischen Feldlinien** ein. Eine Kompassnadel weist nach Norden in Richtung des magnetischen Südpols. Eine Inklinationsnadel zeigt den Winkel, den die Feldlinien mit der Horizonalen bilden, an.

Aufgaben

A1: Eine Schülerin überlegt Folgendes: In einem Nagel befinden sich ungeordnete Elementarmagnete. Sie besitzen genauso viele Nordpole wie Südpole. Nähert man den Nordpol eines Stabmagneten, so werden die Südpole der Elementarmagnete angezogen, aber ebenso viele Nordpole abgestoßen. Trotzdem heben sich die Kräfte nicht auf: Der Nagel wird von dem Nordpol angezogen. Wie kann man das verstehen?

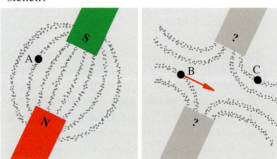

A2: Zeichne das obige Bild in dein Heft. **a)** Am Punkt A befindet sich ein Test-Nordpol (linkes Bild). Skizziere die auf ihn einwirkende Kraft durch einen Kraftpfeil. Zeichne durch A auch Feldlinien der einzelnen Magnete mit in das Bild. In welche Richtungen wirken ungefähr die einzelnen Kräfte auf den Test-Nordpol? **b)** Welche Pole stehen sich im rechten Bild gegenüber? Wie würde sich eine Kompassnadel im Punkt C ausrichten? (Im Punkt B befindet sich ein Test-Nordpol.) **c)** Woran könnte man die gegenseitige Wirkung der Magnete aufeinander erkennen, auch wenn die Polbezeichnungen in beiden Bildern fehlten?

A3: Manchmal spricht man in der Raumfahrt vom *Schwerefeld* der Erde. Was will man damit ausdrücken? Wie wirkt dieses Feld auf einen Satelliten? Vergleiche das Schwerkraftfeld der Erde mit dem Magnetfeld eines Stabmagneten. Welche Unterschiede bestehen? Gibt es auch gemeinsame Eigenschaften?

A4: a) Der Polarstern steht für uns über dem Nordpunkt des Horizonts. Wie kann man auf der Nordhalbkugel der Erde zu jedem Ort die Deklination bestimmen? **b)** Wo befinden sich auf der Erde Orte mit der Deklination 180°? **c)** Was beschreibt man mit Deklination, was mit Inklination? Was ergeben beide zusammen?

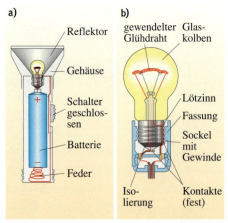

B 1: a) Bei Stabtaschenlampen ist das Gehäuse Teil des Stromkreises. **b)** Glühlampe

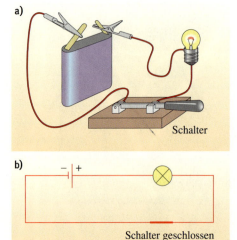

B 2: a) Stromkreis mit Schalter und langen Kupferleitungen **b)** Schaltplan

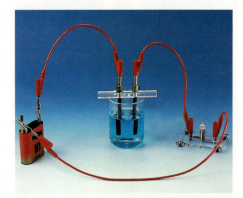

V 1: In ein Glasgefäß geben wir zwei Kohlestäbe. Dann wird das Gefäß mit verschiedenen Flüssigkeiten gefüllt. Das Leuchten des Lämpchens zeigt, ob die Flüssigkeit ein Leiter ist oder nicht.

Stromkreis – Leiter – Isolatoren

1. Was gehört zu einem Stromkreis?

Der Umgang mit „Strom aus der Steckdose" bringt Gefahren. Um zu verstehen, wie man sich davor schützt, experimentieren wir mit den Teilen einer ungefährlichen Taschenlampe.

Das Lämpchen einer Taschenlampe leuchtet, wenn wir seinen unteren metallischen Kontaktknopf mit dem Pluspol (+) der Stabbatterie und zusätzlich sein Lampengewinde durch einen Draht mit dem Minuspol (–) verbinden (➡ *Bild 1 a*). Eine solche *metallische Verbindung* besorgt das Gehäuse der Taschenlampe in seinem rot gezeichneten Teil. Das Lämpchen wird mit der Batterie als **Stromquelle** in einen **geschlossenen Stromkreis** einbezogen.

Wenn man dagegen die beiden Anschlüsse des Lämpchens unmittelbar mit einem Draht verbindet, liegt zwar ein geschlossener Leiterkreis vor. Trotzdem leuchtet das Lämpchen nicht. Hier fehlt nämlich die Stromquelle, sei es eine Batterie, ein Fahrradgenerator oder ein Akkumulator (kurz Akku).
Wir legen nach ➡ *Bild 2 a* zwischen die Batterie und das Lämpchen lange **Leitungen** aus Kupferdraht. Dann leuchtet das Lämpchen auch weitab von der Batterie. Zudem können wir mit dem **Schalter** den Stromkreis an einer beliebigen Stelle unterbrechen und wieder schließen.
Man nennt die Anschlüsse einer Stromquelle **Pole** und unterscheidet sie durch **Plus-** oder **Minuszeichen**. Sie haben nichts mit magnetischen Polen zu tun. Pole nennt man allgemein Stellen, die durch einen Gegensatz gekennzeichnet sind: Pole der Erde, einer Batterie, eines Magneten.
Die uns noch nicht genauer bekannte „Elektrizität" braucht einen Rückweg zur Stromquelle, sie führt einen Kreislauf aus. Wir sprechen davon, dass **Elektrizität strömt** und denken an den Blutkreislauf mit dem Herzen als Pumpe und den Körperorganen als Durchlaufstationen. Gas dagegen strömt zum Küchenherd und verbrennt dort; es braucht keine Rückleitung.

Der **Schaltplan** nach ➡ *Bild 2 b* stellt die Teile des Stromkreises in ihrer *physikalisch wesentlichen Zuordnung* dar. Die **Schaltzeichen** bezeichnen die benutzten Bestandteile. Die Linien symbolisieren die verbindenden Leitungen.

2. Leiter und Isolatoren

Wir entfernen den Schalter in ➡ *Bild 2 a* und überbrücken die entstandene Lücke durch verschiedene Materialien. Benutzen wir dazu Metalle oder Grafitminen aus Bleistiften, so leuchtet das Lämpchen hell auf. Man sagt, diese Stoffe seien **gute Leiter**. Bei Gegenständen aus Glas, Porzellan, Kunststoff, Gummi usw. dagegen leuchtet das Lämpchen nicht. Sie sind **Isolatoren**. Auch Luft unterbricht als guter Isolator den Stromkreis, etwa in Schaltern.

In Bädern und anderen Feuchträumen muss man besonders vorsichtig sein. Leitet also auch Wasser? Nach ▮▮▶ *Versuch 1* leitet Wasser besonders gut, wenn ihm verdünnte Säuren, Basen (Laugen) oder Salzlösungen beigefügt sind. Destilliertes Wasser dagegen leitet nicht.

Wir schütten Kochsalz in ein neues Gefäß zwischen die Kohlestäbe. Das Lämpchen bleibt dunkel. Gießen wir destilliertes Wasser dazu, leuchtet das Lämpchen umso stärker, je mehr Salz sich gelöst hat. Die schwache Leitfähigkeit von Leitungswasser und von feuchtem Erdreich rührt von gelösten Stoffen her.

Auch unser Körper leitet den Strom, besonders gut die Blutbahnen, Muskeln und Nervenstränge. Trockene Haut dagegen leitet nur schlecht. Wenn die Haut aber durch Regen, Schweiß oder im Bad feucht geworden ist, wird die Gefahr elektrischer Schläge größer. Man darf deshalb keine elektrischen Geräte anfassen, wenn man sich im Badewasser befindet oder mit feuchten Füßen auf dem Boden steht. Nimm solche **Gefahrenhinweise**, die wir auch im Folgenden geben, sehr ernst!

Merksatz

Der **elektrische Stromkreis** enthält eine **Stromquelle** und ist durch Leiter geschlossen. **Leiter** sind Metalle, Graphit, Säuren, Basen und Salzlösungen. **Isolatoren** sind Luft, Bernstein, Glas, Gummi, Keramik und die meisten Kunststoffe.

3. Gase leuchten, wenn sie leiten

Beim Blitz wird Luft kurzzeitig leitend; dabei leuchtet sie. Auch in Neonröhren für Reklamezwecke und in Leuchtstoffröhren leiten Gase, und zwar bei niedrigem Druck. Wir untersuchen jetzt dieses Leuchten von Gasen, wenn sie Strom leiten.

- In ▮▮▶ *Versuch 2* schließt man die Drähte einer **Glimmlampe**, *Elektroden* genannt, an ein Netzgerät. Dann leuchtet das Gas um die Elektrode, die mit dem Minuspol verbunden ist, hellrot auf. Das sonst gut isolierende Gas Neon wird leitend. Vertauscht man die Anschlüsse an der Glimmlampe oder an der Stromquelle, so leuchtet das Gas um die andere Elektrode. Diese ist jetzt mit dem Minuspol verbunden. Mit einer Glimmlampe kann man also (+)- und (−)-Pol unterscheiden.
- Zwei baugleiche, in Reihe geschaltete Glühlampen leuchten gleich hell (▮▮▶ *Versuch 3a*). Sie führen einen Strom gleicher Stärke. Jetzt ersetzt man eine durch eine Glimmlampe (▮▮▶ *Versuch 3b*). Die Glühlampe leuchtet kaum, die Glimmlampe dagegen hell. Die Glimmlampe bleibt dabei kalt. Sie setzt also weniger Energie um als die Glühlampe. Glimmlampen sind beim Stromnachweis empfindlicher als Glühlampen.

Merksatz

Unter besonderen Umständen leiten auch Gase. Dann senden sie Licht aus. In Glimmlampen leuchtet das Gas nur um die Elektrode, die mit dem Minuspol der Stromquelle verbunden ist.

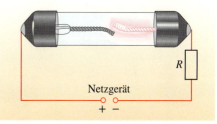

V 2: Eine Stabglimmlampe besteht aus zwei Drähten, die in ein Glasröhrchen eingeschmolzen sind und sich nicht berühren. Das Röhrchen enthält das Edelgas Neon unter vermindertem Druck. Schließt man die Glimmlampe an ein Netzgerät, so leuchtet das Gas um eine Elektrode.

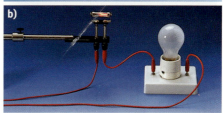

V 3: a) Reihenschaltung von zwei 15 Watt-Glühlampen: Beide leuchten gleich hell. **b)** Reihenschaltung einer Glimmlampe und einer 15 Watt-Glühlampe. Wird die Quelle stärker gemacht, so leuchtet die Glimmlampe vor der Glühlampe auf. **Vorsicht:** Versuch ist nur für Lehrer!

... noch mehr Aufgaben

A 1: Vergleiche das Lämpchen einer Taschenlampe mit einer großen Glühlampe (▮▮▶ *Bild 1*). Verfolge jeweils die rot gezeichnete Stromführung. Welche Drähte dienen nur zum Halten des dünnen Glühfadens? Warum sind das Lampengewinde und der untere Kontaktpunkt gegeneinander isoliert?

A 2: Wozu dient bei Stabtaschenlampen die Feder unten am Schraubgewinde? Prüfe deine Vermutung an einer Taschenlampe. Wie funktionieren Taschenlampen mit Kunststoffgehäuse?

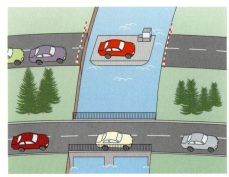

B 1: Ein Fluss, der eine Straße unterbricht, wird mit einer Autofähre bzw. einer Brücke überbrückt.

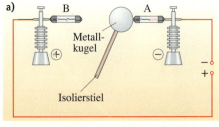

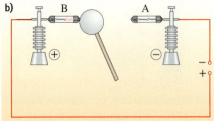

V 1: Der Stromkreis zwischen den Glimmlampen A und B ist unterbrochen. **a)** Wir berühren die rechte Glimmlampe A mit einer Metallkugel, die auf einem Isolierstiel sitzt. Sie blitzt kurz an dem der Metallkugel abgewandten Ende auf. **b)** Anschließend bringen wir die Metallkugel von A zur linken Glimmlampe B. Diese blitzt beim Berühren kurz an dem der Metallkugel zugewandten Ende auf.

B 2: Ein geladener Konduktor wird mit einer Glimmlampe berührt. Sie blitzt auf.

Elektrische Ladung

1. Im Stromkreis fließt Ladung

Stromkreise müssen geschlossen sein, damit elektrische Geräte funktionieren. Dies nimmt man als ersten Hinweis dafür, dass in den Leitungen etwas strömt. Gibt es tatsächlich eine elektrische Substanz, die im Stromkreis strömt, ähnlich wie Autos bei einem Verkehrsstrom?
Man denke z. B. an eine Straße, die durch einen Fluss unterbrochen wird (⟹ *Bild 1*). Der Verkehrsstrom kann durch eine Fähre aufrecht erhalten werden, die portionsweise Autos über den Fluss transportiert. Man kann aber auch eine Brücke über den Fluss bauen, die einen kontinuierlichen Verkehrsstrom ermöglicht.

Übertragen wir jetzt die Situation des Flusses auf einen elektrischen Stromkreis. Lässt sich vielleicht eine elektrische Substanz an den Polen einer Quelle abzapfen und wie mit einer Fähre „portionsweise" über eine Unterbrechungsstelle im Stromkreis transportieren?
Berührt man in ⟹ *Versuch 1 a* mit einer Metallkugel die rechte Glimmlampe A, so blitzt sie kurz auf. Man schließt daraus, dass ein kurzer Stromstoß erfolgt ist. Berührt man anschließend mit der Metallkugel die linke Glimmlampe B, so blitzt diese auch kurz auf (⟹ *Versuch 1 b*).
Wir berühren mit der Metallkugel nochmals die Glimmlampe A. Berühren wir sie dann an irgendeinem Ort im Physiksaal mit einer anderen Glimmlampe, so blitzt diese kurz auf (⟹ *Bild 2*). Die Metallkugel hat offenbar bei A etwas von der vermuteten elektrischen Substanz abgezapft, das sie jetzt mit einem kleinen Stromstoß wieder abgibt. Man sagt, *die Kugel ist elektrisch geladen*. Diese **elektrische Ladung** haben wir in ⟹ *Versuch 1 b* mit der Kugel („Ladungsfähre") portionsweise über die Lücke im Stromkreis von A nach B transportiert – analog zur Autofähre.

Elektrischer Strom bedeutet also: Es *fließt elektrische Ladung*. Man betrachtet diese *Ladung* als *Substanz*, die an fast allen elektrischen Vorgängen beteiligt ist.

In einem zweiten Versuch berühren wir mit einer geladenen Kugel eine zweite ungeladene Kugel. Anschließend leuchtet die Glimmlampe an jeder der beiden Kugeln auf, aber jeweils schwächer als zuvor. Die Ladung wurde also auf beide Kugeln aufgeteilt.
Ist bei dieser Aufteilung die eine der beiden Kugeln kleiner, so blitzt an ihr die Glimmlampe schwächer auf als an der größeren. Die kleinere Kugel kann also weniger Ladung aufnehmen als die größere. Elektrische Ladung lässt sich aufteilen, ähnlich wie eine Wassermenge. Man sagt deshalb, die elektrische Ladung habe **Mengencharakter**.

„Strom" ist aber auf geladenen Kugeln nicht; sie tragen **ruhende Ladungen**. Das Wort „Strom" benutzt man nur für das Strömen von Ladung. Unsere Sinne nehmen ruhende Ladung nicht unmittelbar wahr. Wohl aber sehen wir ihr Abfließen in Luft an einem kleinen „Blitz". Das dabei zu hörende Knistern ist ein schwacher Donner. Dabei wird etwas Energie freigesetzt.

Merksatz

Mit einer isolierten Metallkugel kann man elektrische Ladung portionsweise transportieren. Elektrischer Strom ist fließende Ladung.

2. Geht im Stromkreis Ladung verloren?

Bei einem Verkehrsstrom über einen Fluss gehen keine Autos verloren. Gilt dies entsprechend auch für den Transport elektrischer Ladungen? Wir überbrücken die Unterbrechungsstelle AB in ➠ *Versuch 1* durch einen guten Leiter, z. B. einen Kupferdraht. Er entspricht der Brücke beim Verkehrsstrom über einen Fluss. Nun leuchten beide Glimmlampen ständig, und zwar diejenige am Ende des Kupferdrahtes genauso hell wie die am Anfang. In der ersten Glimmlampe und im Draht ist also von der kontinuierlich fließenden Ladung nichts verloren gegangen.

Jetzt überbrücken wir die Unterbrechungsstelle AB mit einer Schnur, die nur wenig angefeuchtet ist. Wieder leuchten beide Glimmlampen gleich hell, jetzt aber viel schwächer als beim Kupferdraht. Die feuchte Schnur ist nämlich ein schlechterer Leiter als der Kupferdraht. Dennoch bleibt auch darin keine Ladung hängen. Diese Beobachtungen sprechen für folgende Vorstellung:

In einem Stromkreis ist immer gleich viel Ladung. Eine Stromquelle erzeugt keine Ladung. Sie ist nur eine *Ladungspumpe*. Sie führt dem Draht an einem Ende nur so viel Ladung zu, wie dieser am anderen Ende an die Stromquelle zurück gibt. Einen Stromkreis kann man also durch einen Wasserstromkreis veranschaulichen; der Stromquelle entspricht die Wasserpumpe. ➠ *Bild 3* veranschaulicht unsere Vorstellung.

Zum Pumpen braucht man **Energie**. Wenn man z. B. einen Fahrradgenerator nicht in Bewegung hält, ihm also keine Energie zuführt, so pumpt er keine Ladung. Eine „leere" Batterie hat ihre zum Pumpen nötige Energie an den Stromkreis abgegeben. Dort wird die Energie in Lampen, Leitungen und Motoren abgeführt, sei es als Licht, innere Energie bzw. mechanische Energie.

Eine sehr wirkungsvolle Ladungspumpe ist der *Bandgenerator*. Seiner großen Kugel steht eine zweite gegenüber, verbunden mit dem Fuß des Generators. Zwischen diesen beiden Polen leuchtet eine Glimmlampe hell auf, wenn das breite Gummiband umläuft und dabei Ladung pumpt.

Merksatz

In einem geschlossenen Stromkreis fließt ständig elektrische Ladung im Kreis. Die Stromquelle pumpt sie unter Aufwand von Energie hindurch, erzeugt die Ladung aber nicht. Auch wird Ladung nirgendwo vernichtet.

a)
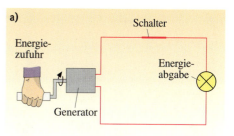

b)
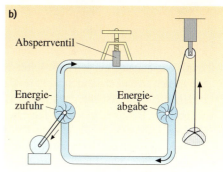

B 3: Vergleich von **a)** elektrischem Stromkreis und **b)** Wasserstromkreis.

✏ **... noch mehr Aufgaben**

A 1: Vergleiche Wasserstromkreis und elektrischen Stromkreis (➠ *Bild 3*). **a)** Was entspricht der Wasserpumpe, der vom Wasser angetriebenen Turbine, dem Absperrventil? **b)** Geht Wasser verloren? Warum brauchen Pumpe und Turbine je zwei Wasseranschlüsse? **c)** Könnte man das Absperrventil auch in die Rückleitung legen? **d)** Was könnte beim Wassermodell einem schlechten elektrischen Leiter entsprechen? **e)** Vergleiche die Formulierungen: Der Schalter ist geöffnet (geschlossen); das Ventil ist geöffnet (geschlossen). **f)** Man muss der Wasserpumpe ständig Energie zuführen. Wohin gelangt sie? Geht sie verloren? Wie ist es bei einem Stromkreis?

A 2: a) Ist es korrekt zu sagen, in einer Steckdose sei Strom, auch wenn kein Gerät angeschlossen ist? **b)** Vergleiche die Redensarten „es fließt Strom" und „der Wind weht". Versuche dabei die Frage zu beantworten, was der Wind macht, wenn er nicht weht. Ist es also korrekt zu sagen, „es fließt Strom", „es weht Wind"?

A 3: Formuliere mit eigenen Worten den Gedankengang, der uns zum Begriff der „clektrischen Ladung" geführt hat.

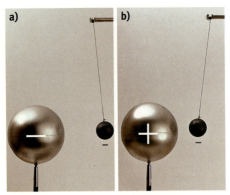

V 1: a) Wir hängen ein leichtes, leitendes Kügelchen an einem dünnen, isolierenden Faden auf. Zunächst laden wir es am Minuspol des Bandgenerators. Eine ebenfalls am Minuspol geladene Kugel stößt dieses Kügelchen ab. Wenn wir Kugel und Kügelchen mit dem Pluspol berührt haben, stoßen sich beide ebenfalls ab. **b)** Nun laden wir die Kugel am Pluspol, das Kügelchen jedoch am Minuspol (oder umgekehrt). Jetzt ziehen sich beide Kugeln an.

V 2: Auf einem Pol eines Bandgenerators hängen an einem Stab lange Papierstreifen. Betreibt man den Bandgenerator, so wird der Pol aufgeladen. Die *gleichnamigen* Ladungen stoßen sich untereinander ab, ein Teil der Ladung fließt auf die Streifen. Diese spreizen sich.

 Vertiefung

Neutralisation von Ladungen

Man bezeichnet die elektrische Ladung mit dem Buchstaben Q. Die Neutralisation beschreibt man durch die Gleichung

$$(+Q) + (-Q) = +Q - Q = 0.$$

Wir gehen vor wie bei Zahlen z. B.
$+3 + (-3) = 0$.

Positive und negative Ladung

1. Gibt es nur eine Art von Ladung?

Bisher wurde die Kugel am Minuspol der Quelle geladen. Könnte man sie auch am Pluspol laden? In ▤▶ *Versuch 1 a* lädt man eine Metallkugel und ein Kügelchen am Minuspol des Bandgenerators auf. Beide stoßen sich ab. Sie stoßen sich aber auch gegenseitig ab, wenn man mit ihnen den Pluspol berührt hat. Also trägt auch der Pluspol Ladung. – In ▤▶ *Versuch 1 b* lädt man die Kugel am Pluspol, das Kügelchen jedoch am Minuspol (oder umgekehrt). Beide ziehen sich jetzt an. Folglich sind die Ladungen an Plus- und Minuspol verschiedenartig. Man nennt sie **positive** bzw. **negative Ladung**. Es gibt nur diese zwei Arten elektrischer Ladung (Verwechsle sie nicht mit Nord- und Südpol beim Magneten!).

Verkleinert man den Abstand zwischen **gleichnamig** geladener Kugel und dem Kügelchen, so wird die Auslenkung des Kügelchens größer, die Kraft zwischen den Ladungen also stärker. Die abstoßende Wirkung gleichnamiger Ladung zeigen auch die beiden folgenden Versuche: In ▤▶ *Versuch 2* spreizen sich die Papierstreifen, wenn der Bandgenerator angeschaltet wird. Die auf seinem Pol sitzenden gleichnamigen Ladungen stoßen sich untereinander ab, ein Teil fließt auf die Streifen und erzeugt dort Abstoßungskräfte. In ▤▶ *Versuch 3* berührt man den Kopf eines **Elektroskops** mit einer geladenen Kugel. Die Ladung verteilt sich auf Kopf und Zeiger. Weil gleichnamige Ladungen sich abstoßen, spreizt sich der Zeiger ab. Die *Art* der Ladung erkennt man so aber nicht! Dies gelingt, wenn man das Elektroskop mit einer *Glimmlampe* berührt. Bei *negativer* Ladung blitzt das Gas um die anliegende Elektrode auf, bei *positiver* Ladung um die abgewandte.

 Merksatz

Es gibt **positive** und **negative Ladungen**. **Gleichnamige** Ladungen stoßen sich ab, **ungleichnamige** ziehen sich an. Die Kräfte zwischen Ladungen nehmen mit sinkendem Abstand zu.

2. Entgegengesetzte Ladungen neutralisieren sich

Zwei gleiche Elektroskope sind bis *zum gleichen Ausschlag* geladen, eines positiv, das andere negativ. Die Ladungen üben in diesem Fall gleiche Kräfte auf die Zeiger aus. Die Ladungen sind also *gleich groß*. Verbindet man die Elektroskope mit einem isoliert gehaltenen Leiter, so verschwindet der Ausschlag. Von den entgegengesetzten Ladungen geht keine Wirkung mehr aus. Man sagt, sie haben sich **neutralisiert**.

 Merksatz

Bringt man **entgegengesetzte Ladungen** in gleichen Mengen zusammen, so üben sie nach außen hin keine Wirkungen mehr aus. Sie **neutralisieren sich**.

3. Gibt es Ladung auch in neutralen Leitern?

Im Stromkreis wird Ladung *nicht* vernichtet. Haben sich also beim Neutralisieren die entgegengesetzten Ladungen nur vermischt? Kann man die Ladungen in einem neutralen Leiter wieder trennen? Um dies zu prüfen, nutzt man die Kraft einer Ladung, die von außen auf den Leiter einwirkt. Nähert man die positive Ladung Q_+ von oben einem ungeladenen Elektroskop, so schlägt es aus (➡ *Versuch 4*). Es zeigt also Ladung an, obgleich keine Ladung von Q_+ übergesprungen ist. Diese überraschende Erscheinung heißt **Influenz**.

Während die von oben genäherte Ladung Q_+ noch wirkt, nimmt man die Kugel K vom Elektroskop. Das Aufblitzen einer Glimmlampe an der Kugel K zeigt, dass sie *negative Influenzladung Q_{i-}* trägt, das Elektroskop dagegen *positive Influenzladung Q_{i+}*.

Wir wiederholen den Influenzversuch, nehmen jedoch die Kugel K nicht vom Elektroskop. Entfernen wir nun die Ladung Q_+, so geht der Ausschlag wieder zurück. Die in Kugel und Elektroskop influenzierten Ladungen Q_{i+} und Q_{i-} neutralisieren sich wieder; sie waren also entgegengesetzt *gleich groß*. Damit ist bestätigt, dass sich beim Neutralisieren die elektrischen Ladungen nur vermischen, nicht aber gegenseitig vernichten.

Merksatz

Neutrale elektrische Leiter haben gleich viel positive wie negative Ladung. Bei der **Influenz** trennt man sie teilweise, indem man eine andere Ladung nähert.

Welche Sorte von Ladung kann sich in metallischen Leitern bewegen? Angenommen es gibt in metallischen Leitern Teilchen, die positive bzw. negative Ladung tragen, so genannte **Ladungsträger**. Diese sind in Kugel und Elektroskop zunächst gleichmäßig verteilt und neutralisieren sich deshalb gegenseitig. Die von außen einwirkende Plusladung Q_+ würde die positiven Ladungsträger abstoßen und die negativen anziehen. Werden dabei nun beide Arten verschoben, sind in Metallen also beide beweglich? Es gibt drei Vermutungen, von denen aber nur *eine* richtig sein kann:

(A) Wenn in Metallen *nur* die *negativen* Ladungsträger beweglich wären, würden sie von Q_+ nach oben gezogen und die Kugel negativ aufladen. Die positiven blieben im Elektroskop zurück. Da von dort negative Ladungsträger abgewandert wären, entstünde unten ein Mangel an negativer, also ein Überschuss an positiver Ladung.

(B) Wären dagegen *nur* die *positiven* Ladungsträger beweglich, so würden diese nach unten gedrückt und das Elektroskop positiv aufladen. Oben bildete sich ein Überschuss an negativer Ladung.

(C) Vielleicht können sich in Metallen aber auch *positive und negative* Ladungsträger zugleich bewegen.

Alle bisherigen Versuche kann man mit jeder der drei Vermutungen erklären. Man muss deshalb weitere Experimente ausführen, um zu entscheiden, welche der Vermutungen richtig ist.

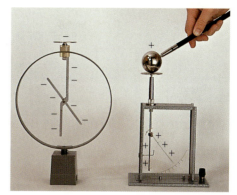

V3: In ein Metallgehäuse ist gut isoliert ein Metallstab geführt. Er trägt einen leichten Zeiger aus Aluminium. Wir berühren den Kopf des Metallstabs mit einer geladenen Kugel. Der Zeiger spreizt sich ab.

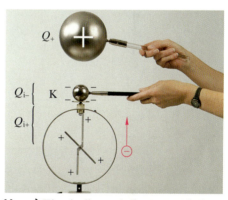

V4: a) Eine isoliert gehaltene, ungeladene Kugel K berührt den Kopf des Elektroskops. Nähern wir von oben die positive Ladung Q_+, so schlägt es aus. Beim Entfernen von Q_+ geht der Ausschlag wieder zurück. **b)** Wir nähern nun die Ladung Q_+ wieder und entfernen dann die Kugel K vom Kopf des Elektroskops. Eine Glimmlampe zeigt, dass die Kugel K negativ geladen (Q_{i-}) ist, das Elektroskop dagegen positiv (Q_{i+}).

... noch mehr Aufgaben

A1: Auf einem elektrisch neutralen Elektroskop sitzt eine Metallkugel. **a)** Wir nähern von oben eine positiv geladene Kugel. Wie würden sich die Ladungsträger im Elektroskop nach *Vermutung A, B, C* verhalten? Fertige jeweils eine Skizze an. **b)** Was würde sich ändern, wenn wir eine negativ geladene Kugel nähern würden? Fertige auch Skizzen an.

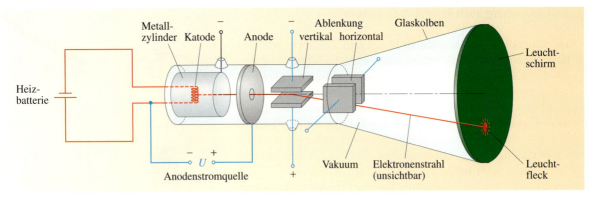

B1: Braunsche Röhre mit zwei Ablenkplattenpaaren

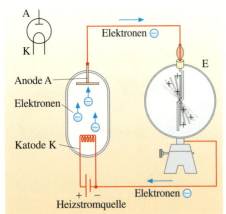

V1: In den luftleeren Glaskolben der Röhre sind ein Glühdraht (Katode K) und eine Anode A eingeschmolzen. Die Anode verbinden wir mit dem Elektroskop. **a)** Wir laden das Elektroskop und damit die Anode *positiv* auf. Sobald der Glühdraht hell glüht, geht der Ausschlag des Elektroskops schnell zurück. **b)** Nun laden wir die Anode und das Elektroskop *negativ* auf. Jetzt bleibt der Ausschlag bestehen, auch wenn der Draht normal glüht.

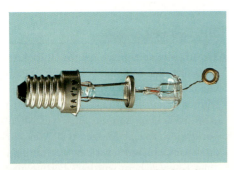

V2: Einfache Röhre, deren Glühdraht vorübergehend überhitzt werden kann.

Elektronen als Ladungsträger

1. In Metallen sind nur Elektronen beweglich

Die Glühfäden von Glühlampen bestehen aus grauem Wolframmetall. Die Stromzuleitung erfolgt über rote Kupferdrähte. Auch wenn tagelang Ladungsträger strömen, werden die Wolframfäden nicht rot; die Kupferteilchen bleiben also am Platz. Wer sind dann in Metallen die *beweglichen Ladungsträger?* Kann man sie durch Glühen aus dem Glühfaden einer Lampe freisetzen, ähnlich wie man locker sitzende Duftstoffe beim Erhitzen aus Äpfeln austreibt? Um diese Ladungsträger aufzufangen und zu untersuchen, benutzt man eine spezielle Glühlampe, **Röhre** genannt.

In ⇒ *Versuch 1 a* wird die Anode dieser Röhre *positiv* aufgeladen. Sobald der Glühdraht hell glüht, geht der Ausschlag des Elektroskops zurück. Da es nicht berührt wurde, ist seine positive Ladung nicht abgeflossen. Vielmehr kommen *negative Ladungsträger* aus dem glühenden Draht und neutralisieren die positive Ladung auf dem Elektroskop. Diese negativen Ladungsträger bilden auch nach langem Glühen keine chemisch nachweisbaren Niederschläge oder Gase. Für die Elektrizität haben sie große Bedeutung. Sie werden **Elektronen** genannt.

2. Positive Ladung ist an Materie gebunden

Können auch positive Ladungsträger den Glühdraht verlassen? In ⇒ *Versuch 1 b* lädt man die Anode und das Elektroskop *negativ* auf. Auch wenn der Draht hell glüht, bleibt der Ausschlag bestehen. Aus dem glühenden Draht kommen keine positiven Ladungsträger. Solche werden erst frei, wenn man den Glühdraht überhitzt (⇒ *Versuch 2*). Dann geht der Ausschlag des negativ geladenen Elektroskops langsam zurück. Nun bildet sich im Innern des Glaskolbens ein Wolframniederschlag. Der Draht verdampft langsam. Die beim Glühen abgedampfte *positive Ladung ist also an Materie gebunden;* in Metallen wandern nicht die positiven Ladungsträger, dort findet man keinen Materietransport.

In unseren Versuchen wird das Elektroskop erst dann entladen, wenn der Glühdraht der Röhre hell leuchtet, und nicht schon, wenn man den Heizstrom einschaltet. Auf welche Art die Energie dem Glühdraht zugeführt wird, ist nebensächlich. Man lässt deshalb im Schaltsymbol (oben links in ⫸ *Versuch 1)* die Heizbatterie weg und deutet die Katode durch einen gebogene Linie an. Die Schaltskizze zeigt dann die *zwei* Elektroden **Katode K** und **Anode A**. Man nennt diese Röhre deshalb **Glühdiode**.

Merksatz

Glühelektrischer Effekt: Ein zum Glühen erhitztes Metall sendet **Elektronen** aus. Sie sind **negativ geladen** und sitzen in Metallen verhältnismäßig locker.
Die positive Ladung dagegen ist in Metallen fest an nachweisbare Materie gebunden.

3. Der Elektronenstrahl in der Fernsehröhre

Oszilloskope und Fernsehempfänger enthalten eine **braunsche Röhre** ähnlich wie in ⫸ *Bild 1.* Ihr luftleerer Glaskolben enthält eine Katode. Sie wird durch die *Heizbatterie* zum Glühen erhitzt und sendet Elektronen aus. Die *Anodenstromquelle* lädt die Anode positiv, die Katode negativ auf. Die aus der Katode abgedampften Elektronen werden zur Anode hin beschleunigt. Sie sollen als **Elektronenstrahl** durch das Loch in der Mitte der Anode weiterfliegen und nicht vom Anodenblech abgefangen werden. Hierzu lädt man den *Metallzylinder* (blau) negativ auf. Er drängt die von der Katode nach allen Seiten wegfliegenden Elektronen so zu seiner Mittelachse hin, dass sie die Anodenöffnung frei durchsetzen. Anschließend fliegen sie geradlinig zum *Leuchtschirm.* Dieser trägt eine dünne Leuchtschicht, die dort Licht aussendet, wo der unsichtbare Elektronenstrahl auftrifft.

Die braunsche Röhre eines Oszilloskops enthält hinter der *Anode* zwei übereinander liegende Metallplatten. Wird die obere Platte negativ, die untere positiv geladen, so werden die Elektronen zur unteren, positiv geladenen Platte hin abgelenkt. Der Leuchtfleck rückt nach unten. Dies bestätigt, dass Elektronen negativ geladen sind. Mit dem zweiten, um 90° gedrehten Plattenpaar lässt sich der Elektronenstrahl in horizontaler Richtung ablenken. So kann man ihn über den ganzen Schirm führen und damit Kurven zeichnen.
In ⫸ *Bild 2* fliegen die rechts freigesetzten Elektronen streifend am Leuchtschirm in der Röhre entlang. Ihre Flugbahn ist nach unten, zur positiv geladenen Ablenkplatte hin, gekrümmt. Lädt man die Ablenkplatten stark genug auf, so endet der Elektronenstrahl auf der positiven Platte. Die Elektronen fließen dann zum Pluspol der Stromquelle. Sie werden an der positiven Platte also nicht umgeladen und wieder abgestoßen. Man kann Elektronen weder entladen noch stärker aufladen. Es gibt nur eine Art von Elektronen. Sie tragen stets eine *negative Ladung bestimmter Größe*, die **Elementarladung** heißt.

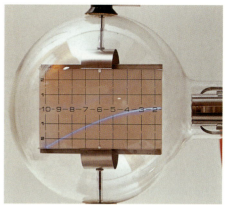

B 2: Leuchtspur eines Elektronenstrahls, der durch geladene Platten nach unten abgelenkt wird.

... noch mehr Aufgaben

A 1: a) Entscheide nach ⫸ *Versuch 1* darüber, welche Ladungsträger bei der Influenz in Metallen verschoben werden. Welche der drei dort angegebenen Denkmöglichkeiten (A) bis (C) wird also bestätigt? **b)** Erkläre den zugehörigen Versuch mit der Elektronenvorstellung.

A 2: a) Warum haben wir das Elektroskop in ⫸ *Versuch 1* sowohl positiv als auch negativ geladen? **b)** In diesen Versuchen sollte ein zu Beginn ungeladenes Elektroskop eigentlich von den Glühelektronen immer stärker negativ geladen werden. Doch schlägt es nur außerordentlich schwach aus. Was könnte der Grund dafür sein?

A 3: a) Wie muss man die beiden Ablenkplatten der braunschen Röhre laden, damit die Elektronen auf dem Schirm zugleich nach rechts und nach unten abgelenkt sind? **b)** Man legt Netzwechselspannung (50 Hz) an das Plattenpaar zur Vertikalablenkung. Wie oft ist dann in 1 s der Lichtpunkt im oberen, wie oft im unteren Schirmteil?

A 4: Fernsehröhren sind ähnlich wie braunsche Röhren aufgebaut. Man versieht ihren Glaskolben innen mit einem leitenden Belag. Dann können die bei einer langen Fernsehsendung ständig zum Leuchtschirm fliegenden Elektronen von dort zur Anode fließen. Was würde geschehen, wenn der Leuchtschirm elektrisch isoliert wäre?

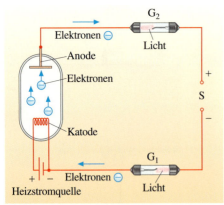

V 1: a) Die Glimmlampe G_1 liegt zwischen dem Minuspol der Gleichstromquelle und der Katode einer Glühdiode. Der Stromkreis ist zwischen Katode und Anode unterbrochen. Wenn wir nun die Katode zum Glühen bringen, leuchten beide Glimmlampen G_1 und G_2 gleich hell. Wie G_1 zeigt, kommen Elektronen vom Minuspol der Quelle. Sie dampfen von der Katode ab und überbrücken die Vakuumlücke Katode – Anode. Glimmlampe G_2 zeigt, dass die Elektronen dann zum Pluspol der Quelle zurückkehren. **b)** Wir polen die Stromquelle um. Ihr Minuspol ist nun der Anode der Diode zugewandt und erzeugt dort einen Elektronenüberschuss. Auch jetzt dampfen vom heißen Glühdraht Elektronen ab. Sie werden jedoch von den Überschusselektronen der Anode abgestoßen. Die Glimmlampen leuchten nicht. Der Stromkreis bleibt unterbrochen.

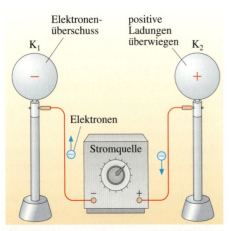

B 1: Die Stromquelle pumpt unter Energieaufwand gegen elektrische Kräfte Elektronen von der Kugel K_2 (rechts) auf die Kugel K_1 (links).

Elektronenströme

1. Elektronen im Kreislauf

Woher kommen die Elektronen in einer Glühdiode? Werden sie in der Glühkatode erzeugt oder sind es Ladungsträger, die von der Stromquelle im Kreis gepumpt werden? Diese Frage beantwortet ⟾ *Versuch 1*. Danach sind die Elektronen tatsächlich die im Kreis fließenden Ladungsträger. Sie werden von der Katode nur abgedampft und können so die Vakuumlücke zwischen Katode und Anode überbrücken. Die Zahl der Elektronen, die aus der Katode herausgeschleudert wird, liefert die Quelle nach. Glüht die Katode nicht, ist der Stromkreis unterbrochen.

2. Elektronenüberschuss an einem Pol

Der Minuspol einer Stromquelle gibt Elektronen ab. Dort besteht nämlich **Elektronenüberschuss**. Um ihn herzustellen, muss die Quelle Elektronen auf diesen Pol pumpen (⟾ *Bild 1*). Dazu braucht die Quelle Energie, da sich negative Ladungen abstoßen. Diese Elektronen erzeugt die Quelle nicht etwa, sondern entreißt sie ihrem anderen Pol. Vorher ist dieser neutral und hat gleich viel positive wie negative Ladung. Nach dem Abzug von Elektronen überwiegt dort die ortsfeste positive Ladung. So wird er zum Pluspol.

Vom Elektronenüberschuss am Minuspol wird die ungeladene Kugel K_1 negativ geladen (⟾ *Bild 1*). Am Pluspol überwiegt die positive Ladung und entreißt der ungeladenen Kugel K_2 Elektronen. K_2 wird dadurch positiv geladen.

Wenn man also sagt, ein Körper ist *elektrisch geladen*, so meint man, dass er einen *Überschuss an* negativer bzw. positiver *Ladung* trägt.

 Merksatz

> Eine **Stromquelle** ist eine **Elektronenpumpe**. Ihr **Minuspol** hat wie jeder negativ geladene Körper **Elektronenüberschuss**.
> Am **Pluspol** überwiegt die positive Ladung (gegenüber dem neutralen Zustand **fehlen Elektronen**).

3. Stromrichtung und Elektronenfluss

In den metallischen Leitern des Stromkreises fließen Elektronen vom Minuspol zum Pluspol der Quelle. Diese Richtung des Elektronenstroms nennen wir künftig die **Stromrichtung**. Sie weist im Äußeren des Stromkreises vom Minuspol zum Pluspol. Im Innern eines Generators werden dann die Elektronen unter Energieaufwand vom Pluspol zum Minuspol zurückgepumpt (⟾ *Bild 1*).

Bevor man Elektronen kannte, hatte man willkürlich vereinbart, „der Strom fließe im äußeren Stromkreis von Plus nach Minus", also den Elektronen entgegen. Diese Richtungsangabe nennt man *konventionelle* oder *technische Stromrichtung*.

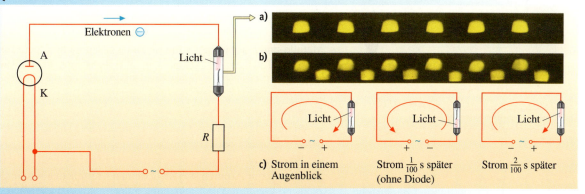

B 2: Gleichrichtung von Wechselstrom mit einer Diode (**Vorsicht:** Versuch nur für Lehrer!)

Elektronen in der Einbahnstraße

Wir polen die Stromquelle in ▰▸ *Versuch 1 b* um. Ihr Minuspol liegt jetzt an der Anode der Diode. Auch jetzt dampfen Elektronen vom heißen Glühdraht ab. Sie werden jedoch von den Überschusselektronen auf der Anode abgestoßen. Die Glimmlampen leuchten nicht. Der Stromkreis bleibt unterbrochen. Die Diode lässt Elektronen nur dann fließen, wenn die Katode negativ und die Anode positiv geladen ist. Sie wirkt als **elektrisches Ventil** (wie ein Fahrradventil für Luft).

Wir ersetzen die Gleichstromquelle durch eine *Wechselstromquelle* (▰▸ *Bild 2*, links). Trotzdem leuchtet nur das Gas um die obere Elektrode der Glimmlampe. Bewegt man diese hin und her, so sieht man nur die oberen hellen Bögen (▰▸ *Bild 2 a*). Dazwischen ist die Glimmlampe dunkel. Die Diode lässt nämlich Elektronen nur während der Zeitspanne fließen, in der die Wechselstromquelle ihren Minuspol dem Glühdraht zuwendet. Bei umgekehrter Polung sperrt die Diode; sie lässt sich also zur **Gleichrichtung** von Wechselstrom verwenden.

Wir überbrücken die Diode mit einem Draht (Strombegrenzer *R* nicht vergessen). Das Neongas leuchtet

abwechselnd um beide Elektroden, so wie bei Wechselstrom *ohne* Diode (▰▸ *Bild 2 b*). Im Draht fließen ja Elektronen in beiden Richtungen (▰▸ *Bild 2 c*).

An Netzsteckdosen erhalten wir bei geschlossenem Stromkreis **Wechselstrom**. Jeder Pol der Steckdose ist in einer Sekunde abwechselnd 50-mal Minuspol und 50-mal Pluspol. Der andere Pol hat jeweils die entgegengesetzte Polarität. Die Elektronen schwingen mit der Frequenz 50 Hz hin und her.

Da die Elektronen sehr beweglich sind, folgen sie im ganzen Kreis praktisch ohne Verzögerung. Deshalb hat der Strom in jedem Augenblick die von der Quelle bestimmte Richtung. Unsere für Gleichstrom gefundenen Aussagen bleiben dabei richtig.

B 3: Zu Dekorationszwecken werden Glimmlampen in verschiedenem Design hergestellt.

A1: a) Könnte man in ▰▸ *Versuch 1 a* die Quelle auch zwischen Anode und obere Glimmlampe legen? Welche Polung müsste sie dort haben? **b)** Könnte man mehrere Stromquellen in ▰▸ *Bild 2* hintereinander schalten? Wie müssten dabei ihre Pole ausgerichtet sein (man vergleiche mit

Wasserpumpen)? **c)** Könnte man auch mehrere Glimmlampen hintereinander legen? Um welche ihrer Elektroden würde dann jeweils das Gas aufleuchten ▰▸ *Versuch 1?*

A2: In ▰▸ *Versuch 1 a* leuchtet die Glimmlampe nach Ausschalten des Heizstroms noch einige Zeit

weiter, wird dabei aber immer schwächer. Womit hängt dies zusammen?

A3: Wie oft ist in 10 s der eine Pol einer Netzsteckdose positiv, wie oft negativ geladen? Wie viele Umladungen finden in 10 s statt; was geschieht dabei mit den Elektronen?

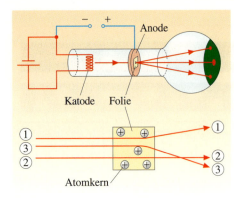

V 1: In der braunschen Röhre ist über die Anodenöffnung eine dünne Graphitfolie geklebt. Sie ist nur einige Millionen von Atomschichten dick. Wir beschießen sie mit schnellen Elektronen aus der Glühkatode. Diese erzeugen einen ähnlich scharfen Fleck auf dem Leuchtschirm wie wir ihn ohne Folie kennen. Diejenigen Elektronen, die einem positiv geladenen Kern zu nahe kommen, werden abgelenkt.

B 1: Schnitt durch ein Modellatom: Atomkern (+) und Elektronenhülle (–).

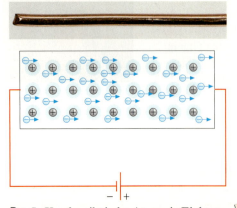

B 2: In Kupfer gibt jedes Atom ein Elektron (blau) frei. Ohne angeschlossene Stromquelle schwirren diese im Metall ungeordnet umher. Mit Stromquelle bewegen sie sich zusätzlich in Richtung Pluspol.

Elektronen und Atombau

1. Gibt es Freiräume für Elektronen in Materie?

Metalle sind massiv; man kann sie kaum zusammenpressen. Ihre kleinsten Teilchen, die **Atome**, sind also dicht gepackt. Wo sind dann die „Freiräume", in denen die Elektronen fließen?

In ⟹ *Versuch 1* durchsetzen schnelle Elektronen eine dünne Folie und erzeugen auf dem Leuchtschirm einen ähnlich scharfen Fleck wie ohne Folie. Die meisten Elektronen durchfliegen also die Folie geradlinig und ungestört. Obwohl sie so dicht ist, dass zwischen ihren Atomen sich nicht einmal Luftteilchen hindurchzwängen könnten. Die Elektronen müssen also viel kleiner sein als Luftteilchen. Sie gehören zu den kleinsten Teilchen, die man kennt. Wir können sie als punktförmig ansehen.
Nur ein kleiner Teil der Elektronen wird durch die Folie zur Seite abgelenkt und hellt den übrigen Teil des Leuchtschirms etwas auf. Andere Versuche zeigen, dass diese negativ geladenen Elektronen einem positiv geladenen **Atomkern** zu nahe gekommen sind und so abgelenkt wurden. Jedes Atom hat solch einen Kern. Der Kerndurchmesser beträgt nur etwa 1/100000 des Atomdurchmessers, der seinerseits unter 1/1000000 mm liegt. Die Atomkerne sind also größer als die punktförmigen Elektronen. *Trotzdem sind die Atome fast leer!*
Weiter fand man: Im Atomkern ist über 99,9% der Masse eines Atoms konzentriert; der Rest verteilt sich auf die Elektronen. Diese schwirren in den großen, sonst leeren Bereichen um den Kern herum, ohne dass man dafür eine Bahn angeben könnte. In ⟹ *Bild 1* zeigt die Stärke der blauen Tönung, dass man Elektronen in der Nähe des Kerns häufiger antrifft als weiter entfernt. Eine scharfe Begrenzung, eine Art Haut, haben Atome nicht.
Dies mag all dem widersprechen, was wir uns unter einem kompakten Stück Materie vorstellen: Schlage einmal mit der Faust auf den Tisch und stelle dir vor, dass er fast nur aus Hohlräumen besteht – deine Faust natürlich auch!
In Atomen werden die negativ geladenen Elektronen von der positiven Ladung der Kerne angezogen. Die Kräfte zwischen entgegengesetzten Ladungen halten also die Atome und darüber hinaus die feste und flüssige Materie zusammen. So kommt den elektrischen Kräften eine überragende Bedeutung zu. Ein Atom ist elektrisch neutral, wenn so viele Elektronen den Kern umgeben, dass sie die positive Kernladung neutralisieren. In diesen neutralen Atomen verstecken sich die in Materie stets vorhandenen Ladungsträger. Kein Wunder, dass wir sie nicht unmittelbar wahrnehmen. Die Elektrizität wurde deshalb erst vor ca. 200 Jahren entdeckt.

 Merksatz

Atome bestehen aus **positiv geladenen Kernen** und **negativ geladenen Elektronen**. In den sehr kleinen Kernen ist fast die gesamte Masse konzentriert.

2. Das Elektronengas in Metallen

Aus Metallen konnten wir Elektronen durch Glühen freisetzen. Stromquellen setzen die Elektronen auch in sehr langen Metalldrähten in Bewegung, sogar in Überseekabeln. In Metallen gibt es also leicht bewegliche Elektronen. Von jedem Metallatom haben sich nämlich 1 bis 3 Elektronen getrennt (➡ *Bild 2*, blau). Diese bewegen sich auch im stromlosen Zustand in den großen, fast leeren Räumen zwischen den Atomkernen unregelmäßig hin und her. Ein Teil der Elektronen in Metallen verhält sich also ähnlich wie Moleküle von Gasen. Man sagt, Metalle sind von einem **Elektronengas** erfüllt.

Auch *Nichtleiter* bestehen aus Atomen. Sie leiten so lange nicht, wie *alle Elektronen fest an die Atomkerne gebunden sind*. Beim Blitz z. B. leitet die Luft, weil Elektronen freigesetzt werden.

3. Temperaturerhöhung durch fließende Elektronen

Eine Glühdiode, die kräftige Ströme aushält, wird an eine starke Stromquelle angeschlossen. Ist sie in Durchlassrichtung gepolt, so kommt das Blech der Anode zum Glühen. Dort werden nämlich die Atome von den aufprallenden Elektronen zu starken Schwingungen angeregt; die Temperatur steigt.

Auch Elektronen, die in Drähten fließen, stoßen ständig auf Atomrümpfe und verstärken deren Schwingungen. Die Temperatur und die innere Energie steigen. Man spricht auch von **Stromwärme**. Die Elektronen werden durch diese ständigen Stöße auf ihrem Weg behindert; sie erfahren dabei Widerstand.

Die gleichen Elektronen, die einen Glühdraht zur Weißglut bringen, lassen die dicken Zuleitungen kalt. Beträgt der Querschnitt des Glühdrahts nur $\frac{1}{100}$ von dem der Zuleitung, so durchfließen ihn nach unserer Vorstellung die Elektronen mit 100facher Geschwindigkeit. Sie stoßen heftiger auf die Atome und bringen den Draht zum Glühen. Darauf beruht die **Wärmewirkung des elektrischen Stromes**.

4. Wo sitzen Überschussladungen in Metallen?

In ➡ *Versuch 2* berührt man das Innere eines Metallbechers, **Faradaybecher** genannt, mit einer negativ geladenen Kugel. Sie gibt alle Überschusselektronen ab und ist anschließend ungeladen. Die in den Becher gebrachten Elektronen sind aber nicht verschwunden; sie sind zur äußeren Oberfläche geflossen und lassen sich dort abnehmen. Deshalb kann man vom Innern des geladenen Bechers keine Ladung holen.

Auch das *Innere massiver Leiter trägt keine Überschussladung*. Wohl aber können in ihm Elektronen fließen, neutralisiert von Atomkernen. M. FARADAY (um 1830) setzte sich in einen Metallkäfig und ließ von außen Funken aufschlagen. Obwohl er innen das Metall berührte, ging keine Ladung auf ihn über. Selbst die Ladung eines Blitzes dringt kaum ins Innere eines metallisch umschlossenen Raums ein. Die metallischen Außenwände von Flugzeugen und Autos sind solche **Faradaykäfige** (➡ *Interessantes*).

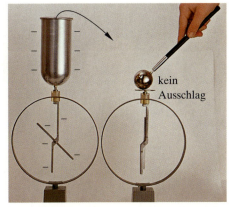

V 2: Das linke Elektroskop trägt einen Metallbecher. Wir berühren sein Inneres mit einer negativ geladenen Kugel. Das linke Elektroskop zeigt einen Ausschlag. Bringen wir die Kugel anschließend auf ein neutrales Elektroskop, so zeigt dieses keinen Ausschlag. Die Kugel wurde in dem Becher ganz entladen.

Interessantes

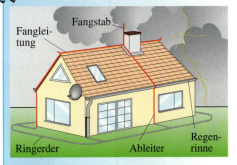

Fangstab
Fangleitung
Ringerder
Ableiter
Regenrinne

Blitzschutz

Der beste Blitzschutz für ein Haus wäre eine metallische Außenhülle. Es genügt aber schon, um Dach und Schornstein dicke Metallbänder zu legen. Diese sowie Dachantennen werden über dicke Leitungen mit der so genannten Potentialausgleichsschiene verbunden. Diese muss über einen Fundamenterder gut geerdet werden. – Wird man im Freien von einem Gewitter überrascht, so sind die alten Sprichwörter wie „Buchen tu suchen, Eichen tu meiden" falsch. Bäume sollte man grundsätzlich meiden, weil sie empor ragende Ziele für Blitze sind. Stattdessen sollte man auf freier Fläche mit geschlossenen Füßen in die Hocke gehen und sich möglichst klein machen.

B 1: Elektrische „Struwwelpetra"

B 2: Influenz: Durch die positiv geladene Folie werden Elektronen von der rechten Kugel zur linken verschoben.

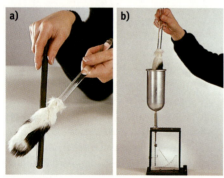

V 1: a) Wir befestigen ein Stück trockenes Fell an einem Isolierstab und bringen es in engen Kontakt mit einem Kunststoffstab. **b)** Anschließend bringen wir Fell und Stab jeweils einzeln in einen zunächst ungeladenen Faradaybecher, der auf einem Elektroskop sitzt. Dieses schlägt beide Male gleich stark aus. Geben wir nach dem Kontakt jedoch beide zusammen in den Faradaybecher, so tritt überhaupt kein Ausschlag auf.

Influenz und elektrostatische Aufladung

Im Auto kann man beim Sitzen auf Kunststoffbezügen „aufgeladen" werden. Diese elektrostatische Aufladung spürt man aber erst, wenn man beim Aussteigen die Karosserie berührt und einen schwachen, aber ungefährlichen elektrischen Schlag erhält. Setzt man sich dagegen auf eine mit der Karosserie leitend verbundene Aluminiumfolie, so erhält man keinen Schlag. Eine Kunststofffolie lässt z.B. Haare zu Berge stehen ⟹ *Bild* 1. Im Folgenden werden diese Phänomene untersucht.

1. Influenz: Elektronen werden in Metallen verschoben

In Metallen sind nur Elektronen beweglich. Die schon bekannte elektrische Influenz bei Metallen kann jetzt im Elektronenbild erläutert werden.
Beide Metallkugeln in ⟹ *Bild 2* seien zunächst elektrisch neutral. Trotzdem enthalten sie Ladungen. Die große linke Kugel besitze z.B. 900 000 Elektronen, dann hat sie auch exakt 900 000 ortsfeste positive Ladungen. Die kleine rechte Kugel habe z.B. nur 500 000 Elektronen und dann auch genau 500 000 positive Ladungen. (Wenn man an die Zahlen 13 Nullen, also den Faktor 10^{13}, hängt, nähert man sich der tatsächlichen Zahl der Ladungen).

Man nähert nun von links die positiv geladene Folie (Q_+) der linken Kugel. Sie ziehe z.B. 5 ($\cdot 10^{13}$) Elektronen von der rechten zur linken Kugel (⟹ *Tabelle 1*). Dann hat die linke Kugel Elektronenüberschuss und trägt die negative Influenzladung Q_{i-}. Die positiven Ladungen der rechten Kugel bleiben aber fest am Platz, da sie an die schweren, ortsfesten Atomkerne gebunden sind. Deshalb bekommt die rechte Kugel einen Überschuss an positiver Ladung. Sie trägt die *gleich große* positive Influenzladung Q_{i+}.

2. Elektrostatische Aufladung: Elektronen werden aus Atomen gerissen

Du kennst das Knistern beim Ausziehen eines Pullovers oder beim Kämmen trockener Haare. Diese **elektrostatische Aufladung** bei guten Isolatoren werden wir im Folgenden untersuchen:
Bringt man einen Kunststoffstab in engen Kontakt mit einem Fell, so zieht er anschließend Papierschnipsel an. Berührt man ihn mit einer Glimmlampe, so blitzt das Gas an der dem Stab zugewandten Elektrode auf. Die Oberfläche des Stabes war also negativ geladen. Wurden durch den Kontakt Elektronen neu erzeugt oder nur dem Fell entrissen?
In ⟹ *Versuch 1* bringt man nach dem Kontakt Fell und Stab einzeln in einen jeweils ungeladenen Faradaybecher. Das Elektroskop schlägt beide Male gleich stark aus.
Gibt man nach dem Kontakt jedoch beide zusammen in den Faradaybecher, tritt nicht etwa der doppelte, sondern überhaupt kein Ausschlag auf. Zusammen sind Stab und Fell also genauso neutral wie vor dem Kontakt.

Gibt man nach dem Kontakt nur das Fell in den Faradaybecher und berührt ihn dann von außen mit einer Glimmlampe, so blitzt das Gas um die *abgewandte* Elektrode auf. Das Fell war positiv geladen, der Stab dagegen negativ.

Im voran gehenden Versuch wurden entgegengesetzte Ladungen voneinander getrennt, ohne dass man die Körper aneinander reiben musste. Die Ladungstrennung erfolgte bereits bei engem Kontakt. Wie bei der Influenz wird die Ladung dabei nicht neu erzeugt. Vielmehr entreißt in ➠ *Versuch 1* der Stab dem Fell an der Oberfläche einen winzigen Bruchteil an Elektronen. Dann überwiegt an der Felloberfläche die positive Ladung der Atomkerne.

Bei dieser statischen Aufladung treten keine positiven Ladungen über. Diese sind an Materie (Atomkerne) gebunden und sitzen viel fester als die negativ geladenen Elektronen der Atomhülle. Am geladenen Fell findet man keine Materiespuren des Kunststoffstabs.

Kontaktelektrizität:

Immer wenn sich verschiedene Stoffe berühren, treten Elektronen von der Oberfläche des einen Stoffs zur der des anderen über. Es wäre auch verwunderlich, wenn jeder Stoff genau gleich große Kräfte auf Elektronen ausüben würde. Ein Stoff, der auf Elektronen eine stärkere Kraft ausübt, verschafft sich bei engem Kontakt mit einem anderen einen Elektronenüberschuss. Der andere Stoff verliert Elektronen. Bei ihm macht sich die positive Kernladung auch nach außen hin bemerkbar. Diesen Sachverhalt nennt man **Kontaktelektrizität**.

Die statische Aufladung findet man bei guten Isolatoren, da dort die übergetretene Ladung nur langsam abfließt. Will man sie bei Teppichböden vermeiden, so macht man diese durch Zusätze etwas leitend. Man sagt dann, die Teppichböden seien **antistatisch**.

Man kann diese elektrostatische Aufladung ganz einfach untersuchen. Man reibt eine Kunststofffolie (etwa vom Tageslichtprojektor) mit einem Wolltuch (➠ *Versuch 2*). Dann hebt man die Folie von der Unterlage ab. Sie zieht anschließend Haare (➠ *Bild 1*) oder leichte Gegenstände wie Papierschnipsel an. Mit einer Glimmlampe kann man die Art ihrer Aufladung feststellen.

Ähnliches beobachtet man, wenn man ein Stück Tesafilm außen auf den Faradaybecher klebt. Reißt man den Tesafilm ab, ohne den Becher mit der Hand zu berühren, so schlägt ein angeschlossenes Elektroskop aus. Wenn man den Tesafilm dann in das Innere des Bechers wirft, geht der Ausschlag wieder zurück.

Elektrische Ladung ist allgegenwärtig. Wir nehmen sie jedoch nur selten wahr, weil es zwei verschiedene Arten gibt, die sich im Allgemeinen neutralisieren. Man nimmt an, dass das Weltall gleich viel an positiver und negativer Ladung besitzt.

Die Griechen haben die elektrostatische Aufladung schon vor über 2000 Jahren beim Reiben des sehr guten Isolators *Bernstein* (griech.: Elektron) beobachtet, als dieser anschließend kleine Gegenstände anzog. Daher der Name „Elektrizität" (wörtlich: „Bernsteinkraft").

	Ladung von	
	Kugel links	Kugel rechts
Vorher	900 000 – 900 000 +	500 000 – 500 000 +
Nachher	900 005 – 900 000 +	499 995 – 500 000 +
	5 Elektronen Überschuss: Q_{i-}	5 Elektronen Mangel: Q_{i+}

T1: Zahlenbeispiel zur Influenz

V2: Wir reiben mit einem Wolltuch eine Kunststofffolie. Dann heben wir sie von der Unterlage ab und berühren sie mit einer Glimmlampe. Ihr Aufleuchten zeigt die Art der Aufladung an.

... noch mehr Aufgaben

A1: Elektronen können wir nicht sehen. Trotzdem haben wir aus Experimenten auf sie geschlossen. Verfolge und prüfe nochmals alle Argumente, die wir dabei benutzt haben. Wo konnten wir nur Mitteilungen von Experimenten anderer Art machen?

A2: Was heißt, ein Atom bzw. ein Körper sei elektrisch neutral? Kann es nach der Theorie vom Atombau auch völlig „unelektrische" Körper geben, die überhaupt keine Ladungen besitzen?

A3: Man berührt das Innere eines Faradaybechers mit einer positiv geladenen Kugel. Welche Ladung trägt er dann innen, welche außen? Erkläre deine Aussage mit der Elektronenvorstellung. Warum schlägt ein angeschlossenes Elektroskop aus?

A4: Kann man einen Magneten elektrisch aufladen, eine Kupferkugel magnetisieren? Begründe deine Antwort.

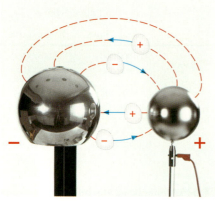

V 1: Wir bringen auf den negativen Pol eines Bandgenerators ein kleines, zerzaustes Wattestück. Es fliegt auf einer gekrümmten Bahn zum positiven Pol und von dort wieder zurück zum negativen Pol.

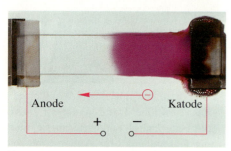

V 2: In einer Rinne befindet sich etwas leitfähig gemachtes Wasser. Die beiden Metallelektroden sind an eine Stromquelle angeschlossen. Wir geben in die Rinne einige Kristalle des stark färbenden Salzes Kaliumpermanganat. Sie lösen sich auf und erzeugen einen rotvioletten Fleck. Er breitet sich langsam zum Pluspol hin aus.

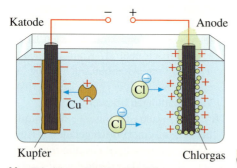

V 3: Die blaue Kupferchloridlösung enthält positive Cu^{++}-Ionen und negative Cl$^-$-Ionen. An der Katode (–) schlägt sich eine dünne, rötliche Kupferschicht nieder. An der Anode (+) steigt stechend riechendes Chlorgas auf.

Elektronen und Ionen

1. Gibt es auch sichtbare elektrische Ströme?

Noch kein Mensch hat Elektronen gesehen. Es gibt aber auch „sichtbare" Ladungsträger.
In ⇒ *Versuch 1* bringt man auf den negativen Pol eines Bandgenerators ein Wattestück. Es nimmt Elektronen auf und wird abgestoßen. Auf einer gekrümmten Bahn fliegt das Wattestück zum positiven Pol und stellt so einen „sichtbaren" *Strom negativer Ladungsträger* dar. Am positiven Pol gibt es seine Überschusselektronen ab. Zudem werden ihm Elektronen entrissen; die positive Ladung überwiegt. Das Wattestück fliegt zum Minuspol zurück.

2. Bewegte Ionen in Flüssigkeiten

In einer leitenden Flüssigkeit kann man die Bewegung von Ladungsträgern verfolgen. In ⇒ *Versuch 2* gibt man dazu einige Kristalle Kaliumpermanganat in leitendes Wasser. Es bildet sich ein rotvioletter Fleck. Dieser wandert langsam zum Pluspol; auch dann, wenn man die Anschlüsse an der Quelle umpolt. Der Fleck besteht also aus negativ geladenen Teilchen. Man nennt sie negative **Ionen**. Elektronen sind zwar auch negativ geladen, sind aber unsichtbar und können für sich keine Materie bilden.

In ⇒ *Versuch 3* befinden sich in einer blauen Kupferchloridlösung zwei Kohlestäbe als Elektroden. Die Katode (–) wird mit einer dünnen Kupferschicht überzogen. An der Anode (+) steigen Gasblasen auf, die nach Chlor riechen. Was passiert bei diesem chemischen Vorgang, **Elektrolyse** genannt?
Die Kupferchloridlösung enthält negative Chlorionen und positive Kupferionen. Die positive *Anode* zieht die negativen Chlorionen an. Sie haben gegenüber dem neutralen Zustand ein Elektron zusätzlich (in ⇒ *Bild 1* symbolisch angeheftet). An der Anode gibt das Chlorion ein Elektron ab und wird neutralisiert. Es steigt Chlorgas auf. Das abgegebene Elektron fließt im Draht zum Pluspol der Quelle. Auch die negative Ladung ist hier an Materie gebunden und kann in der Lösung wandern.
Die negative *Katode* zieht die positiven Kupferionen an. Sie haben gegenüber dem neutralen Zustand jeweils zwei Elektronen weniger (in ⇒ *Bild 1* symbolisch ausgespart). Also überwiegt die positive Kernladung. Die fehlenden Elektronen werden an der Katode von der Stromquelle ersetzt. Es scheidet sich neutrales Kupfer ab. Da die Kupferchloridlösung doppelt so viele Chlorionen wie Kupferionen enthält, ist sie insgesamt elektrisch neutral.

Merksatz

Negative Ionen haben einen Elektronenüberschuss. Bei **positiven Ionen** fehlen Elektronen, die positive Kernladung überwiegt. Bei der **Elektrolyse** wandern Ionen zu den Elektroden. Sie geben dort Elektronen ab oder nehmen Elektronen auf. Dabei entstehen neutrale Atome oder Moleküle.

3. Messung fließender Ladung mit Elektrolyse

Eine **Knallgaszelle** besteht aus zwei Elektroden und einer leitenden Flüssigkeit (z. B. Kalilauge), **Elektrolyt** genannt. Führt eine Knallgaszelle Strom, so wird Wasser in seine Bestandteile Wasserstoff und Sauerstoff zerlegt, die in kleinen Gasblasen aufsteigen (➡ *Versuch 4*). Zusammen bilden sie ein hochexplosives Gas, es heißt **Knallgas**. Das Knallgas wird in einer Glasröhre aufgefangen. Sein Volumen kann dadurch gemessen werden.

Mit dieser Elektrolyse kann man fließende Ladungen einfach messen. Wird das Knallgas gleichmäßig abgeschieden, so entwickelt der Strom in der doppelten Zeit doppelt so viel Gas. Im Draht floss währenddessen die doppelte Zahl an Elektronen, also die doppelte Ladung. Aus dem *doppelten Gasvolumen* schließt man, dass die *doppelte Ladung* geflossen ist.

Merksatz

Das bei der Elektrolyse in einer Knallgaszelle abgeschiedene Gasvolumen ist der geflossenen Ladung proportional.

4. Wasserstoff-Sauerstoff-Brennstoffzelle

In einer Knallgaszelle wird elektrische Energie zum Zersetzen von Wasser in seine Bestandteile Wasserstoff und Sauerstoff eingesetzt. Beim Anzünden von Knallgas wird diese chemische Energie bei der Explosion wieder abgegeben. Kann man diese Energie auch elektrisch freisetzen?
Eine Knallgaszelle hat nach dem Betrieb noch Wasserstoff- bzw. Sauerstoffbläschen auf den Elektroden. Schließt man zwei Knallgaszellen nach dem Betrieb in Reihe, so leuchtet eine angeschlossene Leuchtdiode einige Zeit auf. Dies ist das Prinzip einer neuartigen, zukunftsträchtigen Stromquelle, der so genannten **Brennstoffzelle**. In ihr wird chemische Energie in elektrische umgewandelt.
Eine *Wasserstoff-Sauerstoff-Brennstoffzelle* besteht im Prinzip aus zwei Nickeldrahtnetzen als Elektroden, die in Kalilauge als Elektrolyt eintauchen. Die Elektroden werden ständig von Wasserstoff bzw. Sauerstoff umspült. Sie sind durch eine poröse Wand getrennt. An der Elektrode der einen Seite wird der Wasserstoff (Brennstoff) zu Wasser oxidiert. Dabei werden Elektronen an die Elektrode abgegeben. Sie wird zum *Minuspol*. An der Elektrode der anderen Seite reagiert Sauerstoff mit Wasser. Dabei werden Elektronen aus der Elektrode herausgezogen. Sie wird zum *Pluspol*. Die so erzeugte Stromquelle kann als Antrieb für elektrische Geräte genutzt werden.
Bei der Wasserstoff-Sauerstoff-Brennstoffzelle läuft bei einer Temperatur von ca. 90 °C der umgekehrte Prozess ab wie in der Knallgaszelle. Da die „Stromerzeugung" in einer Brennstoffzelle ohne umweltgefährdende Abgase erfolgt und der Wirkungsgrad der Umwandlung hoch ist, wird an der Entwicklung verschiedener Typen von Brennstoffzellen mit Nachdruck gearbeitet.

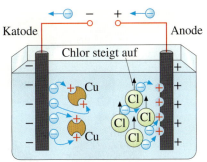

B1: Ein Chlorion gibt an der Anode ein Elektron ab. Ein Kupferion nimmt an der Katode zwei Elektronen auf. Beide Ionenarten werden dadurch neutralisiert.

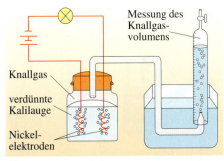

V4: Wir leiten Strom zwischen zwei Nickelelektroden durch verdünnte Kalilauge. Es entwickeln sich dabei zugleich die Gase Wasserstoff und Sauerstoff, die in kleinen Blasen aufsteigen. Zusammen bilden sie Knallgas. Sein Volumen wird in der Glasröhre gemessen.

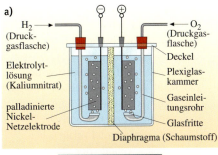

B2: a) Modell einer Wasserstoff-Sauerstoff-Brennstoffzelle **b)** Brennstoffzelle in Betrieb

B 1: Elektromagnete heben schwere Lasten.

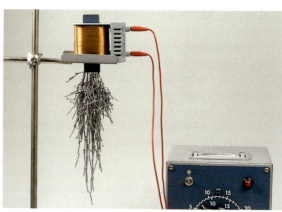

B 2: Ein Elektromagnet lässt sich ein- und ausschalten.

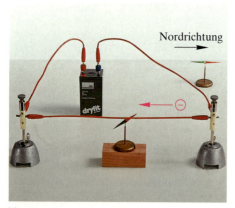

Nordrichtung

V 1: Der Versuch von OERSTED:
Wir wollen prüfen, ob der Strom allein für den Magnetismus eines Strom führenden Leiters verantwortlich ist. Um den Einfluss des Magnetfeldes der Erde auszuschließen, spannen wir einen Kupferdraht in Nord-Süd-Richtung und stellen eine Kompassnadel darunter. Kupfer ist nicht magnetisierbar. Es beeinflusst den Versuch nicht, da von ihm keinerlei magnetische Wirkung ausgeht. Jetzt kann nur noch der Strom eine magnetische Wirkung auf die Kompassnadel verursachen.
Tatsächlich, sobald der Draht Strom führt, reagiert die Kompassnadel. Sie stellt sich quer zum Leiter ein. Wenn die Elektronen im Draht von *Nord nach Süd* fließen, zeigt der Nordpol der Kompassnadel nach *Westen*. Steht die Magnetnadel dagegen über dem Draht, so zeigt ihr Nordpol nach *Osten*.
Offensichtlich erfahren die Magnetpole der Kompassnadel Kräfte quer zur Stromrichtung.

Magnetische Stromwirkungen

1. Ein Magnet mit Schalter

Der starke Elektromagnet eines Magnetkrans (➥ *Bild 1*) kann große Mengen von Eisenschrott halten und transportieren. Beim Abschalten des Stroms geht die magnetische Wirkung verloren und die Last fällt ab. Wir können mit einer aus Draht gewickelten, Strom führenden *Spule mit einem Eisenkern* eine große Menge Nägel hochheben (➥ *Bild 2*). Auch hier fallen die Nägel herab, wenn man den Strom abschaltet. Wiederholen wir den Versuch *ohne* Eisenkern, dann gelingt es uns nicht, die Nägel anzuheben. Ist der Magnetismus jetzt verschwunden? Wir nähern der Spule eine Kompassnadel. Sie reagiert, wenn wir den Spulenstrom ein- und ausschalten. Und noch mehr: Solange die Spule Strom führt, wird der Nordpol der Kompassnadel immer von dem einen Ende der Spule angezogen und ihr Südpol vom anderen. Also hat der *Strom* in der Spule Magnetismus erzeugt.

Diese überraschende Erscheinung kannst du selbst beobachten, indem du einen langen, isolierten Kupferdraht auf eine Papprolle wickelst und an eine Batterie anschließt. Sobald der Draht Strom führt, wird eine Magnetnadel abgelenkt. Es entsteht somit ein Magnetfeld, das in der Umgebung des Drahtes sofort wirksam ist. Beim Abschalten des Stroms verschwindet es genauso schnell wieder. Besonders stark wird die magnetische Wirkung, wenn die Spule einen Eisenstab enthält.

2. Ein Magnetfeld ohne Pole

Der dänische Physiker Hans Christian OERSTED fand 1820 die magnetische Stromwirkung (➥ *Versuch 1*). Er beobachtete zufällig, dass ein Strom führender Leiter Magnetnadeln ablenkt. Damit erregte er großes Aufsehen. Bis dahin kannte man nämlich keinerlei Zusammenhang zwischen Elektrizität und Magnetismus. Seitdem weiß man, dass beide Gebiete zusammen gehören.

In ⇒ *Versuch 2* befinden sich Magnetnadeln in einer Ebene, die senkrecht zum Leiter steht. Sobald der Leiter Strom führt, stellen sie sich längs Kreisen um den Leiter ein. Wie beim Versuch von OERSTED (⇒ *Versuch 1*) steht jede Nadel quer zum Leiter.

Streuen wir Eisenpulver auf den Karton (⇒ *Bild 3*), so ordnet sich auch dieses bei starken Strömen zu Kreisen. Die Kreise sind konzentrisch. Ihr gemeinsamer Mittelpunkt liegt im Leiter.

Bei einem Stabmagneten gibt es Ein- und Austrittsstellen der Feldlinien an den Polen. Die Feldlinien um einen Strom führenden geradlinigen Leiter sind geschlossene Linien. Besitzt sein Magnetfeld etwa *keine Pole*? Offensichtlich nicht. Ströme in geraden Leitern erzeugen also etwas Neues, nämlich *Magnetfelder ohne Pole*!

Der ⇒ *Versuch 2* zeigt noch mehr. Ändern wir die Bewegungsrichtung der Elektronen, so ändert sich auch der Umlaufsinn der magnetischen Feldlinien.
Den Zusammenhang zwischen der Bewegungsrichtung der Elektronen und der Richtung der magnetischen Feldlinien merken wir uns mit der **Linke-Faust-Regel** (⇒ *Versuch 2*).

Merksatz

Elektrische Ströme sind stets von einem Magnetfeld umgeben.
Die magnetischen Feldlinien bilden bei geraden Leitern konzentrische Kreise, die in Ebenen senkrecht zum Leiter liegen.

Linke-Faust-Regel: Umfasse den Leiter so mit der linken Faust, dass der abgespreizte Daumen in die Elektronenstromrichtung (von − nach +) zeigt. Dann geben die gekrümmten Finger die **Richtung der magnetischen Feldlinien** an.

Interessantes

Die Entdeckung der magnetischen Stromwirkung
Während einer Vorlesung wollte der Chemiker und Naturforscher Hans Christian OERSTED (1777–1851) eine galvanische Batterie vorführen, als ihm einer der angeschlossenen Drähte aus der Hand und in die Nähe einer Kompassnadel auf den Vorführtisch fiel. Er wollte ihn schnell wieder hochheben – da bemerkte er, dass sich die Kompassnadel in eine andere Richtung eingestellt hatte.

Das war ein bisher noch nicht entdeckter Vorgang, der richtungsweisend für die weitere Entwicklung der Elektrizitätslehre war. Elektrizität und Magnetismus konnten von nun an nicht mehr als getrennte Phänomene betrachtet werden.
Später wiederholte er diesen Vorgang vor einigen seiner interessierten Kollegen.

Die magnetische Wirkung des elektrischen Stromes ist die einzige, die nicht ausgeschaltet werden kann. Sie tritt immer auf. Dies ist zum Beispiel bei der Wärmewirkung nicht der Fall.

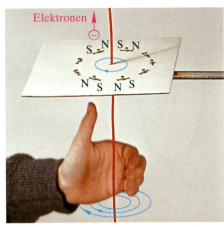
V 2: Ein vertikal gestellter Leiter durchsetzt einen waagerechten Karton. Im gleichen Abstand vom Leiter stellen wir mehrere kleine Magnetnadeln auf. Sobald der Draht Strom führend ist, weisen die Nadeln längs eines Kreises. Ändern wir die Stromrichtung, dann wenden sich die Nadeln um $180°$.

B 3: Magnetfeld um einen geraden Leiter

... noch mehr Aufgaben

A 1: Eine Kompassnadel stellt sich in Nord-Süd-Richtung ein. Wie kann man sie mit einem geradlinigen Leiter in westliche, wie in östliche Richtung ablenken? Wie müsste man den Leiter stellen, damit durch sein Magnetfeld die Kompassnadel mit ihrem Nordpol in (geographisch) südliche Richtung abgelenkt wird?

A 2: Skizziere bei ⇒ *Versuch 1* den Verlauf der Feldlinien um den waagerecht verlaufenden Leiter. Wende dabei die Linke-Hand-Regel an.

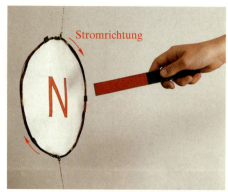

Stromrichtung

N

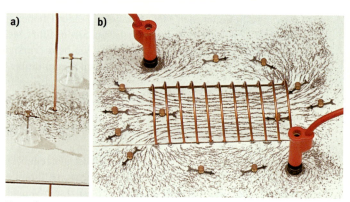

a)   b)

B 2: a) Feldlinien eines Strom führenden geraden Leiters
b) Feld einer Strom führenden Spule

V 1: Wir wickeln einen Draht in mehreren Windungen zu einer flachen *Spule* und bespannen sie mit Papier, um spätere Schwingungen zu dämpfen. Dann hängen wir ihn an einem Faden auf und führen ihm über Lamettafäden Strom zu. Er dreht sich mit einer Fläche nach Norden – wie eine Kompassnadel.

Mit einem Stabmagneten lässt sich der kreisförmige Strom führende Leiter ablenken.

V 2: Mit einer Spule können wir das Zusammenwirken der magnetischen Felder der einzelnen Windungen sichtbar machen (⟹ *Bild 2*). Streuen wir Eisenpulver auf die Glasplatte, so sehen wir kleine Kreise um die Leiter an den Durchstoßpunkten. Im Inneren der Spule ordnen sie sich zu parallelen Ketten an. Außerhalb der Spule ist das Feldlinienbild ähnlich dem eines Stabmagneten.

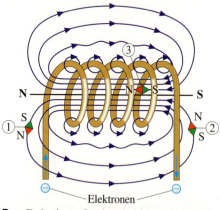

N   N S   S
S   N
① N   ② S

⊖ ———————— ⊖
Elektronen

B 1: Bei einer Spule überlagern sich die Feldlinien vieler Drahtwicklungen. Der Südpol von Nadel ① wird zum Spulen-Nordpol gezogen, der Nordpol von Nadel ② zum Spulen-Südpol.

Das Magnetfeld von Spulen

1. Vom Draht zur Spule

Das Magnetfeld eines Strom führenden Drahtes ist sehr schwach. Vielleicht können wir es dadurch verstärken, dass wir den Draht zu einer Windung biegen. Die Linke-Faust-Regel gibt Anlass zur Hoffnung: Umfassen wir nämlich den zu einer Windung gebogenen Draht mit der linken Hand so, dass der Daumen entlang des Drahtes weist, dann zeigen die Finger im Inneren der Windung überall in die gleiche Richtung. Das bedeutet, dass die magnetischen Feldlinien eng beieinander liegen (⟹ *Bild 2 a*).

Das Magnetfeld eines Drahtes wird noch stärker, wenn man ihn in *mehreren* Windungen zu einer flachen **Spule** wickelt (⟹ *Versuch 1*). Führt sie Strom, so dreht sie sich so, dass die eine Fläche (N) nach Norden zeigt. Nähert man ihr den Nordpol eines Stabmagneten, so dreht sich die Spule zur Seite.

Verhält sich die Spule wie eine Magnetnadel? Tatsächlich: Nähert man ihrer Fläche (N) den Nordpol eines Stabmagneten, so dreht sich die Spule zur Seite (⟹ *Versuch 1*). Die Fläche (N) wird also wie ein magnetischer Nordpol vom Nordpol des Stabmagneten abgestoßen. Die Fläche auf der Rückseite verhält sich entsprechend wie ein Südpol. *Eine Strom führende Spule ist ein Magnet mit zwei Polen.*

⟹ *Bild 1* und ⟹ *Bild 2* zeigen den Verlauf der Feldlinien. Die kleinen Magnetnadeln weisen am einen Ende der Spule mit ihrem Nordpol nach außen; hier befindet sich der Nordpol der Spule, am anderen Ende – dem Südpol – zeigen die Nadeln mit ihrem Nordpol nach innen. Die Feldlinien sind geschlossen und verlaufen innerhalb der Spule parallel zur Spulenachse.

Merksatz

Strom führende Spulen haben Pole wie Stabmagnete. Außen laufen die Feldlinien vom Nordpol zum Südpol. Innen kehren sie zurück und bilden ein starkes Magnetfeld mit parallelen Feldlinien.

2. Eine Spule wird zum Elektromagnet

Enthält eine Spule einen Eisenkern, so kann man mit ihr eine große Menge Nägel anheben. Es besteht ein starkes Magnetfeld. Wie kommt es zu dieser Verstärkung? Wir wissen, dass es im Inneren einer Strom führenden Spule ein starkes Magnetfeld gibt, dessen Feldlinien parallel zur Spulenachse verlaufen. Bringen wir einen Eisenkern in die Spule, so übt das Magnetfeld der Spule auf die Elementarmagnete im Eisen Kräfte aus und ordnet sie parallel zur Spulenachse an (➥ *Bild 3*). Dabei zeigen die Nordpole aller Elementarmagnete in Feldlinienrichtung zum Nordpol der Spule hin. Das führt zu einer enormen Verstärkung des Magnetfelds der Spule im Außenraum. Spule und Eisenkern bilden einen starken **Elektromagneten.**
Wird der Strom abgeschaltet, so verschwindet das Magnetfeld der Spule und die Elementarmagnete gehen wieder in einen ungeordneten Zustand über.

Einen besonders kräftigen Elektromagneten zeigt das Bild zu ➥ *Versuch 4*. Zwei Spulen sitzen auf den Schenkeln eines dicken, U-förmigen Eisenkerns. Bei der einen Spule liegt der Nordpol unten, bei der anderen der Südpol. Das prüft man mit einer Magnetnadel. Im Bild können wir sogar die Richtung des Elektronenflusses erkennen. Damit können wir nach der Linke-Faust-Regel die Richtung der Feldlinien des Magnetfeldes der beiden Spule bestimmen.
Auf den U-Kern wird zusätzlich ein *Anker* aus Eisen aufgesetzt. Auch seine Elementarmagnete werden ausgerichtet. Sie verstärken ebenfalls das Magnetfeld der Spulen. Dabei bilden die Elementarmagnete von U-Kern und Anker längs der Feldlinien (➥ *Versuch 4*; blaue Linien) geschlossene Ketten. Sie lassen sich kaum aufreißen, denn der Anker kann nur noch mit äußerst starken Kräften vom U-Kern getrennt werden. An ihn kann man große Lasten hängen. Anstelle von Eisen kann man auch andere *weichmagnetische* Stoffe verwenden.

Ersetzt man in ➥ *Versuch 4* das Eisen durch *hartmagnetisches* Material, so richtet das starke Magnetfeld die schwer drehbaren Elementarmagnete viel besser aus, als dies beim Überstreichen einer Stricknadel mit dem Nordpol eines starken Dauermagneten gelingt. Nach dem Ausschalten des Stroms bleiben aber die Elementarmagnete ausgerichtet; die Magnetisierung bleibt erhalten. So kann man **Dauermagnete** herstellen.

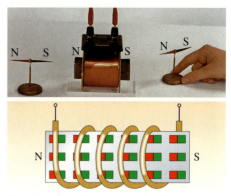

B 3: Der Eisenkern verstärkt die magnetische Wirkung einer Spule erheblich

V 3: a) Wir stellen eine Spule in Ost-West-Richtung auf und nähern ihr eine Kompassnadel. Erst in unmittelbarer Nähe der Spule wird sie abgelenkt. Das Magnetfeld der Spule hat nur eine geringe wahrnehmbare Reichweite. **b)** Wir schieben weichmagnetisches Material in die Spule. Jetzt wirkt das Magnetfeld auch in größerer Entfernung auf die Kompassnadel. Es ist wesentlich stärker geworden.

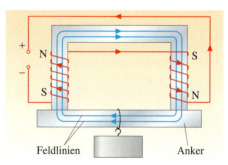

Feldlinien   Anker

V 4: Wir setzen zwei Spulen auf einen U-förmigen Eisenkern. Der Nordpol der einen Spule soll oben, der Nordpol der anderen unten liegen. Mit einem Anker schließen wir den U-Kern. Führen die Spulen Strom, wird der Anker mit großer Kraft angezogen.

... noch mehr Aufgaben

A 1: In ➥ *Bild 4* zieht eine Strom führende Spule einen Eisenstab an. Warum bekommt er unten einen Nordpol und oben einen Südpol? Warum erfährt der Nordpol N eine Kraft nach unten, der Südpol eine Kraft nach oben?

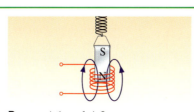

B 4: zu A 1 und A 2

A 2: Der Stab hänge nun so, dass er am unteren Spulenende herausragt. Welche Kraft erfährt er? Haben sich die Pole N, S geändert?

A 3: Werden bei einer Spule mit der Stromrichtung auch die Pole vertauscht?

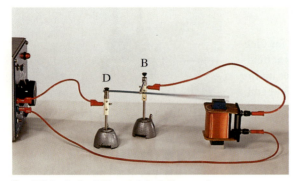

B 1: Elektrische Klingel: Modellversuch

B 2: Elektrischer Gong

V 1: Wir bauen das Modell einer elektrischen Klingel ⟶ *Bild 1*). Dazu befestigen wir über dem Elektromagnet eine elastisch schwingende Blattfeder so, dass sie im stromlosen Zustand den Kontaktstift B berührt. Den Stromkreis führen wir von der Quelle über die Blattfeder vom Ende D bis zum Stift B und von dort über die Spule zurück zur Quelle. Sobald wir den Stromkreis schließen, zieht der Elektromagnet die Blattfeder nach unten. Dadurch wird aber am Stift B der Stromkreis unterbrochen und die Spule verliert ihre magnetische Wirkung. Die Blattfeder schwingt zurück, schließt erneut den Stromkreis. Dieses Spiel wiederholt sich ständig.

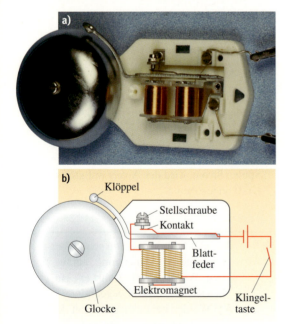

B 3: Elektrische Klingel **a)** technische Ausführung **b)** Schaltbild

Anwendungen der Elektromagnete

1. Elektromagnete in Haushalt und Technik

Mit dem so genannten **Selbstunterbrecher** wird die Kraftwirkung von Elektromagneten häufig angewendet.

Wir bauen eine **elektrische Klingel** im Modell nach (⟶ *Versuch 1*). Der magnetische Anker ist ein Bestandteil des Stromkreises. Wird er vom Elektromagneten angezogen, dann unterbricht er den Stromkreis. Die magnetische Kraftwirkung verschwindet dabei und der Anker schwingt zurück. Der Stromkreis ist wieder geschlossen. In der technischen Ausführung trägt der Eisenanker am frei schwingenden Ende einen Klöppel, der auf eine Glocke schlägt (⟶ *Bild 3*).

Eine **elektrische Hupe** arbeitet ebenfalls mit dieser Selbstunterbrechung. In ihr ersetzt eine schnell schwingende elastische Stahlmembran den Eisenanker der Klingel.

Beim **elektrischen Gong** wird ein Eisenstab beim Einschalten des Stroms in die Spule gezogen und schlägt gegen eine Metallplatte. Wir hören *Ging;* beim Ausschalten zieht ihn eine Feder zurück und er schlägt auf eine zweite Platte: *Gong* (⟶ *Bild 2*).

Elektrische Uhranlagen haben als Zentraluhr eine genaue Quarzuhr. Sie erzeugt in jeder Minute einen Stromstoß, der in jeder angeschlossenen Uhr einen Elektromagneten aktiviert. Dadurch werden über Anker und Zahnräder die Zeiger um einen Minutenstrich weitergerückt. Andere Kontakte an der Zentraluhr veranlassen, dass zu vorher eingestellten Zeiten der Pausengong ertönt.

In **elektrischen Türöffnern** löst der Strom über Elektromagnete eine Verriegelung im Schloss. Man nutzt den im Haushalt stets vorhandenen Wechselstrom. Dieser klappt sowohl die Elementarmagnete des weichmagnetischen Eisens der Spule wie die des Eisenankers 100-mal in 1 s um. Deshalb wird der Anker vom Kern rhythmisch angezogen, aber nie abgestoßen. Dabei hört man ein Summen.

2. Fernschaltung durch Relais

Um einen Stromkreis *aus der Ferne* zu schließen, verwendet man ein **Relais**. Es besteht aus einem Elektromagneten, der im *Steuerstromkreis* liegt. Führt seine Spule Strom, dann zieht der Elektromagnet eine Blattfeder A nach unten und schließt den Kontakt S_1 (⇒ *Bild 4*). Hierzu genügt ein schwacher *Steuerstrom*.

Sobald die Blattfeder den unteren Kontaktstift S_1 berührt, wird der *Arbeitsstromkreis* geschlossen.
Im stromlosen Zustand übt die Spule keine Kraft auf die Blattfeder aus; sie berührt dann den obere Kontakt S_2 und schließt dadurch den *Ruhestromkreis* (⇒ *Versuch 2*).
Der Steuerstromkreis lässt sich mit einer Batterie gefahrlos betreiben; dagegen können im Arbeitsstromkreis große Ströme und hohe Spannungen bestehen.
Du kennst die **Notaus-Schalter** in Experimentierräumen. Ein Knopfdruck genügt und die Steckdosen sind ohne Spannung.

Mit einem Relais kann auch ein **Warnsignal** ausgelöst werden. Bei Normalbetrieb führt die Spule des Relais Strom. Fällt der Strom in einem Gerät (z.B. Tiefkühlschrank) aus, so wird der Ruhestromkreis geschlossen. Er enthält eine Netz unabhängige Batterie für ein elektronisches Warngerät.

Auch bei **Alarmanlagen** wird bei einer Unterbrechung des Steuerstromkreises der Ruhestromkreis geschlossen und damit Alarm ausgelöst.

Das *Modell* einer **Magnetsicherung** zeigt ⇒ *Bild 5*. Sie besteht aus zwei Stricknadeln, auf denen ein Nagel aus Eisen liegt. Sobald die Stromstärke einen bestimmten Wert überschreitet, zieht der Elektromagnet den Nagel an. Das erreichen wir dadurch, dass wir an der Lampe mit einem Drahtbügel einen Kurzschluss erzeugen. Sofort wird der Stromkreis unterbrochen.

Ein **Lautsprecher** enthält einen festen Topfmagneten und eine bewegliche Spule, die mit der Membran verbunden ist. Je nach Stromrichtung bewegt sich die Spule nach innen oder außen. Führt sie Wechselstrom, so wird sie zu einer Schwingung mit derselben Frequenz gezwungen. Die Membran erzeugt dann den entsprechenden Ton.

Das **Reed-Relais** besteht aus einem Glasröhrchen (⇒ *Bild 6*), in das zwei Stifte aus weichmagnetischem Material eingeschmolzen sind. Sie sind von einer Spule umgeben. Führt diese einen Steuerstrom, so werden die beiden Stifte magnetisiert und ziehen sich an. Der Arbeitsstromkreis wird dabei geschlossen.

Im Auto schaltet das **Zündschloss** den Steuerstrom ein. Dieser steuert im Motorraum einen sehr starken Arbeitsstrom, der über dicke, kurze Kabel den neben dem Relais liegenden Anlassermotor in Gang setzt.

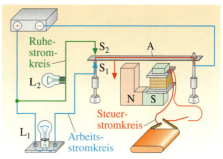

V 2: Wir bauen eine Modellschaltung für ein Relais. Dazu befestigen wir eine elastische Blattfeder A so über einer Spule mit U-Kern, dass sie den Kontaktpunkt S_2 berührt und die Lampe L_2 leuchtet. Dann schließen wir den *Steuerstromkreis*. Die Blattfeder wird nach unten gezogen und berührt den Kontaktstift S_1. Die Lampe L_1 leuchtet.

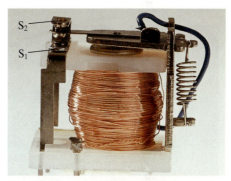

B 4: Relais; technische Ausführung; der Anker berührt die Kontakte S_1 oder S_2.

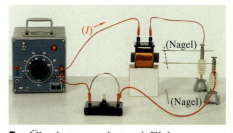

B 5: Überlastungsschutz mit Elektromagnet

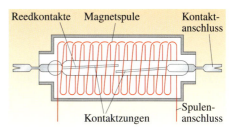

B 6: Reed-Relais

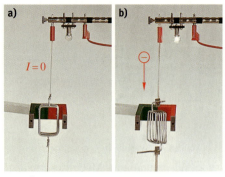

V 1: a) Eine Spule hängt im Feld eines Huf-eisenmagneten an zwei Metallbändchen, die den zu messenden Strom zuführen. **b)** Führt die Spule Strom, so dreht sie sich. Kehrt man die Stromrichtung um, so dreht sich die Spule samt Zeiger im entgegengesetzten Sinn. Bei Wechsel-strom zittert der Zeiger nur ein wenig um die Nulllage.

B 1: Messwerk eines Drehspulinstru-ments mit Drehspule und Spiralfeder

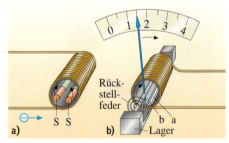

V 2: a) In einer Spule liegen zwei Stäbe aus weichmagnetischem Material. Wird Strom eingeschaltet, so entfernen sich beide voneinander. Kehren wir die Strom-richtung um, bleibt die Abstoßung beste-hen. **b)** In der technischen Ausführung sitzt das Eisenstück a fest an der Spule. Eisenstück b ist mit dem Zeiger drehbar gelagert und wird von a abgestoßen.

Elektromagnetische Strommesser

Die magnetische Wirkung setzt zugleich mit dem Strom ein und wächst mit seiner Stärke an. Damit lassen sich Ströme messen.

1. Drehspulinstrument

In ➭ *Versuch 1* hängt eine Spule an zwei Metallbändchen im Magnetfeld eines Hufeisenmagneten. Führt sie Strom, so verhält sie sich wie ein Stabmagnet. Ihr vorn liegender Nordpol wird nach links zum Südpol des Hufeisenmagneten (grün) gezogen. Die Spule und der daran befestigte Zeiger drehen sich. Die Auf-hängebändchen werden umso mehr verdrillt, je stärker der Strom ist. Dies erzeugt eine zunehmende *Rückstellkraft* (siehe *Ziffer 2*).

Kehrt man die Stromrichtung um, so werden die Pole der Dreh-spule, nicht aber die des Dauermagneten, vertauscht. Die Spule dreht sich jetzt im entgegengesetzten Sinn. Bei Wechselstrom mit der Frequenz 50 Hz zittert der Zeiger nur ein wenig. Wech-selströme muss man deshalb vor der Messung im Instrument in Gleichströme umwandeln.
In der technischen Ausführung eines **Drehspulinstruments** sitzt die Spule meist auf einer gut gelagerten Drehachse (➭ *Bild 1*). Bei diesem Drehspulinstrument wird der Strom über zwei Spi-ralfedern der Spule zugeführt. Sie erzeugen zudem die in *Ziffer 2* zu besprechende Rückstellkraft.

2. Die Rückstellkraft in Zeigermessinstrumenten

Viele Zeigermessinstrumente mit analoger Anzeige haben *Rückstellfedern*, die wie *Federkraftmesser* wirken. Wozu werden sie benötigt?
Dies soll am Beispiel von Strommessern erläutert werden. Im stromlosen Zustand stellt die elastische Feder den Zeiger auf den Nullpunkt der Skala. Wird der Zeiger aufgrund der magneti-schen Stromwirkung ausgelenkt, so erzeugt die Feder eine dem Ausschlag proportionale *Rückstellkraft* (Es gilt das *hookesche Gesetz*). Sie hält der vom Strom hervorgerufenen Kraft das Gleichgewicht, wenn sich der richtige Ausschlag eingestellt hat. Ohne diese Feder würde der Zeiger schon bei schwachen Strö-men voll ausschlagen. Man könnte zwar Ströme nachweisen, nicht aber verschieden starke Ströme miteinander vergleichen.

3. Dreheiseninstrument

In ➭ *Versuch 2* entfernen sich die beiden Stäbe aus weichmag-netischem Material voneinander, sobald die Spule Strom führt. Jeder Stab wird nämlich zu einem Magneten. Vorne entstehen zwei Südpole, hinten zwei Nordpole; sie stoßen sich jeweils ab. Beim Umkehren der Stromrichtung wechseln zwar die Pole, doch bleibt die Abstoßung bestehen. Das Gerät zeigt also auch Wechselströme an. Eine technische Ausführung eines **Drehei-seninstruments** zeigt ➭ *Versuch 2b*.

~ Interessantes

Umgang mit elektrischen Messinstrumenten

Der *Messbereich* der Instrumente, d. h. ihre Empfindlichkeit, muss mit der Stärke der zu messenden Ströme zusammenpassen. Hier folgen einige Regeln für den Umgang mit diesen oft sehr teuren Geräten:

- **Schalte den Strommesser nie allein zwischen die Pole einer Quelle, sondern immer in Reihe mit den Geräten, bei deren Betrieb die Stromstärke zu messen ist** (⟾ *Bild 2*).
- Prüfe, ob auf Wechsel- oder Gleichstrom eingestellt werden muss. Bei Gleichstrom muss die mit + bezeichnete Buchse zum Pluspol der Stromquelle hin angeschlossen werden.
- Stelle zunächst den höchsten Messbereich ein.
- Erniedrige vorsichtig den Messbereich und behalte dabei den Zeiger im Auge. Der Zeiger soll das Ende der Skala nicht überschreiten.

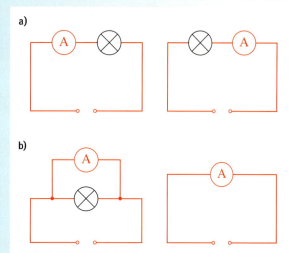

B 2: a) Richtige Schaltung, **b)** falsche Schaltung von Strommessern

➤ ... noch mehr Aufgaben

A1: Wo bei dir zu Hause löst der elektrische Strom Bewegung oder Kraft aus? Denke auch an Waschmaschinen, an Küchengeräte und an Spielzeuge.

A2: a) Kann man elektrische Klingeln auch mit Wechselstrom betreiben? **b)** Jemand sagt, die Klingel würde besser funktionieren, wenn man ihren Unterbrecherkontakt unmittelbar über dem Elektromagneten anbringt. Was antwortest du?

A3: Jemand hat gelernt: Magnetische Nordpole werden stets zu Südpolen gezogen. **a)** Welches Problem bereiten ihm dann kleine Kompassnadeln, die im Inneren einer Strom führenden Spule stehen? **b)** Wie verhalten sich Kompassnadeln außerhalb einer Strom führenden Spule?

A4: a) Was hat nach deinen Erfahrungen Vorrang: Die Richtungsangabe durch Feldlinien oder die „Polregel", nach der sich nur ungleichnamige Pole anziehen? – Betrachte unter diesem Gesichtspunkt auch die Ausrichtung der Elementarmagnete in einem Eisenstab, wenn man seinem einen Ende eine Magnetnadel nähert.

A5: Man hängt zwei Kreisringe nahe zusammen auf. Wie drehen sie sich, wenn beide so starke Ströme führen, dass man das magnetische Erdfeld im Vergleich zum Feld der Ringe vernachlässigen kann? Haben dann die Ströme den gleichen Umlaufsinn?

A6: Vergleiche ein Dreheiseninstrument mit einem Reed-Relais. Warum ziehen sich beim einen die Eisenstäbe an, warum stoßen sie sich beim anderen ab?

A7: a) Beim ⟾ *Versuch 1* zum Drehspulinstrument sagt jemand: „Die Strom führenden Drähte sind magnetisch geworden und werden von den Polen des Hufeisenmagneten angezogen." Stimmt das? **b)** Ein anderer meint, die Federn am Messwerk würden den Zeiger am Ausschlag hindern und schlägt vor, auf diese Federn zu verzichten. Das Instrument wäre so empfindlicher. Was sagst du dazu?

A8: Der Zeiger eines Drehspulinstruments befindet sich im stromlosen Zustand in der Mitte der Skala. **a)** Das Instrument führt einen Gleichstrom und zeigt einen bestimmten Ausschlag. Was passiert, wenn man die Anschlüsse des Instruments vertauscht? **b)** Wie verhält sich der Zeiger des Instruments, wenn es Wechselstrom mit der Frequenz 50 Hz führt? **c)** Was muss man tun, damit das Instrument auch bei Wechselstrom sinnvolle anzeigt?

A9: Du hast zwei Messinstrumente. Wie kannst experimentell herausfinden, welches das Drehspul- und welches das Dreheiseninstrument ist?

A10: Neben der Skala von Messinstrumenten, über der sich der Zeiger bewegt, befindet sich oft ein schmaler Spiegel. Warum soll man so auf das Gerät blicken, dass man unter dem Zeiger das Spiegelbild seines Auges sieht?

A11: Früher setzte man zum Messen schwacher Ströme eine Kompassnadel in eine den Messstrom führende Spule. Richtete man die Achse der Spule vorher besser in Nord-Süd- oder in Ost-West-Richtung aus?

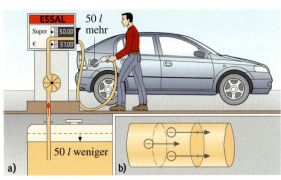

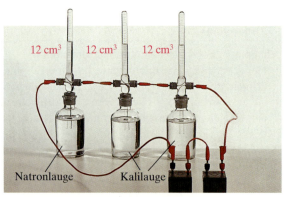

B 1: a) Die Benzinuhr misst die geflossene Benzinmenge. **b)** Elektronen, die während der Messdauer durch *einen* Leitungsquerschnitt gehen.

V 1: Mehrere Knallgaszellen sind in Reihe geschaltet. Fließt Ladung, so scheidet jede Zelle während der Messdauer das gleiche Gasvolumen ab.

 Vertiefung

A. Messverfahren für fließende Ladung Q

Führt man eine Messgröße ein, wie z. B. die Ladung Q, so müssen für das Messverfahren drei Festlegungen getroffen werden:

- die **Maßeinheit**:
  1 C scheidet 0,19 cm^3 Knallgas ab;
- die **Maßgleichheit**:
  gleiches abgeschiedenes Volumen entspricht gleicher geflossener Ladung;
- die **Maßvielfachheit**:
  doppeltes Volumen entspricht doppelter geflossener Ladung.

B. Was bedeutet die Gleichung I = Q/t?

Das folgende kleine Experiment soll den physikalischen Inhalt der Gleichung verdeutlichen:

Man entlädt eine geladene Metallkugel über eine leicht angefeuchtete Schnur, die zu einer Glimmlampe und dann zur Erde führt. Die Entladung der Kugel dauert einige Sekunden (im verdunkelten Raum beobachten!).
Eine etwas feuchtere Schnur leitet besser; dieselbe Ladung Q fließt in kürzerer Zeit t ab. Die Glimmlampe zeigt dann durch helleres Leuchten eine größere Stromstärke $I = Q/t$ an.
Entlädt man gleichzeitig drei Kugeln, also die dreifache Ladung, so ist die Entladezeit $t = Q/I$ bei etwa gleicher Stromstärke I entsprechend größer.

Messung von Ladung und Stromstärke

1. Was zeigt eine Benzinuhr an?

Um Stromstärken messen zu können, muss man etwas über die Messung fließender Ladung wissen. Bei Benzin ist das einfach. Nach ➡ *Bild 1* kann man 50 l Benzin tanken, auch wenn die Leitung vom Tank zum Zapfhahn weniger als 50 l fasst. Zeigt die Benzinuhr 50 l an, so ist sie von 50 l durchflossen worden. 50 l sind dem Erdtank entnommen und aus dem Zapfhahn geflossen. *Jeden Querschnitt der Leitung haben also 50 l Benzin durchsetzt* – wenn die Leitung dicht und frei von Luftblasen war.

Bisher haben wir formuliert: Im Stromkreis fließt Ladung. Damit haben wir die ganze bewegliche Ladung gemeint, die der Stromkreis enthält. Jetzt betrachten wir nur diejenige Ladung, die durch *einen* bestimmten Leitungsquerschnitt geht.
Sagen wir *nun*, durch ein Gerät fließe die Ladung Q, so meinen wir diejenige Ladung, die während der Messdauer eine Messstelle – den Leitungsquerschnitt – durchströmt. In ➡ *Bild 1 b* kommen Elektronen während der Messdauer so weit, wie es die Pfeile angeben. Das linke Elektron ist noch nicht durch den rechten Querschnitt getreten, wird also noch nicht gezählt.

2. Ein Maß für die elektrische Ladung Q

Das Abscheiden von Gasen bei der Elektrolyse beruht auf chemischen Vorgängen. Das in einer Knallgaszelle abgeschiedene Gasvolumen ist der geflossenen Ladung proportional. Diese Tatsache nutzen wir für ein Messverfahren für fließende Ladungen. Zunächst muss dazu geklärt werden, ob die Konzentration des Elektrolyten Einfluss auf das abgeschiedene Gasvolumen hat. Vielleicht stauen sich ja auch Elektronen im Stromkreis (wie Autos auf der Straße) oder bleiben in Lampen „hängen".
In ➡ *Versuch 1* sind mehrere Knallgaszellen unterschiedlicher Bauart in Reihe geschaltet. In diesem **unverzweigten Kreis** lassen wir Ladung fließen. Trotz der Unterschiede bildet sich in jeder

Zelle während der Messdauer das gleiche Gasvolumen. Selbst wenn man eine Glühlampe in den Kreis schaltet, entwickeln die Zellen vor und hinter der Glühlampe das gleiche Gasvolumen. Jeder Leitungsquerschnitt wird also von gleich viel Ladung Q durchflossen. Auch in der Lampe bleibt keine Ladung stecken. Unterwegs geht keine Ladung verloren. Knallgaszellen können an jede beliebige Stelle einer unverzweigten Leitung gelegt werden. Überall wird das gleiche Gasvolumen abgeschieden.
Die **Einheit der Ladungsmenge**, kurz Ladung, ist **1 Coulomb (C)** (de COULOMB, französischer Physiker um 1800). Es liegt nahe, 1 Coulomb durch ein bestimmtes abgeschiedenes Knallgasvolumen festzulegen (bei 20 °C und dem Normluftdruck 1013 hPa). Könnte man Elektronen im Leiter zählen, so hätte man als Ladungseinheit vielleicht die Ladung eines Elektrons genommen.

Merksatz

Gleiche abgeschiedene Knallgasvolumina zeigen: Durch die in Reihe liegenden Zellen ist die gleiche Ladung geflossen. Das abgeschiedene Gasvolumen ist proportional zur geflossenen Ladung.
Die Einheit der elektrischen Ladung ist 1 Coulomb (1 C).
1 C scheidet 0,19 cm³ Knallgas ab (bei 20 °C und 1013 hPa).

Ein Elektron hat die **Elementarladung** $1,6 \cdot 10^{-19}$ C.
$6,24 \cdot 10^{18}$ (6,24 Milliarden · Milliarden) Elektronen bilden zusammen die Ladung 1 C. Fließt die Ladung 1 C, so treten durch einen beliebig gewählten Leitungsquerschnitt $6,24 \cdot 10^{18}$ Elektronen.

3. Definition der elektrischen Stromstärke I

Ein Zapfhahn für Benzin liefere in $t = 100$ s das Volumen $V = 50$ l. Die *Stärke des Benzinstroms I* beträgt dann $I = V/t =$ (50 l)/(100 s) = 0,5 l/s. Dabei ist es gleichgültig, ob das Benzin ein weites Rohr mit kleiner Geschwindigkeit oder ein enges Rohr mit großer Geschwindigkeit verlässt.
Entsprechend ist die *je Sekunde* durch einen Leitungsquerschnitt fließende Ladung Q ein Maß für die Stärke I des elektrischen Stroms. Fließt z. B. während der Messdauer $t = 5$ s die Ladung $Q = 20$ C durch eine Knallgaszelle, so auch *durch jeden Querschnitt der unverzweigten Leitung. Überall* beträgt die Stromstärke $I = Q/t = (20 \text{ C})/(5 \text{ s}) = 4$ C/s.
1 A = 1 C/s ist die Einheit der **Stromstärke** (AMPÈRE, französischer Physiker um 1800). Bei $I = 1$ A fließt in 1 s die Ladung $Q = 1$ C durch jeden Querschnitt der Leitung.

Merksatz

Die **elektrische Stromstärke** ist $I = \dfrac{Q}{t}$.
Dabei ist Q die Ladung, die in der Zeit t durch einen beliebigen Leitungsquerschnitt fließt.
Die **Einheit** der Stromstärke I ist **1 A (Ampere): 1 A = 1$\frac{C}{s}$**.

Man sagt: Die Knallgasabscheidung beträgt 0,19 cm³ je Coulomb und schreibt dafür kurz 0,19 cm³/C. Bei gegebener Ladung kann man das zugehörige Knallgasvolumen berechnen und umgekehrt:

Die geflossene Ladung $Q = 20$ C liefert dann $V = 20$ C · (0,19 cm³/C) **= 3,8 cm³** als abgeschiedenes Gasvolumen. Die Zeit spielt bei dieser Ladungsmessung keine Rolle.
Das Knallgasvolumen $V = 40$ cm³ zeigt, dass die Ladung $Q = 40$ cm³/(0,19 cm³/C) **= 210 C** durch einen Leitungsquerschnitt geflossen ist.
Wird $V = 40$ cm³ Knallgas in $t = 60$ s abgeschieden, so beträgt die Stromstärke $I = Q/t = 210$ C/60 s **= 3,5 A**.

... noch mehr Aufgaben

A1: Eine Knallgaszelle liefert 38 cm³ Knallgas. **a)** Welche Ladungsmenge ist durch einen beliebigen Leitungsquerschnitt getreten? Kann man die Stromstärke I berechnen? **b)** Muss man wissen, wie viel Elektronen die Drähte enthalten?
A2: a) Eine Knallgaszelle liefert 57 cm³ Gas in 30 s. Welche Ladungsmenge ist geflossen? Wie groß ist die Stromstärke? **b)** Wie lange braucht Strom der Stärke 2,0 A, um 50 cm³ Knallgas abzuscheiden? **c)** Wie viel Knallgas erhält man bei der Stromstärke 5 A in 3 min? **d)** Was heißt, die Stromstärke sei im unverzweigten Stromkreis überall gleich groß? Sind dort die Elektronen überall gleich schnell (vergleiche dünne mit dicken Drähten)?
A3: Bei einem Zoo wird mit einem Drehkreuz am Eingang die Zahl der Besucher gezählt. Sie verlassen den Zoo an einem anderen Drehkreuz. An einem Sonntag werden zwischen 9.00 und 18.00 Uhr 6500 Besucher gezählt. Ermittle die durchschnittliche Besucherstromstärke.
A4: Für einen Kanal beträgt bei einem ISDN-Anschluss die maximale Datenstromstärke (Übertragungsrate) 64 kbit/s. Berechne die minimale Downloadzeit aus dem Internet für eine Datei der Größe 1,44 MByte (8 bit = 1 Byte).

Armbanduhr, elektrisch	0,001 A
Glimmlampe	0,1–3 mA
Taschenlampe	0,07–0,6 A
Haushaltsglühlampe	0,07–0,7 A
Bügeleisen	2–5 A
Autoscheinwerfer	ca. 5 A
Elektrischer Heizofen	5–10 A
Straßenbahnmotor	150 A
Überlandleitung	100–1000 A
E-Lokomotive	1000 A
Blitz	bis 100000 A

T1: Beispiele für typische Stromstärken ($1 \text{ mA} = 10^{-3} \text{ A} = \frac{1}{1000} \text{ A}$)

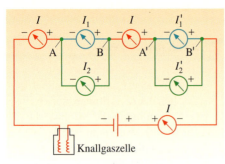

V1: a) Wir schalten mehrere Strommesser zusammen mit einer Knallgaszelle *in Reihe*. Auch wenn die Instrumente gut sind, weichen ihre Anzeigen etwas voneinander ab. **b)** Wir schalten jedem Strommesser (blau) eine andere Sorte von Strommesser (grün) *parallel*. Im blauen sinkt die Stromstärke auf $I_1 \approx 0,60$ A, der parallel liegende grüne zeigt $I_2 \approx 0,35$ A. Die roten Strommesser zeigen weiterhin $I = 0,95$ A an.

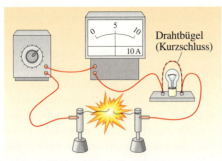

V2: Ein dünner Draht dient als Sicherung. Bei einem Kurzschluss schmilzt der Sicherungsdraht.

4. Stromstärkemesser

Zum Messen der Stromstärke braucht man neben einer Knallgaszelle für die Ladungsmessung noch eine Uhr für die Zeitmessung. Einfacher geht es aber mit elektromagnetischen Strommessern.

Zum Überprüfen der Anzeige eines Strommessers schickt man Ladung durch eine *Reihenschaltung* aus Lampe, Knallgaszelle und Strommesser. In der Zeit $t = 100$ s erhält man $V = 38 \text{ cm}^3$ Knallgas. Also fließt die Ladung $Q = 200$ C. Die Stromstärke in der Zelle berechnet man daraus zu $I = Q/t = 2,0 \text{ C/s} = 2,0$ A. Der Strommesser ist schneller und zeigt von Anfang an $I = 2,0$ A. Er bestätigt die Messwerte von Knallgaszelle und Uhr.

5. Stromstärke bei Parallelschaltung

Was ergibt sich für die Stromstärke, wenn der Stromkreis eine Verzweigung enthält?
Um dies zu untersuchen, schaltet man jedem Strommesser (blau) eine andere Sorte von Strommesser (grün) **parallel** (⟶ *Versuch 1 b*). Im Strommesser (blau) sinkt die Stromstärke auf $I_1 \approx 0,60$ A, der parallel liegende grüne zeigt $I_2 \approx 0,35$ A. Bildet man die Summe der Zweigstromstärken $I_1 + I_2 \approx 0,95$ A, so stimmt diese Summe mit der Anzeige $I = 0,95$ A der roten, nicht verzweigt liegenden Strommesser überein. Das Versuchsergebnis der **Parallelschaltung** von Strommessern stimmt mit nachfolgender Vorstellung überein:

Die Elektronen in der Leitung gehen an dem Verzweigungspunkt A verschiedene Wege. Am Punkt B laufen sie wieder zusammen. Kein einziges Elektron ist verloren gegangen.

Merksatz

Bei einer **Stromkreisverzweigung** geht keine Ladung verloren. Die Summe der Stromstärken I_1 und I_2 in den Zweigen ist gleich der Stromstärke I im unverzeigten Teil des Stromkreises:

$$I = I_1 + I_2.$$

6. Sicherungen begrenzen die Stromstärke

In ⟶ *Versuch 2* überbrückt man das Lämpchen mit einem dicken Kupferdraht. Bei diesem „**Kurzschluss**" steigt die Stromstärke erheblich an. Nach kurzer Zeit schmilzt der dünne Draht und unterbricht den Stromkreis. Auf diese Weise werden Elektrogeräte des Haushalts oder von Autos vor zu hohen Stromstärken geschützt.
Nach diesem Prinzip arbeiten **Schmelzsicherungen** (⟶ *Bild 1*). In einer Patrone aus Porzellan liegt ein dünner Schmelzdraht, der in den Stromkreis geschaltet ist. Wenn bei einem Kurzschluss die vorgesehene Höchststromstärke der Sicherung (z. B. 16 A) überstiegen wird, schmilzt der Draht durch. Dabei fällt das far-

bige Kennplättchen am Drahtende ab. Die defekte Sicherung muss gegen eine unversehrte ausgetauscht werden.

Ein Flicken der Sicherung durch Einsetzen eines anderen Drahts wäre strafbar. Ist dieser Draht nämlich auch nur ein wenig zu dick, könnten sich bei einem Kurzschluss die Leitungen überhitzen und einen Brand verursachen!

7. Temperaturgleichgewicht beim Strom

Elektrischer Strom liefert in elektrischen Geräten ständig Energie. Warum steigt die Temperatur in ihnen nicht ständig an?

Je höher die Temperatur z. B. der Heizdrähte ist, desto mehr Energie geben sie je Sekunde an die kältere Umgebung ab. Diese Eigenschaft sorgt dafür, dass sich eine bestimmte Temperatur einregelt. Zunächst, direkt nach dem Einschalten, ist die Temperatur noch niedrig. Energie wird nur langsam an die Umgebung abgegeben. Die Temperatur steigt anschließend so lange, bis der Heizdraht in jeder Sekunde genauso viel Energie an die Umgebung abgibt, wie er vom Strom geliefert bekommt: Die Temperatur ändert sich dann nicht mehr.

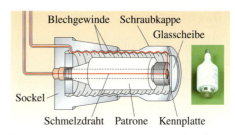

B 1: Schmelzsicherung mit Kennplatte

Vertiefung

Genauigkeit von Strommessern

Auch gute Instrumente weichen in ihren Anzeigen ein wenig voneinander ab. Wir bilden deshalb den *Mittelwert* ihrer Anzeigen. Er betrage $\bar{I} = 0,95$ A. Bei guten Instrumenten beträgt der Fehler der angezeigten Werts weniger als 2% des Skalenendwerts. Beim einem Endwert von 1,0 A sind dies 0,02 A. Die Anzeigen streuen also im Bereich 0,93 A − 0,95 A − 0,97 A.

... noch mehr Aufgaben

A1: Warum kann man allein mit Knallgaszellen nicht Stromstärken, allein mit Drehspulinstrumenten nicht Ladungen messen? Welche Rolle spielt dabei jeweils die Messdauer?

A2: Die Verkehrsstromstärke bestimmt man durch die Zahl der Autos, die in einer bestimmten Zeit eine Kontrollstelle passieren. Warum brauchen dabei die Angaben von zwei Kontrollstellen, die in 1 km Abstand hintereinander liegen, nicht übereinstimmen? Was gilt dagegen für unverzweigte elektrische Stromkreise?

A3: a) Wie viel Knallgas liefert ein Strom der Stärke $I = 3$ A in $t = 30$ s? Welche Ladung fließt? **b)** Eine Taschenlampenbatterie liefert 8 h lang Strom der Stärke 0,2 A. Welche Ladung fließt; wie viel Knallgas könnte sie erzeugen?

A4: In 60 s werden 23,4 cm³ Knallgas (bei 20 °C und 1013 hPa) abgeschieden. In einem weiteren Versuch erhält man 27 cm³ in 80 s.

Wo war die geflossene Ladung größer, wo die Stromstärke?

A5: Unterscheide die Größengleichung $I = Q/t$ von der Einheitengleichung 1 A = 1 C/s. Nenne ähnliche Paare von Gleichungen aus der Mechanik.

A6: a) Mit einer Knallgaszelle misst man in 200 s die Ladung 100 C. Welches Gasvolumen wurde abgeschieden? Wie groß ist die Stromstärke? **b)** In 3 Zellen, die in diesem Kreis hintereinander liegen, erhält man in derselben Zeit insgesamt das 3 fache Gasvolumen. Jemand sagt, es sei in der gleichen Zeit die 3 fache Ladung geflossen, die Stromstärke sei somit 3 fach. Was sagst du dazu?

A7: Ein Strommesser hat den Messbereich 2 A und 30 Skalenteile. Der Zeiger ist um 21 Skalenteile vom Nullpunkt entfernt. Welche Stromstärke zeigt er an?

A8: Ein Strommesser misst die Stromstärke $I = 2,5$ A. Man legt ihm einen zweiten parallel, der nur 1,5 A zeigt. Was zeigt nun das

erste Instrument? Welche Ladung fließt jeweils pro Sekunde?

A9: In 60 s liefert eine erste Knallgaszelle 40 cm³ Gas. Die im Stromkreis folgende Zelle entwickelt in der gleichen Zeit nur 20 cm³, da zu ihr ein Strommesser parallel liegt. Welche Stromstärke zeigt dieser an?

A10: Die Ladung 1 C scheidet 1,12 mg Silber ab. Wie lange dauert es, bis ein Strom der Stärke 10 A auf Vorder- und Rückseite einer dünnen Kupferplatte mit je 100 cm² Oberfläche eine 0,1 mm dicke Silberschicht erzeugt hat (Dichte Silber: 10,5 g/cm³)?

A11: 1 C nennt man auch 1 Amperesekunde (1 C = 1 As). Wie viel C sind 1 Ah (Amperestunde)? Ein frisch geladener Bleiakku „gibt z. B. 84 Ah ab". **a)** Wie lange kann ihm ein Strom der Stärke 2 A „entnommen" werden? Warum stehen hier Anführungszeichen? **b)** Wie lange kann er zwei parallel geschaltete 5 A-Autoscheinwerferlampen speisen?

Das ist wichtig

1. Stromkreis – Leiter – Isolator

Der **elektrische Stromkreis** enthält eine **Stromquelle** und ist durch Leiter geschlossen. Die Stromquelle pumpt Ladungen unter Energieaufwand durch den Stromkreis.
Leiter sind Metalle, Graphit, Säuren, Basen und Salzlösungen.
Isolatoren sind Luft, Bernstein, Glas, Gummi, Keramik und die meisten Kunststoffe.
Auch **Gase** können elektrisch leiten. Dann senden sie Licht aus.
Eine **Glimmlampe** ist eine Polsuchlampe: Es leuchtet das Gas um die Elektrode, die mit dem Minuspol verbunden ist.

2. Elektrische Ladungen

Es gibt zwei verschiedene Arten elektrischer **Ladung**: **positive** und **negative**.
Man kann elektrische Ladung weder vernichten noch neu erzeugen.
Ladungen üben aufeinander **Kräfte** aus: Gleichnamige Ladungen stoßen sich gegenseitig ab, ungleichnamige ziehen sich an.
Man kann positive und negative Ladungen unter Energieaufwand voneinander trennen. Am **Minuspol** hat eine Stromquelle einen Überschuss an negativen Elektronen, am **Pluspol** einen Überschuss an positiver Ladung.
Als **Stromrichtung** bezeichnen wir die Bewegungsrichtung der Elektronen durch den Stromkreis vom Minuspol zum Pluspol.

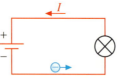

Alle *Materie* enthält **Ladungsträger**. Ein Körper ist nach außen elektrisch **neutral**, wenn er gleich viel positive und negative Ladung enthält.

Glühelektrischer Effekt: Man kann durch Energiezufuhr (Temperaturerhöhung) Elektronen aus Metallen herauslösen. In festen *Metallen* sind nur Elektronen frei beweglich.

Leitende Flüssigkeiten enthalten freie positive und negative Ionen als bewegliche Ladungsträger.

Bei der **Influenz** in elektrischen Leitern trennt eine von außen genäherte Ladung vorübergehend bewegliche negative Elektronen von der ortsfesten positiven Ladung.

Auch Isolatoren enthalten Ladungsträger; diese sind aber im Isolator nicht frei beweglich. Bei der **elektrostatischen Aufladung** von Isolatoren treten Elektronen vom einen zum anderen Körper über.

3. Aufbau der Atome

Atome bestehen aus positiv geladenen **Atomkernen** und negativ geladenen **Elektronen**. In neutralen Atomen wird die positive Kernladung von den Elektronen der Hülle neutralisiert.
Haben Atome gegenüber dem neutralen Zustand zu viel oder zu wenig Elektronen, so nennt man sie **Ionen**. Negative Ionen haben Elektronen im Überschuss; bei positiven Ionen überwiegt die positive Kernladung.

4. Wirkungen des elektrischen Stroms

Magnetische Wirkung
Fließende Ladungen, also Ströme, haben um sich ein Magnetfeld mit in sich **geschlossenen Feldlinien**. Um einen Strom führenden *geraden* Leiter bilden die Magnetfeldlinien konzentrische Kreise. Dabei gibt es keine Magnetpole.

Linke-Faust-Regel: Hält man den gespreizten Daumen der linken Hand in Richtung des Elektronenstroms, so zeigen die gekrümmten Finger die Richtung der magnetischen Feldlinien an.

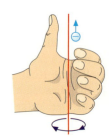

Das Magnetfeld Strom führender **Spulen** entspricht im Außenraum dem von Stabmagneten mit Nord- und Süd-Polen. Im Spuleninnern ist es *homogen* und viel stärker als außerhalb. Bei **Elektromagneten** verstärken Eisenkerne im Spuleninneren das Magnetfeld.

Wärmewirkung
Fließen Elektronen durch einen Leiter, so steigt die Temperatur des Leiters (nicht in Supraleitern).

Chemische Wirkung
In Elektrolyten befinden sich positive und negative Ionen. Schließt man die Elektroden im Elektrolyt an eine Stromquelle, so finden chemische Vorgänge an den Elektroden statt, z. B. Gasbildung.

5. Messung fließender Ladung

Fließende **Ladung** kann man mit Knallgaszellen messen: Die **Einheit der Ladung** ist **1 Coulomb** (C).

1 C ist geflossen, wenn 0,19 cm³ Knallgas abgeschieden sind (bei 20 °C und 1013 hPa).

Dabei berücksichtigt man die Zahl der Elektronen, die in einer bestimmten Zeit durch *einen* Querschnitt der Leitung strömen.

Ein Elektron hat die Ladung $1{,}6 \cdot 10^{-19}$ C, **Elementarladung** genannt. $6{,}24 \cdot 10^{18}$ Elektronen haben die Ladung 1 Coulomb.

6. Elektrische Stromstärke

Die elektrische Stromstärke ist definiert als Quotient von geflossener Ladung Q und benötigter Zeit t:

$$I = \frac{Q}{t}.$$

Ihre Einheit ist

$$1\,\text{A} = 1\,\frac{\text{C}}{\text{s}}.$$

Die Stromstärke 1 A = 1 C/s bedeutet, dass $6{,}24 \cdot 10^{18}$ Elektronen in 1 s durch jeden Leiterquerschnitt strömen.

Stromstärkemesser benutzen i. A. die magnetische Stromwirkung. Man schaltet sie in Reihe mit dem Gerät, in dem man die Stromstärke messen will.

Aufgaben

A1: Warum muss man den Minuspol einer Batterie von dem Nordpol eines Magneten unterscheiden und diesen vom geographischen Nordpol der Erde?

A2: a) Wie kannst du die Ladungssorte auf der Kugel des Bandgenerators bestimmen? Zur Verfügung stehen Kugeln auf Isolierstielen und Glimmlampen. **b)** Kannst du die Ladungssorte auch bestimmen, ohne dabei die Ladungsmenge auf der Bandgeneratorkugel zu verändern?

A3: Worin besteht der Zusammenhang von Magnetismus und Elektrizität? Wo wird dieser Zusammenhang im Alltag verwendet?

A4: a) Welche physikalischen Unterschiede gibt es zwischen Gewichtskräften und elektrischen Kräften? **b)** Beim Magnetismus und bei der Elektrizität gibt es das Neutralisieren. Was versteht man jeweils darunter? **c)** Kann man auch Gewichtskräfte neutralisieren?

A5: Zwei leichte, metallische und ungeladene Kügelchen hängen an Isolierfäden und berühren sich. Man nähert dem einen eine positiv geladene Kugel, ohne dass Ladung überspringt. Warum stoßen sich nun beide Kügelchen ab? Nach welchen Richtungen erfahren sie Kräfte?

A6: Man schickt durch einen sehr langen, elektrisch leitenden Stabmagneten Strom vom Süd- zum Nordpol. Kann man mit einer Magnetnadel, die parallel zum Stabmagneten steht, überprüfen, ob dieser Strom führt?

A7: a) Man bringt zwei sich berührende und ungeladene Kugeln in die Nähe des Pluspols eines Bandgenerators und trennt sie dort voneinander. Dann steckt man zuerst die eine Kugel, später beide zusammen in einen vorher entladenen Faradaybecher. Was zeigt jeweils das angeschlossene Elektroskop? Erkläre mit der Elektronenvorstellung. **b)** Wurden bei diesem Versuch die beiden verschieden großen Kugeln gleich stark geladen? Spielt es dabei eine Rolle, ob die kleinere oder die größere näher am Pluspol war? **c)** Woran erkennt man, ob vom Bandgenerator Ladung übergesprungen ist?

A8: Ein Elektroskop ist positiv geladen und schlägt etwa halb aus. Man nähert ihm von oben eine positiv bzw. eine negativ geladene Kugel. Was zeigt sich jeweils? Erkläre mit Elektronen. Was geschieht beim Berühren von Kugel und Elektroskop?

A9: Nenne Gemeinsamkeiten und Unterschiede zwischen Ionen in einer Flüssigkeit und Wattestücken, die zwischen den Polen eines Bandgenerators fliegen.

A10: Karin denkt an Elektronen und sagt, einem positiv geladenen Bandgenerator könne man mit einer Metallkugel keine positive Ladung entnehmen. Uwe argumentiert mit Ladung und ihrer Erhaltung (nicht mit Ladungsträgern) und widerspricht. Bewerte die Aussagen!

A11: Man berührt mit einer kleinen, immer wieder gleich stark neu geladenen Kugel mehrmals ein Elektroskop. Sein Ausschlag nimmt zu. Warum gibt die Kugel bei jedem weiteren Berühren immer weniger Ladung ab?

A12: a) Man bringt in einen Faradaybecher nacheinander die gleich großen Ladungsportionen Q_+, Q_+, Q_-, Q_-, Q_-. Wie ändert sich der Ausschlag des angeschlossenen Elektroskops jeweils? **b)** Man hält eine positiv geladene Kugel ins Innere des Faradaybechers, ohne diesen zu berühren. An der Außenseite des Bechers kann man dann Ladung abnehmen. Welches Vorzeichen hat die Ladung? Wie könnte man das Vorzeichen nachweisen?

A13: a) In der Nähe einer ungeladenen Metallkugel K hängen kleine geladene Kügelchen. Jemand sagt, wenn es in der Kugel Elektronen gäbe, würden die negativ geladenen Kügelchen von ihr abgestoßen, die positiv geladenen angezogen. Was sagst du dazu? **b)** Warum werden alle in a) geladenen Kügelchen ein wenig zur ungeladenen Kugel gezogen?

A14: a) Wie groß ist die Ladung eines Elektrons (sog. Elementarladung)? **b)** Wie viele Elektronen ergeben die Ladung 10 C? **c)** Auf einer Kugel sitzt die Ladung 10^{-7} C = $1/10^7$ C. Wie viele Elektronen sind dies?

B 1: Hier wird elektrische Energie in Licht und Wärme umgewandelt.

V 1: Erstaunlich – trotz kleinerer Stromstärke leuchtet die Haushaltslampe heller.

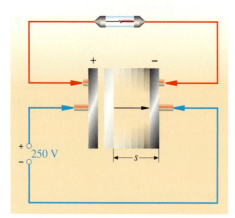

V 2: a) Zwei entgegengesetzt geladene, isolierte Metallplatten (Abstand etwa 1 mm) werden über eine Glimmlampe entladen. Diese leuchtet schwach auf.
b) Nachdem die Platten wieder aufgeladen worden sind, zieht man sie auseinander und vergrößert so den Abstand der Ladungen. Wenn man nun die Platten wieder über die Glimmlampe verbindet, blitzt diese hell auf.

Definition der elektrischen Spannung

1. Wozu noch eine elektrische Größe?

Kannst du dich an die Versuche zur Wärmewirkung des elektrischen Stroms erinnern? Je größer die Stromstärke in einem Draht war, desto heller glühte er und desto mehr Energie gab er in Form von Licht und Wärme ab. ➡ *Versuch 1* zeigt, dass dies nicht immer gilt: Obwohl die Stromstärke in der Haushaltslampe nur 0,4 A ist, leuchtet sie viel heller als die Lampe aus einer Optikleuchte, in der die Stromstärke 5 A beträgt. Die Abbildung zeigt, dass sich die Stromquellen durch die *Spannung* zwischen ihren Anschlüssen unterscheiden: 230 V bzw. 6 V. Spannung ist offenbar wichtig für die Energieumsetzung im Stromkreis. Wir wollen nun untersuchen, was man unter Spannung versteht.

2. Was ist eigentlich 1 Volt?

Wir laden zwei isoliert gehaltene Metallplatten entgegengesetzt auf (➡ *Versuch 2 a*). Verbindet man die Platten über eine Glimmlampe, so leuchtet diese schwach auf. Sie gibt also etwas Energie ab. Diese Energie wurde von der Quelle aufgebracht, als sie beim Aufladen Ladung von der einen auf die andere Platte pumpte. Will man beim Entladen der Platten mehr Energie haben, muss man sie erst hineinstecken. Dies gelingt hier einfach: Man zieht die geladenen Platten um die Strecke s auseinander. Da sie sich mit der Kraft $\vec{F}$ anziehen, muss man dabei die Energie $W = F \cdot s$ aufbringen. Ihre Ladung wird dadurch nicht größer. Mit ihr kann jetzt aber mehr Energie umgesetzt werden: Wenn man die Platten nun über die Glimmlampe entlädt, leuchtet diese viel heller auf (➡ *Versuch 2 b*). Jede Steckdose hat solche Ladung. Statt umständlich zu sagen, man kann von ihr Energie abrufen, formulieren wir: *Zwischen ihren Polen besteht Spannung*. Da beim Auseinanderziehen die abrufbare Energie zunahm, sagt man: *Die Spannung ist gestiegen*.

Ein Bild mag dies verdeutlichen: Bei einem Pumpspeicherwerk wird Wasser unter Energieaufwand in einen hoch gelegenen Speichersee gepumpt. Je höher dieser über dem E-Werk ist, desto größer ist der Wasserdruck, desto mehr Energie kann bei Entnahme von 1 m³ Wasser zum Antrieb der Turbinen verwendet werden. Diese Energie steht auf Abruf bereit (durch Öffnen eines Ventils).

Wir untersuchen nun, wie die freigesetzte elektrische Energie W von der fließenden Ladung Q abhängt und welche Bedeutung die Spannung U dabei hat:

In (⟹ *Versuch 3*) gibt ein 300 W-Tauchsieder in einer Sekunde die Energie $W = 300$ J als Wärme ab. In dieser Zeit fließt die Ladung Q. In 2 s gibt er die Energie $2\,W = 600$ J ab; es fließt die Ladung $2\,Q$. Man erhält die doppelte Energie auch, wenn man zwei Tauchsieder *an derselben Quelle* anschließt und sie 1 s lang betreibt. Es fließt dann die Ladung $2\,Q$ – durch jeden Tauchsieder Q. Wenn bei Benutzung einer bestimmten Quelle die n-fache Ladung $n \cdot Q$ fließt, wird von ihr die n-fache Energie $n \cdot W$ abgegeben. Es gilt $W \sim Q$; das heißt: W/Q ist konstant.

Verschiedene Quellen können verschiedene Werte für W/Q haben. Dieser Quotient ist für jede Quelle charakteristisch. Er gibt an, wie viel Energie beim Fließen der Ladung Q freigesetzt wird.

In ⟹ *Versuch 3* bestimmen wir den Wert W/Q für eine Netzsteckdose mithilfe eines 300 W-Tauchsieders. Er gibt in 1 s die Energie 300 J als Wärme an das Wasser ab. Wir messen die Stromstärke $I = 1{,}3$ A $= 1{,}3$ C/s. In 1 s fließt also die Ladung $Q = 1{,}3$ C.

An der Steckdose ist der Quotient $W/Q = 300$ J/1,3 C $= 230$ J/C.

230 J/C bedeuten: Beim Fließen von Ladung wird je Coulomb die Energie 230 Joule umgesetzt. An einer Netzsteckdose erhält man diesen Wert auch für jedes andere elektrische Gerät. An den Steckdosen liegt bekanntlich die Spannung 230 V (Volt; nach Alessandro VOLTA, ital. Physiker um 1800).

Der Wert erinnert nicht zufällig an das Ergebnis von ⟹ *Versuch 3*. Man setzte nämlich fest:

Merksatz

Wenn eine elektrische Quelle beim Fließen der Ladung Q die Energie W abgibt, besteht zwischen ihren Polen die **Spannung**

$$U = \frac{W}{Q} \text{ mit der Einheit } 1\,\text{V} = 1\,\frac{\text{J}}{\text{C}}.$$

Die beim Fließen der Ladung Q frei werdende Energie ist

$$W = U \cdot Q.$$

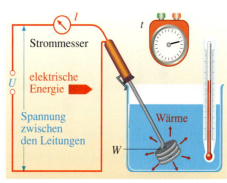

V3: Energie fließt aus der Steckdose in den Tauchsieder, dann in das Wasser.

V4: a) Wir bestimmen nach der Definition von U die Spannung eines Eisen-Nickel-Akkus, in dem 10 Zellen hintereinander liegen. Wegen $U = W/Q$ müssen wir dazu W und Q ermitteln.

Zuerst bestimmen wir W durch Erhitzen einer Wassermenge: Als Tauchsieder dient eine Drahtwendel, die an dicke Kupferdrähte gelötet ist. Sie taucht in 200 g Wasser (spez. Wärme $c_W = 4{,}2\,\frac{\text{J}}{\text{g} \cdot \text{K}}$), das in einen Joghurtbecher gefüllt wurde.

Die Temperatur des Wassers steigt um 21 K. Der Strom entwickelt folglich die Wärme $W = c_W \cdot m \cdot \Delta\vartheta \approx 18\,000$ J.

Jetzt berechnen wir Q: Die Stromstärke ist $I = 5{,}0$ A $= 5{,}0$ C/s. In der Zeit 300 s fließt die Ladung $Q = I \cdot t = 1500$ C.

Die Spannung des Akkus ist also:
$U = W/Q = 18\,000$ J/1500 C
$\qquad = 12$ J/C $= 12$ V.

b) Schaltet man nur 5 Zellen hintereinander, so bestimmt man die Spannung $U = 6$ J/C $= 6$ V. Das ist die halbe Spannung. Aus der Definition der Spannung folgt demnach, dass sich die *Spannungen beim Hintereinanderschalten von Zellen addieren*. Die Spannung einer Zelle kann man mit 6 V/5 = 1,2 V berechnen.

Die Zelle eines Bleiakkus hat die Spannung 2 V. 6 dieser Zellen ergeben die in Autos übliche „Bordspannung" 12 V.

... noch mehr Aufgaben

A1: Beim Betrieb eines Heizgerätes misst man die Stromstärke $I = 0{,}8$ A. Es gibt je Sekunde die Energie $W = 96$ J ab. Welche Ladung Q fließt je Sekunde? Wie groß ist die Spannung U, die am Gerät liegt?

A2: In ⟹ *Versuch 4a* misst man bei der Spannung $U = 12$ V eines Akkus in einer anderen Heizwendel eine Stromstärke von $I = 3{,}0$ A. **a)** Welche Ladung fließt in 1 s? **b)** Wie viel Wärme wird in 1 s, wie viel in 5 min abgegeben?

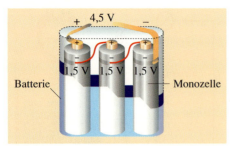

B 1: Drei *in Reihe* (hintereinander) *geschaltete* Monozellen mit je 1,5 V ergeben in der Flachbatterie die Spannung 4,5 V.

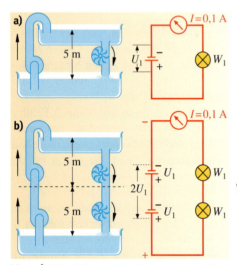

V 1: a) Ein Lämpchen liegt an nur einer Zelle. Ein Strommesser zeigt $I = 0,1$ A an. **b)** Bei zwei in Reihe geschalteten Zellen und Lämpchen ändert sich die Stromstärke nicht, jedes Lämpchen leuchtet gleich hell.
Veranschaulichung: Eine Pumpe kann Wasser 5 m hoch pumpen. Staffelt man zwei Pumpen übereinander, so pumpen sie Wasser 10 m hoch. Mit dem Wasser können zwei hintereinanderliegende Turbinen angetrieben werden.

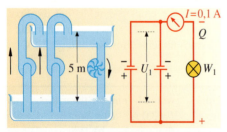

B 2: Beim *Parallelschalten* von Pumpen und Spannungsquellen erhöhen sich weder Höhenenergie noch Spannung.

Schaltung von Spannungsquellen

1. Spannungserhöhung durch Reihenschaltung

In Flachbatterien ⟹ *Bild 1* sind drei Einzel-(Mono-)zellen *in Reihe* (hintereinander) *geschaltet:* Der Pluspol der einen ist mit dem Minuspol der nächsten verbunden. Die erste Zelle drängt unter Energieaufwand Elektronen heraus. Die nächste nimmt sie an ihrem Pluspol auf und pumpt sie – unter nochmaligem Energieaufwand – zu ihrem Minuspol. Dabei steigt die Anzahl der Elektronen (Q) nicht, wohl aber die Energie W und damit die Spannung $U = W/Q$.

Durch ⟹ *Versuch 1* soll die Zunahme der Energie der Ladung Q bei Hintereinanderschalten von Zellen untersucht werden:

In a) pumpt die Zelle in 1 s die Ladung $Q = I \cdot t = 0,1$ C durch das Lämpchen und gibt dabei die Energie W_1 ab.

Es gilt: $U_1 = W_1/Q$.

In b) messen wir bei 2 Zellen und 2 Lämpchen die gleiche Stromstärke. In 1 s fließt die gleich große Ladung durch den Stromkreis. Da jedes der Lämpchen so hell leuchtet wie in a), wird die doppelte Energie $W_2 = 2 \cdot W_1$ abgegeben. Die Spannung der Quelle hat sich durch das Hintereinanderschalten der Zellen verdoppelt:
$U_2 = W_2/Q = 2 \cdot U_1$.

Merksatz

Schaltet man mehrere Spannungsquellen **hintereinander**, so **addieren** sich die Spannungen.

Wir veranschaulichen das Verhalten von Zellen mit *Wasserpumpen:* Jede für sich kann Wasser 5 m hoch pumpen. Ordnet man zwei Pumpen wie in ⟹ *Versuch 1 b* übereinander an, so fördern sie zusammen das Wasser 10 m hoch. Beim Herabstürzen kann die gleiche Wassermenge zwei hintereinander liegende Turbinen antreiben. Jeder Liter kann also die doppelte Energie umsetzen.

2. Parallelschalten erhöht die Spannung nicht

In ⟹ *Bild* 2 liegen die Pumpen **parallel**. Auch zusammen fördern sie das Wasser nur 5 m hoch. Die je Liter abrufbereite *Energie addiert sich nicht*, denn auch jetzt liegt jedes Wasserteilchen nur 5 m höher. Was entspricht dem elektrisch?

Wir schalten zwei gleiche Zellen parallel: Pluspol wird mit Pluspol, Minuspol mit Minuspol verbunden. Durch das Lämpchen fließt pro Sekunde die gleiche Ladung $Q = 0,1$ C wie bei nur einer Zelle. Es leuchtet auch gleich hell, erhält also die gleiche Energie W_1. Die Spannung der Quelle hat sich nicht geändert. Jede der Zellen wird aber jetzt nur mit der halben Stromstärke belastet.

Merksatz

Schaltet man gleiche Spannungsquellen **parallel**, so bleibt die **Spannung unverändert.**

Wie werden Ladungen im Stromkreis angetrieben

B3: a) In der Batterie treibt chemische Energie die Ladungsträger an. Sie liefert Spannungen von 1,5 bis 9 V. **b)** Beim Fahrradgenerator (Dynamo) muss sich der Mensch plagen – Spannung bis 6 V. **c)** Der Autogenerator (Lichtmaschine) wird vom Motor angetrieben. Ein Regler sorgt für 12 V Spannung. **d)** Der Generator im Elektrizitätswerk wird meist von einer Dampfturbine angetrieben – Spannung 27000 V. **e)** In der Solarzelle werden die Elektronen durch die Energie des Sonnenlichts angetrieben – Spannung 0,6 V.

Wie lange hält eine Batterie?

Auf den Batterien ist die Spannung angegeben, nicht aber die Zeitdauer, in der man mit ihnen ein Gerät betreiben kann. Dies hat seinen Grund:

Eine Batteriezelle besteht meist aus einem Zinkbecher, in dessen Mitte ein Kohlestift steckt. Dieser ist von einem porösem Braunsteinkörper umgeben, dessen Hohlräume mit Ammoniumchloridlösung gefüllt sind. Bei Gebrauch wird der Zinkbecher zersetzt. Durch diesen chemischen Prozess entsteht eine Spannung. Der Becher wird negativ, die Kohle positiv. Wenn das Zink verbraucht ist, sagt man, die Batterie ist leer (Achtung: Batterien können dann „auslaufen"). Je größer die Stromstärke, desto schneller ist der Vorrat an chemischer Energie erschöpft. – Die Betriebsdauer kann man aus der *Batteriekapazität* errechnen. Sie wird in Amperestunden (Ah) angegeben. 1 Ah bedeutet: Ein Gerät kann mit 1 A etwa 1 Stunde betrieben werden (bei 0,1 A: 10 h, bei 2 A: $\frac{1}{2}$ h).

Batterietyp	Spannung	Kapazität	max. Stromstärke
4,5 V Flach	4,5 V	1,5 Ah	2 A
Knopfzelle	1,55 V	0,1 Ah	10 mA
Monozelle	1,5 V	5 Ah	5 A
Mignonzelle	1,5 V	0,6 Ah	2 A
Block	9 V	0,25 Ah	0,4 A

B4: Die Kapazität von Batterien

A1: Bei einer Taschenlampenbatterie ist $U = 4{,}5$ V; die Stromstärke im Lämpchen beträgt $I = 0{,}2$ A. Welche Ladung fließt in $t = 1$ s? Welche elektrische Energie W wird frei? Wie groß ist also die Leistung $P = W/t$?

A2: Man schaltet eine Monozelle mit $U_1 = W_1/Q = 1{,}5$ V und eine Bleiakkuzelle mit $U_2 = W_2/Q = 2$ V hintereinander. Löse nach W_1 und W_2 auf und zeige, dass sich auch ungleiche Spannungen addieren. Was entsteht bei Gegeneinanderschaltung?

A3: Die Stromstärke in einer 230 V-Haushaltslampe ist $I_1 = 0{,}4$ A, in einer bestimmten 6 V-Lampe ist $I_2 = 5$ A. Trotz der viel kleineren Stromstärke in der Haushaltslampe leuchtet sie viel heller. Wie ist dies zu erklären?

A4: Wie sind die 2 Monozellen geschaltet? Welche Spannung benötigt der Kassettenrekorder? Jemand legt aus Versehen eine Zelle falsch herum in das Batteriefach. Warum funktioniert der Rekorder nicht? Wie groß ist nun die Gesamtspannung?

1		2		3		4		5		6		7
Zählerstand neu (31.12.)	–	Zählerstand alt (1.1.)	=	Gesamtverbrauch (kWh)	x	Preis je kWh €	=	Verbrauchsbetrag €	+	Grundpreis pro Jahr €	=	Nettobetrag €
2526		0126		2400		0|10		240|00		72|00		312|00

	+ Umsatzsteuer (16%) 49|92
Zähler Nr. 5.765.270	Rechnungsbetrag 361|92

B1: Ausschnitt aus einer so genannten „Stromrechnung"

Beispiel

Elektrische Heizgeräte

a) Ein Heizgerät liegt während der Zeit $t = 100\ s$ an der Spannung $U = 230\ V$; die Stromstärke ist $I = 8,7\ A$. Welche Energie entnimmt es dem Netz?

Lösung:
Nach $W = U \cdot I \cdot t$ ist die Energie
$W = 230\ V \cdot 8,7\ A \cdot 100\ s$
$\quad = 230\ J/C \cdot 8,7\ A \cdot 100\ s \approx \textbf{200 000 J}$.
Die Leistung des Geräts ist
$P = U \cdot I = 230\ V \cdot 8,7\ A = 2000\ W$.

b) Die Haussicherung unterbricht den Strom, wenn dessen Stärke 16 A überschreitet. Welche Gesamtleistung dürfen angeschlossene Geräte also höchstens haben?

Lösung:
Aus $P = U \cdot I$ ergibt sich
$P_{max} = 230\ V \cdot 16\ A = \textbf{3680 W}$.
Zwei Heizlüfter mit je 2000 W bringen die Sicherung zum Abschalten.

B2: Was bedeutet „230 V/100 W"?
„230 V": Diese Angabe ist eine Empfehlung. Es wird geraten, die Lampe  mit der Spannung 230 V, ihrer *Nennspannung*, zu betreiben. Bei kleinerer Spannung ist das Licht nicht mehr weiß, sondern rötlich. Bei höherer Spannung leuchtet die Lampe zwar heller, ihre Lebensdauer ist aber kürzer.
„100 W": Bei 230 V wird die *Nennleistung* 100 W erreicht.

Elektrische Energie und Leistung

1. Elektrische Energie

Zum Betrieb von Glühlampen, Elektroherden, Elektromotoren braucht man Energie. Diese kommt meist aus dem Elektrizitätswerk und wird in den Geräten in Licht, Wärme, mechanische Energie umgewandelt. Für diese Energie muss man bezahlen. Das E-Werk schickt eine „Stromrechnung" (➡ *Bild 1*), so als ob man für die *strömende* Ladung bezahlen müsste. Diese kehrt aber wieder zum E-Werk zurück. Auch das Wasserrad einer Mühle entnimmt dem Bach kein Wasser. Das Wasser verliert an Höhe und damit an Höhenenergie.

Wie berechnet man die dem Netz entnommene Energie?
Aus $U = W/Q$ folgt: Fließt die Ladung $Q = I \cdot t$, so ist die gelieferte **elektrische Energie**

$$W = U \cdot Q = U \cdot I \cdot t.$$

Die vom E-Werk gelieferte Energie $W = U \cdot I \cdot t$ nennt man auch elektrische *Arbeit*. Sie hängt von der Stromstärke I und der Betriebszeit t des Gerätes ab (die Spannung $U = 230\ V$ ist fest).

2. „Starke" Glühlampen haben große Leistung

Eine 100 W-Glühlampe leuchtet heller als eine mit 60 W. In der „stärkeren" Lampe wird pro Sekunde mehr elektrische Energie in Licht und Wärme umgewandelt als in der „schwächeren". Die Einheit Watt kennen wir aus der Mechanik. Dort wurde die **Leistung P** als Quotient der von einem Gerät abgegebenen Energie W und der Zeit t definiert: $P = W/t$. Ihre Einheit ist $1\ J/s = 1$ Watt (W). (Energie W, aber Einheit W für Watt.)
In der Elektrizitätslehre ist die Berechnung der Leistung einfach:

$$P = \frac{W}{t} = \frac{U \cdot I \cdot t}{t} = U \cdot I.$$

Die Leistung P eines elektrischen Gerätes ist das Produkt aus der Spannung U und der Stromstärke I.
Die Einheit ist: $1\ V \cdot 1\ A = 1\ J/C \cdot 1\ C/s = 1\ J/s = 1\ W$.
$1000\ W = 1\ kW$ (Kilowatt); $10^6\ W = 1\ MW$ (Megawatt).

3. Abrechnung in Kilowattstunden (kWh)

Bei den Energiemengen $W = P \cdot t$, die uns das E-Werk in Rechnung stellt ($\Rightarrow$ *Bild 1*), ist die Einheit 1 J unpraktisch, da man es mit sehr großen Zahlen zu tun hätte. Man verwendet daher als Leistungseinheit 1 kW, als Zeiteinheit 1 h und erhält die große Energieeinheit **1 kWh (Kilowattstunde)**:

$$W = P \cdot t = 1\,\text{kW} \cdot 1\,\text{h} = 1000\,\text{W} \cdot 3600\,\text{s} = 3\,600\,000\,\text{Ws}$$
$$= 3\,600\,000\,\text{J/s} \cdot \text{s} = 3\,600\,000\,\text{J}.$$

Heizgeräte mit der Nennleistung 1 kW liefern bei der Nennspannung 230 V in 1 h die Energie 1 kWh. Bei der Nennleistung 2 kW wird diese Energie schon in $\frac{1}{2}$ h abgegeben.
Verwechsle nie die Leistungseinheit kW mit der Energieeinheit kWh!

Elektrische Energie kann man nicht wie Heißwasser, Kohle oder Gas speichern. Man muss sie im *gleichen Augenblick*, in dem sie der Verbraucher anfordert, aus anderen Energiearten (Sonne, Wasser, Öl, Gas, Kohle, Kernenergie) gewinnen.

Merksatz

Die abgegebene **elektrische Energie** W ist das Produkt aus Spannung U, Stromstärke I und Zeit t:

$$W = U \cdot I \cdot t \qquad \text{Einheiten: 1 J und 1 kWh; 1 kWh} = 3{,}6 \cdot 10^6\,\text{J}.$$

Die elektrische Leistung P ist das Produkt aus Spannung U und Stromstärke I:

$$P = U \cdot I. \qquad \text{Einheiten: 1 W} = 1\,\text{V} \cdot 1\,\text{A; 1 kW} = 1000\,\text{W}.$$

B3: Der „Elektrizitätszähler" misst Energie in kWh. Die Aufschrift 375 Umdrehungen/kWh gibt an, dass sich die rot markierte Scheibe während der Lieferung von 1 kWh 375-mal dreht.

... noch mehr Aufgaben

A1: Beobachte die Zählerscheibe in deinem Elternhaus. Wie reagiert sie auf das Einschalten einer Lampe und wie auf das Einschalten des Elektroherdes?

A2: Überprüfe die Leistungsangabe des Herstellers an einem Heizlüfter. Während der Messzeit sollten keine anderen Elektrogeräte ein- oder ausgeschaltet werden. Wie kann man eine kontinuierliche Dauerleistung berücksichtigen?

A3: Im Badezimmer bleiben Heizstrahler (2 kW) und Leuchtstofflampe (11 W) versehentlich während der Nacht (10 h) eingeschaltet. Was kostet das für jedes Gerät (0,10 €/kWh)?

Interessantes

Wohlstand und Energie

Der Mensch braucht ständig Energiezufuhr, etwa 1,5 kWh pro Tag, auch beim Nichtstun. Seine Leistung schwankt zwischen 40 W (Ruhe) und 160 W (schwere körperliche Arbeit). Teilt man die in Deutschland von den E-Werken in einem Jahr gelieferte Energie durch die Zahl der Bewohner, so kommen auf eine Person etwa 7000 kWh elektrischer Energie. Dies entspricht einer Durchschnittsleistung von 800 W. In vielen Entwicklungsländern sind es weniger als 60 W je Einwohner ($\Rightarrow$ *Bild 4*).
Damit wir so komfortabel wie gewohnt leben können, muss dauernd ein großer Energiestrom fließen. Dies wollen wir veranschaulichen:
Wenn der Generator, der die Leistung von 800 W liefert, von Hand betrieben würde, bräuchte man 5 Arbeiter zum Kurbeln (800 W/160 W = 5). Da sie nach 8 Stunden abgelöst werden müssten, würden nur für die von dir allein benötigte elektrische Energie

15 Mann arbeiten (24 h/8 h = 3; $5 \cdot 3 = 15$)!
Zum Vergleich: Eine reiche Familie im alten Athen hatte nur 5 Sklaven.
Die elektrische Energie stellt aber nur $\frac{1}{6}$ der Gesamtenergie dar, die pro Einwohner benötigt wird!

B4: Bedarf an el. Energie je Person und Jahr in kWh

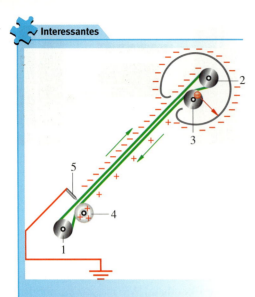

Hochspannung mit dem Bandgenerator

Ein Bandgenerator erreicht Spannungen über 100 kV. Wie in jeder Spannungsquelle werden auch in ihm positive und negative Ladungen unter Aufwand von Energie getrennt:
Ein endloses Gummiband wird über 3 Metallwalzen (1, 2, 3) und eine Kunststoffwalze (4) geführt. Die Kunststoffwalze lädt sich durch Kontaktelektrizität positiv auf. Ihr gegenüber befindet sich eine geerdete Metallschneide (5). Die positive Ladung influenziert auf der Schneide Elektronen, die auf das Band gesprüht werden. Vom Band werden sie nach oben in das Innere einer Hohlkugel transportiert. Die Metallrolle (3) ist mit der Kugel leitend verbunden und drückt das abwärts laufende Band gegen das negativ geladene, aufwärts bewegte Band. Es werden nun so viele Elektronen vom Band auf die Walze (3) gelenkt, dass das abwärts bewegte Band Elektronenmangel hat, also positiv geladen ist. Dadurch wird das Aufsprühen der Elektronen bei der Schneide (5) verstärkt. Von der Walze (3) wandern die Elektronen auf die Oberfläche der Kugel (Faraday-Käfig).
Durch Drehen der Metallrolle (1) pumpt man also Elektronen auf die Metallkugel. Da diese nach kurzer Zeit stark negativ geladen ist, muss man die abstoßende Kraft zwischen den gleichartigen Ladungen überwinden, also Energie aufwenden.

Spannung und Stromstärke – ein Vergleich

1. Kannst du zwischen Spannung und Stromstärke unterscheiden?

a) Spannung besteht *zwischen* zwei Polen oder zwei Leitungsdrähten, auch wenn sie stromlos sind.

b) Die Spannung gibt die Energie W je Coulomb an, die beim Fließen der Ladung im Stromkreis umgesetzt wird. Man legt fest: Spannung $U = W/Q$; Einheit: 1 V = 1 J/C.

c) Die Energie $W = U \cdot Q = U \cdot I \cdot t$ wird erst frei, wenn die Ladung Q fließt. Die so genannte „Stromwärme" W hängt von I, U und t ab, nicht nur von I, wie man nach dem Wort annehmen könnte.

d) Spannungsmesser legt man *parallel* zu den Geräten, deren Spannung zu messen ist, Strommesser dagegen liegen *in Reihe* mit den Geräten (➡ *Bild 1*).

e) Beim Parallelschalten gleicher Quellen bleibt die Spannung gleich. Beim Hintereinanderschalten (in Reihe) addieren sich die Spannungen; beim Gegeneinanderschalten subtrahieren sie sich (➡ *Versuch 1*).

2. Unsere bisherigen Formeln

Stromstärke:	$I = \dfrac{Q}{t}$;		Einheit: $1\,A = 1\,\dfrac{C}{s}$.
Spannung:	$U = \dfrac{W}{Q}$;		Einheit: $1\,V = 1\,\dfrac{J}{C}$.
Energieabgabe:	$W = U \cdot I \cdot t = P \cdot t$;	Einheit: 1 J.	
Leistung:	$P = U \cdot I$;	Einheit: $1\,W = 1\,V \cdot A$.	
Energieeinheit:	$1\,kWh = 3{,}6 \cdot 10^6$ Joule.		

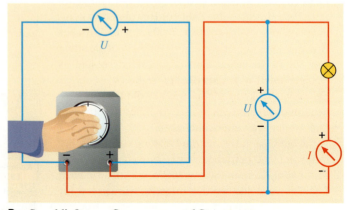

B1: So schließt man Spannungs- und Strommesser an.

3. Spannung ist ohne Strom ungefährlich

An der Hochspannungsleitung sind 10^5 V überaus gefährlich. In 1 s können ohne weiteres 10^3 C fließen und damit 10^8 J = 30 kWh freisetzen. Das E-Werk sorgt ja für Energienachschub. Ein Bandgenerator erreicht auch diese hohe Spannung (➠ *Interessantes*). Auf seinem umlaufenden Gummiband trennt er pro Sekunde aber nur die winzige Ladung $Q = 1/10^5$ C. Sie kann nur die Energie $W = Q \cdot U = 1/10^5$ C $\cdot\ 10^5$ V = 1 J abgeben, also $3/10^7$ kWh. Dies ist völlig ungefährlich.

Wiederum gilt: Für die übertragene Energie sind Spannung U und Ladung $Q = I \cdot t$ gleichermaßen wichtig.

4. „Verbrauch" an elektrischer Energie

Immer wieder liest man von „Energieverbrauch". Dieser Begriff ist falsch. Wir wissen ja, dass die Energie eine Erhaltungsgröße ist, also nie verbraucht oder vernichtet werden kann. Gemeint ist etwas anderes:

Stromkreise übertragen Energie. Wir nennen sie *elektrische Energie*. In den Elektrogeräten wird diese Energie in Licht, Wärme und Bewegungsenergie umgewandelt und dem Stromkreis entnommen. Deshalb bezeichnet man Elektrogeräte oft als „Energieverbraucher". Besser wäre für sie die Bezeichnung *Energiewandler*.

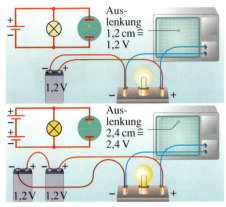

V1: Wir verbinden mehrere Zellen eines Akkus mit den zur Vertikalablenkung bestimmten Buchsen eines Oszilloskops. Bei 1,2 V ist die Auslenkung 1,2 cm, bei 2,4 V 2,4 cm, bei 3,6 V 3,6 cm. Die Auslenkung des Leuchtflecks auf dem Schirm ist der Zahl der Zellen und damit der Spannung U proportional. Man kann also das *Oszilloskop* als *Spannungsmesser* benutzen. Bei dieser Art der Spannungsmessung fließen keine Ladungen, die Spannungsquelle wird nicht belastet.

... noch mehr Aufgaben

A1: Ein Kochfeld eines Elektroherdes hat die Leistung 2000 W. Wie viel Energie (in kWh und kJ) wird bei einer Betriebsdauer von 30 Minuten umgewandelt?

A2: Auf dem Typenschild eines Heizofens steht 230 V; 2 kW. **a)** Wie groß ist die Stromstärke? **b)** Welche Energie (in kWh und kJ) wird in 10 min umgesetzt? **c)** Was kostet dies (0,10 € je kWh)? **d)** Um wie viel Grad steigt die Temperatur der Luft in einem Zimmer mit 100 m³ Inhalt, wenn keine Wärme an Möbel, Wände und Fenster abgegeben würde? (Luftdichte etwa 1 g/l; spezifische Wärmekapazität $c = 1\,\frac{\text{J}}{\text{g} \cdot \text{K}}$).

A3: Laut Aufschrift dreht sich die Scheibe am „Elektrizitätszähler" bei Lieferung der Energie von 1 kWh 375-mal. **a)** Berechne die Leistung eines Radios, wenn sich die Scheibe bei seinem Betrieb in 10 min einmal dreht. **b)** Bestimme mit deinem Zähler zu Hause die Leistung von Waschmaschine und Fernseher.

A4: Auf einem Lämpchen einer Taschenlampe steht 3 V; 0,9 A. **a)** Welche Leistung hat es? Wie viele Monozellen (1,5 V) braucht man? **b)** Die Zellen sind nach 5,5 h „leer". Wie viel Energie gaben sie ab? Gehen dabei Elektronen verloren? **c)** Um wie viel Grad könnte man mit einer neuen Batterie die Temperatur von 10 l Wasser erhöhen? **d)** Eine Monozelle kostet 1 €. Was kostet bei der Taschenlampe 1 kWh?

A5: Die 2 Scheinwerferlampen eines Autos haben je 55 W, die 2 Rückleuchten je 6 W. Die Autobatterie hat eine Spannung von 12 V. **a)** Berechne die Stromstärke in jeder der Lampen. **b)** Wie groß ist die Stromstärke in der Batterie? **c)** Beim Parken bleibt aus Versehen die Beleuchtung eingeschaltet. Nach welcher Zeit ist die Batterie (44 Ah) erschöpft? (Starten könnte man mit der teilentladenen Batterie schon lange vor dieser Zeit nicht mehr.)

A6: In einer Taschenlampe sind zwei Monozellen (je 1,5 V) hintereinander geschaltet, in einer anderen vier. Die Stromstärke in beiden Glühlämpchen ist 0,9 A. Berechne jeweils die Leistung der Lämpchen.

A7: Ein Walkman wird mit zwei Mignonzellen (je 1,5 V) betrieben, deren Energieinhalt je 3,2 kJ beträgt. Bei Betrieb ist die Stromstärke im Durchschnitt 100 mA. **a)** Wie groß ist die Leistung des Gerätes? **b)** Wie lange kannst du es – rein rechnerisch – mit einem Satz Batterien betreiben?

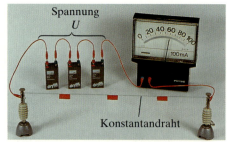

V 1: An einen 1,0 m langen Draht aus Konstantan (rote Fähnchen) mit dem Durchmesser $d = 0,10$ mm werden verschiedene Spannungen gelegt. Die jeweilige Stromstärke wird gemessen. ➟ *Tabelle 1* zeigt die Messwerte, ➟ *Bild 1* das zugehörige Schaubild.

U in Volt	I in Ampere	Quotient U/I in V/A
0	0	–
1,2	0,02	60
2,4	0,04	60
3,6	0,06	60
4,8	0,08	60

T 1: Drahtlänge 1,0 m; Dicke 0,1 mm

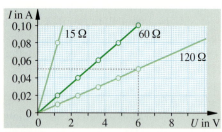

B 1: Kennlinien zeigen, wie I von U abhängt.

Ohmsches Gesetz, Widerstand

1. Wovon hängt die Stromstärke ab?

Wenn man in eine Taschenlampe statt des vorgesehenen 2,8 V-Lämpchens eine 6 V-Lampe der Fahrradbeleuchtung einschraubt, leuchtet diese nur schwach. Die zu kleine Spannung U (**U**rsache des Stroms) erzeugt eine zu kleine Stromstärke. Umgekehrt würde die 2,8 V-Lampe beim Fahrrad strahlend helles Licht erzeugen, wäre aber bald durchgebrannt, da die Stromstärke zu groß wäre. Um solchen Ärger zu vermeiden, wollen wir nach Gesetzen suchen, die angeben, wie die Stromstärke I abhängt

a) von der angelegten Spannung U,

b) von den Geräten im Stromkreis.

Zunächst untersuchen wir die Abhängigkeit der Stromstärke I von der angelegten Spannung U bei *einem* Gerät. In ➟ *Versuch 1* wird als „Gerät" ein Draht aus Konstantan (Legierung aus Kupfer und Nickel) verwendet.

Die Messwerte zeigen:
- Bei der n-fachen Spannung U wird am *gleichen* Konstantandraht die Stromstärke I auch n-fach.
- Deshalb ist der Quotient U/I konstant, d. h. von der Spannung U unabhängig (➟ *Tabelle 1*).
- Trägt man in einem Schaubild die Werte von I über U auf, so erhält man die **U-I-Kennlinie**. Sie ist bei einem Konstantandraht eine Ursprungsgerade (➟ *Bild 1*).

Diese Proportionalität zwischen I und U fand 1826 Georg Simon OHM. Wenn I proportional U ist, sagt man, es gilt das **ohmsche Gesetz**.

Merksatz

Ohmsches Gesetz: Die Stromstärke I ist der Spannung U proportional: $I \sim U$.

Interessantes

Georg Simon OHM wurde 1789 als Sohn eines Schlossers in Erlangen geboren. Sein Studium der Mathematik musste er aus Geldmangel für 5 Jahre unterbrechen. 1817 wurde er in Köln Gymnasiallehrer. Mit den außerordentlich primitiven Geräten der Schulsammlung begann er mit der Untersuchung des Zusammenhangs zwischen Spannung und Stromstärke in Metalldrähten. Nach Lehrtätigkeiten in Berlin und Nürnberg wurde er 1849 Professor für Physik und Mathematik an der Universität München. Er entdeckte als Erster, dass sich ein Klang aus Grundschwingung und Obertönen zusammensetzt. Seine bedeutenden Forschungsergebnisse in der Elektrizitätslehre und der Akustik wurden erst spät anerkannt. 1854 starb OHM in München. Ihm zu Ehren wurde die Einheit des elektrischen Widerstands „Ohm" genannt.

2. Der Widerstand als Quotient aus *U* und *I*

In unseren Versuchen wird eine Spannung an einen Draht gelegt. Sie treibt die Elektronen an. Auf ihrem Weg stoßen sie aber immer wieder gegen Atome und werden dadurch abgebremst. Die Bewegung der Elektronen wird behindert. Bei Verdoppelung der Drahtlänge wird die Stromstärke halbiert (wie bei zwei in Reihe geschalteten Lämpchen). Um die gleiche Stromstärke zu erhalten, muss man die doppelte Spannung anlegen (➡ *Versuch 2*). Also verdoppelt sich der Quotient *U/I*. Es ist daher sinnvoll, den Quotienten *U/I* **Widerstand** des Drahtes zu nennen.

Merksatz

Der **elektrische Widerstand *R*** eines Leiters ist definiert als Quotient aus der Spannung *U* zwischen den Leiterenden und der Stromstärke *I*:

$$R = \frac{U}{I}; \quad \text{Einheit } 1 \frac{\text{Volt}}{\text{Ampere}} = 1 \text{ Ohm } (\Omega).$$

(Ω: griechischer Buchstabe Omega); $1 \text{ k}\Omega = 1000 \ \Omega$.

Aus $R = \frac{U}{I}$ folgt $I = \frac{U}{R}$.

Die Stärke des Stroms durch ein Gerät hängt von der Spannung *U* ab, die am Gerät anliegt *und* vom Widerstand *R* des Geräts.
Sind der Widerstand *R* und die Stromstärke *I* bekannt, so lässt sich die Spannung *U* berechnen:

$$U = R \cdot I.$$

Gilt *U* ~ *I*, so ist der **Widerstand *R* konstant**. Für den betreffenden Leiter gilt das ohmsche Gesetz.

In unseren Versuchen hat der 1 m lange Draht einen Widerstand von $R = 60 \ \Omega$, bei 2 m ist $R = 120 \ \Omega$. Daraus folgt: Der Widerstand *R* ist der Drahtlänge *l* proportional.
Wie wirkt sich die Querschnittsfläche aus? Dies untersuchen wir in ➡ *Versuch 3*. Bei doppeltem Durchmesser steigt die Stromstärke auf das 4fache, der Widerstand sinkt auf den vierten Teil, nämlich auf $R = 60 \ \Omega/4 = 15 \ \Omega$.
Um dies zu verstehen, denken wir uns z. B. vier Drähte je mit der Querschnittsfläche A_1 parallel gelegt (➡ *Bild 2*). Werden diese zu einem Draht verschmolzen, hat dieser die 4fache Querschnittsfläche $A = 4 A_1$, aber nur den doppelten Durchmesser. Durch die 4fache Fläche strömen 4-mal so viele Elektronen (gleichmäßig über die Fläche verteilt). Die Stromstärke *I* steigt auf das 4fache, $R = U/I$ sinkt auf den vierten Teil.

Merksatz

Der Widerstand *R* ist der Drahtlänge *l* und dem Kehrwert der Querschnittsfläche *A* proportional.

V2: Wir verdoppeln die Länge des Konstantandrahtes auf 2,0 m. Bei gleicher Spannung sinkt die Stromstärke jeweils auf die Hälfte (➡ *Tabelle 2*). Der Quotient *U/I* = 120 V/A ist doppelt so groß wie in ➡ *Versuch 1*.

V3: Wir benutzen einen 1 m langen Draht mit doppeltem Durchmesser (0,20 mm statt 0,10 mm). Die Stromstärke steigt im Vergleich zu ➡ *Versuch 1* bei gleicher Spannung auf das 4fache (➡ *Tabelle 2*).

U in V	Länge: 2,0 m Dicke: 0,1 mm		Länge: 1,0 m Dicke: 0,2 mm	
	I in A	*U/I* in V/A	*I* in A	*U/I* in V/A
0	0	–	0	–
1,2	0,01	120	0,08	15
2,4	0,02	120	0,16	15
3,6	0,03	120	0,24	15
4,8	0,04	120	0,32	15

T2: Quotient *U/I* in Abhängigkeit von Drahtlänge und Drahtdicke

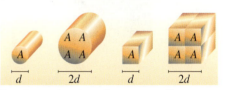

B2: Doppelter Durchmesser ergibt 4fache Querschnittsfläche.

Beispiel

An den 1 m langen Draht aus Versuch 1 wird die Spannung *U* = 30 V gelegt.
a) Wie groß ist die Stromstärke *I*? **b)** Die Stromstärke soll 1 A sein. Welche Länge muss der Draht haben?

Lösung:
a) Der Draht hat den Widerstand $R = U/I = 60 \ \Omega$. Mit $I = U/R$ wird $I = 30 \text{ V}/60 \ \Omega = 30 \text{ V}/(60 \text{ V/A}) = \textbf{0,5 A}$.
b) Zunächst berechnen wir den nötigen Widerstand: $R = U/I = 30 \text{ V}/1 \text{ A} = 30 \ \Omega$. Wegen *R* ~ *l* muss man die **Drahtlänge** auf **0,5 m** verkürzen.

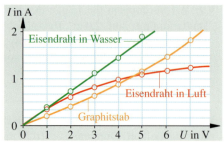

V 1: Wir legen an einen Eisendraht und an einen Graphitstab (Bleistiftmine) verschiedene Spannungen und messen die jeweilige Stromstärke.

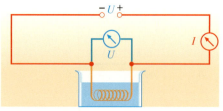

V 2: Wasser sorgt für konstante Temperatur.

V 3: Bei Erhitzen sinkt die Stromstärke, der Widerstand steigt also.

Bei **Widerstandsthermometern** nutzt man die Temperaturabhängigkeit des Widerstandes von Drähten, um die Temperatur zu messen. Sie sind klein und unempfindlich. Man kann sie z. B. am Automotor befestigen. Ein Strommesser zeigt am Armaturenbrett die Temperatur in °C.

4. Wie reagiert der Widerstand auf Erhitzen?

Wie ▥▥▸ *Versuch 1* zeigt, sind die Kennlinien des Eisendrahtes und des Graphitstabes keine Geraden wie bei Konstantandrähten. Bei Verdoppelung der Spannung steigt die Stromstärke bei Eisen auf weniger als das Doppelte, bei Graphit auf mehr als das Doppelte an. Der Quotient aus Spannung und Stromstärke ist *nicht konstant*. Der Widerstand ändert sich also. Er wächst bei Eisen mit der Stromstärke und sinkt bei Graphit.

Könnte beim Eisendraht das Ansteigen des Widerstandes mit seiner Temperaturzunahme durch die steigende Stromstärke erklärt werden? ▥▥▸ *Versuch 2* gibt darüber Auskunft: Das Wasserbad sorgt für näherungsweise konstante Temperatur. Die *U-I*-Kennlinie ist nun eine Gerade! Dies gilt auch für andere Metalle.

Merksatz

Bei **konstanter Temperatur** gilt für reine Metalle das ohmsche Gesetz, d. h. es gilt $I \sim U$.
Steigt die Temperatur, so steigt ihr Widerstand.

Den Einfluss der Temperatur auf den Widerstand von Eisendrähten zeigt ▥▥▸ *Versuch 3* eindrucksvoll. Erhitzt man eine Strom führende Wendel aus Eisendraht mit einer Flamme, so sinkt die Stromstärke trotz konstanter Spannung erheblich.

Man kann die Vergrößerung des Widerstandes bei Erhitzen leicht verstehen: Bei höherer Temperatur schwingen die Atomrümpfe heftiger um ihre Ruhelage und behindern dadurch die Bewegung der Leitungselektronen stärker.
Dies müsste ebenso für Graphit gelten. Auch in ihm führen die Atome bei Erhöhung der Temperatur heftigere Schwingungen aus. Graphit gehört jedoch zu einer Gruppe von Stoffen, bei denen noch ein weiterer Effekt hinzukommt: Bei steigender Temperatur werden zusätzliche Leitungselektronen freigesetzt. Für den Ladungstransport stehen also mehr Ladungsträger zur Verfügung. Dies verkleinert den elektrischen Widerstand. Unsere Messung zeigt, dass der zweite Effekt sich stärker auswirkt als der erste.
Bei einigen Legierungen wie z. B. Konstantan ist der Widerstand unabhängig von der Temperatur.

Interessantes

B 1: Einschaltstrom Glühlampe

Warum brennen Glühlampen oft beim Einschalten durch?
Bei Zimmertemperatur beträgt der Widerstand der Glühwendel einer 60 W-Lampe 95 Ω, bei Glühtemperatur 880 Ω. Kurz nach Schließen des Stromkreises ist die Stromstärke also sehr groß.

Sie sinkt erst bei Erreichen der Glühtemperatur auf den Endwert ab (▥▥▸ *Bild 1*). Der starke Anfangsstrom erhitzt dünne Stellen des Wolframdrahtes besonders stark. Dort werden vermehrt Atome abgedampft, der Draht wird also noch dünner, bis er schmilzt.

Interessantes

Der Idealfall – Leiter *ohne* Widerstand

Bei sinkenden Temperaturen nimmt der Widerstand reiner Metalle ab. Bei einigen Stoffen fällt der Widerstand bei tiefen Temperaturen auf null – es entsteht **Supraleitung**. Supraleitende Stoffe leiten den elektrischen Strom *ohne* Verluste an elektrischer Energie. Man benutzt supraleitende Spulen, um z. B. sehr starke Magnetfelder zu erzeugen – ohne die unerwünschte Erwärmung der Spulen. In der Medizin werden supraleitende Spulen zum Betrieb von *Kernspintomographen* eingesetzt, in der Forschung, um die Umwandlung von Wasserstoff in Helium bei der *Kernfusion* zu ermöglichen.

Die Temperatur, bei der ein Stoff unter Abkühlung plötzlich supraleitend wird, nennt man seine **Sprungtemperatur**. Bei reinen Metallen liegen die Sprungtemperaturen nahe dem absoluten Nullpunkt (0 K = –273 °C). Für Blei beträgt sie 7 K = –267 °C. Dies bedeutet, dass man mit teurem flüssigen Helium kühlen muss. Helium siedet übrigens bei –269 °C.

1987 wurde der Physiknobelpreis an den Deutschen Johannes G. BEDNORZ und den Schweizer Karl A. MÜLLER vergeben. Sie wurden für die Entdeckung

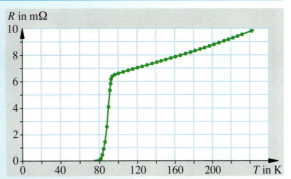

B 2: Der Widerstand einer Probe aus $Y_1Ba_2Cu_3O_7$ fällt bei einer Temperatur von 99 K = –138 °C plötzlich auf null.

der so genannten *Hochtemperatursupraleitung* geehrt. Diese tritt schon bei etwa –150 °C auf (⟹ *Bild 2*). Man kann hier deshalb mit dem preiswerten flüssigen Stickstoff (Siedepunkt bei –196 °C) kühlen. Hochtemperatursupraleiter sind keramische Stoffe.

Heute sucht man fieberhaft nach Materialien, die schon bei Zimmertemperatur supraleitend sind – um z. B. elektrische Energie *verlustlos* übertragen zu können.

Vertiefung

Wovon hängt der Widerstand eines Drahtes ab?

Wir sahen, dass der Widerstand R proportional ist
- zur Leiterlänge l und
- zum Kehrwert $1/A$ der Querschnittsfläche A.

Beide Ergebnisse können wir zu einer Gleichung zusammenfassen. Bei 5facher Leiterlänge l steigt der Widerstand R auf das 5fache. Verdoppelt man außerdem die Querschnittsfläche A, so erhöht sich R nur auf das (5/2)-fache. Insgesamt ist also der Widerstand R dem Quotienten l/A proportional: $\boldsymbol{R \sim l/A}$. Daraus folgt, dass der Quotient $R \cdot A/l = \text{konstant} = \varrho$ ist. Der Wert der Konstanten ϱ (rho) hängt vom Material des Drahtes ab. ϱ heißt **spezifischer Widerstand**.

Wir fassen zusammen: Ein Draht mit der Länge l, der Querschnittsfläche A und dem spezifischen Widerstand ϱ hat den Widerstand

$$R = \varrho \cdot \frac{l}{A}.$$

Je kleiner ϱ ist, desto besser leitet der betreffende Stoff den Strom. *Silber*, als bester Leiter, hat das kleinste ϱ.

Nun berechnen wir den spezifischen Widerstand ϱ für *Konstantan* aus den Werten der ⟹ *Tabelle 1* am Anfang dieses Kapitels:

Für den benutzten Draht ergab sich $R = 60\,\Omega$, seine Länge war $l = 1,0$ m, seine Querschnittsfläche $A = 0,0078\ \text{mm}^2$ (aus $r = d/2 = 0,05$ mm berechnet man die kreisförmige Querschnittsfläche nach $A = 3,14 \cdot r^2$).

$$\begin{aligned} \varrho &= R \cdot A/l = (60\,\Omega \cdot 0,0078\ \text{mm}^2)/1,0\ \text{m} \\ &= 0,47\ \Omega \cdot \text{mm}^2/\text{m} \end{aligned}$$

Ein Konstantandraht der Länge 1 m und der Querschnittsfläche 1 mm^2 hat also den Widerstand
$R = \varrho \cdot l/A = 0,47\ \Omega \cdot \text{mm}^2/\text{m} \cdot 1\ \text{m}/1\ \text{mm}^2 = 0,47\ \Omega$.

Silber	0,016	Kohle	50–100
Kupfer	0,017	Germanium	900
Gold	0,023	Silicium	1200
Aluminium	0,028	Akkusäure	um 1300
Eisen, Stahl	0,1–0,5	Meerwasser	200000
Wolfram	0,05	dest. Wasser	10^{10}
Konstantan	um 0,5	Porzellan, Glas	10^{19}

T 1: Spezifischer Widerstand ϱ in $\Omega \cdot \text{mm}^2/\text{m}$ bei 18 °C

Interessantes

B 1: Widerstände in einer elektronischen Schaltung

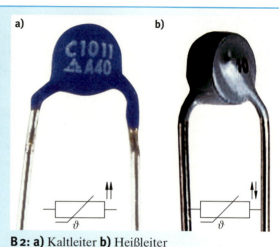

a)   b)

B 2: a) Kaltleiter **b)** Heißleiter

Technische Widerstände

In vielen elektrischen Geräten benutzt man Leiter mit bestimmten Widerstandswerten, um die Stromstärke oder die Spannung auf geeignete Werte einzustellen. Solche Leiter selbst bezeichnet man als *Widerstände*.

In ▸ *Bild 1* ist ein Ausschnitt aus einer elektronischen Schaltung mit **Festwiderständen** zu sehen. Diese Schichtwiderstände bestehen aus einem Keramikröhrchen mit aufgedampfter Kohle oder Metallschicht.

Da Widerstandsangaben auf den dünnen Röhrchen kaum lesbar wären, benutzt man eine Farbmarkierung nach ▸ *Tabelle 1*.
Die zwei ersten Ringe bestimmen die ersten beiden Ziffern, der dritte Ring die Zahl der daran anzuhängenden Nullen (Angabe in Ohm). Der vierte Ring gibt die Genauigkeit des angegebenen Wertes an.

▸ *Bild 2* zeigt **temperaturabhängige Widerstände**. Man unterscheidet zwischen *Kaltleitern* und *Heißleitern*.
Wie wir sahen, nimmt der Widerstand reiner Metalle mit steigender Temperatur zu. Erhitzt man z. B. einen Kupferdraht von Zimmertemperatur auf 100 °C, so steigt sein Widerstand um etwa 30 %. Metalle leiten bei Zimmertemperatur besser als bei höherer Temperatur, sind also Kaltleiter oder **PTC**-Widerstände (PTC kommt von **p**ositive **t**emperature **c**oefficient).

Bei den Heißleitern, auch **NTC**-Widerstände (**n**egative **t**emperature **c**oefficient) genannt, nimmt der Widerstand mit steigender Temperatur ab. Sie leiten im heißen Zustand besser als im kalten. Bei einigen Materialien nimmt der Widerstand auf ein Hundertstel ab, wenn man sie auf einige 100 °C erwärmt.

PTC- und NTC- Widerstände werden in der Technik dazu benutzt, um Temperaturen zu messen und manchmal auch zu regeln. Wegen der kleinen Ausmaße dieser Bauteile kann man auch an schwer zugänglichen Stellen z. B. eines Motors Temperaturen bestimmen. Dünne Kabel führen zum Ableseinstrument (Fernmessung). In Kühlschränken, Waschmaschinen und vielen anderen Geräten sorgen sie für die richtige Temperatur. Elektromotoren werden durch PTC-Widerstände vor Überhitzung geschützt.

	1. Ring	2. Ring	3. Ring
schwarz	0	0	–
braun	1	1	0
rot	2	2	00
orange	3	3	000
gelb	4	4	0000
grün	5	5	00000
blau	6	6	000000
violett	7	7	0000000
grau	8	8	00000000
weiß	9	9	000000000

T 1: Farbcode auf Widerständen

A 1: Welchen Widerstand haben die abgebildeten Widerstände? Benutze zur Lösung der Aufgabe die ▸ *Tabelle 1*.

Interessantes

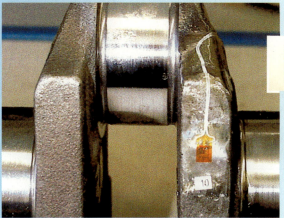

B3: Trotz Leichtbaus der Kurbelwelle muss deren Festigkeit gewahrt sein. Ihre Verformung im Einsatz wird mithilfe eines Dehnungsmessstreifens gemessen.

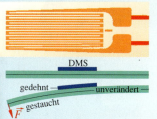

Das Plättchen wird sorgfältig auf die zu untersuchende Stelle eines Werkstückes aufgeklebt.

Es ist wichtig, dass man elektrische Signale für die Durchbiegung erhält. Man kann sie leicht einem Computer zuführen, der die Daten speichert und weiterverarbeitet. Dadurch erhält man Hinweise auf Schwachstellen der Konstruktion.

Aus den Verformungen kann man auf die Größe der einwirkenden Kräfte schließen – man hat daher mit einem Dehnungsmessstreifen ein Kraftmessgerät. Man sagt dazu auch **Kraftsensor**.

Dehnungsmessstreifen sind beispielsweise in digital anzeigende Waagen eingebaut.

Dehnungsmessstreifen

Die Entwicklung von Flugzeugen, modernen Automotoren oder eleganten Brückenkonstruktionen ist ohne die Verwendung von **Dehnungsmessstreifen (DMS)** kaum möglich. Ein DMS (⟶ *Bild 3*) besteht aus einem dünnen Metallband (meist Konstantan), das in vielen Windungen auf ein Plastikplättchen fest aufgebracht ist und einen bestimmten Widerstand hat (typisch sind 120 Ω). Wird das Plättchen durchgebogen, so wird der Draht gedehnt bzw. gestaucht. Dadurch werden seine Länge und sein Querschnitt verändert. Also ändert sich sein Widerstand. Die Widerstandsänderung kann sehr genau gemessen werden. Sie ist der Größe der Verformung proportional.

Mehr Sicherheit im Flugzeugbau:

Bei Flugzeug-Bauteilen ist der Zusammenhang zwischen Größe und Anzahl von Verformungen und dem Beginn von Materialermüdung bekannt. Bei der Konstruktion von Flugzeugflügeln überprüfen die Ingenieurinnen und Ingenieure an kritischen Stellen (etwa die Verbindung Flügel-Rumpf) mithilfe aufgeklebter Dehnungsmessstreifen, ob es bei den unvermeidlichen Vibrationen nicht zu unerlaubt großen Dehnungen kommt – und das in *allen* Flugsituationen. Auch während des Flugbetriebs wird die Beanspruchung gefährdeter Teile mit Dehnungsmessstreifen überwacht und im Flugschreiber aufgezeichnet (zur Unfallklärung nach einem Absturz).

... noch mehr Aufgaben

A2: Jemand bezeichnet die Gleichung $I = U/R$ als ohmsches Gesetz. Ist dies richtig? Was nennen wir ohmsches Gesetz? Unter welcher Bedingung gilt es für Metalle? Welche Form hat dann die U-I-Kennlinie?

A3: Ein Draht hat den Widerstand 100 Ω. Welchen Wert hat der Widerstand, wenn man die Drahtlänge verdreifacht und gleichzeitig die Querschnittsfläche verfünffacht? Wie würde sich die Stromstärke verändern? (U konstant)

A4: In einem Versuch werden an verschiedenen Drähten zwei der drei Größen Spannung, Stromstärke, Widerstand gemessen.

U in V	20	12	?
I in A	4	?	0,08
R in Ω	?	200	1500

Übertrage die Tabelle in dein Heft und fülle die Lücken aus.

A5: a) Wie groß ist der Widerstand eines Bügeleisens, in dem bei der Spannung 230 V die Stromstärke 4,0 A beträgt? **b)** Wie groß ist die Stromstärke, wenn die Spannung auf 220 V sinkt? **c)** Bei welcher Spannung würde die Stromstärke 1,0 A betragen? (R sei konstant)

A6: Bei einer 100 W-Glühlampe ist bei 2 V die Stromstärke 38 mA; bei 230 V ist sie 435 mA. Berechne jeweils den Widerstand und erkläre, warum sich die Werte unterscheiden.

A7: Berechne die Stromstärke beim Betrieb einer 60 W- bzw. 100 W-Lampe. Die Spannung habe dabei den Wert $U = 230$ V. Wodurch unterscheiden sich die Abmessungen der Glühwendeln beider Lampen?

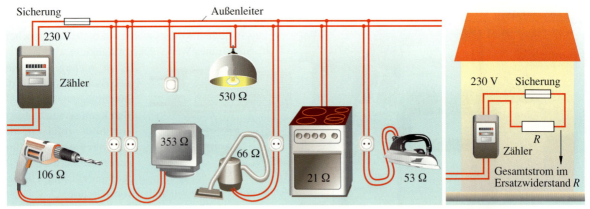

B1: Die Geräte im Haushalt liegen an der gleichen Spannung von 230 V. Sie sind parallel geschaltet.

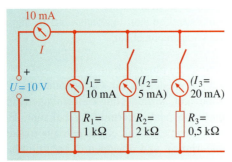

V1: Parallelschaltung von R_1, R_2, und R_3: Der Versuchsaufbau entspricht der Schaltung der Elektrogeräte im Haushalt (⫸ *Bild 1*). Wir wollen untersuchen, wie sich das Zuschalten weiterer Geräte auf die Gesamtstromstärke auswirkt. Statt 230 V wählen wir die ungefährliche Spannung 10 V. **a)** Zunächst schließen wir den Stromkreis mit dem Widerstand $R_1 = 1{,}0$ kΩ. Die Stromstärke beträgt $I_1 = U/R_1 = 10$ V/1000 Ω = 10 mA. **b)** Dann schalten wir den doppelt so großen Widerstand $R_2 = 2{,}0$ kΩ *parallel*. In diesem Zweig messen wir nur die halbe Stromstärke $I_2 = 5$ mA.
Im unverzweigten Teil lesen wir als **Gesamtstrom I_{ges}** dieser **Parallelschaltung** die Summe
$I_{ges} = I_1 + I_2 = 10$ mA + 5 mA = 15 mA ab. **c)** Nun schalten wir noch einen dritten Widerstand $R_3 = 0{,}5$ kΩ parallel. Der Zweigstrom $I_3 = 20$ mA erhöht die Gesamtstromstärke I_{ges} von 15 mA auf 35 mA. **d)** Die Teilstromstärken lassen sich auch mithilfe der Gleichung $I = U/R$ berechnen, z.B.:
$I_2 = U/R_2 = 10$ V/2 kΩ = 5 mA.

Der verzweigte Stromkreis

1. Die Geräte im Haushalt sind parallel geschaltet

Im Haushalt können alle Geräte unabhängig voneinander ein- und ausgeschaltet werden. Sie sind nach ⫸ *Bild 1* direkt an die beiden oberen Netzleitungen angeschlossen, zwischen denen die Spannung $U = 230$ V besteht. Diese Spannung liegt also an jedem Gerät. Wie ändert sich aber die Stromstärke, wenn mehrere Geräte gleichzeitig betrieben werden?

Wir können das Ergebnis von ⫸ *Versuch 1* auf den Haushalt übertragen:
Durch Zuschalten eines zweiten, dritten Geräts erhöht sich jeweils die Gesamtstromstärke. Der Gesamtstrom in der Zuleitung ist die Summe der Teilströme.

 Merksatz

Bei der **Parallelschaltung** liegt an allen Zweigwiderständen die gleiche Spannung. Die **Gesamtstromstärke I_{ges}** im unverzweigten Teil ist gleich die Summe der Teilstromstärken I_1, I_2, I_3, … Es gilt:

$$I_{ges} = I_1 + I_2 + I_3 + …$$

2. Welcher Zweigstrom ist am stärksten?

Nach $I = U/R$ erzeugt die gemeinsame Spannung U im doppelten Widerstand nur die halbe Stromstärke (siehe auch ⫸ *Versuch 1*). Die Zweigströme sind gegeben durch $I_1 = U/R_1$ und $I_2 = U/R_2$. Dividiert man I_1 durch I_2, so entfällt U. Es folgt $I_1/I_2 = R_2/R_1$.

 Merksatz

Bei einer **Stromverzweigung** verhalten sich die Stromstärken in den Zweigen umgekehrt wie die Zweigwiderstände.

3. Mehr Geräte – weniger Widerstand

Wir wissen: Der Gesamtstrom steigt mit jedem zugeschalteten Parallelwiderstand (➦ *Versuch 1*). Da die Spannung konstant ist, muss der Gesamtwiderstand kleiner geworden sein. In Schaltungen ist es oft wichtig, die Gesamtstromstärke zu berechnen. Um dies einfach ausführen zu können, denken wir uns die parallel geschalteten Widerstände durch *einen* Widerstand ersetzt – den **Ersatzwiderstand** R. Spannung und Stromstärke sollen sich dabei nicht ändern.

Für ➦ *Versuch 1* errechnet man:
$R = U/I_{ges} = 10\ \text{V}/35\ \text{mA} = 0,29\ \text{k}\Omega$.
Der Ersatzwiderstand ist kleiner als der kleinste Zweigwiderstand (in unserem Versuch 0,5 kΩ).
Aus $I_{ges} = I_1 + I_2 + I_3$ ergibt sich $I_{ges} = U/R = U/R_1 + U/R_2 + U/R_3$. Nach Division durch U erhält man den Kehrwert $1/R$ des Ersatzwiderstandes R.

Merksatz

Der Kehrwert $1/R$ des **Ersatzwiderstandes** R einer **Parallelschaltung** ist gleich der Summe der Kehrwerte $1/R_i$ der Zweigwiderstände R_i ($i = 1, 2, \ldots$):

$$\frac{1}{R} = \frac{1}{R_1} + \frac{1}{R_2} + \ldots$$

Beispiel

In einem Saal ist die Leitung für die Deckenlampen mit 10 A abgesichert. Wie viele parallel geschaltete Lampen mit jeweils 529 Ω dürfen gleichzeitig betrieben werden ($U = 230$ V)?

Lösung über Teilstromstärken:
Stromstärke in einer Lampe:
$I_1 = U/R_1 = 230\ \text{V}/529\ \Omega = 0,435\ \text{A}$.
$10\ \text{A}/0,435\ \text{A} \approx 23$.
Es dürfen **bis zu 23 Lampen** betrieben werden.
Lösung über Ersatzwiderstand:
Damit bei $U = 230$ V die Stromstärke $I = 10$ A wird, muss der Ersatzwiderstand $R = U/I = 230\ \text{V}/10\ \text{A} = 23\ \Omega$ sein.
Aus $R_1 = R_2 = \ldots$ folgt
$1/R = 1/R_1 + 1/R_2 + \ldots = n \cdot 1/R_1$.
$n = R_1/R = 529\ \Omega/23\ \Omega = \textbf{23}$.
Da der Einschaltstrom von Glühlampen größer ist als der Betriebsstrom (nach Erreichen der Betriebstemperatur der Glühwendel), wäre gleichzeitiges Einschalten kritisch. Es sei denn, man verwendet eine *träge* Sicherung.

... noch mehr Aufgaben

A1: a) Berechne die Ströme in den Geräten nach ➦ *Bild 1*. **b)** Berechne ihre Leistung bei gegebenem Widerstand. **c)** Wie groß sind der Ersatzwiderstand und die Leistung der gesamten Anlage? **d)** Dürfen alle Geräte gleichzeitig in Betrieb genommen werden, wenn eine 20 A-Sicherung eingebaut ist?

A2: Bei einer Fahrradbeleuchtung ($U = 6$ V) hat die Scheinwerferlampe 2,4 W, die Rücklichtlampe 0,6 W. **a)** Wie groß sind die jeweiligen Stromstärken und die Gesamtstromstärke? **b)** Berechne die Widerstände der Lampen und den Ersatzwiderstand der Anlage.

A3: Zwei Widerstände mit $R_1 = 50\ \Omega$ und $R_2 = 0,5\ \Omega$ liegen parallel an der Spannung 0,1 V. Berechne I_1, I_2 und I_{ges}.

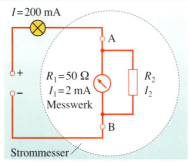
$I = 200$ mA

$R_1 = 50\ \Omega$
$I_1 = 2\ \text{mA}$
Messwerk

R_2
I_2

Strommesser

B2: Messbereich von 2 mA auf 200 mA erweitert

A4: Die Spule eines Drehspulinstruments hat den Widerstand $R_1 = 50\ \Omega$ und zeigt bei $I_1 = 2$ mA Vollausschlag. Will man Ströme bis 200 mA messen, muss man den überschüssigen Strom I_2 am Messwerk durch einen *Parallelwiderstand* R_2 vorbeileiten (➦ *Bild 2*). **a)** Berechne I_2 und R_2. **b)** Wie groß ist nun der Ersatzwiderstand R_{ges} des Messgeräts? **c)** Der Messbereich steigt auf das 100fache. Wie ändert sich R_{ges}?

A5: Ein 1 km langes Seil einer Hochspannungsleitung hat einen Stahlkern mit $R_1 = 2\ \Omega$ Widerstand. Er gibt mechanische Festigkeit. Ihn umgibt ein Aluminiummantel mit $R_2 = 0,1\ \Omega$. **a)** Berechne den Ersatzwiderstand R des Seilstückes. **b)** Der Spannungsabfall an dem Seilstück sei $U = 100$ V. Wie groß sind die Stromstärken im Kern und im Mantel, wie groß ist die Gesamtstromstärke?

A6: Vögel halten sich mit beiden Beinen auf dem Seil einer Hochspannungsleitung fest. Warum ist dies für sie ungefährlich? (siehe Werte von Aufgabe 5; Beinabstand 2 cm)

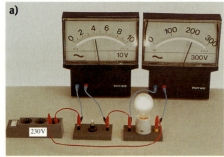

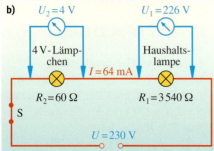

B 1: a) Ein überraschender Versuch
b) Schaltskizze

V 1: Wir legen an den Widerstand $R_1 = 10\ \Omega$ die Spannung $U = 10$ V und messen die Stromstärke $I = 1$ A. Nun schalten wir zu R_1 noch zwei weitere Widerstände $R_2 = 20\ \Omega$ und $R_3 = 70\ \Omega$ in Reihe (➡ *Bild 2*). Die Stromstärke sinkt auf $I = 0{,}1$ A.
Ähnlich wie bei in Reihe geschalteten Lämpchen ist auch hier der Widerstand größer geworden.
Wir denken uns nun die drei Widerstände durch *einen* großen Widerstand ersetzt. Er soll den Strom genauso behindern wie die drei Einzelwiderstände zusammen – bei der gleichen Spannung $U = 10$ V soll sich wieder die Stromstärke $I = 0{,}1$ A einstellen.
Nach unseren Messwerten hat dieser *Ersatzwiderstand* den Wert
$R = U/I = 10$ V$/0{,}1$ A $= 100\ \Omega$.
Dies ist gleich der Summe
$R = 10\ \Omega + 20\ \Omega + 70\ \Omega$ der *Teilwiderstände R_i.*

V 2: Wir messen die Stromstärke in der Schaltung nach ➡ *Bild 2* auch an den Stellen A, B und C. Die Messung ergibt, dass die Stromstärke bei Reihenschaltung von Widerständen überall gleich ist. Dies war zu erwarten, da keine Ladung abgezweigt wird.

Der unverzweigte Stromkreis

1. Mehr Geräte – mehr Widerstand

Kann man ein 4 V-Lämpchen an einer Steckdose mit 230 V betreiben? ➡ *Bild 1 a* zeigt, dass es möglich ist, aber nur, wenn man eine Haushaltslampe *in* denselben Stromkreis schaltet (Lehrerversuch!). Man sagt, die Lampen sind in Reihe (hintereinander) geschaltet. In beiden Glühdrähten ist die Stromstärke gleich groß – kein Strom wird seitlich abgezweigt.

➡ *Versuch 1* zeigt, dass in Reihe geschaltete Widerstände *einen* großen Widerstand bilden. Den Wert dieses **Ersatzwiderstandes** erhält man, indem man die Werte der Einzelwiderstände addiert.

Merksatz

Bei **Reihenschaltung** ist die Stromstärke in allen Teilwiderständen gleich. Der **Ersatzwiderstand R** ist gleich der Summe der Einzelwiderstände:

$$R = R_1 + R_2 + R_3 + \dots$$

Der Gesamtwiderstand ist bei Reihenschaltung *größer* als jeder Teilwiderstand.
Weshalb also brennt das kleine Lämpchen in ➡ *Bild 1* nicht durch? Der Widerstand der kleinen Lampe (4 V; 65 mA) ist $R_2 = U/I = 4$ V$/0{,}065$ A $\approx 60\ \Omega$, der der großen Lampe (230 V; 65 mA) ist $R_1 = 230$ V$/0{,}065$ A $\approx 3540\ \Omega$ (➡ *Bild 2*).
Für den Gesamtwiderstand gilt:
$R = R_1 + R_2 = 3540\ \Omega + 60\ \Omega = 3600\ \Omega$.
Also ist die Stromstärke $I = U/R = 230$ V$/3600\ \Omega = 64$ mA.
Dies ist etwa die für das Lämpchen vorgeschriebene Stromstärke.

Man kann die Haushaltslampe ($R_1 = 3540\ \Omega$) durch einen Widerstand mit $R_v = R_1$ ersetzen. Man nennt R_v einen **Vorwiderstand**. Vorwiderstände begrenzen die Stromstärke auf gewünschte Werte.

Vertauscht man in ➡ *Bild 1 a* die beiden Lampen, so ändert sich am Leuchten der beiden nichts. Es ist also beliebig, an welcher Stelle eines Stromkreises man den *Vor*widerstand hinzuschaltet.

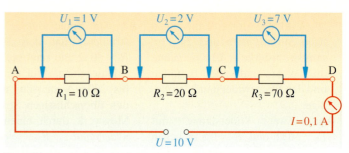

B 2: Widerstände in Reihe haben gleiche Stromstärke, aber unterschiedliche Teilspannungen.

2. Spannungen teilen sich auf

Das 4 V-Lämpchen leuchtet in ➡ *Bild 1 a* normal hell. Liegen zwischen seinen Anschlüssen 4 V? Wo bleibt dann der Rest der 230 V? Um dies zu klären, schalten wir zwischen die Anschlussbuchsen der kleinen und der großen Lampe je einen Spannungsmesser (➡ *Bild 1 b*). Wir messen $U_1 = 226$ V; $U_2 = 4$ V. Die Spannung der Netzsteckdose $U = 230$ V teilt sich also in die zwei Teilspannungen U_1 und U_2 auf.

Untersuchen wir zunächst, was bei Reihenschaltung gleicher Widerstände geschieht. ➡ V*ersuch 3* zeigt, dass dann an jedem Teilwiderstand die gleiche Teilspannung abfällt. Ihre Summe ist gleich der von außen angelegten Spannung.
Für verschiedene Widerstände zeigt ➡ *Versuch 4*: Die Spannung der Quelle verteilt sich über die in Reihe liegenden Teilwiderstände – und zwar so, dass sich bei jedem Widerstand die gleiche Stromstärke ergibt. Am doppelten Widerstand stellt sich die doppelte, am 7fachen Widerstand die 7fache Spannung ein. Es gilt $I = 2\,U/2\,R = 7\,U/7\,R = U/R =$ konstant.
Aus $I = U_1/R_1 = U_2/R_2$ folgt demnach: $\boldsymbol{U_1/U_2 = R_1/R_2}$.

Merksatz

Zwischen den Enden der **Teilwiderstände R_i** liegen die **Teilspannungen $U_i = I \cdot R_i$**. Ihre Summe ist gleich der Gesamtspannung U:

$$U = U_1 + U_2 + U_3 + \dots$$
$$= I \cdot R_1 + I \cdot R_2 + I \cdot R_3 + \dots$$
$$= I \cdot (R_1 + R_2 + R_3 + \dots) = I \cdot R$$

Die Teilspannungen U_i verhalten sich wie die Teilwiderstände R_i:

$$\frac{U_1}{U_2} = \frac{R_1}{R_2}; \quad \frac{U_1}{U_3} = \frac{R_1}{R_3} \quad \text{usw.}$$

In einem Stromkreis fällt an einem geschlossenen Schalter praktisch keine Spannung ab (➡ *Versuch 5*). Öffnet man ihn, so liegt an ihm die ganze, von außen angelegte Spannung. **Achtung:** Ein herausgedrehtes Lämpchen einer Lichterkette wirkt wie ein geöffneter Schalter; zwischen den Kontakten liegen 230 V!

V3: An ein 6 V-Lämpchen wird die Spannung $U = 6$ V gelegt. Es leuchtet normal hell. Schaltet man ein zweites 6 V-Lämpchen in Reihe, leuchten beide nur schwach. Um volle Helligkeit zu erreichen, muss man die Spannung auf 12 V hoch regeln. An jedem Lämpchen liegt nun die Teilspannung 6 V.

V4: In Versuch 1 ist im Widerstand R_1 die Stromstärke $I = 0{,}1$ A. Für 0,1 A braucht man aber an 10 Ω nicht die Spannung $U = 10$ V, sondern nur die *Teilspannung* $U_1 = I \cdot R_1 = 1$ V. Bei $R_2 = 20$ Ω benötigt man für ebenfalls 0,1 A die doppelte Spannung, nämlich 20 V; an 70 Ω sind 0,1 A · 70 Ω = 7 V nötig.
Wir überprüfen unsere Überlegungen:
Zu jedem Widerstand in Versuch 1 schalten wir einen Spannungsmesser (blau) und finden die erwarteten Teilspannungen 1 V, 2 V und 7 V. Am größten Widerstand liegt die größte Teilspannung.
Unsere Messung ergibt: Die Summe der Teilspannungen ist gleich der angelegten Spannung der Quelle
$U = 1$ V + 2 V + 7 V = 10 V.

V5: a) In der Schaltskizze ➡ *Bild 1 b* ist ein Schalter (S) eingebaut. Ist er geschlossen, so hat er den Widerstand $R_S \approx 0$ Ω. Dann liegt bei ihm die Teilspannung $U_S = R_S \cdot I \approx 0$ V. Eine Messung bestätigt dies. **b)** Durch Öffnen des Schalters sinkt die Stromstärke I auf 0 A. Wegen $U = R \cdot I$ werden die Teilspannungen an den Lampen 0 V. Der Spannungsmesser zeigt, dass die ganze, von außen angelegte Spannung $U = 230$ V zwischen den Kontakten des Schalters liegt.

... noch mehr Aufgaben

A1: Es gibt 2 Arten von Lichterketten für 230 V. Die einen haben 10, die anderen 16 in Reihe geschaltete „Kerzen". Jede Kerze hat die Leistung 3 W. Berechne für jede der Ketten: **a)** Die Spannung an einer Kerze. **b)** Die Stromstärke. **c)** Den Widerstand einer Kerze. **d)** Den Ersatzwiderstand R der Kette. **e)** Die Gesamtleistung.

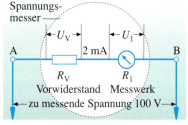
Spannungsmesser
U_V 2 mA U_1
A B
R_V R_1
Vorwiderstand Messwerk
zu messende Spannung 100 V

B4: Ein Drehspulgerät zur Spannungsmessung (➡ *Aufgabe 2*)

A2: Das Messwerk eines Drehspulgeräts mit $R_1 = 50$ Ω zeigt bei $I = 2$ mA Vollausschlag. **a)** Welche Spannung liegt bei $I = 2$ mA am Messwerk? **b)** Das Messgerät soll Spannungen bis 100 V messen können. Auch bei $U = 100$ V muss die Stromstärke $I = 2$ mA sein. Wie groß muss R sein, wie groß der Vorwiderstand R_v?

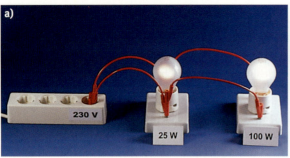
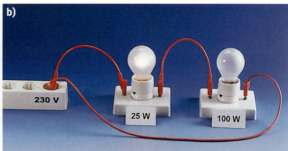

B 1: Warum leuchten in **a)** beide Lampen, in **b)** nur eine?

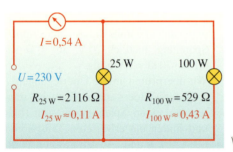

B 2: Parallelschaltung (zu ⟹ *Bild 1 a*):
Wir schließen eine 25 W- und eine 100 W-Lampe an eine Steckdose an. Da sie parallel geschaltet sind, liegt an beiden die Spannung $U = 230$ V. Wir messen:
$I_{25\,W} = 0,11$ A und $I_{100\,W} = 0,43$ A.
Die größere Stromstärke liefert die größere Leistung.
Aus $R = U/I$ errechnet man die Widerstände der Glühfäden:
$R_{25\,W} = 230$ V/0,11 A = 2116 Ω,
$R_{100\,W} = 230$ V/0,43 A = 529 Ω
Die 25 W-Lampe hat etwa den vierfachen Widerstand der 100 W-Lampe.
Wir erkennen: Je größer der Widerstand, desto kleiner die Leistung.

Interessantes

Andere Länder, andere Spannungen

Wer seinen Fön in die USA (Netzspannung $U \approx 115$ V) mitnimmt, erhält dort nur laue Luft. Am gleichen Widerstand sinkt dort die Leistung $P = U^2/R$ wegen des Quadrats U^2 im Zähler auf $P/4$. Heizgeräte aus den USA dagegen schmoren bei unserer Spannung 230 V wegen der 4fachen Leistung schnell durch! Weil die Wärmeentwicklung proportional zu U^2 ist, darf sich die Netzspannung nur in engen Grenzen ändern.

Elektrische Leistung in Stromkreisen

1. Energieumsetzung bei einem Elektrogerät

Die Leistung $P = U \cdot I$ eines Elektrogerätes hängt wegen $I = U/R$ von seinem Widerstand ab. Aus beiden Gleichungen folgt:

Merksatz

$$P = U \cdot I = (R \cdot I) \cdot I \quad \text{oder} \quad \boldsymbol{P = R \cdot I^2} \tag{1}$$

$$P = U \cdot I = U \cdot \frac{U}{R} \quad \text{oder} \quad \boldsymbol{P = \frac{U^2}{R}} \tag{2}$$

2. Energieumsetzung bei Parallelschaltung

Im Haushalt sind die elektrischen Geräte parallel geschaltet. Das bedeutet, dass an jedem Gerät die gleiche Netzspannung U liegt – in Deutschland beträgt sie 230 V.
Welchen Einfluss hat eigentlich der Widerstand eines Geräts auf seine Leistung? *Gl. 2* besagt: $P = U^2/R$.

Da an jedem Gerät die gleiche Spannung liegt, gilt folglich:
Je *kleiner* der Widerstand des Gerätes ist, desto *größer* ist die umgesetzte Leistung (⟹ *Bild 2*). Für zwei elektrische Geräte mit den Leistungen P_1 und P_2 und den Widerständen R_1 und R_2 gilt nach *Gl. 2*:
$P_1 = U^2/R_1$ und $P_2 = U^2/R_2$. Dividieren wir P_1 durch P_2, so erhalten wir:

$$\frac{P_1}{P_2} = \frac{U^2/R_1}{U^2/R_2} = \frac{U^2}{R_1} \cdot \frac{R_2}{U^2} = \frac{R_2}{R_1}.$$

Merksatz

Bei **Parallelschaltung** verhalten sich die aufgenommenen Leistungen umgekehrt wie die Widerstände der Geräte:

$$\frac{P_1}{P_2} = \frac{R_2}{R_1}. \tag{3}$$

2. Energieumsetzung bei Reihenschaltung

Elektrische Geräte sind über Zuleitungen mit dem Stromnetz verbunden. Die Temperatur der Zuleitungen soll möglichst wenig steigen, d. h. in den Zuleitungen soll möglichst wenig Energie umgesetzt werden. Wie ist das zu bewerkstelligen?

Das Gerät mit dem Widerstand R_1 und die Zuleitung mit dem Widerstand R_2 führen den gleichen Strom. Sie sind in Reihe geschaltet.
Die Gesamtspannung U verteilt sich auf die beiden Teilwiderstände:

$$U = U_1 + U_2.$$

An jedem Teilwiderstand R_i braucht man für die gleiche Stromstärke I die Teilspannung $U_i = R_i \cdot I$, und nicht die Netzspannung $U = 230$ V. Es gilt also $I = U_1/R_1 = U_2/R_2$. Hieraus folgt nach Umformen:

$$\frac{U_1}{U_2} = \frac{R_1}{R_2}.$$

Die Teilspannungen verhalten sich wie die Teilwiderstände.

Für die Teilleistungen gilt nach *Gl. 1* der vorigen Seite: $P_1 = R_1 \cdot I^2$ und $P_2 = R_2 \cdot I^2$.

Merksatz

Bei **Reihenschaltung** ist die Teilleistung P_i dem Widerstand R_i proportional.

$$P_i = I^2 \cdot R_i \qquad (4)$$

Da in allen Widerständen die Stromstärke gleich ist, gilt:
Je *größer* der Widerstand ist, desto *größer* ist die Leistung.

Der Widerstand R_2 der Zuleitung zur 25 W-Lampe sei 10 Ω. Ihre Glühwendel hat den Widerstand $R_1 = 2116$ Ω. Die „Verlustleistung" an der Zuleitung ist nur rund $\frac{1}{2}$% der Lampenleistung (s. *Gl. 4*) – die dicken Zuleitungskabel bleiben also kalt, die Lampe kann fast die gesamte, von der Quelle gelieferte Energie abstrahlen.

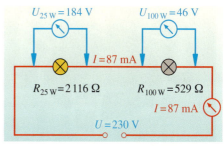

B 3: Reihenschaltung der Glühfäden (zu ⟹ *Bild 1 b*). Um zu verstehen, warum die 100 W-Lampe nicht leuchtet, berechnen wir die Teilspannung $U_{100\,W}$, die an ihrem Glühfaden anliegt.
Die 25 W-Lampe hat einen Widerstand von $R_{25\,W} = 2116$ Ω, die 100 W-Lampe hat $R_{100\,W} = 529$ Ω. Also liegt die Gesamtspannung von 230 V am Gesamtwiderstand $R = 2116\,Ω + 529\,Ω = 2645\,Ω$ an.
Die Stromstärke ist
$I = U/R = 230$ V/2645 Ω ≈ 87 mA.
An der 25 W-Lampe liegt die Teilspannung
$U_{25\,W} = I \cdot R_{25\,W} = 0{,}087\,A \cdot 2116\,Ω$
$= 184$ V.
Das sind 80% der Netzspannung – die Lampe leuchtet, wenn auch schwächer.
An der 100 W-Lampe liegt die Teilspannung
$U_{100\,W} = 0{,}087\,A \cdot 529\,Ω = 46$ V,
dies sind nur 20% der Netzspannung. Kein Wunder, dass sie dunkel bleibt!

Quarzuhr	$1/10^6$ W	Bügeleisen	1 kW
Taschenlampe	1 W	Herdplatte	2 kW
Glühlampen	15–200 W	Straßenbahn	100 kW
Autolampe	45 W	ICE 3	$8 \cdot 10^4$ kW
Kühlschrank	80–180 W	Blitz	10^{10} kW

T 1: Elektrische Leistungen

... noch mehr Aufgaben

A 1: Wie verhalten sich die Widerstände einer 100 W- und einer 60 W-Glühlampe zueinander?

A 2: Eine Wohnungssicherung spricht bei $I_{max} = 10$ A an. Ein 1 kW Heizofen und ein Bügeleisen mit $R = 53$ Ω sind in Betrieb. **a)** Wie groß sind Ersatzwiderstand und Gesamtleistung? **b)** Wie viele 100 W-Lampen darf man höchstens dazuschalten? **c)** Die Spannung sinkt von 230 V auf 207 V, also um 10%. Um wie viel Prozent sinken die Leistungen? Hängt das Ergebnis vom Gerätewiderstand ab?

A 3: In *Gl. 1* tritt R im Zähler, in *Gl. 2* im Nenner auf. Zeige, dass dies kein Widerspruch ist. Wo ist *Gl. 1*, wo *Gl. 2* von Vorteil?

B1: Drehwiderstand

V1: Nach ➠ *Bild 2* wird ein dünner Konstantandraht zwischen die Klemmen A und B gespannt. Die Spannung $U = 1,5$ V zwischen A und B verursacht einen Strom der Stärke I. Den linken Anschluss eines Spannungsmessers verbinden wir mit A, mit dem anderen gleiten wir längs des Drahtes von B nach A. So messen wir die Teilspannung U_1 zwischen dem Schleifer S und dem linken Anschluss A. Wie das Schaubild zeigt, fällt sie gleichmäßig von 1,5 V auf 0 V. Steht der Schleifer in der Mitte des Drahtes, bekommen wir die halbe Spannung 0,75 V.

Durch Verschieben des Schleifers verändert man den Widerstand R des ganzen Drahtes und damit die Stromstärke I nicht. Man verändert die Teilwiderstände R_1 und R_2 und damit die Teilspannungen $U_1 = R_1 \cdot I$ und $U_2 = R_2 \cdot I$.

Da R_1 und R_2 in Reihe geschaltet sind, gilt $R = R_1 + R_2$ und $U = U_1 + U_2$.

Spannungsteilerschaltung

1. Wie unterteilt man Spannungen?

In Experimenten und in technischen Geräten benötigt man häufig veränderbare Spannungen, hat aber nur eine Spannungsquelle mit fester Ausgangsspannung U_{Quelle} zur Verfügung. Man hat z. B. eine Batterie mit 4,5 V, benötigt aber die Spannung 1,5 V. Mit einer Schaltung nach ➠ *Bild 2* lässt sich jede beliebige Teilspannung zwischen 0 V und U_{Quelle} einstellen. Man nennt eine solche Schaltung **Spannungsteiler-** oder **Potentiometerschaltung**. Die meisten Stellglieder hinter Drehknöpfen von Elektronikgeräten sind Spannungsteiler. An Radios lässt sich mit ihnen die Lautstärke regeln, bei Netzgeräten die Spannung. Statt eines gespannten Drahtes nimmt man meist Drehwiderstände (➠ *Bild 1*). Bei ihnen ist der Konstantandraht auf einen ringförmigen Isolator gewickelt, der Schleifer ist mit einem Drehknopf verbunden.

 Merksatz

Ein Strom führender Leiter unterteilt die angelegte Spannung stetig.

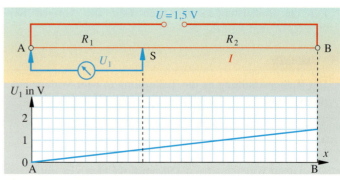

B2: Ein Draht als Spannungsteiler

... noch mehr Aufgaben

A1: Wie wäre der Spannungsverlauf in ➠ *Bild 2*, wenn man den Spannungsmesser zwischen S und B legte? Bei welcher Stellung des Schiebers S misst er $\frac{1}{4}$, wo $\frac{3}{4}$ der angelegten Spannung?

A2: Auf einer Projektorlampe steht 25 V/10 A. Sie soll an 230 V angeschlossen werden. Welchen Vorwiderstand muss man in Reihe schalten, damit die Lampe nicht durchbrennt?

A3: Ein Taschenrechner hat die Daten 3 V/0,1 mA. Du möchtest ihn aber mit dem 9 V-Netzgerät deines Rekorders betreiben. Welchen Vorwiderstand musst du wählen?

A4: Drei Widerstände $R_1 = 20\,\Omega$, $R_2 = 30\,\Omega$, $R_3 = 50\,\Omega$ liegen in Reihe an der Spannung $U = 50$ V. Berechne den Gesamtwiderstand, die Stromstärke und die Teilspannungen.

A5: Man schaltet 4 Lämpchen in Reihe an eine Quelle mit 17 V; die Stromstärke ist 0,2 A. An dreien misst man jeweils die Teilspannung 4 V. Bestimme die Widerstände der 4 Lampen.

A6: (Zu ➠ *Interessantes*) Die Batterien deines Radiorekorders sind fast erschöpft. Das Radio funktioniert noch. Beim Abspielen von Kassetten läuft der Motor jedoch zu langsam. Erkläre.

A7: (Zu ➠ *Interessantes*) Ein 12 V-Akku hat einen Innenwiderstand $R_i = 0,05\,\Omega$. Auf welchen Wert sinkt seine Klemmenspannung U_{Kl}, wenn er mit 100 A belastet wird?

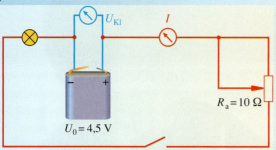

B 3: Die Spannung einer Batterie bei Belastung

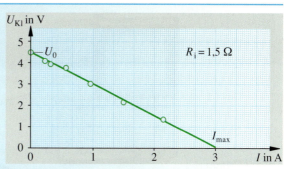

B 4: Mehr Strom – weniger Klemmenspannung

A. Innenwiderstand einer Batterie

Sicher hast du schon beobachtet, dass beim Starten des Automotors die Innenraumbeleuchtung dunkler wird. Man sagt: „Der Akku geht in die Knie". Offenbar wird die Spannung zwischen den Polen des Akkus kleiner.

Wir wollen diesen Vorgang am Beispiel einer 4,5 V-Flachbatterie untersuchen (➡ *Bild 3*). Ist der Schalter offen, messen wir die *Leerlaufspannung* U_0. Wird der regelbare Widerstand R_a (Außenwiderstand) auf $R_a \approx 0\ \Omega$ verkleinert, so steigt I nur bis $I_{max} = 3\ A$ (Kurzschlussstrom *ohne* Lampe); die Klemmenspannung U_{Kl} sinkt auf 0 V (➡ *Bild 4*). Warum wird die Stromstärke nicht noch größer?

Die Batterie muss die Ladungsträger des Stromkreises auch durch ihr Inneres pumpen, durch Salmiaksalz, Kohlestäbe usw. Diese Teile bilden den **Innenwiderstand** R_i. An ihm fällt die Teilspannung $I \cdot R_i$ ab. Die gemessene Klemmenspannung sinkt daher auf:

$$U_{Kl} = U_0 - I \cdot R_i.$$

Der Innenwiderstand der Flachbatterie ergibt sich zu $R_i = U_0/I_{max} = 4,5\ V/3\ A = 1,5\ \Omega$. Dieser Wert gilt nur für neue Batterien. Bei Gebrauch steigt R_i.

B. Strom kann man auch über Spannung messen

Viele moderne Messgeräte sind Spannungsmesser. Dazu gehören Oszilloskope, elektrische Schreiber, Interface.

Nach dem ohmschen Gesetz gilt $I \sim U$. Will man bei einem Experiment die Stromstärke I bestimmen, so baut man in den Stromkreis einen Messwiderstand R_{Mess} ein und misst die Spannung U, die zwischen seinen Anschlüssen abfällt. Mit $I = U/R_{Mess}$ kann man I berechnen.

Um die Stromstärke I möglichst wenig zu verändern, sollte R_{Mess} im Vergleich zu den anderen Widerständen, die im Stromkreis vorkommen, klein sein.

Frisch geladene Bleiakkus haben einen Innenwiderstand von 0,02 Ω. Bei Kurzschluss – etwa bei unvorsichtigem Hantieren mit Starthilfekabeln – erreicht die Stromstärke sehr hohe Werte. Die dadurch verursachte Erwärmung kann zur Zerstörung der Batterie führen.

Anlasser brauchen Stromstärken bis zu 200 A. Die Klemmenspannung sinkt dabei auf
$U_{Kl} = U_0 - I \cdot R_i = 12\ V - 200\ A \cdot 0,02\ \Omega = 8\ V$.
Du verstehst jetzt, weshalb die Bordbeleuchtung eines Autos während des Startens dunkler wird.

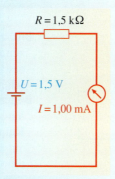

Tipp: Du kannst den Ladezustand deiner Taschenlampenbatterien leicht überprüfen. Verbinde Plus- und Minuspol über einen 1,5 kΩ-Widerstand und miss die Stromstärke. Bei neuen Batterien ist $I = 1\ mA$. Bei $I < 0,6\ mA$ solltest du an Ersatz denken. (Für 3 V-Lithium-Batterien: 3 kΩ, 1 mA;
für 9 V-Batterien:

B 5: Batterietestgerät 0,9 kΩ, 10 mA)

Der Widerstand R_{Mess} dient hier als **Spannungswandler** (in ➡ *Bild 5*: 1,5 kΩ).

Auch *digital* anzeigende *Multimeter* sind im Prinzip spannungsempfindliche Messgeräte. Bei Strommessung wird der Spannungsabfall an fest eingebauten Widerständen gemessen (➡ *Bild 6*).

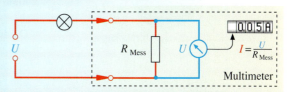

B 6: Hier wird die Stromstärke gemessen.

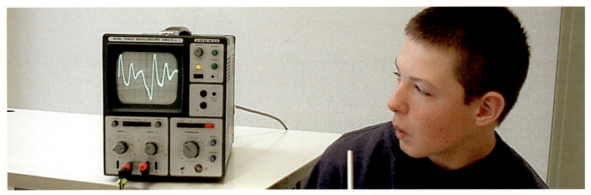

B1: Töne werden sichtbar

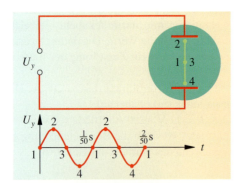

B2a: Nur vertikale Ablenkung

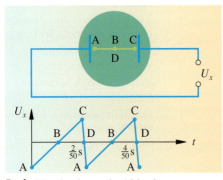

B2b: Nur horizontale Ablenkung

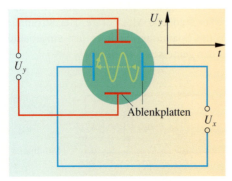

B2c: Beide Ablenkungen gleichzeitig

Wechselspannung

1. Das Oszilloskop misst auch Wechselspannungen

In vielen Bereichen der Wissenschaft, Medizin und Technik will man den zeitlichen Verlauf von Spannungen beobachten. In Oszilloskopen, Monitoren und Fernsehgeräten werden dazu braunsche Röhren verwendet. Wir wissen, dass die Ablenkung des Elektronenstrahls in einer braunschen Röhre proportional zur Spannung zwischen den Ablenkplatten ist. Damit kann man erklären, wie der Spannungsverlauf auf dem Bildschirm angezeigt wird:

Bild 2a: Eine Wechselspannungsquelle wird an das *vertikal* ablenkende Plattenpaar der braunschen Röhre eines Oszilloskops angeschlossen. Der Lichtpunkt bewegt sich schnell auf und ab; wir sehen einen senkrechten Strich.

Bild 2b: Um zu erkennen, wie sich die zu untersuchende Spannung U_y zeitlich ändert, wird im Oszilloskop eine so genannte **Kippspannung U_x** („Sägezahnspannung") erzeugt. Man legt sie an das *horizontal* ablenkende Plattenpaar. Die Spannung U_x führt den Elektronenstrahl gleichförmig von links (A) nach rechts (C). Ist er am rechten Bildrand (C) angelangt, springt er sehr schnell zum linken Rand (A) zurück (in ⟹ *Bild 2c* gestrichelt eingezeichnet).

Bild 2c: Durch die seitlich ablenkende Kippspannung U_x werden die von U_y erzeugten *vertikalen* Auslenkungen des Strahls (⟹ *Bild 2a*) nebeneinander gelegt. Dies geschieht so, als würde man U_y in einem Schaubild in Abhängigkeit von der Zeit t nach rechts auftragen. Im Intervall A-B-C läuft der Strahl von links nach rechts. Dabei schreibt er zwei Perioden der Wechselspannung U_y von je $\frac{1}{50}$ s Dauer.

Da der Elektronenstrahl praktisch verzögerungsfrei der Ablenkspannung folgt, kann man mit Oszilloskopen extrem schnelle Spannungsänderungen untersuchen. Dabei fließen keine Ladungen, denn die Ablenkplatten sind gegeneinander gut isoliert. Schwache Spannungsquellen (z. B. Mikrofone) werden somit nicht belastet.

2. Elektrische Energie im Haushalt

Das Elektrizitätswerk versorgt unsere Wohnungen mit elektrischer Energie. Sie wird in Deutschland in der Regel mit Erdkabeln ins Haus geführt. Der Übergabekasten, in dem sich die Hauptsicherung befindet und der „Zähler", der die entnommene Energie misst, sind durch eine dicke Leitung miteinander verbunden. Vom Verteilerkasten (➠ *Bild 3*) wird die elektrische Energie zu den einzelnen Wohnbereichen geführt (*Parallelschaltung*). In jedem Stromkreis befindet sich eine Sicherung, die die Stromstärke begrenzt (meist auf 16 A).

In den Verteilerdosen – sie liegen oft unter Putz – verzweigen sich die Leitungen zu den Steckdosen, den Lampenanschlüssen und den Schaltern des jeweiligen Raumes (➠ *Bild 4*).

3. Die Erdung des Netzes und seine Folgen

Die Kabel, die vom Verteilerkasten zu den Räumen des Hauses führen, bestehen aus drei Drähten.

Der **Außenleiter**, früher „Phase" genannt, hat eine braune oder schwarze Isolation. Er hat gegen Erde eine Spannung von 230 V. Berühren blanker Stellen ist lebensgefährlich (!), wenn man auf leitendem Boden steht. Da der Stromkreis jetzt über den Erdboden geschlossen ist, spricht man von einem Unfall durch *Erdschluss*.

Der Draht mit blauer Isolation heißt **Nullleiter**. Er ist geerdet. Der Draht mit der grün-gelben Ummantelung ist der **Schutzleiter**. Er ist ebenfalls geerdet. Dies erscheint auf den ersten Blick unvernünftig. Seine wichtige Schutzfunktion wird auf der übernächsten Seite erklärt.

Zum „Erden" verbindet man Null- und Schutzleiter mit feuchter Erde, indem man sie mit dem *Fundamenterder* verbindet. Das ist ein massives Eisenband, das in das Fundament des Hauses eingegossen wurde. Alle Metallgeräte im Haus (Badewanne, Wasser und Gasleitung und über den Schutzleiter selbst das Bügeleisen) sind mit dem Fundamenterder verbunden.

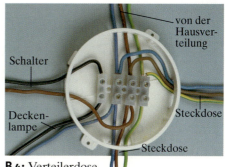

B4: Verteilerdose

B5: Der Spannungsprüfer zeigt, dass ein Pol der Steckdose Spannung gegen die Erde hat. Der zweite Pol ist geerdet.

Betrachtet man die Leuchtdioden über einen Drehspiegel, so kann man erkennen, dass sie abwechselnd aufleuchten. Unsere Wohnungen werden nämlich über Wechselstrom mit elektrischer Energie versorgt. Mit einem Oszilloskop kann man den zeitlichen Verlauf der Spannung sichtbar machen. Es zeigt, dass die Spannung einen geschlängelten (sinusförmigen) Verlauf hat (➠ *Bild 6*). In jeder Sekunde wechselt sie 100-mal ihr Vorzeichen. (Später werden wir die Vorteile der Wechselspannung gegenüber der Gleichspannung kennenlernen.)

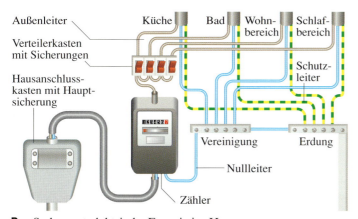

B3: So kommt elektrische Energie ins Haus.

Außenleiter

Verteilerkasten mit Sicherungen

Hausanschlusskasten mit Hauptsicherung

Küche   Bad   Wohnbereich   Schlafbereich

Schutzleiter

Vereinigung   Erdung

Nullleiter

Zähler

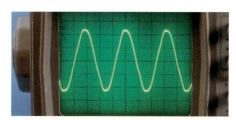

B6: Wechselspannung; zeitlicher Verlauf

Interessantes

Föhn in Badewanne tötete zwei Kinder

Crailsheim (dpa/lsw). Zwei Kinder sind in einer Gemeinde im Raum Crailsheim in der Badewanne durch einen Stromschlag getötet worden. Nach Polizeiangaben hatten die beiden drei und neun Jahre alten Geschwister gebadet und dabei mit einem Haartrockner hantiert. Offenbar wollten die Kinder mit dem Gerät die Haare einer Puppe trocknen.
Die Mutter und eine zehn Jahre alte Schwester hatten zum Zeitpunkt des Unglücks das Badezimmer wegen eines Telefonanrufs verlassen. Als sie kurze Zeit später zurückkehrten, lagen die Beiden tot in der Wanne.

B 1: Notiz in einer Tageszeitung im Oktober 1998

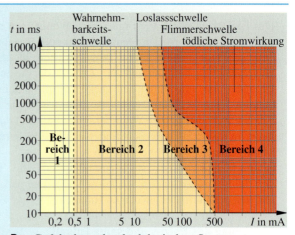

B 2: Gefährdung durch elektrischen Strom

Gefahren durch elektrischen Strom

Der menschliche Körper leitet den elektrischen Strom. Je nach der Stromstärke, der Einwirkungsdauer des Stroms und dem Weg, den die Ladungen durch den Körper nehmen, können ernste gesundheitliche Schäden auftreten:

- Es kann zu Verkrampfungen von Muskeln kommen. Den Betroffenen ist es oft nicht möglich, sich von der Gefahrenstelle zu entfernen, weil die schwachen Signale aus dem Gehirn an die Muskeln von der äußeren Spannung überlagert werden.
- Hochspannungen verursachen oft Verbrennungen.
- Durch die chemische Wirkung des elektrischen Stroms können Zellen zerstört werden.
- Befinden sich Herz oder Kopf im Stromkreis, kann Herzflimmern auftreten, das ohne Hilfe zum Herzstillstand führt.

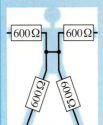
Die Stromstärke hängt auch hier von der Spannung und dem Widerstand ab. Dieser setzt sich aus dem Körperwiderstand und dem Übergangswiderstand zusammen (Reihenschaltung).
Der **Körperwiderstand** beträgt etwa 1,2 kΩ.

Der **Übergangswiderstand** beeinflusst wesentlich die Schwere des Schadens:

- Feuchte Hände leiten Strom besser als trockene.
- Schuhe, Teppich- oder Holzböden schützen.
- Nackte Füße, Steinböden, feuchter Rasen sind gefährlich.

Es kommt aber auch auf die Größe der Berührungsfläche an. Daraus ergibt sich die extreme Gefährdung durch elektrische Geräte beim Baden (➠ *Bild 1*).

➠ *Bild 2* zeigt die Schwere der Schädigung in Abhängigkeit von Stärke und Einwirkungsdauer eines Wechselstroms. (Achte auf die nichtlinearen Skalierungen der Achsen). Man kann vier Bereiche unterscheiden:
Bereich 1: Wechselströme unter 0,5 mA werden von den meisten Menschen nicht wahrgenommen, unabhängig von der Einwirkungsdauer.
Bereich 2: In diesem Bereich sind normalerweise keine Schäden zu erwarten. Leichte Verkrampfungen der Muskulatur. Wie in den folgenden Bereichen ist die Einwirkungsdauer wichtig.
Bereich 3: Starke Krämpfe der Muskulatur. Unregelmäßiger Herzschlag.
Bereich 4: Tödliche Stromwirkung durch Herzflimmern – Gehirn und Lunge werden nicht mehr ausreichend durchblutet. Bewusstlosigkeit.
Bei einer Einwirkungsdauer von 1 s können schon 60 mA tödlich sein.

Aus den Wirkungen ergeben sich die **Hilfeleistungen**:
1. Schnelles Abschalten des Stroms.
   Erst dann den Verunglückten berühren!
2. Bei Bewusstlosigkeit und Atemstillstand: Beatmung, Herzmassage (wie bei einem Ertrunkenen).
3. Schnell einen Arzt rufen!

Vorsichtsmaßnahmen beim Umgang mit elektrischen Geräten:
Nie Geräte mit Netzanschluss in der Nähe der Badewanne lagern!
Nie barfuß Elektrorasenmäher betreiben!
Nie gleichzeitig Elektrogerät und Wasserleitung anfassen!
Nie ein Elektrogerät öffnen, solange es noch mit der Steckdose verbunden ist!

Interessantes

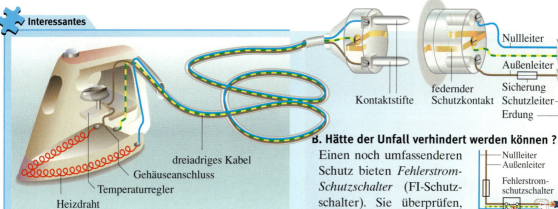

B 3: Das Bügeleisen ist durch ein dreiadriges Kabel mit der Steckdose verbunden.

Schutzmaßnahmen

A. Schutzleiter sorgen für unsere Sicherheit

Beim Betrieb des Bügeleisens in ➡ *Bild 3* führen nur der blaue und der braune Leiter Strom, nicht aber der grün-gelbe Schutzleiter. Dieser hat eine Sicherheitsfunktion im Gefahrenfall. Er verbindet das Metallgehäuse des Bügeleisens über die gelb gezeichneten Schutzkontakte im Schukostecker mit der Erdung am Hausanschluss. Es ist gleichgültig, wie man den Stecker in die Dose steckt, der grün-gelbe Schutzstecker behält seine Funktion.

Nimm an, es gäbe keinen Schutzleiter und der Außenleiter sei schlecht isoliert (defekte Keramikisolation des Heizdrahtes oder brüchige Isolation alter Kabel). In diesem Fall bekommt der Außenleiter Kontakt zum Metallgehäuse. Durch diesen *Gehäuseschluss* erhält das Gehäuse Spannung gegen Erde. Über die bügelnde Person kann ein Stromkreis zum Fußboden geschlossen werden. Es kann zu einem lebensgefährlichen Körperstrom kommen. Auf ihn spricht die Sicherung nicht an, sie ist auf den viel stärkeren Strom durch das Bügeleisen ausgelegt.

Ist ein Schutzleiter vorhanden, bleibt die Person ungefährdet: Sein Widerstand ist sehr klein. Also kommt es in keinem Augenblick zu einer gefährlichen Teilspannung Gehäuse-Erde. Außen- und Schutzleiter führen einen starken Strom zur Erde. Die Sicherung im Außenleiterstrang spricht an und nimmt die Gefahr weg.

Gefahr: Verwechselt ein unwissender Bastler bei der Montage eines neuen Schukosteckers Schutz- und Außenleiter, dann steht das Gehäuse unter der vollen Spannung von 230 V zur Erde!

B. Hätte der Unfall verhindert werden können ?

Einen noch umfassenderen Schutz bieten *Fehlerstrom-Schutzschalter* (FI-Schutzschalter). Sie überprüfen, ob die Stromstärken im Außenleiter und im Nullleiter gleich groß sind. In unserem

Beispiel entsteht ein zusätzlicher Stromkreis Steckdose-Kind-Boden, sodass der Unterschied der Stromstärken nicht mehr null ist. Bei 30 mA „Fehlerstrom" wird der Stromkreis innerhalb von 0,03 s vom Netz getrennt. Durch das schnelle Abschalten ist das Kind nicht gefährdet (➡ *Bild 2*). In diesem Fall hätte der Schutzleiter nicht schützen können.

Kindersicherungen in Steckdosen verhindern, dass Kinder mit Nägeln oder anderen leitenden Gegenständen den spannungsführenden Pol berühren können. Man sollte sie stets benutzen. Auch moderne Technik könnte mal versagen.

B 4: Küchenmaschinen und viele andere Haushaltsgeräte sind mit einem *zweiadrigen* Kabel ausgerüstet – haben also keinen Schutzleiter. Eine Schutzisolierung sorgt für Sicherheit. Alle Außenteile sind meist aus isolierendem Kunststoff. Nach außen führende Metallteile sind durch Kunststoffteile unterbrochen.

Pilzdrucktasten trennen sofort alle Steckdosen vom Netz. Bei einem Stromschlag kannst du mit ihnen Menschenleben retten.

Notaus

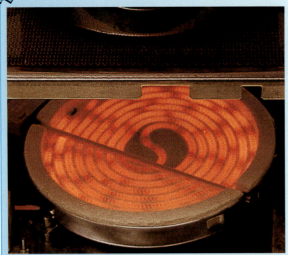

B1: Elektrische Kochplatte

Private Haushalte	in kWh	in Euro
Warmwasserspeicher (50-80 l)	199,4	30,60
Satellitenempfänger	138,7	21,30
Warmwasserspeicher (5-15 l)	135,6	20,80
Videorecorder	119,6	18,40
Faxgerät	104,0	16,00
Hi-Fi-Komplettanlage	96,4	14,80
Elektroherd	48,2	7,40
Schnurloses Telefon	42,0	6,40
PC	41,7	6,40
Fernseher	38,3	5,90
Radiowecker	13,1	2,00
Büro		
Telefonanlage (11 - 100 Nebenanschlüsse)	1040,0	159,70
Workstation	934,4	128,10
Kopierer	371,4	57,00
Laserdrucker	135,0	20,70

B3: Jährlicher Bedarf an el. Energie durch Stand-by

Physik im Haushalt

A. Elektrische Kochplatten

Du willst Spaghetti kochen. Auf der Packung steht: „Nudeln in kochendes Salzwasser geben, 10 Minuten leicht sprudelnd weiterkochen lassen." Zum Erhitzen des Wassers wählst du die Schnellkochstufe, dann wählst du die Stufe $1\frac{1}{2}$. Was geschieht eigentlich beim Drehen des Schalters? – In der Kochplatte sind drei Heizdrähte eingebaut, die verschieden große Widerstände haben. Durch geeignetes Zusammenschalten dieser Widerstandsdrähte erhält man sechs verschiedene Ersatzwiderstände und damit nach $I = U/R$ sechs verschieden große Stromstärken (Außerdem gibt es noch die Schalterstellung „aus").

Je nach gewünschter Leistung werden die Heizdrähte einzeln, in Reihe oder parallel geschaltet. In ▸ *Bild 2* sind sie als Widerstände eingezeichnet.

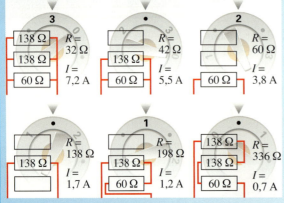

B2: Mit 3 Widerständen schaltet man 6 Kochstufen.

B. Teurer Stand-by-Betrieb

Hast du dir schon einmal klargemacht, wie viel elektrische Energie bereitgestellt werden muss, damit Fernsehgerät, Videorecorder, CD-Player, Hi-Fi-Anlage und PC sofort betriebsbereit sind? In Deutschland werden durch den Stand-by-Betrieb pro Jahr 20,5 Milliarden kWh (1997) für diesen „Leerlauf" benötigt (Zum Vergleich: Alle Wasserkraftwerke lieferten in diesem Jahr $18,5 \cdot 10^9$ kWh, Wind- und Sonnenanlagen $0,09 \cdot 10^9$ kWh).

Ein mit elektronischen Geräten gut ausgestatteter Haushalt muss dafür jährlich ca 150 € ausgeben (▸ *Bild 3*). Wie kann man sparen?

- Wenn du auf ein wenig Bequemlichkeit verzichtest, dann kannst du auf den Stand-by-Modus verzichten und die Geräte einfach komplett ausschalten.
- Es gibt aber auch Zusatzgeräte, die diese Aufgabe für dich automatisch erledigen. Sie werden zwischen Steckdose und z. B. Fernsehgerät oder Hi-Fi-Anlage geschaltet. Du kannst dann die elektrischen Geräte wie gewohnt im Stand-by-Betrieb aus- und wieder einschalten, das Zusatzgerät schaltet den Strom selbsttätig ab und wieder ein.
- Frage beim Kauf elektrischer Geräte nach der Leerlaufleistung. Ein Watt sollte genügen (durch entsprechende Chips kann z. B. die Leerlaufleistung von TV-Geräten auf 1/100 gesenkt werden).
- Bei Halogenlampen ist ein Trafo nötig, der die Netzspannung 230 V in die niedrige Betriebsspannung umwandelt. Der Schalter sollte vor dem Trafo eingebaut sein, damit dieser nicht ständig Wärme abgibt.

Interessantes

Ein paar lichtvolle Erkenntnisse zur Beleuchtung

In einem Drei-Personen-Haushalt werden pro Jahr etwa 2800 kWh elektrischer Energie benötigt (ohne Warmwasserbereitung). Davon entfallen 320 kWh auf die Beleuchtung.

Umweltbewusste Köpfe können durch die Wahl der richtigen Lampe Energie sparen, ohne auf genügende Helligkeit verzichten zu müssen.

A. Glühlampen

Die **Lichtausbeute** von Glühlampen ist mit 5% sehr klein – nur 5% der elektrisch zugeführten Energie verlassen als Licht den Glaskolben, der Rest wird als Wärme abgegeben. Die Lichtausbeute steigt zwar mit der Temperatur des Glühfadens, doch sinkt dann die *Lebensdauer* der Lampe von etwa *1000 h* stark. Das Glühfadenmetall Wolfram verdampft im Vakuum schon bei 2100 °C. Dieses Abdampfen der Wolframatome verlangsamt man durch Einfüllen schwerer Gase (Argon, Krypton) in den Glaskolben. Deren massereiche Atome stoßen nämlich die abdampfenden Wolframatome zum Glühfaden zurück. Dessen Temperatur lässt sich so bis 3000 °C steigern, nahe an die Wolfram-Schmelztemperatur von 3400 °C.

Trotz dieser Maßnahmen schlägt sich Wolfram allmählich als dunkler Belag auf der Innenseite des Glaskolbens nieder – die Lichtausbeute sinkt.

Halogenlampen

Geringe Lichtausbeute und kurze Lebensdauer der Glühlampe werden bei der Halogenglühlampe verbessert. Durch Zugabe von Halogengas (Brom, Fluor oder Jod) erreicht man, dass keine Schwärzung des Lampenkolbens auftritt. Die abgedampften Wolframatome verbinden sich in den kühleren Bereichen des Quarzkolbens mit Halogenmolekülen und bilden ein Gas. Kommt ein solches Gasmolekül in die heiße Zone unmittelbar an der Glühwendel, so zerfällt es. Das Wolframatom setzt sich wieder am Glühfaden ab. Durch diesen Prozess kann man die Temperatur und damit die Lichtausbeute steigern.

Vorteile: höhere Lichtausbeute, längere Lebensdauer, weißes Licht und kleine Abmessungen.

Nachteile: wegen des hohen Innendrucks (20 bar) Gefahr des Zerspringens; UV-Anteil im Licht.

C. Leuchtstofflampen

Sie sind den Glimmlampen verwandt. Statt Neon leitet Quecksilberdampf den Strom. Dabei entsteht viel unsichtbares UV-Licht. Ein Leuchtstoff, mit dem die Glasröhre innen ausgekleidet ist, wandelt das UV in sichtbares Licht um und bestimmt den Farbton. Ihre Lichtausbeute ist etwa 6- bis 8-mal höher als die gewöhnlicher Glühlampen. Ihre Lebensdauer beträgt 10 000 h. Durch häufiges Ein- und Ausschalten wird sie verkürzt. Leuchtstofflampen brauchen für den Betrieb Vorschaltgeräte. Moderne, elektronische Geräte sorgen für höhere Lichtausbeute und flimmerfreies Licht (sie arbeiten mit 20–40 kHz).

Energiesparlampen sind Leuchtstofflampen in besonders kompakter Form. Ihr Vorschaltgerät ist im Sockel eingebaut, dessen Schraubgewinde in die üblichen Lampenfassungen passt.

A1: Eine Energiesparlampe mit der Leistung 15 W leuchtet so hell wie eine Glühlampe mit 75 W. Der Preis einer Energiesparlampe ist 6 €, der einer Glühlampe 1 €. Die elektrische Energie kostet etwa 0,10 €/kWh. Vergleiche die Gesamtkosten während der Lebensdauer der Energiesparlampe (10 000 h). Lebensdauer einer Glühlampe 1000 h.

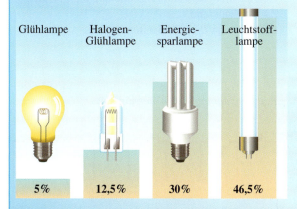

Glühlampe	Halogen-Glühlampe	Energie-sparlampe	Leuchtstoff-lampe
5 %	12,5 %	30 %	46,5 %

B 4: Lichtausbeute verschiedener Lampen

B 5: Lebensdauer von Lampen

Das ist wichtig

1. Gleichungen:

Stromstärke: $I = \dfrac{Q}{t}$ Einheit: $1\,\text{A} = 1\,\dfrac{\text{C}}{\text{s}}$

Spannung: $U = \dfrac{W}{Q}$ Einheit: $1\,\text{V} = 1\,\dfrac{\text{J}}{\text{C}}$

Widerstand: $R = \dfrac{U}{I}$ Einheit: $1\,\Omega = 1\,\dfrac{\text{V}}{\text{A}}$

Energie: $W = U \cdot I \cdot t$ Einheit: $1\,\text{Ws} = 1\,\text{J}$;
          $= P \cdot t$ $1\,\text{kWh} = 3{,}6 \cdot 10^6\,\text{J}$

Leistung: $P = U \cdot I$ Einheit:
          $1\,\text{W} = 1\,\text{V} \cdot \text{A}$;
          $1\,\text{W} = 1\,\text{J/s}$;
          $1\,\text{kW} = 1000\,\text{W}$

2. Bei einem konstanten Strom kann die transportierte **Ladung Q** mithilfe der Gleichung

$$Q = I \cdot t$$

berechnet werden. Q ist die Ladung, die in der Zeit t durch einen beliebigen Leiterquerschnitt fließt.

3. Die **Spannung U** ist die Ursache für das Fließen von Ladung. In der Spannungsquelle werden Ladungen getrennt. Dazu ist Energie erforderlich. Fließen die Ladungen durch ein Gerät mit dem Widerstand R, wird die Energie

$$W = U \cdot Q$$

an die Umgebung abgegeben.

4. Der elektrische **Widerstand R** beschreibt die Eigenschaft eines Leiters, das Fließen von Ladungen zu hemmen.
Je kleiner R ist, desto größer ist die Stromstärke bei gegebener Spannung

$$I = \frac{U}{R}.$$

Die Stromstärke hängt ab von
- der Spannung U der *Quelle*,
- dem Widerstand R des *Stromkreises*.

Der elektrische Widerstand R hängt von der Form und dem Material des Leiters ab.
Bei einem Draht mit der Länge l und der Querschnittsfläche A gilt:

- R ist proportional zu l: $R \sim l$,
- R ist proportional zu $1/A$: $R \sim 1/A$.

Der Einfluss des Materials wird durch den *spezifischen Widerstand* gekennzeichnet.

Wenn der Widerstand R eines Leiters konstant ist (das ist für *Konstantan* und Metalle bei konstanter Temperatur der Fall), so gilt für ihn das **ohmsche Gesetz:**

$$I \sim U.$$

Bei reinen Metallen steigt der Widerstand R, bei Kohle sinkt R mit zunehmender Temperatur.

5. Parallel- und Reihenschaltung

Parallelschaltung von Widerständen:

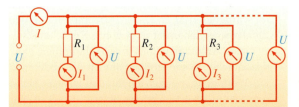

An allen Zweigwiderständen R_i liegt die gleiche Spannung U. Die Stromstärken $I_i = U/R_i$ in jedem Kreis addieren sich zur **Gesamtstromstärke**

$$I_{\text{ges}} = I_1 + I_2 + \dots = U \cdot \left(\frac{1}{R_1} + \frac{1}{R_2} + \dots \right).$$

Für den **Ersatzwiderstand R** parallel geschalteter Widerstände gilt:

$$\frac{1}{R} = \frac{1}{R_1} + \frac{1}{R_2} + \dots .$$

Der Ersatzwiderstand R ist kleiner als der kleinste Zweigwiderstand.
Die Leistung P_i im Widerstand R_i ist

$$P_i = U \cdot I_i = \frac{U^2}{R_i}.$$

Reihenschaltung von Widerständen:

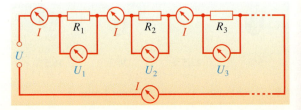

In allen Widerständen ist die Stromstärke I gleich groß.

Die **Gesamtspannung** U ist die Summe der Teilspannungen $U_i = I \cdot R_i$ an den Teilwiderständen R_i:

$$U = U_1 + U_2 + \ldots = I \cdot (R_1 + R_2 + \ldots) = I \cdot R.$$

Der **Ersatzwiderstand R** der Reihenschaltung ist die Summe der Teilwiderstände R_i:

$$R = R_1 + R_2 + \ldots \, .$$

Der Ersatzwiderstand R ist größer als der größte Teilwiderstand.

Die Leistung P_i im Widerstand R_i ist

$$P_i = U_i \cdot I = I^2 \cdot R_i.$$

6. Schaltung von Messgeräten

Strommesser liegen in dem Zweig, dessen Stromstärke ermittelt werden soll.

Ihr **Innenwiderstand** R_{innen} vergrößert den Gesamtwiderstand des Stromkreises. Strommesser verringern die Stromstärke umso weniger, je kleiner R_{innen} ist. R_{innen} sollte also **möglichst klein** sein, um die Messung nicht zu verfälschen.

Spannungsmesser legt man an die Quelle oder parallel zu dem Gerät, dessen Spannung zu messen ist (das bedeutet, man misst die Spannung zwischen den Anschlüssen des Geräts).

Dort zweigen sie umso weniger Strom ab, je größer ihr **Innenwiderstand** ist. Digitale Voltmeter haben sehr große Innenwiderstände, sie beeinflussen den Stromkreis also fast nicht.

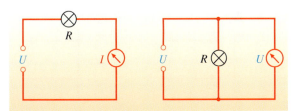

Aufgaben

A1: In den Kabeln von Elektrogeräten haben die einzelnen Leiter verschiedene Farben. Der Schutzleiter ist stets gelb-grün. Kein anderer Leiter darf so markiert sein. Warum ist diese Vorschrift so wichtig und strengstens einzuhalten?

A2: Ein Heizlüfter hat die Leistung $P = 2000$ W. Berechne die Stromstärke bei der Spannung $U = 230$ V.

Wie groß ist der Widerstand der Heizwendel? Um wie viel Prozent verringert sich die Leistung, wenn die Spannung um 10% absinkt?

A3: Beim Erledigen deiner Hausaufgaben möchtest du es besonders warm haben und schaltest daher einen 2000 W-Elektroheizer ein. Wie teuer wird das in der Woche, wenn du täglich 4 h arbeitest („Strompreis": 0,12 €/kWh)?

A4: Jemand tauscht eine 75 W-Glühlampe gegen eine gleich helle 15 W-Energiesparlampe aus. Die Lampe ist täglich 4 Stunden in Betrieb. Wie viel Geld spart man pro Jahr („Strompreis": 0,12 €/kWh)?

A5: Ein Waschmaschinenhersteller gibt für die verschiedenen Waschprogramme folgenden Energiebedarf an:

Kochwäsche (95 °C)   2,5 kWh,
Buntwäsche (60 °C)   1,5 kWh,
Sparwaschgang (30 °C) 0,5 kWh.

Wie groß sind die Kosten für jedes der Waschprogramme („Strompreis": 0,12 €/kWh)? Frage deine Eltern, wie oft und mit welchen Programmen eure Waschmaschine im Monat läuft. Wie groß ist die benötigte elektrische Energie und wie hoch sind die Kosten?

A6: Die Wolframglühwendel einer 100 W-Lampe hat bei Zimmertemperatur einen Widerstand von 37 Ω, bei Glühtemperatur 490 Ω. Berechne die Einschalt- und die Nennstromstärke.

A7: In manchen Heizkissen kann man einen Heizwiderstand von 800 Ω allein, oder zwei solche in Reihe bzw. parallel schalten. Welche dieser drei Schaltungen gibt „schwach", welche „mittel" und welche „stark" an? Wie groß sind jeweils die Leistungen?

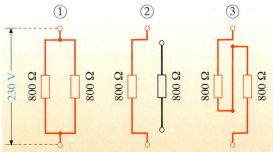

A8: a) Wenn man in Gedanken vier gleiche, parallel geschaltete Drähte zusammenschiebt, entsteht ein Draht mit 4facher Querschnittsfläche. Welchen Widerstand hat er? Ändert sich bei gleicher angelegter Spannung die Leistung? Übertrage diese Überlegung sinngemäß auf die Reihenschaltung der vier Drähte. **b)** Bestätige deine Aussagen mit den Gleichungen für den Ersatzwiderstand bei Parallel- und Reihenschaltung. **c)** Vergleiche an diesem Beispiel die Sätze für Parallel- und Reihenschaltung.

A9: Es gibt Lichterketten mit 10 und mit 16 Kerzen. In beiden Ketten ist die Leistung einer Kerze 3 W. In die 16er-Kette wird versehentlich eine Kerze aus der 10er-Kette geschraubt. Warum brennt die Ersatzkerze bald durch, obwohl ihre Nennspannung größer ist? Berechne für sie Stromstärke, Teilspannung und Leistung.

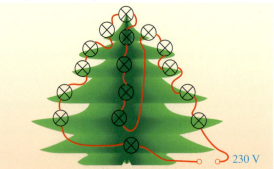
230 V

A10: Bei Elektrounfällen wird der menschliche Körper Teil eines Stromkreises. Sein Widerstand sei 1,2 kΩ. Berechne die Stromstärke bei der Spannung 230 V. Unter welcher Bedingung wird der Unfall gefährlich? Betrachte dazu das ⇒ *Bild 2* im Kapitel *Gefahren durch elektrischen Strom.*

A11: In einer Kochplatte sind drei Heizdrähte mit den Widerständen $R_1 = R_2 = 138\ \Omega$ und $R_3 = 60\ \Omega$ (bei Betriebstemperatur). **a)** Wie sind die drei Widerstände bei Wahl der Schnellkochstufe (Stufe 3) geschaltet? Zeichne ein Schaltbild. Wie groß ist der Ersatzwiderstand? Wie groß sind Stromstärke und Leistung bei $U = 230\ V$? **b)** Beantworte alle Fragen unter a) für die Warmhaltestufe (kleinste mögliche Leistung).

A12: Bei einem Auto sind die Scheinwerfer (je 55 W) und die Rückscheinwerfer (je 6 W) parallel geschaltet. Die angelegte Spannung beträgt 12 V. Berechne den Ersatzwiderstand und die Gesamtstromstärke dieser Schaltung.

A13: Übertrage untenstehende Tabelle in dein Heft und kreuze die jeweils hellere Lampe an, wenn sie an 230 V parallel bzw. in Reihe liegen. Begründe deine Wahl.

Lampe (Nennleistung)	15 W	100 W
Parallelschaltung	( )	( )
Reihenschaltung	( )	( )

A14: a) Eine Lampe mit den Nennwerten (5 A; 6 V) wird über ein 10 m langes Doppelkabel aus Kupferdraht mit 1 mm² Querschnittsfläche an einen Akku mit der Spannung 6 V gelegt. Auf welchen Bruchteil sinkt die Lampenleistung? **b)** Dann wird eine Lampe

mit den Nennwerten (2,5 A; 12 V), also gleicher Nennleistung, über dasselbe Kabel an eine 12 V Batterie geschaltet. Auf welchen Bruchteil sinkt jetzt ihre Leistung? Warum benutzt man heute in Autos 12 V- statt 6 V-Batterien?

A15: Das Bild zeigt einen heute immer noch verbreiteten Spannungsprüfer, vor dessen Gebrauch gewarnt wird, denn er ist nicht ganz ungefährlich. Er enthält eine Glimmlampe, die bei der Teilspannung 70 V leuchtet, und einen Vorwiderstand. **a)** Wie groß muss der Vorwiderstand sein, damit bei einer Spannung von $U = 230\ V$ die Stromstärke in den Fingern 1 mA nicht übersteigt? Welchen an sich gefährlichen Weg nimmt der Strom? Warum ist solch ein Spannungsprüfer gefährlich? **b)** An welchem Pol der Steckdose würde die Glimmlampe leuchten?

Heute sind übrigens nur noch zweipolige Spannungsprüfer erlaubt!

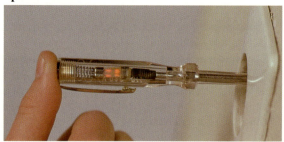

A16: Ein Bastler untersucht mithilfe eines Spannungsmessers seine Taschenlampe. Er findet zwischen den Kontakten des Schalters Spannung, wenn die Lampe dunkel ist. Er findet dort aber keine Spannung, wenn die Lampe leuchtet (⇒ *Bild unten*). Daraufhin wirft er die Lampe weg. Zu Recht? An welcher Stelle im Physikbuch hätte er sich informieren können?

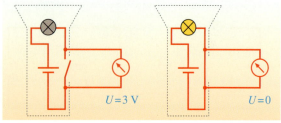
$U = 3\ V$ $U = 0$

A17: Ein Drehspulmessgerät hat den Widerstand 100 Ω und zeigt bei 5 mA Vollausschlag. **a)** Wie groß ist sein Spannungsmessbereich? Wie erweitert man ihn auf 10 V? **b)** Wie groß sind die Teilspannungen an Vorwiderstand und Messwerk? Wie groß ist der Gesamtwiderstand?

A18: Wie erweitert man den Messbereich in Aufgabe 17 auf 100 mA? Wie groß wird der Widerstand des ganzen Messgerätes? Warum darf man es nicht direkt an die Quelle anschließen?

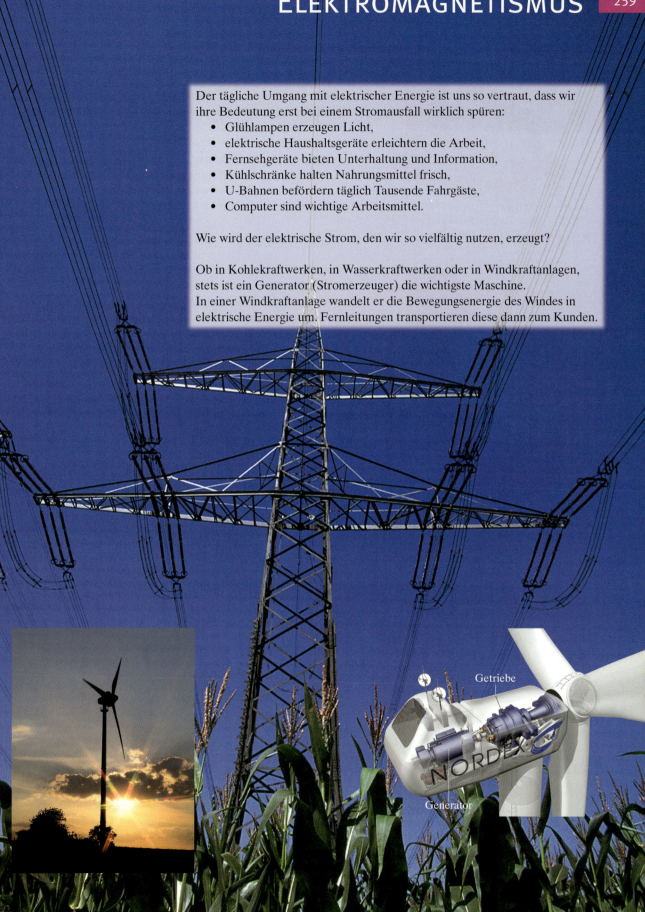

Der tägliche Umgang mit elektrischer Energie ist uns so vertraut, dass wir ihre Bedeutung erst bei einem Stromausfall wirklich spüren:

- Glühlampen erzeugen Licht,
- elektrische Haushaltsgeräte erleichtern die Arbeit,
- Fernsehgeräte bieten Unterhaltung und Information,
- Kühlschränke halten Nahrungsmittel frisch,
- U-Bahnen befördern täglich Tausende Fahrgäste,
- Computer sind wichtige Arbeitsmittel.

Wie wird der elektrische Strom, den wir so vielfältig nutzen, erzeugt?

Ob in Kohlekraftwerken, in Wasserkraftwerken oder in Windkraftanlagen, stets ist ein Generator (Stromerzeuger) die wichtigste Maschine.
In einer Windkraftanlage wandelt er die Bewegungsenergie des Windes in elektrische Energie um. Fernleitungen transportieren diese dann zum Kunden.

Getriebe

NORDEX

Generator

B 1: Spielzeugmotor mit 3 Spulen

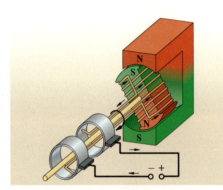

B 2: Das Prinzip des Elektromotors mit Doppelspule

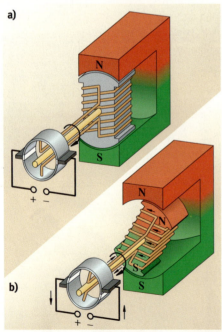

B 3: a) Elektromotor mit unterteiltem Schleifring (im Totpunkt) **b)** Motor läuft bei veränderter Stromrichtung weiter

Der Elektromotor

Elektrische Energie wird in unserem täglichen Leben vielfach genutzt. Neben der Umwandlung in Licht und Wärme spielt auch die Umwandlung in Bewegungsenergie eine entscheidende Rolle. Im Haushalt (Küchenmaschine, Waschmaschine, Haarföhn, Ventilator), im Transportwesen (Fahrstuhl, Rolltreppe, Eisenbahn) und in der Industrie (Förderbänder, Pumpen, Roboter, Kräne) erleichtern Elektromotoren seit Ende des 19. Jahrhunderts die menschliche Arbeit. Im Folgenden wird der prinzipielle Aufbau eines einfachen Elektromotors besprochen.

1. Das Grundprinzip des Elektromotors

Wie ⫸ *Bild 2* zeigt, besteht der Elektromotor aus einer drehbar gelagerten Doppelspule mit Eisenkern, die über Schleifringe und Schleifkontakte (Kohlebürsten) mit Strom versorgt wird. Diese Anordnung wiederum befindet sich innerhalb eines Magnetfeldes. Wie wir bereits wissen, stellen die Strom führenden Spulen ebenfalls einen Magneten dar, dessen Polung durch Wicklungssinn und Stromrichtung festgelegt ist. Lässt man in ⫸ *Bild 2* die drehbare Doppelspule los, so dreht sie sich zunächst im Uhrzeigersinn, weil sich ungleichnamige Magnetpole gegenseitig anziehen. Auf Grund ihres Schwunges schießt sie etwas über die vertikale Stellung hinaus, um dort (im „Totpunkt") nach kurzem Pendeln anschließend doch zur Ruhe zu kommen. Damit die Doppelspule weiter läuft, müssen in dem Augenblick ihre Magnetpole vertauscht werden, in dem sie den Totpunkt erreicht. Geschieht dies immer rechtzeitig, so wird die Doppelspule eine Halbdrehung weiterrotieren. Auch dort werden dann wieder die Pole vertauscht usw. Gelingt dies, so kann sich die Doppelspule andauernd drehen und über ein aufgesetztes Zahnrad verschiedene Bauteile antreiben. Durch einen einfachen technischen Trick ist es möglich, dass das Umpolen des Spulenmagnetfeldes von selbst geschieht.

2. Der einfachste elektrische Dauerläufer

Die zwei getrennten Schleifringe werden durch einen Schleifring ersetzt (⫸ *Bild 3 a, b*), der aus zwei gegeneinander isolierten Halbringen besteht. ⫸ *Bild 3 a* macht deutlich, dass der Doppelspule im Totpunkt des Motors kein Strom zugeführt wird. Allerdings werden die elektrischen Anschlüsse vertauscht. Damit wird hinter dem Totpunkt jeweils die Polung des rotierenden Magneten von selbst so verändert, dass der Motor weiterläuft.

3. Technische Verbesserungen des Elektromotors

Unser Elektromotor hat noch einen großen Nachteil. Im Totpunkt wirken auf die Doppelspulen keine Drehkräfte. Während des Laufens kann der Motor nur aufgrund seines Schwunges diesen Punkt überwinden. Folglich läuft der Motor sehr unruhig. Steht der Motor zu Beginn im Totpunkt, so läuft er ohne Anstoß von außen nicht an. Abhilfe schafft eine dritte Spule (⟹ *Bild 4*). Der Schleifring ist jetzt in drei gegeneinander isolierte Teilringe unterbrochen. Jede Spule ist mit zweien dieser Teilringe verbunden. Zwei Spulen erzeugen jeweils außen einen gleichen Magnetpol, die dritte den anderen. Die Anordnung im 120°-Winkel sorgt dafür, dass höchstens eine der drei Spulen im Totpunkt stehen kann, sodass der Motor aus jeder Ruhestellung ohne äußeren Anstoß anläuft und dass er während des Dauerbetriebs ruhiger als der Doppelspulenmotor läuft.

In der Technik eingesetzte Motoren besitzen noch mehr Spulen, die zum Teil ineinander verwoben sind. Diese Motoren laufen dann noch gleichmäßiger und können deshalb auch stärker belastet werden.

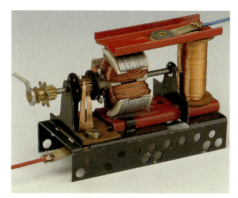

B 4: Gleichstrommotor mit 3 Spulen

4. Ein Motor auch für Wechselstrom

Bei diesem Motor (⟹ *Bild 5*) wird auch das äußere Magnetfeld mithilfe eines Elektromagneten erzeugt. Seine Wickelrichtung ist so angelegt, dass der Motor im Uhrzeigersinn läuft. Die innere und die äußere Spule liegen im gleichen Stromkreis. Ein Umkehren der Stromrichtung bewirkt also ein Umpolen aller Elektromagnete, sodass die Drehrichtung des Motors stets unverändert bleibt. Selbst beim Betrieb mit Wechselstrom, der je Sekunde hundert Mal seine Richtung ändert, läuft der *Allstrommotor* davon unbeirrt im Uhrzeigersinn weiter. In vielen Haushaltsgeräten sind diese Allstrommotoren im Einsatz.

B 5: Motor für Wechselstrom

Interessantes

Elektromotoren erobern die Arbeitswelt

In größeren Fabriken und Handwerksbetrieben trieben große Dampfmaschinen über lange Antriebswellen und große Treibriemen die unterschiedlichsten Geräte an.

Kohle und Wasser mussten stets an die Maschine herangeschafft werden, um die nötige Energie bereit zu stellen. Gegen Ende des 19. Jahrhunderts gelang es erstmals, elektrische Energie über weite Strecken zu übertragen. Damit begann der Siegeszug der Elektromotoren. Ein einziges Kraftwerk konnte Energie für eine Vielzahl von Elektromotoren an verschiedenen Orten erzeugen. Die gegenüber der Dampfmaschine viel kleineren Motoren ließen sich in großer Zahl in die verschiedensten Maschinen integrieren. Die Energiezufuhr war äußerst bequem mithilfe von Kabeln bis in jede Ecke der Fabrik möglich. Allmählich verschwanden dann auch die Antriebswellen und Treibriemen aus den Fabrikhallen.

B 6: Fabrik um 1900: Dampfmaschine, Antriebswellen und Treibriemen

Seit der Mitte des 20. Jahrhunderts wurden viele Erfindungen gemacht, die auch im Haushalt menschliche Arbeit erleichterten. So wurden Staubsauger, Küchenmaschine, Waschmaschine usw. entwickelt, die von kleinen Elektromotoren angetrieben werden.

Die erste elektrische Straßenbahn wurde 1873 in Berlin in Betrieb genommen (zuvor wurden Waggons von Pferden durch die Straßen gezogen). Später folgten Untergrundbahnen und im Gebirge Seilbahnen. Auch das letzte große Einsatzfeld der Dampfmaschine, die Eisenbahn, eroberte der Elektromotor. Die Dampflokomotive wurde durch die E-Lok ersetzt.

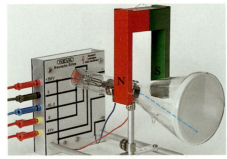

V1: Ohne Hufeisenmagnet trifft der Elektronenstrahl in der Mitte des Schirmes auf. Nähern wir dem Strahl einen schwachen Hufeisenmagneten, so trifft der Strahl unterhalb der Mitte auf dem Leuchtschirm auf.

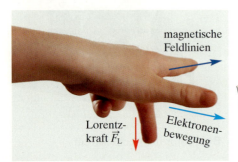

B1: Lorentzkraft und Linke-Hand-Regel

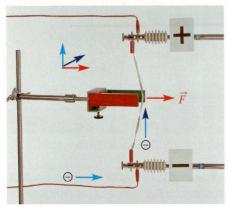

V2: Sobald durch das dünne, unmagnetische Metallband Elektronen fließen, wird es nach rechts ausgebeult.

Die Lorentzkraft

Elektrische Ströme erzeugen Magnetfelder. Diese Entdeckung ermöglichte es, Elektromagnete zu entwickeln. In diesem Abschnitt untersuchen wir die Frage, ob denn umgekehrt Magnetismus auch auf elektrischen Strom wirkt.

1. Magnetfelder beeinflussen Elektronenbahnen

Die Elektronen des Elektronenstrahls in der braunschen Röhre werden durch das Magnetfeld abgelenkt (➡ *Versuch 1*). Die Ablenkung hängt von der Polung des Magnetfeldes ab. Vertauscht man die Polung des Magnetfeldes, so werden die Elektronen nach oben abgelenkt. Was ist das Besondere an dieser Ablenkung? Die Elektronen werden nicht etwa auf einen der Magnetpole hin abgelenkt, sondern *senkrecht* zu den magnetischen Feldlinien. Ursache der Elektronenablenkung ist eine Kraft, die **Lorentzkraft** $\vec{F}_L$ (H. A. LORENTZ, niederl. Physiker um 1900). Die Richtung der Lorentzkraft und damit die Richtung der Ablenkung lässt sich am einfachsten mit Zeige-, Mittelfinger und Daumen der *linken* Hand angeben (➡ *Bild 1*).

Merksatz

Linke-Hand-Regel: Der Daumen der linken Hand zeigt in die ursprüngliche Bewegungsrichtung der Elektronen. Der senkrecht dazu gespreizte Zeigefinger weist in Richtung der magnetischen Feldlinien. Dann zeigt der abgespreizte Mittelfinger die Richtung der Lorentzkraft an.

2. Auch bewegte Elektronen im Leiter werden abgelenkt

Der Strom führende Draht in ➡ *Versuch 2* wird ausgebeult. Auch die bewegten Elektronen im Leiter werden von der Lorentzkraft senkrecht zu ihrer Bahn und senkrecht zu den Magnetfeldlinien abgelenkt. Auch hier gibt die Linke-Hand-Regel die Richtung der Kraft an. Die Elektronen werden also nach rechts gedrängt, dabei reißen sie das Band mit.

Merksatz

Bewegte Elektronen werden im Magnetfeld abgelenkt. Ursache ist die Lorentzkraft. Verlaufen Bewegungsrichtung der Elektronen und Magnetfeldlinien senkrecht zueinander, so wird die Kraftrichtung nach der Linke-Hand-Regel bestimmt.

... noch mehr Aufgaben

A1: Kehre in ➡ *Versuch 2* unabhängig voneinander Strom- und Magnetfeldrichtung um und bestimme für jeden Fall die Richtung der Lorentzkraft.

A2: Auf zwei festen Kohlestäben liegt ein beweglicher Kohlestab in einem Magnetfeld. Was geschieht, wenn man die beiden Schienen an eine Stromquelle anschließt

(Achte auf die Polung)?

Warum wirkt die Lorentzkraft senkrecht zu den Feldlinien?

Überraschend an der Lorentzkraft erscheinen zunächst zwei Tatsachen:
1. Magnetfelder wirken nur auf bewegte Elektronen.
2. Die Kraft ist nicht auf die Magnetpole gerichtet.

Wir wissen, dass kleine Magnete von anderen Magneten stets zu den Polen gezogen werden. Wären Elektronen also Magnete, so würde mit ihnen das Gleiche geschehen. Ein negativ geladenes Kunststoffkügelchen mit vielen Überschusselektronen wird aber nicht von einem Magnetpol angezogen. Elektronen sind also *keine* Magnete.

Warum reagieren ausgerechnet *bewegte* Elektronen auf ein Magnetfeld? Bewegte Elektronen bilden Ströme, die stets von einem Magnetfeld umgeben sind. Hier müssen wir mit unserer Suche nach der Ursache beginnen.

Fließen Elektronen nun innerhalb des Feldes eines Hufeisenmagneten, so verschmilzt ihr Feld (dunkelblaue Feldlinien in ⮕ *Bild 2*) mit dem Feld des Hufeisenmagneten (hellblau) zu einem einzigen Feld. Beide Felder wirken ja jetzt gemeinsam auf eine Kompassnadel oder etwa auf Eisenpulver.

Wie sieht also das Feldlinienbild aus, das in unserem Fall durch das Zusammenwirken der zwei Felder entsteht? Erinnern wir uns: Feldlinien verdeutlichen uns die Kraftrichtung auf einen Probenordpol. Auf ihn wirken jetzt zwei Kräfte, ⮕ *Bild 2* zeigt es für den Punkt P. Die Resultierende dieser zwei Kräfte bestimmt die Richtung der resultierenden Feldlinie.

Auf der rechten Seite schwächen sich entgegen gerichtete Feldlinien, auf der linken Seite verstärken sich gleichgerichtete. So wird verständlich, dass links in ⮕ *Bild 3* die Feldlinien enger liegen. In diesem Bereich wirkt also eine starke Kraft auf einen Probenordpol.

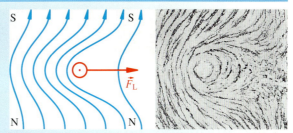

B3: „Verschmolzenes" Feldlinienbild von Hufeisenmagnet und Strom führendem Leiter

Die Wirkung auf einen Probemagneten durchschauen wir nun. Welche Auswirkungen hat aber dieses Magnetfeld auf den Elektronenstrom selbst?

Zwei vertraute Feldlinienbilder geben uns Hinweise: Feldlinien laufen von Pol zu Pol, wenn die Pole sich gegenseitig anziehen (⮕ *Bild 4a*). Es ist so, als ob sich die Feldlinien verkürzen wollten. Engliegende Feldlinien weichen sich gegenseitig aus, wenn sich gleichnamige Pole gegenseitig abstoßen (⮕ *Bild 4b*). Hier sieht es so aus, als ob die fast parallel laufenden Feldlinien ihren Abstand vergrößern wollten.

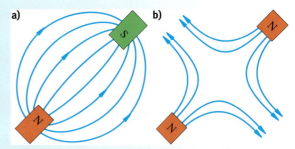

B4: a) Anziehung ungleichnamiger Pole **b)** Abstoßung gleichnamiger Pole

Diese neuen Gedanken übertragen wir nun auf unser Feldlinienbild (⮕ *Bild 3*):

Links vom Leiter sind die parallel laufenden Feldlinien stark zusammengedrängt. Wir erwarten deshalb nun eine Kraft auf den Leiter nach rechts. (Die Gegenkraft auf den eingespannten Magneten ist dann nach links gerichtet). Das dünne Leiterband wird also nach rechts verschoben – der Abstand der Feldlinien vergrößert sich. Die vorher stark gekrümmten Feldlinien links vom Leiter verlaufen dann wieder fast gerade, sie wurden also kürzer. D. h. auch die „Verkürzungstendenz" der Feldlinien hilft, die Kraft auf die Elektronen des Strom führenden Leiters vorauszusagen. Diese Kraft ist senkrecht zu den ursprünglichen Feldlinien gerichtet – das ist die uns bekannte Richtung der Lorentzkraft.

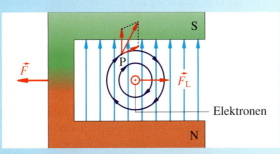

B2: Magnetfelder von Hufeisenmagnet (hellblau) und Strom führendem Leiter (dunkelblau)

B 1: Fotografie des Polarlichts

Lorentzkraft in Natur und Technik

A. Das Polarlicht

In manchen klaren Nächten kann man am Himmel in Richtung Norden ein besonders eindrucksvolles Naturschauspiel beobachten – das so genannte **Polarlicht**. Der Himmel leuchtet dann in unterschiedlichen Farben und Formen: diffuse rötliche Vorhänge oder lange, bewegliche grünliche, bläuliche und rötliche Bänder und Strahlen. Diese Leuchterscheinungen flattern wie wirkliche riesige Vorhänge lautlos am Himmel. Das Polarlicht entsteht über der Arktis und über der Antarktis.

Von Deutschland aus ist nur das Polarlicht über der Arktis (Nordlicht) beobachtbar. Allerdings nimmt die Intensität der Erscheinung mit zunehmender Entfernung des Beobachters spürbar ab. In Skandinavien sollen im Jahresdurchschnitt etwa 100 Polarlichtnächte gezählt worden sein, in Norddeutschland lediglich etwa 3 und in Süddeutschland kann man im Mittel nur einmal im Jahr ein Polarlicht beobachten.

Die Ursache dieser Leuchterscheinung war lange Zeit unklar. So ist etwa in einem Physikbuch für Schulen aus dem Jahre 1909 zu lesen:

„Über die Art der Entstehung des Nordlichts hat man zwar noch keine vollkommene Gewissheit erlangt; doch ist es unzweifelhaft, dass diese wunderbare Erscheinung mit dem Erdmagnetismus zusammenhängt. ... Man nimmt an, dass sich infolge der Achsendrehung der Erde durch den Erdmagnetismus Elektrizität entwickelt, deren Ausströmung das Nordlicht bildet."

Richtig erkannt wurde damals schon, dass das Erdmagnetfeld bei der Entstehung eine entscheidende Rolle spielt. Falsch dagegen war jedoch die Vermutung, dass die Erde selbst Elektrizität erzeugt. Spätere Untersuchungen haben gezeigt, dass die Sonne der Auslöser ist:

Die Sonne strahlt nämlich außer dem Licht auch noch elektrisch geladene Teilchen ab – darunter auch Elektronen. Mit einer Geschwindigkeit von über 400 km/s gelangt auch ein Teil dieser Elektronen in die Nähe der Erde. Aufgrund des Erdmagnetfelds wirken nun Lorentzkräfte auf die Elektronen und verändern ihre Flugrichtung. Auf Spiralbahnen umlaufen die Elektronen die magnetischen Feldlinien. Einen Teil ihrer Energie übertragen sie auf Elektronen der hohen Atmosphäre. Im Bereich der Pole des Erdmagnetfeldes dringen diese dann tiefer in die Erdatmosphäre ein. Dort werden sie von Lorentzkräften abgelenkt und kehren in einer Höhe von etwa 100 km wieder um. Viele dieser schnellen Elektronen stoßen auf ihrer Flugbahn jedoch auf Atome und Moleküle der oberen Atmosphäre und geben einen Teil ihrer Energie an die Atome und Moleküle ab. Diese wiederum geben die Energie dann durch Leuchten ab. (Diese Art der Lichtentstehung durch Elektronenstöße ist vergleichbar mit der Lichtentstehung in der Glimmlampe oder in Leuchtreklameröhren.)

Das Polarlicht ist dann besonders stark und damit in unseren Breiten sichtbar, wenn die Sonne extrem viele geladene Teilchen aussendet. Dieses jedoch geschieht sehr unregelmäßig und ist nach heutigem Kenntnisstand nicht vorhersagbar.

Interessantes

B. Die Fernsehbildröhre

Das Fernsehbild wird mithilfe eines Elektronenstrahls auf dem Bildschirm erzeugt. An der Stelle des Bildschirms, auf dem der Elektronenstrahl auftrifft, erscheint ein farbiger Punkt. Um den kompletten Bildschirm auszuleuchten, muss der Elektronenstrahl also alle Punkte des Bildschirms einmal treffen. Dazu wird der Auftreffpunkt des Strahls durch magnetische Felder zeilenweise von oben nach unten über den Bildschirm geleitet (⟹ *Bild 2*).

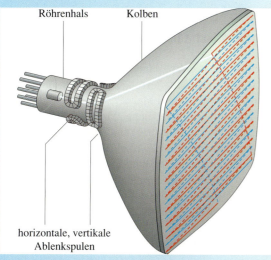

Röhrenhals   Kolben

horizontale, vertikale
Ablenkspulen

B 2: Darstellung einer Fernsehbildröhre

Lorentzkräfte steuern dabei die Flugrichtung der Elektronen. Ein Schulversuch verdeutlicht das Funktionsprinzip anhand einer *braunschen Röhre*.

Zwei Spulen sorgen für die horizontale (⟹ *Bild 3*) und die vertikale Ablenkung (⟹ *Bild 4*).

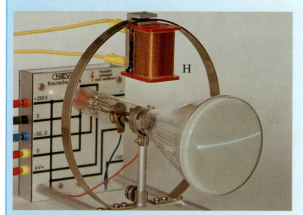

H

B 3: Die Spule H erzeugt ein Magnetfeld, deren Feldlinien nach unten durch die Röhre laufen.

Die Lorentzkraft lenkt den Strahl also nach rechts ab. Umpolen des Spulenstroms bewirkt eine Ablenkung nach links. Bei Wechselstrom wird der Elektronenstrahl so schnell hin- und hergezogen, dass auf dem Schirm eine „Zeile" entsteht.

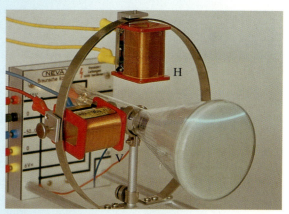

H

V

B 4: Die Spule V erzeugt ein zweites Magnetfeld. Die Lorentzkraft lenkt den Elektronenstrahl zusätzlich nach oben ab. Je nach Stärke und Richtung dieses Spulenstroms kann die Zeile aus ⟹ *Bild 3* in jede beliebige Höhe gebracht werden.

Durch die Steuerung der beiden Spulenströme beschreibt der Elektronenstrahl in $\frac{1}{25}$ s das vollständige Fernsehbild. Dabei werden 625 Zeilen mit jeweils über 800 Bildpunkten ausgeleuchtet. Das Auge kann die einzelnen Leuchtpunkte und Zeilen nicht getrennt wahrnehmen. Es registriert nur das ganze Bild. Der Strahl wird, wie in ⟹ *Bild 2* angedeutet, dazu 625-mal von links nach rechts gelenkt und springt dann sehr schnell wieder zurück. Währenddessen führen die vertikal ablenkenden Spulen den Strahl in $\frac{1}{50}$ s einmal von oben nach unten. Dabei wird immer eine Zeilenreihe übersprungen. In der nächsten $\frac{1}{50}$ s werden dann die Lücken ausgefüllt. Der Strahl wird über die in ⟹ *Bild 2* rot angedeutete Zeilenreihe nach unten gelenkt. Durch dieses „Zeilensprungverfahren" ist jeder Fleck des Bildschirms nur halb so lange dunkel, wie wenn jede Zeile von oben nach unten geschrieben würde. So werden Helligkeitsschwankungen gering gehalten.

Fernsehgeräte mit 100 Hz-Technik zeichnen jedes Bild zweimal hintereinander in der gleichen Weise, wie oben beschrieben, allerdings doppelt so schnell. Durch das häufigere Auftreffen des Strahls auf dem Schirm in gleicher Zeit verkürzt sich die Zeit, in der der Bildschirm jeweils dunkel erscheint, um die Hälfte. Dadurch verringert sich das „Flimmern" weiter.

B 1: a) Hans Christian OERSTED (1777–1851) **b)** Michael FARADAY (1791-1867)

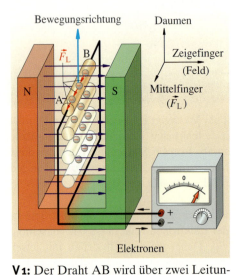

V 1: Der Draht AB wird über zwei Leitungen mit einem empfindlichen Spannungsmessgerät verbunden. Der Draht wird nun mitsamt seinen Elektronen innerhalb des Magnetfeldes von unten nach oben bewegt. Die Bewegung erfolgt senkrecht oder schräg zu den Magnetfeldlinien.
Während der Bewegung des Drahtes zeigt das Messgerät eine Spannung an. Dabei ist A der Minuspol und B der Pluspol. Stoppt man die Bewegung, so sinkt die angezeigte Spannung sofort auf null.
Bewegt man den Draht parallel zu den Feldlinien oder gar außerhalb des Magnetfeldes, so entsteht keine Spannung.

V 2: Bewegen wir den Draht nach unten, so zeigt das Messgerät wieder eine Spannung an. Dieses Mal allerdings ist die Polung gerade umgekehrt zu der in ⫸ *Versuch 1*. Wenn wir den Draht auf und ab bewegen, entsteht eine Wechselspannung.

Die elektromagnetische Induktion

1820 entdeckte H. C. OERSTED (dänischer Physiker), dass elektrische Ströme stets Magnetfelder erzeugen. Das war eine Sensation, galten doch Elektrizität und Magnetismus bis dahin als zwei völlig unabhängige Naturphänomene. M. FARADAY (englischer Physiker und Chemiker) wollte OERSTEDS Entdeckung umkehren und mithilfe von Magnetismus Elektrizität erzeugen. Nach vielen Misserfolgen fand er, dass man Spannung und Strom erhält, wenn man Drähte und Magnete gegeneinander bewegt. So entdeckte er die elektromagnetische Induktion. Die folgenden Versuche und Überlegungen machen uns mit diesem Phänomen vertraut.

1. Bewegung erzeugt Spannung

⫸ *Versuch 1* zeigt, dass man an den Enden eines im Magnetfeld bewegten Leiters Spannung abgreifen kann. Man sagt: Es wird zwischen seinen Enden eine Spannung **induziert**. Können wir diese Erscheinung mit unserem bisherigen Wissen verstehen?

Bewegt man den Leiter nach oben, so bewegt man damit auch alle Elektronen des Leiters auf breiter Linie nach oben. Wie wir wissen, wirkt auf jedes bewegte Elektron im Magnetfeld die Lorentzkraft. Halte den Daumen der linken Hand nach oben (Richtung der Elektronenbewegung) und den Zeigefinger nach rechts (Richtung der Feldlinien). Der Mittelfinger weist nun in die Richtung der Lorentzkraft $\vec{F}_L$. Diese treibt die Elektronen längs des Leiters nach vorn zum Punkt A. Im Punkt B entsteht dadurch ein Elektronenmangel. Zwischen den Punkten A und B herrscht also eine Spannung. Punkt A ist der Minuspol, Punkt B der Pluspol dieser durch Induktion erzeugten Stromquelle. Ein Umkehren der Bewegungsrichtung verursacht dann natürlich eine Umpolung (⫸ *Versuch 2*).

Merksatz

Induktion durch Bewegung: Wird ein Leiter quer oder schräg zu magnetischen Feldlinien bewegt, so entsteht zwischen seinen Enden eine Induktionsspannung. Ursache ist die Lorentzkraft.

2. Rotierende Spulen erzeugen Wechselspannung

In Elektrizitätswerken treiben Wasser-, Wind- und Dampfturbinen große Stromerzeuger, so genannte **Generatoren**, an. Das sind große Spulen, die sich in einem Magnetfeld drehen. ⇒ *Versuch 3* zeigt das Prinzip eines solchen Generators. Wird die Spule gleichförmig gedreht, so zeigt das Spannungsmessgerät abwechselnd zwischen den Schleifringen eine positive und negative Spannung, also **Wechselspannung** an.

In ⇒ *Versuch 3a* zeigt die Momentaufnahme gerade, wie sich das linke Leiterstück nach oben bewegt und das rechte nach unten. Im linken Leiterstück werden die Elektronen von der Lorentzkraft nach vorne bewegt, im rechten Draht nach hinten. Dadurch weist der vordere Schleifring gegenüber dem hinteren einen Elektronenüberschuss auf. Der vordere Schleifring stellt in diesem Augenblick der Drehbewegung den Minuspol der Stromquelle dar, der hintere den Pluspol.

In ⇒ *Versuch 3b* zeigt die Momentaufnahme die Spulenstellung gerade eine Halbdrehung später. Das linke Leiterstück, das jetzt mit dem hinteren Schleifring verbunden ist, bewegt sich wieder nach oben, das rechte wieder nach unten. Die Lorentzkraft bewirkt erneut eine Spannung zwischen den Schleifringen. Diesmal ist der hintere Schleifring der Minuspol und der vordere der Pluspol der Stromquelle.

Eine Vierteldrehung später befinden sich die Leiterstücke oben bzw. unten. In diesem Augenblick bewegen sie sich kurzzeitig parallel zu den Feldlinien. Jetzt wird keine Spannung induziert.

Einen besseren Überblick erhalten wir, wenn wir die Spannung gegen die Zeit auftragen. Es entsteht ein *Zeit-Spannung-Diagramm*. Der erste „Bogen" des Zeit-Spannung-Diagramms gehört zu der ersten Halbdrehung (⇒ *Versuch 3a*), während der das linke Leiterstück mit dem vorderen Schleifring verbunden ist. Der zweite Bogen zeigt den Spannungsverlauf während der zweiten Halbdrehung (⇒ *Versuch 3b*).

Beim gleichförmigen Weiterdrehen der Spule wiederholt sich der Vorgang periodisch. Um technische Wechselspannung mit der Frequenz 50 Hz zu erzeugen, muss sich unsere Maschine in jeder Sekunde 50-mal drehen. Dabei ändern die Elektronen 100-mal ihre Bewegungsrichtung.

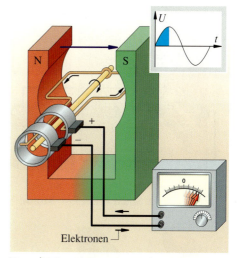

V3: a) Eine Leiterschleife (eine Spule) rotiert in einem Magnetfeld. An zwei Schleifringen wird über Schleifkontakte die Spannung gemessen. Diese ändert sich während der Drehbewegung. Das Zeit-Spannung-Diagramm gibt über den zeitlichen Verlauf der Spannung Auskunft.

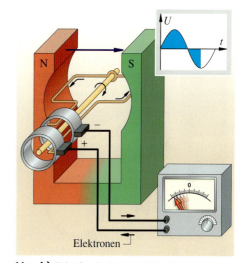

V3: b) Die Spule hat sich im Vergleich zu ⇒ *Versuch 3a* um eine halbe Drehung weiter bewegt. Diesmal ist das linke Leiterstück mit dem hinteren Schleifring verbunden.

Merksatz

Beim **Drehen einer Spule im Magnetfeld** entsteht zwischen ihren Enden **Wechselspannung**.

... noch mehr Aufgaben

A1: In ⇒ *Versuch 2* wird der Draht mitsamt seinen Elektronen innerhalb des Magnetfeldes nach unten bewegt. Erläutere mithilfe der Linke-Hand-Regel, warum der Draht während der Bewegung zur Stromquelle wird.

A2: Beim Generator von ⇒ *Versuch 3*, werden die zwei Schleifringe durch zwei unterteilte Halbringe ersetzt (wie beim Gleichstrommotor). Über Kohlebürsten wird die Spannung gemessen. Die Spule rotiere gleichmäßig. Zeichne das Zeit-Spannung-Diagramm.

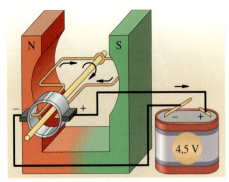

V 1: Schließt man eine Batterie an, so dreht sich die Spule von selbst: **Motor**.

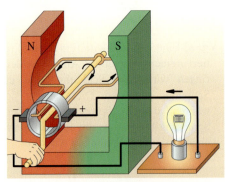

V 2: Dreht man die Kurbel, so leuchtet das Lämpchen: **Generator**.

B 1: Das Wunderfahrzeug von Max

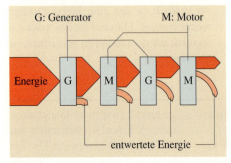

B 2: Energieflussdiagramm des Wunderfahrzeugs

3. Motor und Generator sind austauschbar

Der Gleichstrommotor und der Gleichstromgenerator sind vom Aufbau her identische Maschinen. Innerhalb eines äußeren Magnetfeldes befindet sich eine drehbar gelagerte Spule. Über Schleifkontakte und geteilten Schleifring wird der elektrische Kontakt hergestellt.

➡ *Versuch 1* zeigt die Funktionsweise als **Motor**. In ➡ *Versuch 2* wird bei der gleichen Maschine lediglich die Batterie durch die Lampe ersetzt. Die Kurbel wird dann mit der Hand gedreht – man hat einen **Generator**.

Die Austauschbarkeit von Generator und Motor benutzt man im Großen beim **Pumpspeicherwerk:**

Nachts wird nicht so viel elektrische Energie abgerufen. Leider sind die Elektrizitätswerke nicht so schnell abschaltbar, sodass nachts zu viel elektrische Energie zur Verfügung steht. Elektromotoren mit Schaufelrädern pumpen dann Wasser in ein großes Becken auf einer Anhöhe. Wird zur Mittagszeit viel elektrische Energie benötigt, lässt man das Wasser wieder ins Tal schießen und benutzt die Motoren mit den Schaufelrädern als Generatoren.

Straßenbahnen und moderne E-Loks benutzen dieses Prinzip ebenfalls. Bei der Einfahrt in einen Bahnhof oder in eine Haltestelle arbeiten die Motoren als Generatoren. Die Bewegungsenergie der Fahrzeuge wird in elektrische Energie umgewandelt und an das Leitungsnetz zurückgegeben. Ein anderer Elektromotor in einem anderen Fahrzeug kann sie dann nutzen.

4. Auch für die Induktion gilt der Energiesatz

Max ärgert sich immer, dass er auch auf ebener Strecke sein Fahrrad ständig treten muss. Ein „Geistesblitz" führt ihn auf die Idee eines Wunderfahrzeugs (➡ *Bild 1*): „Wenn ich am Vorderrad meines Fahrrades einen starken Generator montiere, dann liefert er so viel Strom, dass ich damit einen Elektromotor am Hinterrad versorgen kann, der wiederum mein Fahrrad antreibt."

Hätte Max sich an den Energiesatz erinnert, dann wüsste er, dass es eine selbstlaufende Maschine nicht gibt. Seine Maschine würde nur funktionieren, wenn der Motor mehr Energie abgeben könnte, als der Generator benötigt.

Das Energieflussdiagramm (➡ *Bild 2*) macht deutlich, dass in Generator und Motor lediglich Energien umgewandelt werden. Durch Reibungseinflüsse (der Räder, im Generator, im Elektromotor, an der Luft) wird stets ein Teil der Energie entwertet, sodass das Fahrzeug nach einem Anstoß nach kürzester Strecke zur Ruhe kommen muss.

 Merksatz

Ein Generator kann höchstens so viel elektrische Energie erzeugen wie ihm mechanische zugeführt wird.

Ein Generator, der sein Magnetfeld selbst erzeugt

Um eine große Spannung mit einem Generator zu erzeugen, kann man zum einen die Anzahl der Windungen der Spule erhöhen, die Spule schneller drehen oder zum anderen das äußere Magnetfeld verstärken. Der Dauermagnet kann dabei durch einen starken Elektromagneten ersetzt werden. Dieser Elektromagnet benötigt dann allerdings selbst Strom, den der Generator eigentlich mit dessen Hilfe erst erzeugen soll. Man braucht also Strom, um Strom zu erzeugen. Dies ist durch folgende Erfindung ohne fremde Stromquelle möglich.

➠ *Bild 3* zeigt einen solchen Generator. Das Eisen des Elektromagneten (im Bild hufeisenförmig) ist bereits ein schwacher Dauermagnet. Bei der Herstellung wurde ein Teil der Elementarmagnete bereits ausgerichtet. Wird nun die innere Spule gedreht, so wird eine kleine Spannung induziert, die dann in dem Elektromagneten einen Strom bewirkt. Die Drahtwicklung ist so angelegt, dass dieser Strom ein Magnetfeld erzeugt, welches das bereits vorhandene Feld verstärkt und so das Eisen stärker magnetisiert. Das Magnetfeld und die Induktionsspannung verstärken sich bei weiterem Be-

trieb des Generators gegenseitig. Wenn die Spannung den gewünschten Wert erreicht hat, kann z.B. ein Relais einen Kontakt schließen und so den äußeren Stromkreis (im Bild rot gezeichnet) anschließen.

Ein Generator, der nach diesem Prinzip arbeitet, heißt **Dynamomaschine** oder **Dynamo**. Werner von SIEMENS erfand ihn 1866. Er schuf damit die Grundlage für die Elektrotechnik.

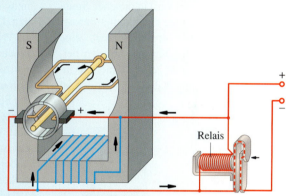

B3: Prinzip einer Dynamomaschine

Merkt man am Generator, dass ein starker Verbraucher angeschlossen ist?

Ein Kohlestab (AB) rollt auf Schienen innerhalb eines Magnetfeldes. Bei geöffnetem Schalter S rollt er fast ohne Abbremsung. Bei geschlossenem Schalter dagegen bremst er nach dem Anstoßen nach kurzer Strecke ab (➠ *Bild 4*). Woher rührt die Bremskraft?

Weil sich der Stab AB im Magnetfeld nach rechts bewegt, wirken auf alle Elektronen Lorentzkräfte (schwarz eingezeichnet). In A entsteht ein Elektronenüberschuss in B ein Elektronenmangel. Es herrscht Spannung zwischen A und B. Bei geschlossenem Schalter können die Elektronen durch den Widerstand vom Punkt A wieder zurück zum Punkt B fließen, d.h. es entsteht ein geschlossener Stromkreis. Also fließen während der Vorwärtsbewegung im gesamten Stromkreis – auch im Stab AB – ständig Elektronen.

Auch auf fließende Elektronen im Leiter wirken Lorentzkräfte (rot eingezeichnet) innerhalb eines Magnetfeldes. Sie sind nach links gerichtet. Daraus resultiert eine Kraft $\vec{F}$ auf den Stab nach links, die ihn abbremst.

Der von der Induktion erzeugte Strom bewirkt also eine Kraft auf den Leiter, die **ihrer Ursache** (der von außen erzeugten Bewegung) **entgegenwirkt**.

Auf die rotierende Spule eines Generators im Elektrizitätswerk wirkt auch eine solche bremsende Kraft, sobald sie von Elektronen durchflossen wird. Je stärker dieser Strom ist, desto stärker ist die bremsende Kraft, desto mehr Energie muss zugeführt werden.

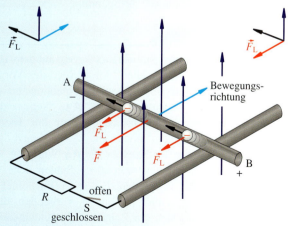

B4: Lorentzkräfte beim belasteten Generator

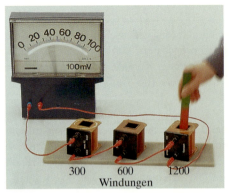

V1: Ein Stabmagnet wird in die erste Spule eingetaucht. Solange der Magnet bewegt wird, zeigt das Messinstrument eine Spannung an. Der Versuch mit den beiden anderen Spulen zeigt: Je mehr Windungen die Spule hat, desto größer ist die Spannung.

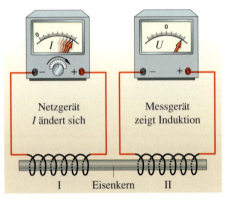

V2: Zwei Spulen liegen elektrisch isoliert nebeneinander. Solange wir die Stromstärke in I ändern, solange zeigt das Messgerät in II eine Spannung an. Wiederholt man den Versuch mit einem gemeinsamen Eisenkern, so erhöht sich die Spannung.

5. Induktion durch Magnetfeldänderung

Bei den bisher beschriebenen Induktionsvorgängen wurde stets ein Leiter (gerader Draht oder Spule) im Magnetfeld bewegt. Aufgrund dieser Bewegung wurde im Leiter eine Spannung induziert. Dies gilt auch, wenn wie in ➠ *Versuch 1* der Magnet bewegt wird.

In ➠ *Versuch 2* allerdings bleiben die Spulen in Ruhe – trotzdem wird Spannung induziert. Gibt es trotz der Unterschiede dennoch eine Gemeinsamkeit bei der Induktion mit und ohne Bewegung?

Die so genannte **Induktionsspule**, an deren Enden eine Spannung entsteht, wird von einem äußeren Magnetfeld durchdrungen. Das alleine reicht aber noch nicht aus:
In ➠ *Versuch 1* verstärkt sich dieses Magnetfeld durch das Eintauchen des Stabmagneten in das Spuleninnere. In ➠ *Versuch 2* verstärkt sich das Magnetfeld zunächst in der Spule I durch Erhöhung der Stromstärke. Die Feldlinien durchdringen ebenso die Spule II, sodass sich auch in dieser das äußere Feld verstärkt. Dieser Effekt wird durch einen gemeinsamen Eisenkern vergrößert. Ein Bewegungsstopp in ➠ *Versuch 1* und ein Beibehalten der Stromstärke in ➠ *Versuch 2*, d. h. ein Ende der Magnetfeldänderung, lässt die Induktionsspannung sofort auf den Wert null sinken.
Verringert man dagegen die Magnetfeldstärke, in ➠ *Versuch 1* durch Entfernen des Stabmagneten, in ➠ *Versuch 2* durch Verkleinern der Stromstärke, so wird während dieses Vorgangs ebenfalls in der Induktionsspule eine Spannung induziert, diesmal jedoch mit vertauschter Polung.
Die Induktionsspannung ist umso größer, je *schneller* sich das Magnetfeld ändert und je größer die Anzahl der Windungen der Induktionsspule (➠ *Versuch 1*) ist.

 Merksatz

Induktion durch Magnetfeldänderung: Verstärkt oder verringert sich das Magnetfeld in einer Spule, so wird in ihr eine Spannung induziert.

... noch mehr Aufgaben

A1: Nadine lässt einen Stabmagneten durch eine Spule fallen. An der Spule ist ein Oszilloskop angeschlossen. Der Leuchtpunkt auf dem Schirm springt zunächst nach oben und anschließend noch viel stärker nach unten. Erkläre dies.

A2: Zwei Drehspulinstrumente sind miteinander verbunden. Eines wird so stark seitlich hin und her gekippt, dass sich der Zeiger bewegt. Das zweite, das nach wie vor auf dem Tisch steht, zeigt während des Vorgangs eine Wechselspannung an. Erkläre.

A3: Nenne drei Möglichkeiten, um die Induktionsspannung in ➠ *Versuch 1* zu erhöhen.

A4: Wie in ➠ *Versuch 2* liegen zwei Spulen nebeneinander. Die erste ist mit einer Gleichstromquelle verbunden, die zweite mit einem Spannungsmesser. Plötzlich wird der Stromkreis I unterbrochen.

a) Welche Beobachtung macht man am Messgerät? b) Deute die Beobachtung. c) Was geschieht, wenn man den Stromkreis I plötzlich wieder schließt?

A5: Die Tragflächen eines Flugzeugs sind aus Metall. Das Flugzeug fliegt a) von West nach Ost, b) von Nord nach Süd über den Äquator. In welchem Fall entsteht zwischen den Flügelspitzen eine größere Spannung?

Interessantes

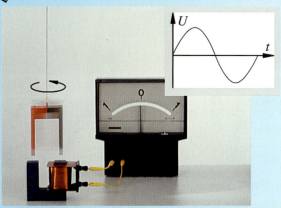

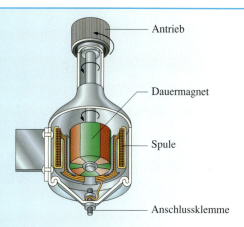

Antrieb

Dauermagnet

Spule

Anschlussklemme

Ein Generator ohne Schleifkontakte

Der Versuchsaufbau oben im Bild zeigt das Prinzip eines **Innenpolgenerators**. Das Messinstrument zeigt während der Rotation des Hufeisenmagneten eine Wechselspannung an. Der rotierende Dauermagnet verursacht eine ständige Magnetfeldänderung in der Induktionsspule. (Der U-förmige Eisenkern bündelt die Magnetfeldlinien und verstärkt lediglich den Effekt.) Die induzierte Wechselspannung kann an den Anschlüssen der *ruhenden* Spule abgegriffen werden. Schleifringe und Schleifkontakte sind hier nicht erforderlich.

Dies ist wichtig für die großen Generatoren in E-Werken (⟹ *Bild 1*). Dort erzeugen sie Wechselspannungen von über 20 000 V und Stromstärken bis 100 000 A. Es wäre unmöglich, über Schleifkontakte so hohe Leistungen abzugreifen. Solche technischen Innenpolgeneratoren bestehen aus riesigen Induktionsspulen in deren Innerem Elektromagnete rotieren. Diese werden von Gleichstrom (bei geringer Spannung) über Schleifkontakte gespeist.

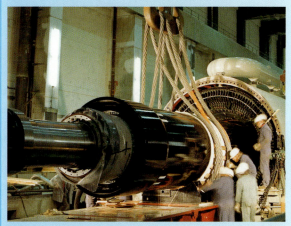

B1: Generator bei der Montage

Der „Dynamo" am Fahrrad

Auch der so genannte „Fahrraddynamo" im obigen Bild ist in Wirklichkeit ein Innenpolgenerator und kein Dynamo. In ihm rotiert ein mehrpoliger Dauermagnet innerhalb der an der Innenwand des Gehäuses angebrachten Induktionsspule.

Beim Fahrrad benutzt man Innenpolgeneratoren mit Dauermagnet, weil sie wartungsfrei arbeiten und in der Herstellung preiswert sind.

Die elektrische Zahnbürste

Elektrische Zahnbürsten arbeiten mit einem Akku. Dieser lädt sich beim Zurückstellen der Zahnbürste in die Haltebox immer wieder auf. Weil die Zahnbürste oft mit Wasser in Berührung kommt, besteht ihr Gehäuse ganz aus Kunststoff. Folglich hat sie deshalb auch außen keinen metallischen Kontakt und die Haltebox auch nicht. Wie kann also der Akku in der Zahnbürste ohne leitende Verbindung mit einer äußeren Stromquelle aufgeladen werden? Im Prinzip zeigt ⟹ *Versuch 2* die Lösung: In der Haltebox ist eine Spule. Diese ist mit der Steckdose (Wechselspannung) verbunden. Die Zahnbürste selbst besitzt eine Induktionsspule, deren Anschlüsse mit dem Akku verbunden sind. Der Wechselstrom in der Spule der Haltebox erzeugt ein Magnetfeld, das sich ständig ändert. Steht die Zahnbürste nun in der Haltebox, so sind beide Spulen dicht beisammen. In der Spule der Zahnbürste wird jetzt eine Spannung induziert, die den Ladestrom für den Akku erzeugt (vorgeschaltet ist ein Gleichrichter).

B1: Informationsübertragung durch das Telefon; in jedem Telefonhörer befinden sich Mikrofon und Lautsprecher.

Sprachübertragung

Der Lautsprecher

Der dynamischen Lautsprecher (⇒ *Bild 2*) besteht aus einer Spule, die an einer starren Membran befestigt ist. Die Membran wiederum ist elastisch am Gehäuse aufgehängt. Die Spule taucht in das starke Feld eines speziellen Magneten ein (in der Mitte ist der Nordpol und außen befindet sich der Südpol) und führt Strom im Rhythmus von Musik. Die Spulendrähte werden ringsum von magnetischen Feldlinien durchsetzt. Die entstehende Lorentzkraft wirkt je nach Stromrichtung nach links oder rechts. Die Membran wird von dieser Kraft verschoben. Je nach Größe und Richtung der Kraft nimmt die Membran so unterschiedliche Positionen ein. Dies hat zur Folge, dass die Membran sich im Rhythmus der Musik hin und her bewegt und so Schall erzeugt und die Musik wiedergibt.

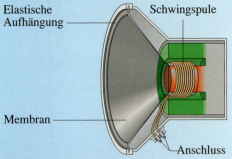

Elastische
Aufhängung

Schwingspule

Membran

Anschluss

B2: Der dynamische Lautsprecher

Das Mikrofon

Wir schließen an die Spulenenden des dynamischen Lautsprechers ein Oszilloskop. Drückt man nun mit einem Finger die Membran leicht nach unten, so zeigt das Oszilloskop während der Bewegung der Membran eine Spannung an.

Auch hier wird in einem Leiter Spannung induziert, solange er quer zu einem Magnetfeld bewegt wird – hier ist der Leiter die Spule.

Ein mit einer Stimmgabel erzeugter Ton bringt die Membran zum Schwingen, das Oszilloskop zeigt uns die zugehörige Wechselspannung an, die in der Spule induziert wird.

Die technische Verwirklichung des Mikrofons macht deutlich, dass Mikrofon und Lautsprecher Geräte gleicher Bauart sind (⇒ *Bild 3*).

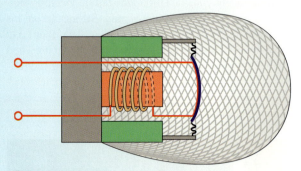

B3: Das dynamische Mikrofon

Das Telefon

Philipp REIS ist es 1861 gelungen, die menschliche Sprache elektrisch zu übertragen. Dies war der Beginn der Fernsprechtechnik. Heute ist es im Prinzip möglich, dass jeder mit jedem zu jeder Zeit auf unserer Erde reden kann.

Im Telefon (⇒ *Bild 1*) werden die akustischen Informationen (Schallschwingungen) im Mikrofon in elektrische Signale (Wechselstrom) umgewandelt, die dann im Lautsprecher umgekehrt wieder in akustische Signale zurück verwandelt werden.

Interessantes

Magnetische Datenverarbeitung

Computer arbeiten im Dualsystem, d. h. alle Informationen – ob in Form von Wörtern, Zahlen, Bildern oder auch akustische Informationen – werden in die Computersprache, also in eine Folge von Nullen und Einsen übersetzt. Dieser *digitalen* Form entsprechend werden sie dann auf einer Festplatte oder auf einer Diskette abgespeichert.

Speichern von Daten

Die Festplatte und die Diskette bestehen aus einem Träger, der mit einer magnetisierbaren Schicht belegt ist. Der Datenträger rotiert mit hoher Geschwindigkeit in geringem Abstand unter einer Spule mit Eisenkern (➡ *Bild 4*). Die Strom führende Spule erzeugt je nach Stromrichtung jeweils ein nach links oder nach rechts gerichtetes Magnetfeld. Nullen und Einsen werden durch eine unterschiedliche Folge der Magnetisierungsrichtung festgelegt (z. B.: llllrrrrlllrrrr für „0" und llrrllrrllrrllrr für „1" oder auch kein Wechsel für „0", Wechsel für „1").

An der Stelle, die dem Datenträger zugewandt ist, ist der Eisenkern unterbrochen. An diesem Spalt greift das Magnetfeld auf die magnetisierbare Schicht über. Während diese Schicht die Spule – den so genannten *Schreibkopf* passiert – wird sie magnetisiert.

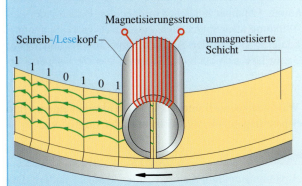

B 4: Der Schreibkopf magnetisiert den Datenträger.

Lesen der Daten

Das Lesen der Daten erfolgt mit dem gleichen Gerät. Man nennt jetzt die Spule mit Eisenkern *Lesekopf*. Diesmal liegt an den Spulenenden keine Spannung von außen an. Diese entsteht vielmehr erst während des Lesevorgangs.

Wenn sich der magnetisierte Datenträger (➡ *Bild 5*) am Lesekopf vorbei bewegt, wird bei jedem Richtungswechsel des Magnetfeldes ein Spannungsimpuls in der Spule induziert. Aus der zeitlichen Abfolge der

Pulse kann der Computer dann wieder die Information „0" oder „1" erkennen. Wenn ein Datenfeld neu beschrieben wird, wird stets die alte Information gelöscht.

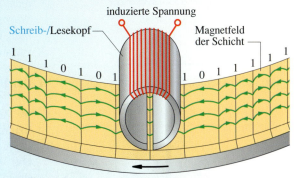

B 5: Induktion ermöglicht das Lesen von Daten.

Töne und Bilder durch Induktion

Elena wettet mit ihrem Freund Marc, dass sie es schafft, mit einem Magneten Musik zu erzeugen. Marc denkt längere Zeit darüber nach, wie das denn wohl möglich sei. Weil er selbst keine Idee hat, nimmt er die Wette an. Daraufhin zeigt ihm Elena ihre Lösung:

Sie nimmt sich einen kleinen Stabmagneten und eine unbespielte Tonkassette. Dann überstreicht sie das freie Stückchen des Tonbandes abwechselnd mit dem Nord- und Südpol des Magneten und dreht dabei das Band immer weiter. Anschließend legt sie das Band in ihren Walkman ein, spult es zurück und lässt Marc mithören. Marc muss neidlos anerkennen, dass Elena tatsächlich Musik (wenn auch fürchterliche) erzeugt hat.

Kassettenrekorder und Videorekorder arbeiten nach einem ähnlichen Verfahren zur Datenspeicherung wie Computer. Dort werden lediglich Magnetbänder statt Platten verwendet. Außerdem werden in vielen Geräten die Daten *analog* abgespeichert.

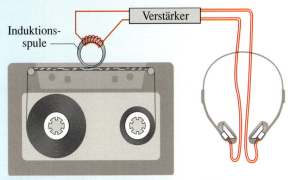

B 6: Schematische Darstellung eines Walkman

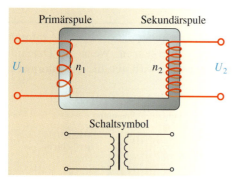

B 1: Aufbau eines Transformators

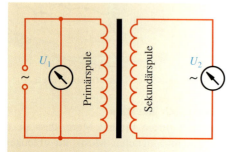

V 1: Wir legen eine Wechselspannung an die Primärspule eines beliebigen Transformators an. Zwischen den Enden der Sekundärspule entsteht eine Wechselspannung gleicher Frequenz. Dies zeigt ein Oszilloskop, das wir zunächst an die Primär-, dann an die Sekundärspule anschließen.

V 2: Wir wählen nun für die Primär- und die Sekundärspule gleiche Windungszahlen. Die induzierte Sekundärspannung ist nun stets genauso groß wie die Primärspannung.

V 3: Es gilt nun $n_1 = 150$. Auf der Sekundärseite werden zwei Spulen mit je 150 Windungen in Reihe geschaltet (also $n_2 = 2 \cdot n_1$). Jetzt gilt: $U_2 \approx 2 \cdot U_1$.

V 4: Wir bauen Transformatoren mit Spulen unterschiedlichster Windungsverhältnisse. Stets gilt: $U_2 : U_1 \approx n_2 : n_1$.

n_1	1000	1000	250	500
n_2	1000	500	1000	250
U_1 in V	4	4	6	6
U_2 in V	3,9	2	23	2,9
$n_2 : n_1$	1	0,5	4	0,5
$U_2 : U_1$	0,98	0,5	3,83	0,48

Der Transformator

Tragbare Radiorekorder werden mit Batterien betrieben. Willst du sie an die Steckdose anschließen, so musst du einen Spannungswandler zwischen Steckdose und Gerät schalten, damit die elektronischen Bauteile durch die hohe Netzspannung (230 V) nicht zerstört werden. Diese Spannungswandler verkleinern die Wechselspannung und formen sie anschließend in Gleichspannung um. Das Bauteil, das die Wechselspannung in ihrer Größe verändert, heißt **Transformator** oder kurz **Trafo** (➡ *Bild 1*).

1. Der Trafo liefert Wechselspannung nach Bauplan ...

➡ *Versuch 1* zeigt, dass man an der Sekundärspule Wechselspannung abgreifen kann. Dies ist möglich, obwohl doch zwischen den beiden Spulen *keine* elektrische Verbindung besteht! Die Wechselspannung im Primärkreis bewirkt einen Wechselstrom. Dieser wiederum erzeugt ein Magnetfeld, das sich im Rhythmus des Wechselstroms auf- und abbaut. Der gemeinsame Eisenkern sorgt dafür, dass die Magnetfeldänderung auf die Sekundärspule übertragen wird. Diese Feldänderung induziert dann dort eine Wechselspannung gleicher Frequenz.

An den Enden der Spulen gleicher Windungszahl werden gleich große Spannungen induziert (➡ *Versuch 2*), die Magnetfeldänderungen sind wegen des gemeinsamen Eisenkerns nahezu gleich groß.
Schaltet man zwei solcher Spulen in Reihe (➡ *Versuch 3*), so addieren sich die beiden Einzelspannungen zur doppelten Sekundärspannung. Offenbar herrscht zwischen den Enden jeder einzelnen Windung aller Spulen stets eine gleich große Spannung. Diese addieren sich in der Sekundärspule zur Sekundärspannung. Damit lässt sich auch das Ergebnis von ➡ *Versuch 4* erklären.

Durch Wahl geeigneter Bauteile kann man also mit einem Trafo Wechselspannungen beliebig verringern oder vergrößern.

Merksatz

Wechselspannungen kann man mit einem Trafo verändern. Die Spannungen am Trafo verhalten sich wie die Windungszahlen der Spulen:

$$U_2 : U_1 \approx n_2 : n_1.$$

2. ... und Strom nach Leistungsbedarf

Ein Lämpchen trägt die Aufschrift „24 V, 12 W". Es soll gefahrlos unter Benutzung eines Transformators bei 230 V Primärspannung betrieben werden. Man wählt für den Trafo deshalb zwei Spulen, deren Windungsverhältnis 1:10 beträgt (➡ *Versuch 5*). Der Trafo erzeugt auf der Sekundärseite eine Spannung von etwa 23 V.

Wie groß wird jedoch die Stromstärke im Sekundärkreis sein? Wie kann überhaupt im Sekundärkreis ein Strom entstehen, wo doch Primärkreis und Sekundärkreis nicht leitend miteinander verbunden sind?

Das Lämpchen im Sekundärkreis leuchtet. Also fließen dort Elektronen. Jedoch sind es andere als im Primärkreis. Antreiber dieses Elektronenflusses ist die induzierte Spannung auf der Sekundärseite. Dabei wird gleichzeitig Energie mit der Induktion übertragen.

Das Lämpchen im Sekundärkreis nimmt die Leistung $P_2 = U_2 \cdot I_2$ auf. Diese Leistung muss der Primärkreis abgeben. Man erkennt dies an der steigenden Stromstärke dort. Die Leistung im Primärkreis beträgt $P_1 = U_1 \cdot I_1$. Für einen gut gebauten Trafo gilt der Energiesatz:

$$P_1 \approx P_2, \text{ also}$$
$$U_1 \cdot I_1 \approx U_2 \cdot I_2. \text{ Damit gilt nunmehr}$$
$$U_1/U_2 \approx I_2/I_1.$$

Merksatz

Beim Transformator richtet sich der Primärstrom nach dem Sekundärstrom. Die Leistung bleibt nahezu erhalten und die Stromstärken verhalten sich umgekehrt wie die Windungszahlen:

$$P_1 \approx P_2; \quad I_2 : I_1 \approx n_1 : n_2.$$

3. Hohe Spannung und großer Strom!

➡ *Bild 2* zeigt einen **Hochspannungstransformator**. Das Windungsverhältnis beträgt $n_1 : n_2 = 1 : 46$, sodass bei einer Primärspannung von 230 V auf der Sekundärseite die Spannung auf über 10 000 V steigt. Bei dieser Spannung wird die Luft zwischen den Elektroden leitend: Leuchtend steigt ein Strom führender Lichtbogen nach oben.

Mithilfe von Transformatoren können aus kleinen Spannungen sehr gefährliche Hochspannungen entstehen. **Transformator-Experimente sind gefährlich!**

Beim **Hochstromtransformator** (➡ *Bild 3*) ist das Windungszahlverhältnis $n_1 : n_2 = 100 : 1$, sodass der Sekundärstrom etwa 100-mal größer als der Primärstrom sein kann:
Der dicke, glühende Nagel hat etwa einen Widerstand von $R = 0,01\ \Omega$. Mit $U_1 = 230$ V wird
$U_2 = U_1 \cdot n_2/n_1 = 230$ V $\cdot\ 0,01 \approx 2$ V.
Also ist $I_2 = U_2/R \approx 200$ A!
Der Primärstrom dagegen beträgt nur etwa 2 A.

Anwendung findet dieser Trafo etwa beim elektrischen Schweißen. Hier wird durch eine sehr große Stromstärke das Metall so stark erhitzt, dass an Punktstellen die Schmelztemperatur überschritten wird.

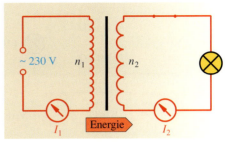

V5: Stromstärkemessung am Trafo mit $n_1 = 1000$ und $n_2 = 100$.
Ist der Trafo nicht belastet, d.h. $I_2 = 0$ A, so ist im Primärkreis die Stromstärke I_1 vernachlässigbar klein. Schließt man den Schalter, so leuchtet das Lämpchen sofort hell auf. Die Stromstärke beträgt nun $I_2 = 0,48$ A. Gleichzeitig steigt aber auch die Stromstärke im Primärkreis. Es gilt jetzt $I_1 = 0,05$ A.
Für die Leistungen in Primär- und Sekundärkreis gilt also:
$P_1 = 230$ V $\cdot\ 0,05$ A $= 11,5$ W,
$P_2 = 23$ V $\cdot\ 0,48$ A $= 11,04$ W.
Es nicht ganz gelungen, die Energie verlustfrei zu übertragen.

⚠ Vorsicht! Hochspannung

B2: Trafo mit $n_1 = 500$ und $n_2 = 23\,000$

B3: Trafo mit $n_1 = 600$ und $n_2 = 6$

... noch mehr Aufgaben

A1: Die Netzspannung soll von 230 V auf 46 V mithilfe eines Trafos verringert werden. Eine Spule mit 1000 Windungen steht zur Verfügung. Welche Windungszahl muss die zweite Spule haben?

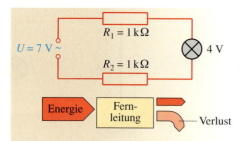

V 1: Modellhafte Fernleitung: Eine Wechselspannung von 7 V wird über eine „Fernleitung" an ein Lämpchen für 4 V und 0,07 A gelegt (die zwei Widerstände ersetzen eine kilometerlange Zuleitung). Das Lämpchen leuchtet nicht.

V 2: Diesmal wird das gleiche Lämpchen über eine Hochspannungsleitung (⟼ *Bild 1*) an die gleiche Spannungsquelle gelegt. Das Lämpchen leuchtet hell auf.

Beispiel

Kostenrechnung
a) Fernübertragung mit 230 V:
Die Leistung $P = 460$ MW eines E-Werks soll mit höchstens 10% Verlust, also $P_L \leq 46 \cdot 10^6$ W, übertragen werden.
Für die Stromstärke gilt:
$I = P/U = 460 \cdot 10^6$ W$/230$ V $= 2 \cdot 10^6$ A.
Der Leitungswiderstand darf dann höchstens den Wert $R_L = P_L/I^2 =$
$46 \cdot 10^6$ W$/(2 \cdot 10^6$ A$)^2 \approx 10^{-5}$ Ω haben.
Für einen Draht gilt: R_L ist proportional zu seiner Länge und umgekehrt proportional zu seiner Querschnittsfläche. Ein Kupfer„draht" für eine 100 km lange Doppelleitung mit $R_L = 10^{-5}$ Ω müsste dann eine Querschnittsfläche von 340 m^2 (!!) haben – unbezahlbar.

b) Fernübertragung mit 230 000 V:
Es gilt: $I = P/U = 460 \cdot 10^6$ W$/230\,000$ V $= 2 \cdot 10^3$ A. R_L darf dann sogar ca. 10 Ω betragen. Daraus ergibt sich ein Leitungsquerschnitt von nur 3,4 cm^2 – bezahlbar.

3. Übertragung elektrischer Energie – möglichst sparsam

Der größte Teil der elektrischen Energie wird in Großkraftwerken erzeugt. Von dort muss sie durch ein langes Leitungsnetz bis zum Endverbraucher übertragen werden. Eine lange Leitung hat aber einen großen Widerstand ($R \sim l$). Dadurch wird der Strom so klein, dass eine angeschlossene Lampe nicht mehr leuchtet (⟼ *Versuch 1*). Erst bei sehr viel höherer Spannung wäre der Strom für die Lampe wieder groß genug. Leider würde aber der größte Teil der aufgewandten Energie in der Leitung entwertet.

In ⟼ *Versuch 2* wird die Wechselspannung zunächst mithilfe eines Transformators erhöht und nach der modellhaften Fernleitung durch einen zweiten Transformator (Vertauschung von Primär- und Sekundärspule) wieder herunter transformiert. Der Verlust ist diesmal offenbar geringer – das Lämpchen leuchtet. Wie ist das möglich, wo doch im vorigen Kapitel deutlich wurde, dass kein Transformator völlig verlustfrei elektrische Energie überträgt?

Entscheidend für den Verlust in Leitungen ist die Stromstärke. Durch den Einsatz von Transformatoren kann sie aber bei gleicher Energieübertragung verringert werden. Am Widerstand R_L der Fernleitung fällt die Spannung $U_L = I \cdot R_L$ ab. Die von der Leitung aufgenommene Leistung ist $P_L = U_L \cdot I = I^2 \cdot R_L$. In ⟼ *Versuch 2* wird durch das Windungszahlverhältnis die Stromstärke etwa auf den 20 sten Teil verkleinert. Der gesamte Leitungsverlust ist damit nach $P_L = I^2 \cdot R_L$ sogar auf den $(20)^2$-ten Teil, also auf 1/400 gesunken. Durch den Einsatz von Transformatoren wird also die Energieentwertung in den Fernleitungen deutlich verringert.

Je größer die Hochspannung, desto günstiger erscheint der obige Effekt. Es gibt allerdings Grenzen. Bei zu großer Hochspannung entstehen an den Isolatoren der Hochspannungsmasten so genannte Kriechströme. Diese führen dann wieder zu Verlusten.

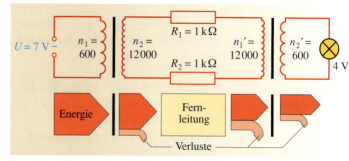

B 1: Modellhafte Fernleitung mit zwei Transformatoren

... noch mehr Aufgaben

A 1: Die erste größere elektrische Energieübertragung wurde in Deutschland mit Gleichstrom durchgeführt. Nenne Gründe, warum man sich später wohl für Wechselstrom entschieden hat.
A 2: Eine Windkraftanlage liefert insgesamt 530 kW Leistung. Der Verlust in den Leitungen soll höchstens 2% betragen. Wie groß darf der Leitungswiderstand bei $U = 230$ V (10 kV) sein?

B 2: Große Kraftwerke in Deutschland

Kraftwerke:
- ♦ Steinkohle/Öl/Gas
- ⬤ Öl/Gas
- ▲ Braunkohle
- ⬛ Kernenergie
- ⬠ Wasser

1 Brunsbüttel
2 Brokdorf
3 Stade
4 Geesthacht
5 Lubwein
6 Unterweser
7 Emsland
8 Lübbenau
9 Bocksberg
10 Niederwartha
11 Hagenwerder
12 Markersbach
13 Hohenwarte
14 Offleben
15 Grohnde
16 Würgassen
17 Erzhausen
18 Koepchen
19 Waldeck
20 Vianden
21 Biblis
22 Langenprozelten
23 Grafenrheinfeld
24 Philippsburg
25 Neckarwestheim
26 Happurg
27 Reisach
28 Schwandorf
29 Isar
30 Gundremmingen
31 Jochenstein
32 Walchensee
33 Lünersee
34 Schluchsee

Umspannwerke •
Städte ⬛
Leitungen mit
400 kV
230 kV

Verbundwirtschaft erhöht Versorgungssicherheit

Der Standort eines Kraftwerks ist nicht nur durch den Bedarf sondern auch durch Rohstoffvorkommen, verkehrsgünstige Lage oder durch geographische Vorgaben (Kühlwasserreservoir) bestimmt. In ▸ Bild 2 ist die Verteilung in Deutschland gut zu erkennen. Außerdem verrät das Bild, dass die Kraftwerke miteinander verbunden sind. Es ist leicht einzusehen, warum nicht ein einziges Kraftwerk allein die Energieversorgung für eine bestimmte Region sicherstellt. Bei einem Ausfall wäre die ganze Region längere Zeit unversorgt. Durch Industrieansiedlung könnte sich der Energiebedarf einer Region rasch erhöhen, während er andernorts sinken könnte.

Diese Gründe zeigen, wie nützlich ein **Energieverbund** sein kann. Das Verbundsystem erfasst nicht nur Deutschland, sondern große Teile Europas.

Der Verbrauch bestimmt die Erzeugung

Es gibt bei uns eine Vielzahl unterschiedlicher Kraftwerkstypen.

Der größte Energieanteil wird durch *Wärmekraftwerke* erzeugt (Wasserdampf treibt über Turbinen die Generatoren an). Hierzu gehören neben den Stein- und Braunkohlekraftwerken auch die Kernkraftwerke und viele Heizöl- und Erdgaskraftwerke. Die Brennstoffkosten dieser Anlagen sind relativ gering, ihr Bau dagegen ist sehr teuer. Die meisten von

ihnen laufen deshalb nahezu immer bei voller Leistung. *Windkraftanlagen* oder *Fotovoltaikanlagen* liefern z. Zt. lediglich einen Anteil von ca. 5% der gesamten Stromerzeugung. Auch der Anteil der *Laufwasserkraftwerke* liegt bei uns nur bei etwa 4,5% (in Norwegen 99%, in Westeuropa gemittelt 20%).

Elektrische Energie muss in dem Augenblick geliefert werden, in dem sie der Kunde „anfordert". Die blaue Kurve (▸ *Bild 3*) zeigt für einen Wintertag den Bedarf an elektrischer Leistung. (Im Sommer liegt er etwa um 30% niedriger.) Zwischen 8 Uhr und 12 Uhr und etwa um 18 Uhr ist der Bedarf besonders hoch. Der Kraftwerksverbund ist so ausgelegt, dass er diesen Spitzenbedarf abdecken kann. Die Gesamtkapazität muss sogar höher liegen, um Kraftwerksausfälle auffangen zu können. Die Maximalleistung aller deutschen Kraftwerke zusammen betrug 1997 etwa 120 000 MW.

Probleme bereiten den Stromerzeugern die Bedarfsschwankungen. Nicht jeder Kraftwerkstyp kann in relativ kurzer Zeit seine Leistung ändern: Die **Grundlast** tragen in Deutschland hauptsächlich Wärmekraftwerke. Die **Spitzenlast** decken zunächst fast alle Kraftwerke ab. Hinzu geschaltet werden dann Kraftwerke mit *Gasturbinen*. Hier treiben die Verbrennungsabgase von Öl und Erdgas selbst die Turbinen an. Ihr Wirkungsgrad ist zwar geringer als der üblicher Wärmekraftwerke, sie können aber schneller zu- bzw. abgeschaltet werden. *Pumpspeicherwerke* sind speziell für Spitzenlast gebaute Wasserkraftwerke.

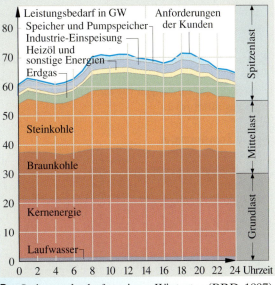

B 3: Leistungsbedarf an einem Wintertag (BRD, 1997).

Das ist wichtig

1. Der **Elektromotor** arbeitet nach folgendem Prinzip: Eine drehbare Mehrfachspule sitzt innerhalb eines Magnetfeldes. Über Schleifkontakte und unterteilte Schleifringe wird die Spule an eine Gleichspannungsquelle angeschlossen. Die Strom führende Spule erzeugt nun auch ein Magnetfeld. Magnetische Kräfte erzeugen dann ein Drehmoment auf die Spule.

Der Elektromotor wandelt elektrische Energie in mechanische Energie um.

2. Auf bewegte Elektronen im Magnetfeld wirkt die **Lorentzkraft**. Verlaufen Bewegungsrichtung der Elektronen und Magnetfeldlinien senkrecht zueinander, so wird die Kraftrichtung nach der **Linke-Hand-Regel** bestimmt.

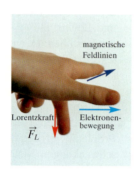

magnetische Feldlinien

Lorentzkraft   Elektronenbewegung

$\vec{F}_L$

3. Spannung entsteht durch **Induktion**, wenn
a) ein Leiter quer oder schräg zu magnetischen Feldlinien bewegt wird,
b) sich in einer Spule das Magnetfeld ändert (verstärkt oder verringert wird).

4. Generatoren sind ähnlich aufgebaut wie Elektromotoren. Magnetfeld und Spule werden gegeneinander gedreht, sodass durch Induktion eine Spannung an den Spulenenden entsteht.
Ein Generator wandelt mechanische Energie in elektrische Energie um.

5. Auch für die Induktion gilt der **Energieerhaltungssatz**. Ein Generator kann also höchstens so viel elektrische Energie erzeugen wie ihm mechanische Energie zugeführt wird.

6. Ein **Transformator** wandelt Wechselspannungen fast ohne Energieentwertung.
Für die *Spannungen* gilt:

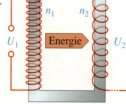

$U_2 : U_1 \approx n_2 : n_1$.

Für die *Stromstärken* gilt:

$I_2 : I_1 \approx n_1 : n_2$.

Aufgaben

A1: a) Wie dreht sich ein Gleichstrommotor, wenn man die elektrischen Anschlüsse vertauscht? **b)** Wie kann man die Drehrichtung eines Allstrommotors verändern?

A2: Ein Spielzeugmotor hebt über eine Rolle einen kleinen Körper mit $m = 250$ g in $t = 3$ s insgesamt 1,2 m hoch. An ihm liegt eine Spannung von 9 V, die Stromstärke beträgt während des Hebevorgangs 0,3 A. **a)** Wie viel mechanische Energie hat der Motor umgesetzt? Wie viel elektrische Energie hat er dabei aufgenommen? Wie groß ist also sein Wirkungsgrad? **b)** Ein Motor habe einen Wirkungsgrad von 75%. Die Spannung betrage 230 V. Wie groß muss die Stromstärke sein, wenn der Motor die gleiche mechanische Leistung erbringen soll wie der Spielzeugmotor in a)?

A3: Die Abbildung zeigt eine „Leiterschaukel" (ein gerades Leiterstück ist an zwei Drähten aufgehängt) zwischen den Polen eines Hufeisenmagneten. Sie wird an eine Spannungsquelle angeschlossen, der linke Draht an den Pluspol, der rechte an den Minuspol. **a)** Warum bewegt sich die Leiterschaukel und in welche Richtung bewegt sie sich? **b)** Durch welche Änderungen im Versuch kann man die Bewegungsrichtung der Schaukel umkehren?

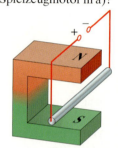

A4: Die Anschlüsse der Leiterschaukel von Aufgabe A3 sind mit einem empfindlichen Spannungsmesser verbunden. Die Leiterschaukel wird im Magnetfeld mit der Hand nach rechts bewegt. **a)** Warum zeigt das Voltmeter eine Spannung an? Wie ist sie gepolt? **b)** Die Leiterschaukel wird kurz nach rechts ausgelenkt und anschließend losgelassen – sie schwingt hin und her. Beschreibe den Zeigerausschlag des Voltmeters. **c)** Der Spannungsmesser in b) wird durch einen dünnen Draht ersetzt. Die Leiterschaukel wird wieder kurz angestoßen. Warum kommt die Schwingung nach kurzer Zeit zum Stillstand?

A5: Warum kann es gefährlich sein, wenn man an den Ausgang eines Spielzeugtrafos (24 V) einen zweiten Transformator mit 500 und 11 500 Windungen anschließt?

A6: Ein Elektriker soll einen Trafo bauen, sodass ein Lämpchen (15 V; 1,25 A) gefahrlos und trotzdem möglichst hell bei 230 V Netzspannung betrieben werden kann. Es stehen 4 Spulen zur Auswahl mit 50, 500, 750 und 1000 Windungen. **a)** Aus welchen zwei Spulen baut er den Trafo? **b)** Wie groß ist dann die Stromstärke im Primärkreis?

Ein Detektor für Infrarotstrahlung dient zur Messung der Verkehrsdichte z. B. auf der Autobahn. Bei ruhendem Verkehr erfolgt eine Staumeldung. Die Energieversorgung des Detektors geschieht mit *Solarzellen*.

Eine *Leuchtdiode* zeichnet sich gegenüber einer normalen Glühlampe durch besondere Helligkeit aus. Sie hat eine höhere Lebenserwartung und benötigt weniger Energie.

Sensoren sind in praktisch allen technischen Geräten unseres Haushalts eingebaut. Waschmaschinen, Geschirrspüler und Fernsehgeräte würden heute ohne sie nicht funktionieren. In der Industrie sind Sensoren z. B. zur Überwachung und Steuerung von Produktionsprozessen unerlässlich. Auch die moderne Automobiltechnik bedient sich vieler Sensoren. Beim Rückwärts-Einparken ist der Abstand zum hinteren Auto oft nicht erkennbar. Sensoren in der hinteren Stoßstange ermitteln den Abstand und geben dem Fahrer einen optischen oder akustischen Hinweis, wie viel Platz ihm noch bleibt.

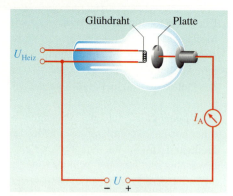

V1: Ein evakuierter Glaskolben enthält links einen Metalldraht, der durch elektrischen Strom zum Glühen gebracht wird. Ihm gegenüber auf der rechten Seite ist eine Platte angebracht. Draht und Platte sind über einen Strommesser mit einer Spannungsquelle verbunden. Die Platte ist gegenüber dem Draht positiv geladen. Erhitzen wir den Draht auf Rotglut, so messen wir die Stromstärke $I_A = 1$ mA. Bei Weißglut messen wir $I_A = 2$ mA.

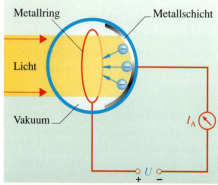

V2: Ein evakuierter Glaskolben ist auf der Rückseite innen mit einer Metallschicht bedampft. Ihr gegenüber befindet sich ein Metallring. Man bezeichnet eine solche Anordnung als *Vakuumfotozelle*. Von einer Lichtquelle fällt Licht auf die Metallschicht. Wir schließen diese über einen Strommesser an den negativen und den Metallring an den positiven Pol einer Spannungsquelle an. Der Strommesser zeigt einen Strom der Stärke I_A. Die Stromstärke wird größer, wenn wir die Metallschicht durch Annähern der Lampe stärker beleuchten. I_A wird kleiner, wenn wir abdunkeln. Polen wir die Spannungsquelle um, so beobachten wir keinen Strom mehr.

Elektronen in Materie

1. Elektronen in Metallen

In Metallen hat jedes Atom eines oder mehrere seiner Elektronen an die Umgebung im Metall abgegeben. Das Atom bleibt als positiv geladener Atomrumpf zurück. Die Atomrümpfe sind ortsfest. Sie schwingen lediglich um ihre Ruhelage. Die Elektronen dagegen bewegen sich regellos zwischen den Atomrümpfen. Sie verhalten sich wie die Moleküle eines Gases. Man spricht deshalb von einem *Elektronengas*.

Legt man eine Spannung an einen Metalldraht, so wandern die Elektronen zum positiven Pol der Spannungsquelle. Wir messen einen Strom.

2. Energie befreit Elektronen aus Metallen

Wenn wir einen Draht erhitzen, schwingen die Atomrümpfe stärker. Auch die regellose Bewegung der Elektronen wird heftiger. Schließlich haben einige so große Energie, dass sie aus dem Draht herausfliegen. Ist in ⇒ *Versuch 1* die dem glühenden Draht gegenüber liegende Platte positiv geladen, so werden die Elektronen zu ihr gezogen. Wir messen einen Strom. Erhöhen wir die Temperatur des Drahtes, so werden mehr Elektronen befreit, die Stromstärke I_A wird größer. Man bezeichnet diese Erscheinung als **glühelektrischen Effekt**.

Auch Licht führt Energie mit sich und kann sie an Elektronen abgeben. Diese Energie reicht in einigen Fällen aus, um Elektronen aus Metall zu befreien. In ⇒ *Versuch 2* benutzen wir eine **Vakuumfotozelle**. Elektronen werden durch das Licht aus einer Metallschicht herausgelöst und von einem positiv geladenen Ring angezogen. Wir beobachten einen Strom, der umso größer ist, je heller die Fotozelle beleuchtet wird. Man nennt diesen Effekt den **äußeren Fotoeffekt**. Polen wir die Spannungsquelle um, so werden die befreiten Elektronen sofort wieder in die nun positive Metallschicht zurückgezogen.

 Merksatz

Bei hoher Temperatur oder bei Lichteinstrahlung können Elektronen aus Metallen befreit werden.

3. Halbleiter zwischen Leiter und Isolator

Wir sehen in ⇒ *Bild 1*, dass der elektrische Widerstand des Elements **Silicium** (Si) sehr viel größer ist, als der des Metalls Kupfer (Cu), aber sehr viel kleiner als der eines Isolators. Man bezeichnet Silicium deshalb als Halbleiter. Andere Halbleiter sind **Germanium** (Ge) oder auch chemische Verbindungen wie **Galliumarsenid** ($GaAs_3$) oder **Cadmiumsulfid**.

⬛➡ *Bild 1* gibt uns einen Überblick über einige in Ω angegebene Widerstände von Leitern, Halbleitern und Nichtleitern.

Halbleiter werden in vielen Bauteilen der modernen Elektronik benutzt. Sie sorgen für das Funktionieren von z. B. Computern, Fernsehgeräten und Taschenrechnern.

Im Folgenden untersuchen wir, wodurch sich die Halbleiter in ihrem elektrischen Verhalten von Metallen unterscheiden.

4. Energie macht Elektronen beweglich

Von einem metallischen Leiter wissen wir, dass sein Widerstand mit steigender Temperatur im Allgemeinen zunimmt. Bei einem reinen Halbleiter geschieht das Gegenteil. Sein Widerstand nimmt mit steigender Temperatur ab (⬛➡ *Versuch 3 a*). Man sagt, der Halbleiter hat einen **n**egativen **T**emperatur **K**oeffizienten und bezeichnet ihn deshalb als **NTC-Widerstand** (C: englisch, coefficient) oder als **Heißleiter**.

Merksatz

Der elektrische Widerstand von reinen Halbleitern sinkt mit steigender Temperatur.

Beleuchten wir einen Halbleiter mit unterschiedlich hellem Licht (⬛➡ *Versuch 3 b*), so finden wir, dass sein elektrischer Widerstand mit zunehmender Helligkeit abnimmt.

Wir deuten das so, dass Licht Elektronen im *Innern* des Materials freisetzt, also beweglich macht. Der Widerstand sinkt beim Beleuchten. Man spricht in diesem Fall vom **inneren Fotoeffekt** (beim äußeren Fotoeffekt verlassen die Elektronen das Metall).

Einen Halbleiter, bei dem die Widerstandsänderung durch Licht besonders groß ist, bezeichnet man als **Fotowiderstand** oder auch als **LDR** (**l**ight **d**epending **r**esistor). Ein LDR besteht z. B. aus Cadmiumsulfid.

Merksatz

Der elektrische Widerstand eines Halbleiters sinkt mit steigender Beleuchtung.

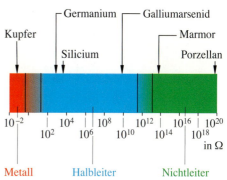

B1: Leiter-Halbleiter-Nichtleiter: bei 1 m Länge, 1 mm² Querschnitt und 20 °C.

V3: a) Wir bestimmen in obiger Schaltung den Widerstand eines Halbleiters. Aus $U = 4{,}5$ V, $I = 2{,}25$ mA berechnen wir $R = 2000$ Ω. Erhöhen wir die Temperatur des Halbleiters mithilfe einer Streichholzflamme, so zeigt der Strommesser eine sehr viel größere Stromstärke ($I = 1$ A) an. Wir berechnen $R = 4{,}5$ Ω. **b)** Wir ersetzen in der Schaltung den bisherigen Halbleiter durch einen Fotowiderstand. Sein Halbleitermaterial ist Cadmiumsulfid. Wir beleuchten den Fotowiderstand zunächst weniger und dann mehr, indem wir ihm eine Lampe annähern. Mit zunehmender Helligkeit zeigt der Strommesser eine größere Stromstärke an. Der Widerstand des Halbleiters wird kleiner.

... noch mehr Aufgaben

A1: Beschreibe den atomaren Aufbau von Metallen.

A2: Erkläre, warum Licht Elektronen aus Metallen befreien kann.

A3: Begründe, warum der elektrische Widerstand von Halbleitern
a) mit steigender Temperatur und
b) mit hellerer Beleuchtung abnimmt.

A4: Überlege dir, für welche Anwendung ein Heißleiter (NTC-Widerstand) bzw. ein Fotowiderstand (LDR) sinnvoll genutzt werden kann.

A5: Warum muss bei einem Vergleich von Widerstandswerten verschiedener Materialien jeweils Länge, Querschnitt und Temperatur mit angegeben werden (vgl. ⬛➡ *Bild 1*)?

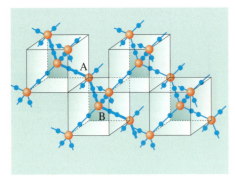

B 1: Kristallgitter von Silicium

 Vertiefung

Kristallgitter von Silicium

Silicium hat als ein Element der vierten Hauptgruppe des Periodensystems vier Außenelektronen. Im Kristallgitter von Silicium hat jedes Atom (z. B. das Atom A, ➡ *Bild 1*) vier unmittelbare Nachbarn. Im Bereich zu jedem der vier Nachbaratome hält sich eines seiner vier Außenelektronen auf. So liefert das Atom A eines in den Nachbarbereich zu B. Aber auch B steuert eines seiner Außenelektronen bei. Im Nachbarbereich zwischen A und B halten sich also zwei Elektronen auf. Die Atome werden zu positiv geladenen Atomrümpfen. Elektronen, die dazwischen fest sitzen, halten sie beisammen Diese Elektronen heißen deshalb *Bindungselektronen*.

Unter Aufwand von Energie verlassen Bindungselektronen ihren Platz und werden zu frei beweglichen *Leitungselektronen*. Dort, wo ein Bindungselektron freigesetzt ist, entsteht eine Fehlstelle, ein *Loch*.

B 2: Aufsteigende Gasbläschen im Sprudelglas symbolisieren Löcher

5. Bindungselektronen werden Leitungselektronen

Zwischen den Siliciumatomen eines Kristalls befinden sich Elektronenpaare (➡ *Bild 1*). Man bezeichnet sie als **Bindungselektronen**, denn sie halten den Halbleiterkristall zusammen. Bei tiefen Temperaturen sind fast alle Elektronen gebunden; es gibt keine freien. Der Kristall ist ein Nichtleiter. Durch Energiezufuhr in Form von Wärme oder Licht lösen sich einige Bindungselektronen aus ihren Bindungen an zwei Nachbaratome und werden zu frei beweglichen **Leitungselektronen** (−). So wird der Kristall leitend. Je höher die Temperatur bzw. je heller das eingestrahlte Licht ist, desto mehr Leitungselektronen gibt es. Der elektrische Widerstand des Halbleiters nimmt deshalb ab.

Leitungselektronen haben im Vergleich zu den Bindungselektronen eine etwas höhere Energie. Wir werden dies im Folgenden dadurch zum Ausdruck bringen, dass wir Leitungselektronen in allen Zeichnungen oberhalb der Bindungselektronen anordnen.

Wir betrachten die dick gezeichnete Kette aus dem Siliciumkristall (➡ *Bild 1*) und nehmen einmal an, dass ein Elektron durch Energiezufuhr freigesetzt sei. Dort, wo das Elektron die Kette verlassen hat, bleibt eine Fehlstelle zurück. Man bezeichnet sie als **Loch**. Da an dieser Stelle die Pluslaung der benachbarten Atomrümpfe überwiegt, verhält sich das Loch wie eine Pluslaung. Bei Zimmertemperatur sind in einem Halbleiter nur wenige Leitungselektronen und Löcher vorhanden, beim Silicium etwa eines von 10^{13} Atomen. Bei Zufuhr von Energie nimmt diese Zahl deutlich zu.

Wie Leitungselektronen (−) sind auch Löcher (+) frei beweglich. Praktisch ohne Energiezufuhr können nämlich Bindungselektronen in vorhandene Löcher hüpfen, sodass an anderer Stelle neue Löcher entstehen.
Immer, wenn wir im Folgenden die Bewegung von Löchern betrachten, wollen wir vereinfachend von den zahlreichen Bindungselektronen und Atomen absehen und nur die Löcher im Blick haben.
Wir stellen uns das so vor: Die Löcher im Kristall sind die sichtbaren Gasbläschen in einem Sprudelglas (➡ *Bild 2*), die gleich nach dem Einschenken hochsteigen. Wir sehen die Gasbläschen im Glas. Tatsächlich sinken jedoch die umgebenden Wasserteilchen nach unten. Im Kristall „sehen" wir nur die Löcher bzw. die freien Elektronen, nicht jedoch die zahlreichen fest sitzenden Bindungselektronen und die Atome.

 Merksatz

Halbleiter leiten bei tiefen Temperaturen schlecht, weil fast alle Elektronen gebunden sind. Durch Energiezufuhr werden einige davon zu frei beweglichen **Leitungselektronen** (−).
Dabei entstehen auch frei bewegliche **positiv geladene Löcher** (+).

Sowohl die freien Elektronen als auch die Löcher leiten.

6. Halbleiter im Stromkreis

Befindet sich ein Halbleiter im Stromkreis ⟹ *Bild 3*, so bekommt die regellose Bewegung der Leitungselektronen und Löcher eine Vorzugsrichtung. Die Leitungselektronen bewegen sich in Richtung Pluspol, die Löcher laufen in Richtung Minuspol. Wir beobachten einen Strom. Wegen der geringen Zahl der Leitungselektronen und Löcher ist er sehr viel kleiner als in Metallen vergleichbarer Abmessung.

Merksatz

In einem reinen Halbleiter findet Elektronen- und zugleich Löcherleitung statt.

7. Freie Elektronen durch ein wenig Arsen

Es scheint paradox, aber Halbleiter werden erst durch gezielte Verunreinigung vielseitig verwendbar. Man „verunreinigt" Silicium z. B. mit einer geringen Menge Arsen. Man ersetzt etwa eines von einer Million Siliciumatomen durch ein Arsenatom. Man sagt dazu: Silicium wird mit Arsen **dotiert**. Da Arsen in die fünfte Gruppe des Periodensystems gehört, hat es fünf äußere Elektronen, also eines mehr als Silicium. Zur Bindung an die vier Nachbaratome im Kristall werden jedoch nur vier Elektronen gebraucht. Eines ist übrig. Es gesellt sich ohne Energiezufuhr zu den Leitungselektronen. So lässt sich die Zahl der Leitungselektronen vergrößern und damit der Widerstand verringern. Man bezeichnet den so entstandenen Halbleiterkristall als **n-dotiert**, da negativ geladene Elektronen den Widerstand verringern.
Im n-dotierten Halbleiter sind fast alle Löcher von Elektronen zugeschüttet, sodass nur Leitungselektronen den Strom bewirken (⟹ *Bild 4a*).

8. Mehr Löcher helfen auch

Statt zusätzlicher Elektronen lassen sich durch eine andere Dotierung auch zusätzliche Löcher gewinnen. Man dotiert einen Siliciumkristall mit Atomen eines Elements der dritten Gruppe im Periodensystem, z. B. Aluminium. Aluminium hat nur drei Außenelektronen. Zum perfekten Einbau in den Kristall fehlt also eines: Es entsteht ein Loch (+). So lässt sich die Zahl der Löcher erhöhen und damit der Widerstand des Halbleiters verringern. Man bezeichnet so dotiertes Silicium als **p-dotierten** Halbleiter, da bei ihm zusätzliche Löcher (+) den Widerstand verringern.
Im p-dotierten Halbleiter sind die wenigen Leitungselektronen in Löcher gefallen, also unwirksam. Nur die Löcher (+) tragen zum Strom bei (⟹ *Bild 4b*).

Merksatz

In n-dotierten Halbleitern findet Elektronenleitung statt, im p-dotierten dagegen Löcherleitung.

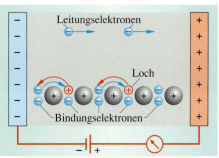

B3: Im Stromkreis bewegen sich Leitungselektronen in Richtung Pluspol und Löcher in Richtung Minuspol. Am linken Ende des Halbleiters werden die Löcher von Elektronen der Zuleitung aufgefüllt. Am Pluspol entstehen neue Löcher.

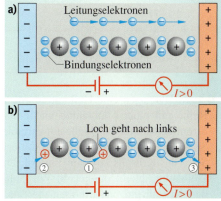

B4: a) n-Halbleiter im Stromkreis: Dotieren von Silicium mit Arsen erzeugt viele Leitungselektronen, die sich ungehindert Richtung Pluspol bewegen. **b)** p-Halbleiter: Dotieren von Silicium mit Aluminium erzeugt viele Löcher, die sich im Stromkreis Richtung Minuspol bewegen.

... noch mehr Aufgaben

A1: Begründe, warum der Widerstand dotierter Halbleiter deutlich kleiner ist als der reiner Halbleiter.

A2: Beschreibe die Löcherleitung und die Vorgänge ① bis ③ in ⟹ *Bild 4b*.

A3: Erkläre, warum es im n-dotierten Halbleiter praktisch keine Löcher und im p-dotierten keine Leitungselektronen gibt.

A4: Beschreibe den Unterschied zwischen Leitungs- und Bindungselektronen.

A5: Man kann Silicium auch **a)** mit Bor oder **b)** mit Phosphor dotieren. Welche Dotierung ergibt sich jeweils?

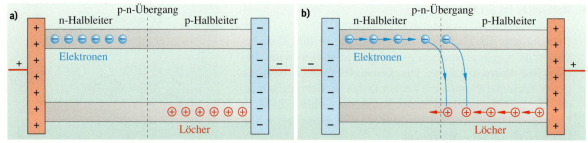

B 1: p-n-Übergang bei der Halbleiterdiode **a)** in Sperrrichtung **b)** in Durchlassrichtung gepolt. Hier sind nur noch die beweglichen Leitungselektronen (–) und die Löcher (+) gezeichnet, nicht mehr die Bindungselektronen.

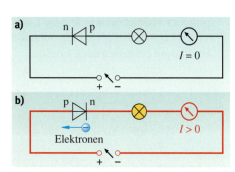

B 2: a) Wir legen eine Halbleiterdiode in Reihe mit einer Glühlampe und einem Strommesser an eine Quelle mit variabler Spannung (Pfeilsymbol). Die n-dotierte Seite des Kristalls liegt am Pluspol. Die Glühlampe bleibt dunkel. **b)** Wir polen den Kristall um und erhöhen die Spannung langsam von null beginnend. Erst ab 0,6 V setzt Strom ein, die Glühlampe leuchtet. Genaue Messungen ergeben die Kennlinie der hier benutzten Silicium-Halbleiterdiode (➧ Bild 3).

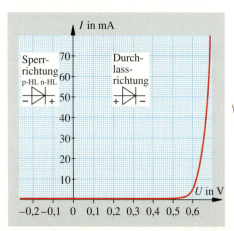

B 3: Silicium-Halbleiterdiode: Kennlinie und Schaltsymbol. Der n-Halbleiter ist im Symbol mit einem Strich gekennzeichnet.

Halbleiterdioden

1. Einbahnstraße für Elektronen

In einen reinen Siliciumkristall lässt man in die eine Hälfte ein wenig Arsen und in die andere ein wenig Aluminium hinein diffundieren. Man bezeichnet einen solchen Kristall als **Halbleiterdiode**. Welche Eigenschaften haben solche Halbleiterdioden?

Liegt der *Pluspol* einer Spannungsquelle *am n-dotierten Teil* der Diode, so können keine Leitungselektronen aus dem p-dotierten in den n-dotierten Teil fließen, weil es im p-dotierten Teil gar keine gibt (➧ *Bild 1 a*). Aus dem n-dotierten Teil können keine Löcher in den p-dotierten Teil gelangen, weil es im n-dotierten Teil keine Löcher gibt. Also ist Ladungsfluss nicht möglich. Die Glühlampe in ➧ *Bild 2 a* bleibt dunkel. Man sagt, die Diode ist in **Sperrrichtung** gepolt.

Liegt der *Minuspol* der Spannungsquelle dagegen *am n-dotierten Teil* des Halbleiterkristalls, so ist die Diode in **Durchlassrichtung** gepolt (➧ *Bild 1 b*). Jetzt können die zahlreichen Leitungselektronen des n-dotierten Teils ungehindert über die Grenze in den p-dotierten Teil eindringen. Dort fallen sie in Löcher, die vom Pluspol nachgeliefert werden. Auch die Löcher des p-dotierten Teils haben keine Schwierigkeiten über die Grenze zu gelangen. Sie werden dort durch Leitungselektronen gefüllt. Dafür strömen am Minuspol Elektronen nach. Die Glühlampe leuchtet (➧ *Bild 2 b*).

    Merksatz

Eine Halbleiterdiode lässt Strom nur dann in einer Richtung zu, wenn der n-dotierte Teil am Minuspol und der p-dotierte Teil am Pluspol der Spannungsquelle liegt.

2. Die Diode – ein Gleichrichter

Technische Wechselspannung wechselt alle $\frac{1}{100}$ s ihre Polung. Deshalb kann ein Gleichstrommotor nicht laufen, wenn wir ihn an die Wechselspannung anschließen (➧ *Versuch 1 a*).

In ➡ *Versuch 1b* richtet die Diode den Wechselstrom gleich: In der einen Hälfte der Periode (n-dotiert am Pluspol) sperrt sie. In der anderen Halbschwingung, ist der n-dotierte Teil der Diode negativ gegenüber dem p-dotierten. Jetzt leitet die Diode. Der Strom durch den Motor hat also nur eine Richtung, der Motor läuft.

Merksatz

Eine Halbleiterdiode lässt Strom nur in einer Richtung durch.

3. Belichtung überwindet Sperrpolung

Eine **Fotodiode** lässt wie jede Diode bei Sperrpolung keinen Strom durch. Dies ändert sich, wenn man sie beleuchtet. Bei einer Fotodiode kann nämlich Licht durch ein Glasfenster die Grenzschicht zwischen n- und p-dotiertem Teil ungehindert erreichen. Jetzt fließen Ladungen im Stromkreis (➡ *Versuch 2*). Wie beim Fotowiderstand werden durch die Energie des Lichts Bindungselektronen aus der Bindung befreit. So entstehen auch im p-Halbleiter Leitungselektronen, und im n-Halbleiter entstehen Löcher. Beide werden von der Spannungsquelle über die Grenze gezogen.

Merksatz

Fotodioden leiten bei Beleuchtung. Sie werden in Sperrrichtung betrieben.

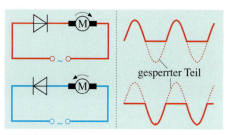

V 1: a) Schließen wir einen Gleichstrommotor an eine Wechselspannungsquelle, so läuft er nicht. **b)** Fügen wir eine Halbleiterdiode in den Wechselstromkreis ein, so läuft der Motor. Polen wir die Diode um, so läuft er anders herum.

V 2: Eine Fotodiode besitzt ein Glasfenster, sodass Licht die Grenzschicht ungehindert erreichen kann. Sie ist in Sperrpolung an eine Spannungsquelle angeschlossen. Der Pfeil zeigt zum Pluspol. Wir beleuchten die Diode und beobachten jetzt einen Strom. Nähern wir die Lampe der Fotodiode, so nimmt die Stromstärke zu.

Interessantes

Die Bildplatte einer Fernsehkamera

In **elektronischen Kameras** sind bis zu 20 Millionen winziger Fotodioden zeilenweise zu einem **Fotodiodenarray** angeordnet (array (englisch): Ansammlung). ➡ *Bild 4* zeigt den prinzipiellen Aufbau einer Zeile. p-dotiertes Silicium ist durch eine dünne lichtdurchlässige Isolierschicht von feinen Metallschienen getrennt. Eine positive Spannung zwischen Schienen und Halbleiter sammelt im Silicium umso mehr freie Leitungselektronen an, je heller die betreffende Diode bestrahlt ist. So entsteht in der Bildplatte ein *Ladungsbild*. Man „liest" die einzelnen Diodenladungen in einem komplizierten elektrischen Verfahren nacheinander ab.

Der Camcorder speichert sie auf einem Videoband. Beim Fernsehen führt man sie ebenfalls einem Speicher und von dort nacheinander dem Sender zu. Der Fernsehempfänger setzt sie wieder zu einem Fernsehbild zusammen. Farbbilder entstehen nach Zerlegen des optischen Bildes mit drei Farbfiltern (Rot, Grün und Blau).

Die Qualität der Bildplatte wird durch die Größe der einzelnen Fotodiode, man bezeichnet sie hier als

Pixel, bestimmt (➡ *Bild 5*). Bei sehr guten Bildplatten sind die winzigen Pixel gerade 50 μm² groß.

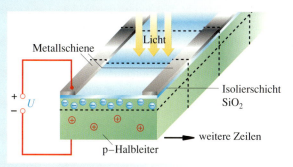

B 4: Prinzipieller Aufbau einer Zeile von Fotodioden

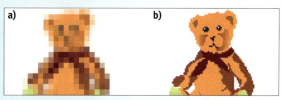

B 5: „Pixelbild" bei zwei verschiedenen Pixelgrößen. Pixelfläche bei **a)** viermal so groß wie bei **b)**.

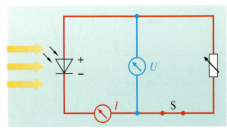

V1: Wir verbinden die beiden Anschlüsse einer Fotodiode direkt mit einem empfindlichen Strommesser. Bei Beleuchtung messen wir einen Strom. Am Strommesser erkennen wir, dass der mit der p-Schicht verbundene Anschluss der Pluspol ist.

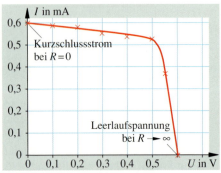

B1: Kennlinie einer Solarzelle

V2: Im Versuchsaufbau von ▩➡ *Versuch 1* benutzen wir statt der Fotodiode eine Solarzelle. Wir ordnen sie so an, dass ihre Oberfläche senkrecht zum einfallenden Sonnenlicht steht. Wir ändern den Widerstand R von 0 Ω auf seinen Maximalwert und öffnen zum Schluss den Schalter S (Widerstand praktisch unendlich groß). Steigt R, so auch die Spannung U, aber nur bis 0,6 V; I sinkt auf null (▩➡ *Bild 1*).

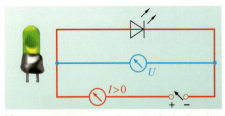

V3: Wir legen eine Leuchtdiode in den Stromkreis, zunächst in Sperrpolung. Die Leuchtdiode sperrt wie jede übliche Diode. Polen wir sie um, so setzt der Strom bei 1,6 V ein und gleichzeitig leuchtet sie. Der Spannung-Strom-Verlauf entspricht dem der Kennlinie einer üblichen Diode.

4. Die Solarzelle, ein kleines Kraftwerk

Eine beleuchtete **Fotodiode** liefert erstaunlicherweise auch dann Strom, wenn keine äußere Spannungsquelle vorhanden ist (▩➡ *Versuch 1*). Die Polung des Messinstruments zeigt uns, dass Elektronen vom p- in den n-dotierten Teil gelangen. Es sind Leitungselektronen, die durch die Energie des Lichts im p-dotierten Teil freigesetzt worden sind. Ebenso fließen durch das Licht entstandene Löcher vom n- in den p-dotierten Teil und tragen zum Strom bei. Je heller das eingestrahlte Licht ist, desto größer ist die Stromstärke. Eine so betriebene Fotodiode verhält sich wie eine Spannungsquelle.

Eine besondere Form der Fotodiode ist die **Solarzelle**. Sie besitzt eine sehr viel größere Oberfläche. Wir können die größere Fläche als „Parallelschaltung" sehr vieler kleiner Flächen deuten, die Solarzelle also als Parallelschaltung vieler Fotodioden. Je größer die Oberfläche einer Solarzelle ist, desto mehr Leitungselektronen und Löcher entstehen bei Lichteinfall.

Unsere Solarzelle liefert bei hellem Sonnenlicht einen *Kurzschlussstrom* von $I = 0,6$ mA. Dieser Wert ist sehr viel größer als der bei der Fotodiode. Der Kennlinie in ▩➡ *Bild 1* entnehmen wir außerdem, dass unsere Solarzelle eine *Leerlaufspannung* von $U = 0,6$ V liefert. Kurzschlussstrom und Leerlaufspannung sind charakteristisch für eine Solarzelle.

Merksatz

In einer Solarzelle wird Lichtenergie unmittelbar in elektrische Energie umgewandelt.

5. Leuchtdioden

Die Solarzelle wandelt Lichtenergie in elektrische Energie um. Kann es denn nicht auch umgekehrt gehen?

Wir verwenden eine Halbleiterdiode aus Galliumarsenid und bekommen eine Kennlinie, wie wir sie von der bisher benutzten Diode gewohnt sind (▩➡ *Versuch 3*). Von dem Augenblick an, in dem der Strom einsetzt, leuchtet die Diode.
Leitungselektronen fallen, nachdem sie die Grenze zum p-dotierten Kristall überschritten haben, in die dort zahlreich vorhandenen Löcher und werden zu Bindungselektronen. Dabei verlieren sie Energie. Ein Teil dieser Energie wird als Lichtenergie frei, der Rest erhöht die Temperatur des Kristalls. Die Diode leuchtet. Man sieht es durch die lichtdurchlässige Schutzkappe.

Man bezeichnet Leuchtdioden als **LED**, eine Abkürzung für **l**ight **e**mitting **d**iode. Leuchtdioden, die in anderen Farben leuchten, bestehen aus anderem Material. Ihre Kennlinien zeigen alle den gleichen Verlauf, unterscheiden sich nur durch die Schwellenspannung – die Spannung, bei der sie zu leuchten beginnen.

Leuchtdioden haben gegenüber „normalen" Glühlampen große Vorteile. Sie haben z. B. einen sehr viel höheren Wirkungsgrad, d. h. sie benötigen für die gleiche Helligkeit sehr viel weniger Energie.

Leuchtdioden lassen sich blitzschnell ein- und ausschalten. Diese Eigenschaft benutzt man z. B. bei der Fernbedienung des Fernsehers (Bild 3).

Leuchtdioden findet man bei vielen elektrischen Geräten. Oft zeigen sie deren Betriebszustand an. Der *Laserpointer* benutzt eine LED besonderer Bauart. Man bezeichnet sie als **Laserdiode**. Im CD-Player dient eine Laserdiode zum Abtasten der CD. Auch bei Datenübertragung mittels Lichtleitern benutzt man sie.

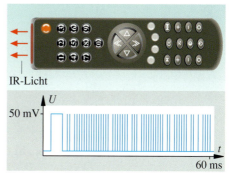

B 3: Fernseherfernbedienung; Signal

Interessantes

Fotovoltaik

Entscheidend für die Nutzung einer Solarzelle ist die von ihr abgegebene *Leistung*. Wir berechnen sie aus der Kennlinie (*Bild 1*) in Abhängigkeit vom Außenwiderstand R.

Für den Fall $R = 0\,\Omega$ ist $U = 0\,V$. Also beträgt die Leistung $P = 0\,W$, trotz großem Kurzschlussstrom.

Bei großem R gilt $I \rightarrow 0$, also ist wiederum $P = U \cdot I = 0\,W$.

Dazwischen zeigt die Kurve ein ausgeprägtes Maximum (*Bild 2*). Wir finden es bei einem Außenwiderstand („Verbraucher") von $R = 1000\,\Omega$. Für diesen Außenwiderstand gibt die Solarzelle bei hellem Sonnenlicht ihre maximale Leistung ab. Für jeden anderen Widerstand ist die Leistungsabgabe geringer. Hinzu kommt, dass sich bei geringerer Sonneneinstrahlung Kurzschlussstrom, Leerlaufspannung und optimaler Widerstand ändern.

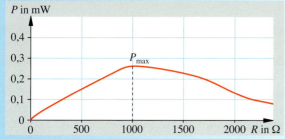

B 2: Leistung $P = U \cdot I$ in Abhängigkeit vom Außenwiderstand R einer Solarzelle

Das bedeutet für die praktische Anwendung der Solarzelle, dass wir sie nur sehr selten optimal nutzen können. Bei weniger hellem Licht bekommen wir eine Kennlinie, die unterhalb der von *Bild 2* verläuft. Der Kurzschlussstrom ist deutlich geringer. Dies ist keine Überraschung: Das haben wir bereits bei der Fotodiode (*Versuch 1*) gesehen.

Versorgung eines Einfamilienhauses mit Solarzellen

Solarzellen liefern eine Leerlaufspannung von 0,6 V. Um eine größere Spannung zu bekommen, müssen wir sie, so wie andere Spannungsquellen auch, in Reihe schalten. Wir wollen eine Anlage bauen, mit der wir ein Einfamilienhaus versorgen können. Sie soll eine Spannung von 24 V liefern. Diese wird dann in eine Wechselspannung von 230 V umgewandelt, damit wir unsere üblichen Haushaltsgeräte benutzen können. Bei einer Leerlaufspannung von 0,6 V einer einzelnen Zelle müssen wir 40 Zellen in Reihe schalten.

Für ein Einfamilienhaus rechnet man mit einem Bedarf von 2500 kWh an elektrischer Energie pro Jahr. Um diese Energie zur Verfügung zu haben, benötigt man eine installierte Leistung von 3 kW. Dabei rechnet man mit 125 W/m² mittlere Sonneneinstrahlung in Deutschland. In Ländern mit intensiverer Sonneneinstrahlung ist dieser Wert oft sehr viel größer. Dort ist Fotovoltaik also auch günstiger einsetzbar.

Wir wollen zur Abschätzung unserer Anlage einmal volle Sonneneinstrahlung annehmen. Das Leistungsdiagramm unserer Solarzelle ergibt für diesen Fall bei angepasstem Lastwiderstand 250 mW. Um 3000 W zu erreichen, brauchen wir also 12 000 Solarzellen. Eine Solarzelle hat eine Fläche von 25 cm². Daraus errechnet sich eine Dachfläche von 12 000 · 25 cm² = 30 m², die wir für unser Haus benötigen.

Zur Zeit sind die Kosten für eine solche Anlage noch so hoch, dass bei einer begrenzten Lebensdauer eine kWh sehr viel teurer ist als eine kWh, die wir vom konventionellen Elektrizitätswerk kaufen.

Um Fotovoltaik wirtschaftlicher zu machen, muss man die Produktionskosten senken und den Wirkungsgrad der Solarzelle erhöhen.

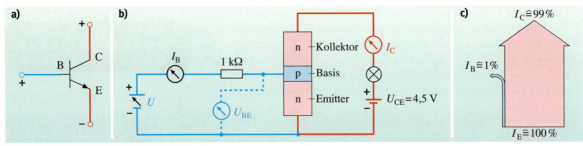

B1: npn-Transistor: **a)** Schaltzeichen; **b)** Grundschaltung; **c)** Wege des Emitterstroms I_E

V1: Wir legen eine Spannung U_{BE} zwischen Basis B und Emitter E, sodass die Basis positiv gegenüber dem Emitter ist. U_{BE} erhöhen wir von 0 V aus. Der Schutzwiderstand $R = 1\,k\Omega$ begrenzt den Strom durch die Basis. Ab $U_{BE} \approx 0{,}6$ V beobachten wir einen Strom I_B (⟹ Bild 1b). Entsprechende Beobachtungen machen wir, wenn wir Kollektor und Basis als Diode in Flussrichtung schalten.

V2: a) Wir schließen den Kollektor C über Glühlampe und Strommesser an den Pluspol einer Spannungsquelle an. Der Emitter liegt am Minuspol. Die Basis verbinden wir mit dem Emitter. Die Stromstärke I_C ist praktisch null. **b)** Nun legen wir zusätzlich die Spannung U_{BE} an Basis und Emitter, sodass die Basis positiv gegenüber dem Emitter ist (⟹ Bild 1b, blauer Stromkreis). Ab $U_{BE} \approx 0{,}6$ V beobachten wir einen Kollektorstrom I_C, der mit zunehmender Basis-Emitter-Spannung größer wird. Gleichzeitig messen wir einen kleinen Basisstrom I_B. I_C und I_B sind nahezu proportional. I_C ist ca. 100-mal so groß wie I_B (⟹ Bild 1c).

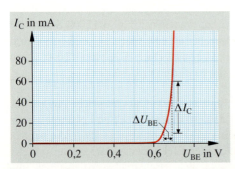

B2: Kennlinie des Transistors; relativ kleine Veränderungen von U_{BE} führen zu großen Veränderungen von I_C.

Der Transistoreffekt

1. Ein Transistor – mehr als zwei Dioden

Ein **npn-Transistor** besteht aus einem Halbleiterkristall mit drei unterschiedlich dotierten Schichten. Die untere Schicht ist n-dotiert. Man bezeichnet sie als **Emitter E**. Die mittlere p-dotierte Schicht heißt **Basis B**, und die obere, wiederum n-dotiert, nennt man **Kollektor C** (⟹ Bild 1b). Demzufolge besitzt ein Transistor zwei p-n-Übergänge: Basis-Emitter und Basis-Kollektor haben jeweils für sich die Eigenschaften einer Diode (⟹ Versuch 1). Wie zu erwarten, beobachten wir im Kollektor-Emitter-Kreis keinen Strom, falls die Basis B am Emitter E liegt (⟹ Versuch 2a); denn bei dieser Polung sperrt die Basis-Kollektor-Diode. Überraschender Weise tritt jedoch ein starker Kollektor-Emitter-Strom auf, wenn wir eine Spannung U_{BE} zwischen Basis und Emitter legen (Basis positiv gegenüber Emitter, (⟹ Versuch 2b). U_{BE} bewirkt, dass die aus zwei gegeneinander geschalteten p-n-Übergängen bestehende Kollektor-Emitter-Strecke für Ladungsträger durchlässig wird. Man bezeichnet diese Erscheinung als **Transistoreffekt**. Der Transistoreffekt tritt nur bei einer sehr dünnen Basis auf (⟹ Bild 3). Was geschieht dabei?

Leitungselektronen aus dem n-dotierten Emitter überrennen auf breiter Front die Basis. Nur sehr wenige von ihnen (etwa 1 %) erreichen den weit seitlich angebrachten Basisanschluss und liefern den schwachen Strom I_B. Die meisten (99 %) erreichen durch ihre Eigenbewegung die Grenze zum Kollektor. Sie überschreiten diese, noch bevor sie über die Basis abgesaugt werden können und bilden so den starken Kollektorstrom. Es fließen also viel mehr Elektronen vom Emitter durch die Basis in den Kollektor und von da zum Pluspol der Spannungsquelle U_{CE} als über den Nebenweg Emitter-Basis (⟹ Versuch 2b).
Dabei bewirken kleine Veränderungen ΔU_{BE} von U_{BE} bereits erheblich Veränderungen ΔI_C des Kollektorstroms I_C (⟹ Bild 2).

 Merksatz

Kleine Änderungen der Basisspannung U_{BE} führen beim Transistor zu großen Änderungen des Kollektorstroms I_C. I_C ist etwa 100-mal so groß wie der Basisstrom I_B.

2. Kleine Basis-, große Kollektorleistung

Zum Einstellen des starken Kollektorstroms benötigt man im Basisstromkreis nur eine sehr geringe Leistung. Zur Basisspannung $U_{BE} = 0{,}7\,V$ gehört nämlich ein Basisstrom von nur $I_B \approx 0{,}8\,mA$. Wir berechnen die im Basisstromkreis aufzubringende Leistung zu $P_B = U_B \cdot I_B \approx 0{,}6\,mW$.

Im Kollektorstromkreis wird dagegen von der Kollektorstromquelle U_{CE} die Leistung $P_C = U_{CE} \cdot I_C = 4{,}5\,V \cdot 80\,mA = 360\,mW$ erbracht. Das ist 600-mal so viel.

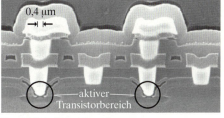

B 3: Bild eines Transistors

📌 Merksatz

Beim Transistor ist die im Basiskreis aufzuwendende Leistung sehr viel kleiner als die im Kollektorstromkreis umgesetzte Leistung.

3. Steuerung von Leistungsabgabe fast ohne Leistung

Eine Verbesserung des bisher betrachteten npn-Transistors ist der **Feldeffekttransistor**. Wir betrachten aus dieser Gruppe einen speziellen, den so genannten **MOSFET**. Auch der MOSFET hat drei Anschlüsse **Source S**, **Drain D** und **Gate G** (➡ *Bild 4*). Funktional entsprechen sie in etwa Emitter E, Kollektor C und Basis B.

Eine hochisolierende Schicht zwischen dem metallischen Gate G und dem p-Halbleiterbereich bewirkt, dass der Gate-Source-Kreis praktisch keinen Strom führt. Die positive Ladung des Gate bewirkt jedoch, dass in diesem p-dotierten Bereich Leitungselektronen nach oben und Löcher nach unten wandern. So wird er zu einem n-Halbleiter. Folglich wird er zu einem gut leitenden Kanal zwischen den n-dotierten Bereichen Source S und Drain D. Also leuchtet bei $U_{GS} = 3\,V$ die Glühlampe, der Source-Drain-Stromkreis ist geschlossen. Wir setzen in ihm eine große Leistung um. Im Gate-Source-Kreis dagegen benötigen wir zum Steuern so gut wie keine Leistung.

In integrierten Schaltungen (IC = integrated circuit) ist eine große Zahl von Transistoren, Dioden und Widerständen auf wenigen mm² zusammengedrängt. Man denke z.B. an einen IC zum Betrieb einer Uhr oder an einen Speicherchip mit vielen Megabyte Speicherkapazität. In IC's verwendet man häufig MOSFETs. Sie entwickeln weniger Wärme und machen damit aufwendige Kühlungsmaßnahmen überflüssig.

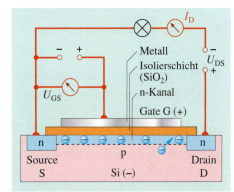

B 4: Wir betrachten einen MOSFET. Seine Hauptanschlüsse S und D sind mit Glühlampe, Strommesser und Spannungsquelle U_{DS} zu einem Stromkreis verbunden. Zwischen Gate G und Source S liegt eine Spannung U_{GS}, sodass G positiv gegenüber S ist. Wir ändern U_{GS} von 0 V bis 5 V. Ab 3 V leuchtet die Glühlampe. Insgesamt ergibt sich die Steuerkennlinie des MOSFET (➡ *Bild 5*).

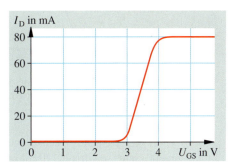

B 5: Kennlinie eines MOSFET

✏️ ... noch mehr Aufgaben

A 1: Beschreibe den Aufbau eines npn-Transistors. Wie bezeichnet man seine drei Anschlüsse?

A 2: Begründe, warum die Basis eines Transistors extrem dünn sein muss.

A 3: Bestimme mithilfe der Steuerkennlinie des Transistors die Zunahme des Kollektorstroms, wenn die Basisspannung von 0,6 V auf 0,7 V anwächst.

A 4: Erläutere, wieso die Anschlüsse Gate, Source und Drain beim MOSFET den drei Anschlüssen Basis, Emitter und Kollektor beim Transistor entsprechen. Was aber ist anders?

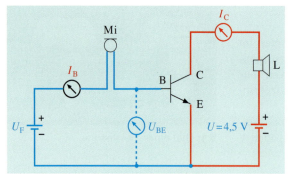

B1: Ein einfacher Mikrofonverstärker

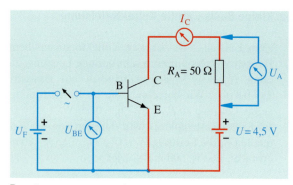

B2: Spannungsverstärkung

V1: Wir schalten ein Kohlekörnermikrofon in die Basisleitung eines npn-Transistors und stellen eine Basisspannung $U_{BE} = 0,65$ V ein ($\implies$ *Bild 1*). Der Basisstrom beträgt dann etwa $I_B = 0,1$ mA. Sprechen wir nun in das Mikrofon, so hören wir unsere Stimme auch im Lautsprecher.

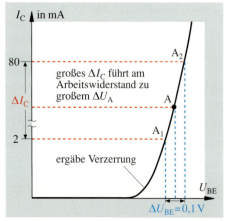

V2: Wir ersetzen in der Mikrofonverstärkerschaltung ($\implies$ *Bild 1*) den Lautsprecher durch den so genannten *Arbeitswiderstand* $R_A = 50\ \Omega$ und das Mikrofon durch eine veränderliche Wechselspannungsquelle sehr niedriger Frequenz ($\implies$ *Bild 2*). An der Festspannungsquelle U_F stellen wir 0,65 V ein. Ein zweiter Spannungsmesser misst die Teilspannung U_A am Arbeitswiderstand.
Wir stellen die Wechselspannung so ein, dass U_{BE} zwischen 0,6 V und 0,7 V schwankt, also um $\Delta U_{BE} = 0,1$ V. Das Messgerät am Arbeitswiderstand zeigt uns eine Schwankung der Teilspannung U_A zwischen 0,1 V und 4 V an.

Transistorschaltungen

1. Ein einfacher Stromverstärker

Wir bauen mithilfe eines Transistors einen einfachen Stromverstärker ($\implies$ *Bild 1*). Die Kohlekörner im Mikrofon werden im Rhythmus der Schallschwingungen stärker und schwächer zusammengepresst ($\implies$ *Versuch 1*). Dadurch ändert sich der Widerstand zwischen ihnen und damit auch der Basisstrom I_B. Eine kleine Schwankung ΔI_B führt, wie wir wissen, zu einer 100-mal so großen Schwankung ΔI_C des Kollektorstroms I_C. Diese bringt die Lautsprechermembran zum Schwingen, wir hören uns sprechen.

Klingt unsere Stimme verzerrt, so müssen wir U_{BE} korrigieren. U_{BE} sollte in der Mitte des nahezu linearen Teils der Kennlinie des Transistors liegen. Nur dann können Schwankungen der Basisspannung nach beiden Seiten um den eingestellten Mittelwert die gewünschten Schwankungen des Kollektorstroms hervorrufen. Man bezeichnet den auf der Kennlinie ausgewählten Punkt A als **Arbeitspunkt**.

2. Spannungsverstärkung

Auch Spannungen lassen sich mit einem Transistor verstärken ($\implies$ *Versuch 2*).
Die kleine Spannungsschwankung $\Delta U_{BE} = 0,1$ V wird auf $\Delta U_A = 3,9$ V verstärkt, also um den Faktor 39. Nach der Kennlinie unseres Transistors gehört nämlich zur kleineren Basisspannung $U_{BE} = 0,6$ V der Kollektorstrom $I_C = 2$ mA. Am Arbeitswiderstand R_A braucht man für 2 mA nur die Teilspannung $U_{A1} = I_C \cdot R_A = 0,002$ A $\cdot$ 50 $\Omega = 0,1$ V.
Erhöht man U_{BE} auf 0,7 V, so wird $I_C = 80$ mA. Die Teilspannung an R_A ist jetzt $U_{A2} = 4$ V.
Also schwankt U_A um
$\Delta U_A = U_{A2} - U_{A1} = 4$ V $- 0,1$ V $= 3,9$ V.
Wählen wir einen kleineren Arbeitswiderstand R_A, so bekommen wir ein kleineres ΔU_A: Spannungsverstärkung hängt vom Arbeitswiderstand ab.

3. Der Transistor als Schalter

Bisher haben wir sorgsam darauf geachtet, dass der Arbeitspunkt möglichst in der Mitte des linearen Teils der I_C-U_{BE}-Kennlinie lag, also bei $U_{BE} = 0{,}65$ V. Jetzt wählen wir die beiden Grenzfälle $U_{BE} = 0{,}7$ V und $U_{BE} = 0$ V.

Im Fall maximaler Basis-Emitter-Spannung $U_{BE} = 0{,}7$ V ist der Transistor so gut leitend, dass sein Widerstand praktisch 0 Ω ist (➔ *Versuch 3a*). Die gesamte Batteriespannung von 4,5 V liegt an der Glühlampe. Der Transistor wirkt wie ein *geschlossener Schalter*, dessen Widerstand ja ebenfalls 0 Ω beträgt.

In der anderen Grenzlage $U_{BE} = 0$ V sperrt der Transistor, *der Schalter ist geöffnet* (➔ *Versuch 3b*). Es gibt keinen Kollektorstrom ($I_C = 0$), der Spannungsabfall an der Glühlampe ist folglich 0 V und somit die Kollektorspannung $U_{CE} \approx 4{,}5$ V.

Beim Transistor als Schalter bewirkt eine hohe Basisspannung eine sehr kleine Kollektorspannung, umgekehrt eine sehr kleine Basisspannung eine hohe Kollektorspannung. Die Spannungen an Basis und Kollektor verhalten sich also entgegengesetzt, man spricht von **Spannungsumkehr**.

4. Das Flip-Flop, ein Bauteil des Computers

Im Computer benötigt man als Speicherbaustein für ein **bit** eine Schaltung, bei der es genügt, durch ein kurzes „Setzen" oder „Zurücksetzen" einer Spannung zwei stabile Zustände zu erzeugen. Mit zwei Transistoren lässt sich eine Schaltung aufbauen, die dies ermöglicht (➔ *Bild 4*).

Betätigen wir den Taster S_1, so wird die Basis B_1 des linken Transistors T_1 kurzzeitig mit dem Pluspol der Spannungsquelle verbunden (➔ *Versuch 4a*). Da die Basisspannung von T_1 dadurch groß ist, wirkt T_1 wie ein geschlossener Schalter. Wegen der Spannungsumkehr ist die Kollektorspannung an C_1 dann klein. Da C_1 über den Widerstand R_2 mit der Basis des zweiten Transistors T_2 verbunden ist, sperrt dieser, die rechte Glühlampe bleibt dunkel. Die zweite Spannungsumkehr bewirkt also eine große Kollektorspannung an C_2. Dieser Zustand bleibt erhalten, da über die blaue Rückkopplungsleitung (R_S) die Basis des Transistors T_1 hoch gehalten wird.
Drücken wir nun den Taster S_2, so wird die Basis von T_1 kurzfristig auf null gesetzt, die linke Glühlampe erlischt, die rechte leuchtet (➔ *Versuch 4b*). Wegen der doppelten Spannungsumkehr ist die Kollektorspannung von T_2 jetzt klein und über die Rückkopplungsleitung damit auch die Basisspannung von T_1. Wir haben den zweiten stabilen Zustand.

Ordnet man den beiden Zuständen die Zahlen 0 und 1 zu, so lassen sich mit Flip-Flops Zahlen im Zweiersystem speichern. Wir haben im Prinzip eines der Bauelemente des Computers vorliegen.

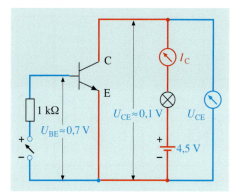

B 3: Der Transistor als Schalter

V3: a) Wir benutzen in der gewohnten Transistorschaltung für U_{BE} eine variable Spannungsquelle und stellen $U_{BE} = 0{,}7$ V ein. Wir messen dann den Kollektorstrom $I_C = 80$ mA und die Kollektorspannung $U_{CE} = 0{,}1$ V. Die Glühlampe leuchtet. **b)** Wir ändern U_{BE} auf 0 V. Jetzt messen wir $I_C = 0$ mA und bekommen als Kollektorspannung praktisch die volle Batteriespannung. Die Glühlampe bleibt dunkel.

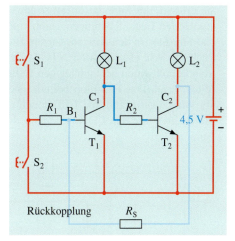

B 4: Flip-Flop mit zwei stabilen Zuständen und Gedächtnis

V 4: a) Wir schalten zwei Transistoren zusammen (➔ *Bild 4*). Wir drücken den Taster S_1. Dadurch verbinden wir die Basis B_1 des linken Transistors T_1 über den Widerstand R_1 kurzzeitig mit dem positiven Pol der Spannungsquelle. Die linke Glühlampe L_1 leuchtet, die rechte Lampe L_2 bleibt dunkel. **b)** Betätigen wir nun den Taster S_2, so erlischt L_1 und Glühlampe L_2 leuchtet.

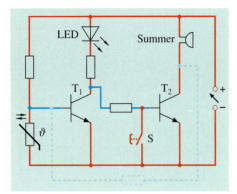

V1: Wir bauen eine Grundschaltung für Sensoren. **a)** Dazu wandeln wir die bekannte Flip-Flop-Schaltung ein wenig um. In die Kollektorleitung des Transistors T_1 legen wir eine LED und den für sie notwendigen Vorwiderstand. In die Kollektorleitung des Transistors T_2 fügen wir einen Summer ein. Basis und Emitter von T_1 verbinden wir über einen temperaturabhängigen NTC-Widerstand. Die LED leuchtet. Wir erhöhen die Temperatur des NTC-Widerstandes vorsichtig mit einer Streichholzflamme. Die Leuchtdiode erlischt, der Summer ertönt so lange, bis wir den Taster S betätigen. Dann kippt das Flip-Flop in den Ausgangszustand zurück. **b)** Wir ersetzen den NTC-Widerstand durch einen lichtabhängigen LDR-Widerstand. Das Flip-Flop befindet sich im Ausgangszustand, die LED leuchtet. Beleuchten wir den LDR, so ertönt der Summer.

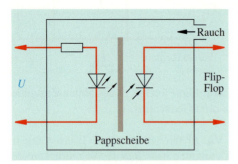

V2: In einem kleinen Kästchen befindet sich eine LED. Ihr gegenüber hinter einer lichtundurchlässigen kleinen Glasplatte, die das direkte Licht der LED abschirmt, befindet sich eine Fotodiode. Sie ist als Sensor an unser Flip-Flop angeschlossen. Blasen wir ein wenig Rauch in die Kammer, ertönt der Summer.

Sensorik

1. Ein Sensor, was ist das?

Wir Menschen sind mit einer ganzen Reihe von Sensoren ausgestattet, die es uns erlauben, unsere Umwelt wahrzunehmen. Betrachten wir z.B. unser Auge. Es ist ein Sensor für optische Signale. Mithilfe der Augenlinse entwirft es ein Bild auf der Netzhaut. Sie besteht aus vielen, dicht gepackten lichtempfindlichen Elementen. Jedes dieser Elemente erhält die Informationen hell-dunkel sowie Farbe und wandelt sie in elektrische Signale um. Diese werden vom Sehnerv dem Gehirn zugeleitet und dort weiterverarbeitet, sodass wir die Umwelt „sehen".

In der Technik benutzt man Sensoren z.B. um Licht, Schall, Temperatur, Druck, Kraft oder Luftfeuchtigkeit in elektrische Signale umzusetzen, da diese leicht mess- und nachweisbar sind. Damit kann man z.B. auch Daueralarm auslösen.

2. Sensoren geben mit Flip-Flop Daueralarm

Im ▶ *Versuch 1a* benutzen wir als Sensor einen NTC-Widerstand. Sein elektrischer Widerstand nimmt, wie wir wissen, bei Temperaturerhöhung ab. In einer Flip-Flop-Schaltung legen wir ihn in den Basis-Emitter-Stromkreis des Transistors T_1. Im Ausgangszustand sei T_1 leitend. Die Leuchtdiode LED leuchtet. Erhitzen wir den NTC-Widerstand mit einer Flamme, so genügt seine Widerstandsänderung, um das Flip-Flop umkippen zu lassen. Der Summer ertönt und meldet eine Temperaturerhöhung. Erst wenn wir das Flip-Flop mit dem Taster S zurücksetzen, verstummt der Summer.

Der Sensor NTC-Widerstand hat aus der physikalischen Größe Temperaturerhöhung ein elektrisches Signal gemacht. Daraus erzeugte die Auswerteelektronik anschließend ein akustisches Signal.

Ersetzen wir den NTC-Widerstand durch einen Fotowiderstand LDR (▶ *Versuch 1b*), so bekommen wir eine Alarmanlage, die auf Helligkeit reagiert. Hier wird die physikalische Größe Helligkeit in ein elektrisches Signal verwandelt.

In einem lichtdichten Kasten stehen sich eine Leuchtdiode LED und eine Fotodiode gegenüber. Eine Pappscheibe verhindert, dass Licht unmittelbar von der Leucht- auf die Fotodiode fällt. Bläst man Rauch in den Raum zwischen beide Dioden, so wird ein Teil des Lichts der LED zur Fotodiode gestreut (▶ *Versuch 2*). Wir haben einen Rauchmelder gebaut.

Merksatz

Sensoren erfassen physikalische Größen und wandeln sie in elektrische Signale um.

Interessantes

Sensoren sind allgegenwärtig

Wohin wir auch in unserer technisierten Umwelt blicken, überall entdecken wir Sensoren. In den meisten Fällen sehen wir sie nicht einmal auf den ersten Blick, weil sie ihre Arbeit im Verborgenen verrichten. Oft genug erleichtern sie uns das Leben erheblich.

Es gibt Sensoren, die
• thermische, z. B. NTC-Widerstand,
• optische, z. B. Fotodiode,
• chemische, z. B. Leitfähigkeitsmesser,
• mechanische, z. B. Mikrofon, Dehnungsmessstreifen,
• magnetische, z. B. Reed-Relais,
Signale in elektrische umwandeln, die dann je nach Verwendungszweck weiter verarbeitet werden.

An einigen Beispielen wollen wir uns die Allgegenwart von Sensoren in unserem Umfeld deutlich machen und sehen, wie sie uns helfen, unser Leben komfortabler und sicherer zu gestalten.

Der **Kühlschrank** verfügt über einen Sensor zur Temperaturmessung. Er steuert das Kühlaggregat. Ein anderer kontrolliert die Eisschicht im Tiefkühlfach und sorgt für das automatische Abtauen.

Die **Waschmaschine** verfügt über Sensoren zur Temperaturmessung, zur Messung des Wasserstandes in der Trommel, zur Bestimmung der Wäschemenge und für die Drehzahl.

Sensoren für: Motortemperatur, Öldruck, Klimaanlage/Heizung, Tankinhalt
Sensor für: Geschwindigkeit, Fahrbahnhaftung, Bremssystem: Drucksensor, Dicke der Bremsbeläge

Temperaturmessung sensorisch

Bisher haben wir einen NTC-Widerstand als Alarmmelder für Temperaturerhöhung verwendet. Können wir mit ihm auch Temperaturen *messen*, ihn als Thermometer verwenden?
Wir wissen, der Widerstand eines NTC hängt von seiner Temperatur ab. Wir müssen herausfinden, wie Widerstand und Temperatur zusammenhängen. Man sagt, wir müssen den Temperaturmesser *kalibrieren*.

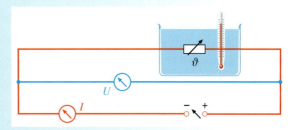

Die Messung des Widerstands geschieht auf die gewohnte Weise. Zur Temperaturmessung tauchen wir den NTC-Widerstand in ein Wasserbad, dessen Temperatur wir mit einem Flüssigkeitsthermometer bestimmen. Zur Temperaturerhöhung erhitzen wir das Wasserbad.
Aus Spannung U und Stromstärke I berechnen wir den jeweiligen Widerstand. Es ergeben sich für den von uns benutzten Widerstand die folgenden Messergebnisse:

ϑ in °C	25	30	40	50	60	70	80	90
R in kΩ	8,5	8,2	6,6	5,1	4,1	3,2	2,7	1,2

Die grafische Darstellung der Messwerte zeigt einen im Messbereich linearen Zusammenhang:

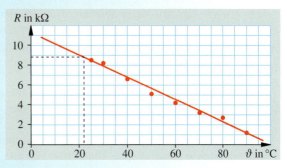

Jetzt ist der NTC-Widerstand ein Thermometer. Messen wir an ihm $R = 8,8$ Ω, so zeigt das Diagramm, dass die Raumtemperatur 22 °C beträgt.

Interessantes

Musik – digital verarbeitet

Computer, Festplatte, CD, CD-RW, DVD, Digital-Radio, Satelliten-TV, MP3, Handy, ISDN, Digital-Camcorder, Digital-Fotografie, Drucker, Telefonkarte, Schrittmotoren, …

… was all die genannten Stichwörter verbindet, ist die **Digitaltechnik**. Wie kaum eine Technik zuvor bestimmt sie heute unsere technische Welt. Mit ihrer Hilfe verschmelzen zur Zeit die verschiedensten Kommunikationsformen – Text, Ton, Telefon, Musik, Film – zu einer einzigen. Der „Multimedia"-Computer macht es deutlich. Einen Einblick in diese Technik liefert die **C**ompact **D**isc (**CD**). In ihren Anfängen vor 20 Jahren diente sie allein der Speicherung von Musik.

Analoge Musik – gespeichert als Zahlenliste

Die Schwingung aus ▶ *Bild 1* könnte ein Stückchen Musik aus dem „Minutenwalzer" von F. CHOPIN oder aus „Yellow Submarine" der Beatles sein. CHOPIN würde sich wundern, wenn wir behaupteten, seine Musik sei in einer langen Zahlenkette festgehalten und könne jederzeit wieder in perlende Klaviertöne umgesetzt werden.

Wie kann denn ein solches Zahlenprotokoll überhaupt entstehen? Die akustischen Schwingungen der Musik werden ja bei der Aufnahme mit einem Mikrofon in entsprechende *(analoge)*, sich stetig ändernde elektrische Spannungswerte verwandelt. Am Oszilloskop können wir sie verfolgen, das haben wir in der Akustik gesehen. Überfordert wären wir aber, wenn wir *alle* mit dem Oszilloskop dargestellten Spannungswerte aufschreiben sollten, es sind ja unendlich viele!

Punktuelles Wissen genügt hier

Nun hilft aber eine überraschende Erfahrung:
Man braucht für die spätere Wiederherstellung der ursprünglichen Klänge gar nicht den vollständigen Spannungsverlauf. Es genügt, die Mikrofonspannung bei der Aufnahme in regelmäßigen Abständen – also nur zu bestimmten Zeitpunkten – abzutasten.

Später bei der Wiedergabe kann dann ein Generator diese Spannungswerte nacheinander wieder erzeugen und einem Lautsprecher zuführen.

Die Musik klingt schon dann unverfälscht, wenn bei dem höchsten wahrnehmbaren Ton (20000 Hz) mindestens noch zwei Messwerte je Periode vorliegen. Man muss also mehr als 40000-mal in jeder Sekunde die Spannung „protokollieren". Für den „Minutenwalzer" wären das 2400000 Werte.

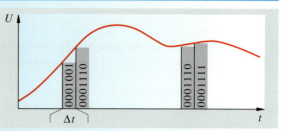

B1: Zahlenprotokoll einer Schwingung. Nach jeweils 1/44 100 s (= Δt) wird die nächste Zahl ermittelt.

Die moderne Elektronik schafft dies. Zunächst setzt sie die ausgewählten Werte in Zahlen um. Dies geschieht bei der Audio-CD-Technik 44 100-mal je Sekunde. Wie kann man sich das vorstellen?

Analog/Digital-Wandlung

Zu Beginn einer Messung wird die momentane Mikrofonspannung vom **Analog/Digital**-(A/D)-Wandler übernommen und für einen kurzen Augenblick festgehalten (blaue Linie in ▶ *Bild 2*). Eine Zählung mit schnellem Takt startet. Gleichzeitig klettert eine vom Wandler erzeugte Spannung – die Rampenspannung (grüne Linie) – gleichmäßig in die Höhe. Hat sie die festgehaltene Spannung erreicht, wird die Zählung beendet und die gefundene Zahl mit einer bestimmten Anzahl von Ziffern (engl.: digits) gespeichert. Dies erfolgt im binären Zahlsystem. Die Zahl 6 z. B. wird dann zu $1 \cdot 2^2 + 1 \cdot 2^1 + 0 \cdot 2^0 = (110)$. Nach 1/44 100 s beginnt die nächste Wandlung.

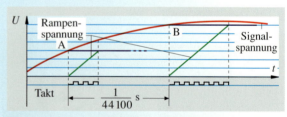

B2: Je höher die momentane Signalspannung (z. B. eines Mikrofons), desto mehr Takte werden gezählt.

Aus Musik wurden Zahlen, wo liegt der Vorteil?

Die von einem Mikrofon aufgenommene Schwingung muss im Detail vom Aufnahmestudio, über Schallplatte, Wiedergabegerät bis zum Lautsprecher erhalten bleiben. Moderne *analoge* Geräte leisten dies. Längs dieser langen Kette werden dem Musiksignal kleine Störspannungen hinzugefügt (Transistoren erzeugen sie selbst; Staub). Die Elektronik kann die Störspannungen nicht von den echten Signalen unterscheiden und verstärkt sie artig mit: Es rauscht im Lautsprecher.

Interessantes

Die Ziffern bei der *digitalen* Verarbeitung verlangen dagegen keine große Präzision. Ihnen genügt die grobe Unterscheidung zwischen „**1**" und „**0**". Dabei spielen selbst größere Störspannungen keine Rolle: So wird z. B. jede Spannung zwischen 0 V und 3 V vom nächsten Baustein der Schaltung wieder als „**0**" erfasst, eine Spannung zwischen 7 V und 10 V als „**1**". Die Musik kommt zuletzt wieder unverfälscht aus dem Lautsprecher, selbst wenn die Zahlen nur über eine Telefonleitung (ISDN) zu uns geschickt wurden.

Die Compact-Disc (CD)

Der CD-Rohling besitzt eine gut reflektierende Schicht. Bei der Produktion wird eine nur 0,0005 mm breite Spur in etwa 20 000 Umrundungen spiralförmig von innen nach außen durchlaufen. In sie werden 0,00011 mm tiefe, schlecht reflektierende „Pits" eingepresst (➡ *Bild 3*). Im Pitmuster sind alle Zahlen verborgen, die bei der A/D-Wandlung der Musik entstanden sind. Im CD-Spieler werden die Pitmuster bei der Wiedergabe von unten durch einen Laserstrahl abgetastet (➡ *Bild 4*) und dann wieder in analoge Spannung zurückübersetzt (**D**igital/**A**nalog-Wandlung).

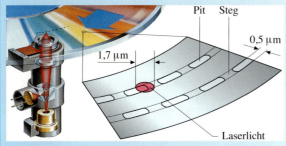

B 3: Die CD: In einer nur 0,0005 mm breiten Spur ist Musik mit „Pits" und „Stegen" gespeichert.

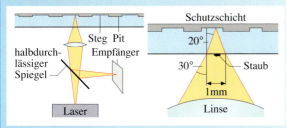

B 4: Das Abtastsystem mit einem IR-Laser – ein Staubkörnchen oder ein Kratzer stören nicht.

Hilfen für das Speichern großer Datenmengen

...Daten dichter schreiben: Wie bei modernen Festplatten (im Jahr 2000 etwa 750 Spuren je mm) verfeinert man auch bei der CD die Speichermuster. Bei

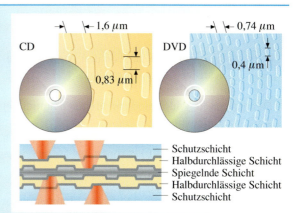

B 5: Die DVD (hier mit vier unabhängigen Datenebenen) hat feinere Strukturen als die herkömmliche CD.

der **DVD** (**D**igital **V**ersatile (vielseitig) **D**isk, ➡ *Bild 5*) sind die Spuren und Pits etwa nur noch halb so groß. Zum Abtasten verwendet man rotes Laserlicht, weil es feinere Strukturen lesen kann als das IR-Licht beim CD-Player. Zudem kann eine DVD einseitig oder doppelseitig in jeweils zwei voneinander unabhängigen Ebenen Daten speichern, ca. 4,7 GBytes je Schicht (2 GB ≙ ca. 1 h Video)

...auf Daten verzichten durch „Komprimieren": Beim JPEG-Verfahren für Bilder und beim MPEG (z. B. MP3) für Video und Audio lässt man Informationen, die wir nicht mehr subjektiv wahrnehmen, einfach weg. So hören wir z. B. nach einem lauten Ton eine sehr leise Stelle nicht, Information über sie benötigen wir also nicht. – Manche Informationen kann man auch ohne Verlust komprimieren. Ein Muster (im Text, im Bild, im Klang), das häufig vorkommt, bekommt einen kurzen Code, seltene Muster erhalten längere Zeichenketten. So wird die Gesamtmenge an Daten kleiner, sogar ohne Qualitätsverlust.

Beschreibbare CD

Die herkömmlichen CDs werden gepresst und sind somit Dauerspeicher für Musik oder Daten. Mit immer größer werdenden Datenmengen auf dem Computer kam in den letzten Jahren der Wunsch nach beschreibbaren CDs auf. Die Fortentwicklung der CD sind u. a. die CD-R (recordable, aufnahmefähige) und die CD-RW (1000-mal wiederbeschreibbare – rewritable CD). Beim Speichern erhitzt ein Laser die Aufnahmeschicht der CD-R an bestimmten Stellen, die dann schlecht reflektieren und wie Pits wirken. Bei der CD-RW „schreibt" man bei hoher (600 °C) und „löscht" bei niedrigerer Temperatur (200 °C).

Das ist wichtig

1. Elektronen in Materie

a) In Metallen bewegen sich von den Atomen abgegebene Elektronen als **Elektronengas** frei zwischen den Atomrümpfen.
Der **elektrische Widerstand von Metallen** nimmt mit steigender Temperatur zu.
Glühelektrischer Effekt, äußerer Photoeffekt: Durch Energiezufuhr können Elektronen aus Metallen befreit werden.

b) Im Halbleiter sind bei tiefen Temperaturen alle Elektronen als **Bindungselektronen** im Kristallgitter gebunden. Sie halten den Kristall zusammen.

Durch Energiezufuhr werden zunehmend mehr Bindungselektronen zu frei beweglichen **Leitungselektronen**. Dabei entstehen frei bewegliche **positive Löcher**.
Der **elektrische Widerstand von Halbleitern** nimmt mit steigender Temperatur und steigender Beleuchtung ab.

c) Durch **Dotierung** lässt sich die Zahl der Leitungselektronen (**n-Dotierung**) bzw. der Löcher (**p-Dotierung**) vergrößern.

2. Diode und Transistor; Schaltungen

a) In **Halbleiterdioden** grenzen p- und n-dotierter Teil unmittelbar aneinander. Halbleiterdioden wirken als **Gleichrichter**. Sie lassen Strom nur dann zu, wenn der n-dotierte Teil am Minuspol und p-dotierte Teil am Pluspol der Spannungsquelle liegt.

b) In einer **Solarzelle** wird Lichtenergie unmittelbar in elektrische Energie umgewandelt.

c) Bei einem **npn-Transistor** grenzen ein n-(**Emitter**), ein p-(**Basis**) und ein weiterer n-dotierter Teil (**Kollektor**) unmittelbar aneinander.
Die Basis-Emitter-Spannung U_{BE} steuert den Kollektorstrom I_C. Kleine Schwankungen von U_{BE} bewirken große Schwankungen von I_C.

Liegt der **Arbeitspunkt** auf dem linearen Teil der **Kennlinie**, so arbeitet der **Transistor als Verstärker**.
Bei Extremwerten von U_{BE} wirkt der **Transistor als Schalter**. Eine hohe Basisspannung schließt den Transistor, eine niedrige öffnet ihn.

d) In der **Flip-Flop-Schaltung** gibt es zwei stabile Zustände. Ordnet man den beiden Zuständen die Zahlen 0 und 1 zu, so lassen sich mit Flip-Flops Zahlen im **Zweiersystem** speichern.

3. Sensoren

Ein **Sensor** erfasst eine physikalische Größe und wandelt sie in ein elektrisches Signal um.

Aufgaben

A1: Beschreibe **a)** den glühelektrischen Effekt, **b)** den äußeren Photoeffekt, **c)** den inneren Photoeffekt.
A2: Beschreibe den atomaren Aufbau von **a)** Metallen, **b)** Halbleitern.
A3: Beschreibe den Aufbau von n- und p-dotierten Halbleitern.
A4: Erkläre die Wirkungsweise einer Halbleiterdiode.
A5: Erkläre die Gleichrichter-Wirkung der abgebildeten *Graetzschaltung*. Deute das abgebildete Oszillogramm. Welchen Vorteile hat dieses Gleichrichterschaltung gegenüber der Gleichrichterschaltung mit einer Diode?

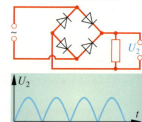

A6: Erkläre den Transistoreffekt.
A7: Beschreibe die Wirkungsweise eines pnp-Transistors.
A8: Erkläre die Wirkungsweise eines MOSFET anhand einer Skizze seines Aufbaus. Welche Vorteile hat ein MOSFET gegenüber einem npn-Transistor?
A9: Erkläre den Transistor als Schalter.
A10: Was bedeuten bei einer Solarzelle Kurzschlussstrom und Leerlaufspannung? Skizziere die Kennlinien einer Solarzelle bei voller Sonneneinstrahlung und bei Bewölkung.
A11: Beschreibe die Funktionsweise eines Flip-Flop anhand einer Schaltzeichnung.
A12: Nebenstehende *Darlingtonschaltung* ist ein hochempfindlicher Stromverstärker. Erkläre die Wirkungsweise der Schaltung. Wie groß ist die Stromverstärkung der Anordnung, wenn jeder der beiden Transistoren den Strom 100 fach verstärkt?

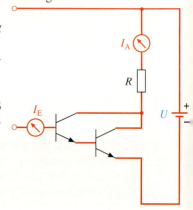

Ionisierende Strahlung ist allgegenwärtig. Strahlenexposition geschieht durch die Nahrungsaufnahme des Menschen, ein Großteil durch Strahlung aus dem Baumaterial unserer Häuser, aus dem Boden und dem Weltall.

In der Bundesrepublik Deutschland ergibt sich fast die Hälfte der Strahlenexposition eines Menschen aus dem Einsatz ionisierender Strahlung in der Medizin zur Erkennung und Behandlung von Krankheiten.

Für die berufsbedingte Strahlenexposition des Menschen sind vom Gesetzgeber Grenzwerte definiert. Besonders hoch ist die Strahlenexposition des fliegenden Personals der Fluggesellschaften. Während Touristen nur kurze Zeit der intensiven Höhenstrahlung ausgesetzt sind, verbringen Piloten und Stewardessen viele 100 Stunden in großer Höhe. Neueste Untersuchungen erlauben die Strahlenexposition dieser Personengruppe mit guter Genauigkeit abzuschätzen.

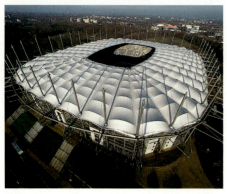

B 1: Der Atomkern ist gegenüber dem Atom so klein, wie ein Reiskorn gegenüber dem Hamburger Volksparkstadion.

a)

$^{1}_{1}H$ $^{2}_{1}H$ $^{3}_{1}H$

$Z = 1$	$Z = 1$	$Z = 1$
$N = 0$	$N = 1$	$N = 2$
$A = 1$	$A = 2$	$A = 3$

b)

$^{6}_{3}Li$ $^{7}_{3}Li$

$Z = 3$	$Z = 3$
$N = 3$	$N = 4$
$A = 6$	$A = 7$

B 2: a) Kerne der Wasserstoffisotope (H; $Z = 1$). **b)** Kerne von Lithiumisotopen (Li; $Z = 3$). Z: Zahl der Protonen; N: Zahl der Neutronen; $A = Z + N$: Nukleonenzahl.

 Vertiefung

Kernkräfte

Es ist verwunderlich, dass Kerne, die mehr als ein Proton enthalten, nicht sofort auseinanderfliegen. Die gleichnamigen Ladungen der einzelnen Protonen stoßen sich nämlich stark ab (z. B. die Protonen in Li-7 ⟫ *Bild 2 b*). Da aber viele Kerne stabil sind, müssen andere Kräfte die Nukleonen im Kern „eisern" zusammenhalten. Man nennt sie *Kernkräfte*. Sie wirken nur auf die unmittelbaren Nachbarn. – Hat ein Kern zu viele Protonen, so wird die elektrische Abstoßungskraft zu groß; der Kern fällt auseinander. Deshalb findet man in der Natur nur Kerne bis $Z = 92$ (Uran).

Atomaufbau; radioaktive Stoffe

1. Was wir schon über Atome wissen

Beschießt man eine dünne Graphitfolie mit schnellen Elektronen, so durchdringen die meisten von ihnen viele tausend Atomschichten der Folie ungestört. Nur wenige werden abgelenkt oder zurückgeworfen. Daraus und aus anderen Versuchen fand man:
- Ein Atom besteht aus einem positiv geladenen **Atomkern**, der von einem Schwarm negativ geladener Elektronen, der so genannten „**Elektronenhülle**", umgeben ist. Nach außen ist das Atom elektrisch neutral. Atome haben keine weitere Hülle.
- Über 99,9% der Masse eines Atoms sind im Kern vereinigt.
- Der Durchmesser eines Atoms beträgt ca. $2 \cdot 10^{-7}$ mm, der eines Atomkerns annähernd 10^{-12} mm. Vergrößern wir in Gedanken das Atom 10^{12}-fach, so bekommt der Kern einen Durchmesser von 1 mm. Um ihn sind die Elektronen im mittleren Abstand von 100 m, dazwischen befindet sich nichts (⟫ *Bild 1*).

 Merksatz

Der positiv geladene **Atomkern** hat einen Durchmesser von etwa dem millionsten Teil eines millionstel Millimeters (10^{-12} mm); um ihn befinden sich innerhalb eines Raums von etwa ein zehnmillionstel Millimeter (10^{-7} mm) Radius Elektronen.

2. Protonen und Neutronen bilden den Kern

Für Atome und Atomkerne gilt Folgendes:
- Alle Atomkerne bestehen aus **Protonen** (Anzahl Z) und **Neutronen** (Anzahl N). Sie sind die **Kernbausteine** (**Nukleonen**).
- Ein **Proton** (abgekürzt **p**) ist etwa 2000-mal so schwer wie ein Elektron und trägt eine positive Ladung. Ihr Betrag stimmt mit der des Elektrons ($e = 1,6 \cdot 10^{-19}$ C) überein. Das **Neutron** (abgekürzt **n**) hat etwa die Masse eines Protons, es ist aber elektrisch neutral.
- Die Gesamtzahl $Z + N$ der Nukleonen nennt man **Nukleonenzahl** A. Beispiel Lithiumkern: $Z = 3$, $N = 4$, $A = 7$ (⟫ *Bild 2 b*).
- Die Ladung eines Kerns mit Z Protonen ist $Z \cdot e$. Daher nennt man die **Protonenzahl** Z auch **Kernladungszahl**. Die Anzahl der Elektronen eines neutralen Atoms stimmt mit Z überein.
- Im **Periodensystem** (⟫ *Anhang*) sind alle Elemente geordnet zusammengestellt. Alle Atome eines Elements besitzen die gleiche „Elektronenhülle" und sind deshalb chemisch nicht zu unterscheiden. Gleiche Elektronenzahl bedeutet aber auch gleiche Kernladungszahl Z. Diese charakterisiert somit ein Element. Z wird deshalb im Periodensystem auch **Ordnungszahl** genannt.
- Den Aufbau eines Atomkerns X verdeutlicht man durch die Schreibweise $^{A}_{Z}X$. Beispiel (⟫ *Bild 2 b*): $^{7}_{3}Li$ ist ein Lithiumkern mit $A = 7$ Nukleonen; $Z = 3$ Protonen und $N = 7 - 3 = 4$ Neutronen. Z geht eindeutig aus dem Symbol Li hervor. Deshalb schreibt man oft kurz: **Li-7**.

- Atome, deren Kerne die gleiche Protonenzahl Z, aber eine verschiedene Neutronenzahl N besitzen, nennt man **Isotope desselben Elements**. Isotope haben die gleichen chemischen, jedoch verschiedene physikalische Eigenschaften, z.B. verschiedene Masse. ⫸ *Bild 2* zeigt Kerne mit $Z = 1$ und $Z = 3$. $^2_1$H nennt man *Deuterium* und $^3_1$H *Tritium*.
- Man bezeichnet Kerne auch als **Nuklide**. Alle bekannten Kerne zeigt die **Nuklidkarte** (⫸ *Anhang*). Auf ihrer Rechtsachse ist die Neutronenzahl N, auf der Hochachse die Protonenzahl Z der Kerne aufgetragen. Ein Nuklid ist in den Gitterpunkten farbig mit seinen wichtigsten Eigenschaften aufgezeichnet. Die Bedeutung der Farben werden wir bald kennenlernen.

Merksatz

Jeder **Atomkern** ist aus Z positiv geladenen **Protonen** und N neutralen **Neutronen** aufgebaut. Die Zahl der Protonen (**Kernladungszahl** Z) ist gleich der Zahl der Elektronen des Atoms und bestimmt dessen chemisches Verhalten. Z ist gleich der **Ordnungszahl** im Periodensystem. Ein **Kern (Nuklid)** ^A_ZX wird durch Z und die **Nukleonenzahl** $A = N + Z$ gekennzeichnet.
Isotope eines Elements sind Atome mit gleichem Z, aber verschiedenem N.

3. Manche Stoffe senden ohne äußeren Einfluss Strahlung aus

In ⫸ *Versuch 1* wird der Stoff Radium Ra-226 benutzt. An ihm stellen wir mit unseren Sinnesorganen nichts Besonderes fest. Trotzdem ist er in der Lage in ⫸ *Versuch 1 b* das Elektroskop zu entladen, aber nur wenn Luft vorhanden ist (⫸ *Versuch 1 c*). Entladen kann sich das z.B. positiv aufgeladene Elektroskop aber nur dann, wenn die positive durch negative Ladung neutralisiert wird. Somit bleibt nur folgende Erklärung:
Von Radium Ra-226 geht eine für unsere Sinnesorgane nicht wahrnehmbare Strahlung aus. Sie wandelt elektrisch neutrale Moleküle der bestrahlten Luft in Ladungsträger beiderlei Vorzeichens, also Ionen um (⫸ *Vertiefung*). Das positiv oder negativ geladene Elektroskop zieht davon die entgegengesetzt geladenen Ladungsträger zu sich und wird entladen. Man sagt, die Luftmoleküle werden durch die Strahlung **ionisiert**. Eine Strahlung, die Atome oder Moleküle ionisieren kann, nennt man **ionisierende Strahlung**. Da zur Ionisation Energie nötig ist, *führt diese Strahlung Energie mit sich!*
Zudem sendet der Stoff diese Strahlung *ohne äußeren Einfluss* aus. Bis heute kann man das Aussenden der Strahlung von außen nicht beeinflussen. Stoffe, von denen ohne äußeren Einfluss eine ionisierende Strahlung ausgeht, nennt man **radioaktiv**.

Merksatz

Die Strahlung radioaktiver Stoffe führt Energie mit sich und ionisiert Atome und Moleküle. Die Strahlung wird ohne äußeren Einfluss ausgesandt. Der Mensch hat kein Sinnesorgan für sie.

Vertiefung

Ionen gibt es nicht nur in Flüssigkeiten
Von der Elektrolyse kennst du **Ionen** in Flüssigkeiten. – *Aber auch in Gasen gibt es Ionen.* Um dies zu zeigen, lässt man den Kopf eines geladenen Elektroskops von den Gasen einer Flamme umspülen. Der Ausschlag geht schnell zurück. Ohne Flamme würde er lange Zeit bestehen bleiben. – Ein heißer Körper unterscheidet sich nämlich von einem kalten durch die schnellere Molekülbewegung. Wenn nun die Moleküle eines heißen Gases stark aufeinanderprallen, können aus ihnen Elektronen durch Stoß herausgeschlagen werden. Die Moleküle, die Elektronen verlieren, werden zu *positiv geladenen Ionen*. Freigesetzte Elektronen lagern sich an neutrale Moleküle an und bilden *negativ geladene Ionen*. Das geladene Elektroskop zieht die entgegengesetzt geladenen Ionen auf sich und wird so entladen. Erst schnelle Moleküle (hier in den heißen Gasen) können Ionen bilden. Zur Ionisation eines Atoms oder Moleküls ist nämlich *eine bestimmte Mindestenergie nötig!*

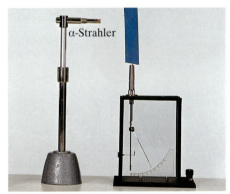

α-Strahler

V 1: a) Wir laden ein Elektroskop positiv oder negativ auf. Wegen der guten Isolation behält es seine Ladung lange bei. **b)** Wir bringen in die Nähe des Kopfes des geladenen Elektroskops einen Stift, dessen Spitze eine winzige Menge ($\approx 10^{-7}$ g) Radium Ra-226 enthält. Zum Schutz gegen Berührung ist das Radium mit einer sehr dünnen Metallfolie abgedeckt. Das Elektroskop entlädt sich rasch, gleichgültig welche Ladung es trug. **c)** Führte man den Versuch im Vakuum durch, würde das Elektroskop nicht entladen.

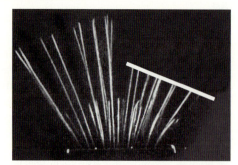

V 1 a): Wir bringen einen Stift mit Ra-226 in die Nebelkammer (▸ *Vertiefung*) und reiben mit einem Tuch an dem Deckel. Dann pressen wir den Gummiball zusammen und lassen ihn plötzlich los. Im Licht einer seitlich aufgestellten Lampe erkennen wir einzelne, etwa 4 bis 5 cm lange geradlinige Nebelspuren, die vom Präparat ausgehen. **b)** Wir wiederholen den Versuch, bringen aber ein dickeres Blatt Papier in die Kammer. Die Nebelspuren enden daran.

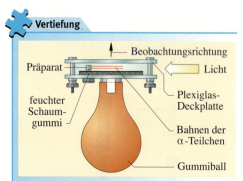

✂ **Vertiefung**

Die Nebelkammer

Sie besteht aus einer durchsichtigen, zylindrischen Kapsel, an deren Boden sich ein mit Wasser angefeuchteter Schaumgummi befindet. Dadurch ist die Luft in der Kammer mit Wasserdampf gesättigt. Reibt man den Plexiglasdeckel mit einem Tuch, wird er statisch aufgeladen und zieht eventuell vorhandene, störende Ionen an. Mithilfe des Gummiballs wird die Luft zusammengepresst. Ihre Temperatur steigt, sie nimmt weiter Wasserdampf auf. Lässt man den Ball los, so dehnt sich die Luft rasch aus. Dabei kühlt sie sich ab und ist nun mit dem vorher aufgenommenen Wasserdampf übersättigt. Gibt es Kondensationskeime, lagern sich daran Wassertröpfchen an, es entsteht eine Nebelspur.

α-Strahlung; α-Zerfall

1. Der Nebel bringt es an den Tag

Am wolkenlosen Himmel verrät sich die Bahn eines hochfliegenden Flugzeugs oft durch Kondensstreifen. Auf ähnliche Weise erzeugt die Strahlung radioaktiver Stoffe dünne, sichtbare Streifen in einer so genannten Nebelkammer (▸ *Vertiefung*).

▸ *Versuch 1 a* zeigt, wie die Spuren der Strahlung aussehen, die von einem radioaktiven Stoff wie Ra-226 ausgehen. Führt man den Versuch mehrfach durch, so bilden sich neue Spuren an anderen Stellen. Die Strahlung ist also kein kontinuierlicher Vorgang. Sie besteht vielmehr aus einzelnen Teilchen, die unregelmäßig von Ra-226 ausgesandt werden. Die Bahnen der Teilchen – *nicht die Teilchen selbst* – können wir wahrnehmen. Die Teilchen ionisieren nämlich Luftmoleküle auf ihrem Weg in der Kammer. Die dort entstandenen Ionen sind Kondensationskeime für den überschüssigen, unsichtbaren Wasserdampf. Wassermoleküle lagern sich an die Ionen an, und es bilden sich viele kleine Nebeltröpfchen. Sie lassen insgesamt die Bahn des Teilchens erkennen. Die hier nachgewiesenen Teilchen nennt man **α-Teilchen,** die Strahlung **α-Strahlung** und Stoffe wie Ra-226 **α-Strahler**.
▸ *Versuch 1 b* zeigt: *α-Teilchen werden von Papier normaler Dicke absorbiert.* Wir erkennen zukünftig α-Strahlung daran, dass sie in Papier stecken bleibt.

2. Eigenschaften und Entstehungsort der α-Teilchen

a) *α-Teilchen sind positiv geladen.* Sie werden durch starke Magnetfelder abgelenkt (▸ *Bild 1*). Schießt man α-Teilchen in einen Faraday-Becher, so findet man, dass jedes α-Teilchen zwei positive *Elementarladungen* trägt.

b) *α-Teilchen stammen aus einem Atomkern.* Das Aussenden der α-Strahlung eines Stoffes wie Ra-226 kann man nämlich nicht durch chemische Reaktionen wie z. B. Auflösen von Radium in Säuren und anschließendes Ausfällen als Salz beeinflussen. Dabei ändert sich zwar die „Elektronenhülle", der Atomkern aber nicht.

c) *α-Teilchen sind nackte Heliumkerne $^4_2$He.* In der Umgebung von α-Strahlern kann man nach einiger Zeit das Gas Helium nachweisen. Nach dem Austritt aus einem Atomkern „schnappt" sich das α-Teilchen, also ein Heliumkern, zwei Elektronen aus der Umgebung und bildet damit ein Heliumatom.

d) Sind zwei Spuren in der Nebelkammer gleich lang, so haben die beiden α-Teilchen gleich viele Moleküle ionisiert. Man hat festgestellt, dass man für jeden Ionisationsprozess in Luft gleich viel Energie braucht. Also hatten die zwei α-Teilchen gleich viel Energie. Je größer die Energie eines α-Teilchens ist, umso länger ist seine Spur und damit seine *Reichweite* in Luft.

e) *Ein α-Teilchen muss auch aus energetischen Gründen aus einem Atomkern stammen.* Ein α-Teilchen ionisiert nämlich auf seinem bis zu 7 cm langen Weg in Luft Hunderttausende von Molekülen. Dazu ist bei weitem mehr Energie nötig, als in der „Elektronenhülle" eines Atoms zur Verfügung steht. Diese Energie kennen wir von chemischen Umsetzungen her.

f) Die *Reichweite* der α-Teilchen in Papier ist viel kleiner als in Luft. α-Teilchen bilden in dichter Materie je Millimeter Laufweg viel mehr Ionen als in Luft. Ihre Energie ist somit auf einer viel kürzeren Wegstrecke aufgezehrt.

3. Der Atomkern und das Atom verändern sich: α-Zerfall

Sendet ein Atomkern ein α-Teilchen ($_2^4$He) aus, hat er nachher 2 Protonen und 2 Neutronen weniger. Man spricht von einem **α-Zerfall** des Kerns. So entsteht beim α-Zerfall von $_{88}^{226}$Ra ein Kern mit 86 Protonen und 222 Nukleonen (*Z verringert sich um 2, A um 4,* ▶ *Bild 2*). Dies ist ein Isotop des Elements Radon (Rn). Weil das α-Teilchen viel Bewegungsenergie mit sich führt, schreibt man:

$$_{88}^{226}\text{Ra} \rightarrow _{86}^{222}\text{Rn} + \alpha + \text{Energie} \quad \text{oder einfach} \quad _{88}^{226}\text{Ra} \xrightarrow{\alpha} _{86}^{222}\text{Rn}.$$

Das α-Teilchen nimmt aus dem Kern 2 Protonen mit. Erst wenn die Hülle auch 2 Elektronen abgegeben hat, wird das Restatom elektrisch neutral. *Durch den α-Zerfall entsteht also ein Atom mit völlig neuen physikalischen und chemischen Eigenschaften.*
Nuklide, die α-Teilchen aussenden, nennt man **α-Strahler**. Sie sind in der **Nuklidkarte gelb** eingetragen (▶ *Anhang*). Den Kern, der aus einem α-Strahler entsteht, findet man in der Nuklidkarte, indem man 2 Kästchen nach unten und 2 Kästchen nach links geht.

Merksatz

α-**Strahlung** besteht aus energiereichen zweifach positiv geladenen Heliumkernen. Sie kann ein Blatt Papier nicht durchdringen.
Beim α-**Zerfall** eines Nuklids wird ein Heliumkern ausgeschleudert. Er führt Energie mit sich. Zurück bleibt ein Kern eines anderen Elements, dessen Kernladungszahl um zwei kleiner ist.

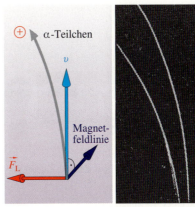
B1: Das rechte Bild zeigt die Bahnen von α-Teilchen in einer Nebelkammer unter der Einwirkung eines starken Magnetfeldes. Dessen Feldlinien weisen senkrecht in die Bildebene hinein. Die Teilchen starten am unteren Bildrand nach oben. Wendet man die Dreifingerregel der linken Hand für Elektronen an, findet man: Feldlinien in die Zeichenebene hinein (Zeigefinger), Bewegung nach oben (Daumen), Lorentzkraft für *Elektronen* nach rechts (Mittelfinger). Da die Ablenkung aber nach links erfolgt, sind α-*Teilchen positiv geladen.*

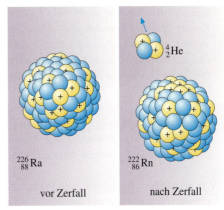
$_{88}^{226}$Ra $_{86}^{222}$Rn

vor Zerfall   nach Zerfall

B2: α-Zerfall des Radiumisotops Ra-226

▶ ... noch mehr Aufgaben

A1: Gib von folgenden Atomen *A*, *Z* und *N* sowie die Elektronenzahl der Hülle an: $_6^{12}$C, $_{55}^{137}$Co, $_{82}^{208}$Pb; K-40; Co-60; Pb-206; Th-232. (Benutze das Periodensystem.)

A2: a) Schreibe einige Isotope des Urans auf. **b)** Nenne gemeinsame und unterschiedliche Eigenschaften von Isotopen.

A3: 4 Isotope von Blei haben 122, 124, 125 bzw. 126 Neutronen. Gib deren Schreibweise an. Was lässt sich über diese Nuklide aus der Nuklidkarte ablesen?

A4: Natürliches Chlor besteht zu 75% aus Cl-35 und zu 25% aus Cl-37. Im Periodensystem wird die Atommasse von Chlor mit 35,5 u angegeben. Erkläre, wie diese Zahl zustande kommt.

A5: Vervollständige die folgenden Angaben mithilfe der Nuklidkarte im ▶ *Anhang*:

$$_{92}^{235}\text{U} \xrightarrow{\alpha} ?; _{?}^{232}\text{Th} \xrightarrow{\alpha} ?; ? \xrightarrow{\alpha} _{?}^{237}\text{Np};$$

$$? \xrightarrow{\alpha} _{?}^{222}\text{Rn}; _{?}^{210}\text{Po} \xrightarrow{\alpha} ?; _{92}^{238}? \xrightarrow{?} ?$$

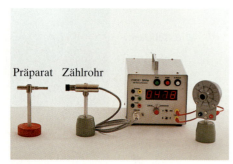

B 1: Zählanordnung mit einem Zählrohr

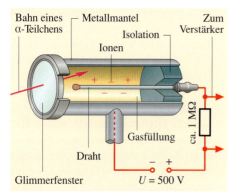

B 2: Das Geiger-Müller-Zählrohr

V 1: Wir halten ein radioaktives Präparat, z. B. mit Ra-226, wie in ⟾ *Bild 1* vor ein *Geiger-Müller-Zählrohr,* das mit einem Zähler und einem Lautsprecher verbunden ist. Viele knackende Geräusche verraten die von Radium ausgehende Strahlung.

V 2: Wir stellen ein Ra-226-Präparat etwa 3 cm vor dem Zählrohr auf. Halten wir Papier zwischen Präparat und Zählrohr, wird die Zählrate viel geringer, aber nicht null.

V 3: Wir stellen ein radioaktives Präparat in einem solchen Abstand vor einem Zählrohr auf, dass die Zählrate etwa 70 Impulse pro Minute beträgt. Man hört die Zählimpulse in *unregelmäßigen Abständen.*

V 4: Wir entfernen alle radioaktiven Präparate aus dem Umfeld des Zählrohrs. Trotzdem registriert es Strahlung, die offensichtlich aus der Umgebung kommt.

V 5: Je näher ein radioaktives Präparat am Zählrohr steht, desto größer wird die Zählrate. Immer mehr Teilchen treffen je Sekunde das Zählrohr.

Das Geiger-Müller-Zählrohr

1. Ionisierende Teilchen kann man zählen

Ob ein Gegenstand „radioaktiv" ist, lässt sich einfach feststellen: Wir brauchen ihn nur vor ein **Zählrohr** zu halten (⟾ *Versuch 1*). Aber wie funktioniert dieses? Das Zählrohr hat einen dünnen zylindrischen Metallmantel, in den ein gegen das Gehäuse isolierter Draht ragt (⟾ *Bild 2*). Dieser wird über einen Widerstand mit dem positiven Pol der Spannungsquelle verbunden. Der negative Pol der Quelle liegt am Metallmantel. Im Rohr befindet sich ein Edelgas unter einem geringen Druck.

Durch das extrem dünne Abschlussfenster aus Glimmer (etwa 0,01 mm dick) können schnelle Teilchen hoher Energie (etwa α-Teilchen) ins Innere fliegen und dort Gasatome ionisieren. Dadurch werden Elektronen freigesetzt, deren Zahl allerdings gering ist. Man wählt deshalb die Spannung U so hoch, dass die freigesetzten Elektronen zum positiv geladenen Draht stark beschleunigt werden. Bevor sie dort ankommen, haben sie so viel Energie, dass sie durch Stoß aus Atomen weitere Elektronen herausschlagen können, die ihrerseits wieder ionisieren können. So nimmt unterwegs die Zahl der ionisierenden Teilchen in einer *Kettenreaktion* lawinenartig zu: Das Gas im Zählrohr wird also leitend.

Dies führt zu einem Strom der Stärke I. Dabei tritt am Widerstand R die Teilspannung $I \cdot R$ auf. Die Teilspannung $U_z = U - I \cdot R$ am Zählrohr sinkt so weit ab, dass die Kettenreaktion und damit der Strom abbricht: Das Gas wird wieder zum Isolator und das Zählrohr ist nun für das nächste Teilchen bereit.

So erzeugt jedes einzelne im Zählrohr ankommende Teilchen am Widerstand R eine kurzzeitige Spannungsänderung. Jeder dieser Spannungsimpulse verursacht dann in einem Lautsprecher ein Knacken. – Der Quotient aus Impulszahl und Zeit heißt *Zählrate*.

2. Grundlegende Beobachtungen mit dem Zählrohr

- Außer α-Strahlung gibt es noch andere ionisierende Strahlung (⟾ *Versuch 2*). Diese kann aber Papier durchdringen.
- Radioaktive Stoffe „ticken" nicht gleichmäßig wie eine Uhr (⟾ *Versuch 3*). *Die Aussendung der Teilchen ist nicht beeinflussbar.* Misst man die Zählrate mehrmals hintereinander, so schwankt sie um einen Mittelwert, z. B. 74, 68, 71, 69, … Impulse pro Minute. *Dabei ist nur der Zufall im Spiel.*
- *Überall in der Umgebung ist ionisierende Strahlung vorhanden* (⟾ *Versuch 4*). Sie rührt von radioaktiven Stoffen her (z. B. Uran U-238 und Thorium Th-232). Diese sind in unterschiedlicher Konzentration fein verteilt im Mauerwerk und in den Böden. Zudem gelangt Strahlung aus dem Weltraum zu uns.

Merksatz

Ein radioaktiver Stoff sendet seine Teilchen in unregelmäßigen zeitlichen Abständen aus.
Überall in unserer Umgebung gibt es ionisierende Strahlung.

Interessantes

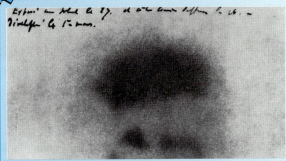

A. Aus der Geschichte

Legt man ein radioaktives Präparat oder einen Stein, der z. B. Uran enthält, längere Zeit auf einen lichtdicht verpackten Film und entwickelt diesen anschließend, so ist er geschwärzt, obwohl ihn kein Licht traf. *Die Strahlung radioaktiver Stoffe schwärzt also Filme.*

Auf diese Weise wurde 1896 die Strahlung radioaktiver Stoffe zufällig von Henri BECQUEREL (1852–1908) entdeckt. Er untersuchte das Nachleuchten verschiedener Stoffe, nachdem sie mit Licht bestrahlt worden waren. Dieses Nachleuchten tritt z. B. bei den Leuchtziffern einiger Uhren auf. BECQUEREL wollte feststellen, ob Uransalze, die nach der Bestrahlung mit Sonnenlicht sichtbares Licht abgeben, auch die kurz zuvor entdeckten Röntgenstrahlen aussenden. Am 26. Februar 1896 wickelte er deshalb in der Dunkelkammer eine unbelichtete Fotoplatte in schwarzes Papier lichtdicht ein. Danach wollte er etwas von der Sonne bestrahltes Uransalz auf die Platte legen. Aber die Sonne schien nicht. Deshalb verstaute er das Uransalz zusammen mit der verpackten Fotoplatte in einer Schublade. Als er am 1. März die Platte zu Kontrollzwecken entwickelte, sah er darauf zu seiner Überraschung deutlich die Umrisse des Uransalzes. Die obige Aufnahme ist eine Originalaufnahme von BECQUEREL. Über den schwarzen Stellen lagerte Uransalz. BECQUEREL zog aus dem Bild den Schluss, dass Uransalz von selbst strahlt.
Das Ehepaar Marie CURIE (1867–1934) und Pierre CURIE (1859–1906) untersuchte daraufhin alle bekannten Elemente auf Radioaktivität.

Die beiden Forscher fanden Radioaktivität bei Thorium und den bislang unbekannten Elementen Polonium und Radium. Diese isolierten sie 1898 aus dem Mineral Pechblende. Anschließend gelang es ihnen in vierjähriger mühevoller Arbeit, aus einer Tonne Ausgangsmaterial 0,1 g Radiumchlorid abzutrennen. Sie erhielten dafür 1903 zusammen mit H. BECQUEREL den Nobelpreis für Physik.

B. Radioaktive Stoffe in unserer Umgebung

a) Beim Campingurlaub verwendet man gelegentlich Gaslampen. Ein *Glühstrumpf* aus Kunstseide, der

über den Brenner gezogen ist, gibt gleichmäßiges Licht. Hält man den Glühstrumpf vor ein Zählrohr, tickt es kräftig. Der Strumpf enthält in geringen Mengen das radioaktive Th-232.

b) *Baumaterialien* enthalten in unterschiedlicher Weise Spuren radioaktiver Stoffe wie U-238 und Th-232. Wenn man deshalb um ein Zählrohr Backsteine, Dachziegel usw. aufbaut, findet man meistens eine gegenüber der Umgebungsstrahlung erhöhte Zählrate.

c) *Mineraldünger (z. B. Blaukorn)* enthalten häufig das für Pflanzen wichtige Kalium. Dieses enthält Spuren des radioaktiven Isotops K-40. Stellt man Mineraldünger vor ein Zählrohr, findet man oft eine gegenüber der Umgebungsstrahlung deutlich erhöhte Zählrate.

... noch mehr Aufgaben

A1: α-Teilchen durchdringen das Fenster des Zählrohrs, nicht dagegen Papier. Was folgt daraus?

A2: Bei einem radioaktiven Präparat zählt man 192 Impulse in 3 Minuten, ohne Präparat misst man in 10 Minuten 180 Impulse. Wie viele Impulse pro Minute erzeugt demnach das Präparat allein?

A3: Erkläre das Ergebnis von ⟹ *Versuch 5*. Stelle dir dazu das Präparat als punktförmige Quelle vor, die gleichmäßig in alle Richtungen strahlen kann.

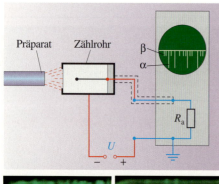

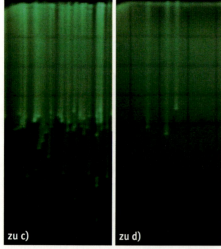

zu c)   zu d)

V 1: Wir schließen ein Zählrohr an eine fein regulierbare Spannungsquelle an und befestigen vor ihm in einem Abstand von ca. 2 cm ein schwaches Ra-226-Präparat. Ist die Spannung U genügend hoch, lösen einzelne ionisierende Teilchen Spannungsimpulse am Widerstand R_a des Zählrohrs aus. Diese werden als spitze Zacken von einem Oszilloskop registriert. **a)** Erhöhen wir die Spannung von null aus, treten bei einer geeigneten Spannung erstmals unregelmäßig verteilte Zacken auf. **b)** Die Zacken in a) verschwinden mit einem Blatt Papier im Strahlengang. Sie rühren also von α-Teilchen her. **c)** Beim weiteren Erhöhen der Spannung werden die Zacken länger; plötzlich erscheinen zusätzlich kürzere, ebenfalls unregelmäßig verteilte Zacken. **d)** Mit einem Blatt Papier im Strahlengang verschwinden die höheren Zacken aus c), während die kürzeren bestehen bleiben. **e)** Halten wir ein 5 mm dickes Aluminiumblech in den Strahlengang, so verschwinden aus c) fast alle Zacken. **f)** Praktisch alle Zacken aus e) verschwinden mit 2 cm dickem Blei im Strahlengang.

β- und γ-Strahlung

1. Das Oszilloskop hilft weitere Strahlenarten zu entdecken

Die Spannungsimpulse, die ein ionisierendes Teilchen am Widerstand eines Zählrohrs auslöst, lassen sich mit einem Oszilloskop nachweisen (⟹ *Versuch 1a* und *1b*).

Bei einer geeigneten Spannung am Zählrohr beobachtet man mit einem Ra-226-Präparat auf dem Bildschirm Zacken unterschiedlicher Höhe (⟹ *Versuch 1c*). Die hohen Zacken verschwinden, wenn man Papier (⟹ *Versuch 1d*) zwischen Präparat und Zählrohr hält. Sie rühren also von α-Teilchen her.

Die kleineren Zacken verschwinden erst, wenn man ein 5 mm dickes Aluminiumblech in den Strahlengang bringt (⟹ *Versuch 1e*). Sie müssen also von anderen ionisierenden Teilchen ausgelöst worden sein. Man nennt sie **β-Teilchen** und spricht von **β-Strahlung**. *Wir erkennen sie künftig daran, dass sie erst von einem dickeren Aluminiumblech absorbiert werden.*
Die restlichen Zacken in ⟹ *Versuch 1e* verschwinden, wenn man eine dicke Bleischicht in den Strahlengang bringt (⟹ *Versuch 1f*) Diese Zacken werden von Teilchen der so genannten **γ-Strahlung** verursacht. *Diese wird erst in dicken Bleischichten absorbiert.*

2. Welche Eigenschaften haben β-Teilchen?

- *β-Teilchen sind negativ geladen* (⟹ *Versuch 2*). Man bezeichnet sie daher auch als β⁻-Teilchen.
- *β-Teilchen sind nichts anderes als schnell fliegende Elektronen.* Viele Versuche zeigten, dass β-Teilchen die gleiche Masse und die gleiche Ladung wie Elektronen haben.
- *β-Teilchen kommen wie α-Teilchen aus dem Atomkern.* Obwohl es Elektronen sind, stammen sie nicht aus der „Hülle" des Atoms. Dies folgt aus Energiemessungen. Die Energie der β-Teilchen kann so groß wie die von α-Teilchen sein. So hohe Energien stehen in der „Atomhülle" aber nicht zur Verfügung.
- *Bei gleicher Anfangsenergie haben β-Teilchen in derselben Materie eine größere Reichweite als α-Teilchen.* β-Teilchen ionisieren auf 1 mm Wegstrecke viel weniger Moleküle als α-Teilchen. Sie verlieren demzufolge auf dieser Strecke auch weniger Energie. Beträgt z. B. die Reichweite von β-Teilchen in Luft ca. 11 m, so ist die von α-Teilchen derselben Energie ca. 2 cm. In Papier würden die Teilchen 18 mm bzw. 0,03 mm zurücklegen.

3. Der β-Zerfall

Der Atomkern enthält keine Elektronen. Trotzdem kommen β-Teilchen wegen ihrer hohen Energie von dort her. Wie ist das möglich? Diese spannende Frage beschäftigte lange die Forschung, bevor man nach vielen Untersuchungen die Antwort fand:

Im Atomkern kann sich ein **Neutron** in ein Proton und ein Elektron umwandeln. Dabei wird Energie frei. Das Elektron verlässt schnell den Kern und auch das Atom.

Nach diesem **β-Zerfall** besitzt der Kern ein Neutron weniger und dafür ein Proton mehr. Die Nukleonenzahl A bleibt also konstant. So entsteht z. B. beim β⁻-Zerfall des Strontiumisotops $^{90}_{38}$Sr ein Kern mit 90 Nukleonen und 39 Protonen, d. h. das Yttriumisotop $^{90}_{39}$Y. Man schreibt:

$$^{90}_{38}\text{Sr} \longrightarrow {}^{90}_{39}\text{Y} + \beta + \text{Energie} \quad \text{oder} \quad {}^{90}_{38}\text{Sr} \xrightarrow{\beta} {}^{90}_{39}\text{Y}.$$

Mit dem zusätzlichen Proton nach dem β-Zerfall hat das Atom im Kern ein Proton mehr als vorher. Dieses Restatom wird erst wieder elektrisch neutral, wenn die „Hülle" ein Elektron aus der Umgebung aufgenommen hat. Es ist wie beim α-Zerfall ein Atom mit neuen physikalischen und chemischen Eigenschaften entstanden.

Nuklide, die β-Teilchen aussenden, nennt man **β-Strahler**. Sie sind in der **Nuklidkarte blau** eingetragen (⟹ *Anhang*). Den Kern, der aus einem β-Strahler entsteht, findet man in der Nuklidkarte, indem man je ein Kästchen nach oben und nach links geht.

Merksatz

β-Strahlung besteht aus sehr schnellen, energiereichen Elektronen, die aus Atomkernen stammen.
β-Teilchen können 5 mm Aluminium nicht durchdringen.
Beim **β-Zerfall** eines Nuklids verwandelt sich im Kern ein Neutron in ein Proton unter Aussenden eines schnellen Elektrons. Dieses führt Energie mit sich. Zurück bleibt ein Kern eines anderen Elements, dessen Kernladungszahl um 1 größer ist.

4. Was weiß man über γ-Strahlung?

- Trifft γ-Strahlung ein Zählrohr, so „knackt" es genauso, wie bei der α- oder β-Strahlung. Die „Knackse" sind *abzählbar*. Wir sagen deshalb wie bei der α- und β-Strahlung, dass bei einem „Knack" ein **γ-Teilchen** das Zählrohr getroffen hat.
- *Die γ-Teilchen tragen keine elektrische Ladung.* Sie lassen sich nicht durch Magnetfelder ablenken.
- *Ein γ-Teilchen ist wie Licht „fliegende" Energie. Allerdings transportiert es viel mehr Energie.* γ-Teilchen übertragen z. B. beim Fotoeffekt auf Elektronen viel mehr Energie als das Licht.
- *γ-Teilchen stammen wie α- und β-Teilchen aus Atomkernen.* Dies folgt aus der hohen Energie, die sie mit sich führen.
- *γ-Teilchen können wie α- und β-Teilchen Moleküle und Atome ionisieren.* Allerdings bilden sie in Materie noch weit weniger Ionen pro mm Wegstrecke als β-Teilchen.
- *Dicke Bleischichten bilden den besten Schutz vor γ-Teilchen.* Verringert sich z. B. die Zahl der γ-Teilchen einer bestimmten Energie in Luft erst nach mehr als 50 m auf unter 1 %, so hat bereits eine 7 cm dicke Bleischicht dieselbe Wirkung. γ-Teilchen kann man nie zu 100 % abschirmen.

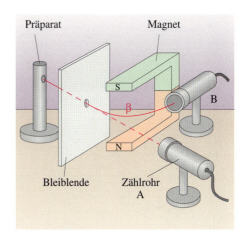

V 2: a) Vor ein Zählrohr stellen wir ein Strontiumpräparat Sr-90. Ein Papierblatt zwischen Präparat und Zählrohr schwächt die Zählrate kaum. Diese sinkt aber hinter Aluminiumblechen auf den Nulleffekt. Sr-90 sendet also nur β-Strahlung aus. **b)** Zwischen Präparat und Zählrohr bringen wir eine Bleiblende mit einer kleinen Öffnung (Stellung A ohne Magnet). Verschieben wir das Zählrohr so, dass es nicht mehr in der Linie Präparat-Blendenöffnung steht, misst es nur den Nulleffekt. β-Teilchen bewegen sich also geradlinig. **c)** Mit einem kräftigen, hinter der Blende liegenden Hufeisenmagneten ändert sich dies. Liegt sein Südpol oben, registriert das Zählrohr in der Stellung B β-Teilchen. Sie werden nach links abgelenkt. Mithilfe der „Linke-Hand-Regel" finden wir, dass *β-Teilchen negativ geladen sind*.

Positronenstrahler

In der Nuklidkarte findet man neben gelben (α-Strahler) und blauen (β-Strahler) auch *rote* Kästchen. Sie geben Nuklide an, die in der Natur nicht vorkommen, aber heute künstlich hergestellt werden können. Es sind so genannte *Positronenstrahler*. Bei ihnen zerfällt im Kern ein Proton in ein Neutron. Dabei wird ein Teilchen ausgesandt, das dieselben Eigenschaften hat wie ein Elektron, nur dass es **positiv** geladen ist. Dieses Teilchen nennt man **Positron** und schreibt dafür **β⁺**. Ein Beispiel für einen **β⁺-Zerfalls** ist:

$$^{22}_{11}\text{Na} \longrightarrow {}^{22}_{10}\text{Ne} + \beta^+ + \text{Energie}.$$

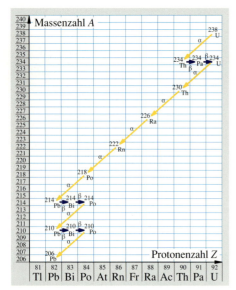

B 1: Zerfallsreihe von U-238; in dieser Reihe tritt u. a. Ra-226 und Rn-222 auf.

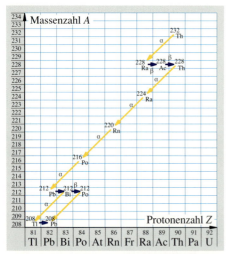

B 2: Zerfallsreihe von Th-232; in dieser Reihe tritt u. a. Rn-220 auf.

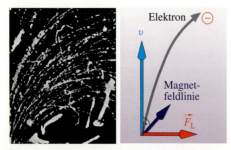

B 3: Nebelkammeraufnahme der Bahnen von β-Teilchen im Magnetfeld, dessen Feldlinien in die Bildebene hinein weisen. Die Teilchen starten am unteren Bildrand.

5. Wann sendet ein Kern γ-Teilchen aus?

Nach einem α- oder β-Zerfall hat der neue Kern oft noch überschüssige Energie. Man sagt, er sei „angeregt". Er kann seine überschüssige Energie rasch abgeben, indem er ein γ-Teilchen aussendet, das wir als „fliegende" Energie kennengelernt haben. Ein γ-Teilchen tritt deshalb nie alleine auf, sondern immer als Folge eines α- oder β-Zerfalls. *Beim Aussenden eines γ-Teilchens verändern sich weder Z noch A, auch nicht die „Elektronenhülle" des Atoms.*

Beispiel: Nach dem β-Zerfall des Cäsiumisotops $^{137}_{55}$Cs entsteht das Bariumisotop $^{137}_{56}$Ba*. Dieser angeregte Kern hat überschüssige Energie und ist deswegen mit * gekennzeichnet. Er verliert diese Energie durch Aussenden eines γ-Teilchens. Man schreibt:

$$^{137}_{55}\text{Cs} \xrightarrow{\beta} {}^{137}_{56}\text{Ba}* \xrightarrow{\gamma} {}^{137}_{56}\text{Ba}.$$

β- und γ-Teilchen treten praktisch gleichzeitig auf. Deswegen sagt man auch häufig, dass Cs-137 β- und γ-Teilchen aussendet, obwohl das γ-Teilchen eigentlich von dem angeregten Ba-137-Isotop stammt. – Sendet ein Nuklid neben α- oder β-Strahlung auch noch γ-Strahlung aus, so ist in dem betreffenden Kästchen in der *Nuklidkarte* der Buchstabe „γ" angeschrieben.

Untersucht man die Strahlung aller in der Natur vorkommenden radioaktiven Stoffe, findet man ausschließlich α-, β- und γ-Strahlung. In der *Nuklidkarte* findet man deshalb nur „gelbe" (α-Strahler), „blaue" und „rote" (β-Strahler) sowie „schwarze" Kästchen. Die Letzteren kennzeichnen die *stabilen* Nuklide. Sie zerfallen nicht und senden keine Strahlung aus. Die Stoffe in unserer täglichen Umgebung bestehen fast ausschließlich aus ihnen.

 Merksatz

γ-**Teilchen** stammen aus Atomkernen und sind von derselben Natur wie Licht, nur viel energiereicher. – Ein γ-Teilchen wird von einem angeregten Atomkern nach einem α- oder β-Zerfall ausgesandt. Dabei ändern sich die Kernladungszahl Z und die Nukleonenzahl A nicht.

γ-Teilchen können dicke Bleischichten kaum durchdringen.

6. Radioaktive Zerfallsreihen

Kerne, die durch radioaktiven Zerfall entstanden sind, können selbst wieder radioaktiv sein. So können sogar längere **radioaktive Zerfallsreihen** entstehen. ▐▶ *Bild 1* und *2* zeigen die zwei bedeutendsten, die in der Natur auftreten. Ausgangspunkte sind U-238 bzw. Th-232. In beiden Zerfallsreihen gibt es mehrere hintereinanderfolgende α- und β-Zerfälle. Dabei entstehen auch γ-Teilchen. Die Zerfallsreihen enden bei den stabilen Bleiisotopen Pb-206 bzw. Pb-208. – In der Zerfallsreihe von U-238 tritt Ra-226 auf. In einem länger gelagerten Radiumpräparat finden die Zerfälle von Ra-226 und seiner Folgeprodukte nebeneinander statt; deswegen ist es ein Mischstrahler, der α-, β- und γ-Strahlung aussendet.

Interessantes

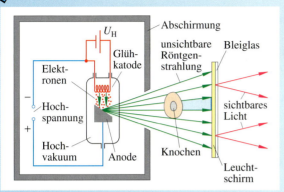

Röntgenstrahlung

In einer Vakuumröhre beschleunigt man die von einer Glühkatode emittierten Elektronen durch eine hohe Spannung (5000 V bis weit über 100 000 V). Beim Aufprall auf die Anode werden die Elektronen abgebremst, geben also ihre gesamte Energie ab. Deshalb wird die Anode heiß. Es passiert aber noch mehr: Als Erster beobachtete Wilhelm Conrad RÖNTGEN, dass bei diesen Spannungen ein außerhalb der Röhre aufgestellter Leuchtschirm aufleuchtet. Er schloss auf eine unsichtbare Strahlung, die von der Anode ausgeht. Man nennt sie **Röntgenstrahlung**. Sie transportiert Energie durch die Glaswand der Röhre, sonst könnte der Schirm nicht aufleuchten.

Stellt man in den Strahlengang ein Zählrohr, „knackt" es wie beim Nachweis von γ-Teilchen. Das Zählrohr wurde nämlich von Teilchen der Röntgenstrahlung getroffen. Diese sind „fliegende" Energie, den γ-Teilchen sehr ähnlich. Weitere ihrer *Eigenschaften* sind:
- Sie transportieren keine elektrische Ladung.
- Sie können aus Metallen Elektronen freisetzen *(Fotoeffekt)*. Dabei übertragen sie viel mehr Ener-

gie auf die Elektronen als Licht. Ein Teilchen der Röntgenstrahlung transportiert also wie ein γ-*Teilchen viel mehr Energie als Licht.*
- Sie können wie die γ-Teilchen Atome und Moleküle ionisieren. Röntgenstrahlung kann deshalb für den Menschen gefährlich sein.
- Sie schwärzen Filme. Je mehr Teilchen den Film treffen, umso stärker wird er geschwärzt.
- Sie breiten sich geradlinig aus.
- Sie durchdringen Gewebe besser als Knochen. Auf Röntgenbildern des menschlichen Körpers lassen sich deshalb Gewebe und Knochen unterscheiden.
- Sie werden durch Bleischichten abgeschirmt, was für den Strahlenschutz von großer Bedeutung ist.

Röntgenstrahlung hat eine große Bedeutung in der **medizinischen Diagnostik**. Mit Röntgenbildern lassen sich z. B. Knochenbrüche oder Erkrankungen der inneren Organe feststellen, ohne dass man den Körper öffnen muss. Sehr vielen Menschen kann so geholfen werden. Bei Röntgenuntersuchungen muss allerdings darauf geachtet werden, dass die „Dosis" an Strahlung, die ein Patient erhält, möglichst gering ist.

... noch mehr Aufgaben

A1: Begründe mit ⟹ *Bild 3*, dass β-Teilchen negativ geladen sind.

A2: Nenne Eigenschaften und Nachweismöglichkeiten der α-, β- und γ-Strahlung.

A3: Vervollständige die Angaben:
$^{40}_{19}\text{K} \xrightarrow{\beta} ?; \, ^{210}_{?}\text{Pb} \xrightarrow{\beta} ?;$
$? \xrightarrow{\beta} \, ^{14}_{?}\text{N}; \, ^{99}_{?}\text{Tc*} \xrightarrow{\gamma} ? \xrightarrow{\beta} ?$
$? \xrightarrow{\beta} \, ^{60}_{?}\text{Ni*} \xrightarrow{\gamma} ?.$

A4: Am-241 ist radioaktiv. Der größte Teil seiner Strahlung kann

Papier nicht durchdringen, der Rest wird durch eine Bleiplatte absorbiert. Wie zerfällt Am-241?

A5: Der Ausgangskern einer Zerfallsreihe zerfällt, indem er ein α-Teilchen aussendet. Dann wird ein β-Teilchen, dann ein γ-Teilchen, dann ein α-Teilchen und zum Schluss wieder ein β-Teilchen ausgesendet. Der Endkern ist Bi-209. Schreibe die Zerfallsreihe auf.

A6: U-235 ist Ausgang einer Zerfallsreihe mit dem Endkern Pb-207. Schreibe diese mithilfe der Nuklidkarte (⟹ *Anhang*) auf.

A7: α-Teilchen bleiben in einem Blatt Papier stecken, γ-Strahlung dagegen erst in dicken Bleischichten. Transportiert γ-Strahlung deshalb weit mehr Energie als α-Strahlung? Begründe.

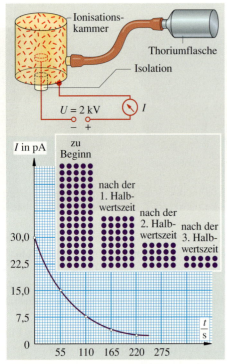

V 1: Eine Plastikflasche enthält radioaktives Thorium Th-232. Durch dessen Zerfall entsteht in der Flasche ständig in geringen Mengen das selbst wieder radioaktive Gas Radon Rn-220, das α-Strahlung aussendet. Für deren Nachweis verwenden wir eine *Ionisationskammer*, an die über einen Schlauch die Thoriumflasche angeschlossen ist. Die mit Luft gefüllte Kammer besteht aus zwei gegeneinander isolierten Metallteilen, zwischen denen eine Spannung von etwa 2000 V liegt. Tritt in der Kammer α-Strahlung auf, so werden Luftmoleküle ionisiert. Die Spannungsquelle saugt die entstandenen Ionen ab; die Stromstärke (ca. 10^{-11}A) wird gemessen. Treten in 1 s mehr α-Teilchen auf, so entstehen auch mehr Ionen; die Stromstärke ist größer. Da die Zerfälle dem Zufall unterliegen, schwankt die Anzeige deutlich.
a) Wir pumpen mehrmals hintereinander kleine Mengen radioaktives Gas aus der Thoriumflasche in die Ionisationskammer. Mit jedem Gasstoß steigt die Stromstärke.
b) Geben wir kein weiteres radioaktives Gas in die Kammer, so sinkt die Stromstärke. Sie nimmt aber nicht linear mit der Zeit ab, sondern fällt jeweils in 55 s auf die Hälfte des zu Beginn dieser Zeitspanne noch vorhandenen Wertes ab.

Halbwertszeit

1. Wie schnell zerstrahlt eine radioaktive Substanz?

Betrachten wir eine große Anzahl N von Kernen einer radioaktiven Substanz. Darin zerfallen ΔN Kerne. In einer bestimmten Zeit Δt können es viele oder wenige sein. Ein Maß dafür ist die **Aktivität $A = \Delta N/\Delta t$** mit der **Einheit $\frac{1}{s}$** oder **1 Becquerel (1 Bq)**.
Beispiel: In einer Substanz mit $N = 10^{18}$ Kernen zerfallen 10^6 Kerne in $\Delta t = 10$ s. Die Aktivität ist
$A = \Delta N/\Delta t = 10^6/10\text{ s} = 10^5 \cdot \frac{1}{s} = 10^5$ Bq.
In ➠ *Versuch 1* zerfallen Kerne des radioaktiven Gases Radon Rn-220 in einer Ionisationskammer. Die ausgestoßenen α-Teilchen erzeugen einen Ionisationsstrom der Stärke I. Zerfallen n-mal so viele Kerne ΔN in der Zeit Δt (z. B. $\Delta t = 1$ s), so treten n-mal so viele α-Teilchen auf, die Stromstärke I ist n-mal so groß. Diese ist also ein Maß für die Aktivität A des Gases. Es gilt $I \sim A$.

Verdoppelt man durch Einblasen von mehr Gas die Zahl N der zerfallsbereiten radioaktiven Kerne, dann verdoppelt sich die Stromstärke I (➠ *Versuch 1 a*). Eine plausible Annahme ist, dass bei doppelter Anzahl N zerfallsbereiter Kerne in 1 s auch doppelt so viele Kerne ΔN zerfallen und damit die Aktivität A doppelt so groß ist. *Allgemein kann man annehmen, dass A ~ N gilt.* Dann ist die Stromstärke I in ➠ *Versuch 1* aber auch ein Maß für die Zahl der *noch nicht* zerfallenen radioaktiven Kerne N und es gilt $I \sim N$.

Nun geben wir in ➠ *Versuch 1 b* kein weiteres Gas in die Kammer. Die Stromstärke I sinkt, und zwar erstaunlicherweise in stets der gleichen Zeit, hier in 55 s, *jeweils auf die Hälfte*, z. B. von 30 pA auf 15 pA oder von 10 pA auf 5 pA. Folglich sinken die Aktivität A der radioaktiven Substanz wie auch die Zahl N der zerfallsbereiten Kerne in 55 s auf die Hälfte. Man sagt, Rn-220 habe die **Halbwertszeit 55 s**. Sie ist unabhängig davon, wie viel an radioaktiver Substanz am Anfang des Zeitintervalls vorlag! Nach der doppelten Halbwertszeit ist noch $(\frac{1}{2})^2 = \frac{1}{4}$, nach der zehnfachen $(\frac{1}{2})^{10} \approx \frac{1}{1000}$ der ursprünglichen Radonmenge vorhanden. Da der Zerfall *stochastisch* erfolgt; kann man nicht sagen, wann ein bestimmter Kern zerfällt, auch nicht, wann *alle Kerne zerfallen sind, wann also die Aktivität auf null gesunken ist.* – Jedes radioaktive Nuklid hat eine Halbwertszeit, an dem man es erkennen kann (➠ *Nuklidkarte, Anhang*).
Die Aktivität A und die Zahl N der nicht zerfallenen Kerne hängen von der Zeit t ab. Man schreibt daher A(t) und N(t). Nach unseren Überlegungen gilt nun: **A(t) ~ N(t)** (➠ *Vertiefung*).

 Merksatz

Zerfallen in einer radioaktiven Substanz ΔN Kerne in der Zeit Δt, so ist deren **Aktivität $A = \Delta N/\Delta t$** mit der Einheit **1 Becquerel (1 Bq)**. Es ist 1 Bq $= 1\frac{1}{s}$.
Die Zeitspanne, in der jeweils die Hälfte einer radioaktiven Substanz zerfällt, heißt **Halbwertszeit**. Sie hängt von der Kernart ab.

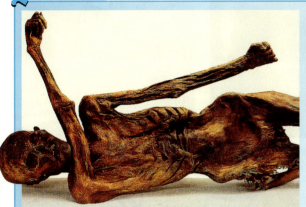

Altersbestimmung mit radioaktiven Nukliden

Pressen wir in der Anordnung von ➠ *Versuch 1* die Thoriumflasche alle paar Sekunden zusammen, so liefern wir laufend radioaktives Gas in die Ionisationskammer. Dann bleibt der Ionisationsstrom praktisch konstant. Zerfall und Nachlieferung radioakti-ver Atome halten sich dann das Gleichgewicht. Erst wenn die Nachlieferung beendet ist, fällt die Stromstärke mit der Halbwertszeit von 55 s ab. Dieser Versuch zeigt das Grundprinzip der **Altersbestimmung** mithilfe des langlebigen radioaktiven Kohlenstoffisotops **C-14**. Dieses Isotop ist in der Atmosphäre, z.B. in Kohlenstoffdioxid CO_2 in einem kleinen konstanten Prozentsatz vorhanden. Seine Entstehung werden wir im Kapitel „Kernreaktionen" kennenlernen. Solange eine Pflanze lebt, steht ihr Kohlenstoffgehalt durch CO_2-Assimilation mit dem Kohlenstoff der Atmosphäre in Verbindung. Die lebenden Teile der Pflanze haben demnach einen konstanten C-14-Anteil. Stirbt sie ab, wird der Kontakt zur Atmosphäre unterbrochen, und mit einer Halbwertszeit von 5730 Jahren sinkt der C-14-Anteil. Durch seine Bestimmung konnte z.B. das Alter der abgebildeten Mumie, die 1991 in den Ötztaler Alpen gefunden wurde, auf 5300 bis 5350 Jahre ermittelt werden.

Radioaktive Kerne altern nicht

Zur Zeit $t = 0$ gibt es z.B. $N(0) = 1000$ Kerne. Wie groß ist die Zahl ΔN derer, die im nächsten Zeitelement $\Delta t = 1$ s wahrscheinlich zerfallen? Wenn Δt klein ist gegenüber der Halbwertszeit T, so ist ΔN proportional zur Zahl $N(t)$ der zerfallsbereiten Kerne sowie zum Zeitelement Δt. Also gilt insgesamt: $\Delta N \sim N(t) \cdot \Delta t$. Mit dem Faktor k (Einheit $\frac{1}{s}$) folgt: $\Delta N = k \cdot N \cdot \Delta t$. Hat k den Wert $0{,}015 \frac{1}{s}$ und ist $N(0) = 1000$, dann zerfallen in $\Delta t = 1$ s etwa $\Delta N = 0{,}015 \cdot 1000 \cdot 1 = 15$ Kerne. Also gilt für $t = 1$ s: $N(1) = 1000 - 0{,}015 \cdot 1000 \cdot 1 = 985$, für $t = 2$ s: $N(2) = 985 - 0{,}015 \cdot 985 \cdot 1 \approx 985 - 14{,}78 \approx 970$ usw. Sie können diese Rechnung Schritt für Schritt ausführen, oder einem **Computer** zunächst die Startwerte $N = 1000$, $k = 0{,}015 \frac{1}{s}$, $dt = 1$ s (statt Δt) und dann die Programmzeilen 1)–5) eingeben:
1) $t = t + dt$; **2)** $dN = k \cdot N \cdot t$; **3)** $N = N - dN$;
4) $A = dN/dt$; **5)** zurück zu 1).
Das Ergebnis der Computerrechnung zeigt das ➠ *Bild rechts*. Dort ist auch die Aktivität $A(t) = \Delta N/\Delta t = k \cdot N$ aufgetragen. Es ist $A(t) \sim N(t)$. Ihre Abnahme wird von ➠ *Versuch 1* bestätigt. Unser Rechenmodell ist also richtig.

Dabei haben wir $\Delta N = k \cdot N \cdot \Delta t$ immer mit derselben Konstanten k berechnet. Wir nahmen daher an, dass die *Zerfallsbereitschaft* der Kerne mit der Zeit t, also mit dem *Alter* der Kerne, nicht zunimmt, im Gegensatz zur Sterblichkeit bei Lebewesen. Würde dagegen k im Programm nach
$$k = k_0 \cdot (1 + t/10 \text{ s})$$
mit t steigen, so erhielte man für $A(t)$ und $N(t)$ das untere Bild. Dies widerspricht aber dem Experiment und bestätigt: *Kerne altern nicht!*

Wegen des Zufalls gelten die Kurven nur für Substanzen mit vielen radioaktiven Kernen, niemals für einen Einzelkern!

(Bilddiagramme: oben „Kerne altern nicht" mit Kurven $N(t)$ und $A(t)$, relative Einheiten gegen t; unten „wenn Kerne altern würden" mit Kurven $A(t)$ und $N(t)$.)

A1: a) Wie viele von $5 \cdot 10^5$ Jod-I-131-Kernen sind nach 3 Halbwertszeiten zerfallen ($T_{1/2} = 8$ d)? **b)** Wann sind $\frac{7}{8}$ einer Menge I-131 zerfallen? **c)** In einer I-131-Quelle finden in 1 s 10^5 Zerfälle statt. Wie viele nach 48 Tagen? **A2: a)** Nach welcher Zeit sind 93,75% einer Tc-99-Menge zerfallen ($T_{1/2} = 6$ h)? **b)** Nach wie viel Halbwertszeiten sind mehr als 99% bzw. 99,9% zerfallen?

B 1: Gesetzlich vorgeschriebenes Strahlenwarnzeichen

B 2: Piloten sind einer starken Strahlung ausgesetzt.

B 3: Eine dicke Bleiglasscheibe schützt vor Strahlung.

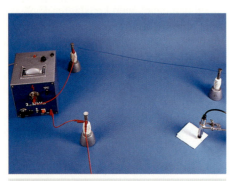

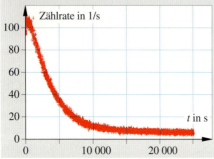

V 1: Wir verbinden einen etwa 5 m langen Silberdraht mit dem negativen Pol einer Spannungsquelle von 5 kV. Der positive Pol ist geerdet. Nach einigen Stunden (Sammelzeit bei obiger Messung ca. 22 h) nehmen wir die Spannung weg und wischen den zuvor negativ geladenen Draht mit einem feuchten Papierstück ab. Dieses befestigen wir vor dem Fenster eines Zählrohrs. Wir beobachten eine Zählrate weit über der Nullrate. Wir haben also eine radioaktive Substanz vom Draht abgewischt. Diese Substanz besteht aus Folgeprodukten des radioaktiven Gases **Radon**. Radon ist überall in der Luft vorhanden. Es ist ein Glied der Zerfallsreihen der sehr langlebigen Stoffe Uran-238 und Thorium-232.

Wirkung ionisierender Strahlung

1. Natürliche Strahlenexposition

Ein Geigerzähler tickt auch ohne ein radioaktives Präparat in seiner Nähe, denn überall in unserer Umgebung ist ionisierende Strahlung vorhanden. Damit lebt der Mensch. Man spricht von seiner **Strahlenexposition**.

Das Element Kalium z. B. kommt überall in der Erde vor. Es gelangt mit der Nahrung in den menschlichen Körper. Das in der Natur vorkommende Kalium enthält zu 0,01% das radioaktive Isotop K-40. Auch in der Luft gibt es radioaktive Stoffe (➠ *Versuch 1*). Das gasförmige Radonisotop Rn-222 tritt in der Zerfallsreihe des häufigsten Uranisotops U-238 auf, das Rn-220 in der Zerfallsreihe von Th-232. Die radioaktiven Radonisotope stammen aus dem Boden. Sie befinden sich überall in der Luft. Ständig atmen wir Radon ein. Es zerfällt in der Lunge. Diese wird durch die entstehende Strahlung (vor allem α-Strahlung) belastet. Die Konzentration von Radon und seinen Folgeprodukten in unseren Wohnungen hängt von den Baumaterialien ab. Sie steigt bei ungenügender Belüftung der Räume.

Man unterscheidet vier Komponenten der natürlichen Strahlenexposition:

- Die Strahlung von **Radon**. Ihre Intensität hängt in Räumen vom Baumaterial, außerhalb von der Beschaffenheit des Untergrunds ab.
- Radioaktive Nuklide im Boden bewirken die **terrestrische Strahlung**. Ihre Intensität ist je nach der Zusammensetzung des Bodens von Ort zu Ort sehr unterschiedlich. Besonders stark strahlen z. B. Uran-Gestein und Granit.
- Die **körperinnere Strahlung** kommt aus radioaktiven Nukliden (z. B. K-40), die über die Nahrung in den menschlichen Körper gelangen und dort zerfallen.
- Die **kosmische Strahlung** aus dem Weltraum enthält sehr energiereiche Teilchen. Ein Teil durchdringt die Atmosphäre. Diese Strahlung nimmt mit der Höhe zu und ist deshalb bei Bergtouren oder im Flugzeug verstärkt wirksam (➠ *Bild 2*).

2. Zivilisatorische Strahlenquellen

Außer den natürlichen Strahlenquellen, mit denen der Mensch schon immer leben musste, gibt es zivilisatorische Quellen, die er sich selbst geschaffen hat.

Er nutzt ionisierende Strahlung zu seinem Vorteil um den Preis einer zusätzlichen Strahlenexposition. Mit Röntgenuntersuchungen lassen sich z.B. Knochenbrüche (➠ *Bild 4*) und Tumore erkennen. Zweidimensionale Computertomographie (➠ *Bild 5*) erzeugt mit einer um den Körper rotierenden Röntgenanordnung scharfe Schichtbilder. Medizinische Anwendungen radioaktiver Stoffe in der Szintigraphie zur Darstellung von Organen oder zur Zerstörung von Tumoren stellen eine Strahlenbelastung für den einzelnen Menschen dar. Demgegenüber sind andere zivilisatorische Strahleneinwirkungen wie z.B. die Röntgenstrahlung der Fernsehbildröhre oder die Strahlenexposition durch Kernkraftwerke gering.

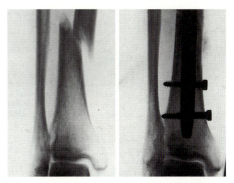

B 4: Röntgenbild einer Schienbeinfraktur.

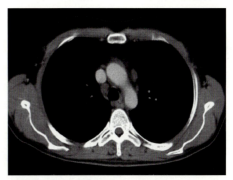

B 5: Computertomogramm eines Brustkorbs

3. Ein Maß für die Wirkung ionisierender Strahlung

Die Strahlung radioaktiver Stoffe oder Röntgenstrahlung **ionisiert** beim Eindringen in den menschlichen Körper wie in jeder Materie Atome und Moleküle. Dabei gibt sie Energie ab. Je mehr Energie die Strahlung an 1 kg Masse des Körpers abgegeben hat, desto größer kann der angerichtete Schaden sein.

Man nennt die Energieabgabe je Masseneinheit die **Energiedosis** der Strahlung und misst sie in der **Einheit 1 J/kg**.

Von Versuchen mit der Nebelkammer wissen wir, dass bei α-Strahlen die Dichte der gebildeten Ionen besonders groß ist. Also wird durch ein α-Teilchen besonders viel Energie an eine einzelne Zelle abgegeben. Deshalb ist der Schaden sehr viel größer als bei Röntgen- oder γ-Strahlung *gleicher* Energiedosis. Um die biologischen Wirkungen ionisierender Strahlung miteinander vergleichen zu können, hat man deshalb die **Äquivalentdosis** eingeführt. *Sie ist gleich der Energiedosis mal einem von der Strahlungsart abhängigen Faktor.*

Bei β-, γ- und Röntgenstrahlung ist der Faktor: 1,
bei α-Strahlung ist der Faktor: 20.

Die **Einheit** der Äquivalentdosis ist demnach ebenfalls **1 J/kg**.

Zur Unterscheidung von der Energiedosis verwendet man dafür den Namen **1 Sievert (1 Sv)**. Es ist also

$$1\,\text{Sv} = 1\,\tfrac{\text{J}}{\text{kg}};\ 1\,\text{mSv} = 1\,\tfrac{1\,\text{Sv}}{1000} = 1\,\tfrac{\text{mJ}}{\text{kg}}.$$

Die **effektive Dosis** berücksichtigt darüber hinaus noch die *unterschiedliche Strahlungsempfindlichkeit der Organe* durch einen für das jeweilige Organ spezifischen Gewichtsfaktor. Ihre **Einheit** ist ebenfalls **1 Sv**.

Was geschieht bei Bestrahlung in der Körperzelle?

Von der Biologie wissen wir, dass die Desoxyribonukleinsäure (DNS) im Zellkern die komplizierten Vorgänge in der Zelle steuert und die Erbinformation trägt. Wird ihre Struktur durch Ionisation verändert, so kann es zu Fehlfunktionen kommen. Die Zelle kann z.B. absterben. Sie kann auch veranlasst werden, sich ständig sehr schnell zu teilen. Dann wird sie zu einer Krebszelle. Handelt es sich um eine Keimzelle, so können Erbinformationen verändert werden. Eine solche *Mutation* wird an die Nachkommen weitergegeben.

... noch mehr Aufgaben

A 1: Ermittle mithilfe der Nuklidkarte (➠ *Anhang*) die Halbwertszeiten von Rn-220 und Rn-222. Welches sind die Folgeprodukte von Rn-222?

A 2: Was versteht man unter der effektiven Dosis? Welche Einheit hat sie?

Merksatz

Die **effektive Dosis** ist ein Maß für die **Wirkung ionisierender Strahlung auf den Menschen**. Ihre Einheit ist **1 Sievert (1 Sv)**.

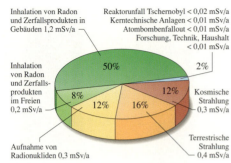

Inhalation von Radon und Zerfallsprodukten in Gebäuden 1,2 mSv/a

Reaktorunfall Tschernobyl < 0,02 mSv/a
Kerntechnische Anlagen < 0,01 mSv/a
Atombombenfallout < 0,01 mSv/a
Forschung, Technik, Haushalt < 0,01 mSv/a

Inhalation von Radon und Zerfallsprodukten im Freien 0,2 mSv/a

50%

2%

8%

12%

12%

16%

Kosmische Strahlung 0,3 mSv/a

Aufnahme von Radionukliden 0,3 mSv/a

Terrestrische Strahlung 0,4 mSv/a

B 1: Mittlere jährliche effektive Dosis eines Menschen in der Bundesrepublik Deutschland durch natürliche Strahlenexposition.

✔ Ein Unglücksfall

Das Unglück von Tschernobyl

Am 25./26. 4. 1986 ereignete sich im Kernkraftwerk *Tschernobyl* in der Ukraine ein schwerer Unfall, bei dem radioaktive Stoffe in die Atmosphäre freigesetzt und vom Wind als radioaktive Wolke über weite Teile Europas verteilt wurden. U. a. gelangten so I-131, Cs-134, Cs-137 und Sr-90 gasförmig, als Staub oder an Wassertröpfchen angelagert in die Atmosphäre. Auch in der Bundesrepublik, ca. 1600 km vom Unglücksort entfernt, war die Wirkung Besorgnis erregend. Zunächst nahm die Radioaktivität der Luft zu, dann wurden radioaktive Stoffe durch Regen auf Pflanzen und Boden abgelagert. Da vor allem radioaktives Cs-137 mit einer Halbwertszeit von 30 Jahren freigesetzt wurde, lag die terrestrische Strahlung durch das Unglück im Jahr 2000 immer noch geringfügig über dem Normalwert.

4. Biologische Wirkung ionisierender Strahlung

Welche Schäden können durch ionisierende Strahlung bei Lebewesen auftreten? Man unterscheidet zwei Gruppen:

a) Deterministische Strahlenwirkung: Sie tritt *direkt* nach einer Bestrahlung auf. Bei geringerer Dosis sind Appetitlosigkeit, Übelkeit und Haarausfall die Folge. Bei stärkerer Dosis kommen innere und äußere Blutungen und Krämpfe hinzu. Allgemein gilt: *Je größer die Dosis war, desto größer ist der Schaden.*

Bei Ganzkörperbestrahlung tritt unterhalb einer Energiedosis von 0,2 J/kg *(Schwellenwert)* noch kein deterministischer Schaden auf. Eine kurzfristige Energiedosis von 6 J/kg hervorgerufen durch γ-Strahlung führt im Allgemeinen zum Tod.

b) Stochastische Strahlenwirkung: Dazu zählen Leukämie und Tumorerkrankungen. Sie tritt oft erst Jahre nach der Bestrahlung auf. So wurde in Japan das Maximum der *Leukämieerkrankungen* von Personen, die bei den Atombombenabwürfen überlebten, erst 10 Jahre später beobachtet. Andere Krebserkrankungen traten erst nach dieser Zeit mit zunehmender Häufigkeit auf. *Je größer die effektive Dosis ist, desto größer ist die Wahrscheinlichkeit des Auftretens von stochastischen Schäden.* Die Dosis hat dagegen *keinen* Einfluss auf die *Schwere* der Erkrankung.

Die bisher genannten Schäden treffen die bestrahlte Person selbst. Anders bei *genetischen Strahlenschäden.* Sie wirken sich erst bei den *Nachkommen* aus. Bestrahlung der Keimdrüsen kann zu Mutationen der Erbanlagen führen. Die genetische Strahlenwirkung zählt ebenfalls zu den stochastischen Schäden.

Durch die natürliche Strahlenexposition empfängt der Mensch im Mittel die effektive Dosis 2,4 mSv pro Jahr. (➠ *Bild 1*) Der Wert liegt je nach Ort zwischen 1 mSv und 5 mSv. Vereinzelt treten sogar Werte von 10 mSv pro Jahr auf. Hinzu kommen durch zivilisatorische Strahlenquellen im Durchschnitt im Jahr 1,6 mSv.

Bei einem Menschen summiert sich im Laufe seines 70-jährigen Lebens die natürliche Strahlenexposition auf 70 · 2,4 mSv = 0,17 Sv. Deterministische Schäden treten wegen des Schwellenwertes nicht auf. Der experimentelle Nachweis stochastischer Schäden bei niedrigen Dosen ist schwierig. Es gibt aber Strahlenschutzbestimmungen, die das Risiko einer Erkrankung sehr gering halten.

 Merksatz

Bei der **deterministischen Strahlenwirkung** hängt die Schwere der *sicher eintretenden* Erkrankung von der Dosis der ionisierenden Strahlung ab.
Bei der **stochastischen Strahlenwirkung** bestimmt die Dosis die *Wahrscheinlichkeit* des Auftretens von Erkrankungen.

5. Schutz vor ionisierender Strahlung

Grundregeln für den Strahlenschutz

1. Beim Arbeiten mit radioaktiven Strahlern die Aktivitäten möglichst gering halten.
2. Abstand halten von einer Strahlungsquelle.
3. Auf möglichst kurze Arbeitszeit in der Nähe einer Strahlenquelle achten.
4. Für möglichst gute Abschirmung von radioaktiver Strahlung sorgen.
5. Nicht essen und trinken während des Umgangs mit radioaktiven Stoffen.

B 2: Eine dicke Bleischürze schützt den Patienten vor unerwünschter Strahlung.

Je weiter man von einer Strahlenquelle entfernt ist, desto geringer ist die Strahlenexposition. Bei doppeltem Abstand von einer γ-Quelle beträgt die Intensität der Strahlung nur noch ein Viertel, bei dreifachem Abstand nur noch ein Neuntel des ursprünglichen Wertes. Abstand halten ist also ein wichtiges Gebot beim Umgang mit radioaktiven Stoffen, z. B. auch in der Schule. Außerdem wird man sich nur möglichst kurz in der Nähe einer Quelle aufhalten.

Beim Durchgang durch Materie wird ionisierende Strahlung abgeschwächt. Sie verliert nämlich dort Energie durch Ionisation von Atomen oder Molekülen. Zur Abschirmung von α-Strahlung genügt bereits ein Blatt Papier.

β-Strahlung wird durch 5 mm dickes Aluminium wirkungsvoll abgeschirmt. Zum wirksamen Abschirmen von γ-Strahlung benötigt man eine dicke Bleischicht. Zum Abschirmen von Röntgenstrahlung benötigt man ebenfalls Blei. Deshalb bekommt man beim Röntgenarzt zum Schutz der unteren Körperhälfte eine Bleischürze umgehängt, wenn er eine Röntgenaufnahme der Brust macht (⟹ *Bild 2*). Unnötige Röntgenaufnahmen sollten vermieden werden. Um einen Überblick zu behalten, kann man sich mit einem *Röntgenpass* ausstatten, in den sämtliche Aufnahmen eingetragen werden.
Frauen sollten insbesondere während der Schwangerschaft Röntgenuntersuchungen möglichst vermeiden.

Manche innere Bestrahlung kann vermieden werden. Dazu muss man sorgsam darauf achten, dass radioaktive Stoffe nicht in das Körperinnere gelangen, also darf man z. B. nicht während des Experimentierens essen oder trinken.

Gesetzliche Vorschriften

Strahlenschutzverordnung und *Röntgenverordnung* regeln den Umgang mit radioaktiven Stoffen und Röntgengeräten. Die Einhaltung von Dosisgrenzwerten sichert die Wirksamkeit von Strahlenschutzmaßnahmen.
Die Festlegung solcher Höchstwerte ist eine politische Setzung, keine physikalische.

 Interessantes

Dosimetrie

Personen, die beruflich mit radioaktiver Strahlung zu tun haben, müssen ständig überwacht werden. Die Strahlenexposition eines Arbeiters in einem Kernkraftwerk darf z. B. 20 mSv im Jahr, gemittelt über 5 Jahre nicht überschreiten. Zur Überwachung benutzt man *Personendosimeter*, die der Arbeiter an seiner Kleidung trägt. Es sind häufig Filmdosimeter (⟹ *Bild 3*). Ein unbelichtetes Stück Film befindet sich in einem Gehäuse, das Strahlung nur wenig abschirmt. Der Film wird durch die Strahlung geschwärzt. Die Schwärzung ist ein Maß für die aufgenommene Strahlendosis. Besondere Blechfilter lassen erkennen, welcher Strahlenart der Arbeiter ausgesetzt war.
In regelmäßigen Abständen wird die Gesamtdosis, mit der der Arbeiter belastet war, bestimmt. Nähert sie sich der Grenzdosis, so darf er nicht länger in der Anlage tätig sein.
Die jährliche Strahlenexposition außerhalb einer kerntechnischen Anlage darf 0,3 mSv nicht überschreiten.

B 3: Filmdosimeter

Interessantes

Anwendung radioaktiver Nuklide

In der **Medizin** verwendet man radioaktive Stoffe sowohl zur Diagnose (Erkennung) als auch zur Therapie (Heilung) von Krankheiten. Will man z. B. feststellen, wie der Körper bestimmte Substanzen aufnimmt und verarbeitet, so „markiert" man die normale Substanz mit winzigen Spuren eines radioaktiven Isotops desselben chemischen Elements. Chemisch verhalten sich nämlich die radioaktiven Isotope vor dem Zerfall genauso wie die inaktiven. Folglich wandern sie auf denselben Wegen durch den Körper; nur zerfällt gelegentlich ein Kern und verrät durch die ausgesandte Strahlung seinen Standort. Auf diese Weise lassen sich viele Stoffwechseluntersuchungen durchführen.

Manche chemischen Elemente werden in bestimmten Organen gespeichert (z. B. Jod in der Schilddrüse). Man injiziert dem Menschen winzige Spuren radioaktiver Isotope dieser Elemente. Anschließend tastet man das Organ Punkt für Punkt mit einem geeigneten Nachweisgerät für die ausgesandte Strahlung ab. Man erhält so ein „Strahlenbild" des Organs. Der Arzt kann daran z. B. erkennen, ob das Organ krankhaft verändert ist. Um die effektive Dosis für den Patienten klein zu halten, verwendet man Nuklide mit möglichst kurzer Halbwertszeit (z. B. Technetium Tc-99; Halbwertszeit 6 Stunden).

Ein Beispiel für die Therapie ist die Bestrahlung von Krebsgeschwulsten. Die in schneller Teilung begriffenen Krebszellen reagieren auf ionisierende Strahlung besonders empfindlich. Die Kunst der Medizin besteht darin, den Krankheitsherd möglichst weit zu zerstören und dabei benachbartes gesundes Gewebe zu schonen. Mit der Apparatur von ⟹ *Bild 1* wird die Krebsgeschwulst gezielt aus verschiedenen Richtungen bestrahlt. Dadurch wird das gesunde Gewebe weniger belastet. Trotzdem bleibt die Strahlentherapie riskant: Man treibt hier den Teufel mit dem Beelzebub aus. Bekanntlich kann ionisierende Strahlung ja selbst Krebs erzeugen.

In der **Biologie** und der **Landwirtschaft** lässt sich z. B. der Pflanzenstoffwechsel und damit etwa der Düngemitteleinsatz durch die „radioaktive Markierungsmethode" untersuchen. Bei der Züchtung neuer Pflanzensorten setzt man radioaktive Nuklide bewusst zur Erzeugung von Mutationen ein.

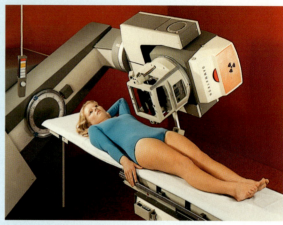

B 1: Krebsbehandlung

In der **Technik** wird z. B. die unterschiedliche Abschwächung ionisierender Strahlung in verschieden dicker Materie zur berührungslosen Dickenmessung bei der Herstellung von Kunststofffolien ausgenutzt (⟹ *Bild 2*).

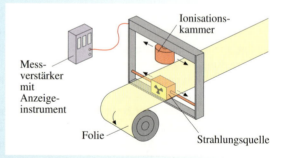

B 2: Berührungslose Schichtdickenkontrolle

Lecks in Gasleitungen lassen sich feststellen, indem man dem Gas z. B. radioaktives Xe-138 beimischt. Mit einer Zählvorrichtung findet man so aus dem Rohr ausgetretenes Gas.

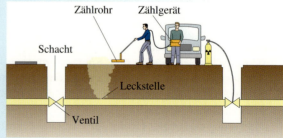

Kernreaktionen

1. Kerne werden beschossen

Um Informationen über den Atomkern zu gewinnen, beschießt man ihn mit α-, β-, γ-Teilchen oder Neutronen.

Bereits 1916, 20 Jahre nach Entdeckung der Radioaktivität, führte der Physiker Ernest RUTHERFORD (1871–1937) ein solches Experiment durch.
Er beschoss N-14-Kerne mit α-Teilchen. Als Quelle nahm er einen natürlichen radioaktiven α-Strahler. Um die Vorgänge beobachten zu können, benutzte er eine Nebelkammer. In vielen Fällen fand er das gewohnte Bild der durch Ionisation sichtbaren Bahnen der α-Teilchen.
Die Aufnahme in *Bild 3* zeigt eine „Unregelmäßigkeit", wie sie auch RUTHERFORD damals in sehr wenigen Fällen beobachtet hat. Die Bahn eines α-Teilchens schien sich zu verzweigen. Die nach unten verlaufende Spur konnte er als die Spur eines Protons identifizieren. Protonen gibt es aber nur im Atomkern. Also musste das energiereiche α-Teilchen mit dem Atomkern N-14 reagiert haben. Es ist in den Kern eingedrungen und hat sich mit ihm vereinigt. Dabei ist ein Proton aus dem Kern herausgeschleudert worden, ein *neuer* Kern ist entstanden. Seine kurze Spur ist auf der Aufnahme deutlich zu erkennen. Sie führt nach schräg oben. Der neue Kern hat 17 Nukleonen. Davon sind 8 Protonen. Es handelt sich um das Sauerstoffisotop O-17.
Für diese Kernreaktion schreibt man:

$$^{14}_{7}\text{N} + ^{4}_{2}\text{He} \rightarrow ^{17}_{8}\text{O} + ^{1}_{1}\text{p}.$$

2. Neutronen machen Kerne schwerer und aktiv

Beschießt man einen Co-59-Kern mit Neutronen, so dringt das ungeladene Neutron leicht in den Kern ein, denn es wird von den positiv geladenen Protonen nicht abgestoßen (⟾ *Vertiefung*). Der Kern wird schwerer. Es entsteht Kobalt-60. Der Co-60-Kern ist radioaktiv. Er sendet ein γ-Teilchen aus:

$$^{59}_{27}\text{Co} + ^{1}_{0}\text{n} \rightarrow ^{60}_{27}\text{Co} + \gamma.$$

Man bezeichnet eine solche Reaktion als **Neutroneneinfang**. Fast nach jeder Neutroneneinfang-Reaktion ist der neu entstandene Kern radioaktiv.

Neutronen sind ungeladen und ionisieren deshalb keine Atome. Sie können dicke Stahl- oder Bleischichten durchdringen, werden aber z. B. von Wasser oder Beton abgebremst. Freie Neutronen sind für den Menschen äußerst gefährlich:
Treffen sie auf den menschlichen Körper, so lösen viele von ihnen Kernreaktionen aus, bei denen geladene Teilchen entstehen (z. B. Protonen). Diese können durch Ionisation großen Schaden anrichten.

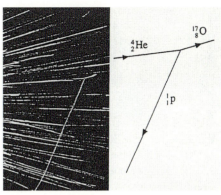

B 3: Nebelkammeraufnahme einer Kernreaktion. Rechts ist die Reaktion herausgezeichnet. Die nach unten verlaufende Spur ist die Spur eines Protons. RUTHERFORD schloss das aus der Dicke der Tröpfchenspur.

⟶ Vertiefung

A. Eine Neutronenquelle
Beschießt man Berylliumkerne mit α-Teilchen, so findet eine Kernreaktion statt, bei der kein Proton, sondern ein schnelles Neutron ausgestoßen wird.
Der Berylliumkern Be-9 verwandelt sich dabei in den Kohlenstoffkern C-12. Die Kernreaktion lautet:

$$^{9}_{4}\text{Be} + ^{4}_{2}\text{He} \rightarrow ^{12}_{6}\text{C} + ^{1}_{0}\text{n}.$$

Mischt man Beryllium mit Radium, so liefert das Radium die für die obige Kernreaktion nötigen α-Teilchen. Diese Mischung ist also eine **Neutronenquelle**. Mit ihr hat man die Möglichkeit, Atomkerne mit Neutronen zu beschießen.

B. Neutronen aus dem Weltall
Aus dem Weltall treffen ständig Neutronen auf die Erde. Sie stoßen in der Atmosphäre mit Stickstoffkernen N-14 zusammen. Dabei entsteht C-14 nach der Reaktionsgleichung

$$^{14}_{7}\text{N} + ^{1}_{0}\text{n} \rightarrow ^{14}_{6}\text{C} + ^{1}_{1}\text{p}.$$

Wir kennen das Kohlenstoffisotop C-14 von der Altersbestimmung her.

... noch mehr Aufgaben

A1: Warum sind freie Neutronen für den menschlichen Körper so gefährlich?

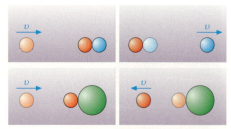

V 1: Eine schnelle Kugel trifft zentral auf eine gleich schwere ruhende Kugel. Nach dem Stoß bleibt die erste Kugel liegen. Die zweite Kugel läuft mit der Geschwindigkeit der ersten weiter. Trifft die schnelle Kugel aber zentral auf eine viel schwerere ruhende Kugel, so läuft sie mit fast gleicher Geschwindigkeit zurück. Nicht anders verhalten sich Neutronen, wenn sie mit anderen Nukleonen oder mit Kernen zusammenstoßen.

Vertiefung

Ein Urankern platzt

Ein langsames Neutron wird von einem U-235-Kern eingefangen. Dies regt den kugelförmigen Kern zu einer Änderung seiner Form an. Er erreicht dabei kurzzeitig eine hantelförmige Gestalt (➠ *Bild 1*) Die wenigen Nukleonen an der engen Einschnürung sind mit ihren Kernkräften kurzer Reichweite nicht mehr in der Lage, die Hantel zusammenzuhalten. Die weitreichende elektrische Abstoßung der Protonen überwiegt. Sie trennt die Hantel und treibt die Bruchstücke mit hoher Geschwindigkeit auseinander.

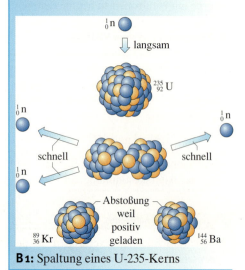

B 1: Spaltung eines U-235-Kerns

Kernspaltung

1. Wie macht man Neutronen langsamer?

Otto HAHN, Fritz STRASSMANN und Lise MEITNER wollten Urankerne durch Aufnahme eines Neutrons schwerer machen. 1938 beschossen sie deshalb natürliches Uran mit *langsamen* Neutronen. Viele Neutronen, die bei Kernreaktionen entstehen, sind jedoch sehr schnell. Sie haben Geschwindigkeiten von ca. 10 000 km/s. Für das Experiment benötigten sie aber langsame Neutronen; denn je langsamer diese sind, desto länger halten sie sich im Bereich eines Kerns auf. Die Wahrscheinlichkeit für eine Kernreaktion wird dadurch größer. Wie aber kann man Neutronen abbremsen?

Dies geschieht am wirkungsvollsten, indem man sie auf gleich schwere Teilchen stoßen lässt (➠ *Versuch 1*). Dafür schickt man die Neutronen z. B. durch Wasser (H_2O). Durch viele Stöße mit den leichten Wasserstoffkernen des Wassers werden die Neutronen schließlich so „langsam" wie Gasmoleküle, die infolge ihrer Teilchenbewegung im Gas eine Geschwindigkeit von ca. 2 km/s haben.

2. Langsame Neutronen spalten Urankerne

Natürliches Uran besteht zu 99,3 % aus dem Isotop U-238 und zu 0,7 % aus U-235. Beide Isotope sind schwach radioaktiv. Ihre Halbwertszeiten liegen in der Größenordnung des Erdalters von 4,5 Milliarden Jahren.
Die drei Forscher HAHN, STRASSMANN und MEITNER beschossen dieses Uran mit langsamen Neutronen und erlebten dabei eine Überraschung. Sie erreichten nämlich nicht ihr Ziel, schwerere Kerne zu erzeugen, sondern sie entdeckten die **Kernspaltung**. Lise MEITNER erkannte diese als erste.

U-235-Kerne zerplatzten durch die Aufnahme eines langsamen Neutrons in zwei etwa gleich große Bruchstücke und einige Neutronen. Als radioaktive Spaltprodukte entstehen z. B. ein Kryptonkern Kr-89, ein Bariumkern Ba-144 sowie 3 Neutronen. Dabei wird viel mehr Energie frei als das Neutron mitgebracht hat. Diese Energie kommt aus dem Kern. Man bezeichnet sie deshalb als **Kernenergie**.
Für das genannte Beispiel gilt die Reaktionsgleichung:

$$^{235}_{92}\text{U} + ^{1}_{0}\text{n} \rightarrow ^{89}_{36}\text{Kr} + ^{144}_{56}\text{Ba} + 3\,^{1}_{0}\text{n} + \text{Energie}.$$

3. Was geschieht mit der Kernenergie?

Die Bruchstücke einer Kernspaltung fliegen als energiereiche Geschosse mit hoher Geschwindigkeit auseinander. Sie haben Bewegungsenergie. Auf ihrem Weg stoßen sie mit anderen Atomen zusammen. Bei jedem Stoß geben sie einen Teil ihrer Bewegungsenergie ab. Die angestoßenen Atome schwingen dafür heftiger, d. h. die umgebende Materie bekommt eine größere innere Energie und damit eine höhere Temperatur.

Bei der Spaltung von 1 kg U-235 werden 22 500 000 kWh an die Umgebung abgegeben, bei der Verbrennung von 1 kg Steinkohle lediglich 8,1 kWh. Man erkennt, wie ungeheuer groß die Energie ist, die bei diesem Kernprozess freigesetzt, also verfügbar wird.

Der Urankern U-235 ist der einzige in der Natur vorkommende Atomkern, der durch langsame Neutronen gespalten wird. Künstlich lassen sich weitere, so genannte spaltbare Nuklide, herstellen. Die zwei wichtigsten sind Plutonium Pu-239 und Uran U-233. Auch schnelle Neutronen können Kerne spalten. Die Wahrscheinlichkeit für eine Spaltung ist jedoch sehr viel kleiner.

Merksatz

U-235, U-233 und Pu-239 können durch langsame Neutronen gespalten werden. Dabei entstehen zwei mittelschwere Kerne und einige Neutronen. Die Bruchstücke haben Bewegungsenergie.

4. Kettenreaktion

Kernenergie, die z. B. in einem Uranklotz steckt, kann praktisch momentan umgesetzt werden. Die durch eine einzelne Spaltung frei werdenden Neutronen können nämlich erneut eine Spaltung auslösen. Nehmen wir an, dass bei einer ersten Spaltung 2 Neutronen frei werden, dann stehen in der nächsten Generation bereits 4 und in der dritten 8 Neutronen zur Verfügung (➧ *Bild 2*). Die Zahl der Spaltungen nimmt also lawinenartig zu. Wegen der großen Geschwindigkeit der Neutronen treffen sie fast momentan den nächsten Kern. In Bruchteilen von Sekunden können so alle Kerne gespalten werden. Handelte es sich um 1 kg U-235, so wäre das die riesige Zahl von $2,6 \cdot 10^{24}$ Kernen. Man nennt diesen Prozess eine **Kettenreaktion**.

Eine solche *unkontrollierte* Kettenreaktion wird in einer **Atombombe** ausgelöst. Riesige Energiemengen werden dabei in kürzester Zeit umgesetzt. Es kommt zu verheerenden Wirkungen wie bei den Atombombenexplosionen in Hiroshima und Nagasaki ➧ *Vertiefung*).
Eine Uran-Atombombe enthält Uran, das auf über 90% mit U-235 angereichert ist. Auch das in Kernreaktoren produzierte Spaltmaterial Plutonium Pu-239 kann zum Bau einer Atombombe verwendet werden (Plutoniumbombe).

Liegt nur eine kleinere Menge spaltbaren Materials vor, so verlassen viele Neutronen das Material, bevor sie einen Kern zum Spalten getroffen haben. Deshalb setzt die Kettenreaktion erst ein, wenn die Menge des spaltbaren Materials eine so genannte **kritische Masse** überschritten hat. Zur Zündung einer Atombombe muss man unterkritische Massen zu einer überkritischen zusammenschießen.

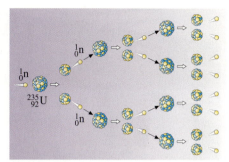

B 2: Kettenreaktion

Die Atombombe

Kurz vor Ende des zweiten Weltkrieges zündeten die Amerikaner zwei Atombomben über japanischen Städten, am 6. 8. 1945 in Hiroshima und am 9. 8. 1945 in Nagasaki. Die Explosionen hatten furchtbare Auswirkungen. Die Städte wurden völlig zerstört. Die Bomben forderten 142 000 Todesopfer und 154 000 Verletzte.
Trotz oder vielleicht sogar wegen dieser entsetzlichen Folgen von Hiroshima und Nagasaki machten sich die beiden damals führenden Großmächte USA und UdSSR daran, riesige Arsenale von Atomwaffen aufzubauen, um den jeweils anderen von einem Angriff abzuschrecken und gegebenenfalls einen Zweitschlag ausführen zu können. Andere Staaten wie Großbritannien, Frankreich oder China folgten bald als Atommächte.
Nur wenige Länder können zurzeit Atombomben bauen. Um zu verhindern, dass weitere hinzu kommen, haben die Nationen der Erde einen Atomwaffensperrvertrag geschlossen. Leider haben nicht alle Staaten diesen Vertrag unterschrieben.

B 3: Hiroshima nach der Atombombenexplosion am 6. 8. 1945

B1: Gesamtansicht Kernkraftwerke Biblis A und Biblis B.

Interessantes

Kernenergie weltweit
Im Jahr 1998 wurden weltweit etwa 18% der elektrische Energie aus der Spaltung von Atomkernen gewonnen. Das sind etwa 7,3% des Weltenergieumsatzes. In Deutschland betrug 1998 der Anteil an der Stromerzeugung 29,3%. Dazu standen 19 Kernkraftwerke mit insgesamt etwa 22 209 MW elektrischer Leistung zur Verfügung. Viele Kernkraftwerke verfügen über eine Leistung von 1300 MW.

Land	elektrische Leistung in MW	Anteil der Kernenergie in %
USA	111 000	22
Frankreich	60 500	77
Großbritannien	13 000	26
Russland	19 800	13
Belgien	5800	57
Schweiz	3100	45
Spanien	7200	32
Schweden	10 000	52
Japan	42 300	33
Indien	1700	2

T1: Gesamte elektrische Leistung der Kernkraftwerke in einigen Ländern in MW; Kernenergieanteil in % (Angabe der Internationalen Atomenergieorganisation 1996)

Kernkraftwerke

1. So funktioniert ein Reaktor

Soll von einem Reaktor eine bestimmte Leistung über einen längeren Zeitraum erbracht werden, so muss die Zahl der Spaltungen je Sekunde konstant sein. Eine *kontrollierte Kettenreaktion* ist notwendig. Dabei darf von den 2 bis 3 bei einer Spaltung entstehenden schnellen Neutronen nur noch genau eines eine neue Spaltung herbeiführen.

➠ *Bild 2* zeigt den prinzipiellen Aufbau eines **Druckwasserreaktors** (DWR) im Querschnitt. Etwa 68% aller eingesetzten Kernreaktoren gehören zu diesem Reaktortyp.
In einem etwa 10 m hohen Druckgefäß aus 20–25 cm dickem Stahl befindet sich der Reaktorkern. Er besteht aus ca. 200 Brennelementen (➠ *Bild 4*) mit vielen fingerdicken, stahlummantelten Brennstäben. Sie enthalten als „Brennstoff" insgesamt ungefähr 100 t natürliches Uran, das bis zu 3% mit dem durch langsame Neutronen spaltbaren Isotop U-235 angereichert ist.

Zwischen den Brennstäben befindet sich Wasser (H_2O). Das Wasser soll die bei den Kernspaltungen entstehenden schnellen Neutronen abbremsen; denn hauptsächlich langsame Neutronen können weitere Kernspaltungen in U-235-Kernen hervorrufen. Wasser hat hier die Funktion des **Moderators**. In ➠ *Bild 4* ist die Bahn von Neutronen schematisch dargestellt. Rasche Abbremsung der Neutronen ist wichtig, denn das zu 97% in den Brennstäben vorhandene, nicht spaltbare U-238 absorbiert besonders die schnellen Neutronen durch Neutroneneinfang.
Würde das Wasser durch einen technischen Defekt aus dem Reaktorbehälter auslaufen, so würden die Neutronen nicht mehr abgebremst: Die Kettenreaktion wäre automatisch unterbrochen. *Der Kernreaktor kann also nie wie eine Atombombe explodieren.*

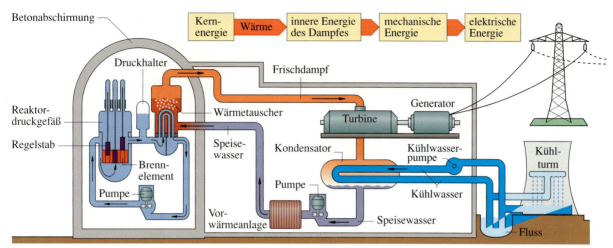

B 2: Aufbau eines Kernkraftwerks mit Druckwasserreaktor

Zwischen den Brennstäben befinden sich auch noch **Regelstäbe**. Sie enthalten Bor oder Cadmium. Die Kerne beider Elemente können langsame Neutronen einfangen und sie so dem Spaltungsprozess entziehen. Man regelt die Kettenreaktion, indem man die Regelstäbe mehr oder weniger weit in den Reaktorkern einfährt. Ist der Reaktor abgeschaltet, so befinden sich die Regelstäbe vollständig im Kern. Zieht man sie langsam heraus, so nimmt die Zahl der Spaltungen pro Sekunde zu. Die Leistung des Reaktors lässt sich auf diese Weise in einem gewissen Bereich regeln.

Das Wasser dient außerdem als **Kühlmittel**. Es zirkuliert im *Primärkreislauf* und besorgt den Energietransport. Die Brennstäbe werden nämlich durch die Kernspaltungen sehr stark erhitzt. Im Druckwasserreaktor erreicht das Wasser eine Temperatur von ca. 300 °C. Trotzdem siedet es nicht, da es unter einem Druck von 150 bar steht. In einem *Wärmetausche*r gibt das heiße Wasser seine Energie an den *Sekundärkreislauf* ab. Das von Radioaktivität freie Wasser im Sekundärkreislauf verdampft. Der Wasserdampf treibt die Turbinen an.

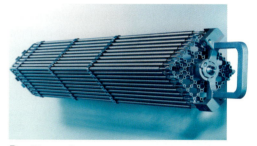

B 3: Brennelement

 Merksatz

In einem Reaktor läuft eine geregelte Kettenreaktion ab. Regelstäbe kontrollieren die Kettenreaktion; Wasser dient als Moderator und als Kühlmittel. Als Brennstoff wird mit 3% U-235 angereichertes natürliches Uran verwendet.

2. Kernkraftwerke sind Wärmekraftwerke

Ein Kernkraftwerk ist ein Wärmekraftwerk (➠ *Bild 2*). Die hohe Temperatur wird durch Kernspaltung erzeugt. Im Wärmetauscher des Sekundärkreises entsteht heißer, unter hohem Druck stehender Dampf. Er führt die Energie aus dem Reaktor nach außen zu einer Dampfturbine, die einen Generator antreibt. Im *Kondensator* kondensiert der Dampf mithilfe von Kühlwasser. Das Wasser pumpt man wieder in den Wärmetauscher zurück.

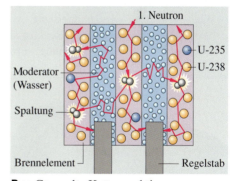

B 4: Geregelte Kettenreaktion

... noch mehr Aufgaben

A 1: Erkläre, was man unter einer kontrollierten Kettenreaktion versteht.

A 2: Welche Funktion haben in einem Reaktor die Brennstäbe? Wozu benötigt man die Regelstäbe?

A 3: Beschreibe die Funktion des Wassers im Kernreaktor.

A 4: Nenne Unterschiede und Gemeinsamkeiten von Kohle- und Kernkraftwerken?

Interessantes

Kühltürme – wozu?

Wie jedes Wärmekraftwerk mit großer elektrischer Ausgangsleistung benötigt auch ein Kernkraftwerk viel Kühlwasser. Es wird durch den Kondensator gepumpt, um den Abdampf hinter der Turbine abzukühlen. Vor Eintritt in die Turbine hat der Dampf eine Temperatur von ca. 280 °C bei einem Druck von 65 bar. Nach dem Durchlaufen der Turbine ist die Temperatur sehr viel niedriger. Trotzdem muss man bei einem 1300 MW-Kernkraftwerk unter Volllast, z. B. im Kernkraftwerk Grohnde, 48 m^3 je Sekunde Kühlwasser durch den Kondensator pumpen. Dann ist gesichert, dass das Kühlwasser im Kondensator um höchstens 12 K erhitzt wird. Wegen des großen Kühlwasserbedarfs stehen Kernkraftwerke neben Flüssen. Um die Belastung des Flusses gering zu halten, benutzt man zusätzlich große Kühltürme. In ihnen wird das Kühlwasser durch Luft gekühlt. So erreicht man, dass die Temperaturerhöhung des Flusswassers in der Nähe des Kernkraftwerks 3 K nicht überschreitet.

Der *Wirkungsgrad* eines Kernkraftwerks ist etwa 35 %. Hat also ein Kernkraftwerk eine *elektrische Ausgangsleistung* von 1000 MW, so beträgt die vom Reaktor abgegebene thermische Leistung etwa 3000 MW.

B 1: Transportbehälter „Castor"

Korb — Doppeldeckel
Moderatorstab — Kühlrippen

3. Brennstäbe „brennen" ab

Das spaltbare Material in den Brennstäben wird im Laufe der Zeit verbraucht. Dafür reichern sich dort immer mehr radioaktive Spaltprodukte an. Von den 100 t Uran, die ein Kernkraftwerk mit einem Druckwasserreaktor (DWR) von 1300 MW elektrischer Ausgangsleistung enthält, werden jährlich 30 t ausgetauscht, da der Anteil von U-235 sonst so gering wird, dass die Kettenreaktion erlischt. Von ursprünglich 1 t U-235 sind schließlich nur noch 0,24 t und von 29 t U-238 noch 28,33 t als „Abfall" vorhanden. An hochradioaktiven Spaltprodukten wie z. B. Barium, Cäsium, Strontium und Krypton sind 1 t entstanden. Zusätzlich entsteht noch 0,150 t U-236, ein α-Strahler.

Eine Sonderrolle spielt *Plutonium* Pu-239. Es entsteht nach mehreren Kernumwandlungen aus U-238. Ein U-238 Kern fängt zunächst ein schnelles Neutron ein. Aus dem so entstandenen U-239 wird durch β-Zerfall Neptunium Np-239 und daraus schließlich durch einen weiteren β-Zerfall Pu-239. Dieses kommt in der Natur nicht vor. Es ist ein α-Strahler und zerfällt mit einer Halbwertszeit von 24 000 (!) Jahren. Außerdem ist es wie U-235 durch langsame Neutronen spaltbar. Es kann also als „Brennstoff" für Kernreaktoren, aber auch zum *Bau von Atombomben* verwendet werden.

4. Wohin mit abgebrannten Brennstäben?

Außer den abgebrannten Brennelementen entsteht im Kernkraftwerk noch weiterer Abfall, wie z. B. radioaktive Stoffe im Wasser, die man herausfiltert, aber auch in der Luft des Reaktorraumes. Insgesamt erzeugen alle in Deutschland betriebenen Kernkraftwerke pro Jahr einen „Abfallberg" von 360 m^3 abgebrannter Brennelemente und 2700 m^3 sonstiger radioaktiver Abfälle.

Die abgebrannten Brennelemente werden zunächst für ein Jahr in Wasserbecken im Reaktor gelagert. In dieser Zeit klingt die Aktivität infolge des Zerfalls der kurzlebigen Spaltprodukte auf unter 1 % des Anfangswertes ab. Danach gibt es grundsätzlich zwei Möglichkeiten zur Entsorgung:

- Die Brennelemente werden unmittelbar anschließend zu *Endlagern* transportiert. Als solche kommen z. B. geeignete Salzstöcke oder Granitkomplexe infrage. Das Problem ist, auch für zukünftige Generationen sichere Endlagerstätten zu finden.
- Man transportiert die abgebrannten Brennelemente in speziellen Behältern (* *Bild 1*) in eine *Wiederaufarbeitungsanlage*. Dort trennt man Uran und Plutonium chemisch ab. Das gewonnene Uran und Plutonium kann für neue Brennelemente verwendet werden. Die nicht verwertbaren radioaktiven Reste und die bei der Wiederaufbereitung anfallenden hochradioaktiven Abfälle lagert man zusammen mit den sonstigen radioaktiven Abfällen in Salzstöcken o. ä. ein.

Fast überall auf der Welt hat man den zweiten Weg gewählt. In Deutschland ist eine grundsätzliche politische Entscheidung für den ersten oder zweiten Weg zur Zeit noch nicht gefallen.

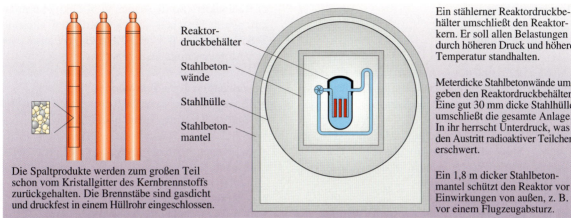

Die Spaltprodukte werden zum großen Teil schon vom Kristallgitter des Kernbrennstoffs zurückgehalten. Die Brennstäbe sind gasdicht und druckfest in einem Hüllrohr eingeschlossen.

Ein stählerner Reaktordruckbehälter umschließt den Reaktorkern. Er soll allen Belastungen durch höheren Druck und höhere Temperatur standhalten.

Meterdicke Stahlbetonwände umgeben den Reaktordruckbehälter. Eine gut 30 mm dicke Stahlhülle umschließt die gesamte Anlage. In ihr herrscht Unterdruck, was den Austritt radioaktiver Teilchen erschwert.

Ein 1,8 m dicker Stahlbetonmantel schützt den Reaktor vor Einwirkungen von außen, z. B. vor einem Flugzeugabsturz.

B 2: Schema der Sicherheitsbarrieren

Außer den **Sicherheitsbarrieren** gibt es aktive Sicherheitselemente. Zu ihnen gehören
- die **Regelstäbe**, die im Notfall durch ihr Eigengewicht automatisch zwischen die Brennelemente fallen und die Kettenreaktion stoppen (⟶ *Bild 4*),
- **Notkühlsysteme**, die Kühlmittel in den Reaktordruckbehälter hineinpumpen (⟶ *Bild 3*),
- das **Boreinspeisesystem**. Durch zusätzliche Einspeisung von Bor in das Wasser des Druckbehälters kann der Reaktor schnell abgeschaltet werden (⟶ *Bild 4*).
- Alle sicherheitstechnischen Elemente des Reaktors sind **mehrfach** vorhanden und verfügen über eine eigene Notstromversorgung.

Man versucht heute Reaktortypen zu entwickeln, die in jedem Schadensfall
- von selbst erlöschen, ohne dass dabei radioaktive Stoffe in nennenswertem Umfang freigesetzt werden können und
- die Nachzerfallswärme (sie entsteht nach dem Abschalten des Reaktors durch die radioaktiven Spaltprodukte) ohne Eingriffe von außen und ohne Beschädigung des Reaktors nach außen abführen.

Im Unglücksreaktor von Tschernobyl fehlten die folgenden Sicherheitsbarrieren:
- Reaktordruckbehälter,
- Stahlbetonmantel um den Reaktordruckbehälter,
- Stahlhülle um den Reaktor,
- Stahlbetonhülle zum Schutz gegen äußere Einwirkungen.
- Außerdem führte der Verlust des Kühlmittels konstruktionsbedingt nicht zur automatischen Abschaltung des Reaktors.

Die **Strahlenschutzverordnung** nennt Grenzwerte, d. h. die höchstzulässige Strahlenbelastung der Bevölkerung durch kerntechnische Anlagen im Normalbetrieb und auch bei Unfällen. Die Strahlenbelastung einer Person darf auch in unmittelbarer Nähe einer kerntechnischen Anlage 0,3 mSv pro Jahr nicht überschreiten.

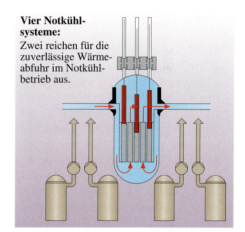

Vier Notkühlsysteme:
Zwei reichen für die zuverlässige Wärmeabfuhr im Notkühlbetrieb aus.

B 3: Notkühlsysteme

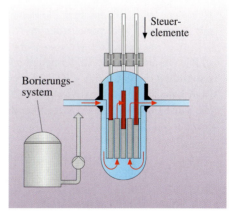

Steuerelemente

Borierungssystem

B 4: Notabschaltsysteme

... noch mehr Aufgaben

A1: Beschreibe die Sicherheitsvorkehrungen, die das Risiko eines Reaktorunfalls minimieren sollen.

Das ist wichtig

1. Aufbau der Atome

a) Alle Stoffe sind aus Atomen aufgebaut. Ein Atom besteht aus einer **Elektronenhülle** (Durchmesser $d \approx 10^{-7}$ mm) und einem **Atomkern** ($d \approx 10^{-12}$ mm).

b) In einem Atomkern befinden sich als Kernbausteine (**Nukleonen**) Z positiv geladene **Protonen** und N ungeladene **Neutronen**, in der Atomhülle Z negativ geladene **Elektronen**.

c) Die Masse eines Protons und eines Neutrons ist etwa 2000-mal so groß wie die eines Elektrons; der Atomkern enthält also fast die gesamte Masse eines Atoms.

d) Proton und Elektron haben gleich große Ladung (Elementarladung $e = 1,6 \cdot 10^{-19}$ C), allerdings mit entgegengesetztem Vorzeichen. Ein Atom mit Z Protonen im Kern und Z Elektronen in der Hülle ist elektrisch neutral. Entreißt man der Hülle des Atoms Elektronen oder fügt welche hinzu, so entstehen **Ionen**.

e) Die Ladung des Atomkerns ist $Z \cdot e$. Die Protonenzahl Z wird deshalb auch **Kernladungszahl** genannt. – Alle Atome eines Elements besitzen die gleiche Elektronenhülle und haben damit die gleiche Kernladungszahl Z. Diese charakterisiert somit ein Element. Im Periodensystem wird Z deshalb **Ordnungszahl** genannt.

f) Isotope eines chemischen Elements sind Atome mit gleichem Z, aber verschiedenem N.

g) Die Gesamtzahl der Nukleonen nennt man **Nukleonenzahl A**. Es gilt $A = N + Z$.
Man kennzeichnet einen Atomkern (**Nuklid**) durch die Schreibweise $^A_Z X$ oder X-A. X ist das chemische Symbol des Elements.

Beispiel: $^{235}_{92}$U oder U-235 ist ein Uranisotop mit $Z = 92$; $A = 235$ und $N = A - Z = 143$.

2. Die Strahlung radioaktiver Stoffe

a) Die Strahlung radioaktiver Stoffe führt Energie mit sich und kann Atome und Moleküle **ionisieren**.

b) Für die radioaktive Strahlung hat der Mensch kein Sinnesorgan. **Nachweisgeräte** für diese Strahlung sind u. a. das **Zählrohr** und die **Nebelkammer**.

c) Radioaktive Stoffe senden α-, β- und **γ-Strahlung** aus. Diese bestehen aus energiereichen einzelnen Teilchen (α- bzw. β- bzw. **γ-Teilchen**), die aus *Kernen* von Atomen stammen.

Eigenschaften der α-Teilchen:
- Ein α-Teilchen ist zweifach positiv geladen, d. h. es trägt zwei positive Elementarladungen.
- α-Teilchen sind energiereiche Heliumkerne ($^4_2$He).
- α-Teilchen können ein Blatt Papier nicht durchdringen.

Eigenschaften der β-Teilchen:
- β-Teilchen sind einfach negativ geladen.
- β-Teilchen sind schnell fliegende Elektronen.
- β-Teilchen können 5 mm Aluminium nicht durchdringen.

Eigenschaften der γ-Teilchen:
- γ-Teilchen tragen keine elektrische Ladung.
- Ein γ-Teilchen ist wie Licht „fliegende Energie". Allerdings transportiert es viel mehr Energie.
- Dicke Bleischichten bilden den besten Schutz vor γ-Teilchen.

3. Radioaktiver Zerfall

a) Viele Atomkerne der über 2000 Nuklide sind nicht stabil. Sie zerfallen unter Aussendung ionisierender Strahlung. Man nennt sie **radioaktiv**.

b) Eine radioaktive Substanz sendet α- bzw. β- bzw. γ-Teilchen in *unregelmäßigen Abständen* aus. Wann ein einzelner Kern zerfällt, lässt sich nicht sagen. Der Zerfall lässt sich von außen nicht beeinflussen. Die Zeitspanne, in der jeweils die Hälfte einer radioaktiven Substanz zerfällt, heißt **Halbwertszeit**. Sie hängt von der Kernart ab.

c) Die Zahl der Zerfälle je Sekunde nennt man die **Aktivität** einer radioaktiven Substanz. Die Einheit ist **1 Becquerel (1 Bq)**. Es ist 1 Bq $= \frac{1}{s}$. Die Aktivität nimmt mit derselben Halbwertszeit ab wie die Zahl der noch nicht zerfallenen Kerne.

d) Beim **α-Zerfall** eines Kerns wird ein Heliumkern ausgeschleudert. Zurück bleibt ein Kern eines anderen Elements, dessen Kernladungszahl um 2 kleiner ist.

Beispiel: $^{210}_{84}$Po $\rightarrow$ $^{206}_{82}$Pb $+$ α $+$ Energie

e) Beim **β-Zerfall** eines Nuklids verwandelt sich im Kern ein Neutron in ein Proton unter Aussendung eines Elektrons. Zurück bleibt ein Kern eines anderen Elements, dessen Kernladungszahl um 1 größer ist.

Beispiel: $^{204}_{81}\text{Tl} \rightarrow {}^{204}_{82}\text{Pb} + \beta + \text{Energie}$

f) Nach einem α- oder β-Zerfall hat der Restkern häufig überschüssige Energie. Man sagt, der Kern sei „angeregt". **Der angeregte Kern wird seine überschüssige Energie los, indem er ein γ-Teilchen aussendet.** Dabei ändern sich die Kernladungszahl Z und die Nukleonenzahl A nicht.

Beispiel: $^{241}_{95}\text{Am} \xrightarrow{\alpha} {}^{237}_{95}\text{Np*} \rightarrow {}^{237}_{93}\text{Np} + \gamma$

g) Radioaktive **Zerfallsreihen**, z. B. die, die von Uran U-238 oder von Thorium Th-232 ausgehen, werden durchlaufen, solange die Restkerne nach einem Zerfall selbst wieder radioaktiv sind.

4. Wirkung ionisierender Strahlung

a) Radioaktive Strahlung und Röntgenstrahlung bewirken **Ionisation von Molekülen**. Dadurch kann die Funktion von Körperzellen gestört werden.

b) Natürliche Strahlenexposition ist unvermeidbar. Die Hauptkomponente der natürlichen Strahlenexposition sind **Radon** Rn-222 und seine Zerfallsprodukte. **Zivilisatorische Strahlenexposition** ergibt sich z. B. durch Anwendung ionisierender Strahlung in der Medizin für Diagnose und Therapie.

c) Man unterscheidet **deterministische** und **stochastische** Strahlenwirkung. Bei der deterministischen Strahlenwirkung hängt die Schwere der Erkrankung **unmittelbar** von der vom Körper aufgenommenen Energie ab. Bei der stochastischen Strahlenwirkung hängt die **Wahrscheinlichkeit** einer Erkrankung von der aufgenommenen Energie ab.

d) Die **effektive Dosis** ist ein Maß für die Strahlenexposition. Sie berücksichtigt sowohl die pro kg aufgenommene Energie (Energiedosis) als auch die unterschiedliche Wirkung der Strahlenarten (Äquivalentdosis) und die unterschiedliche Empfindlichkeit der menschlichen Organe gegenüber ionisierender Strahlung. Die effektive Dosis wird in **Sievert** gemessen. $1\,\text{Sv} = 1\,\frac{\text{J}}{\text{kg}}$.

e) In der Bundesrepublik Deutschland beträgt die **durchschnittliche natürliche Strahlenexposition** eines Menschen **2,4 mSv pro Jahr.**

Hinzu kommen durch zivilisatorische Strahlenexposition durchschnittlich **1,6 mSv pro Jahr**.

f) Im **Strahlenschutz** gelten **vier Grundregeln:** Geringe **A**ktivität, **A**bschirmung, **A**bstand halten, kurze **A**ufenthaltsdauer (die vier **A**).

5. Kernreaktionen, Kernspaltung

a) Kernreaktionen treten durch Beschuss von Atomkernen mit radioaktiven Teilchen (α, β, γ) auf. RUTHERFORD beschoss N-14-Kerne mit α-Teilchen und erhielt O-17-Kerne und Protonen.

b) Beschießt man bestimmte Atomkerne mit Neutronen, so können **Kernspaltungen** auftreten, z. B.:

$$^{235}_{92}\text{U} + {}^{1}_{0}\text{n} \rightarrow {}^{140}_{53}\text{I} + {}^{94}_{39}\text{Y} + 2\,{}^{1}_{0}\text{n} + \text{Energie.}$$

6. Die Nutzung der Kernenergie

a) Die bei einer Kernspaltung freigesetzten Neutronen können weitere Kerne spalten. Deshalb besteht in einem Block mit **spaltbarem Material** (U-235, Pu-239) die Möglichkeit einer **Kettenreaktion**. Die **unkontrollierte** Kettenreaktion wird in der Atombombe ausgelöst.

b) Im **Reaktor** eines Kernkraftwerks findet eine **kontrollierte Kettenreaktion** statt. Die **Brennelemente** enthalten mit U-235 angereichertes natürliches Uran als spaltbares Material. Zwischen den Brennelementen befinden sich **Regelstäbe**, die durch Einfangen von Neutronen die Kettenreaktion und damit die Leistung des Reaktors regeln. Wasser dient zur Kühlung des Reaktors und gleichzeitig als **Moderator** (zum Abbremsen schneller Neutronen). Ein **Kernkraftwerk** ist ein **Wärmekraftwerk**. Kernkraftwerke müssen **entsorgt** werden, ohne dass die radioaktiven Abfälle die Umwelt gefährden. Die abgebrannten Brennelemente werden entweder **wiederaufbereitet** oder **endgelagert**.

c) Die Kernkraftwerke der Bundesrepublik haben einen hohen Sicherheitsstandard. Er besteht aus **Sicherheitsbarrieren** und **aktiven Sicherheitselementen**. Sicherheitsbarrieren sind u. a. ein stählerner **Reaktordruckbehälter**, ein dicker Betonmantel um den Reaktordruckbehälter und ein Stahlbetonmantel um den Reaktor. Zu den Sicherheitselementen gehören mehrfach vorhandenere **Notkühlsysteme** und **Regelstäbe**, die im Notfall in den Reaktor geschossen werden.

Aufgaben

A1: Führt man den Detektor in der Versuchsanordnung von A über B nach E, so findet man auf der gesamten Strecke von A bis B sowie im Punkt C ionisierende Strahlung. Sonst nicht. Welche Folgerungen kann man daraus ziehen?

Die Magnetfeldlinien weisen aus der Zeichenebene heraus

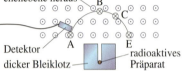

A2: In einem größeren Glaskolben, der mit einem Stopfen und einem Hahnrohr verschlossen ist, befindet sich etwas Wasser. Die Luft im Kolben wird nun durch kräftiges Hineinblasen komprimiert, der Hahn geschlossen und der Kolben geschüttelt. Öffnet man jetzt den Hahn, dehnt sich die Luft aus. Nebel ist nicht zu beobachten. Bläst man dagegen etwas Rauch von einem Streichholz in den Kolben und wiederholt den Versuch, so entsteht beim Öffnen des Hahnes dichter Nebel im Kolben. **a)** Versuche eine Erklärung. **b)** Warum ist dies ein Versuch zur Nebelkammer?

A3: Wie kannst du feststellen, welche Art oder Arten von Strahlung ein radioaktives Präparat aussendet. Zur Verfügung stehen dir ein Zählrohr und verschiedene Materialien. Wie gehst du vor?

A4: Hält man zwischen ein Co-60-Präparat und ein Zählrohr Papier, so ändert sich die Zählrate kaum. Hält man dagegen ein Aluminiumblech von 5 mm Dicke in den Strahlengang, geht die Zählrate deutlich, aber nicht auf null bzw. auf die Untergrundstrahlung zurück. Beschreibe eine denkbare Zerfallsmöglichkeit von Co-60.

A5: Gib mithilfe der Nuklidkarte (⟹ *Anhang*) die Zerfälle folgender Nuklide bis zum Erreichen eines stabilen Nuklids an: N-16; Po-214; Bi-212; U-239.

A6: In einem länger gelagerten Ra-226 Präparat der Masse 1 g finden je Sekunde $3{,}7 \cdot 10^{10}$ Zerfälle statt. Ein in der Schule verwendetes Präparat hat die Aktivität 3,3 kBq. Wie viel Gramm Ra-226 sind in dem Präparat enthalten?

A7: a) ^{90}Y zerfällt durch β-Zerfall in einen stabilen Kern. Nenne diesen Kern. **b)** Die Halbwertszeit des Zerfalls ist $T_{1/2} = 64$ h. Zur Zeit $t = 0$ seien 10^5 Kerne vorhanden. Wie viele dieser Kerne sind nach 8 Tagen zerfallen? **c)** Nach welcher Zeit ist die Aktivität eines Y-90-Präparates unter 1% gefallen?

A8: Ein Po-210-Präparat hat die Aktivität 3000 Bq. Wie viele Zerfälle in 1 s fanden in diesem Präparat vor 2 Jahren statt ($T_{1/2} = 138$ d)?

A9: In eine Ionisationskammer wird ein radioaktives Gas gepumpt und die Stromstärke I in Zeitabständen von je 10 s gemessen:

t in s	I in 10^{-12} A	t in s	I in 10^{-12} A
0	60	70	16
10	50	80	14
20	42	90	11
30	35	100	9
40	28	110	8
50	24	120	7
60	20	130	5

Zeichne ein Diagramm und bestimme daraus die Halbwertszeit des Gases.

A10: Ein radioaktives Präparat ist im Abstand d vor einem Zählrohr aufgebaut.

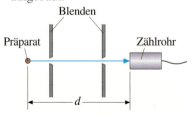

Zwischen Präparat und Zählrohr befindet sich Luft. Verändert man den Abstand d, so erhält man die folgende Messkurve:

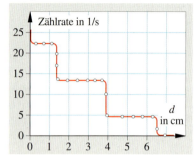

Was kann man aus der Messung über die Strahlung, die das Präparat aussendet, folgern?

A11: Die Strahlenexposition in Häusern durch Radon ist auf die Isotope Rn-220 und Rn-222 zurückzuführen. Begründe mithilfe der Nuklidkarte (⟹ *Anhang*), welches Isotop die größere Strahlenexposition bewirkt.

A12: Erläutere die Begriffe Energiedosis, Äquivalentdosis und effektive Dosis.

A13: Berechne die Strahlenexposition eines Flugkapitäns, der wöchentlich 30 Stunden fliegt, wenn die jährliche effektive Dosis in 10 000 m Höhe durchschnittlich 35 mSv beträgt. Vergleiche mit der jährlichen effektiven Dosis eines Menschen durch zivilisatorische Strahlenquellen.

A14: Welche Kernreaktion findet in einer Neutronenquelle statt? Nenne die Reaktionsgleichung.

A15: Bei der Kernspaltung von U-235 entstehen als Spaltprodukte auch Cs-137 und Rb-96. Wie lautet die Reaktionsgleichung?

A16: Durch Beschuss von U-238 mit schnellen Neutronen entsteht in mehreren Schritten Pu-239. Verfolge den Prozess anhand der Nuklidkarte (⟹ *Anhang*).

A17: Begründe, warum Brennelemente im Kernreaktor regelmäßig ausgetauscht werden müssen.

A18: Beschreibe die Möglichkeiten der Entsorgung abgebrannter Brennelemente.

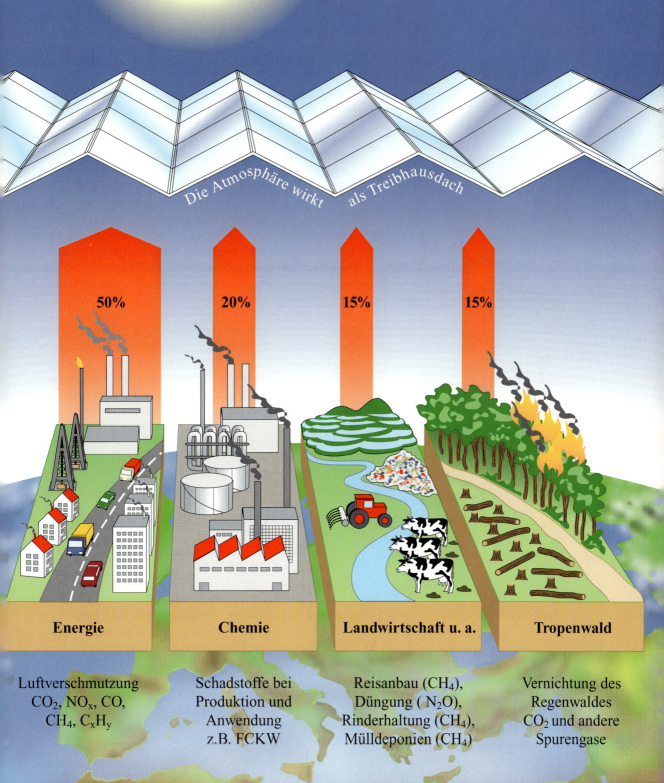

Die Atmosphäre wirkt als Treibhausdach

| 50% | 20% | 15% | 15% |

Energie

Chemie

Landwirtschaft u. a.

Tropenwald

| Luftverschmutzung CO_2, NO_x, CO, CH_4, C_xH_y | Schadstoffe bei Produktion und Anwendung z.B. FCKW | Reisanbau (CH_4), Düngung (N_2O), Rinderhaltung (CH_4), Mülldeponien (CH_4) | Vernichtung des Regenwaldes CO_2 und andere Spurengase |

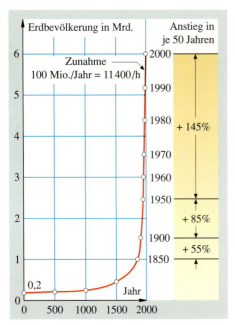

B 1: Entwicklung der Erdbevölkerung

Kulturstufe	Bevölkerungs-dichte in Menschen/km²	Energie pro Kopf in kWh/Tag
Jäger und Sammler	2,5	2,5
Agrar-gesellschaft	25	25
Industrie-gesellschaft	250	250

T 1: Bevölkerungsentwicklung und Energiebedarf

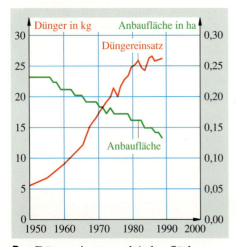

B 2: Düngereinsatz und Anbaufläche pro Kopf der Bevölkerung weltweit

Bedeutung der Energie für den Menschen

1. Bevölkerungswachstum und Energie

Bis zum Beginn der Industrialisierung vor etwa 200 Jahren nahm die Bevölkerung der Erde nur langsam zu (⟹ *Bild 1*). Um Christi Geburt lebten etwa 200 Millionen Menschen auf der Erde, um 1900 hatte sich die Menschheit auf 1,6 Milliarden vermehrt, 1999 wurden 6 Milliarden erreicht. Bevölkerungsstatistiker sagen für 2050 10 Milliarden Menschen voraus. Heute lebt knapp die Hälfte aller Menschen in Großstädten, in 50 Jahren werden es vermutlich $\frac{2}{3}$ sein.

Der Energiebedarf des primitiven Menschen beschränkte sich auf die Nahrung, die er sammelte. Als der Mensch vor etwa 20 000 Jahren sesshaft wurde, Ackerbau und Viehzucht betrieb, brauchte er zusätzlich Energie zum Bau von Häusern, zum Brennen von Gefäßen, zum Schmelzen und Bearbeiten von Metallen. Sein Energiebedarf verzehnfachte sich (⟹ *Tabelle 1*).

Bis zum Beginn der Industrialisierung lieferte die Sonne alle vom Menschen genutzte Energie. Sie ließ die Pflanzen wachsen, die man zum Essen, Heizen, Bauen brauchte; sie sorgte für Niederschläge und Winde. Mit diesem begrenzten Energieangebot war auch die Anzahl der Erdbewohner begrenzt. Die einzigen Energielieferanten waren Holz, Wind und Wasser.

Erst mit der Nutzung zusätzlicher Energiequellen war das explosionsartige Anwachsen der Menschheit möglich (⟹ *Bild 1*). Kohle erlaubte den Einsatz von Dampfmaschinen, die die menschliche Arbeitskraft ersetzten und vervielfachten. Damit setzte die Industrialisierung ein, die zu Produktionssteigerung, Verkehrsausweitung und Konsumanstieg führte. Diese stürmische Entwicklung bedingte einen steigenden Energiebedarf, der zunächst durch Kohle, später auch durch Erdöl, Erdgas, seit einigen Jahrzehnten durch Kernenergie und heute beginnend durch Solarenergie gedeckt wird. Trotz besserer Energienutzung stieg der Energiebedarf rasant an, er verzehnfachte sich abermals (⟹ *Tabelle 1*).

Ein Beispiel für die bessere Energienutzung: Um 1900 betrug der Wirkungsgrad von Dampfmaschinen und Automotoren einige Prozent, heute bis 40% (physikalisch möglich wären 60%).

Die rasche Zunahme der Bevölkerung wurde durch Intensivierung der Landwirtschaft, durch Fortschritte in der Medizin und durch Schaffung neuer Arbeitsplätze in der sich entwickelnden Industrie ermöglicht. In hoch entwickelten Industrieländern wird der Bevölkerungszuwachs kleiner.

Wie stark die Ernährung der 6 Milliarden Menschen vom Einsatz von Energie abhängt, mag folgendes Beispiel zeigen:

1 ha Ackerland sollen von einem ohne technische Hilfsmittel wirtschaftenden mexikanischen Bauern bzw. einem US-Farmer bearbeitet werden. Der Bauer muss 1150 h, der Farmer 17 h arbeiten. Der Bauer erntet 2000 kg Getreide, der Farmer 5400 kg. Für den Mehrertrag muss eine Energie von 10 000 kWh eingesetzt werden (für Maschinen, Treibstoff, Dünger, Pestizide, Transport, …).

2. Wohlstand und Energie

Jahrtausende hatten die Hochkulturen in Ägypten, Babylon, Mexiko mechanische Hilfsmittel benutzt: Hebel, schiefe Ebenen, Rollen, Winden (⟹ *Bild 3*). Die Energie lieferten Rinder, Pferde, nicht zuletzt auch Sklaven. Im Mittelalter kamen Wind- und Wassermühlen hinzu. Ende des 18. Jahrhunderts erfand James WATT die Dampfmaschine, etwa 100 Jahre später folgten Verbrennungs- und Elektromotor. Mit diesen Erfindungen setzte die Industrialisierung ein – und damit ein rasch wachsender Bedarf an Energie. Bis vor 200 Jahren wurden die Güter des Welthandels und die wenigen Fernreisenden durch einige 100 Segelschiffe befördert. Heute ist das Transportaufkommen für Güter und Menschen extrem stark angestiegen – und mit ihm der Bedarf an Treibstoffen, also an Energie.

Wohlhabende Römer lebten gut, weil für sie einige Dutzend Sklaven arbeiteten. Wir leben gut und bequem, weil für uns dauernd „technische Sklaven" zur Verfügung stehen. Die Dauerleistung eines Erwachsenen beträgt 100 W. Rechnet man den Energiestrom, dessen wir rund um die Uhr bedürfen, in menschliche Arbeitskraft um, so stehen uns etwa 50 „Sklaven" rund um die Uhr zur Verfügung, um uns unseren aufwendigen Lebensstil zu ermöglichen.

Unseren Wohlstand verdanken wir dem großzügigen Einsatz von Energie. Zum Bau und Betrieb von Maschinen, Fabriken, Staudämmen, Straßen, Bahnen und Flugplätzen, zum Errichten und Beheizen der Gebäude, in denen wir wohnen und arbeiten; für unsere Reisen sind große Energiemengen erforderlich. In Deutschland hat Treibstoff einen Anteil von 20% an der benötigten Gesamtenergie. Rechnet man die Energie für den Bau und Unterhalt aller Verkehrsmittel dazu, werden es fast 50%.

⟹ *Bild 5* zeigt, dass es einen Zusammenhang gibt zwischen dem Bruttosozialprodukt, umgerechnet auf die Einzelperson und dem Energiebedarf pro Einwohner. Die Nordamerikaner fallen durch besonders großen Energieumsatz auf.
24% der Weltbevölkerung leben in Industrieländern. Sie erwirtschaften 85% des Wirtschaftsprodukts der Welt und beanspruchen dabei 75% des globalen Energieumsatzes. Entsprechend wenig Energie bleibt für jeden Bewohner der Entwicklungsländer. Die Folge sind Armut und Hunger (⟹ *Bild 4*).

Seit Beginn der Industrialisierung galt, dass ein Wachsen der Wirtschaft ein gleich starkes Anwachsen des Energiebedarfs zur Folge hatte. In den letzten zwei Jahrzehnten stieg der Energiebedarf der Industrieländer trotz kräftigen Wirtschaftswachstums kaum mehr. Dies wird durch Energiesparen und den Strukturwandel der Industrie bewirkt – weg von der Schwerindustrie, hin zur Informationstechnologie. Dabei gewinnt der Energieträger Elektrizität immer größere Bedeutung.
In den Entwicklungsländern hingegen steigt der Energiebedarf seit Jahrzehnten um 6% pro Jahr (alle 12 Jahre Verdoppelung).

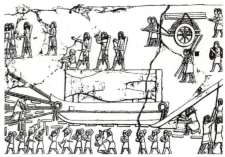

B3: Transport eines Denkmals in Ninive um 660 v. Chr.; in Ägypten wurden riesige Steinquader ähnlich transportiert.

B4: Zweigeteilte Welt

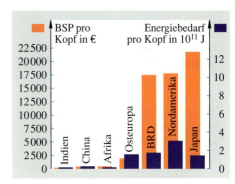

B5: Energiebedarf und Bruttosozialprodukt (BSP) pro Jahr

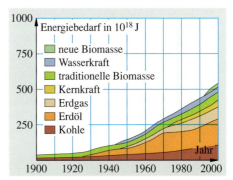

B6: Jährlicher weltweiter Energiebedarf

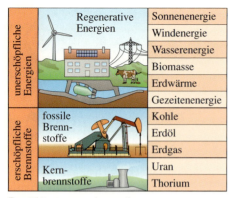

B 1: Primärenergieangebot

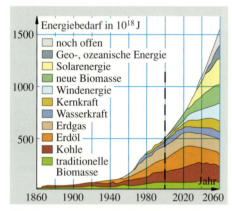

B 2: Vermuteter weltweiter Energiebedarf

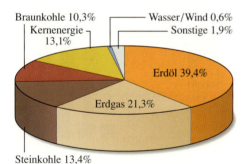

B 3: Primärenergiebedarf in Deutschland 1999

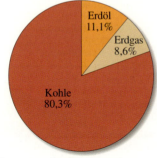

B 4: Reserven fossiler Energien

3. Deckung des Energiebedarfs

In der Natur finden wir gespeicherte Energie in den Energieträgern Kohle, Erdöl, Erdgas, Uran. Diese **Primärenergieträger** (⟶ *Bild 1*) müssen aufbereitet werden, damit der Mensch sie nutzen kann.

Die Primärenergieträger Kohle und Uran werden in den Energieträger *Elektrizität* umgewandelt; Erdöl entsprechend in *Benzin*, *Diesel* oder *Heizöl*. Diese Umwandlung ist mit Verlusten an nutzbarer Energie verbunden. Im Kohlekraftwerk werden nur 40% der Energie, die in der Kohle steckt, in elektrische Energie umgewandelt, der Rest wird entwertet. Man sagt, der Wirkungsgrad ist 40%.

Kohle, Erdöl und Erdgas nennt man **fossile Energieträger**. Sie wurden im Laufe der Erdgeschichte gebildet und sind durch Photosynthese *gespeicherte Sonnenenergie*. Im menschlichen Zeitmaßstab erneuern sie sich nicht mehr, sie sind also **erschöpflich**. Die Menschheit verbraucht in einem Jahr die fossile Energie, die von der Natur in mehreren Millionen Jahren gespeichert wurde.

Der Bedarf an Primärenergie wird weltweit zu etwa 85% durch fossile Energieträger gedeckt. ⟶ *Bild 6* auf der vorhergehenden Seite zeigt, dass die wichtigsten Energieträger lange Zeit die Kohle und die traditionelle Biomasse (z. B. Holz) waren. Erst vor wenigen Jahrzehnten kamen Erdöl, später Erdgas und Kernenergie dazu.

Bei der Angabe von Vorräten von Primärenergieträgern unterscheidet man zwischen **Reserven** und **Ressourcen**:
- *Reserven* sind die Vorräte, die nachgewiesen sind und sich mit den derzeitigen technischen Möglichkeiten wirtschaftlich abbauen lassen.
- *Ressourcen* bestehen aus den Reserven, den vermuteten Vorräten und den Vorräten, die beim heutigen Preisniveau nicht wirtschaftlich gewinnbar sind.

⟶ *Tabelle 1* zeigt die entsprechenden Daten. Die Reichweite wurde unter der Annahme berechnet, dass sich der Verbrauch auf dem Niveau von 1989 stabilisiert. Es wurden nur die Reserven berücksichtigt. Durch neue Funde und durch Änderung des Verbrauchs kann sich die Reichweite verändern.

Da die Vorräte aller fossilen Energieträger endlich sind, müssen wir Energie möglichst sinnvoll und sparsam einsetzen. Auch künftige Generationen sollten Zugriff auf diese wertvollen Stoffe haben.

Energie-träger	Reserven in 10^{18} J	Ressourcen in 10^{18} J	Weltbedarf 1989 in 10^{18} J	Reichweite in Jahren
Kohle	37500	240000	99	380
Erdöl	5200	9000	134	40
Erdgas	4000	10300	70	60
Uran	1000	6000	22	45

T 1: Reichweite der Vorräte an Primärenergieträgern

- **Steinkohle** wird in Elektrizitätswerken und bei der Stahlherstellung eingesetzt. Sie hat einen Heizwert von 36 MJ/kg.
- **Braunkohle** wird heute zur Erzeugung elektrischer Energie eingesetzt. Sie enthält bis zu 60% Wasser. Ihr Heizwert – bezogen auf die Trockensubstanz – ist etwa 25 MJ/kg.
- **Erdöl** wird als erster fossiler Energieträger knapp werden. Die weitaus größten Reserven lagern in der politisch unsicheren Golfregion. Bis 1980 überstiegen neue Funde den Verbrauch, seither nehmen die Reserven deutlich ab (➠ *Bild 5*). Erdöl ist in großen Mengen in Ölsand und Ölschiefer zu finden. Ölsande sind teerhaltige Substanzen, in denen das Öl nicht mehr flüssig vorliegt. Im Ölschiefer ist Bitumen fest mit Tonschiefer gebunden. Die Ausbeutung dieser Lagerformen ist energieaufwendig und daher für die Umwelt problematisch. Die entsprechenden Techniken müssen noch entwickelt werden. Der Heizwert von Erdöl ist 42 MJ/kg.
- **Erdgas** kommt über Erdöl- oder Kohlelagerstätten vor. Es besteht im Wesentlichen aus *Methan*, einem Gas, das zum *Treibhauseffekt* beiträgt. Bei Gewinnung, Transport und Verteilung entweichen häufig größere Mengen dieses umweltschädlichen Gases. Beim Verbrennen entsteht besonders wenig CO_2 (➠ *Bild 6*). Der Heizwert beträgt 32 MJ/kg.
- **Uran** ist in fast allen Gesteinen enthalten (1–5 g/t). Meerwasser enthält 3 mg/m³. Als wirtschaftlich abbaubar gilt heute eine Konzentration von 3 kg Uran pro 1 t Gestein. Der „Heizwert" ist 38000 MJ/kg.

4. Sonderstellung des Energieträgers Elektrizität

Elektrische Energie kann man gut und meist mit hohem Wirkungsgrad in andere Energieformen wandeln (➠ *Tabelle 2*).
Vorteile:
- Keine Abfallstoffe am Ort der Nutzung („sauber").
- Erlaubt exakte, schnelle Steuerung (Mikroelektronik).
- Voraussetzung für Informationsgesellschaft.
- Lasertechnologie (Ablesen von CD's, Scanner an Kassen, Medizin, …)
- Man kann hohe Temperaturen erreichen, in Lichtbögen mehrere 10000 °C – dies ist wichtig für die Entsorgung von Sondermüll durch Hochtemperaturverbrennung (maximale Flammentemperatur: 1650 °C).

Nachteile:
- Unzureichende Speichermöglichkeit (Elektrizitätswerke müssen auf Spitzenlast ausgelegt sein).
- Begrenzte Möglichkeit, elektrische Energie über weite Strecken zu transportieren (selbst bei der modernen Hochspannungsgleichstromübertragung 5% Verlust auf 1000 km).
- Akzeptanzprobleme bei der Erzeugung: Sowohl Kernkraftwerke (Strahlenrisiko), als auch Kohlekraftwerke (Luftverschmutzung, CO_2-Bildung) und Wasserkraftwerke (Landschaftsschutz, Risiken bei Talsperren) stoßen auf Ablehnung.

Der Anteil der Elektrizität am Erwirtschaften des Bruttosozialprodukts ist in den letzten Jahren stark gestiegen (➠ *Bild 7*).

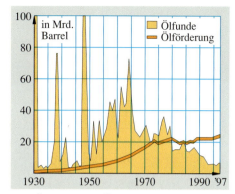

B 5: Ölfunde und Ölförderung

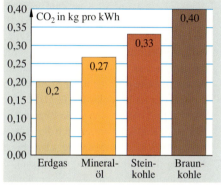

B 6: Die CO_2-Emission verschiedener Primärenergieträger in kg pro kWh

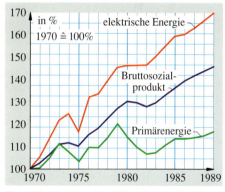

B 7: Die Grafik zeigt: Die elektrische Energie wird für die deutsche Wirtschaft immer wichtiger.

	fossile Energieträger	elektrische Energie
Licht	>1%	5–20%
Heizen	50–80%	95%
Motor	20–40%	90%

T 2: Wirkungsgrade

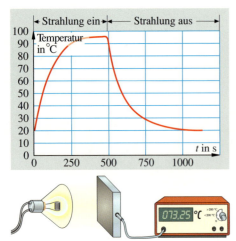

V1: a) Ein Alu-Plättchen (3 cm × 3 cm × 0,3 cm) wird auf einer Seite berußt. Durch ein kleines Bohrloch wird die Sonde eines Thermometers gesteckt. Stellt man die schwarze Seite senkrecht zur Strahlung einer starken Lichtquelle, so steigt die Temperatur und nähert sich schließlich einem Endwert. Zunächst ändert sich die Temperatur schnell. Die gesamte absorbierte Energie dient der Erhöhung der inneren Energie des Plättchens – seine Temperatur steigt. Doch damit wächst die von ihm ausgesandte Temperaturstrahlung, ein immer kleinerer Teil der aufgenommenen Energie bleibt im Plättchen. Ist die Endtemperatur erreicht, sind aufgenommene und abgegebene Energie gleich groß. **b)** Nun benutzen wir zwei Lampen. Die pro Sekunde absorbierte Energie wird dadurch verdoppelt. Es stellt sich ein neues Gleichgewicht ein – bei höherer Temperatur.

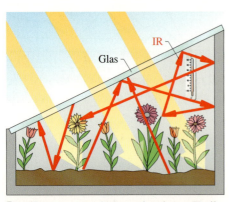

B1: Temperaturerhöhung in einem Treibhaus, da Glas für IR nicht durchlässig ist. Ähnliches kann man in einem Auto mit großen Scheiben beobachten.

Der Treibhauseffekt

1. Der Treibhauseffekt macht die Erde bewohnbar

Legt man ein dunkles Tuch in die Sonne, so steigt seine Temperatur und nähert sich einem Endwert an, der nicht überschritten wird, auch wenn die Sonne noch lange darauf scheint (vergleiche ▮▮▶ *Versuch 1a*). Das Tuch gibt einen wachsenden Teil der absorbierten Energie als Temperaturstrahlung – hier als unsichtbare **Infrarot (IR)-Strahlung** – wieder ab. Bei Erreichen der Endtemperatur sind aufgenommene und ausgesandte Energie gleich groß. Es besteht **Strahlungsgleichgewicht**. ▮▮▶ *Versuch 1b* zeigt, dass die Endtemperatur mit der Stärke der absorbierten Strahlung ansteigt.

Durch die Glasscheiben eines Treibhauses kommt die Sonnenstrahlung ins Innere und erwärmt Boden und Pflanzen. Diese senden dadurch verstärkt IR aus. Glas ist aber für IR nicht durchlässig, die Strahlung wird absorbiert. Die aufgenommene Energie führt zu IR-Strahlung der Scheiben, die etwa zur Hälfte nach unten gesandt wird. Die Pflanzen empfangen dadurch insgesamt eine stärkere Strahlung, die Temperatur steigt (▮▮▶ *Bild 1*). Diesen Temperatur erhöhenden Effekt nennt man **Treibhauseffekt**.

Die Sonne strahlt *ständig* Energie zur Erde. Da die Temperatur der Erdoberfläche seit Jahrmillionen nahezu konstant ist, muss Strahlungsgleichgewicht bestehen: Die Erde strahlt im Mittel genau so viel Energie in den Weltraum zurück, wie sie von der Sonne empfängt.

Was bewirkt die **Atmosphäre**? Zunächst sieht es so aus, als ob sie für eine Temperaturerniedrigung sorgen würde, denn 30% des einfallenden Sonnenlichts werden an Staubteilchen und Wolken reflektiert, geben also keine Energie ab (wie bei einem Spiegel, der in der Sonne liegt; er wird nicht heiß).

Stellen wir uns vor, die Atmosphäre wäre sowohl für Sonnenlicht als auch für die IR-Strahlung der Erde durchlässig. Aus der Stärke der einfallenden Strahlung (wegen Reflexion nur 70% der ursprünglichen Strahlung) kann man berechnen, dass dann die mittlere Temperatur der Erdoberfläche –18°C betragen würde. Die Erde wäre nicht bewohnbar.

In unserer Atmosphäre haben die Hauptbestandteile (Stickstoff 78% und Sauerstoff 21%) keinen unmittelbaren Einfluss auf die Temperatur der Erdoberfläche. Sie lassen sowohl das Sonnenlicht, das zum größten Teil aus sichtbarem Licht besteht, als auch die IR-Strahlung der Erde passieren. Anders die winzigen Mengen so genannter **Spurengase**, vor allem **Wasserdampf** (H_2O) und **Kohlenstoffdioxid** (CO_2). Sie lassen das einfallende Sonnenlicht zum großen Teil durch, absorbieren aber weitgehend IR – wie die Glasscheiben beim Gewächshaus. Die erwärmte Luft strahlt IR aus. Die Erdoberfläche empfängt dadurch **zusätzlich** Energie. Es bildet sich ein **neues Strahlungsgleichgewicht bei einer höheren Temperatur** aus. Die mittlere Temperatur der Erdoberfläche steigt durch den Treibhauseffekt auf 15°C – die Erde wird bewohnbar.

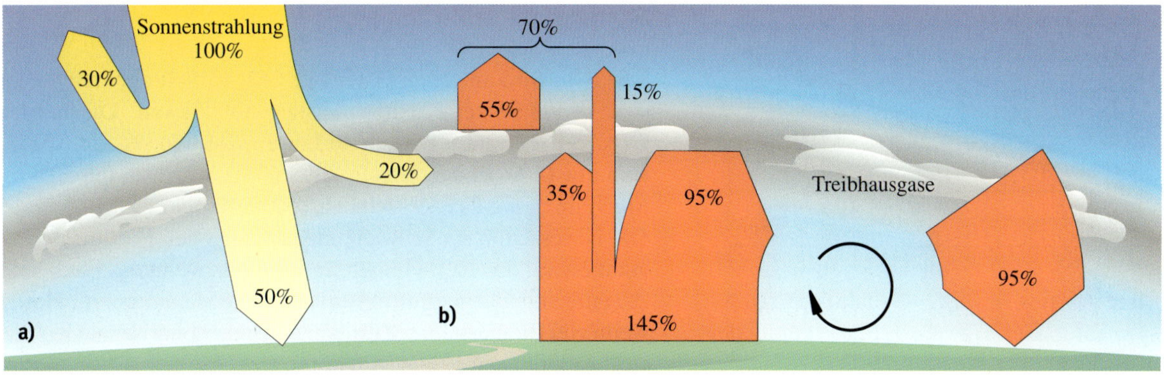

B 2: a) Von der einfallenden Sonnenstrahlung (100%) werden von der Atmosphäre 30% reflektiert und 20% absorbiert, 50% erreichen die Erdoberfläche. **b)** Im Strahlungsgleichgewicht wird die einfallende Strahlung komplett wieder abgestrahlt. Nun durchdringen nur ca. 15% der IR-Strahlung der Erde die Atmosphäre. Der Rest (35%) wird dort absorbiert. Die aufgenommene Energie führt zu verstärkter IR-Strahlung der Atmosphäre. Etwa 55% davon entweichen ins Weltall, der große Rest (95%) pendelt zwischen Atmosphäre und Erde und erhöht die Temperatur.

2. CO_2 schwächt Infrarotstrahlung

Unsere Vorstellung über das Zustandekommen des Treibhauseffekts überprüfen wir mit ➡ *Versuch 2*. Aus unserem Experiment lernen wir: CO_2 und Wasserdampf absorbieren IR. Das Gleiche gilt für andere Moleküle aus mindestens drei Atomen. Dagegen sind Stickstoff (N_2) und Sauerstoff (O_2), die Hauptbestandteile der Erdatmosphäre, für IR durchlässig.
Wären unsere Augen nur für IR empfindlich, sähe die Welt für uns anders aus: Auch bei Nacht würde der Himmel leuchten. Je feuchter die Luft, umso stärker. Die Luft über vielbefahrenen Straßen wäre grau oder schwarz, weil aus den Auspuffen strömendes Kohlenstoffdioxid und Wasserdampf IR-Strahlung absorbieren.

3. Mehr CO_2 durch Industrialisierung

Der Anteil der Spurengase (Treibhausgase) bestimmt unser Klima. Wächst die Konzentration des CO_2, so kann weniger IR die Erde direkt verlassen, die Rückstrahlung steigt und damit die Temperatur der Erdoberfläche. Da in der Luft nur 0,36‰ CO_2 enthalten sind, genügen kleine zusätzliche Mengen, um das Klima deutlich zu verändern.
Beim **natürlichen Treibhauseffekt** handelt es sich um einen lebensnotwendigen Vorgang, dessen Auslöser, die Treibhausgase, über Jahrhunderte eine feste Größe bildeten. Dies änderte sich mit dem Beginn des Industriezeitalters vor 200 Jahren, als immer mehr fossile Energieträger, vor allem Kohle, verbrannt wurden. Es kam zu einem wachsenden Ausstoß von CO_2, das bei jeder Verbrennung entsteht.
So setzte die Menschheit 1880 0,7 Milliarden, 1914 3,5 Milliarden und 1990 über 22 Milliarden Tonnen Kohlenstoffdioxid frei. Etwa 50% der Kohlenstoffdioxidmengen nimmt der Ozean auf, der Rest verbleibt in der Atmosphäre und sammelt sich dort zu einer gigatonnenschweren Gasmenge an.

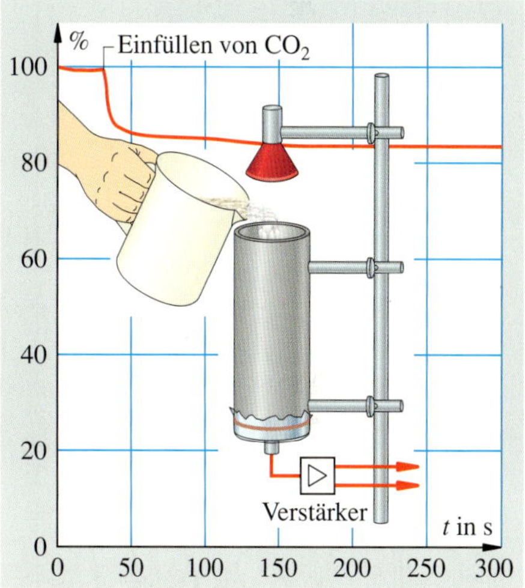

V 2: Wir untersuchen die Absorption von IR durch Kohlenstoffdioxid. Dazu verschließen wir das untere Ende eines Rohres mit dünner Haushaltsfolie. Über dem Rohr bringen wir eine IR-Quelle (IR-Lampe oder Bügeleisen) an, deren Temperatur wir auf etwa 100 °C einregeln. Unter dem Rohr misst ein Strahlungsmessgerät die einfallende IR-Strahlung. Lassen wir von oben CO_2-Gas ins Rohr hineinfließen (CO_2 hat eine größere Dichte als Luft), so geht der Ausschlag des Strahlungsmessers deutlich zurück. Der Ausschlag geht auch zurück, wenn man die trockene Zimmerluft durch feuchte Luft ersetzt. Füllt man hingegen trockenes Sauerstoff- oder Stickstoffgas in das Rohr, so bleibt die registrierte Strahlung unverändert.

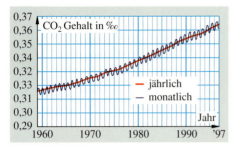

B1: Anstieg des CO_2-Gehalts der Atmosphäre über Hawaii. („Fieberkurve der Erde")

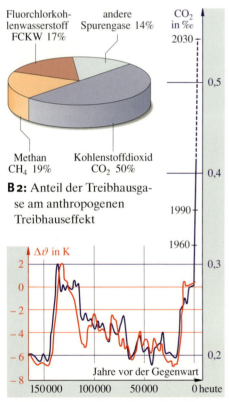

B2: Anteil der Treibhausgase am anthropogenen Treibhauseffekt

B3: Messungen bestätigen den Zusammenhang zwischen CO_2-Konzentration und Temperaturanstieg $\Delta\vartheta$.

B4: Seit 1880 verbrennen wir Kohle und Erdöl – die Erdtemperatur steigt.

4. Stimmen die Befürchtungen?

Seit 1958 wird an vielen Orten der CO_2-Gehalt der Luft gemessen. ⟹ *Bild 1* zeigt seinen Anstieg auf Hawaii. Die mittlere CO_2-Konzentration stieg in 40 Jahren von 0,315‰ auf 0,365‰, also um 14%. In den letzten 200 Jahren nahm sie um 30% zu. Man nimmt an, dass sie sich bis 2050 verdoppeln wird.

Die jahreszeitlichen Schwankungen zeigen den Einfluss der Vegetation auf den CO_2-Gehalt: Im Frühjahr, wenn das Laub unter Abgabe von CO_2 verrottet ist, hat er ein Maximum, im Herbst, wenn viel Biomasse unter Einbau von atmosphärischem Kohlenstoff gebildet wurde, ein Minimum.

Der Mensch ist für die Emission weiterer Treibhausgase verantwortlich (⟹ *Bild 2*). Je größer ein Molekül, desto stärker ist seine Treibhauswirksamkeit (bei FCKW 16000-mal so groß wie bei CO_2). Alle zusammen bewirken – trotz viel geringerer Konzentration – die gleiche Temperaturerhöhung wie das CO_2 allein. Man befürchtet, dass der zusätzliche **anthropogene** (vom Menschen verursachte) **Treibhauseffekt** die Erdtemperatur bis 2050 um über 3 K steigen lässt.

5. Kiwis aus Norwegen?

⟹ *Bild 3* zeigt den Zusammenhang zwischen dem Verlauf der Temperaturänderungen und dem CO_2-Gehalt der Luft in den letzten 175000 Jahren (den CO_2-Anteil der Luft aus früheren Zeiten erhält man durch Analyse von Luftbläschen, die im Eis alter Gletscher eingeschlossen sind). Wir sehen: Die Temperaturen zwischen Eis- und Warmzeiten unterscheiden sich nur um wenige Grad! In den letzten 175000 Jahren gab es keine so große CO_2-Konzentration wie heute!

Kann man den anthropogenen Treibhauseffekt schon gegen die natürlichen Klimaschwankungen abgrenzen? Im vergangenen Jahrhundert stieg die bodennahe Durchschnittstemperatur um 0,8 K, die Hälfte davon in den letzten 20 Jahren (⟹ *Bild 4*). Man muss bedenken, dass der Temperaturanstieg durch die große Wärmekapazität des Ozeanwassers um zwei bis drei Jahrzehnte verzögert wird. Im August 2000 war der Nordpol zum ersten Mal seit 50 Mio. Jahren eisfrei; das Volumen der Alpengletscher ging seit 1900 um 50% zurück, der Meeresspiegel stieg um 15 cm. Dieser Anstieg wird zu $\frac{2}{3}$ durch die Temperaturerhöhung des Wassers und zu $\frac{1}{3}$ durch das Abschmelzen von Festlandeis verursacht.

Während der letzten Eiszeit vor 20000 Jahren war die Temperatur nur um 8 K niedriger als heute (⟹ *Bild 3*). Ganz Nordeuropa lag unter dicken Gletschern, die Sahara erlebte eine Regenzeit – dortige Felsmalereien zeigen Elefanten und Antilopen; ihre riesigen Grundwasservorräte stammen aus jener Zeit. Allgemein gilt, dass sich die Vegetationszonen in Kaltzeiten in Richtung Äquator verschieben, in Warmzeiten umgekehrt. Bei 1 K Temperaturanstieg wandern die Klimazonen um 200 bis 300 km nach Norden. Durch 3 K Temperaturanstieg könnte sich der nordafrikanische Wüstengürtel in das Mittelmeergebiet verschieben und Deutschland ein eher mediterranes Klima erhalten.

5. Wie viel Treibhausgase produzieren wir?

Im Schnitt entfallen auf jeden Bundesbürger 2 t fester Müll pro Jahr. Dies ist viel. Wenn du dir ⇒ *Bild 5* ansiehst, wirst du mit Staunen erkennen, dass jeder von uns indirekt 13 t CO_2, also gasförmigen Müll verursacht. Gäbe es keine Luftbewegung, so würde sich dadurch über Deutschland in einem Jahr eine 2 m hohe CO_2-Schicht ansammeln.

An einer Familie – Eltern, ein Kind – soll gezeigt werden, wie es zu dieser großen CO_2-Menge kommt:
Die Familie Müller lebt in einer 110 m² großen 1975 gebauten Wohnung. Der Vater arbeitet in einer Firma, die Mutter halbtags in einem Büro und die Tochter besucht ein Gymnasium. Die Familie besitzt ein Auto (Fahrleistung pro Jahr 15 000 km), benutzt Busse (Gesamtstrecke jährlich 9000 km), „verbraucht" jährlich 4000 kWh elektrische Energie, verbrennt in der Heizung 2500 l Heizöl, fliegt in den Urlaub nach Griechenland (5000 km) und benötigt Nahrung und Konsumgüter mit den dazugehörenden Verpackungen. Dafür muss man zusätzlich Energie einsetzen. ⇒ *Tabelle 1* zeigt typische Werte der Kohlenstoffdioxid-Produktion.
Die Energiebilanz bezogen auf die Familie Müller lautet:

Verbrauchssektor	CO_2-Emission pro Einheit	CO_2-Emission in Tonnen pro Jahr
Auto (10 l/100 km) ≈ 15 000 km	2,3 kg/l	3,5
Bus ≈ 9000 km	6,0 kg/100 km	0,5
Elektrizität incl. Warmwasser ≈ 4000 kWh	0,6 kg/kWh	2,4
Heizung (Heizöl) 2500 l ≙ 5000 kWh	0,3 kg/kWh	7,5
Flugzeug ≈ 4 l Kerosin pro 100 km und Person	2,5 kg/l	1,5
Nahrungs- und Konsumgüterproduktion	5,0 t/Person	15,0
CO_2-Bilanz		30,4

Für die dreiköpfige Familie Müller werden pro Jahr ca. 30 t CO_2 freigesetzt – 10 t pro Person. Hinzu kommt noch die Energie zum Bau von Schulen, Straßen, Autos, …, die sie mitbenutzt.

a) Gesamtemissionen in t CO_2 **b)** Emissionen pro Kopf und Jahr in t CO_2

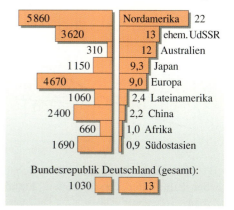

Gesamtemissionen		Region	pro Kopf
5 860		Nordamerika	22
3 620			13 ehem. UdSSR
310			12 Australien
1 150			9,3 Japan
4 670			9,0 Europa
1 060			2,4 Lateinamerika
2 400			2,2 China
660			1,0 Afrika
1 690			0,9 Südostasien

Bundesrepublik Deutschland (gesamt):
1 030   13

B 5: Kohlenstoffdioxidemission 1990
a) absolut und **b)** pro Kopf

Auto:
  Pro 100 km entstehen 23 kg CO_2.
Bus:
  Pro 100 km und Person fallen 6 kg CO_2 an.
Bahn:
  Beim IC fallen pro 100 km und Person 3,7 kg CO_2 an.
Flugzeug:
  Ein Langstreckenflugzeug verschlingt pro 100 km und Person 4 l Kerosin.
  1 l Kerosin erzeugt 2,5 kg CO_2.
Elektrizität:
  Um 1 kWh elektrische Energie zu erzeugen, werden im Kohlekraftwerk 0,6 kg CO_2 freigesetzt.
Heizöl:
  Um die Energie 1 kWh bereitzustellen, entstehen 0,3 kg CO_2.
Nahrung- und Konsumgüter:
  Die CO_2-Emission für die Herstellung beträgt ca. 5 t pro Jahr und Person.

T 1: CO_2-Entstehung bei typischen Energieumsetzungen (bei den öffentlichen Verkehrsmitteln bei 75% Auslastung)

✎ **... noch mehr Aufgaben**

A 1: Wodurch entsteht der natürliche Treibhauseffekt? Welche Gase sind daran beteiligt?

A 2: Durch welche Aktivitäten des Menschen wird der anthropogene Treibhauseffekt erzeugt? Welche Treibhausgase werden freigesetzt?

A 3: Wie wirkt sich das Abholzen der Tropenwälder klimatisch aus?

A 4: Methan ist ein Treibhausgas. Beim Auftauen des sibirischen Dauerfrostbodens werden große Mengen Methan entweichen. Erläutere die Rückwirkung auf den Treibhauseffekt.

A 5: Eine Erwärmung der Meere bedeutet stärkere Verdunstung. Welche Auswirkungen könnte dies auf den Treibhauseffekt haben?

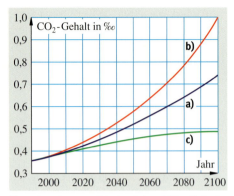

B1: Geschätzter Verlauf des CO_2-Gehalts der Luft unter verschiedenen Annahmen:

a) Die Menschheit wächst weiter und geht mit Energie so sorglos um wie bisher.
b) Wie a), jedoch Ersatz der Kernenergie überwiegend durch fossile Brennstoffe.
c) Geringeres Bevölkerungswachstum und wesentlicher Rückgang der Nutzung fossiler Energien.

~ **Interessantes**

Risikobetrachtung für verschiedene Arten der Energiebereitstellung
Jede Art der Bereitstellung von Energie ist mit Risiken verbunden. Zur Risikoabschätzung sind Eintrittswahrscheinlichkeit und Schadensausmaß wichtig. Dazu drei Beispiele:
- Unfälle beim Steinkohlebergbau ereignen sich global relativ häufig, wobei einige 10 bis einige 100 Bergleute zu Tode kommen.
- Der Bruch eines Staudammes ist sehr viel seltener. Dabei können mehrere 1000 Menschen ertrinken.
- Im Vergleich zum Staudammbruch ist die Eintrittswahrscheinlichkeit des größtmöglichen Unfalls (GAU) eines Druckwasserreaktors viel kleiner. Ein solcher Schadensfall könnte aber mehrere 10000 Todesfälle zur Folge haben.

Übrigens
In Deutschland deckt die Kernenergie ein Drittel der Stromversorgung ab. Dabei wurde 1999 die Abgabe von 170 Mio. t CO_2 vermieden. Dies entspricht der jährlichen Emission des gesamten deutschen Straßenverkehrs.

CO_2-freie Energiebereitstellung

Auf der 2. Weltenergiekonferenz 1990 wurde aufgrund möglichst wirklichkeitsnaher Annahmen die Zunahme des CO_2-Gehalts der Luft für das 21.Jahrhundert abgeschätzt (➡ *Bild 1*). Die IPCC (Intergovernmental Panel on Climat Change) errechnete, dass die CO_2-Konzentration gegenüber dem vorindustriellen Wert um 80% bzw. 260% steigen wird. Für viele Völker wären die Folgen eines dadurch bedingten Temperaturanstiegs beängstigend:
- Erhöhung des Meeresspiegels (die größten Bevölkerungsdichten findet man in küstennahen Bereichen).
- Verschiebung des Wüstengürtels nach Norden.
- Zunahme der mittleren Windgeschwindigkeit (Orkane).

Es ist daher höchste Zeit, das Verbrennen fossiler Energieträger bald und wirkungsvoll zu reduzieren. Dabei ergeben sich große Probleme, denn man schätzt, dass der Weltenergiebedarf in den nächsten 30 Jahren um mindestens 50% anwachsen wird:
- Die Menschheit wird zunächst weiter wachsen.
- Die Menschen in den Entwicklungsländern werden einen höheren Lebensstandard anstreben.
- Die Bewohner der Industrieländer, die den größten Energiebedarf haben (➡ *Bild 5* auf der vorigen Seite), werden ihren Lebensstandard nicht freiwillig einschränken.

Auf der Suche nach Formen der Energiebereitstellung, bei denen kein CO_2 entsteht, kann die Physik Möglichkeiten aufzeigen. Welcher Weg eingeschlagen wird, muss die Politik entscheiden.
Die Möglichkeiten, nach ihrem heutigen Anteil geordnet, sind:

1. Kernenergie

Kernkraftwerke sind *Wärmekraftwerke*, bei denen die durch Kernspaltung im Reaktor freigesetzte Energie zur Dampferzeugung genutzt wird. Bei ihrem Betrieb entsteht also kein CO_2. Die abgebrannten Brennstäbe müssen jedoch endgelagert werden. Hierzu sind tiefe Kavernen in Gesteins- oder Salzschichten vorgesehen. Es ist noch nicht entschieden, ob diese Art der Endlagerung zulässig ist.
Kernkraftwerke decken weltweit 17% des Strombedarfs, in Deutschland 35% (1999). Hier waren im Jahr 2000 21 Kraftwerksblöcke mit einer installierten Leistung von 24000 MW in Betrieb. Der meistgenutzte und sicherste Reaktortyp ist der **Druckwasserreaktor**. Im Normalbetrieb liegt die Belastung durch Freisetzung radioaktiver Stoffe selbst in nächster Nähe unter der durch die natürliche Radioaktivität aus Luft und Boden.
Die Nutzung der Kernenergie stößt in Deutschland auf Widerstand. Die Bundesregierung hat daher den Ausstieg aus dem Betrieb von Kernkraftwerken beschlossen. Die entstehende Versorgungslücke wird zu $\frac{1}{3}$ durch Ausbau der erneuerbaren Energiequellen, zu $\frac{2}{3}$ durch vermehrten Einsatz von Gas und Kohle geschlossen. Das Forschungsinstitut PROGNOS hat als Folge des Ausstiegs aus der Kernenergie berechnet, dass die CO_2-Emission 2020 um 3,5% höher sein wird als 1995.

2. Erneuerbare Energien

Von der Sonne gelangt ein riesiger Energiestrom zur Erde (1,76 · 10^{17} W). Die Menschheit benötigt 1,2 · 10^{13} W (1990). Das sind 0,007% der eingestrahlten Leistung. Sollte es nicht möglich sein, unseren Energiebedarf durch die praktisch unerschöpfliche Sonnenenergie zu decken, die noch dazu gratis geliefert wird? Auf den ersten Blick *die* Lösung unserer Energieprobleme. Beim näheren Hinsehen ergeben sich Schwierigkeiten:

- Außerhalb der Atmosphäre wird die Fläche A = 1 m^2, die senkrecht zur ungeschwächten Sonnenstrahlung steht, in 1 s von der Energie W = 1,37 kJ durchsetzt. Dies ergibt eine **Leistungsdichte** S_E = 1,37 kW/m^2 (⟾ *Bild 2*). S_E nennt man **Solarkonstante**. An der Erdoberfläche ergeben sich bei klarem Himmel Leistungsdichten bis zu 1 kW/m^2 (⟾ *Versuch 1*). Zur Energiegewinnung ist dies ein kleiner Wert (⟾ *Tabelle 1*). Könnte man die Energie zu 100% (!) in elektrische Energie umwandeln, so bräuchte man eine Fläche von 1,0 km^2, um die Leistung eines 1000 MW-Kraftwerksblocks zu erhalten. Tatsächlich liegt der *Wirkungsgrad* von Solarzellen nur bei 15%, man bräuchte also 7 km^2. Dies wäre die *Spitzenleistung* der Anlage. Sie wird nur bei optimalen Bedingungen, also klarem Himmel und hochstehender Sonne erreicht. Wegen der **kleinen Energiedichte** der Sonnenstrahlung braucht man große absorbierende Flächen – dadurch entstehen hohe Kosten.
- Oft scheint die Sonne dann nicht, wenn der Energiebedarf hoch ist (nachts, im Winter). Das Entsprechende gilt für die Windenergie. Da es bislang keine kostengünstige Möglichkeit gibt, elektrische Energie zu speichern, muss ein zweites Kraftwerksystem bereitstehen, das immer dann einspringt, wenn Sonne und Wind keine Energie liefern, denn unsere Gesellschaft ist auf eine konstante Bereitstellung elektrischer Energie angewiesen. Bau und Betrieb dieses Systems verteuern die Nutzung von Sonnen- und Windenergie.

Bei der Nutzung von Sonnen und Windenergie spart man Brennstoff, jedoch keine Kraftwerke.

a) Wasser

Bei der Nutzung erneuerbarer Energien bildet Wasser eine Ausnahme, da die Wasserführung der großen Flüsse weitgehend konstant und die **Leistungsdichte groß** ist (⟾ *Tabelle 1*).

Weltweit werden knapp 20% der elektrischen Energie aus Wasserkraft gewonnen. Geographisch sind die Möglichkeiten der Nutzung sehr unterschiedlich: Das regenreiche Norwegen gewinnt 99% seiner elektrischen Energie aus Wasserkraft, Österreich 72% und die Schweiz 58%.

In Deutschland wird die Wasserkraft seit langem intensiv genutzt. Ein weiterer möglicher Ausbau (noch ca. 15%) wird durch ökologische Probleme (Hebung des Grundwasserspiegels, Überflutung von wertvollem Gelände) erschwert. 1997 lieferten Wasserkraftwerke 4% der elektrischen Energie.

B 2: Auf eine Fläche von A = 1 m^2 trifft die Energie W = 1,37 kJ je s. Dies gilt außerhalb der Atmosphäre und bei senkrechtem Einfall. Die Leistung der Strahlung ist $P = W/t$ = 1,37 kW pro m^2. Ihre Leistungsdichte ist $S_E = P/A$ = 1,37 kW/m^2.

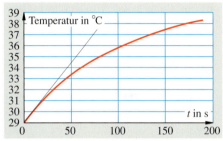

V 1: Wir bestimmen die Strahlungsleistung der Sonne an unserem Schulort: Auf die berußte Seite eines Alu-Plättchens fallen senkrecht die Sonnenstrahlen. Es erhält in der Zeit Δt die Energie ΔW. Der fast lineare Anstieg zu Beginn zeigt, dass praktisch keine Energie an die Umgebung abgegeben wird, es wird nur die innere Energie des Plättchens erhöht: $\Delta W = c_{Al} \cdot m_{Al} \cdot \Delta \vartheta$. Die Strahlungsleistung $P = \Delta W/\Delta t$ ist somit $P = c_{Al} \cdot m_{Al} \cdot \Delta \vartheta/\Delta t$.

c_{Al} und m_{Al} sind bekannt, $\Delta \vartheta/\Delta t$ lesen wir aus dem Zeit-Temperatur-Diagramm ab. P ist die von der Fläche A absorbierte Leistung. Die *Leistungsdichte* $S = P/A$ (in J/m^{2}s) gibt die pro s auf 1 m^2 einfallende Strahlungsenergie an.

Messwerte: Abmessungen des Plättchens 3 cm × 3 cm × 0,3 cm; $\Delta \vartheta/\Delta t$ = 0,11 K/s. Daraus folgt:

P = 0,72 W und S = 802 W/m^2.

Sonnenstrahlung	1,37 kW/m^2
Jahresdurchschnitt in BRD	0,13 kW/m^2
Wind (6 m/s)	0,13 kW/m^2
strömendes Wasser (6 m/s)	108 kW/m^2
Kohle- oder KKW (an den Rohren im Kessel)	500 kW/m^2

T 1: Leistungsdichten in Natur und Technik

B 1: Jahresmittel der Windgeschwindigkeit 10 m über Grund

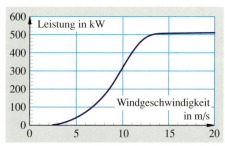

B 2: Leistungskennlinie einer 500 kW-Windkraftanlage. Bei Erreichen der Nennleistung werden die Rotorblätter so eingestellt, dass die Leistungsabgabe konstant bleibt.

B 3: Aus Raps …

B 4: … wird Biodiesel.

b) Wind

Etwa 2% der Sonneneinstrahlung wird in Windenergie umgewandelt. Nutzbar ist diese Energie bei Windgeschwindigkeiten zwischen 4 m/s und 20 m/s. Mit dieser Stärke bläst der Wind an vielen Küsten in 30–80% der Zeit.

In Deutschland ist die Windenergienutzung auf die Küstengebiete und Mittelgebirge beschränkt (➜ Bild 1). Anlagen zur Windenergienutzung mit Leistungen bis 2,5 MW werden serienmäßig gebaut und sind erprobt. Man fasst sie häufig in „Windenergieparks" zusammen. Damit sich die Windräder nicht den Wind wegnehmen, müssen sie einen Abstand von 250–300 m haben. Die Gestehungskosten belaufen sich je nach Standort auf 0,05–0,12 € je kWh. Um 1300 MW (moderner Kraftwerksblock) installierte Leistung zu erreichen, sind 1000 Windräder aufzustellen (je 1,3 MW, mittlere Anlage). Aufgereiht ergäbe das eine Strecke von 250 km (Hannover–Berlin). Bei einer jährlichen Nutzungsdauer von 1700 Stunden würden sie $2{,}2 \cdot 10^9$ kWh elektrische Energie liefern. Der Kraftwerksblock liefert im Jahr $10 \cdot 10^9$ kWh.

Nutzte man 10% der ausreichend mit Wind überstrichenen Fläche für Windanlagen, so könnten ca. 2% unseres Strombedarfs gedeckt werden.

c) Energie aus Biomasse ist CO_2-neutral

Biomasse enthält gespeicherte Sonnenenergie. Die Pflanzen nehmen zum Aufbau von Biomasse CO_2 aus der Luft auf. Beim Verrotten, Verbrennen und über die menschlich/tierische Nahrungskette wird es wieder freigesetzt. Sorgt man für den Wiederanbau der Pflanzen, so entsteht ein CO_2-neutraler Kreisprozess.

- Durch Verbrennen von *Restholz* und *Stroh* könnten bis zu 1% des Bedarfs an elektrischer Energie gewonnen werden (Gestehungskosten 0,06–0,1 €/kWh); 0,5% wurde 1997 durch *Müllverbrennung* erzeugt. Dieser Wert könnte gesteigert werden (bis auf 3%).
- Da in der EU 25% der landwirtschaftlichen Flächen nicht mehr zur Nahrungsmittelproduktion genutzt werden, könnte man auf *Energieplantagen* schnell wachsende Pflanzen (z. B. Chinaschilf) anbauen. Die Gestehungskosten für 1 kWh sind in den Versuchsbetrieben 5-mal so hoch wie im Kohlekraftwerk.
- Aus 1 t Müll entstehen 200–300 m³ *Deponiegas*, das 50% Methan enthält (Gestehungskosten: 0,06 €/kWh).
  Klärgas entsteht beim Ausfaulen von Klärschlamm, *Biogas* bei Zersetzung von Jauche und Mist. Das enthaltene Methan wird in Blockheizkraftwerken verbrannt.
  Auch wenn die gewonnene Energiemenge nicht groß ist, ist es wichtig, methanhaltige Gase zu verbrennen, da Methan ein wirksames Treibhausgas ist.
- *Bioalkohol* entsteht bei der Vergärung von Zuckerrüben, Kartoffeln. Die Kosten für 1 l sind etwa 3-mal so hoch wie für unversteuertes Benzin. Der gleiche Kostennachteil besteht für *Biodiesel*, den man aus Raps gewinnt ($\frac{1}{3}$ der gewonnen Energie wird zur landwirtschaftlichen Bearbeitung und für Dünger aufgezehrt).

d) Sonne

In einem Jahr strahlt die Sonne in Deutschland im Mittel ca. 1000 kWh pro m^2 ein. Die jahreszeitlichen Schwankungen sind groß (im Sommer 4000 kWh/m^2, im Winter 1000 kWh/m^2). Leider gibt es noch keine wirtschaftliche Möglichkeit, die Sonnenenergie für den Winter zu speichern.

Mit dem **Sonnenkollektor** wird Wasser erhitzt.

Flachkollektoren nutzen den Treibhauseffekt: schwarze Rohre absorbieren das Sonnenlicht. Damit sie durch Luftströmung und IR-Abstrahlung weniger Energie verlieren, werden sie mit einer Glasscheibe abgedeckt. Eine frostsichere Flüssigkeit wird durch die erhitzten Kollektorrohre und einen Wärmetauscher im Warmwasserspeicher gepumpt ($\Rightarrow$ *Bild 6*). Temperaturfühler sorgen dafür, dass die Pumpe nur läuft, wenn die Temperatur im Kollektor höher ist als im Speicher. Der Wirkungsgrad eines Kollektors kann durch zwei Maßnahmen gesteigert werden:
- Eine *selektive* Beschichtung der Absorberflächen sorgt für sehr gute Absoption (95 %) und geringe IR-Abstrahlung.
- In *Vakuumröhren* werden die Verluste durch Konvektion und Wärmeleitung unterbunden. Sie bringen auch im Winter gute Energiesammelergebnisse.

Wegen der Wärmeverluste bei den üblichen kleinen Speichervolumen ist die *Energiespeicherung* auf wenige Tage beschränkt. Für sonnenarme Zeiten benötigt man eine Zusatzheizung.

Mit der **Solarzelle** wird die Strahlungsenergie der Sonne direkt in elektrische Energie umgewandelt.

Du kennst Solarzellen bei Taschenrechnern und Uhren, die sehr kleine Leistungen benötigen. Bei voller Beleuchtung (1000 W je m^2) erzeugt eine Siliciumzelle 0,55 V. Eine 100 cm^2 große Zelle lässt dann bei geeignetem Außenwiderstand etwa 3 A fließen. Ihre elektrische Leistung ist $P \approx 0,5\ \text{V} \cdot 3\ \text{A} = 1,5\ \text{W}$. Für 1 m^2 werden 100 solcher Zellen benötigt, ihre Leistung ist 150 W. Der *Wirkungsgrad* der Energieumsetzung beträgt also etwa 15 %. Er sinkt mit steigender Temperatur. Theoretisch sind Wirkungsgrade bis 43 % möglich, in Laborversuchen erreichte man bisher 25 %.

Durch Reihen- bzw. Parallelschalten kann man beliebige Spannungen bzw. Stromstärken erreichen.

Der Einsatz von Solarzellen zur Energieversorgung (**Fotovoltaik**) wird durch die hohen Kosten des Solarstroms und durch die Abhängigkeit vom Scheinen der Sonne begrenzt. Die hohen Kosten entstehen hauptsächlich durch die energieaufwändige Herstellung der kristallinen Siliciumscheiben.

Fotovoltaikanlagen werden meist parallel zum öffentlichen Netz betrieben. Dieses übernimmt die Pufferfunktion: Wird zuviel elektrische Energie erzeugt, wird sie ins Netz abgegeben, bei Dunkelheit bezieht man Energie aus dem Netz. Der Gleichstrom der Zellen muss dabei in Wechselstrom mit der Spannung 230 V umgewandelt werden.

Die Gestehungskosten ohne Zuschüsse betragen ca. 1 €/kWh.

Auf der Insel Pellworm wurde 1983 das erste **Solarkraftwerk** Deutschlands mit einer Spitzenleistung von 300 kW errichtet.

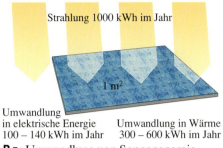

B 5: Umwandlung von Sonnenenergie

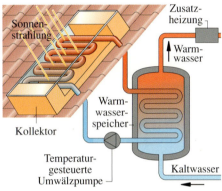

B 6: Brauchwassererwärmung durch einen Sonnenkollektor

B 7: Den „Rappenecker Hof" bei Freiburg versorgen Solarmodule mit 4 kW in Verbindung mit einer Windanlage und einem Dieselmotor.

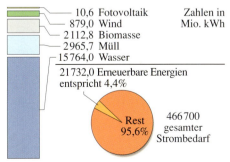

B 8: Beitrag erneuerbarer Energien zur Stromerzeugung in Deutschland (1999)

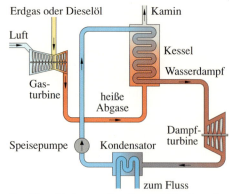

B1: Kombiniertes Gas-Dampf-Kraftwerk

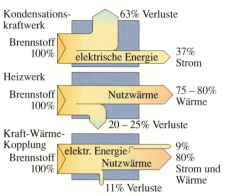

B2: Bessere Nutzung der Energie bei Kraft-Wärme-Kopplung

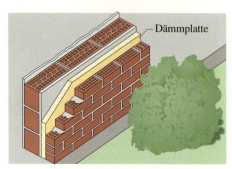

B3: Gute Wärmedämmung der Außenwände vermindert den Energiebedarf.

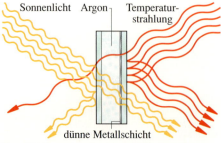

B4: Wirkungsweise eines Wärmeschutzfensters

3. Energie sinnvoller nutzen

1990 verpflichtete sich die deutsche Bundesregierung, die Emission von CO_2 bis 2005 um 25% im Vergleich zu 1987 zu senken. Der wichtigste Beitrag, dieses Ziel zu erreichen, ist ein sparsamerer Einsatz von Energie.

Einige technische Möglichkeiten zur Verminderung der CO_2-Emission stellen wir nun vor:

- **Erhöhung des Wirkungsgrades** von thermischen Kraftwerken: Moderne Dampfkraftwerke haben einen Wirkungsgrad von 40%. Bei Gasfeuerung erlauben es die hohen Flammentemperaturen, der Dampfturbine eine Gasturbine vorzuschalten (➡ *Bild 1*). Man erzielt in solchen **GuD-**(Gas- und Dampf-)**Kraftwerken** bis zu 60% Wirkungsgrad. Kohle muss erst vergast werden, wodurch der Wirkungsgrad auf 48% sinkt.

- **Nutzung der „Abwärme"** als Heizwärme (**Kraft-Wärme-Kopplung**): Dabei sinkt zwar der Wirkungsgrad für die Bereitstellung von elektrischer Energie, man kann jedoch die Energie des Brennstoffs bis zu 89% nutzen. Wegen der hohen Verluste bei **Fernwärme**leitungen müssen solche Kraftwerke in unmittelbarer Nähe von dichtbesiedelten Gebieten sein. Ungünstig für den durchschnittlichen Wirkungsgrad ist, dass der Bedarf an Fernwärme jahreszeitlich stark schwankt.

- **Bessere Wärmedämmung** an Gebäuden: Der größte Teil des privaten Bedarfs an Endenergie entfällt auf die Heizung (➡ *Bild 5*). Verbesserung der Wärmedämmung wirkt sich daher besonders stark CO_2-vermindernd aus. Ältere Häuser benötigen im Schnitt jährlich 280 kWh/m² für die Heizung. Nach der Wärmeschutzverordnung dürfen Neubauten höchstens 78 kWh/m² verbrauchen.

- **Solararchitektur:** Moderne Wärmeschutzfenster wirken wie ein Ventil für Energie. Sie lassen das energiereiche Sonnenlicht ins Innere. Die IR-Strahlung des Innenraums wird durch eine dünne Metallbeschichtung einer Scheibe nicht nach außen durchgelassen. Zwischen den Scheiben befindet sich ein gut isolierendes Gas. Eine solche Verglasung hat die gleiche Wärmedämmung wie eine 24 cm dicke Backsteinwand. Durch geeignete Architektur – große Fenster nach Süden, kleine nach Norden – können 20–40% der Heizenergie gespart werden. Rollläden helfen, nachts die gespeicherte Energie im Inneren zu halten. Nach Süden geneigte Dächer erlauben die Montage von Sonnenkollektoren.

- **Moderne Heizkessel** sind so konstruiert, dass sie mit niedrigen Temperaturen im Heizkreislauf arbeiten können. Dadurch wird den Abgasen mehr Energie entzogen als bei alten Kesseln. Besonders gut nutzen **Brennwertkessel** die Energie. Sie nutzen zusätzlich noch die Energie, die bei der Kondensation von Wasserdampf in den Abgasen frei wird.

- **Sparsamere Motoren:** Da wir für das Auto fast $\frac{1}{3}$ der Endenergie einsetzen (➡ *Bild 5*), wirken sich sparsamere Motoren stark auf den Energiebedarf aus. Der Durchschnittsverbrauch von Pkw-Motoren könnte um 50% gesenkt werden. Wir können diese Entwicklung beim Autokauf beeinflussen.

4. Was können *wir* tun?

Im privatem Bereich – zu Hause und beim Autofahren – benötigen wir die Hälfte der Endenergie. Es lohnt sich also, wenn wir Energie sinnvoller Nutzen.

Am Beispiel der „Normalfamilie" Müller soll gezeigt werden, wie wir durch veränderte Verhaltensweisen zur Reduzierung der CO$_2$-Emission beitragen können:

Elektrizität

Warmwasserbereitung: Absenken der Temperatur von 60 °C auf 40 °C (5 K weniger sparen 10 % elektrische Energie); *Sparperlatoren* an Wasserhähnen (5 l statt 10 l pro min); *Durchflussbegrenzer* in der Dusche (12 l statt 20 l). Energie- und CO$_2$-Einsparung: 35 %
Waschmaschine: Schonwaschgang (60 °C) statt Kochwaschgang und Verzicht auf Vorwäsche, wenn möglich; Waschen nur bei voller Maschine. Einsparung: 40 %
Spülmaschine: Sparprogramm (50 °C statt 65 °C); Spülen nur bei voller Maschine. Einsparung: 25 %
Kühl- und Gefrierkombination: Im Kühlschrank 7 °C statt 5 °C; im Gefrierteil – 18 °C; regelmäßiges Abtauen. Einsparung: 22 %
Elektroherd: Schnellkochtopf; Restwärme nutzen; Töpfe nicht kleiner als Kochplatte; Kochen nur mit Deckel. Einsparung: 40 %
Fernseher: Verzicht auf Stand-by. Einsparung: 24 %
Beleuchtung: Statt Glüh- Energiesparlampen. Einsparung: 80 %

Heizung

Wohnungstemperatur von 22 °C auf 20 °C (1 K weniger spart 6 % Energie); Thermostatregler an Heizkörper. Einsparung: 24 %

Auto

Weniger Fahrten mit dem Pkw,
Umsteigen auf Busse (5000 km) Einsparung: 21 %

Nahrungs- und Konsumgüter

Kauf von Gütern ohne aufwändige Verpackung. Einsparung: 15 %

Pro Jahr könnte Familie Müller ohne schmerzlichen Verzicht 1567 kWh elektrische Energie sparen. Einschließlich Heizung, Verkehr, Nahrung und Konsumgütern könnte sie den durch sie verursachten CO$_2$-Anteil um 5,6 t vermindern (– 18 %).

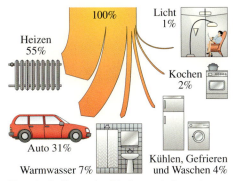

B 5: Aufteilung der Endenergie im privaten Bereich

Heizen 55 %
100 %
Licht 1 %
Kochen 2 %
Auto 31 %
Warmwasser 7 %
Kühlen, Gefrieren und Waschen 4 %

B 6: Hier wird Energie verschwendet.

... noch mehr Aufgaben

A 1: Welche der besprochenen Energiequellen sind nicht jederzeit verfügbar? Warum nicht?

A 2: Welche Standorte sind für einen Windpark günstig?

A 3: Windgeneratoren liefern an kalten Tagen bei gleicher Windgeschwindigkeit mehr Energie als an warmen Tagen. Warum?

A 4: a) Solarzellen liefern bis 150 W pro m^2. Über das Jahr gemittelt ergeben sich in Deutschland nur 10 W pro m^2. Was ist der Grund?
b) Welche Fläche müsste man mit Solarzellen belegen, um bei Sonne die Leistung eines 1300 MW-Wärmekraftwerkes zu erreichen?
c) Warum bräuchte man eine viel größere Fläche, um pro Jahr die gleiche Energie zu erzeugen wie das Wärmekraftwerk?

A 5: In einem Steinkohlekraftwerk wird zur Erzeugung von 1 kWh das 1,7-fache an CO$_2$ produziert wie in einem Gaskraftwerk. Warum ist der Ersatz von Kohle durch Gas dennoch kein Ausweg?

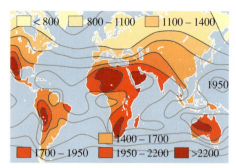

B1: Weltweite Verteilung der jährlichen Sonneneinstrahlung in kWh/m²

B2: Das weltweit größte solarthermische Kraftwerk in der kalifornischen Wüste

B3: Eine der Anlagen aus der Nähe: Durch Hohlspiegel wird das Sonnenlicht auf das 82fache konzentriert. Das Thermoöl im Absorberstrang erhitzt sich dadurch auf 400 °C.

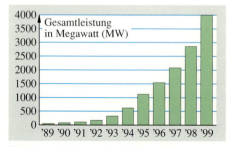

B4: Entwicklung der Windenergienutzung in Deutschland

Energiequellen der Zukunft

Wissenschaftler in allen Industrienationen suchen nach neuen Energiequellen. Folgende Gründe können wir nennen:

- Heute deckt die Menschheit 95% ihres Energiebedarfs mit Kohle, Erdöl und Erdgas. Deren Reserven sind begrenzt.
- Durch Verbrennen fossiler Energieträger belasten wir die Atmosphäre mit dem Treibhausgas CO_2 und riskieren eine Klimaänderung, die für große Teile der Erdbevölkerung bedrohlich werden könnte.
- Unsere technische Zivilisation kann ohne Energie nicht existieren, unser Wohlstand würde ohne sie zusammenbrechen.
- Die Ernährung der zurzeit auf 6 Milliarden angewachsenen Erdbevölkerung ist ohne massiven Energieeinsatz unmöglich.

Welche Möglichkeiten der CO_2-freien Energiebereitstellung sind heute erkennbar?

a) Erneuerbare Energien in Deutschland

Fachleute sehen in der *Windenergie* das größte Potential. Schon heute ist Deutschland nach der installierten Spitzenleistung weltweit das Windenergieland Nr. 1 (➡ *Bild 4*).

Auch die Energiegewinnung aus *Biomasse* (vor allem bei der Müllverbrennung) ist noch steigerbar.

In unseren Breiten ist die Nutzung der *Sonnenenergie* zur Brauchwassererwärmung sinnvoll und könnte stärker genutzt werden.

Die *Wasserkraft* ist kaum mehr ausbaubar.

Man schätzt, dass langfristig (bis 2050) die erneuerbaren Energien bis 20% der heutigen Emission von CO_2 vermindern können.

b) Nutzung der Solarenergie weltweit

In den sonnenreichen Subtropen bestehen Möglichkeiten, die Sonnenenergie in großem Maßstab zu nutzen:

In *Solarkraftwerken* mit fokussierenden Spiegeln kann Wasser auf über 400 °C erhitzt und damit eine Turbine betrieben werden. In Kalifornien liefert eine solche Anlage 6 Stunden pro Tag elektrische Energie, die in den Städten zum Betrieb von Klimaanlagen genutzt wird (➡ *Bild 2* und *3*). Wirkungsgrad insgesamt 25%.

Bei *Solarzellen* wird der verlustreiche Umweg über Wärme vermieden, um elektrische Energie zu erzeugen. In nicht genutzten Wüstengebieten könnte man großflächig Solarzellen aufstellen und mit der gewonnenen Energie durch *Elektrolyse Wasserstoff als Energieträger* gewinnen. Dies wäre der Einstieg in die …

c) … Wasserstoffwirtschaft

Die Idee ist, Wasserstoff zu verflüssigen (− 253 °C) und mit Tankschiffen z. B. nach Europa zu bringen und dort als Brennstoff zu verwenden. Als Abgas bekäme man nur reines Wasser. Auch bei guter Isolation ergeben sich Verluste durch Abdampfen von Wasserstoff. Sie sind umso schwerwiegender, je kleiner das Volumen ist. Daher ist flüssiger Wasserstoff als Ersatz für Benzin in Autos problematisch.

Brennstoffzellen wandeln die chemische Energie wasserstoffhaltiger Energieträger direkt in elektrische Energie um, ohne Turbine und Generator – und das schadstofffrei! Wenn es gelänge, ihren Preis und ihr Gewicht deutlich zu senken, könnte man sie vielseitig einsetzen:

In Blockheizkraftwerken können elektrische Energie *und* anfallende Wärme genutzt werden (Gesamtwirkungsgrad 85 %).

In Autos erreichen Brennstoffzellen 70 % Wirkungsgrad, während Dieselmotoren im Alltag auf maximal 38 % kommen.

d) Kernfusion

Seit Jahrmilliarden erhält die Sonne ihre Energie durch Verschmelzung (Fusion) von Wasserstoff- zu Heliumkernen. Seit 50 Jahren versucht man, diese Art der Energiebereitstellung zu entwickeln. Die technischen Probleme sind außerordentlich groß, denn zur Kernfusion müssen ähnliche Bedingungen erfüllt werden, wie sie im Innern der Sonne bestehen:

Man muss Temperaturen von über 100 Millionen °C erreichen. Bei diesen Temperaturen ist ein Gas vollständig ionisiert, es besteht aus positiven Kernen und Elektronen *(Plasma)*. Die hohe Temperatur ist nötig, damit sich die Kerne trotz ihrer Abstoßung genügend nahe kommen, um zu verschmelzen. Die Dichte des Plasmas muss wenigstens für einige Sekunden genügend groß sein. Ein solch heißes Gas kann man nicht in materielle Wände einsperren, diese würden sofort verdampfen. Die schnellen geladenen Kerne, erfahren in einem Magnetfeld eine Kraft. Durch geeignet geformte und extrem starke Magnetfelder kann man sie auf eine ringförmige Bahn zwingen. Die Felder werden durch *supraleitende* Spulen erzeugt.

Trotz intensiver Forschung kommt man der technischen Realisierung nur in kleinen Schritten näher. Wenn überhaupt, werden Fusionskraftwerke wohl erst nach der Mitte unseres Jahrhunderts Energie liefern. Wegen der ungeheuren Kosten haben sich die führenden Industrienationen zu gemeinsamem Forschen zusammengetan. In der Anlage **ITER** (**I**nternational **T**hermonuclear **E**xperimental **R**eactor) will man ab 2008 die Reaktion $^3_1\text{H} + ^3_1\text{H} \rightarrow ^4_2\text{He} + ^1_0\text{n} + \text{Energie}$ so in Gang setzen, dass mehr Energie gewonnen wird, als zum Betrieb der Anlage nötig ist.

Vorteile der Kernfusion: Die Brennstoffe sind in fast unbegrenzten Mengen verfügbar. Während des Betriebes enthält der Reaktor nur geringe Mengen radioaktiver Stoffe (Tritium).

Nachteile: Bei Stilllegung fallen wie beim Kernreaktor aktivierte Baumaterialien an (durch die intensive Neutronenstrahlung).

e) Neue Kernreaktortypen

Technisch kann der Anteil der Kernenergie an der Bereitstellung elektrischer Energie gesteigert werden. Die dazu nötige Zustimmung der Gesellschaft könnte durch Verwendung neuer Reaktortypen erreicht werden, bei denen in jedem möglichen Schadensfall

- der Reaktor selbstständig erlischt,
- keine Radioaktivität nach außen freigesetzt werden kann,
- die unvermeidliche Nachwärme nach seinem Erlöschen ohne Eingriffe von außen abgeführt wird.

Es gibt Hinweise, dass sich die Halbwertszeiten radioaktiven Abfalls durch Neutronenbeschuss auf wenige Jahre verkürzen lassen.

B 5: Versuchsanlage für die Solar-Wasserstoff-Technologie im bayerischen Neunburg. Die 6000 Module haben eine Spitzenleistung von 280 kW.

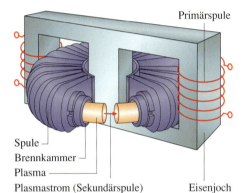

B 6: Die ringförmige Plasmasäule in einem Fusionsreaktor ist die Sekundärspule eines Hochstromtransformators. Die Temperatur von $10^8\,°\text{C}$ erreicht man durch Einstrahlung von Hochfrequenzenergie.

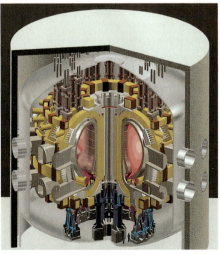

B 7: Modell des ITER. Beachte die Menschen unten rechts.

Interessantes

A. Energiesparen mit Verstand

Es gibt so genannte „Nullenergiehäuser". Durch aufwändige Isolation und durch konsequente Nutzung der Sonnenenergie kann man ohne Energiezufuhr von außen darin leben. Doch nicht nur der hohen Kosten wegen ist es fraglich, ob solche Häuser einmal Standard werden sollten. Denn zu ihrem Bau wird sehr viel Material, also Energie benötigt. Dieser Mehraufwand an Energie kann bei der voraussichtlichen Nutzungsdauer durch Einsparen von Energie kaum wieder hereingeholt werden. Ähnliche Überlegungen gelten für alle Güter unseres täglichen Bedarfs.

Beispiel: Der Energieaufwand zum Bau eines Pkw ist so groß wie der Energieaufwand (Treibstoff) zum Fahren von 150 000 km. Nach welcher Strecke ist es sinnvoll, ein neues Auto mit sparsamerem Motor zu kaufen?

Zum Bau eines Kraftwerks muss viel Energie aufgewandt werden. Wie sich dieser Einsatz lohnt, beschreibt der **Energieerntefaktor ε:**

$$\varepsilon = \frac{\text{abgegebene elektrische Energie}}{\text{Energie zum Bau und Betrieb (z. B. Kohle)}}$$

(jeweils für die gesamte Laufzeit).

Umwandlungsanlage	Energieerntefaktor
Kohlekraftwerk (25 Jahre)	8
Kernkraftwerk (25 Jahre)	7
Wasserkraftwerk (40 Jahre)	10–20
Windenergieanlage (15 Jahre)	8
Biogas (15 Jahre)	2–4
Solarkraftwerk (25 Jahre)	3
Solarzellen (25 Jahre)	2–4 (in Zukunft)

B. Nachdenkliches

Wir schreiben das Jahr 1347. Die abendländische Kultur erlebt im Mittelalter eine Blütezeit. Kirchen und Kathedralen werden gebaut, die deutsche Sprache wird ausgebildet. Doch das Jahr 1347 bringt eine tragische Wende. Zum ersten Mal bricht in Europa die *Pest* aus. Handelsreisende verschleppen den Erreger aus China nach Europa. Durch den ersten Pestzug 1347–1352 sinkt die Bevölkerung von 75 auf 48 Millionen, also um 30%.

Warum steht das in einem Physikbuch?

Nun, die Ausbreitung der Pest wurde durch eine kleine Klimaänderung begünstigt: Der Winter 1347/48 und die folgenden waren außergewöhnlich mild, mit sehr wenigen kalten Tagen. Dies war eine ideale Voraussetzung für die Vermehrung von Ratten. Ratten sind Zwischenwirte des Pesterregers, der von ihnen durch Flöhe auf Menschen übertragen wird.

Diese kleine Notiz aus der Geschichte soll zeigen, wie kompliziert und verflochten die Wechselwirkungen sind, die in der unbelebten und belebten Natur eine Rolle spielen. Das Klima sollte nicht losgelöst von anderen Umweltsystemen betrachtet werden.

Natürlich droht uns durch den Temperaturanstieg keine Pestwelle, aber wir können einfach nicht alle Wirkungen des von uns verursachten Treibhauseffektes vorhersehen. Die Klimamodelle versuchen zwar die Folgen vorherzusagen, aber die Zusammenhänge sind so komplex, dass konkrete Aussagen darüber, wie das Klima an einem bestimmten Ort zu einer bestimmten Zeit sein wird, nicht möglich sind.

Das ist wichtig

Fakten

Vor den folgenden Feststellungen darf man die Augen nicht mehr verschließen.

- Der **CO_2-Gehalt** der Atmosphäre **steigt**.
- **Ursache** ist das **Verbrennen von Kohle, Erdöl** und **Erdgas**.
- Ursache dafür ist der **hohe Energiebedarf** der modernen Industriegesellschaft und das **Bevölkerungswachstum** in der dritten Welt.
- Um 2050 wird es **10 Milliarden Menschen** geben.
- Die **Industrialisierung der dritten Welt** wird die Nachfrage nach Energie noch gewaltig steigen lassen (z. B. in China).

Folgerungen

Um den drohenden Temperaturanstieg zu vermindern, sollte die **CO_2-Freisetzung** bis 2050 **global** um mindestens 50% **herabgesetzt werden**. Dies ist nur zu erreichen, wenn

- Energie wesentlich **sparsamer** eingesetzt wird – auch durch **Verzicht** auf angenehme, aber energieaufwändige Lebensführung.
- alle Möglichkeiten der **CO_2-freien Energiebereitstellung** genutzt und weiterentwickelt werden.

Wegen des Nachholbedarfs der Entwicklungsländer sollten die Industrieländer ihre CO_2-Emission bis 2050 um 80% senken.

Seit Urzeiten haben die Menschen versucht, sich ihre Arbeit zu erleichtern. Insbesondere bei Transportarbeiten und vor allem bei Hebevorgängen lernten sie, sich Seile zu Nutze zu machen. Beim Aufwickeln eines Seils mit einer Seilwinde kommt jedoch noch ein ganz wesentlicher Vorteil hinzu: Mit einer kleinen Kraft kann eine große Last bewegt werden. – So konnten Seeleute mithilfe dieser Vorrichtung den schweren Anker ihres Schiffes heben. Aber auch bei Maschinen wendet man die Gesetze der *Kraftumwandlung* an, damit die begrenzten Kräfte besser zur Wirkung kommen.

Fahrzeuge sollen mit einer bestimmten Geschwindigkeit verkehren. Wie sie jedoch diese Geschwindigkeit erreichen – und oft noch wichtiger – wie sie, ohne dass Schaden entsteht, auch wieder zum Stillstand kommen, das unterliegt den Gesetzen der beschleunigten Bewegung.

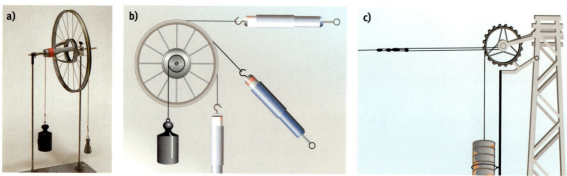

B 1: Das Wellrad: Eine Last wird mit der Seilwinde gehoben – ein Oberleitungsdraht der Bahn wird gestrafft.

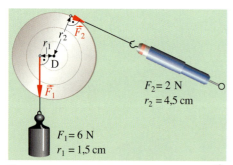

$F_2 = 2\,\text{N}$
$r_2 = 4{,}5\,\text{cm}$

$F_1 = 6\,\text{N}$
$r_1 = 1{,}5\,\text{cm}$

B 2: Größerer Radius r_2 – kleinere Kraft $\vec{F}_2$

V 1: Wie ▤▶ *Bild 2* zeigt, ist in der innersten der drei Rillen das Lastseil befestigt, der Radius beträgt $r_1 = 1{,}5$ cm. Links zieht tangential zu dieser Rille die Last (Masse $m = 600$ g) nach unten, und zwar mit der Gewichtskraft $\vec{F}_1$, deren Betrag $F_1 = 6{,}0$ N ist. Diese Kraft würde – allein – das Rad gegen den Uhrzeigersinn drehen.
a) An einem zweiten Seil setzen wir eine Zugkraft $\vec{F}_2$ ein, die auf das Rad im Uhrzeigersinn wirkt. Wenn das Seil in derselben Rille wie das Lastseil liegt ($r_2 = r_1$), dann ist die Kraft zum Halten des Rades so groß wie die Kraft am Lastseil: $F_2 = F_1$. **b)** Wenn das Zugseil in einer Rille mit größerem Radius r_2 liegt, dann ist der Betrag F_2 der Zugkraft kleiner (▤▶ *Tabelle 1*).

Radius r_2 in cm	Zugkraft F_2 in N	Produkt $F_2 \cdot r_2$ in Ncm
1,5	6,0	9,0
3,0	3,0	9,0
4,5	2,0	9,0

T 1: Es gilt stets: $F_1 \cdot r_1 = 9{,}0$ Ncm $= F_2 \cdot r_2$.

Wellrad und Hebel

1. Kräfte, die Räder drehen

▤▶ *Bild 1* zeigt eine Seilwinde im Modell. Nicht nur bei alten Brunnen findet man Seilwinden, sie werden auch in Kränen zum Heben von Lasten eingesetzt. Statt direkt am Seil zu ziehen, wickelt man es um eine drehbare Welle; daran ist ein großes Rad befestigt. Die Welle mit dem Rad – das so genannte **Wellrad** – wird mit einer am Umfang angreifenden Kraft in Bewegung gesetzt. Dazu genügt eine Kraft, die kleiner ist als die Last! In einem Kran ist das Rad zumeist als Zahnrad geformt, an dem der Motor – oft über mehrere Zahnräder – angreift. Wir erkunden den Zusammenhang der Kräfte mit ▤▶ *Versuch 1*. Dazu benutzen wir ein Rad mit insgesamt drei Rillen, so können wir mit verschiedenen Radien experimentieren.

Die Last am linken Seil hat eine Drehwirkung auf das Rad gegen den Uhrzeigersinn, die sich aber völlig ausgleichen lässt – durch die Drehwirkung einer Zugkraft im Uhrzeigersinn! Solange das Seil der Zugkraft in derselben Rille wie das Lastseil liegt, ist die zum Halten nötige Zugkraft ebenso groß wie die Kraft am Lastseil. Falls $r_2 = r_1$ ist, dann gilt auch $F_2 = F_1$. Auch wenn wir das Rad gleichmäßig drehen, ist die Zugkraft nicht größer als beim Halten, falls von Reibung abgesehen werden kann. – Die erforderliche Zugkraft ändert sich jedoch, wenn wir für ihr Seil eine Rille mit anderem Radius verwenden. Mit verschieden großer Kraft wird mit dem zugehörigen Radius stets dasselbe zuwege gebracht: Jedesmal gleicht die Kraft die entgegengesetzte Drehwirkung der Last aus; jede dieser Kräfte hat ein gleich großes *Drehvermögen*.

2. Das Drehmoment – ein nützliches Produkt

Das Drehvermögen der Zugkraft wird sowohl von ihrem Betrag F_2 als auch von dem zugehörigen Radius r_2 bestimmt. *Dieser Radius ist zugleich der Abstand des Seils von der Drehachse.* Das geradlinige Seilstück gibt die Linie an, längs der die Kraft wirkt. Sie wird die **Wirkungslinie** der Kraft genannt. Der Radius, also der Abstand der Drehachse von der Wirkungslinie, heißt der Kraftarm r der Kraft. Er ist rechtwinklig zur Kraft gerichtet.

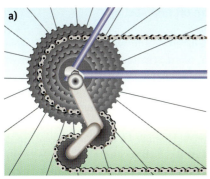

B 3: Radfahrer „fahren Wellrad". – Tretkurbel und Erdölpumpe zeigen: Wellräder und Hebel sind eng verwandt.

⦙⦙⦙➡ *Tabelle 1* zeigt: Alle Produkte $F_2 \cdot r_2$ aus F_2 und r_2 sind gleich groß, nämlich 9 Ncm. Das Produkt aus dem Betrag der Kraft und dem Kraftarm ist also geeignet, das Drehvermögen einer Kraft an einem Rad zu beschreiben. Dieses Produkt heißt das **Drehmoment** M der Kraft mit dem Betrag F und dem Kraftarm r; $M = F \cdot r$ („das Moment" – das Bewegende). Die bevorzugte **Einheit** des Drehmoments folgt aus dem Produkt: $1\,\text{N} \cdot 1\,\text{m} = 1\,\text{Nm}$.

Merksatz

Der **Kraftarm** r einer Kraft, die an einem drehbaren Körper angreift, ist der Abstand der Drehachse von der **Wirkungslinie** der Kraft. Er bildet mit der Kraft einen rechten Winkel.
Das **Drehmoment** M einer Kraft ist das Produkt aus ihrem Betrag F und ihrem Kraftarm r:

$$M = F \cdot r.$$

Das Drehmoment beschreibt das Drehvermögen der Kraft mit dem Betrag F, die mit dem Kraftarm r wirkt.
Die **Einheit** des Drehmoments ist **1 Nm**.

Die Last mit $F_1 = 6\,\text{N}$ wirkt im ⦙⦙⦙➡ *Versuch 1* stets mit demselben Kraftarm r_1. Die Last allein dreht das Rad gegen den Uhrzeigersinn. Ihr Drehvermögen kann also auch als Drehmoment angegeben werden: $M_1 = F_1 \cdot r_1 = 6{,}0\,\text{N} \cdot 1{,}5\,\text{cm} = 9{,}0\,\text{Ncm}$. Es ist nach ⦙⦙⦙➡ *Tabelle 1* ebenso groß wie das entgegengesetzte Drehmoment M_2, das die andere Kraft ($\vec{F}_2$) mit ihrem Kraftarm r_2 ausübt. – Falls jedoch die Drehmomente nicht gleich groß sind, dann setzt sich das Rad im Sinne des größeren Moments in Bewegung.

Merksatz

An **Wellrädern** gilt beim Halten wie beim gleichförmigen Heben einer Last: Das Drehmoment der Last wird durch ein gleich großes, entgegengesetztes Drehmoment der Kraft ausgeglichen.
Mit dem n-fachen Kraftarm ergibt der n-te Teil der Kraft ein gleich großes Drehmoment:

$$M = F \cdot r = \left(\tfrac{1}{n} \cdot F\right) \cdot (n \cdot r).$$

Interessantes

Drehmomente in der Technik
⦙⦙⦙➡ *Bild 1 c* zeigt, wie Oberleitungen der Bahn straff gehalten werden: Dazu vergrößert man die Zugkraft mit einem Wellrad.
⦙⦙⦙➡ *Bild 3 a* verdeutlicht: Die Kettenräder eines Fahrrades bilden zusammen mit dem Hinterrad ein Wellrad. Die „Übersetzung" der Kraft wird, z. B. für eine Bergfahrt, durch Umlegen der Kette auf ein Kettenrad mit anderem Radius verändert.
⦙⦙⦙➡ *Bild 4* zeigt ein Messgerät für Drehmomente an einem Werkzeug: Schrauben müssen mit einem bestimmten Drehmoment festgedreht werden. Sind z. B. $M = 100\,\text{Nm}$ verlangt, dann braucht man an einem Griff mit $r = 0{,}40\,\text{m}$ eine Kraft mit $F = 250\,\text{N}$, an einem verlängerten Griff mit $r = 1{,}25\,\text{m}$ nur $F = 80\,\text{N}$.

B 4: Drehmomente werden gemessen.

... noch mehr Aufgaben

A 1: Erfinde zu dem Drehmoment gemäß ⦙⦙⦙➡ *Tabelle 1*: $M_2 = 9{,}0\,\text{Ncm} = 0{,}090\,\text{Nm}$ drei Wertepaare mit anderen Radien.
A 2: ⦙⦙⦙➡ *Bild 1 b* zeigt zum Ausgleich der Drehmomente verschiedene Möglichkeiten. Worauf kommt es dabei an, worauf nicht?

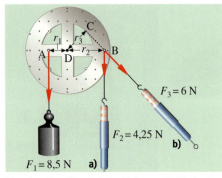

V 1: An dem Rad zieht links am Stift A eine Kraft mit $F_1 = 8,5$ N nach unten. Das Seil verläuft dabei so, als käme es von einer Rille mit dem Radius $DA = r_1 = 6$ cm. Mit dem waagerechten Kraftarm DA erzeugt die Kraft das Drehmoment $M_1 = 51$ Ncm im Gegenzeigersinn. **a)** Zum Ausgleich liefert am Stift B die nur halb so große Kraft ($F_2 = 4,25$ N) mit dem doppelt so großen Kraftarm $r_2 = 12$ cm das Drehmoment im Uhrzeigersinn $M_2 = 51$ Ncm. **b)** Nun bringen wir den Kraftmesser nach rechts in die schräge Richtung. Sogleich beginnt das Rad eine Drehung gegen den Uhrzeiger. Um es in der alten Lage zu halten, brauchen wir jetzt eine größere Kraft mit $F_3 = 6,0$ N.

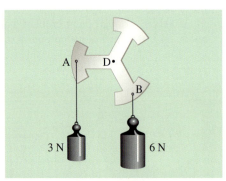

B 1: Wo sind hier die Kraftarme?

3. Den Kraftarm muss man oft erst suchen

Das kennen wir vom Fahrrad: Wenn wir auf die Pedale senkrecht nach unten treten, dann erhalten wir die volle Drehwirkung nur bei etwa waagerechter, nach vorn gerichteter Pedalkurbel. Weist sie z.B. nach oben, so brauchen wir eine veränderte Kraftrichtung. Im ▶ *Versuch 1 a* lassen wir zunächst die beiden Kräfte senkrecht an den Stiften einer Radscheibe angreifen, dann bringen wir gemäß ▶ *Versuch 1 b* den Kraftmesser in die Schräglage: Jetzt richtet er das Seil so aus, als käme es (gestrichelt gezeichnet) von einem anderen Kreis mit dem kleineren Radius $DC = r_3$ her. Nun liegt ein Kraftarm in der Luft – die „Luftstrecke" DC! Ein Kraftarm muss nicht aus Material bestehen; messen können wir ihn trotzdem. Mit dem neuen Kraftarm $DC = r_3 = 8,5$ cm erhalten wir für die nun vergrößerte Kraft (Betrag $F_3 = 6,0$ N) das Drehmoment $M_3 = F_3 \cdot r_3 = 51$ Ncm. Es gleicht das Drehmoment $M_1 = 51$ Ncm aus. Zur Kontrolle können wir den Angriffspunkt der Kraft ($\vec{F}_3$) vom Stift B wegnehmen und ihn längs ihrer Wirkungslinie zurück zu einem Stift im Punkt C verlegen. Das Rad bleibt dann in Ruhe.

Wenn wir die Kraft $\vec{F}_1$ allein wirken lassen, dann dreht sie das Rad – es sei denn, ihre Wirkungslinie verläuft durch die Achse D. Dann ist der Kraftarm $r_1 = 0$ m, dabei verschwindet das Drehmoment völlig, wie groß die Kraft auch sei. Ihr Angriffspunkt liegt nun im „Totpunkt". Sie kann das Rad nicht drehen. – Bei der *Drei-Speichen-Scheibe* (▶ *Bild 1*) sind die Drehmomente ausgeglichen. Die Angriffspunkte der zwei *verschieden* großen Kräfte sind von der Drehachse *gleich* weit entfernt! – Nanu? – Die Strecke DB ist nämlich nicht der Kraftarm der größeren Kraft. Der Kraftarm ist der Abstand der Drehachse von der Wirkungslinie, also DC! Er ist waagerecht und *halb* so groß wie DB.

> **Merksatz**
>
> Der **Kraftarm** steht immer rechtwinklig zur Wirkungslinie der Kraft, er zeigt oft nicht zum Angriffspunkt der Kraft.
> Das **Drehmoment** $M = F \cdot r$ einer Kraft bleibt gleich, wenn man ihren Angriffspunkt längs ihrer Wirkungslinie verschiebt. Der Kraftarm r ändert sich dabei nicht.
> Wenn die Wirkungslinie einer Kraft durch die Drehachse verläuft, so ist der Kraftarm 0 m und daher das Drehmoment 0 Nm.

Vertiefung

Wie Drehmomente sich automatisch einstellen

Die Drehmomente der zwei Kräfte bei der Drei-Speichen-Scheibe in ▶ *Bild 1* haben sich selbsttätig ausgeglichen. In diese Lage dreht sich die Scheibe – wenn wir sie um einige Grad in beliebiger Richtung ausgelenkt haben – auch wieder zurück. Aber wieso? Bei einer Drehung um 5° wird der linke Kraftarm etwas kürzer – bei jeder Drehrichtung: War er anfangs 10,0 cm lang, so ist die neue Länge 9,95 cm.

Zugleich verändert sich der rechte Kraftarm von anfangs 5,0 cm auf 4,2 cm bzw. 5,7 cm je nach Drehrichtung (Werte zeichnerisch ermitteln). Mit den Beträgen $F_1 = 3$ N, $F_2 = 6$ N berechnen wir die jeweiligen Drehmomente für die Lagen B_{links} - $B_{Original}$ - B_{rechts}:
$M_1 = M_{gegen Uhrzeigersinn}$: **29,9** Ncm; 30,0 Ncm; 29,9 Ncm,
$M_2 = M_{im Uhrzeigersinn}$:   25,2 Ncm; 30,0 Ncm; **34,2** Ncm.
Bei jeder Auslenkung überwiegt also dasjenige Drehmoment, welches das Rad wieder zurücktreibt.

4. Der Hebel – Teilstück eines Wellrades

Bei der Erdölpumpe (➠ *Bild 3c* zwei Seiten zuvor) dreht sich der Querbalken um eine Achse – hin und zurück. Man kann ihn sowohl als Hebel, aber auch als Wellrad ansehen. Auf der einen Seite, am „Pferdekopf", liegt das Lastseil in einer kreisförmigen Rille – anstelle eines vollen Kreises genügt hier jedoch ein Teilstück davon. Auf der anderen Seite zieht an einem Bolzen die Kraft des Motors. Ein Hebel ist häufig stabförmig, und die Kräfte greifen an ihm über Stifte, Haken oder Bohrungen an. Es ist hilfreich, sich einen Hebel in Gedanken zu einem Rad zu ergänzen.

5. Hebelgesetze sind Drehmomentgesetze

Mit ➠ *Versuch 2* überprüfen wir an einem Hebel für beide Seiten die Produkte aus Kraft und zugehörigem Kraftarm. Ein Kraftarm, also der Abstand zwischen Drehachse und Wirkungslinie der Kraft, steht immer rechtwinklig zur Kraft. Falls – wie bei diesem Versuch – die Kräfte senkrecht wirken, sind die Kraftarme also waagerecht. Solange dann der Hebel auch waagerecht liegt, sind die Kraftarme auf dem Hebel selbst zu finden. Bei kleinen Drehungen ändern sich die Kraftarme kaum. Die von uns gemessenen Wertepaare von Kraftarm und Kraft enthält ➠ *Tabelle 1*. Sie bestätigen das *Drehmomentengesetz* auch an Hebeln.

Merksatz

Hebel und Wellräder sind **Kraftwandler**. Zum Halten und zum gleichförmigen Heben einer Last gilt:
Eine Kraft vom Betrag F, die mit dem Kraftarm r wirkt, erzeugt ein Drehmoment M; es wird durch ein gleich großes, entgegengesetztes Drehmoment ausgeglichen. Mit n-fachem Kraftarm ergibt der n-te Teil der Kraft ein gleich großes Drehmoment:
$$M = F \cdot r = \left(\tfrac{1}{n} \cdot F\right) \cdot (n \cdot r).$$

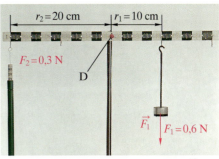

V2: An dem Hebel erzeugt die Kraft $\vec{F}_1$ auf der rechten Seite mit ihrem Kraftarm $r_1 = 10$ cm ein Drehmoment im Uhrzeigersinn. Für dieses Drehmoment gilt: $M_1 = F_1 \cdot r_1 = 0{,}6$ N $\cdot$ 10 cm = 6 Ncm. Um es auszugleichen, schaffen wir links das nötige Drehmoment $M_2 = F_2 \cdot r_2$ gegen den Uhrzeigersinn. Dazu wählen wir unterschiedliche Kraftarme r_2 aus; der Kraftmesser gibt uns den Betrag F_2 der jeweils zugehörigen Kraft an (➠ *Tabelle 1*).

Kraftarm r_2	Kraftbetrag F_2	Drehmoment $M_2 = F_2 \cdot r_2$
4 cm	1,5 N	6,0 Ncm
6 cm	1,0 N	6,0 Ncm
10 cm	0,6 N	6,0 Ncm
12 cm	0,5 N	6,0 Ncm
20 cm	0,3 N	6,0 Ncm

T1: Im ➠ *Versuch 2* ist rechts immer $M_1 = 6{,}0$ Ncm, also gilt: $M_1 = M_2$.

... noch mehr Aufgaben

A1: Mit dem Ende einer 2,00 m langen Latte soll ein Schrank angehoben werden. Die Hebelwirkung soll die Kraft auf ein Viertel ihres Wertes herabsetzen; wo muss der Drehpunkt sein?

A2: Stelle den Zusammenhang der Wertepaare von ➠ *Tabelle 1* im Koordinatensystem dar (Horizontalachse: Kraftarme). Darin lässt sich das Drehmoment M durch Rechtecke, deren Seitenlängen Kraftarm r_2 und Kraftbetrag F_2 entsprechen, darstellen.

A3: Begründe und kommentiere: Wenn sich die Drehmomente aus gleichen, dann gilt die Verhältnisgleichung: $F_1 : F_2 = r_2 : r_1$.

A4: Pia und Ria haben eine symmetrische Wippe ausbalanciert. Die eine sitzt 3,0 m, die andere 2,6 m von der Drehachse entfernt. Die leichtere Pia kennt ihre Masse: $m_{\text{Pia}} = 52$ kg. Wie viel Ria wiegt, lässt sich nun folgern. Die Lösung *kannst* du (mit Begründung!) ohne Berechnung der Gewichtskräfte finden.

A5: Angenommen, beim Hebel in ➠ *Versuch 2* wird der Kraftmesser durch ein Wägestück mit $G = 0{,}3$ N ersetzt und der Hebel in eine 60°-Schräglage gebracht. Bestimme die veränderten Kraftarme durch Zeichnung, folgere die Drehmomente.

A6: Skizziere eine Tür von oben, an deren Klinke eine Kraft **a)** rechtwinklig zur Tür, **b)** in Richtung der Tür, **c)** schräg zur Tür angreift. Erkläre die verschiedenen Wirkungen.

A7: Ermittle zu ➠ *Versuch 1* Lage und Länge des Kraftarms für den Fall, dass der Kraftmesser zum Momentenausgleich im Punkt C angreift – aber waagerecht (statt unter 45°) zieht.

B1: Eine Holzlatte als einseitiger Hebel: Kraft und Last wirken auf derselben Seite

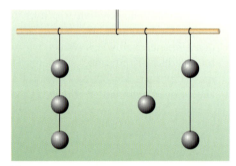

V1: Mit mehreren gleich großen Kugeln, deren Gewichtskraft je 0,3 N beträgt, soll ein Mobile gebaut werden. Obwohl die Dreiergruppe einen kleineren Kraftarm ($r_1 = 8$ cm) hat als die Zweiergruppe ($r_2 = 10$ cm), ist das Drehmoment gegen den Uhrzeigersinn größer; die Drehmomente sind noch nicht ausgeglichen. Mit dem Drehmoment der zusätzlichen Einzelkugel, deren Kraftarm $r_3 = 4$ cm beträgt, kommt der Momentenausgleich zustande.

6. Einseitige Hebel – vielseitiger Nutzen

 Bild 1 zeigt, wie ein Kanaldeckel angehoben wird. Der Monteur benutzt dazu eine Latte als Hebel. Die Drehachse befindet sich hier am Ende des Hebels. – Last und Kraft greifen auf derselben Seite von der Achse an. Dieser Hebel ist also nicht mehr zweiseitig, er heißt daher **einseitiger Hebel**. Im Vergleich zum Wellrad sind nur die Drehachse und eine Speiche vorhanden. Die große Last des Deckels ergibt mit dem kleinen Kraftarm ein Drehmoment gegen den Uhrzeigersinn – es wird ausgeglichen von einem gleich großen Drehmoment im Uhrzeigersinn. Dazu wirkt der Monteur mit einem größeren Kraftarm, aber mit kleinerer Kraft – und die ist nach oben gerichtet. Weitere Beispiele für einseitige Hebel sind Schubkarre und Unterarm (*Bild 2*).

7. Darf's ein Drehmoment mehr sein?

In *Versuch 1* ergibt die Dreiergruppe der Kugeln mit ihrem Kraftarm das Drehmoment $M_1 = 7,2$ Ncm gegen den Uhrzeigersinn – die Zweiergruppe bringt dagegen trotz des größeren Kraftarms nur das Drehmoment $M_2 = 6,0$ Ncm im Uhrzeigersinn auf. Für den Drehmomentenausgleich fehlen also 1,2 Ncm im Uhrzeigersinn. Ein Drehmoment mit diesem Wert wird von einer einzelnen, gleich schweren Kugel aufgebracht, falls wir sie rechts mit dem Kraftarm $r_3 = 4$ cm zur Wirkung kommen lassen. Ob zusammen mit diesem dritten Drehmoment M_3 sich der Ausgleich auch wirklich einstellt, können wir aber *nicht voraussagen*. Denn wir haben eine Zusammensetzung von Drehmomenten mit gleichem Drehsinn noch nie untersucht. Aber der Versuch zeigt: Die Drehmomente mit gleichem Drehsinn dürfen wir wie Zahlen addieren: $M_2 + M_3 = M_1$. Weitere Versuche bestätigen dies.

Merksatz

Drehmomente mit gleichem Drehsinn werden wie Zahlen addiert. Ein Drehmoment kann aus einzelnen Drehmomenten zusammengesetzt sein.

~ Vertiefung

ARCHIMEDES dachte weiter

„Gib mir einen festen Punkt – und ich werde die Erde anheben." Dieser Ausspruch des ARCHIMEDES wurde uns überliefert. Der berühmte griechische Gelehrte – er lebte mehr als zweihundert Jahre vor Christus – brachte die Mechanik durch viele Entdeckungen weit voran. Ihn wegen seines Ausspruchs als überheblich anzusehen, wäre sicher unberechtigt. Wer will es ihm übelnehmen, wenn er – der zum Wellrad und zum Hebel das zugehörige Gesetz gefunden hat – in sehr drastischer Weise auf die Konsequenzen hinwies: Denn mit dem Hebelgesetz wird es dem Menschen ermöglicht, seine von Natur aus begrenzten Kräfte beliebig vergrößert zur Wirkung zu bringen. In dem Verständnis der Antike konnte man so die Natur überlisten; Gebrauchsanweisung: Hebelgesetz!

ARCHIMEDES war von der Gültigkeit des Hebelgesetzes überzeugt. Was er aufgrund von vielen Beobachtungen feststellte, hat er in eine verallgemeinerte Form gebracht und schließlich auf ein Gedankenexperiment ausgedehnt. – Nach einer Legende wurde er von seinem König zu einer Probe seines Könnens aufgefordert. Es sollte genügen, den „festen Punkt" auf einem Schiffsbauplatz zu wählen und ein riesiges Schiff landauf zu ziehen. ARCHIMEDES schaffte es ganz allein – mit einer Seilwinde und Seilrollen.

8. Hebel als Werkzeuge – die Vorteile sind handgreiflich

Mit Hebeln kann man nicht nur heben. Beim Nüsseknacken z. B. spielt die Gewichtskraft keine Rolle. Hier wird eine große Kraft gegen die Zusammenhangskräfte der Teilchen in der Schale gebraucht. Dazu setzt man einen Nussknacker als *Kraftwandler* ein (➠ *Bild 3 a*). Die Kraft der Hand benutzt einen langen Kraftarm; sie ergibt eine vergrößerte Kraft an dem kurzen Kraftarm der Nuss. Das Umwandlungsverhältnis für die Kräfte folgt aus dem Verhältnis der Kraftarme.

Wie du aus ➠ *Bild 3 a* selbst feststellen kannst, beträgt bei diesem einseitigen Hebel das Verhältnis Kraftarm$_{Hand}$: Kraftarm$_{Nuss}$ etwa 5 : 1, das Kräfteverhältnis ist also entsprechend 1 : 5. Wenn die Nuss jedoch noch näher an der Achse angesetzt wird, dann wird der Vorteil sogar noch größer. – Die Kneifzange stellt einen zweiseitigen Hebel dar (➠ *Bild 3 b*). Bei ihr liegen die Angriffspunkte für das Werkstück bzw. für die Hand auf verschiedenen Seiten von der Drehachse. Die Hand wirkt mit fünffacher Kraft.

Werkzeuge sind je nach ihrem Anwendungszweck anders geformt. Besonders auffällig ist ein Vergleich zwischen einer Blechschere und einer Papierschere. Bei der Blechschere sind die Schneiden deutlich kürzer als die Handgriffe, bei der Papierschere ist es umgekehrt. Zum Blechschneiden braucht man eine große Kraft, also gibt man der Schere auf der Seite des Werkstücks einen kleineren Kraftarm als auf der Seite mit den Handgriffen. – Für den Vorteil einer *vergrößerten* Kraft nimmt man den damit verbundenen Nachteil in Kauf: Die Hand muss dann einen *längeren* Weg ausführen. Bei der Blechschere hat das zur Folge, dass dafür die jeweiligen Schnittlängen nur kurz sind. Bei der Papierschere dagegen kommt es nicht auf eine Vergrößerung der Kräfte an – lange Schneiden ergeben große Schnittlängen.

Für alle Kraftwandler – ob Wellrad, Schraubenschlüssel, Hebel, Flaschenzug – gilt: *Kraft* mal *Kraftweg* = *Last* mal *Lastweg*. Sie geben die Energie unverändert weiter.

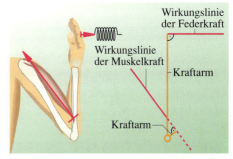

B 2: Angewinkelter Unterarm – Kraftarme

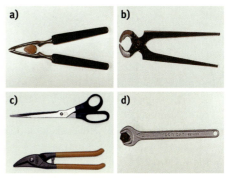

B 3: Werkzeuge als Kraftwandler

B 4: Mit Drehmomenten wird gelenkt

✎ **... noch mehr Aufgaben**

A 1: Zum Festhalten von Werkstücken benutzt jemand eine Pinzette bzw. eine Zange. Vergleiche Die Werkzeuge hinsichtlich der Kraftarme und der Kraftumwandlung (Skizze).

A 2: Beim Schneiden eines Kartonstreifens mit einer langen Papierschere wird die Hand umso mehr angestrengt, je mehr sich die Handgriffe einander nähern. Erläutere die Zusammenhänge.

A 3: Zerbrich ein Streichholz in immer kürzere Stücke. Beobachte – berichte – begründe.

A 4: Paul sagt von dem Mobile in ➠ *Versuch 1*, es befinde sich „im Gleichgewicht" – und zwar, *weil* auf beiden Seiten gleich viele Gewichte hängen. Anna meint: „Nicht *weil*, sondern *obwohl*". Was sagst du?

A 5: ➠ *Bild 2* zeigt den Unterarm als Hebel. Schätze das Verhältnis der Kraftarme ab und folgere daraus das Verhältnis der Kraft des Beugemuskels zu der Kraft, mit der die Hand zieht. Begründe, warum diese Bauweise der Natur äußerst sinnvoll ist.

A 6: Die Radmutter an der Gabel eines Fahrrades wird durch einen Schraubenschlüssel (Kraftarm $r_1 = 12$ cm) von einer Kraft mit $F_1 = 45$ N festgezogen. Eine Flügelmutter, die insgesamt 6 cm breit ist, soll genauso fest sitzen. Mit welchen Kraftbeträgen F_2 und F_3 wird man dazu auf die beiden Flügelenden drücken?

A 7: Beim Lenken eines Autos sollen die Hände das Lenkrad stets außen und seitlich greifen. Das hat physikalische und biologische Gründe. Erläutere dies.

Interessantes

B 1: Auf dem Zielfoto sind alle Laufzeiten ablesbar.

Sport und Physik

Kampf um Bruchteile von Sekunden

Von Laufwettkämpfen erhalten wir häufig eine Fernsehübertragung. Aber trotz des besten Kamerastandortes können wir oft nicht über die Reihenfolge der Läufer entscheiden. Eine eingeblendete Stoppuhr zeigt uns hundertstel Sekunden an. Wie viel Zentimeter muss ein Sprinter einem anderen voraus gewesen sein, der 0,01 Sekunden später die Ziellinie erreichte?

Das können wir abschätzen: Ein guter Sprinter läuft die 100 Meter in knapp 10 Sekunden, also ist sein zurückgelegter Weg für 1 s etwa 10 m; in 0,01 s ist er nur etwa 10 cm weiter! Da müssen dann Schiedsrichter das Zielfoto (⟹ *Bild 1*) auswerten. Dabei lassen sie nicht den vorgebeugten Kopf, sondern den Oberkörper gelten. Das Zielfoto entsteht mit einer Spezialkamera, die mit den einlaufenden Sprintern zugleich Zeitmarken registriert.

Bei Schwimmwettkämpfen verlässt man sich dagegen auf eine Druckplatte in der Beckenwand, mit der jeder Schwimmer „seine" elektrische Uhr selbst abschaltet (⟹ *Bild 2*). Es hat schon Sieger wegen einer tausendstel Sekunde gegeben. – Deren „Vorsprung"? – Weniger als 5 mm! Da fragt man sich, ob das Schwimmbecken auch millimetergenau gebaut war.

B 3: Der Stab wird in vollem Lauf weitergegeben.

Was macht die Staffeln so schnell?

Bei Staffelläufen über 4-mal 100 Meter sind die Ergebnisse deutlich besser als bei Einzelläufen über 400 m (⟹ *Bild 3*). Zwar werden bei einer Staffette immer wieder „frische" Läufer eingesetzt, aber wenn man die Gesamtzeit eines 4-mal-100 m-Staffellaufs auf die vier Teilnehmer zurückrechnet, also jedem ein Viertel der Zeit zuordnet, dann ergeben sich noch kürzere Zeiten, als dieselben Läufer im 100 m-Sprint erreichen! Dabei laufen zwei der Sprinter sogar auf Kurvenbahnen. Woher kommt dieser Widerspruch?

Betrachten wir es genauer:

Nur der Startläufer hat Bedingungen wie ein Einzelsprinter; die ersten Meter werden zum Beschleunigen bis zur Dauergeschwindigkeit gebraucht. Die anderen Läufer übernehmen den Stab nach ihrem Anlaufweg bereits mit voller Geschwindigkeit (⟹ *Bild 4*). Wir müssen also unterscheiden zwischen Bewegungen mit zunehmender und solchen mit gleich bleibender Geschwindigkeit. ⟹ *Bild 4* zeigt die verschiedenen Bewegungen in einer Zeichentrickfolge mit einem Zeitabstand von einer Sekunde. Beachte die Weglängen von drei Sekunden Anlauf gegenüber drei Sekunden mit maximaler Geschwindigkeit! In ⟹ *Bild 6* ist derselbe Vorgang in Gestalt eines Zeit-Weg-Diagramms wiedergegeben.

B 2: Schwimmer schalten ihre Stoppuhr selber ab.

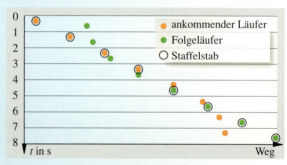

B 4: So sieht der Stabwechsel im Zeichentrickfilm aus.

B 5: Der Körperschwerpunkt liegt in Nähe der Latte.

B 7: Warum ist die Außenbahn so unbeliebt?

Mit List geht's besser über die Latte

Im Hochsprung erreichen wir Menschen trotz aller Anstrengungen noch nicht einmal das Eineinhalbfache unserer eigenen Körperhöhe – Heuschrecken sind uns da weit überlegen!

Dabei müssen wir außerdem erst einen Anlauf nehmen, damit wir zusammen mit dem Absprung möglichst viel Bewegungsenergie erhalten. Vor allem diese wird dann in Höhenenergie umgewandelt. Jedes Masseteilchen unseres Körpers ist mit einem kleinen Betrag daran beteiligt. Die gesamte Masse des Körpers können wir uns in seinem Schwerpunkt vereinigt denken.

Wie hoch dieser Schwerpunkt nun gelangt, das wird – außer von der Masse – von der verfügbaren Energie bestimmt. Sieger im Hochsprung wird jedoch nicht, wer nur für die größtmögliche Höhe seines Schwerpunktes sorgt. Bei gleicher Schwerpunktshöhe kann man in flacher statt in aufrechter Körperhaltung eine höhere Latte überspringen. Den größten Erfolg bringt aber eine gekrümmte Körperhaltung: Der Rücken wird dazu wie ein Kleiderbügel geformt, und dabei werden der Kopf sowie Arme und Beine rechtzeitig nach unten abgewinkelt, wie ▷ *Bild 5* es zeigt. Bestmarken erfordern nicht nur viel Energie, sondern auch Geschicklichkeit – also Übung.

Ungerechte Sportrekorde?

Damit die einzelnen Bahnen zum 400 m-Lauf in dem Oval innen wie außen gleiche Länge haben, starten die Läufer nicht nebeneinander, sondern entsprechend versetzt (▷ *Bild 7*). Dennoch ist die Außenbahn unbeliebt: Dort kann man die Mitläufer nur schlecht beobachten. Daher werden die Bahnen zumeist ausgelost. – Wie es dagegen um die Gerechtigkeit z. B. für Teilnehmer geringer Körpergröße steht, danach fragt niemand. Dies gilt besonders krass beim Hochsprung. Für kleine Hochspringer ist es durchaus noch kein hinreichender Ausgleich, dass ihre „Hochsprungarbeit" in der Regel mit einer kleineren Masse erfolgt.

Beim Gewichtheben werden hingegen genau die Massen bewertet, die die Sportler „zur Hochstrecke" bringen, und diese Höhe ist bei kleinen Sportlern geringer. Aber ist denn ein Rekordwert aus Sydney mit einem aus Mexiko gleichwertig? Der Energieaufwand wird vom Ortsfaktor mitbestimmt, und dieser wird *kleiner*, wenn man sich dem Äquator nähert und wenn die Höhe über dem Meeresspiegel zunimmt. In Sydney ist der Ortsfaktor (g) um rund 0,2 % größer als in Mexiko, d. h. schon rund 399 kg in Sydney erfordern die gleiche Kraft ($F = m \cdot g$) wie erst 400 kg in Mexiko! In Helsinki kann man mit gleicher Kraft sogar nur 398 kg heben.

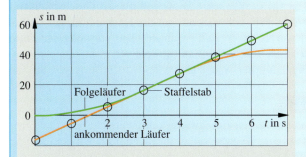

B 6: So sieht ein Stabwechsel im *t-s*-Diagramm aus.

B 8: Geschafft: Höhenenergie aus Kraft mal Weg.

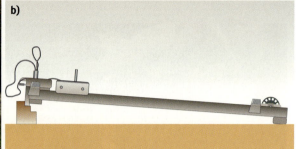

B1: a) Tina mit ihrem Fahrrad und **b)** das Wägelchen fahren beide einen Hang hinab. Der Wagen zieht ein Metallpapier hinter sich her, auf das alle 0,1 s eine Markierung gebrannt wird.

V1: Tina montiert einen Fahrrad-Tachometer. An der Speiche des Vorderrades befestigt sie einen kleinen Magneten, an der Gabel einen Sensor. Er schließt einen Stromkreis in einem winzigen Rechner immer dann, wenn der Magnet an ihm vorbeikommt. Dort registriert eine Uhr die Zeit t für einen Radumlauf. Während dieser Zeit t hat sich das Rad um seinen Umfang s weitergedreht. Hat Tina s eingegeben, so ermittelt der Rechner die Radgeschwindigkeit $v = s/t$.

V2: Auswertung eines Metallpapierstreifens. Zu den im Metallpapier eingebrannten Punkten haben wir die Zeit t, den Weg s und das Wegintervall Δs geschrieben. Die letzte Spalte enthält die mittlere Geschwindigkeit $\bar{v}$ im Intervall Δt.

t in s	s in cm	Δs in cm	$\bar{v}$ in cm/s
0,0	0		
		0,3	3
0,1	0,3		
		0,9	9
0,2	1,2		
		1,5	15
0,3	2,7		
		2,1	21
0,4	4,8		

T1: Messwerte zu ▥▶ *Versuch 2*.

Beschleunigte Bewegungen

1. Bergab wird's schneller

Tina fährt ohne zu treten mit ihrem Rad einen Hang hinab (▥▶ *Bild 1*). Der Tacho zeigt Tina, dass das Rad ständig schneller wird. Aus dem Umfang des Rades und der Zeitdauer für eine vollständige Drehung berechnet er den Quotienten *Wegintervall/Zeitintervall* (▥▶ *Versuch 1*). Wir nennen ihn **mittlere Geschwindigkeit**. Der Tacho gibt sie in km/h an. Die mittlere Geschwindigkeit (auch *Durchschnittsgeschwindigkeit* genannt) ist die konstante Geschwindigkeit, mit der man die gleiche Strecke Δs in derselben Zeit Δt zurücklegen würde.

Nach ▥▶ *Bild 1 b* wird auch das Wägelchen, mit dem wir im Physiksaal experimentieren, auf der schräg gestellten Schiene ständig schneller. Er zieht einen Metallstreifen hinter sich her, auf den in Zeitabständen von $\Delta t = 0,1$ s Punkte gebrannt werden. (Δ: Delta, Differenzen; z. B. $\Delta t = t_2 - t_1$, $\Delta s = s_2 - s_1$). So erhalten wir die Wegintervalle Δs, die in jeweils Δt zurückgelegt wurden. Ihre Länge nimmt von jedem Intervall zum nächsten um den gleichen Betrag zu – in ▥▶ *Versuch 2* um jeweils 0,6 cm. Für die einzelnen Teilintervalle berechnen wir als mittlere Geschwindigkeit $\bar{v} = \Delta s/\Delta t$. Auch sie vergrößert sich von Intervall zu Intervall gleichmäßig, in $\Delta t = 0,1$ s um $\Delta \bar{v} = 6$ cm/s (▥▶ *Tabelle 1*, letzte Spalte). Das *t-$\bar{v}$-Diagramm* ist eine Gerade (▥▶ *Bild 3*).
In dem Zeitintervall zwischen $t = 0$ s und 0,4 s erhalten wir $\bar{v} = 4,8$ cm/0,4 s = 12 cm/s. Diese mittlere Geschwindigkeit $\bar{v} = \Delta s/\Delta t$ bezieht sich stets nur auf das Intervall, für das sie berechnet wurde. In ▥▶ *Bild 2* ordnen wir $\bar{v}$ vorläufig der Mitte des jeweiligen Intervalls Δt zu (obwohl wir nicht genau wissen, wie schnell dort der Wagen ist).

Merksatz

Unter der **mittleren Geschwindigkeit** $\bar{v}$ versteht man den Quotienten aus dem Wegintervall Δs und der dazu benötigten Zeit Δt:

$$\bar{v} = \frac{\Delta s}{\Delta t}.$$

2. Durchschnittlich und doch genau

Unsere Auswertung der Metallpapierstreifen war etwas mühsam: Wir mussten viele Abstände messen, die zugehörigen Zeiten aufschreiben und die Durchschnittsgeschwindigkeiten berechnen. Nachdem wir dies einmal „von Hand" gemacht haben, suchen wir uns einen Helfer, der die Daten erfasst und auswertet, einen Computer. Auf einer Luftkissenfahrbahn beschleunigt ein kleines Wägestück einen Gleiter über einen Faden praktisch reibungsfrei (➭ *Bild 2*). Der Faden führt über ein kleines Rad, das Löcher hat (➭ *Bild 4*). Eine Lichtschranke gibt Signale an den Computer, wenn sich durch den Lochkranz die Helligkeit ändert. Durch Auszählen dieser Signale ermittelt der Computer den zurückgelegten Weg s des Gleiters. Die zugehörige Zeit t entnimmt er seiner Uhr. Beim Start setzt man durch Knopfdruck den Zähler für den Weg auf null und startet die Uhr ($t = 0$). Jetzt ist es für den Computer ein leichtes, daraus die mittlere Geschwindigkeit $\bar{v} = \Delta s/\Delta t$ zu berechnen. Dabei ist Δs das Wegintervall, das während eines Zeitintervalls Δt zurückgelegt wird.

Hier ist jedes der Zeitintervalle Δt so klein, dass dort der Gleiter praktisch nicht schneller wird. Die dann für Δt berechnete mittlere Geschwindigkeit $\bar{v} = \Delta s/\Delta t$ können wir als **Momentangeschwindigkeit** v unbedenklich der Mitte von Δt zuordnen, aber auch dem Anfang oder dem Ende. Bei unserer Messgenauigkeit dürfen wir v in den kleinen Zeitintervallen Δt als hinreichend konstant ansehen.

Merksatz

Als **Momentangeschwindigkeit** v nehmen wir die Durchschnittsgeschwindigkeit $\bar{v}$ in einem genügend kleinen Zeitintervall.

Für Busse und Lastwagen sind Fahrtenschreiber vorgeschrieben. So kann man kontrollieren, ob die Höchstgeschwindigkeiten und die zulässigen Fahrtzeiten nicht überschritten werden. Die Schreiber registrieren auf einer Scheibe (➭ *Bild 5*) die Momentangeschwindigkeit über viele Stunden. Man verwendet dazu eine elektrische Spannung, die ähnlich wie in einem Dynamo erzeugt wird und mit der Momentangeschwindigkeit wächst.

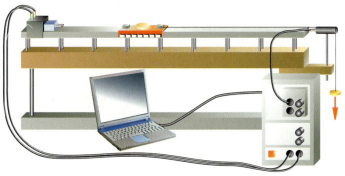

B 2: Mit einem Interface wird im Millimeter-Abstand die Zeit für den zurückgelegten Weg gemessen.

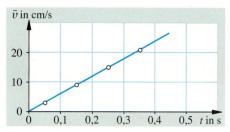

B 3: t-$\bar{v}$-Diagramm für ➭ *Tabelle 1*

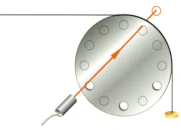

B 4: Die Erfassung des Weges s und der zugehörigen Zeit t erfolgt über ein Rädchen mit Löchern und einer Lichtschranke. Durch die Stege zwischen den Löchern wird die Lichtschranke immer wieder unterbrochen. Im Computer läuft eine Uhr mit. Aus der Zahl der Unterbrechungen, dem Abstand zwischen zwei Löchern und der registrierten Zeit nimmt der Computer ein Zeit-Weg-Diagramm auf. Nach $\Delta s/\Delta t$ berechnet er die mittlere Geschwindigkeit.

B 5: Scheibe eines Fahrtenschreibers.

... noch mehr Aufgaben

A 1: Jemand bummelt längs einer Einkaufsstraße der Länge 100 m mit der Geschwindigkeit 0,5 m/s. In der Mitte bleibt er vor einem Schaufenster 1 min lang stehen. **a)** Zeichne ein t-s-Diagramm und ein t-v-Diagramm. **b)** Bestimme die mittlere Geschwindigkeit des Spaziergängers.

A 2: a) Welcher Weg wurde vom Lkw nach dem Fahrtenschreiberdiagramm (➭ *Bild 5*) zwischen 10 Uhr und 10 Uhr 30 zurückgelegt? **b)** Gib eine mögliche Erklärung für den Verlauf des Diagramms zwischen 11 Uhr und 11 Uhr 45.

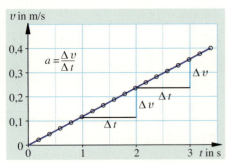

B 1: In jeder Sekunde nimmt die Geschwindigkeit um $\Delta v = 0{,}12$ m/s zu.

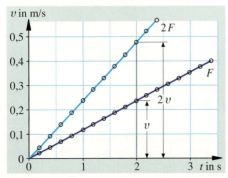

B 2: t-v-Diagramm für die Beschleunigungskräfte F und $2\,F$. Damit die gesamte beschleunigte Masse konstant bleibt, legen wir das zweite Massestück auf den Gleiter, wenn es nicht zur Beschleunigung dient.

Beispiel

Von 0 auf 100 in 5,8 s

In dem Prospekt einer Autofirma heißt es, dass ihr Spitzen-Modell in 5,8 s von $v_1 = 0$ auf $v_2 = 100$ km/h $= 27{,}8$ m/s beschleunigt. Für das Zeitintervall $\Delta t = 5{,}8$ s beträgt also die Geschwindigkeitszunahme $\Delta v = 27{,}8$ m/s.

Ist die Beschleunigung konstant, so hat sie den Wert $a = \Delta v / \Delta t = (27{,}8$ m/s$)/5{,}8$ s $= 4{,}8$ m/s^2. In jeder Sekunde nimmt so die Geschwindigkeit um 4,8 m/s zu. Nach 3 s war sie 14,4 m/s $= 51{,}8$ km/h. Nach 10 s wäre die Geschwindigkeit $v = a \cdot t = 4{,}8$ m/s$^2 \cdot 10$ s $= 48$ m/s $= 173$ km/h.

Aber Vorsicht, auch bei Top-Autos ist die Beschleunigung nicht konstant, eher die maximale Leistung $P = F \cdot v$. Mit wachsender Geschwindigkeit wird so die Kraft und damit die Beschleunigung kleiner. Außerdem nimmt der Luftwiderstand mit v stark zu.

3. Ein Gesetz fürs Schnellerwerden

Mit unserer Anordnung untersuchen wir jetzt beschleunigte Bewegungen an der Luftkissenbahn genauer. In *einem* Versuch sammelt der Computer viele t- und s-Werte, aus denen er die Momentangeschwindigkeit v berechnet und in einem t-v-Diagramm aufträgt (⟹ *Bild 1*). Wie nimmt v mit der Zeit zu, wenn wir die beschleunigende Kraft konstant lassen?

Der Versuch zeigt uns: In jeder Sekunde wächst die Geschwindigkeit um den gleichen Betrag (⟹ *Bild 1*). Die **Steigung** der Geraden ist ein Maß für das Schnellerwerden. Der Quotient $a = \Delta v / \Delta t$ gibt die Geschwindigkeitszunahme pro Sekunde an und wird **Beschleunigung** (engl.: acceleration) genannt. Die Beschleunigung a ist das gesuchte Maß für die Geschwindigkeitsänderung. a hat die *Maßeinheit* 1 (m/s)/s $= 1$ m/s$^2 = 1$ m $\cdot$ s^{-2}.

In ⟹ *Bild 1* steigt v in $\Delta t = 1$ s stets um 0,12 m/s, in 2 s um 0,24 m/s usw. Also ist $a = \Delta v / \Delta t = 0{,}12$ m/s^2 konstant. Der Quotient $a = \Delta v / \Delta t$ bleibt während des Vorgangs gleich, wir sprechen daher von einer **gleichmäßig beschleunigten Bewegung**. Da der Wagen zur Zeit $t = 0$ aus der Ruhe heraus gestartet ist, liegen die $(t; v)$-Werte auf einer *Ursprungsgeraden* mit der Gleichung $v = a \cdot t$.

Wie wir aus dem Experiment sehen, ist a konstant, wenn die beschleunigende Kraft $\vec{F}$ (bei uns die angehängten Wägestücke) gleich bleibt. Neben ihrem Betrag F und a haben diese Größen auch eine Richtung. Als ungenaue, aber kürzere Sprechweise reden wir einfach von der Kraft F und der Beschleunigung a.

Hängen wir ein zweites Wägestück an und haben so die doppelte Beschleunigungskraft $2\,F$, so ist zu jedem Zeitpunkt die Geschwindigkeit doppelt so groß (⟹ *Bild 2*). Es ergibt sich wieder eine Gerade durch den Nullpunkt des Koordinatensystems. Wir sehen, dass die Gerade des t-v-Diagramms steiler wird. In ⟹ *Bild 2* erkennen wir an den beiden Geraden: Ist die **Kraft doppelt** so groß, so **verdoppelt** sich auch die **Beschleunigung**.

Wiederholen wir den Versuch mit einer größeren Beschleunigungskraft, nimmt die Geschwindigkeit schneller zu. Eine stärkere Kraft gibt eine größere Beschleunigung. Der Quotient aus beschleunigender Kraft vom Betrag F und Beschleunigung vom Betrag a ist konstant: $F/a =$ **konstant**.

Merksatz

Wirkt eine **konstante Kraft** auf einen Körper, so bewegt er sich **gleichmäßig beschleunigt**. Unter der **Beschleunigung a** versteht man den Quotienten aus der Geschwindigkeitsänderung Δv und der zugehörigen Zeitspanne Δt.

$$a = \frac{\Delta v}{\Delta t}; \quad \text{ihre Einheit ist } [a] = 1\,\frac{\text{m}}{\text{s}^2}.$$

Startet der Körper aus der Ruhe und bewegt sich gleichmäßig beschleunigt, dann gilt das **Zeit-Geschwindigkeit-Gesetz**: $v = a \cdot t$.

4. Das Zeit-Weg-Gesetz

Bisher haben wir immer nur auf die Geschwindigkeit geachtet. Der Computer hat aber auch die vom Start aus zurückgelegten Wege s und die dazu gehörenden Zeiten t gespeichert. In einem Diagramm trägt er die *t-s*-**Diagramme** für die beiden Bewegungen auf (▤ *Bild 3*). Der Kurvenverlauf kommt uns bekannt vor. Wir vermuten, dass es *Parabeläste* sind. Um dies zu überprüfen, tragen wir für beide Kurven in einer Tabelle t, s und s/t^2 ein. Der Quotient s/t^2 ist tatsächlich innerhalb der Messgenauigkeiten konstant, es gilt also $s = \text{konst} \cdot t^2$.

Wir wollen nun verstehen, *warum* bei einer gleichmäßig beschleunigten Bewegung der Weg quadratisch anwächst. Betrachten wir zunächst noch einmal eine gleichförmige Bewegung. Die Geschwindigkeit ($v = 2$ m/s) ist konstant und das *t-v*-Diagramm eine Parallele zur *t*-Achse (▤ *Bild 4*). Der **Flächeninhalt** des grünen Rechtecks gibt den in der Zeit $t = 8$ s zurückgelegten **Weg** s an: $s = v \cdot t = (2 \text{ m/s}) \cdot 8 \text{ s} = 16$ m. Dass der Flächeninhalt hier auch den Weg angibt, daran müssen wir uns erst gewöhnen.

Das *t-v*-Diagramm einer aus der Ruhe startenden gleichmäßig beschleunigten Bewegung ist eine Nullpunktsgerade (▤ *Bild 5*). Dafür lässt sich die mittlere Geschwindigkeit $\bar{v}$ zwischen 0 und t leicht angeben. Sie ist gerade halb so groß wie die Endgeschwindigkeit in dem Zeitintervall: $\bar{v} = \frac{1}{2} a \cdot t$. Im ▤ *Bild 5* ist die mittlere Geschwindigkeit zwischen 0 und 8 s zum Beispiel 1,5 m/s.

Mit der mittleren Geschwindigkeit kann man nach $s = \bar{v} \cdot t$ einfach den zurückgelegten Weg s berechnen. s entspricht dem Flächeninhalt des Rechtecks, das aus der mittleren Geschwindigkeit und dem Zeitintervall gebildet wird. So beträgt in ▤ *Bild 5* der Weg, der in 8 s zurückgelegt wurde, 1,5 m/s · 8 s = 12 m.

Wie man sieht, ist der Rechtecksinhalt auch gleich dem Flächeninhalt des grünen Dreiecks. Der *Flächeninhalt* des *grünen Dreiecks* entspricht daher dem bis dahin aus der Ruhe zurückgelegten *Weg* s. Der Flächeninhalt eines Dreiecks ist $A = \frac{1}{2} \cdot$ Grundseite $\cdot$ Höhe, im *t-v*-Diagramm also:

$$s = \frac{1}{2} \cdot t \cdot v = \frac{1}{2} \cdot t \cdot a \cdot t = \frac{1}{2} \cdot a \cdot t^2.$$

Nach der doppelten Zeit ist der zurückgelegte Weg daher 4-mal so groß. Dies können wir an ▤ *Bild 3* nachprüfen. In 2,4 Sekunden ist der Gleiter etwa 4-mal so weit gefahren wie nach $t = 1,2$ s.

Merksatz

Das **Zeit-Weg-Diagramm** einer gleichmäßig beschleunigten Bewegung zeigt eine **Parabel**. Je größer die einwirkende Kraft, umso größer ist der in der gleichen Zeit zurückgelegte Weg.
Für den vom Anfahrpunkt ($t = 0$; $s = 0$; $v = 0$) aus gemessenen Weg gilt bei konstanter Beschleunigung

$$s = \frac{1}{2} a \cdot t^2.$$

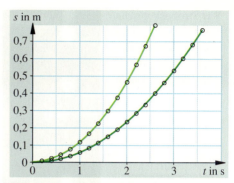

B 3: Das *t-s*-Diagramm für die gleichmäßig beschleunigte Bewegung.

t in s	s in m	s/t^2 in m/s²	s in m	s/t^2 in m/s²
0,4	0,018	0,113	0,008	0,050
0,8	0,071	0,111	0,035	0,055
1,2	0,163	0,113	0,080	0,055
1,6	0,293	0,114	0,146	0,057
2,0	0,457	0,114	0,231	0,058
2,4	0,659	0,114	0,335	0,058

T 1: In der Tabelle sind für beide Kurven von ▤ *Bild 3* einige Werte von t, s und s/t^2 aufgeführt. Der Quotient s/t^2 ist innerhalb der Messgenauigkeit konstant.

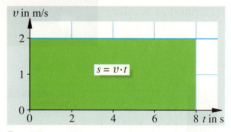

B 4: Ein *t-v*-Diagramm für eine gleichförmige Bewegung.

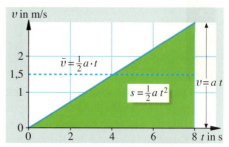

B 5: Das *t-v*-Diagramm für eine gleichmäßig beschleunigte Bewegung.

V1: Stroboskopische Aufnahme einer frei fallenden Kugel ($\Delta t = 0,1$ s). Mit dem Loslassen der Kugel vom Magneten wird ein Blitz ausgelöst.

t in s	s in cm	g in cm/s^2
0,0	0,0	–
0,1	4,9	980
0,2	19,6	980
0,3	44,1	980
0,4	78,5	981
0,5	122,6	981

In der Tabelle sind die Werte für t, s und das aus der Gleichung

$$g = \frac{2\,s}{t^2}$$

berechnete g aufgeführt.

Aufgabe: Das Bild gibt die wirkliche Fallstrecke im Maßstab 10:1 verkleinert wieder. Überprüfe die Angaben aus der Tabelle.

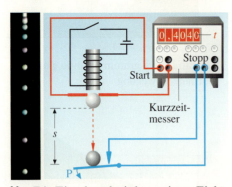

V2: Die Eisenkugel wird von einem Elektromagneten gehalten. Öffnet man den Stromkreis des Haltemagneten, beginnt die Kugel zu fallen und der Kurzzeitmesser startet. Aus $s = 0,80$ m und $t = 0,404$ s berechnen wir $g = 9,80$ m/s^2.

5. Der freie Fall

Aus der täglichen Beobachtung wissen wir, dass ein Blatt Papier viel langsamer zu Boden fällt als eine Eisenkugel. Knüllen wir das Papier vor dem Fallen zu einer Kugel zusammen, so bleibt es zu unserer Überraschung auf dem ersten Meter hinter der Kugel nicht zurück. Hängt das verschiedene Verhalten des Papiers vielleicht von dem Widerstand ab, den es durch die Luft erfährt?

Um dies genauer zu untersuchen, verwenden wir eine Glasröhre, in der sich eine Flaumfeder und eine Metallkugel befinden. Erwartungsgemäß fällt die Feder viel langsamer als die Kugel, wenn wir diese Fallröhre schnell umdrehen. Nachdem die Röhre luftleer gepumpt wurde, kommen die beiden Körper nach dem Umdrehen jedoch gleichzeitig unten an. Die leichte Feder und die schwere Kugel fallen ohne Einfluss der Luft also gleich schnell. Eine Fallbewegung, bei der nur die Gewichtskraft auf den Körper wirkt, nennt man **freien Fall**.

Eine Eisenkugel wird durch den Luftwiderstand fast nicht beeinflusst. So können wir ihre Bewegung auch in Luft untersuchen. Die beschleunigende Kraft ist die konstante Gewichtskraft. Wir erwarten daher, dass sich eine gleichmäßig beschleunigte Bewegung ergibt. Beleuchtet man die Kugel stroboskopisch, kann man dem Bild in ⫸ *Versuch 1* sowohl den von Anfang an zurückgelegten Weg, wie auch die zugehörige Zeit entnehmen. Der Versuch zeigt, dass der Quotient $a = 2\,s/t^2$ tatsächlich konstant ist. Es handelt sich also um eine gleichmäßig beschleunigte Bewegung mit $s = \frac{1}{2}\,a \cdot t^2$. – Die Beschleunigung a nennt man hier **Fallbeschleunigung g**. Aus unseren Messungen (⫸ *Versuch 1*) ergibt sich als Mittelwert $g = 2\,s/t^2 = 9,8$ m/s^2. Auch durch eine direkte Messung von Fallzeit und Weg erhalten wir $g = 9,8$ m/s^2 (⫸ *Versuch 2*).

Die Fallbeschleunigung g ist gleich dem uns schon bekannten *Ortsfaktor g*. Am Nordpol ist g größer, am Äquator kleiner. Auf dem Mond ergibt die Auswertung von Fallversuchen den Wert $g_{\text{Mond}} = 1,62$ m/s^2.

Da der freie Fall eine gleichmäßig beschleunigte Bewegung ist, gilt für die Bewegung aus der Ruhe heraus:

$$v = g \cdot t \quad \text{und} \quad s = \tfrac{1}{2}\,g \cdot t^2.$$

Merksatz

Die Fallbewegung eines Körpers, auf den nur seine Gewichtskraft wirkt, heißt **freier Fall**. Der freie Fall ist eine gleichmäßig beschleunigte Bewegung. Für Fallbewegungen aus der Ruhe heraus gilt das **Zeit-Weg-Gesetz**:

$$s = \tfrac{1}{2}\,g \cdot t^2$$

und das **Zeit-Geschwindigkeit-Gesetz**:

$$v = g \cdot t.$$

Die Fallbeschleunigung ist für alle Körper am selben Ort gleich. Sie beträgt bei uns **$g = 9,81$ m/s^2**.

6. Mit der Beschleunigung kann man rechnen

Wie wir gesehen haben, kann man aus der Geschwindigkeitsänderung Δv in dem Zeitintervall Δt die Beschleunigung a bestimmen. Kennt man andererseits den Wert von a, kann man nach $\Delta v = a \cdot \Delta t$ den Zuwachs der Geschwindigkeit in dem Zeitintervall Δt berechnen. Man erhält die neue Geschwindigkeit v_{neu}, indem man zu der alten Geschwindigkeit v_{alt} die Änderung Δv dazuzählt:

$$v_{neu} = v_{alt} + \Delta v = v_{alt} + a \cdot \Delta t.$$

Bewegt sich ein Körper mit der (Momentan-)Geschwindigkeit v, so legt er während des hinreichend kleinen Zeitintervalls Δt den Weg $\Delta s = v \cdot \Delta t$ zurück. Zählt man dies zu der alten Ortskoordinate s_{alt} hinzu, erhält man die neue Ortskoordinate s_{neu}:

$$s_{neu} = s_{alt} + \Delta s = s_{alt} + v \cdot \Delta t.$$

Die Zeit t vergrößert sich dabei um das Zeitintervall Δt.

$$t_{neu} = t_{alt} + \Delta t.$$

Dies hört sich alles ganz selbstverständlich an. Wir werden aber sehen, dass dies uns bei der Berechnung der Geschwindigkeit und der Koordinaten mit dem Computer wesentlich weiter bringt.

Da Δt sehr klein ist, brauchen wir viele Zeitschritte. Mit dem Computer können wir die Berechnungen oft wiederholen. Man schreibt dann auch nicht mehr „alt" und „neu", sondern einfach:

$$
\left.
\begin{aligned}
v &= v + a \cdot \mathrm{d}t \\
s &= s + v \cdot \mathrm{d}t \\
t &= t + \mathrm{d}t.
\end{aligned}
\right\} \quad \textit{Rechenschleife}
$$

Für das Zeitintervall Δt schreiben wir $\mathrm{d}t$, da dies einfacher in den Computer einzugeben ist. Das Gleichheitszeichen liest man als „wird ersetzt durch" und heißt, dass der alte Wert durch den neuen ersetzt wird. Jetzt muss man noch die Anfangswerte eingeben, z. B. für den Fall aus der Ruhe heraus:

Anfangswerte: $s = 0$ (m); $v = 0$ (m/s); $a = 9{,}81$ (m/s^2); $t = 0$; $\mathrm{d}t = 0{,}001$ (s). Die Benennungen lassen wir ebenfalls weg. Der Computer rechnet nur mit Zahlen. s muss deshalb in m, v in m/s und a in m/s^2 eingegeben werden.

Der Computer wiederholt diese Rechenschleife, so oft wir es von ihm verlangen, z. B. 2000-mal. Wir erhalten so das t-v-Diagramm (⟹ *Bild 1*) und das t-s-Diagramm (⟹ *Bild 2*). Wir können aber auch z. B. v in Abhängigkeit von s darstellen lassen (⟹ *Bild 3*). Diese Diagrammart haben wir bisher noch nicht gezeichnet.
Spielen wir etwas mit den Anfangswerten und setzen: $s = 0$; $v = 10$; $a = -9{,}81$; $t = 0$; $\mathrm{d}t = 0{,}001$. So ergeben sich als t-v- und t-s-Diagramm die ⟹ *Bilder 4a, b*. Haben diese auch physikalisch einen Sinn?
v verändert sich von positiven Werten über null hin zu negativen. s wird zunächst größer, erreicht ein Maximum und wird dann wieder kleiner. Beschleunigung und Anfangsgeschwindigkeit sind entgegengesetzt gerichtet. Dies können nur die Diagramme für den *senkrechten Wurf* nach oben sein.

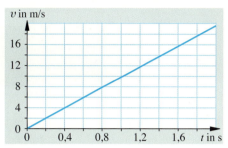

B 1: t-v-Diagramm

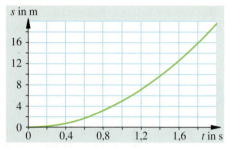

B 2: t-s-Diagramm

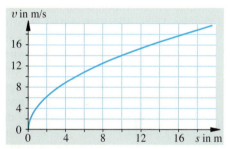

B 3: s-v-Diagramm

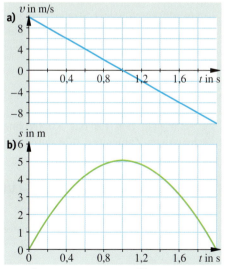

B 4: a) t-v-Diagramm und **b)** t-s-Diagramm mit den Anfangsbedingungen $s = 0$ (m); $v = 10$ (m/s); $a = -9{,}81$ (m/s^2).

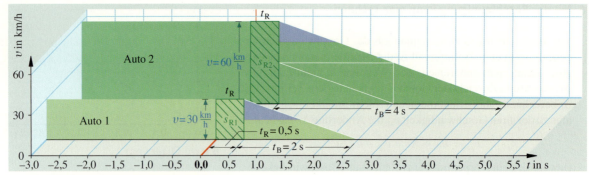

B 1: Vor der Sekunde null sind die Autos gleichförmig gefahren, Auto 2 doppelt so schnell wie Auto 1. Bei $t = 0$ s beginnt der Vergleich; nach einer halben „Schrecksekunde" bremsen die beiden Fahrer. Bei beiden Fahrzeugen nimmt die Geschwindigkeit in jeder Sekunde um 15 km/h ab.

Interessantes

A. Was Bremsen leisten

Auf abschüssiger Straße soll das Auto nicht schneller werden. Höhenenergie darf nicht zu Bewegungsenergie werden, sie muss von den Bremsen aufgenommen werden. Dabei ist es wichtig, dass deren innere Energie schnell in die Umgebung abfließt. Heiße Bremsen sind weniger wirksam („Fading"). Für Lkw-Bremssysteme wird deshalb eine *Bremsleistung* angegeben. Sie informiert darüber, wie schnell Energie in die Umgebung fließt. Für die Leistung gilt $P = F \cdot v$. Bei einer bestimmten Bremskraft hängt also die sekündlich umzuwandelnde Bewegungsenergie von der Geschwindigkeit ab. Deshalb muss man auf abschüssiger Straße rechtzeitig bremsen. Nicht erst dann, wenn das Fahrzeug zu schnell geworden ist.

B. Fahrschul-Formeln

Für die Umrechnung von km/h in m/s gilt 1 km/h = 1000 m/3600 s = 0,28 m/s.
Ersetzt man den für das Kopfrechnen schwierigen Zahlenwert 0,28 durch 3/10, so gilt in der „Schrecksekunde":

(1) Reaktionsweg = Tachoanzeige mal 3/10
     (in m)   (in km/h).

Bei 30 km/h beträgt der Bremsweg $3 \cdot 3$ m = 9 m, bei 60 km/h sind es $6 \cdot 6$ m = 36 m.

(2) Bremsweg = (Tachoanzeige/10)²
     (in m)   (in km/h).

War der Unfall vermeidbar?

1. Bremsen verzögern Fahrzeuge und wandeln Energie

Wer Auto fährt und Unfälle vermeiden will, darf nur so schnell sein, dass er innerhalb des verfügbaren Weges zum Stehen kommen kann. Für die nötige Energieumwandlung sorgt die Bremse. Wir nehmen die *Bremskraft* $\vec{F}_B$ längs des Bremsweges s_B als *konstant* an. Damit können wir zwei Schlüsse ziehen:

- Bei konstanter Bremskraft nimmt die Geschwindigkeit in jeder Sekunde um den gleichen Wert ab. Man spricht *von konstanter Verzögerung*. Bei großer Bremskraft nimmt die Geschwindigkeit schnell ab.
- Beim Bremsen wird die Bewegungsenergie des Fahrzeugs in innere Energie gewandelt. Aus der Bremskraft vom Betrag F_B und dem Bremsweg s_B können wir die umgewandelte Energie berechnen: $W = F_B \cdot s_B$. Bei großem Bremskraftbetrag F_B ist der Bremsweg $s_B = W/F_B$ klein.

2. Anhalteweg = Reaktionsweg + Bremsweg

Wir wollen den Weg berechnen, den ein Auto bei einer Vollbremsung bis zum Stillstand zurücklegt. Wir vergleichen die Situation für zwei Wagen, die in einer „Tempo-30-Zone" mit 30 km/h (Auto 1, ⟹ *Bild 1*) und 60 km/h (Auto 2) fahren. Plötzlich springt 20 m vor ihnen ein Kind auf die Straße! In der **Reaktionszeit** t_R rollen die Autos ungebremst mit konstanter Geschwindigkeit weiter (⟹ *Bild 1*). Es gilt $s = v \cdot t$. Mehr als eine halbe Sekunde wird Autofahrerinnen und Autofahrern nicht zugebilligt. Wir berechnen also den **Reaktionsweg** $s_R = v \cdot t_R$ mit $t_R = 0,5$ s. Bei „Tempo 30" ist
$v = 30$ km/h = $30 \cdot 1000$ m/3600 s = $30 \cdot 0,28$ m/s, also gilt:

$$s_{R1} = 30 \cdot 0,28 \text{ m} \cdot \text{s}^{-1} \cdot 0,5 \text{ s} = 4,2 \text{ m} \approx 4 \text{ m},$$
$$s_{R2} = 60 \cdot 0,28 \text{ m} \cdot \text{s}^{-1} \cdot 0,5 \text{ s} = 8,4 \text{ m} \approx 8 \text{ m}.$$

Der „Tempo-60"-Fahrer hat zum Abbremsen also nur noch 20 m – 8 m = 12 m. Dem anderen Fahrer verbleiben noch 16 m.

In ⇒ *Bild 1* sind v und t_R die Kanten der schraffierten Rechtecke. Die Flächen $v \cdot t_R$ dieser t-v-Diagramme liefern uns also den Reaktionsweg s_R. Man erkennt so auch ohne Rechnung: **Doppelte Geschwindigkeit → doppelter Reaktionsweg.**

Für das Bremsen eines Pkw fordert das Gesetz eine Verzögerung von mindestens $2{,}5$ m/s^2. Moderne Autos haben bessere Bremsen, im dichten Stadtverkehr entstünde sonst schnell ein Chaos. In ⇒ *Bild 1* wird bei beiden Autos die Geschwindigkeit in jeder Sekunde um 15 km/h kleiner. 15 km/h = 15 000 m/3600 s = 4,2 m/s. Die *Verzögerung a* ist die Geschwindigkeitsabnahme durch Zeit, also gilt für beide Autos $a = (4{,}2 \text{ m/s})/1$ s. Also $a = 4{,}2$ m/s^2.

Die blau markierten Steigungsdreiecke in ⇒ *Bild 1* sind kongruent. Die grünen Dreiecke sind ähnliche Dreiecke, deshalb lesen wir für das Auto mit doppelter Geschwindigkeit auch die doppelte Bremszeit ab: In 2 s kommt Auto 1 zum Stillstand, in 4 s Auto 2 (der „Raser"). Die **Bremszeit** t_B ist der Fahrgeschwindigkeit *proportional* (bei gleicher Bremskraft).
Während der Bremszeit sinkt die Geschwindigkeit gleichmäßig auf null. Wir können für jedes Auto den dabei zurückgelegten Weg an der Fläche des Dreiecks im t-v-Diagramm ablesen (⇒ *Bild 1*). Dies kennen wir schon von der beschleunigten Bewegung. Weil jeweils beide Seiten (t bzw. v) doppelte Länge haben, ist die Fläche des hinteren Dreiecks *viermal* so groß wie die Fläche des vorderen Dreiecks. Die Rechnung mit $s_B = \frac{1}{2} \cdot v \cdot t_B$ liefert Zahlen:

$$s_{B1} = \tfrac{1}{2} \cdot 30 \text{ km/h} \cdot 2 \text{ s} = \tfrac{1}{2} \cdot (30 \cdot 1000 \text{ m}/3600 \text{ s}) \cdot 2 \text{ s} = 8{,}3 \text{ m},$$

$$s_{B2} = \tfrac{1}{2} \cdot 60 \text{ km/h} \cdot 4 \text{ s} = \tfrac{1}{2} \cdot (60 \cdot 1000 \text{ m}/3600 \text{ s}) \cdot 4 \text{ s} = 33{,}3 \text{ m}.$$

Doppelte Geschwindigkeit → vierfacher Bremsweg.

Der Anhalteweg ist der *gesamte Weg* bis zum Stillstand des Fahrzeugs. In ⇒ *Bild 3* ist dargestellt, wie er sich bei verschiedenen Geschwindigkeiten aus dem Reaktionsweg und dem Bremsweg zusammensetzt:

Anhalteweg = Reaktionsweg + Bremsweg.

In unserem Beispiel gilt:

$$s_{A1} = 4 \text{ m} + 8{,}3 \text{ m} = 12{,}3 \text{ m},$$
$$s_{A2} = 8 \text{ m} + 33{,}3 \text{ m} = 41{,}3 \text{ m}.$$

Das Auto mit $v = 30$ km/h kann rechtzeitig vor dem Kind anhalten ($s_A < 20$ m), während das Auto mit $v = 60$ km/h erst 20 m weiter zum Stehen kommt.

Wenn die Bremskraft größer ist, kann die Bewegungsenergie auf kürzerem Bremswege umgewandelt werden. Für die *maximal mögliche Bremskraft* haben Straßenbeschaffenheit und Reifenzustand eine wichtige Bedeutung (⇒ *Bild 2*). Bei glatter Straße oder abgefahrenen Reifen ist der Bremsweg der Fahrschulformel nicht erreichbar. ABS kann dabei auch nicht helfen.

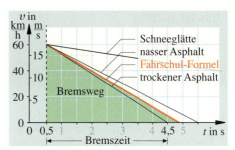

B 2: Die Bremsphase bei verschiedenen Bedingungen: Eine starke Bremskraft bewirkt eine große Verzögerung. Die Gerade im t-v-Diagramm fällt stark ab. Bremszeit und Bremsweg (Fläche des Dreiecks) sind klein. Bei gleicher Anfangsgeschwindigkeit ergibt sich bei kleinerer Bremskraft ein längerer Bremsweg (die Gerade fällt weniger stark ab). Für jede Steigung gilt aber – bei Schneeglätte ebenso wie bei trockenem Asphalt: doppelte Geschwindigkeit → vierfacher Bremsweg.

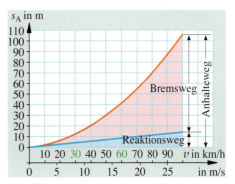

B 3: Hier ist der Anhalteweg für verschiedene Geschwindigkeiten dargestellt – als Summe aus Reaktions- und Bremsweg. Als Reaktionszeit ist $\frac{1}{2}$ Sekunde angenommen und es gilt die auf trockenem Asphalt maximal erreichbare Bremskraft.

... noch mehr Aufgaben

A 1: Aus einem Buch für Kraftfahrzeugtechnik: „Für v in km/h ist $v/3{,}60$ einzusetzen". Was bedeutet diese Aussage?

A 2: Zeichne das t-v-Diagramm für ein Fahrzeug, das bei 50 km/h mit $2{,}5$ m/s^2 bremst. Wie lang ist der Bremsweg?

A 3: Achtung Wildwechsel! Wenn ein Reh 50 m voraus im Scheinwerferlicht auftaucht, kann es sein, dass es auf der Straße stehen bleibt. Prüfe, ob der Anhalteweg reicht: $v = 100$ km/h, $a = 4$ m/s^2.

Das ist wichtig

1. Das Drehmoment

Symbol: M
Einheit: 1 Nm
(darf nicht durch 1 J, der Einheit der Energie ersetzt werden)
Definition: $M = F \cdot r$ (F: Kraftbetrag, r: Kraftarm)

Der **Kraftarm** r einer Kraft, die an einem drehbaren Körper angreift, ist der Abstand der Drehachse von der **Wirkungslinie** der Kraft. Er bildet mit der Kraft einen rechten Winkel. Er zeigt oft nicht zum Angriffspunkt der Kraft.

Das **Drehmoment** M einer Kraft ist das Produkt aus ihrem Betrag F und ihrem Kraftarm r.

$$M = F \cdot r.$$

Das Drehmoment beschreibt das Drehvermögen der Kraft mit dem Betrag F, die mit dem Kraftarm r wirkt.

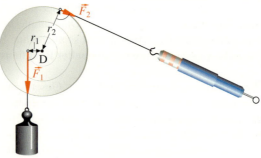

B 1: Kraft $\vec{F}$ und Kraftarm r am Wellrad

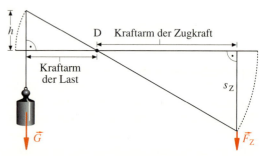

B 2: Zugkraft $\vec{F}_Z$ und Kraftweg s_z bei einem Hebel

Wellräder und **Hebel** sind **Kraftwandler.**
Zum Halten wie auch zum gleichförmigen Heben einer Last gilt: Eine Kraft mit dem Betrag F, die mit dem Kraftarm r wirkt, erzeugt ein Drehmoment M; es wird durch ein gleich großes, entgegengesetztes Drehmoment ausgeglichen (⟹ *Bild 1*).
Mit n-fachem Kraftarm ergibt der n-te Teil der Kraft ein gleich großes Drehmoment:

$$M = F \cdot r = \left(\tfrac{1}{n} \cdot F\right) \cdot (n \cdot r).$$

Falls die Drehmomente nicht ausgeglichen sind, setzt sich der Körper im Sinne des größeren Drehmoments in Bewegung.
Falls die Wirkungslinie einer Kraft durch die Drehachse verläuft, ist der Kraftarm 0 m und daher das Drehmoment 0 Nm.
Drehmomente mit gleichem Drehsinn werden wie Zahlen addiert. Ein Drehmoment kann aus einzelnen Drehmomenten zusammengesetzt sein.

Ist die Reibung sehr klein, so gilt für Kraftwandler:

Kraft mal **Kraftweg** = **Last** mal **Lastweg**

$$F_Z \cdot s_Z = G \cdot h \quad (⟹ Bild 2)$$

Kraftwandler geben die Energie unverändert weiter. Reibung hat zur Folge, dass ein Teil der zugeführten Energie nicht als mechanische Energie umgesetzt wird, sondern als Wärme in die Umgebung fließt.

2. Gleichmäßig beschleunigte Bewegungen

Unter der **mittleren Geschwindigkeit** $\bar{v}$ in einem Intervall versteht man den Quotienten aus dem zurückgelegten Weg Δs und der dafür benötigten Zeit Δt.

$$\bar{v} = \frac{\Delta s}{\Delta t}; \quad \text{Einheit: } 1\,\frac{\text{m}}{\text{s}}.$$

Die mittlere Geschwindigkeit ist die konstante Ersatzgeschwindigkeit, mit der man den gleichen Weg Δs in derselben Zeit Δt zurücklegen würde.

Als **Momentangeschwindigkeit** v nehmen wir die Durchschnittsgeschwindigkeit $\bar{v}$ in einem genügend kleinen Zeitintervall.

Unter der **Beschleunigung** a versteht man den Quotienten aus der Geschwindigkeitsänderung Δv und der zugehörigen Zeitspanne Δt.

$$a = \frac{\Delta v}{\Delta t}; \quad \text{Einheit: } 1\,\frac{\text{m}}{\text{s}^2}.$$

Wirkt eine **konstante Kraft** auf einen Körper, so bewegt er sich **gleichmäßig beschleunigt**. Doppelte Kraft gibt doppelte Beschleunigung.
Startet der Körper aus der Ruhe und bewegt er sich gleichmäßig beschleunigt, dann gilt das **Zeit-Geschwindigkeit-Gesetz:**

$$v = a \cdot t.$$

Das **Zeit-Geschwindigkeit-Diagramm** ist eine **Ursprungsgerade**.

Das **Zeit-Weg-Diagramm** einer gleichmäßig beschleunigten Bewegung ist eine **Parabel**.

Für den vom Anfahrpunkt ($t = 0$, $s = 0$, $v = 0$) aus gemessenen Weg s gilt bei konstanter Beschleunigung das **Zeit-Weg-Gesetz:**

$$s = \tfrac{1}{2}\,a \cdot t^2.$$

Die Fallbewegung eines Körpers, auf den allein seine Gewichtskraft wirkt, heißt **freier Fall**.

Für Fallbewegungen aus der Ruhe heraus gilt das **Zeit-Weg-Gesetz:**

$$s = \tfrac{1}{2}\,g \cdot t^2$$

und das **Zeit-Geschwindigkeit-Gesetz:**

$$v = g \cdot t.$$

Die Fallbeschleunigung ist für alle Körper am selben Ort gleich. Sie ist in Mitteleuropa $g = 9{,}81\ \text{m/s}^2$.

Doppelte Geschwindigkeit fordert **vierfachen Bremsweg**.

Aufgaben

A1: Entnimm ⟾ *Bild 1* das Verhältnis $r_1 : r_2$ der Radien und folgere das zugehörige Übersetzungsverhältnis der Kräfte. Welcher Vorteil bzw. Nachteil ergibt sich bei der Übersetzung? Welche Übersetzungen sind bei diesem Stufenrad mit drei Rillen außerdem möglich? Folgere die jeweilige Kraft zur Last mit $G = 9\ \text{N}$.

A2: Auf der Seiltrommel eines Krans sollen die Seilwindungen möglichst *nebeneinander* aufgewickelt werden. Welcher Nachteil entsteht, wenn die Windungen des dicken Seils *übereinander* gewickelt werden?

A3: Angenommen, auf einer drehbaren Scheibe wird der Angriffspunkt einer Kraft *längs ihrer Wirkungslinie* verschoben. Prüfe die Auswirkung auf das Drehmoment der Kraft und berichte.

A4: Eine Last wird mit einem Hebel angehoben (⟾ *Bild 2*). Stelle die Unterschiede zwischen der Größe Drehmoment und der Größe Energie, die zum Heben der Last aufgewendet wird, heraus. Was beschreiben sie? Wie sind Kraft und Länge jeweils zueinander gerichtet? Erfinde jeweils ein Beispiel.

A5: An einem Wellrad mit dem Radienverhältnis $r_1 : r_2 = 2 : 5$ greift außen ein Motor mit der Leistung $P = 1\ \text{kW}$ an und dreht es am Umfang in 1 s um 1 m. Bestimme den Betrag F_2 der Kraft am Umfang und den Betrag F_1 der Last. Wie schnell ist die Last?

A6: **a)** Wie erhält man aus einem t-v-Diagramm den insgesamt zurückgelegten Weg? **b)** Wie findet man die mittlere Geschwindigkeit? Wie könnte man sie in das Diagramm eintragen?

A7: In der Stadt fährt ein Auto mit der Geschwindigkeit 36 km/h. Auf einer Ausfallstraße gibt der Fahrer mehr Gas und beschleunigt gleichmäßig in 10 s auf 100 km/h. Wie groß ist die Beschleunigung?

A8: Ein Auto beschleunigt in $t = 10\ \text{s}$ gleichmäßig von null auf 72 km/h. **a)** Berechne die Beschleunigung a. **b)** Welchen Weg s hat das Auto in dieser Zeitspanne zurückgelegt?

A9: Ein mit konstanter Beschleunigung anfahrender Zug kommt in den ersten 10 Sekunden 50 m weit. Wie groß ist die Beschleunigung? Welche Geschwindigkeit hat er nach 10 s? Wie groß ist seine Durchschnittsgeschwindigkeit?

A10: Ein Auto fährt mit der Beschleunigung $a = 2{,}0\ \text{m/s}^2$ an. **a)** Welchen Weg hat es nach $t = 5{,}0\ \text{s}$ zurückgelegt? Wie schnell ist es dann? **b)** Wie weit bewegt es sich in den nächsten 10 s, wenn es nach 5,0 s nicht mehr weiter beschleunigt? **c)** Zeichne das t-v- und das t-s-Diagramm.

A11: Ein Auto beschleunigt mit $a = 2{,}0\ \text{m/s}^2$. Welchen Weg legt es in der 2. Sekunde zurück? Warum ist es falsch, hier die Momentangeschwindigkeit für $t = 2{,}0\ \text{s}$ zu benutzen?

A12: Ein Geschoss wird in einem Pistolenlauf von 15 cm Länge auf 400 m/s beschleunigt. Wie groß ist die als konstant angenommene Beschleunigung? Nach welcher Zeit sind die 400 m/s erreicht? Wie groß ist die mittlere Geschwindigkeit?

A13: Nach welcher Zeit hat ein frei fallender Körper aus der Ruhe **a)** die Geschwindigkeit 10 m/s, **b)** den Fallweg 5 m erreicht? **c)** Nach welcher Zeit hat der Körper den doppelten Weg zurückgelegt?

A14: Aus welcher Höhe müsste ein Auto frei fallen, damit es die Geschwindigkeit 108 km/h erreicht?

A15: Reaktionstest: Halte ein 30 cm-Lineal zwischen zwei Fingerspitzen an der 30 cm Marke, sodass es nach unten hängt. Die Testperson hält Daumen und Zeigefinger an der 0 cm-Marke bereit, um zuzufassen, wenn du das Lineal unerwartet loslässt. Bestimme die Reaktionszeit, wenn der Daumen die 20 cm Marke trifft.

A16: Ein Auto bremst aus 72 km/h gleichmäßig bis zum Stillstand ab. **a)** Wie groß ist seine mittlere Geschwindigkeit? **b)** Welchen Bremsweg benötigt das Auto?

Stichwortverzeichnis

Druckeinheiten

	$Pa = \frac{N}{m^2}$	bar	at*	mm W.S.*	atm*	Torr*
$1\,Pa = 1\,\frac{N}{m^2}$	1	10^{-5}	$1,0197 \cdot 10^{-5}$	$0,10197$	$0,9869 \cdot 10^{-5}$	$0,75006 \cdot 10^{-2}$
1 bar	10^5	1	$1,0197$	$1,0197 \cdot 10^4$	$0,98692$	$0,75006 \cdot 10^3$
1 at*	$0,980665 \cdot 10^5$	$0,980665$	1	$1,00003 \cdot 10^4$	$0,96784$	$0,73556 \cdot 10^3$
1 mm W.S.*	$9,8064$	$0,98064 \cdot 10^{-4}$	$0,99997 \cdot 10^{-4}$	1	$0,96781 \cdot 10^{-4}$	$0,73554 \cdot 10^{-1}$
1 atm*	$1,01325 \cdot 10^5$	$1,01325$	$1,03323$	$1,03326 \cdot 10^4$	1	760
1 Torr*	$1,3332 \cdot 10^2$	$1,3332 \cdot 10^{-3}$	$1,3595 \cdot 10^{-3}$	$13,595$	$1,3158 \cdot 10^{-3}$	1

1 bar = 10 N/cm²;   1 mbar (Millibar) = 1 cN/cm²;   1 at* = 1 kp*/cm² (technische Atmosphäre).
1 mm W.S.* ist der Druck einer 1 mm hohen Wassersäule von 4 °C beim Ortsfaktor $g = 9{,}80665$ N/kg.
1 kp* ist gleich der Gewichtskraft eines 1 kg-Stücks am Normort;   1 kp* = 9,80665 N.
1 atm* (physikalische Atmosphäre) = 760 Torr* = 1,01325 bar ist der sog. Normdruck.
1 Torr* bedeutet den Druck einer 1 mm hohen Quecksilbersäule von 0 °C am Normort.

Energieeinheiten

	J	kWh	cal*	eV
1 J	1	$2,7777 \cdot 10^{-7}$	$0,23884$	$0,6242 \cdot 10^{19}$
1 kWh	$3,6000 \cdot 10^6$	1	$0,8598 \cdot 10^6$	$2,247 \cdot 10^{25}$
1 cal*	$4,1868$	$1,1630 \cdot 10^{-6}$	1	$2,613 \cdot 10^{19}$
1 eV	$1,602 \cdot 10^{-19}$	$4,45 \cdot 10^{-26}$	$3,826 \cdot 10^{-20}$	1

1 J (Joule) = 1 Nm (Newtonmeter);   1 kWh = 1000 W · 1 h = 3,6 · 10⁶ Joule.
1 eV (Elektronvolt) ist die Energie, die ein Teilchen mit der Elementarladung $e = 1{,}6 \cdot 10^{-19}$ C beim Durchlaufen der Spannung 1 Volt aufnimmt.

Massen, Längen und Zeiten

Massen (in kg)		Längen und Ausdehnungen (in m)		Zeiten (1 a = 1 Jahr)	
Weltall	$\approx 10^{50}$	Weltall (∅)	$\approx 10^{26}$	Weltalter	10^{10} a
Sonne	$1,99 \cdot 10^{30}$	1 Lichtjahr	$9,46 \cdot 10^{15}$	Erdalter	$5 \cdot 10^9$ a
Erde	$5,98 \cdot 10^{24}$	Erde (∅)	$1,28 \cdot 10^{10}$	Halbwertszeit von Uran	$5 \cdot 10^9$ a
Mond	$7,3 \cdot 10^{22}$	Berlin (∅)	$\approx 10^5$	Erdkruste	$3 \cdot 10^9$ a
Lufthülle der Erde	$2 \cdot 10^{18}$	Mensch	$1,75$	Paläozoikum vor	$2 \cdot 10^9$ a
Cheopspyramide	$6 \cdot 10^9$	Bakterien	$\approx 10^{-6}$	Mesozoikum vor	$5 \cdot 10^8$ a
Mensch	$7 \cdot 10^1$	Atome	$\approx 10^{-10}$	Spuren des	
1 l Wasser	1	Atomkern	$\approx 10^{-14}$	ersten Menschen vor	$6 \cdot 10^5$ a
Fliege	$\approx 10^{-3}$	Elektron	$1,4 \cdot 10^{-15}$	Neandertaler vor	$2 \cdot 10^5$ a
Staubkorn	$\approx 10^{-10}$			Bronzezeit vor	$5 \cdot 10^3$ a
Uranatom	$4 \cdot 10^{-25}$			Lichtlaufzeit Sonne–Erde	500 s
Elektron	$9,1 \cdot 10^{-31}$			Pulsschlag des Menschen	≈ 1 s

---

* veraltete, nicht mehr zugelassene Einheiten

Eigenschaften von Festkörpern, Flüssigkeiten und Gasen

Feste Körper	Dichte in $\frac{g}{cm^3}$	Längenaus-dehnungszahl in $\frac{mm}{m \cdot K}$	Spezifische Wärme in $\frac{kJ}{kg \cdot K}$	Schmelz-punkt in °C	Spezifische Schmelzwärme in $\frac{kJ}{kg}$
Aluminium	2,70	$2,4 \cdot 10^{-2}$	0,9	660	397
Blei	11,34	$3,1 \cdot 10^{-2}$	0,13	327	23
Eisen (rein)	7,86	$1,2 \cdot 10^{-2}$	0,45	1535	277
Jenaer Glas	2,5	$0,8 \cdot 10^{-2}$	0,78	–	–
Gold	19,3	$1,4 \cdot 10^{-2}$	0,13	1063	64
Kupfer	8,93	$1,7 \cdot 10^{-2}$	0,38	1083	205
Magnesium	1,74	$2,6 \cdot 10^{-2}$	1,02	650	370
Natrium	0,97	$7,1 \cdot 10^{-2}$	1,22	97,8	113
Platin	21,4	$0,9 \cdot 10^{-2}$	0,13	1769	111
Silber	10,51	$2,0 \cdot 10^{-2}$	0,24	960,5	105
Wolfram	19,3	$0,4 \cdot 10^{-2}$	0,13	3380	191
Zink	7,14	$2,6 \cdot 10^{-2}$	0,39	419,5	109

Die Längenausdehnungszahl gibt die Längenzunahme ΔL (in mm) eines 1 m langen Stabes bei 1 K Temperatur-zunahme an.

Flüssigkeiten	Dichte bei 18 °C in $\frac{g}{cm^3}$	Raumaus-dehnungszahl in $\frac{dm^3}{m^3 \cdot K}$	Spezifische Wärme in $\frac{kJ}{kg \cdot K}$	Siedepunkt bei 1,013 bar in °C	Verdampfungs-wärme in $\frac{kJ}{kg}$
Benzol	0,879	1,2	1,73	80,1	394
Diäthyläther	0,716	1,6	2,31	34,5	384
Ethanol	0,791	1,1	2,43	78,3	840
Glycerin	1,260	0,5	2,39	290,5	–
Petroleum	0,85	1,0	2,1	150–300	–
Quecksilber	13,55	0,2	0,14	357	285
Wasser	0,9986	$\approx 0,2$	4,19	100	2256

Die Raumausdehnungszahl gibt die Volumenzunahme ΔV (in dm³) von 1 m³ bei 1 K Temperaturzunahme an.

Gase	Dichte bei 0 °C und 1,013 bar in $\frac{g}{dm^3}$	Dichte als Flüssigkeit in $\frac{g}{cm^3}$	Spezifische Wärme in $\frac{kJ}{kg \cdot K}$	Schmelz-punkt in °C	Siedepunkt bei 1,013 bar in °C
Ammoniak	0,771	0,68	2,16	– 77,7	– 33,4
Chlor	3,21	–	0,74	– 101	– 34,1
Helium	0,178	0,13	5,23	– 272	– 269
Kohlenstoffdioxid	1,98	–	0,84	–	– 78,5
Luft	1,293	–	1,01	– 213	– 191
Sauerstoff	1,43	1,13	0,92	– 219	– 183
Stickstoff	1,25	0,81	1,04	– 210	– 196
Wasserdampf 100 °C; 1,013 bar	0,6	0,96	1,95	–	–
Wasserstoff	0,0899	0,07	14,32	– 259	– 253

Vorsilben für dezimale Vielfache und Teile von Einheiten

Vorsilbe bedeutet	Exa (E) 10^{18}	Peta (P) 10^{15}	Tera (T) 10^{12}	Giga (G) 10^{9}	Mega (M) 10^{6}	Kilo (k) 10^{3}	Hekto (h) 10^{2}	Deka (da) 10^{1}
Vorsilbe bedeutet	Dezi (d) 10^{-1}	Zenti (c) 10^{-2}	Milli (m) 10^{-3}	Mikro (µ) 10^{-6}	Nano (n) 10^{-9}	Piko (p) 10^{-12}	Femto (f) 10^{-15}	Atto (a) 10^{-18}

Farbcode auf Schichtwiderständen

	schwarz	braun	rot	orange	gelb	grün	blau	violett	grau	weiß	gold	silber
1. Ring	0	1	2	3	4	5	6	7	8	9		
2. Ring	0	1	2	3	4	5	6	7	8	9		
3. Ring		0	00	000	0000	00000	usw.				:10	:100
4. Ring		±1%	±2%								±5%	±10%

Spezifischer Widerstand bei 18 °C

Stoff	$\frac{\Omega \, \text{mm}^2}{\text{m}}$	Stoff	$\frac{\Omega \, \text{mm}^2}{\text{m}}$	Stoff	$\frac{\Omega \, \text{mm}^2}{\text{m}}$
Silber	0,016	Kohle	50 … 100	Polystrol	$5 \cdot 10^{18}$
Kupfer	0,017	Germanium	900	Glas	$10^{16} … 10^{19}$
Gold	0,023	Silicium	1 200	Porzellan	$10^{19} … 10^{20}$
Aluminium	0,028	Meerwasser	200 000	Glimmer	$10^{19} … 10^{21}$
Wolfram	0,049	dest. Wasser	10^{10}	Hartgummi	$10^{19} … 10^{21}$
Nickel	0,07	Schiefer	10^{12}	Paraffin	$10^{20} … 10^{22}$
Eisen	0,1 … 0,5	Marmor	$10^{13} … 10^{14}$	Siegellack	10^{22}
Konstantan	0,5	Pressspan	10^{14}	Bernstein	$>10^{22}$

Schwingungsfrequenzen der Tonleiter in Hz

Ton	c′	cis′	d′	dis′	e′	f′	fis′	g′	gis′	a′	ais′	h′	c″
rein	264	278	297	313	330	352	374	396	418	**440**	467	495	528
temperiert*	262	277	294	311	330	349	370	392	415	**440**	466	494	524

* temperierte oder gleichschwebende Stimmung: Halbtonschritte $\sqrt[12]{2} \approx 1{,}059$ fache

Internationale Einheiten

1 inch (in, Zoll)		=	2,54 cm	1 ounce (oz)	= 28,35 g
1 foot (ft)	= 12 in	=	30,48 cm	1 pound (lb)	= 16 oz = 453,6 g
1 yard (yd)	= 3 ft	=	91,44 cm	1 quarter (qu)	= 28 lbs = 12,70 kg
1 mile	= 1760 yd	=	1609 m	1 short ton	= 2000 lbs = 907,2 kg
1 acre		=	4047 m²	1 long ton	= 2240 lbs = 1016 kg

				englisch	amerikanisch
1 geographische Meile	=	7420 m	1 pint (liq. pt.)	= 0,5683 l	= 0,4732 l
1 Seemeile (sm)	=	1852 m	1 quart = 2 pints	= 1,1365 l	= 0,9464 l
1 Knoten (kn) = 1 sm/h	=	0,5144 m/s	1 gallon = 4 quarts	= 4,5461 l	= 3,7854 l
1 Faden	=	1,829 m	1 petroleum barrel	= 159,11 l	= 158,99 l
1 Registertonne	=	2,832 m³	1° Fahrenheit (°F)		$= \frac{5}{9}$ °C
1 internat. Karat	=	0,2051 g	wobei 32 °F der Temperatur 0 °C entspricht.		
1 Feinunze (troy ounce, tr. oc.)	=	31,1035 g			

Periodensystem der Elemente

Hauptgruppen | **Nebengruppen (Übergangselemente)** | **Hauptgruppen**

Legende:

schwarz	= feste Elemente
rot	= gasförmige Elemente
blau	= flüssige Elemente
weiß	= künstliche Elemente
grün	= natürliche radioaktive Elemente

Beispiel (Erläuterung eines Feldes):

- Atommasse in u — *Eine eingeklammerte Atommasse gibt die Masse des langlebigsten Isotops des Elements an*: **26,98**
- Elementsymbol: **Al**
- Ordnungszahl (Protonenzahl): **13**
- Elementname: **Aluminium**

Perioden

Jedes Feld: Atommasse / Symbol / Ordnungszahl / Name

Periode 1 (K-Schale)
I	VIII
1,008 — H — 1 — Wasserstoff	4,00 — He — 2 — Helium

Periode 2 (L-Schale)
I	II	III	IV	V	VI	VII	VIII
6,94 — Li — 3 — Lithium	9,01 — Be — 4 — Beryllium	10,81 — B — 5 — Bor	12,01 — C — 6 — Kohlenstoff	14,00 — N — 7 — Stickstoff	16,00 — O — 8 — Sauerstoff	19,00 — F — 9 — Fluor	20,18 — Ne — 10 — Neon

Periode 3 (M-Schale)
I	II	III	IV	V	VI	VII	VIII
22,99 — Na — 11 — Natrium	24,31 — Mg — 12 — Magnesium	26,98 — Al — 13 — Aluminium	28,09 — Si — 14 — Silicium	30,97 — P — 15 — Phosphor	32,07 — S — 16 — Schwefel	35,45 — Cl — 17 — Chlor	39,94 — Ar — 18 — Argon

Periode 4 (N-Schale)

Hauptgruppe I–II:
- 39,10 — K — 19 — Kalium
- 40,08 — Ca — 20 — Calcium

Nebengruppen III / IV / V / VI / VII / VIII / VIII / VIII / I / II:
- 44,96 — Sc — 21 — Scandium
- 47,88 — Ti — 22 — Titan
- 50,94 — V — 23 — Vanadium
- 52,00 — Cr — 24 — Chrom
- 54,94 — Mn — 25 — Mangan
- 55,85 — Fe — 26 — Eisen
- 58,93 — Co — 27 — Cobalt
- 58,69 — Ni — 28 — Nickel
- 63,55 — Cu — 29 — Kupfer
- 65,37 — Zn — 30 — Zink

Hauptgruppe III–VIII:
- 69,72 — Ga — 31 — Gallium
- 72,61 — Ge — 32 — Germanium
- 74,92 — As — 33 — Arsen
- 78,96 — Se — 34 — Selen
- 79,90 — Br — 35 — Brom
- 83,80 — Kr — 36 — Krypton

Periode 5 (O-Schale)

Hauptgruppe I–II:
- 85,47 — Rb — 37 — Rubidium
- 87,62 — Sr — 38 — Strontium

Nebengruppen:
- 88,91 — Y — 39 — Yttrium
- 91,22 — Zr — 40 — Zirkonium
- 92,91 — Nb — 41 — Niob
- 95,94 — Mo — 42 — Molybdän
- (98,91) — Tc — 43 — Technetium
- 101,07 — Ru — 44 — Ruthenium
- 102,91 — Rh — 45 — Rhodium
- 106,42 — Pd — 46 — Palladium
- 107,87 — Ag — 47 — Silber
- 112,41 — Cd — 48 — Cadmium

Hauptgruppe III–VIII:
- 114,82 — In — 49 — Indium
- 118,71 — Sn — 50 — Zinn
- 121,75 — Sb — 51 — Antimon
- 127,60 — Te — 52 — Tellur
- 126,90 — I — 53 — Iod
- 131,29 — Xe — 54 — Xenon

Periode 6 (P-Schale)

Hauptgruppe I–II:
- 132,91 — Cs — 55 — Cäsium
- 137,33 — Ba — 56 — Barium

Nebengruppen:
- La–Lu — 57 bis 71
- 178,49 — Hf — 72 — Hafnium
- 180,95 — Ta — 73 — Tantal
- 183,85 — W — 74 — Wolfram
- 186,2 — Re — 75 — Rhenium
- 190,2 — Os — 76 — Osmium
- 192,22 — Ir — 77 — Iridium
- 195,08 — Pt — 78 — Platin
- 196,97 — Au — 79 — Gold
- 200,59 — Hg — 80 — Quecksilber

Hauptgruppe III–VIII:
- 204,38 — Tl — 81 — Thallium
- 207,2 — Pb — 82 — Blei
- 208,98 — Bi — 83 — Bismut
- (208,98) — Po — 84 — Polonium
- (209,99) — At — 85 — Astat
- (222,02) — Rn — 86 — Radon

Periode 7 (Q-Schale)

Hauptgruppe I–II:
- (223,02) — Fr — 87 — Francium
- (226,03) — Ra — 88 — Radium

Nebengruppen:
- Ac–Lr — 89 bis 103
- (261) — Rf — 104 — Rutherfordium
- (262) — Db — 105 — Dubnium
- (263) — Sg — 106 — Seaborgium
- (264) — Bh — 107 — Bohrium
- (265) — Hs — 108 — Hassium
- (266) — Mt — 109 — Meitnerium
- (273) — 110
- (272) — 111
- (277) — 112

Elemente der Lanthanreihe
Mass	Symbol	Z	Name
138,91	La	57	Lanthan
140,12	Ce	58	Cer
140,91	Pr	59	Praseodym
144,24	Nd	60	Neodym
(146,92)	Pm	61	Promethium
150,36	Sm	62	Samarium
151,97	Eu	63	Europium
157,25	Gd	64	Gadolinium
158,93	Tb	65	Terbium
162,50	Dy	66	Dysprosium
164,93	Ho	67	Holmium
167,26	Er	68	Erbium
168,93	Tm	69	Thulium
173,04	Yb	70	Ytterbium
174,97	Lu	71	Lutetium

Elemente der Actiniumreihe
Mass	Symbol	Z	Name
(227,03)	Ac	89	Actinium
232,04	Th	90	Thorium
(231,04)	Pa	91	Protactinium
238,03	U	92	Uran
(237,04)	Np	93	Neptunium
(244,06)	Pu	94	Plutonium
(243,06)	Am	95	Americium
(247,07)	Cm	96	Curium
(247,07)	Bk	97	Berkelium
(251,08)	Cf	98	Californium
(252,08)	Es	99	Einsteinium
(257)	Fm	100	Fermium
(258)	Md	101	Mendelevium
(259,10)	No	102	Nobelium
(260,11)	Lr	103	Lawrencium

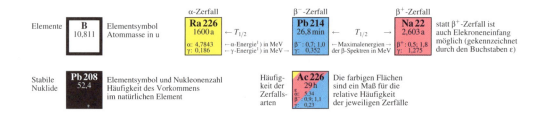

Elemente
B
10,811
Elementsymbol
Atommasse in u

α-Zerfall
Ra 226
1600 a
α: 4,7843
γ: 0,186
← $T_{1/2}$
← α-Energie¹) in MeV
← γ-Energie¹) in MeV →

β⁻-Zerfall
Pb 214
26,8 min
β⁻: 0,7; 1,0
γ: 0,352
← $T_{1/2}$ →
← Maximalenergien → der β-Spektren in MeV

β⁺-Zerfall
Na 22
2,603 a
β⁺: 0,5; 1,8
γ: 1,275
statt β⁺-Zerfall ist auch Elektroneneinfang möglich (gekennzeichnet durch den Buchstaben ε)

Stabile Nuklide
Pb 208
52,4
Elementsymbol und Nukleonenzahl
Häufigkeit des Vorkommens im natürlichen Element

Häufigkeit der Zerfallsarten
Ac 226
29 h
ε: 5,34
β⁻: 0,9; 1,1
γ: 0,23
Die farbigen Flächen sind ein Maß für die relative Häufigkeit der jeweiligen Zerfälle

¹) Bei α- und γ-Strahlen ist jeweils nur die Energie des am häufigsten vorkommenden Zerfalls angegeben. Weiterhin bedeutet
γ: – kein γ-Quant beobachtet
α, β⁻, β⁺, γ ohne Zahlenangabe: Nachgewiesene Übergänge unbekannter Energie
sf: Spontane Spaltung (spontaneous fission)

β⁻-Zerfall (heißt im Buch auch β-Zerfall)

	B10 20%	B11 80%	B12 20,2 ms	B13	B14
Be8	Be9 100%	Be10	Be11 13,8 s	Be12	9
Li7 92,5%	Li8	Li9		Li11	

α-Zerfall

U235	U236	U237	U238 99,27% 4,47·10⁹ a	U239	U240
Pa234	Pa235	Pa236	Pa237	Pa238	148
Th233	Th234 24,10 d	Th235	Th236 37,5 min		147
Ac232	144	145	146		

β⁺-Zerfall

O 15,9994	O13	O14	O15	O16 99,762%	8
N 14,0067	N12	N13	N14 99,63%	N15 0,37%	7
C9	C10	C11	C12 98,90%	C13 1,10%	C14 5730a

Nuklidkarte (Ausschnitt)

Pa (91) — Pa 231,03588
- Pa 216: 0,20 s; α: 7,87
- Pa 217: 4,9 ms; α: 8,33
- Pa 218: 0,12 ms; α: 9,61
- Pa 219: 53 ns; α: 9,90
- Pa 220: 0,78 µs; α: 9,65
- Pa 2..: 5,9..; α: 9,0..

Th (90) — Th 232,0381
- Th 213: 0,14 s; α: 7,69
- Th 214: 0,10 s; α: 7,68
- Th 215: 1,2 s; α: 7,39
- Th 216: 28 ms; α: 7,92
- Th 217: 252 µs; α: 9,25
- Th 218: 0,1 µs; α: 9,67
- Th 219: 1,05 µs; α: 9,34
- Th..: 9,7..; α: 8,79

Ac (89)
- Ac 209: 90 ms; α: 7,59
- Ac 210: 0,35 s; α: 7,46
- Ac 211: 0,25 s; ε?; α: 7,48
- Ac 212: 0,93 s; α: 7,38
- Ac 213: 0,80 s; α: 7,36
- Ac 214: 8,2 s; ε; α: 7,214
- Ac 215: 0,17 s; ε; α: 7,604
- Ac 216: ~0,3 ms; α: 9,07
- Ac 217: 69 ns; α: 9,65
- Ac 218: 1,1 µs; α: 9,205
- Ac..: 11,8..; α: 8,6..

Ra (88)
- Ra 208: 1,3 s; α: 7,133
- Ra 209: 4,6 s; ε; α: 7,010
- Ra 210: 3,7 s; α: 7,019
- Ra 211: 13 s; ε?; α: 6,911
- Ra 212: 13 s; ε?; α: 6,9006
- Ra 213: 2,74 min; ε; α: 6,624
- Ra 214: 2,46 s; ε; α: 7,136
- Ra 215: 1,6 ms; α: 8,699
- Ra 216: 0,18 µs; α: 9,349
- Ra 217: 1,6 µs; α: 8,99
- Ra..: 25,6..; α: 8,3..

Fr (87)
- Fr 207: 14,8 s; α: 6,767
- Fr 208: 59 s; α: 6,648; γ: 0,636
- Fr 209: 50,0 s; α: 6,648
- Fr 210: 3,18 min; ε; α: 6,543; γ: 0,644
- Fr 211: 3,10 min; ε; α: 6,534; γ: 0,540
- Fr 212: 20,0 min; ε; α: 6,262; γ: 1,272
- Fr 213: 34,6 s; α: 6,775
- Fr 214: 5,0 ms; α: 8,426
- Fr 215: 0,09 µs; α: 9,36
- Fr 216: 0,70 µs; α: 9,01
- Fr..: 16..; α: 8,3..

Rn (86)
- Rn 206: 5,67 min; ε; α: 6,260
- Rn 207: 9,3 min; β⁺; α: 6,133; γ: 0,345
- Rn 208: 24,4 min; ε; α: 6,138
- Rn 209: 28,5 min; ε; α: 6,039; γ: 0,427
- Rn 210: 2,4 h; β⁻: 2,2; α: 6,040; γ: 0,458
- Rn 211: 14,6 h; ε; α: 5,783; γ: 0,674
- Rn 212: 24 min; α: 6,264
- Rn 213: 25 ms; α: 8,09
- Rn 214: 0,27 µs; γ
- Rn 215: 2,3 µs; α: 9,037
- Rn..: 45..; α: 8,67

At (85)
- At 205: 26,2 min; ε; β⁺: 5,902; γ: 0,719
- At 206: 29,4 min; ε; α: 5,703; γ: 0,701
- At 207: 1,8 h; ε; α: 5,759; γ: 0,815
- At 208: 1,63 h; ε; α: 5,640; γ: 0,686
- At 209: 5,4 h; ε; α: 5,647; γ: 0,545
- At 210: 8,3 h; ε; α: 5,524; γ: 1,181
- At 211: 7,22 h; ε; α: 5,867
- At 212: 314 ms; γ: 7,68
- At 213: 0,11 µs; α: 9,08
- At 214: 0,76 µs; γ; α: 8,782
- At..: 0,1..; γ; α: 8,00..

Po (84)
- Po 204: 3,53 h; ε; α: 5,377; γ: 0,884
- Po 205: 1,66 h; ε; α: 5,22; γ: 0,872
- Po 206: 8,8 d; ε; α: 5,2233; γ: 1,032
- Po 207: 5,84 h; ε; α: 5,116; γ: 0,992
- Po 208: 2,898 a; α: 5,116
- Po 209: 102 a; ε; α: 4,881
- Po 210: 138,38 d; α: 5,3044
- Po 211: 0,516 s; α: 7,450
- Po 212: 0,3 µs; α: 8,785
- Po 213: 4,2 µs; α: 8,375
- Po..: 164..; α: 6,2..

Bi (83)
- Bi 203: 11,76 h; ε; β⁺: 1,4; γ: 0,820
- Bi 204: 11,22 h; ε; γ: 0,899
- Bi 205: 15,31 d; ε; β⁺: 1,764
- Bi 206: 6,24 d; ε; β⁺; γ: 0,803
- Bi 207: 31,55 a; ε; β⁺; γ: 0,570
- Bi 208: 3,68·10⁵ a; ε; γ: 2,615
- Bi 209: 100
- Bi 210: 5,013 d; α: 4,649; β⁻: 1,2; γ: 0,351
- Bi 211: 2,17 min; α: 6,6229; β⁻; γ: 0,351
- Bi 212: 60,60 min; α: 6,05; β⁻: 2,3; γ: 0,727
- Bi..: 45,5..

Pb (82)
- Pb 202: 5,25·10⁴ a; ε; γ: –
- Pb 203: 51,9 h; ε; γ: 0,279
- Pb 204: 1,4; γ: –
- Pb 205: 1,5·10⁷ a; ε; γ: –
- Pb 206: 24,1
- Pb 207: 22,1
- Pb 208: 52,4
- Pb 209: 3,253 h; β⁻: 0,6
- Pb 210: 22,3 a; α: 3,72; β⁻: 0,02; 0,06; γ: 0,047
- Pb 211: 36,1 min; β⁻; γ: 0,405
- Pb..: 10,..

Tl (81)
- Tl 201: 73,1 h; ε; γ: 0,167
- Tl 202: 12,23 h; ε; γ: 0,440
- Tl 203: 29,524
- Tl 204: 3,78 a; ε; β⁻: 0,8
- Tl 205: 70,476
- Tl 206: 4,20 min; β⁻: 1,5; γ
- Tl 207: 4,77 min; β⁻: 1,8; 2,4; γ: 2,615
- Tl 208: 3,053 min; β⁻: 1,8; γ: 1,567
- Tl 209: 2,16 min; β⁻: 1,8; γ: 0,800
- Tl 210: 1,3 min; β⁻: 1,9; 2,3; γ
- Tl..: 1..

Hg (80) — Spaltenköpfe: 127, 128, 129
- Hg 200: 23,10
- Hg 201: 13,18
- Hg 202: 29,86
- Hg 203: 46,59 d; β⁻: 0,2; γ: 0,279
- Hg 204: 6,87
- Hg 205: 5,2 min; β⁻: 1,5; γ: 0,204
- Hg 206: 8,15 min; β⁻: 1,3; γ: 0,305

Au (79) — Spaltenkopf: 126
- Au 199: 3,139 d; β⁻: 0,3; 0,5; γ: 0,158
- Au 200: 48,4 min; β⁻: 2,3; γ: 0,368
- Au 201: 26,4 min; β⁻: 1,3; γ: 0,543
- Au 202: 28 s; β⁻: 3,5; γ: 0,440
- Au 203: 60 s; β⁻: 2,0; γ: 0,218
- Au 204: 39,8 s; β⁻; γ: 0,437

Pt (78) — Spaltenköpfe: 124, 125
- Pt 198: 7,2
- Pt 199: 30,8 min; β⁻: 1,7; γ: 0,543
- Pt 200: 12,5 h; β⁻: 0,6; 0,7; γ
- Pt 201: 2,5 min; β⁻: 2,7; γ: 1,706

Ir (77) — Spaltenköpfe: 122, 123
- Ir 197: 8,9 min; β⁻: 2,0; γ: 0,470
- Ir 198: 8 s; β⁻: 4,0; γ: 0,507

Spaltenköpfe unten: 120, 121